Gestaltung von Remote-Work in produzierenden Unternehmen

Design of Remote Work in Manufacturing Companies

Von der Fakultät für Maschinenwesen
der Rheinisch-Westfälischen Technischen Hochschule Aachen
zur Erlangung des akademischen Grades einer
Doktorin der Ingenieurwissenschaften
genehmigte Dissertation

vorgelegt von

Clara Ariane Herkenrath

Berichter/in:

Univ.-Prof. Dr.-Ing. Dipl.-Wirt. Ing. Günther Schuh
apl. Prof. Dr.-Ing. Wolfgang Boos

Tag der mündlichen Prüfung: 03. Juni 2025

SCHRIFTENREIHE RATIONALISIERUNG

Clara Ariane Herkenrath

Gestaltung von Remote-Work in produzierenden Unternehmen

Herausgeber:
Prof. Dr.-Ing. Dipl.-Wirt. Ing. G. Schuh

Band 197

fir an der
RWTH Aachen

Bibliografische Information der Deutschen Nationalbibliothek
Die Deutsche Nationalbibliothek verzeichnet diese Publikation in der Deutschen Nationalbibliografie; detaillierte bibliografische Daten sind im Internet über https://portal.dnb.de abrufbar.

Clara Ariane Herkenrath:

Gestaltung von Remote-Work in produzierenden Unternehmen

1. Auflage, 2025

Gedruckt auf holz- und säurefreiem Papier, 100% chlorfrei gebleicht.

Wissenschaftsverlag des Instituts für Industriekommunikation und Fachmedien an der RWTH Aachen
Steinbachstr. 25, 52074 Aachen, Deutschland
Internet: www.apprimus-verlag.de, E-Mail: info@apprimus-verlag.de

Druck: CPI Druckdienstleistungen GmbH
Ferdinand-Jühlke-Straße 7 | 99095 Erfurt | Deutschland

ISBN 978-3-98555-296-2

D 82 (Diss. RWTH Aachen University, 2025)

Für meine Familie

Danksagung

Die vorliegende Dissertation entstand im Laufe meiner Tätigkeit als wissenschaftliche Mitarbeiterin am Forschungsinstitut für Rationalisierung e. V. (FIR) an der Rheinisch-Westfälischen Technischen Hochschule in Aachen. Ich möchte allen herzlich danken, die mich auf unterschiedlichste Weise unterstützt und begleitet haben.

Meinem Doktorvater, Herrn Prof. Dr.-Ing. Günther Schuh, sowie Herrn Prof. Dr.-Ing. Wolfgang Boos, Geschäftsführer des FIR, danke ich herzlich für die Möglichkeit zur Promotion und die fortwährende Unterstützung bei der Durchführung meines Promotionsvorhabens. Mein besonderer Dank gilt zudem Frau Prof. Dr.-Ing. Verena Nitsch für die Übernahme des Vorsitzes der Prüfungskommission sowie Herrn Prof. Dr.-Ing. Carlo Holly, der als Beisitzer tätig war.

Mein aufrichtiger Dank gilt allen Kolleginnen und Kollegen am FIR, die mich während meiner Promotionszeit fachlich begleitet und persönlich unterstützt haben. Besonders bedanken möchte ich mich bei Yannick Becerra, Lukas Bruhns, Ruben Conrad, Paula Danhausen, Stefanie Deutz-El Kassehe, Philipp Dinsing, Daniela Greven, Dr. Raphael Götzen, Anna Hover, Gerrit Hoeborn, Lars Klapper, Timon Malirsch, Dr. Jonas Müller, Karol Puscus, Dr. Lukas Stratmann, Maria Spiß, Daniel Spindler, Simone Suchan und John von Stamm für die stets konstruktiven Diskussionen, die gemeinsame Projektarbeit und den kollegialen Austausch.

Mein Dank gilt auch den studentischen Mitarbeitenden und Abschlussarbeitenden, die mich im Rahmen meiner Forschungsaktivitäten begleitet haben, inbesondere Stefanie Bareuther, Julian Bönig, Maike Draaijer, Martin Gimpel, Sven Kubitz, Luca Kröppel, Jonas Linhoff und Christoffer Neis.

Darüber hinaus danke ich auch weiteren Wegbegleitern außerhalb des FIR für den kontinuierlichen fachlichen Austausch, die wertvollen Impulse und die persönliche Unterstützung im Verlauf meiner Promotion.

Meiner Familie und meinem Partner danke ich für ihre Unterstützung, ihr Verständnis und die vielen kleinen und großen Gesten, die mir über die Jahre den Rücken freigehalten haben. Auch meinen Freundinnen und Freunden danke ich. Durch Ihre Offenheit, gemeinsame Erlebnisse und viele unbeschwerte Momente haben sie diese Zeit mit Freude und Leichtigkeit bereichert.

Aachen, 03. Juni 2025 Clara Ariane Herkenrath

Zusammenfassung

Die moderne Arbeitswelt wird zunehmend durch dezentrale Arbeitsstrukturen und flexible Arbeitszeiten geprägt, was Industrieunternehmen vor neue Herausforderungen bei der Arbeitsgestaltung stellt. Die aktive Gestaltung von Remote-Work und flexiblen Arbeitsmodellen ist entscheidend für die Gewinnung und Bindung von Fachkräften und damit für die Wettbewerbsfähigkeit von Unternehmen. Insbesondere produzierende Unternehmen stehen hierbei vor besonderen Schwierigkeiten, da die Umsetzung von Remote-Work aufgrund ihrer vielfältigen Tätigkeitsprofile besonders komplex ist.

Diese Dissertation dient dem Ziel, produzierende Unternehmen bei der zukunftsweisenden Gestaltung von Remote-Work zu unterstützen. Hierfür wird eine Gestaltungsmethode entwickelt, die maßgeschneiderte Handlungsempfehlungen zur Umsetzung von Remote-Work identifiziert. Die Gestaltungsmethode wird durch einen fünfstufigen Navigator umgesetzt.

Der Navigator fungiert als systematisches Werkzeug, das produzierende Unternehmen Schritt für Schritt durch den Prozess der unternehmensspezifischen Gestaltung von Remote-Work führt. Zunächst werden die Auslöser identifiziert, die ein produzierendes Unternehmen zur Auseinandersetzung mit der Gestaltung von Remote-Work veranlasst haben. Anschließend analysiert der Navigator die remotefähigen Tätigkeiten des Unternehmens und nutzt erklärte Wirkungsbeziehungen zwischen betrieblichen Gestaltungsparametern und den remotefähigen Tätigkeiten. Die Maßnahmen zur Gestaltung von Remote-Work werden unternehmensindividuell ausgewählt, indem ihre Wirkung basierend auf dem Tätigkeitsprofil des Unternehmens bestimmt wird. Abschließend werden die ausgewählten Maßnahmen effizient in das bestehende Projektportfolio integriert.

Der Navigator befähigt produzierende Unternehmen, maßgeschneiderte Maßnahmen zu identifizieren und umzusetzen, die spezifisch auf die besonderen Herausforderungen von Remote-Work abgestimmt sind. Die Entwicklung des Navigators erfolgte in enger Zusammenarbeit mit der Praxis, um eine hohe praktische Anwendbarkeit sicherzustellen. Durch die umfassende Analyse und die praxisorientierte Entwicklung eines systematischen Ansatzes wird mit der Dissertationsschrift ein innovatives Verfahren zur effektiven Gestaltung von Remote-Work präsentiert. Angesichts der bisherigen Abwesenheit eines systematischen Ansatzes, der praxisorientierte Lösungen zur Gestaltung von Remote-Work mit vertretbarem Aufwand identifiziert, schließt diese Dissertation eine signifikante Forschungslücke.

Summary

The modern work environment is increasingly characterized by decentralized work structures and flexible working hours, presenting new challenges for industrial companies in work design. The proactive design of remote work and flexible working models is crucial for attracting and retaining skilled workers, thereby enhancing the competitiveness of companies. Manufacturing companies, in particular, face unique difficulties as implementing remote work is especially complex due to their diverse job profiles.

This dissertation aims to support manufacturing companies in the innovative design of remote work. To this end, a design method is developed that identifies tailored recommendations for the implementation of remote work. This design method is executed through a four-stage navigator.

The navigator functions as a systematic tool that guides manufacturing companies step by step through the process of company-specific remote work design. Initially, the navigator identifies the triggers that lead a manufacturing company to engage in the design of remote work. Subsequently, the navigator analyzes the remote-capable activities of the company and utilizes established effect relationships between operational design parameters and these remote-capable activities. The remote work design measures are then selected individually for each company by determining their impact based on the company's activity profile. Finally, the selected measures are efficiently integrated into the existing project portfolio.

The navigator enables manufacturing companies to identify and implement individual measures specifically tailored to the unique challenges of remote work. The development of the navigator was conducted in close collaboration with industry practitioners to ensure practical applicability. Through a detailed analysis of the specific challenges and the practice-oriented development of a systematic approach, this dissertation offers an innovative method for the effective design of remote work. Given that no systematic approach currently exists that identifies practical solutions for the design of remote work with reasonable effort, this dissertation addresses a significant gap.

Inhaltsverzeichnis

Abbildungsverzeichnis

Tabellenverzeichnis

Formelverzeichnis

Abkürzungsverzeichnis

AR	Augmented-Reality
HRM	Human-Resource-Management
IKR	Informations- und Kommunikationstechnologien
ILO	International Labour Organization
ISCO	International Standard Classification of Occupations
KldB	Klassifikation der Berufe
KMU	Kleine und mittlere Unternehmen
KPI	Key Performance Indicators
MbO	Management by Objectives
MMS	Manufacturing Management System
MOOCs	Massive Online Open Courses
NACE	Nomenclature statistique des activités économiques dans la Communauté européenne
WHM	Workplace Health Management

1 Einleitung

"The future of work will be shaped by the integration of technology and human talent."
- Ginni Rometty, Former CEO of IBM, TED Talk

Unter dem Einfluss verschiedener Entwicklungen wie der Digitalisierung, dem Wettbewerb um Fachkräfte (engl. „War for Talents") und akuten Krisensituationen befindet sich das Verständnis von Arbeit grundlegend im Wandel (s. ZUKUNFTSINSTITUT 2023, S. 3–8). Die COVID-19-Pandemie hat die Defizite in der Digitalisierung von Unternehmen deutlich offengelegt und die Transformation der Arbeitswelt beschleunigt. Trotz öffentlicher Diskussionen über eine mögliche Rückkehr zum physischen Arbeitsplatz hat sich Remote-Work, also die Verrichtung beruflicher Tätigkeiten, die sowohl ortsgebunden als auch ortsungebunden sein können und nicht vollständig am Arbeitsplatz in der Betriebsstätte erfolgen, branchenübergreifend fest etabliert (s. IFO INSTITUT 2024, S. 35). Dieser Wandel hat zu einer zunehmenden Dezentralisierung der Arbeitsleistung geführt (s. SEIBOLD 2023). Flexible Arbeitszeiten, die Beteiligung der Mitarbeitenden an der Arbeitsplanung und -gestaltung sowie ergebnisorientierte Führungspraktiken nehmen in Organisationen weiterhin zu (s. RAJ ET AL. 2023, S. 8). Insbesondere in virtuellen Teams wirkt sich die Verteilung aufgabenorientierter Führungsaufgaben positiv auf Produktivität und Zufriedenheit aus, während eine geteilte beziehungsorientierte Führung tendenziell weniger effektiv ist (s. MAYER ET AL. 2023, S. 101–104). Sowohl Führungskräfte als auch Mitarbeitende erwarten, dass flexible Arbeitsmodelle zukünftige Arbeitsweisen prägen (s. MCPHAIL ET AL. 2024, S. 154f.). In Ermangelung eines systematischen Ansatzes zur Gestaltung von Remote-Work sind produzierende Unternehmen gezwungen, ihre Positionierung zur Remote-Work ohne eine objektive, analytische Grundlage zu finden. Diese Forschungslücke ist ein maßgeblicher Treiber dieses Dissertationsvorhaben. Zuerst wird in Kapitel 1.1. die Ausgangssituation und Problemstellung dargelegt, worauf aufbauend in Kapitel 1.2 die Zielsetzung und Forschungsfrage formuliert wird. Anknüpfend finden in Kapitel 1.3 die wissenschaftstheoretische Einordnung und Forschungskonzeption statt. Abschließend wird in Kapitel 1.4 der Aufbau der Arbeit vorgestellt.

1.1 Ausgangssituation und Problemstellung

Die COVID-19-Pandemie hat erhebliche Veränderungen in der Geschäftswelt ausgelöst und die Notwendigkeit eines neuen Normalzustands verdeutlicht. Sie zwang viele Unternehmen, Tätigkeiten, die zuvor ausschließlich am Unternehmensstandort ausgeführt wurden, plötzlich auf Remote-Work umzustellen. Diese Krisensituation führte zu umfassenden Änderungen der Arbeitsweise, deren langfristige Auswirkungen weiterhin analysiert werden müssen (s. LUND ET AL. 2020, S. 2). Während der COVID-19-Pandemie trugen betriebliche Unterstützungssysteme, Anpassungsfähigkeit an Remote-Work und die Kontrolle über die Arbeitszeitplanung dazu bei, psychische Erschöpfung und beruflichen Stress zu verringern, was das Wohlbefinden der

Mitarbeitenden insgesamt verbesserte (s. Costin et al. 2023, S. 5–6). Mitarbeitende in Unternehmen mit weniger Unterstützung hatten jedoch Schwierigkeiten, was zu geringerer Zufriedenheit, Leistung und zunehmenden Burn-out-Symptomen führte (s. Costin et al. 2023, S. 5–6). Dies unterstreicht die zentrale Rolle und Verantwortung von Organisationen für ihre Mitarbeitenden.

Das Jahr 2020 markierte für Unternehmen die Dringlichkeit einer Neugestaltung der Arbeit, die bis heute anhält und aktuelle Entwicklungen prägt. Der demografische Wandel, gekennzeichnet durch den Generationswechsel in der Geschäftsführung und die steigende Anzahl an Rentner*innen der Babyboomer-Generation, führt zu einem erheblichen Wissensabfluss, dem Verlust von Know-how und Erfahrung, wenn erfahrene Mitarbeitende das Unternehmen verlassen, und stellt diese vor große Herausforderungen hinsichtlich der Sicherung ihrer Wettbewerbsfähigkeit (s. Statistisches Bundesamt 2024). Das Humankapital, also die Fähigkeiten und das Wissen der Mitarbeitenden, ist ein entscheidender Erfolgsfaktor im Wettbewerb (s. Feubli et al. 2016, S. 10).

Ein zentraler Aspekt des demografischen Wandels ist der Wettbewerb um die besten Fachkräfte (vgl. „War for Talents"). Der Abgang erfahrener Mitarbeitender durch den Renteneintritt führt zu einem Wissensverlust, der durch eine strategische Steigerung der Arbeitgeberattraktivität, insbesondere für junge Fachkräfte, mindestens zu Teilen, kompensiert werden kann (s. Speck 2022, S. 22). Unternehmen konkurrieren direkt um Fachkräfte auf dem Arbeitsmarkt, wobei Remote-Work eine zunehmend wichtige Rolle spielt (s. Battisti et al. 2022, S. 39). In einer Umfrage gaben 92 Prozent der Unternehmen an, Remote-Work anzubieten, um attraktiver zu sein (s. Mercer 2023, S. 13). Mitarbeitende bewerten die Flexibilität, die Vereinbarkeit von Beruf und Privatleben sowie die Selbstständigkeit, die Remote-Work ermöglicht, positiv (s. Appinio 2022). Diese Präferenzen spiegeln sich auch in Stellenanzeigen wider, in denen Remote-Work zunehmend als Vorteil hervorgehoben wird (s. Alipour 2023, S. 35), siehe Abbildung 1-1. Nur 7 Prozent der Berufstätigen zeigen kein Interesse an vollständiger oder teilweiser Remote-Work (s. Initiative D21 2024). Der demografische Wandel und der damit verbundene Wissensabfluss gefährden die Wettbewerbsfähigkeit der Unternehmen. Eine gezielte Anpassung an die Bedürfnisse der neuen Generationen und die Implementierung von Remote-Work können zwar nicht den gesamten Wissensverlust kompensieren, aber sie sind wichtige Maßnahmen, um die Attraktivität der Unternehmen auf dem Arbeitsmarkt zu erhöhen und dem Wissensabfluss entgegenzuwirken.

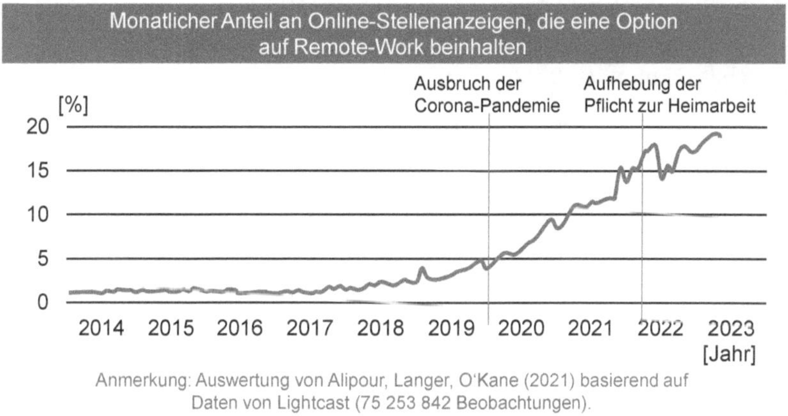

Abbildung 1-1 Online-Stellenanzeigen mit Remote-Work-Option in Deutschland (eigene Darstellung i. A. a. ALIPOUR 2023, S. 35)

Vor der COVID-19-Pandemie lag die Quote von Remote-Work in Deutschland 2019 bei 10 Prozent, wobei sie bis 2023 auf 26 Prozent anstieg (s. IFO INSTITUT 2024). Der Maschinenbau verzeichnete im Februar 2023 einen Anteil von 21,4 Prozent remote arbeitenden Beschäftigten und liegt damit knapp unter dem deutschen Durchschnitt (s. IFO INSTITUT 2024). Diese Entwicklung wird jedoch dadurch relativiert, dass der Anteil von Remote-Work zur absoluten Arbeitszeit gering bleibt. Über ein Drittel der im verarbeitenden Gewerbe tätigen Mitarbeitenden nutzt Remote-Work nur für 1 Prozent bis 10 Prozent ihrer Arbeitszeit (s. IFO INSTITUT 2024). Für Unternehmen, die Fachkräfte gewinnen und ihren Wettbewerbsvorteil stärken wollen, zeigen Prognosen einen klaren Trend: Die Nutzung von Remote-Work im verarbeitenden Gewerbe wird bis Mitte 2025 deutlich zunehmen (s. ZEW 2024).

Die erfolgreiche Gestaltung von Remote-Work erfordert eine grundlegende Anpassung des Arbeitsverständnisses (s. BMBF 2017, S. 2). Eine offene und positive Einstellung zu Remote-Work kann die Leistungsfähigkeit eines Unternehmens erheblich steigern, indem regelmäßige Kommunikation, eine ausgewogene Vereinbarkeit von Beruf und Privatleben sowie die Bereitstellung zugänglicher Technologien gefördert werden (s. RAJ ET AL. 2023, S. 1–2). Flexible Arbeitszeiten und die Beteiligung der Mitarbeitenden an der Arbeitsplanung fördern zudem eine ergebnisorientierte Managementpraxis (s. COSTIN ET AL. 2023, S. 5–6). Diese Vorteile stehen jedoch Herausforderungen gegenüber: Eine der zentralen Herausforderungen ist das Verschwimmen der Grenzen zwischen Beruf und Privatleben, was eine klare Trennung erschwert und die Vereinbarkeit von Berufs- und Privatleben beeinträchtigen kann (s. FISCHER U. ENGEL 2023, S. 18). Die mangelnde physische Präsenz und der fehlende persönliche Kontakt mit Kolleg*innen und Vorgesetzten können zu statischen und isolierten Netzwerken führen, wodurch weniger Brücken zwischen den Bereichen entstehen (s. YANG

ET AL. 2022, S. 43–44). Diese Probleme machen es erforderlich, neue Managementlösungen zu entwickeln, um die Remote-Work-Erfahrung ansprechend und effektiv zu gestalten (s. BONIN ET AL. 2020).

Im Kontext von Remote-Work erweisen sich hierarchische und autoritäre Führungsstile als zunehmend unzeitgemäß (s. LOYLESS 2023, S. 702ff.). Moderne Remote-Work-Konzepte erfordern daher, dass Führungskräfte als Gestaltende und Fördernde auftreten und die Mitarbeitenden zu eigenverantwortlichem Arbeiten befähigen (s. DIRANI ET AL. 2020, S. 384–386). Um trotz räumlicher Distanz effektiv präsent zu sein, müssen Führungskräfte innovative Wege für Vernetzung, Kooperation und Aufgabenerfüllung entwickeln (s. LANDES ET AL. 2020, S. 33–35).

Die Implementierung von Remote-Work gestaltet sich insbesondere in produzierenden Unternehmen, also solchen, die physische Güter herstellen, als herausfordernd. Diese Unternehmen beschäftigen sowohl Mitarbeitende in manuellen Berufen als auch in administrativen Positionen. Tätigkeiten in manuellen Berufen, die aufgrund der Nutzung bestimmter Maschinen oder der Erbringung von Dienstleistungen physisch an Produktionsstätten gebunden sind, eignen sich meist nicht für Remote-Work (s. LUND ET AL. 2020). Eine zentrale Herausforderung besteht darin, Mitarbeitende zu identifizieren, die für Remote-Work geeignet sind, wobei die Eignung stark von den spezifischen Tätigkeiten abhängt (s. KACZYNSKA U. KÜMMERLING 2021, S. 83–88). Obwohl die Anforderungen an Remote-Work-Konzepte für produzierende Unternehmen komplex sind, können sie die Attraktivität für Fachkräfte erhöhen, Digitalisierungsvorhaben beschleunigen und die Wettbewerbsfähigkeit stärken.

Zusammengefasst zeigt sich, dass eine erfolgreiche Implementierung von Remote-Work nicht nur technologische und organisatorische Anpassungen erfordert, sondern auch eine grundlegende Veränderung der Führungsphilosophie und der Unternehmenskultur. Die sorgfältige Abwägung der damit verbundenen Chancen und Herausforderungen verdeutlicht die Notwendigkeit eines integrativen Ansatzes, der sowohl technische als auch menschliche Aspekte berücksichtigt. Nur durch die ganzheitliche Betrachtung dieser Faktoren kann Remote-Work sowohl für Mitarbeitende als auch für Unternehmen nachhaltig und effektiv gestaltet werden.

1.2 Zielsetzung und Forschungsfrage

Um die Wettbewerbsfähigkeit langfristig zu sichern, von den Vorteilen zu profitieren und den Nachteilen vorzubeugen, ist die systematische Gestaltung von Remote-Work in produzierenden Unternehmen zentral. Für eine langfristig erfolgreiche Verankerung von Remote-Work müssen Remote-Work-Konzepte auf die Anforderungen der heterogenen Tätigkeitsarten in produzierenden Unternehmen ausgerichtet und unternehmensspezifisch sowie proaktiv gestaltet werden. Vor diesem Hintergrund der beschriebenen Ausgangssituation und Problemstellung bildet die Entwicklung einer Gestaltungsmethode für Remote-Work in produzierenden Unternehmen das zentrale

Ziel der vorliegenden Dissertationsschrift. In dieser Dissertationsschrift wird ein systematisches Vorgehen entwickelt, anhand dessen unternehmensspezifisch praxisnah Maßnahmen abgeleitet werden, um Remote-Work in produzierenden Unternehmen zu gestalten. Dabei liefert das Gestaltungsmodell Hilfestellung für die spezifischen Gestaltungsschwerpunkte von Remote-Work im konkreten Anwendungsfall. In Bezug auf die Zielsetzung ergibt sich folgende zentrale Forschungsfrage:

Wie ist eine Gestaltungsmethode von Remote-Work in produzierenden Unternehmen zu gestalten?

Die zentrale Forschungsfrage wird durch die folgenden vier untergeordneten Forschungsfragen handlungsleitend detailliert:

1. *Was sind die relevanten betrieblichen Gestaltungsparameter zur Beschreibung von Remote-Work-Konzepten?*
2. *Was sind remotefähige Tätigkeitsmerkmale in produzierenden Unternehmen?*
3. *Welche Wirkungsbeziehungen bestehen zwischen remotefähigen Tätigkeitsmerkmalen und betrieblichen Gestaltungsparametern von Remote-Work-Konzepten?*
4. *Welche Handlungsempfehlungen können hierfür identifiziert und wie kann eine Gestaltungsmethode von Remote-Work in produzierenden Unternehmen systematisiert werden?*

Die im Rahmen der Dissertationsschrift untersuchte zentrale Forschungsfrage mit den korrespondierenden untergeordneten Forschungsfragen trägt entscheidend zur Realisierung der definierten Zielsetzung bei. Die erarbeitete Gestaltungsmethode adressiert die in der Praxis auftretenden Herausforderungen und ermöglicht eine systematische Gestaltung.

1.3 Wissenschaftstheoretische Einordnung und Forschungskonzeption

Die Wissenschaftstheorie umfasst ein breites Spektrum von Bemühungen, die darauf abzielen, grundlegende Fragen im Zusammenhang mit wissenschaftlichem Denken und dessen Rolle in der Gesellschaft zu beantworten (s. ULRICH U. HILL 1976, S. 304–305). Die Untersuchungen reichen von der Analyse des Wesens und Zwecks wissenschaftlichen Denkens in der Wirtschaftsphilosophie bis zur institutionellen Verankerung der Wissenschaft als gesellschaftliche Funktion in der Wissenschaftssoziologie. Dabei dient der Begriff der Wissenschaftstheorie als Oberbegriff für eine Vielzahl von Disziplinen, die teilweise miteinander verbunden sind. (s. ULRICH U. HILL 1976, S. 305). Der in diesem Kontext zu betrachtende Begriff der „Wirklichkeitswissenschaft" bezeichnet eine empirische Forschungsrichtung, die sich von rein naturwissenschaftlichen Ansätzen abgrenzt und zugleich metaphysische Implikationen aufweist (s. SIGWART 2007, S. 381–382). Im Rahmen der Organisationswissenschaft existieren diverse Ansätze, um die komplexe Natur von Organisationen zu erfassen und zu erklären. Hierbei sind Konzepte wie die Organisation als Organismus, die Betonung organisatorischer Bedürfnisse, die Berücksichtigung der Umwelt und die Offenheit von Organisationen als Systeme von entscheidender Bedeutung. (s. MORGAN 1996, S. 11ff.) Dabei konkurrieren verschiedene theoretische Perspektiven und Ansätze ohne Vorherrschaft eines einheitlichen Paradigmas (s. SCHREYÖGG U. GEIGER 2024, S. 419). Neben methodischen Debatten zur Vorgehensweise in der Organisationstheorie ist auch die Positionierung des Untersuchungsgegenstands von Interesse. Die Komplexität des Phänomens führt zu Unklarheiten in der Beantwortung grundlegender Fragen, wobei unterschiedliche Leitbilder der Organisationstheorie verschiedene Lösungsansätze bieten. (s. SCHREYÖGG U. GEIGER 2024, S. 420)

Dabei stellt die Auswahl der zu erforschende Probleme einen zentralen Aspekt der Wissenschaft dar. Grundlagenwissenschaftler*innen fokussieren Rätsel und Diskrepanzen zwischen Theorien und Beobachtungen, während in der angewandten Wissenschaft praktische Probleme aus der realen Welt von Wissenschaftler*innen gelöst werden (s. ULRICH 1981, S. 5). Die zugrundeliegende Motivation dieses Dissertationsvorhabens ergibt sich aus der Notwendigkeit, bestehende theoretische Konzepte in die betriebliche Realität zu überführen. Zentrales Ziel der Dissertationsschrift bildet die Entwicklung einer Gestaltungsmethode von Remote-Work in produzierenden Unternehmen. Angesichts der bestehenden Diskrepanzen zwischen theoretischem Fundament und praktischer Umsetzung wird ein handlungsorientierter Forschungsansatz verfolgt (s. ULRICH 1981, S. 5). Aufgrund der interdisziplinären Natur und Fähigkeit, komplexe Gestaltungsprobleme zu adressieren, erweist sich der systemtheoretische Ansatz von ULRICH U. HILL (1976, S. 308) als geeignet. Zur Detaillierung wird folgend die Wissenschaftssystematik dargelegt (s. ULRICH U. HILL 1976, S. 305) und in Abbildung 1-2 visualisiert.

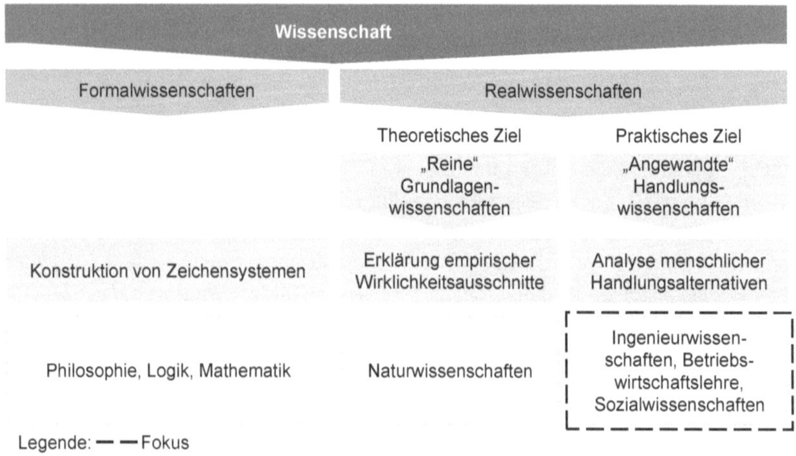

Abbildung 1-2 Wissenschaftssystematik (eigene Darstellung i. A. a. ULRICH U. HILL 1976, S. 305)

In der Wissenschaftssystematik nach ULRICH U. HILL (s. 1976, S. 5) werden die Wissenschaften in Formal- und Realwissenschaften unterschieden. Der Fokus der Formalwissenschaften liegt auf der Entwicklung und Analyse von formalen Sprachen. In akademischen Disziplinen findet sich diese in Philosophie, Logik und Mathematik. Der Bereich der Realwissenschaften konzentriert sich darauf, wie im Namen hervorgehoben, empirisch erfahrbare Ausschnitte der Realität zu beschreiben, zu erklären und zu gestalten. (s. ULRICH U. HILL 1976, S. 5) Die Realwissenschaften werden in Grundlagen- und Handlungswissenschaften unterschieden, begründet im theoretischen oder praktischen Ziel. Während die Grundlagenwissenschaften anstreben, fundamentale Prinzipien und Modelle zur Erklärung von Phänomenen in der Natur zu entwickeln, konzentrieren sich die Handlungswissenschaften auf die Anwendung zur Lösung realer Herausforderungen in der Praxis (s. ULRICH U. HILL 1976, S. 5). In akademischen Disziplinen finden die Grundlagenwissenschaften vorrangig in den Naturwissenschaften ihre Anwendung, während die Handlungswissenschaften u. a. den Disziplinen der Ingenieurwissenschaften und der Betriebswirtschaftslehre zuzuordnen sind. (s. ULRICH U. HILL 1976, S. 5) Die aufgeführte Ausgangssituation, Problemstellung und Zielsetzung mit dem aufgeführten Praxisproblem dieser Dissertationsschrift befindet sich an der Schnittstelle der Ingenieurwissenschaften und Betriebswirtschaftslehre. Die Dissertationsschrift wird im Kontext der Wissenschaftssystematik den Handlungswissenschaften zugeordnet.

Anschließend an die Einordnung der Dissertationsschrift in die Wissenschaftssystematik, als Verortung des Blickwinkels der Ergebnisse, wird folgend die Herangehensweise zur Erkenntnisbildung vorgestellt. Die übergreifende Herangehensweise an die Forschung dieser Dissertationsschrift stützt sich auf den explorativen Forschungsprozess nach KUBICEK (1977, S. 13ff.). Die Exploration, charakterisiert durch eine erkundende und erforschende Natur, bezieht sich auf das Schaffen neuer Ideen sowie die Gewinnung innovativer Ergebnisse und Zusammenhänge (s. KUBICEK 1977, S. 13). Umsetzung wird dies in der konstruktionsstrategisch-empirischen Forschung, bei welcher der „traditionelle“ Ansatz der Hypothesenprüfung durch theoretisch geleitete Fragen ersetzt wird (s. KUBICEK 1977, S. 14). Das Forschungsdesign unterstützt dabei das Ziel, Erfahrungswissen durch theoretisch geleitete Fragen zu gewinnen. Forschung wird als ein wiederholter Lernprozess betrachtet, bei dem aufgrund des bestehenden Erfahrungswissens, theoretische Fragestellungen präzise erfasst und definiert werden (s. KUBICEK 1977, S. 14–15). Im iterativen Lernprozess der konstruktionsstrategisch-empirischen Forschung wird die Trennung zwischen Entdeckungs- und Begründungszusammenhang aufgelöst. Die Formulierung von Annahmen und Fragen sowie die kritische Reflexion des gewonnenen Erfahrungswissens nehmen dabei eine zentrale Rolle ein.

Wird der Forschungsprozess detailliert, nimmt die forschende Person den Zentralpunkt des heuristischen Bezugsrahmens ein, da er durch Vorverständnis den Forschungsprozess prägt (s. KUBICEK 1977, S. 15). Ein heuristischer Bezugsrahmen der forschenden Person bezieht sich auf die methodischen und konzeptionellen Werkzeuge, die

die forschende Person während des Forschungsprozesses verwendet, um Probleme zu verstehen, Fragen zu formulieren und Daten zu analysieren. Überdies identifiziert die forschende Person die Fragen der Realität und sammelt Daten unter Einbezug Betroffener (s. KUBICEK 1977, S. 15–16). Durch intensive Interaktionen mit Unternehmen der produzierenden Industrie erfüllt die Autorin die Anforderungen an ein exploratives Forschungsvorgehen. Besonders hervorzuheben ist das Forschungsprojekt „DecentraLEAD“, welches von der Autorin als Projektleiterin betreut wurde (s. Anhang A3). Der Forschungsprozess wurde parallel zur Tätigkeit der Autorin im Bereich Business Transformation am FIR e. V. an der RWTH Aachen, einem An-Institut, durchgeführt. Zu den Aufgaben der Autorin gehörten unter anderem die Durchführung zahlreicher Forschungs- und Industrieprojekte, die direkt auf das Dissertationsvorhaben einzahlten. Dadurch konnte umfangreiches Erfahrungswissen über die Umsetzung und Steuerung von Transformationsprojekten, die Zusammenarbeit zwischen Mensch und Maschine sowie die Flexibilisierung adaptiver Produktions- und Arbeitsumgebungen erlangt werden. Als Leiterin der Fachgruppe „Digital Leadership" konnte die Autorin die Fragestellungen dieser Dissertationsschrift während des Forschungsprozesses direkt in Forschungs- und Beratungsprojekten sowie internen Entwicklungsprojekten integrieren und eine kontinuierliche Integration der betrieblichen Praxis sicherstellen.

Die Strategie der angewandten Forschung nach ULRICH (1981, S. 19ff.) bildet die Herangehensweise zur Erkenntnisbildung. Nach ULRICH (1981, S. 19f.) beginnt der Forschungsprozess mit einem konkreten Praxisproblem und beinhaltet die fortlaufende Anwendung der erstellten Modelle in der betrieblichen Praxis. Theorien werden in erster Linie als Informationsquellen betrachtet. Die forschende Person wird von ULRICH (1981) ermutigt, eine kontinuierliche Verbindung zur Praxis herzustellen, damit die Forschungsergebnisse praxisgerechtes Handeln ermöglichen. Die angewandte Forschungsstrategie, kombiniert mit dem erforschenden Prozess, bildet die übergeordnete Forschungsstrategie dieser Arbeit, die durch spezifische Forschungs- und Modellierungsmethoden umgesetzt wird.

1.4 Aufbau der Arbeit

Die Herangehensweise zur Erkenntnisbildung nach ULRICH (1981, S. 19f.) fungiert als strukturierendes Element der Dissertationsschrift. Basierend auf den vorherigen Ausführungen ergeben sich verschiedene Implikationen bezüglich des Forschungsprozesses der Dissertationsschrift. Folgend wird der Aufbau der Arbeit und die in Verbindung stehenden Strukturelemente schrittweise detailliert, wie in Abbildung 1-3 dargestellt. Nachfolgend werden die sieben Kapitel der Dissertationsschrift erläutert.

Strategie der angewandten Forschung nach ULRICH		Kapitel der Dissertationsschrift	
Grundlagen	▪ Erfassung und Typisierung praxisrelevanter Probleme ▪ Erfassung und Interpretation problemrelevanter Theorien und Grundlagen	Beschreibung der Begriffe, Objekte und Sachverhalte in der Realität	**Kapitel 1** Einleitung **Kapitel 2** Terminologische Grundlagen
	▪ Erfassung und Spezifizierung problem-relevanter Verfahren der Formalwissenschaften ▪ Erfassung und Untersuchung des relevanten Anwendungszusammenhangs	Anforderungen an Lösungsmöglichkeiten und Abgrenzung zu bestehenden Arbeiten	**Kapitel 3** Stand der Forschung
Modell-entwicklung	▪ Ableitung von Beurteilungskriterien, Gestaltungsregeln und -modellen	Entwicklung des Modells	**Kapitel 4** Konzeption der Gestaltungsmethode **Kapitel 5** Detaillierung der Gestaltungsmethode
Validierung	▪ Prüfung der Regeln und Modelle im Anwendungszusammenhang ▪ Beratung und Implementierung in der Praxis	Überprüfung der Übertragbarkeit auf die Realität	**Kapitel 6** Validierung in der betrieblichen Praxis **Kapitel 7** Zusammenfassung und Ausblick

Abbildung 1-3 Aufbau der Dissertationsschrift in Anlehnung an die Strategie der angewandten Forschung (eigene Darstellung i. A. a. ULRICH 1981, S. 20 Original leicht ergänzt)

Den Ausgangspunkt bildet Kapitel 1, in welchem die Ausgangssituation und Problemstellung sowie die Zielsetzung und die Forschungsfrage dargelegt wird. Die wissenschaftstheoretische Einordnung und Forschungskonzeption legen den Forschungsprozess ab, nach welchem der Erkenntnisgewinn der Dissertationsschrift umgesetzt wird. In Kapitel 2 werden die terminologischen Grundlagen, entlang der im Titel aufgezeigten Schwerpunkte, definiert. Ferner wird der Untersuchungsbereich abgegrenzt. Abschließend findet die betriebstypologische Einordnung des Untersuchungsraums statt, welcher damit definiert und konkretisiert wird. Die umfangreiche Analyse des aktuellen Stands der Forschung erfolgt in Kapitel 3. Das Eingrenzen von vier Suchräumen ermöglicht die detaillierte, disziplinübergreifende Identifikation und Analyse bestehender Literatur und das Aufzeigen der konkreten Forschungslücke. Die Literaturanalysen bilden das Fundament für die spätere Modellentwicklung. In Kapitel 4 findet die Konzeption der Gestaltungsmethode statt. Zuerst wird der theoretische Bezugsrahmen erläutert, gefolgt von der Darlegung der methodischen Grundlagen. Die formal-konzeptionellen und inhaltlichen Anforderungen an die zu entwerfende Modelle werden dargelegt, welche die Grundlagen für das Lösungskonzept bilden.

Darauffolgend findet in Kapitel 5 die Konzeption der Gestaltungsmethode entlang der Partialmodelle statt. Hier werden zuerst zwei Beschreibungsmodelle entwickelt, was zum einen die Beschreibung betrieblicher Gestaltungsparameter für Remote-Work umfasst. Zum anderen werden remotefähige menschliche Tätigkeiten in produzierenden Unternehmen erläutert. Aufbauend werden in einem Erklärungsmodell die Wirkungsbeziehungen zwischen den betrieblichen Gestaltungsparametern für Remote-Work und den remotefähigen menschlichen Tätigkeiten in produzierenden Unternehmen anhand von Intensitätskennziffern hergeleitet. Im Gestaltungsmodell werden Maßnahmen und deren unternehmensspezifische Wirkung identifiziert. Die Gestaltungsmethode für Remote-Work in produzierenden Unternehmen führt die Partialmodelle zusammen, was ein praxisorientiertes Vorgehen darstellt. Die Validierung der Gestaltungsmethode sowie der Partialmodelle in der betrieblichen Praxis erfolgt in Kapitel 6. Es werden, anhand der Anwendung von Fallbeispielen in der industriellen Praxis, die formal-konzeptionellen sowie inhaltlichen Anforderungen an die Modelle konkretisiert und überprüft. Abschließend werden in Kapitel 7 die zentralen Ergebnisse zusammengefasst resümiert und die Bedeutung für die betriebliche Praxis ausgeführt. Ergänzend werden Limitationen sowie zukünftige Forschungsaktivitäten aufgezeigt.

2 Terminologische Grundlagen und Einordnung des Untersuchungsbereichs

In diesem Kapitel erfolgen die Beschreibung und Definition der grundlegenden Begrifflichkeiten dieser Dissertationsschrift zur Gewährleistung eines einheitlichen Begriffsverständnisses als wesentliche Voraussetzung zur Bearbeitung der Forschungsfrage. In Kapitel 2.1 werden zunächst die für diese Dissertationsschriftrelevanten Grundbegriffe als Definition von produzierenden Unternehmen geklärt. Im Anschluss werden die für das weitere Verständnis notwendigen Inhalte von Remote-Work in Kapitel 2.2. sowie der Methodenbegriff zu Gestaltungsmethoden in Kapitel 2.3 vermittelt. Aufbauend auf den terminologischen Grundlagen wird der Untersuchungsbereich, als Rahmen für die weiteren Ausführungen, in Kapitel 2.4 eingegrenzt.

2.1 Produzierende Unternehmen

Den branchenspezifischen Betrachtungsbereich dieser Dissertationsschrift bildet die produzierende Industrie. In Kapitel 2.1.3 wird daher der Betrachtungsbereich der produzierenden Unternehmen abgegrenzt und eine geeignete Definition erarbeitet. Darüber hinaus wird in Kapitel 2.1.4 anhand verschiedener Strukturierungsansätze die Betriebsorganisation in produzierenden Unternehmen beleuchtet, welche ein zentrales Element für die betriebstypologische Einordnung der Prädikatskategorie liefert.

2.1.1 Betrachtungsbereich *Produzierende Unternehmen*

Die Volkswirtschaft wird anhand der Sektorentheorie nach den verschiedenen wirtschaftlichen Tätigkeiten in drei Sektoren unterteilt: den Primär-, Sekundär- und Tertiärsektor (s. POHL 1970, S. 313; CLARK 1957; NAUZE u. FISHER 1936). Der primäre Sektor umfasst die Produktion materieller Güter organischer Natur, der sekundäre Sektor die Verarbeitung materieller Güter sowie anorganischer Urprodukte und der tertiäre Sektor die Erbringung immaterieller Güter, wie folgend in Abbildung 2-1 aufgeschlüsselt. Einzelwirtschaftliche Aktivitäten werden den drei Wirtschaftssektoren zugeordnet, wobei Branchen Untergruppen mit ähnlichen Merkmalen an Produktart- und -erstellung bilden (s. KULKE 2017, S. 24). Produzierende Unternehmen werden nach der Sektorentheorie dem sekundären Sektor zugeschrieben, in welchem Sachgüter bearbeitet und verarbeitet werden.

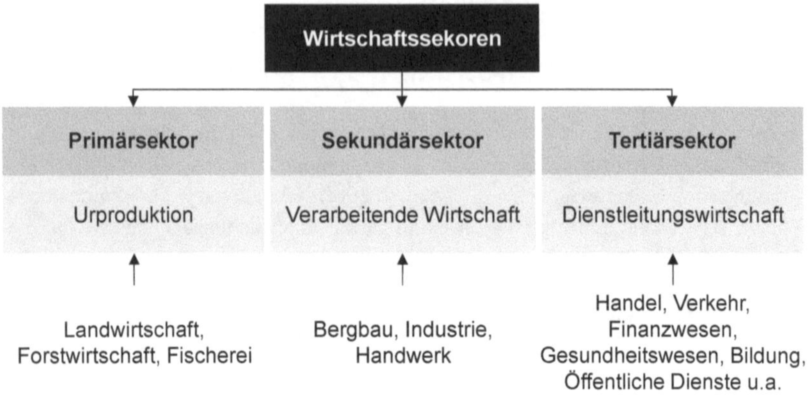

Abbildung 2-1 Sektorale Gliederung der Wirtschaft (eigene Darstellung, Inhalt basierend auf KULKE 2017, S. 24)

Eine detaillierte Betrachtung nach Wirtschaftszweigen bietet die „Nomenclature statistique des activités économiques dans la Communauté européenne“ (NACE), welche ein System zur Klassifizierung von Wirtschaftszweigen in der Europäischen Gemeinschaft bildet (s. STATISTISCHES BUNDESAMT 2008, S. 19). Unternehmen des produzierenden Gewerbes werden, entsprechend der Klassifikation der Wirtschaftszweige des Statistischen Bundesamts Ausgabe 2008, den Abschnitten B „Bergbau und Gewinnung von Steinen und Erden“ und C „Verarbeitendes Gewerbe/Herstellung von Waren“ zugeordnet. Die Produktion wird als ein betrieblicher Wertschöpfungsprozess verstanden, bei welchem Materialien, Dienste, Rechte oder Informationen transformiert werden (s. SCHUH U. SCHMIDT 2014, S. 2). Produzierende Unternehmen zeichnen sich durch die Verarbeitung von Ausgangsmaterial zu neuen Waren aus, wobei eine substanzielle Veränderung oder Veredelung erfolgt (s. BAFA 2013, S. 6). Die Veränderung oder Veredelung von Stoffen oder Teilen in Waren kann sowohl mechanisch und physikalisch als auch chemisch erfolgen (s. BPB 2016), wobei die Herstellung tatsächlicher neuer Waren, durch die wirtschaftliche Tätigkeit bestimmt wird (s. BAFA 2013, S. 6).

Definition | Produzierende Unternehmen

Als produzierende Unternehmen werden folgend alle dem verarbeitenden und produzierenden Gewerbe zugehörigen Unternehmen nach NACE (s. STATISTISCHES BUNDESAMT 2008, S. 19) verstanden, welche sich durch von Menschen gesteuerte Gütertransformation anhand von bewusst gesteuerten Prozessen auszeichnen (s. DYCKHOFF 2003, S. 4).

2.1.2 Betriebsorganisation in produzierenden Unternehmen

Im Rahmen der Organisationsgestaltung bildet die Arbeitsteilung die Basis zur Regelung der betrieblichen Aufgabenerfüllung (s. SCHULTE-ZURHAUSEN 2010, S. 50). Im klassischen Analyse-Synthese-Konzept (s. Kapitel 4.1.4) werden die Aufbau- und Ablauforganisation anhand von Teilaufgaben aufbauend auf der Aufgabenanalyse auf Stellen und Abteilungen verteilt (s. KOSIOL 1976, S. 32–33). Die Aufbauorganisation, geprägt durch die Aufgabenanalyse, bildet die jeweiligen Hierarchien anhand der Über- und Unterordnung zwischen den Stellen der Organisation (s. SCHULTE-ZURHAUSEN 2010, S. 47). Ergänzend bildet die Ablauforganisation die zeiträumliche Strukturierung (s. KOSIOL 1976, S. 32). Auf den Ergebnissen der Aufgabenanalyse aufbauend, stellt die Hierarchiebildung die Arbeitsteilung in den Fokus. Im klassischen Analyse-Synthese-Ansatz bilden Stellen funktionale Spezialisierung. Dieser klassische Ansatz vernachlässigt die stellenübergreifenden Abläufe von Geschäftsprozessen, wie beispielsweise den Material- und Informationsfluss von Kundenbestellungen (s. SCHULTE-ZURHAUSEN 2010, S. 47–48). Aktuelle Konzepte der Organisationsgestaltung fokussieren die effiziente Abwicklung betrieblicher Aufgaben und kompletter Geschäftsprozesse, auch prozessorientierte Organisationsgestaltung genannt (s. GAITANIDES 2007, S. 31). Im Gegensatz zum klassischen Ansatz, in welchem entlang der Aufgabenanalyse Funktionsbereiche zusammengefasst werden, fokussiert der prozessorientierte Ansatz die ganzheitliche bestmögliche Gestaltung von zusammenhängenden Abläufen (s. SCHULTE-ZURHAUSEN 2010, S. 48–49), dargestellt in der folgenden Abbildung 2-2.

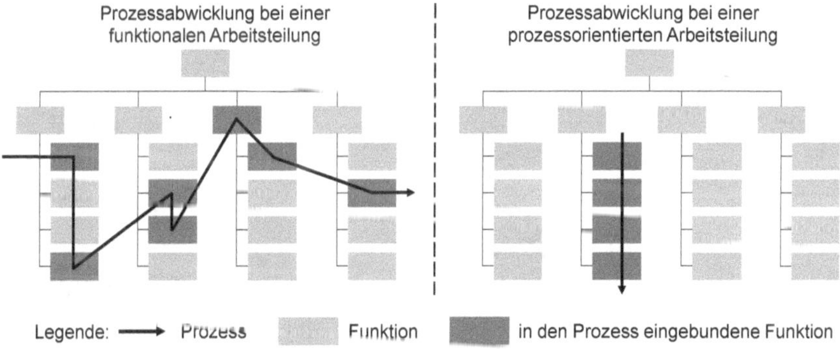

Abbildung 2-2 Prozessabwicklung bei einer funktionalen und prozessorientierten Arbeitsteilung (eigene Darstellung i. A. a. SCHULTE-ZURHAUSEN 2010, S. 47–48)

Die Spezialisierung der Stellen in der Organisation findet sowohl verrichtungsorientiert und funktional als auch Objekt-Produkt-bezogen statt (s. KIESER U. KUBICEK 2020, S. 184). Im Produktionsbereich ermöglicht die verrichtungsorientierte Arbeitsteilung durch eine Verengung der Tätigkeitsbereiche die Erhöhung der individuellen Produktivität. In der Betriebswirtschaft existieren verschiedene Ansätze zur Beschreibung der verrichtungsorientierten Funktionen eines Unternehmens. Produktion, Absatz und Finanzen werden als Grundfunktionen verstanden. Unter Einbezug verschiedener Entwicklungen umfassen die Grundfunktionen heute die Beschaffung, Produktion und

Vertrieb, welche durch die unmittelbare Wertschöpfung im Unternehmen charakterisiert werden (s. RINGLSTETTER 1997, S. 46–47). Die Beschaffung umfasst zum einen die Gewinnung von Rohstoffen, den Erwerb von Fertigerzeugnissen und zum anderen die Akquisition aller weiteren Produktionsfaktoren. Produktionsfaktoren umfassen sowohl Werkstoffe und Betriebsmittel als auch Arbeit (s. KUMMER ET AL. 2009, S. 88–91; WITTE 2009, S. 23). Die beschafften Güter werden in der Produktion in eine betriebliche Leistung umgewandelt, welche sowohl ein materielles Gut als auch eine Dienstleistung umfassen kann (s. BAUERNHANSL U. MIEHE 2020, S. 3–4). Die produzierte betriebliche Leistung wird im Vertrieb an den Kunden veräußert (s. BALZER ET AL. 2020, S. 42).

Neben den Grundfunktionen bilden die Querschnitts- und Servicefunktionen die Funktionen, welche nicht unmittelbar mit der Wertschöpfung im Unternehmen verknüpft sind, aber zur Erhaltung der Grundfunktionen notwendig sind (s. WITTE 2009, S. 23; SCHUH ET AL. 2012, S. 6). Die Informationsakquise, -bereitstellung und -verteilung stehen bei der Funktion der Information im Fokus. Heute sind diese klassischerweise im Bereich IT verortet (s. KÄNEL 2018, S. 31–34). Der unternehmensinterne und überbetriebliche Fluss von Wertströmen wird oder ist in der Logistik verankert. Das Personalmanagement bündelt die Aufgaben der Personalverwaltung und Beschaffung. Die strategische Entscheidungsfindung und Führung des Unternehmens finden sich in der Unternehmensleitung (s. KÄNEL 2018, S. 31–34). Auch diese wird als eigene Hauptkategorie eingeordnet. Je nach betriebswirtschaftlicher Lehrgrundlage werden sowohl die Finanzierung als auch Forschung und Entwicklung als Grund- oder Querschnittsfunktion eingeordnet (s. KÄNEL 2018, S. 32).

Definition | Funktion

Funktionen bilden einen abgegrenzten Aufgabenbereich im Unternehmen. Im Systemdenken bilden Input, Output und Funktion die Systemgrenzen (s. SCHULTE-ZURHAUSEN 2010, S. 35). Grundfunktionen umfassen die Beschaffung, Produktion und Absatz. Querschnitts- und Servicefunktionen sind nicht an die unmittelbare Wertschöpfung geknüpft und umfassen die Unternehmensleitung, Information, Logistik und Personalmanagement (s. WITTE 2009, S. 23).

Die Prozessorganisation ist zentral vom Begriff des Prozesses geprägt. Ein Prozess umfasst die zielgerichtete Erstellung einer Leistung oder Veränderung eines Objekts, umgesetzt durch eine zeitliche Folge von Aktivitäten, durchgeführt unter spezifischen Regeln (s. SCHULTE-ZURHAUSEN 2010, S. 51). Die Vorgänge, entlang vorgegebener Aufgaben und erreicht durch menschliche Arbeit, werden als Arbeitsprozess verstanden (s. KOSIOL 1976, S. 185–186). Der Arbeitsprozess ist durch verschiedene Elemente charakterisiert (s. SCHULTE-ZURHAUSEN 2010, S. 52–53) (s. folgende Abbildung 2-3). Der auf die Erreichung eines Ziels ausgerichtete Prozess beinhaltet die Transformation von Input zu einem definierten Output. Die Differenz zwischen dem Wert des Inputs und Outputs wird als Wertschöpfung beschreiben. Der Input stammt aus einer oder mehreren Quellen, welcher nach der Wertschöpfung an eine oder mehrere

Senken als Prozessergebnis weitergegeben wird. Die Wertschöpfung, als Transformation des Inputs, erfolgt schrittweise anhand von Prozessaktivitäten. Prozessaktivitäten stellen den Kern der Prozessabwicklung dar und werden als Verrichtung unterschiedlicher Tätigkeiten an Objekten, auf die sich diese Tätigkeiten beziehen, definiert (s. KOSIOL 1976, S. 47ff.). Vollzogen wird der Prozess durch die Arbeitsperson, den Menschen und Betriebsmittel. Arbeitsprozesse sind zweck- und kundenbezogen. (s. SCHULTE-ZURHAUSEN 2010, S. 52–53)

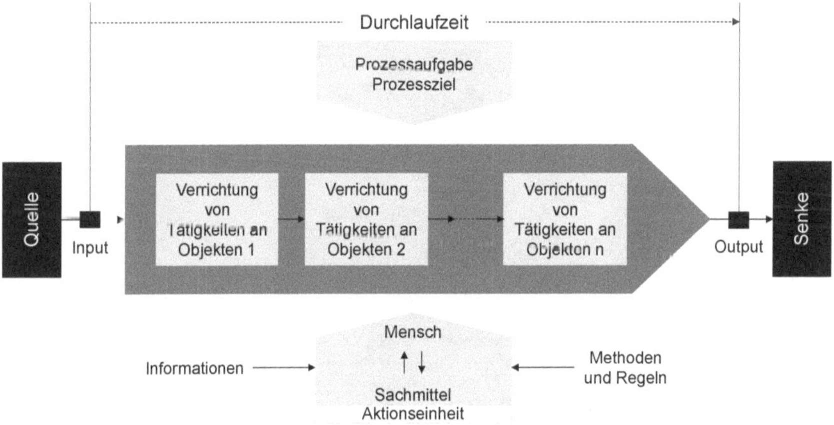

Abbildung 2-3 Elemente eines Arbeitsprozesses (eigene Darstellung i. A. a. SCHULTE-ZURHAUSEN 2010, S. 52)

Unterschieden werden Arbeitsprozesse in der organisatorischen Prozessgestaltung anhand des Prozessgegenstands, der Art der Tätigkeit und dem Marktbezug (s. SCHULTE-ZURHAUSEN 2010, 54ff.). Mit Schwerpunkt auf den Prozessgegenstand werden materielle und informationelle Prozesse unterschieden. Körperliche Vorgänge mit physischen Objekten werden als materielle Prozesse, die Verarbeitung und der Austausch von Informationen als informationelle Prozesse bezeichnet. Management- und operative Prozesse unterscheiden sich nach ULRICH ET AL. (1984, S. 106) anhand der Art der Tätigkeit. Während operative Prozesse die eigentliche Leistungserstellung fokussieren, umfassen Managementprozesse die Planung, Kontrolle und Maßnahmenidentifikation von Zielen sowie die Mitarbeitendenführung (s. SCHULTE-ZURHAUSEN 2010, S. 55). In Anlehnung an die Systematik von PORTER (2014, S. 67) differenziert der Marktbezug Primär- und Unterstützungsprozesse. Primärprozesse oder Kernprozesse stellen durch die Erstellung, Vermarktung und Betreuung eines Produkts die Betriebsbereitschaft sicher und sind unmittelbar an der Wertschöpfung beteiligt. Unterstützungsprozesse, welche sekundäre Prozesse und Innovationsprozesse einbeziehen, gewährleisten die Betriensbereitschaft durch kontinuierliche Ausführung.

Neben den Prozessarten werden die Arbeitsprozesse im Rahmen der prozessorientierten Organisationsgestaltung anhand verschiedener Auflösungsstufen heruntergebrochen (s. SCHULTE-ZURHAUSEN 2010, S. 58). Geschäftsprozesse bilden hierbei den Ausgangspunkt und werden als *„eine Kette funktional zusammenhängender Aktivitäten […], die zur Erstellung und Vermarktung eines Produkt […], zur Steuerung und Verwaltung von Ressourcen und zur Beeinflussung der Umwelt […] miteinander in Form einer Prozesskette"* (SCHULTE-ZURHAUSEN 2010, S. 58) verknüpft sind, verstanden. Die mit den Geschäftsprozessen verbundenen technischen und ökonomischen Aktivitäten in einem Unternehmen werden in Form der Wertkette nach PORTER (2014, S. 63ff.) dargestellt. Danach wird jedes produzierende Unternehmen durch Entwurf, Herstellung, Vertrieb, Auslieferung und Unterstützung des Produkts, eine Ansammlung an Wertaktivitäten, charakterisiert. In der Wertkette eines produzierenden Unternehmens werden die Tätigkeiten eingeordnet und bilden die Grundlage eines jeden Unternehmens. Die Modell-Wertkette nach PORTER (2014, S. 63–64) setzt sich aus neun Grundtypen von Wertaktivitäten zusammen (s. folgende Abbildung 2-4).

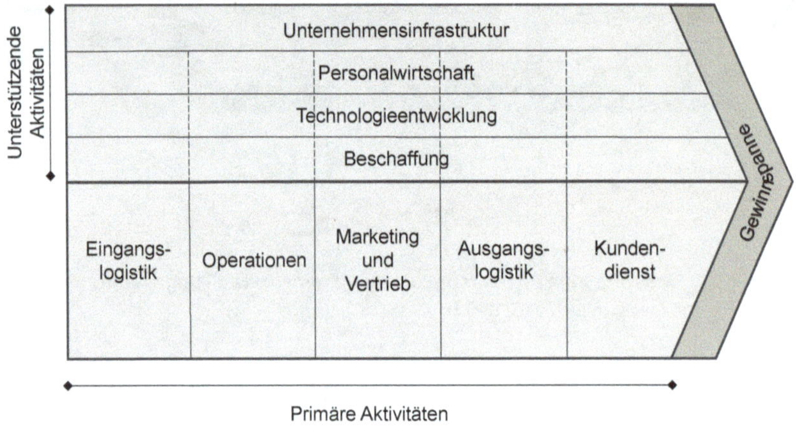

Abbildung 2-4 Modell einer Wertkette (eigene Darstellung i. A. a. PORTER 2014, S. 64)

Die Wertkette eines Unternehmens ist abhängig von verschiedenen Faktoren, wie der Branche, den Artikeln, den geografischen Bereichen oder den Distributionskanälen (s. PORTER 2014, S. 66–67). Die Gewinnspanne setzt sich aus physischen und technologischen Aktivitäten zusammen. Korrespondierend zu der oben beschriebenen prozessorientierten Organisationsgestaltung werden Wertaktivitäten nach primären und unterstützenden Aktivitäten unterschieden. Hierzu wird der jeweils gekaufte Input, die menschlichen Ressourcen und Technologien, eingesetzt. Primäre Aktivitäten umfassen die physische Herstellung des Produkts, unterstützende Aktivitäten halten die primären Aktivitäten aufrecht (s. PORTER 2014, S. 67). Die Ausführung der Wertaktivitäten entscheidet als Bausteine des Wettbewerbsvorteils darüber, wie die Abnehmerbedürfnisse befriedigt werden und damit die Unterscheidung zu Konkurrenten ausfällt.

Definition | Prozess

Geschäftsprozesse werden bei der Erstellung und Vermarktung eines Produkts, als eine Kette funktional zusammenhängender Aktivität, in Form einer Prozesskette, verstanden. Es werden verschiedene Arten an Arbeitsprozessen differenziert: (1) materielle und informationelle Prozesse, (2) Management- und operative Prozesse und (3) Primär- und Unterstützungsprozesse (s. SCHULTE-ZURHAUSEN 2010, S. 58).

2.1.3 Arbeit im Geschäftsprozess

Betriebliche Tätigkeiten werden im Rahmen von Arbeit im Geschäftsprozess ausgeführt. Das Arbeitsrecht versteht unter der Berufstätigkeit das Ausüben einer dem Erwerb dienlichen beruflichen Tätigkeit (s. SCHLICK ET AL. 2018, S. 2). In den Arbeitswissenschaften wird die Ausübung von Arbeit aus drei Perspektiven betrachtet: (1) subjektbezogen als Anstrengung, (2) objektbezogen als Produktion von Gütern und Dienstleistungen und (3) als persönlichkeitsorientiertes Ziel zur Selbstverwirklichung des arbeitenden Menschen (s. SCHLICK ET AL. 2018, S. 2–3). Im wirtschaftlichen Kontext wird der Begriff „Arbeit" als Grundlage zur Gütererzeugung und Bedarfsdeckung durch das Tätigsein des Menschen verstanden (s. BAETZ ET AL. 2011, S. 50). In einer arbeitsteiligen Gesellschaft wird Arbeit grundsätzlich durch eine zeitliche Dimension, meist im Kontext der Entlohnung aufgegriffen, und eine räumliche Dimension, die an der Arbeitsstätte oder mit Arbeit verbrachte Zeit (s. KACZYNSKA U. KÜMMERLING 2021, S. 88). Die Arbeitspsychologie strukturiert Arbeitssysteme in technische und soziale Teilsysteme (s. SCHÜPBACH 2007, S. 30). Je nach Funktion im Arbeitssystem werden die Aufgaben nach primären Aktivitäten und unterstützenden Aktivitäten beziehungsweise sekundären Aktivitäten differenziert, analog der Wertkette von PORTER (s. Abbildung 2-4). Primäre Aktivitäten beziehen sich ausschließlich auf die direkten, produktiven Aufgaben mit der Ausrichtung auf die Herstellung der Produkte. Unterstützende Aktivitäten beziehen alle weiteren Aufgaben ein, die für die kontinuierliche Aufrechterhaltung zur Verrichtung der primären Aktivitäten, wie Überwachungs- und Selbstregulationsfunktionen (s. SCHÜPBACH 2007, S. 30), notwendig sind. In der Produktion verbleiben diese auch bei zunehmender Automatisierung der Primäraufgaben überwiegend beim Menschen.

Die Disziplin der Arbeitswissenschaften fokussiert den Menschen als Ressource, indem systematisch die technischen, organisatorischen und sozialen Bedingungen für produktive und effizienter Arbeitsprozesse gestaltet werden (s. SCHLICK ET AL. 2018, S. 5). Arbeit wird im *Job Characteristics Model* nach HACKMAN U. OLDHAM (1975, S. 159–170) anhand der Kerndimensionen der Arbeitstätigkeit durch Aufgabenmerkmale, psychologische Erlebniszustände und Auswirkungen der Arbeit charakterisiert (s. SCHLICK ET AL. 2018, S. 692–693). Die individuelle Aufgabendurchführung kann positiv durch Merkmale der Arbeitsaufgabe bedingt werden. Begründet wird dies durch die motivationalen Kräfte der Aufgabendurchführung, basierend auf dem aus der soziotechnischen Systemtheorie stammenden Begriff der Aufgabenorientierung (s. SCHLICK ET AL. 2018, S. 693).

Definition | Arbeit

Arbeit wird als Tätigsein des Menschen verstanden (s. BAETZ ET AL. 2011, S. 50). Der Mensch bildet unter systematischen, technischen und organisatorischen Bedingungen die Ressource.

2.1.4 Begriffsverständnis von Tätigkeiten

Die Art der Tätigkeit im betrieblichen Umfeld lässt sich in manuelle und kognitive Tätigkeiten unterteilen. Manuelle Tätigkeiten werden von KITTELMANN ET AL. (2023, S.1) als *„eine Belastungsart, bei der [...] Bewegungsabläufe und Kraftaufwendungen der Hände und Arme meist im Sitzen oder Stehen ausgeführt werden“* beschrieben. *„Dabei können Instrumente, kleinere Werkzeuge oder handgeführte Maschinen verwendet werden.“* (KITTELMANN ET AL. 2023). Bei manuellen Tätigkeiten erfolgt eine Lage- oder Zustandsveränderung am Bearbeitungsobjekt in der realen Welt (s. KOSIOL 1976, S. 44). Kognitive Tätigkeiten bilden das Gegenstück zu manuellen Tätigkeiten. In der Psychologie wird der Begriff Kognition verwendet, welcher vom lateinischen Wort „cognitio“ für „Erkenntnis“ abstammt (s. HÄNSEL ET AL. 2016, S. 24). Kognition ist ein Sammelbegriff für Strukturen und Prozesse, bei denen Informationen aufgenommen, verarbeitet und anschließend gespeichert werden (s. HÄNSEL ET AL. 2016, S. 25). Das Problemlösen, die Intelligenz, das Wahrnehmen, Entscheidungs-, Denk- und Planungsprozesse sowie die Erfassung von Qualitätsmängeln bei Kontrollen werden als kognitive Tätigkeiten verstanden. Diese zeichnen sich durch Kreativität, analytische, wissensbasierte und kommunikative Tätigkeiten aus (s. KOSIOL 1976, S. 44–45). Bei kognitiven Tätigkeiten wird, im Gegensatz zu manuellen Tätigkeiten, keine physische Veränderung an Objekten hervorgerufen.

Definition | Betriebliche Tätigkeiten

Bei betrieblichen Tätigkeiten, mit Fokus auf den Menschen als Ressource, findet entweder eine Lage- oder Zustandsveränderung am Bearbeitungsobjekt als manuelle Tätigkeit oder keine physische Veränderung an Objekten als kognitive Tätigkeit statt (s. KOSIOL 1976, S. 44–45).

2.2 Remote-Work

Der Betrachtungsraum der Dissertationsschrift wird im folgenden Kapitel mit dem Fokus auf Remote-Work weiter eingegrenzt. Zuerst werden die dafür notwendigen Informations- und Kommunikationstechnologien in Kapitel 2.2.1 charakterisiert und in den Gesamtzusammenhang eingeordnet. Anschließend werden in Kapitel 2.2.2 die Dimensionen von Remote-Work aufgeschlüsselt. Diese werden abschließend entlang der Charakteristika zusammengeführt und terminologisch abgegrenzt.

2.2.1 Informations- und Kommunikationstechnologien

Informations- und Kommunikationstechnologien (IKT) bilden als Schlüsseltechnologie einen wichtigen Motor für Innovation und Wachstum in Deutschland (s. BMWK 2024). Verstanden werden IKT durch die Verschmelzung der Informationstechnik der IT-Branche mit Telekommunikation, bestehend aus den Begriffen Information, Kommunikation und Technik. Aus betriebswirtschaftlicher Sichtweise sind Informationen als zweckorientiertes Wissen definiert, mit dessen Hilfe Entscheidungen auf betrieblicher Ebene getroffen werden (s. SCHULTE-ZURHAUSEN 2010, S. 70–71). MANGIAPANE U. BÜCHLER (2015, S. 53–54) fokussieren die technische Perspektive, indem sie Informationen als Daten in jeglicher Form innerhalb eines Unternehmens, welche von Informationssystemen eingelesen, verarbeitet und ausgegeben werden, definieren. Die menschlichen und maschinellen Teilkomponenten werden im soziotechnischen Systemdenken aufgegriffen (s. KRCMAR 2015, S. 22) (s. Kapitel 4.1.3). Mit zunehmenden Möglichkeiten der IKT durch die digitale Revolution nehmen auch die Schnittstellen der Teilkomponenten Mensch und Maschine zu. Basierend auf dem Kommunikationsmodell nach SHANNON (1948, S. 623–656), auch „Sender-Empfänger-Modell" genannt, wird Kommunikation als die Übermittlung von Informationen verstanden (s. KANNETZKY 2002, S. 98). Der Übertragungsprozess einer Nachricht wird zwischen Sendendem und Empfangendem ausgetauscht. Der Austausch von Informationen findet über verschiedene Wege statt, wie die gesprochene Sprache, geschriebener Text oder nonverbal über die Körpersprache. Das in den 1940er Jahren entwickelte „Sender-Empfänger-Modell" ist hauptsächlich auf die technische Perspektive zur Erklärung und Optimierung von Kommunikation ausgerichtet (s. KANNETZKY 2002, S. 98).

Der Begriff der Technik wird von ROPOHL (2009, S. 31) als *„Menge […] nutzenorientierte[r], künstliche[r] gegenständliche[r] Gebilde […] oder Sachsysteme, [… Und] die Menge menschlicher Handlungen und Einrichtungen, in denen Sachsysteme entstehen und […] verwendet werden"* verstanden. Unter Technologie, als Lehre vom grundlegenden Prinzip der Technik, wird zum einen das Produkt und das Ergebnis bestimmter angewandter technischer Verfahren verstanden (s. ROPOHL 2009, S. 21). Zum anderen wird der Anwendungsprozess als solcher einbezogen (s. KRCMAR 2015, S. 21f.). Die interdisziplinäre Technikforschung thematisiert dabei die Funktions- und Sachprinzipien technischer Sachsysteme, unter Einbezug soziokultureller Perspektiven (s. ROPOHL 2009, S. 32). Um Software in Unternehmen einsetzen zu können, sind technische und organisatorische Voraussetzungen abzustecken und umzusetzen (s. SCHMOLL U. SÜß 2021, S. 16). Das Management von IKT schließt daher sowohl die bereits im Unternehmen eingesetzte IKT als organisatorischer Lernprozess zur Aneignung der Technik als auch die Identifikation von potenziellen IKT durch Beobachtung des Marktes ein (s. KRCMAR 2015, S. 316).

Definition | Information- und Kommunikationstechnologien

Unter Informations- und Kommunikationstechnologien werden die Gesamtheit der zur Speicherung, Verarbeitung und Kommunikation zur Verfügung stehenden Ressourcen und die Ressourcenorganisation verstanden (s. KRCMAR 2015, S. 24).

2.2.2 Begriffsverständnis von Remote-Work

Erstmals taucht das Themenfeld Remote-Work durch den Begriff der „Fernarbeit" in den 1980er-Jahren in Deutschland auf. Dieser Begriff wurde damals als die Verrichtung von Arbeit im Wohnraum des Mitarbeitenden verstanden (s. WIEMANN ET AL. 2018, S. 161ff.). Geprägt durch die Digitalisierung hat sich seitdem die Art und Weise, wie wir arbeiten, grundlegend verändert (s. KAISER U. TEPE 2020, S. 89). Wörtlich wird Remote-Work als Arbeit, die sich in nicht unmittelbarer Nähe befindet, aber die man miteinander in Verbindung stehend ausübt, übersetzt (s. BRUHN 2020, S. 2f.). In der Literatur findet der Begriff Remote-Work keine einheitliche Anwendung. Je nach Autor*in bildet der Geltungsbereich starke inhaltliche Abweichungen bei der Bedeutung von Remote-Work. Starke Überschneidungen gibt es dabie vor allem mit den Begriffen Fernarbeit, Telearbeit, Homeoffice, Mobile Arbeit, digitales und dezentrales Arbeiten.

Die in dieser Dissertationsschrift verwendete Definition von Remote-Work orientiert sich am internationalen Verständnis des Begriffs, welcher, durch die COVID-19-Pandemie befeuert, in den vergangenen Jahren zunehmend Präsenz in der nationalen und internationalen Literatur findet (s. ILO 2020). ZAKHAROV (2022, S. 26) versteht unter Remote-Work die Ausübung der in einem Vertrag zwischen den Arbeitgebenden und den Arbeitnehmenden geregelten Tätigkeiten, außerhalb eines stationären, ständigen Arbeitsplatzes des Arbeitsortes, der der Organisation angehört. BATTISTI ET AL. (2022, S. 39) beziehen sich auf die Arbeit von zu Hause oder von einem anderen Ort außerhalb eines Büros, unter zunehmendem Einsatz von Technologie, der es den Arbeitnehmenden ermöglicht, innerhalb ihres Arbeitsverhältnisses zu kommunizieren, und dabei flexible Arbeitsmethoden unterstützt. Bedingt durch das Arbeitsrecht ist in Deutschland die Rechtslage, wie beispielsweise die Arbeitsstättenverordnung (BMAS 2016), zu berücksichtigen. In Anlehnung an das nationale und internationale Verständnis wird Remote-Work in dieser Dissertationsschrift folgend als übergeordneter Begriff definiert.

Definition | Remote-Work

Remote-Work umfasst die Verrichtung von beruflichen Tätigkeiten, welche sowohl ortsgebunden als auch ortsungebunden (s. BATTISTI ET AL. 2022, S. 39), jedoch nicht vollständig am Arbeitsplatz in der Betriebsstätte vollbracht werden, dabei jedoch durch Informations- und Kommunikationstechnologien in Verbindung mit dieser stehen.

Remote-Work bildet den Oberbegriff, welcher anhand der Charakteristika des Arbeitsmodells, der Arbeitsform und der institutionellen Perspektive detailliert wird. Die Untersuchung von Arbeitsmodellen konzentriert sich auf die spezifische Ausführung von Tätigkeiten. Mitarbeitende können, neben Vollzeit analog oder digital auch einen Teil im Unternehmen und außerhalb des Unternehmens arbeiten, was als hybrid verstanden wird. (s. KACZYNSKA U. KÜMMERLING 2021, S. 82; ZAKHAROV 2022, S. 26) Rein das in Vollzeit erfolgende analoge Arbeiten wird bei Remote-Work nicht einbezogen, begründet in der oben aufgeführten Präsenz von IKT. Die Arbeitsform unterscheidet, ob die Tätigkeiten an einem festgelegten Ort, also ortsgebunden, oder an einem nicht festgelegten Ort, also ortsungebunden, verrichtet wird (s. KACZYNSKA U. KÜMMERLING 2021, 83f.; SCHMOLL U. SÜß 2021, 16ff.). Beides ist im Begriff Remote-Work einbezogen. Bei der Verwendung des Begriffs Remote-Work ist zudem die institutionelle Perspektive der den Begriff verwendeten Institution ausschlaggebend. Der Begriff findet sowohl im Rahmen von Gesetzestexten und staatlichen Einrichtungen als auch im unternehmensindividuellen Kontext Anwendung (s. BMAS 2018, S. 7; DEUTSCHER BUNDESTAG 2017, S. 5; MIERICH 2020, S. 27; TURSUNBAYEVA ET AL. 2022, S. 129). Folgend werden die Charakteristika von Remote-Work definiert.

Definition | Charakteristika von Remote-Work

Geprägt vom digitalen Zeitalter, umfasst Remote-Work im heutigen Verständnis die Ausprägungscharakteristika des Arbeitsmodells (Durchführungsart der Arbeitsprozesse Vollzeit digital oder hybrid), des Arbeitsmodus (Tätigkeiten werden an einem festgelegten Ort, also ortsgebunden, oder an einem nicht festgelegten Ort, also ortsungebunden, verrichtet) und der institutionellen Perspektive (rechtlich oder staatlich verankert oder organisationsintern definiert).

Der Oberbegriff Remote-Work bezieht verschiedene Begrifflichkeiten ein. Folgend werden daher Telearbeit, Mobiles Arbeiten und Homeoffice näher betrachtet und in den Oberbegriff eingeordnet, da sie in der deutschen Literatur hohe Präsenz aufweisen, dargestellt in Abbildung 2-5. Telearbeit wird in der § 2 Abs. 7 ArbStättV mit einem Telearbeitsplatz als „*vom Arbeitgeber fest eingerichtete Bildschirmarbeitsplätze im Privatbereich der Beschäftigten, für die der Arbeitgeber eine mit den Beschäftigten vereinbarte wöchentliche Arbeitszeit und die Dauer der Einrichtung festgelegt hat*“ (BMAS 2018) definiert. Es handelt sich um einen ortsgebundene Arbeitsform fernab der Betriebsstätte, da ein fester Arbeitsplatz im Zuhause der Arbeitnehmenden installiert sein muss. Das Arbeitsmodell wird nicht definiert und kann damit sowohl Vollzeit, digital als auch hybrid umgesetzt werden (s. RUMP U. EILERS 2022, S. 131). Beim hybriden Modell alternieren die Arbeitnehmenden zwischen dem festen Arbeitsplatz im Privatbereich und dem in der Betriebsstätte (s. DEUTSCHER BUNDESTAG 2017, S. 4).

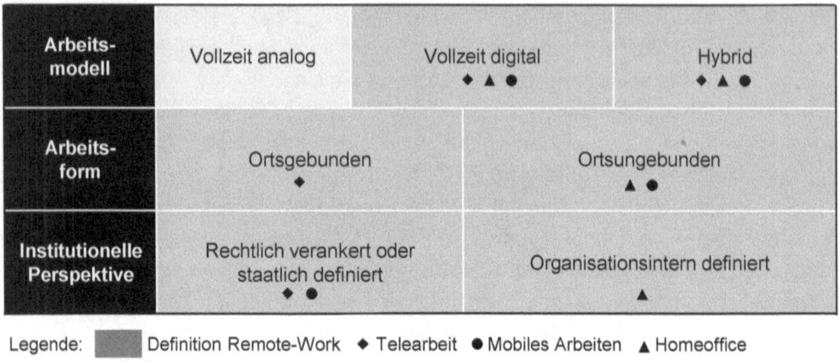

Abbildung 2-5 Detaillierte Betrachtung der Charakteristika von Remote-Work (eigene Darstellung)

Die mobile Arbeit wird von staatlicher Seite durch den DEUTSCHEN BUNDESTAG (2017, S. 5) in einer Begriffsbestimmung wie folgt beschrieben: *„Das Mobile Arbeiten baut zwar – ebenso wie die Telearbeit – auf einer Verbindung zum Betrieb per Informations- und Kommunikationstechnik auf. Diese Arbeitsform zeichnet sich jedoch dadurch aus, dass sie weder an das Büro noch an den häuslichen Arbeitsplatz gebunden ist. Die Mitarbeiter und Mitarbeiterinnen können von beliebigen anderen Orten über das mobile Netz ihre Arbeit erledigen“.* Das mobile Arbeiten ist damit, im Gegensatz zur Telearbeit, an keinen Ort gebunden. Dieser muss lediglich außerhalb des Betriebsgeländes verortet sein. Eine zeitliche Eingrenzung findet nicht statt. Nach VOGL U. NIES (2013, S. 14) gilt mobile Arbeit jedoch erst als solche, wenn mindestens 10 Wochenstunden außerhalb der festen Arbeitsstätte im Unternehmen oder des privaten Raums gearbeitet wird.

Das Homeoffice ist nicht staatlich definiert. Die Definitionen in der Literatur fallen stark heterogen aus. Eine Vielzahl an Definitionen ordnen es der Telearbeit (s. GÄRTNER ET AL. 2016, S. 223) oder der mobilen Arbeit (s. RUMP U. EILERS 2022, S. 131) zu, andere ordnen es weiteren Synonymen wie der Heimarbeit (s. HERRMANN U. FREY CORDES 2020, S. 4) oder direkt der Remote-Arbeit, ohne weitere Unterteilung, zu (s. MAI 2022). Die Ausprägung des Arbeitsmodells und der Arbeitsform kann durch die uneinheitliche Definition nicht weiter eingegrenzt werden. Je nach Verständnis des*der Autor*in oder der Organisation ist das Arbeitsmodell Vollzeit digital oder hybrid und die Arbeitsform ortsgebunden oder ortsungebunden. Obwohl Homeoffice in Deutschland ein weitverbreiteter Begriff ist, findet es international wenig Beachtung. „Homeoffice“ ist zwar ein im Deutschen weit verbreiteter Anglizismus (s. SCHOLTZ 2020), aber ein sogenannter *False Friend*, ein Pseudoanglizismus: Im Vereinigten Königreich versteht man darunter das britische Innenministerium und keinesfalls die Möglichkeit, zuhause zu arbeiten[1].

2.3 Gestaltungsmethode

Der Verfahren- und Methodenbegriff findet keine einheitliche Abgrenzung in der Wissenschaftsdiskussion. In Anlehnung an die terminologisch-deskriptive Herangehensweise werden in diesem Kapitel zuerst die Begriffe Verfahren und Methode abgegrenzt, welche in der Praxis oftmals als Synonyme verwendet werden. Anschließend wird die Auswahl einer geeigneten Methode anhand verschiedener Teilmengen charakterisiert und das Vorgehen zur systematischen Methodenauswahl nach MÜLLER-HERBERS (2007, S. 9) aufgezeigt. Für das grundlegende Verständnis der Modellentwicklung wird der Modellbegriff in Kapitel 4.1.2 diskutiert.

2.3.1 Allgemeiner Methodenbegriff

Die Begriffe Verfahren und Methode werden im Folgenden für diese Dissertationsschrift zur trennscharfen Differenzierung abgegrenzt. Den Zusammenhang zwischen System, Verfahren und Methode beschreibt ROPOHL (2009, S. 71) anhand der Systemtheorie. Verfahren bilden innerhalb eines Systems ein Teilsystem, welches mehrere Methoden vereint (s. Kapitel 4.1.1). Ein System umfasst die Gesamtheit in Wechselbeziehung stehender Elemente (s. LEONHARD U. NAUMANN 2002, S. 33). Die Art und Weise, wie die im System zusammenwirkenden Elemente interagieren, wird durch die Verfahren charakterisiert. KONEGEN U. SONDERGELD (1989, S. 15) verwenden Verfahren als Klammerbegriff für mehrere Methoden, Techniken und Instrumente, um eine Handlung durchzuführen. Dieses Verständnis wird als die zielgerichtete, festgelegte Art und Weise einer Tätigkeit oder eines Prozesses spezifiziert.

Definition | Verfahren

Verfahren werden in dieser Dissertationsschrift als Oberbegriff für die Art und Weise der Ausführung von Methoden, Techniken und Instrumenten verstanden (s. KONEGEN U. SONDERGELD 1989, S. 15).

Der Methodenbegriff findet Anwendung auf unterschiedlichen Abstraktionsebenen, wobei im Praxisgebrauch Synonyme wie „Instrument“ und „Techniken“ Verwendung finden (s. KONEGEN U. SONDERGELD 1989, S. 11), welche oben bereits von Verfahren abgegrenzt wurden. In der Wissenschaft wird die Methode als anerkanntes Verfahren zur Lösung einer zu erfüllenden Aufgabe verstanden. LEONHARD U. NAUMANN (2002, S. 33) verstehen unter einer Methode *„ein planmäßiges Verfahren zur Erreichung eines festgelegten Ziels“* (LEONHARD U. NAUMANN 2002, S. 33). Eine Methode umfasst ein dezidiertes Verfahren für eine zu erfüllende Aufgabe, die üblicherweise durch Exper*:innen anerkannt und angewandt wird. Aufbauend auf dem Methodenverständnis

[1] https://www.gov.uk/government/organisations/home-office/about (Link zuletzt geprüft: 02.10.2024)

umfasst die Methodik die Wissenschaft, die sich als Theorie und Lehre der Methode versteht (s. SCHILLING 2020, S. 134).

Definition | Methode und Methodik

Eine Methode ist das planmäßige Vorgehen zur Erreichung eines Ziels, anhand einer bewusst gewählten Verhaltensweise zur Erreichung eines bestimmten Ziels (s. SCHILLING 2020, S. 133–134). Eine Methodik wird als Theorie und Lehre der Methode verstanden.

Das Verständnis der Definition einer Methode ist entscheidend für ihre Auswahl. Geeignete Methoden werden von Expert*innen aus verschiedenen Teilmengen heraus identifiziert. Ausgangspunkt bildet die Gesamtheit aller Methoden. Davon ausgehend charakterisiert LINDNER (2005, S. 169) geeignete Methoden als die Teilmenge aus Methoden, die im Vorfeld bestimmte Kriterien erfüllen und zum anderen Methoden, welche generell anwendbar sind (siehe Abbildung 2-6).

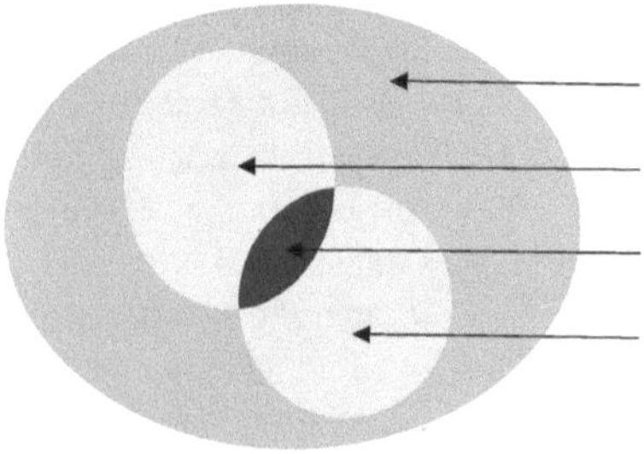

Abbildung 2-6 Abgrenzung einer geeigneten Methode (eigene Darstellung i. A. a. LINDNER 2005, S. 169)

Die Vielzahl an unterschiedlichen Disziplinen in der Forschung und Praxis mit ihren unterschiedlichen Methoden erfordert eine systematische Vorgehensweise zur Auswahl der geeigneten Methoden anhand des Anwendungsfalls. Eine systematische Methodenauswahl umfasst nach HEINER ET AL. (1998, S. 144f.) die Berücksichtigung der Verfahren und Methoden, die nach Ansicht der Expert*innen am besten zur Zielerreichung geeignet sind. MÜLLER-HERBERS (2007, S. 9) zeichnet für die Methodenauswahl vier sequenzielle Schritte auf:

1. Krisenbestimmungen beschreiben
2. Kriterienausprägungen ermitteln
3. Betrachtete Methoden anhand der in Schritt 1 und 2 bestimmten Kriterien vergleichen und beurteilen
4. Geeignete Methode auswählen

Der Auswahlprozess mündet in der Identifikation der für das Vorhaben geeigneten Methode. Die Auswahl der Methode umfasst die systematische, sequenzielle Identifikation von nach Expert*innenansicht geeigneten Methoden, um abschließend die geeignete Methode zu wählen.

2.3.2 Begriffsverständnis von Gestaltungsmethoden

Die Gestaltung betrieblicher Systeme bildet einen zentralen Aspekt bei der Entwicklung einer Organisation. Im Entwicklungsprozess wird, gestützt durch das Zusammenführen von Methoden, ein Gesamtansatz entworfen (s. ALPAR ET AL. 2014, S. 122). Mithilfe der Methodenintegration wird das hochkomplexe betriebliche System verstanden, was die Berücksichtigung der Abhängigkeiten ermöglicht. Gestaltungsmethoden unterstützen den Entwicklungsprozess auf verschiedene Weisen, beispielsweise durch die Bereitstellung von Referenzlösungskomponenten (s. ALPAR ET AL. 2014, S. 123). Die Gestaltung des betrieblichen Systems baut auf Grundlagen von Unternehmensmodellen, wie dem St. Galler Management-Modell (s. RÜEGG-STÜRM U. GRAND 2019), auf. Sie unterscheiden die Gestaltungsebenen und grenzen die Umweltbedingungen, Anspruchsgruppen, Ordnungsmomente, Prozesse und Entwicklungsparameter voneinander ab (s. ALPAR ET AL. 2014, S. 123–124).

Definition | Gestaltungsmethode

Die Gestaltungsmethode bildet, durch die Zusammenführung und Kombination geeigneter Methoden, einen gesamthaften Ansatz. Das komplexe betriebliche System wird mittels Methodenintegration für Entwicklungsprozesse aufgebrochen.

Im engen Zusammenhang zur Methode steht das Modell. Modelltechniken bilden die Grundlage zur Wiederverwendbarkeit von Ergebnissen, durch Inkludieren von generischen Teilergebnissen und stützen die Gestaltungstechniken (s. ALPAR ET AL. 2014, S. 123,132). Der in der Wissenschaft stark diskutierte Begriff des Modells wird je nach Autor und Kontext unterschiedlich verwendet (s. STACHOWIAK 1973, S. 40–41; KOSIOL 1976, S. 257–258; VOM BROCKE 2015, S. 9–16). Ausgangspunkt der Definition bildet folgend die allgemeine Modelltheorie nach STACHOWIAK (1973, S. 131–133). Nach STACHOWIAK definiert sich ein Modell über drei Hauptmerkmale:

- Das Modell als Abbildung des Originals durch Zuordnung von originalen Attributen zu Modellattributen.
- Das Modell als Verschlankung des Originals durch Auswahl der relevant erscheinenden Attribute des Originals als Modellattribute.
- Das Modell als Ersetzungsfunktion für ein bestimmtes Zeitintervall und eine bestimmte Zielsetzung.

Nach STACHOWIAK (1973, S. 118) definiert sich ein Modell A als ein Abbild des Originals B für einen Verwender C mit einer Intention D für die Zeitspanne t. Der allgemeine Modellbegriff führt in der Wissenschaft, basierend auf der Original-Modell-Beziehung, zu einem Diskurs zwischen dem abbildungs- und konstruktionsorientierten Modellverständnis (s. Kapitel 4.1.2). Kern des Diskurses bildet die Perspektive, ob ein Modell eine Abbildung eines realen Problems sein kann (s. KOSIOL 1976, S. 257–258) oder vielmehr, durch subjektive Erkenntnisleistung im Konstruktionsprozess geprägt, selbst ein Original ist (s. BECKER ET AL. 1995, S. 437–439). Zentrales Bewertungskriterium bildet im konstruktionsorientierten Modellverständnis der inhaltliche und formale

Beitrag zur Problemlösung. Der in dieser Dissertationsschrift verwendete Modellbegriff orientiert sich am konstruktionsorientierten Modellverständnis.

Definition | Modell

Das Modell dient zur Repräsentation des Originals, zu einer relevanten Zeit umgesetzt mittels Sprache und maßgeblich durch den Modellierenden geprägt (s. BECKER ET AL. 1995, S. 477-439). Modelle werden im Konstruktionsprozess gestaltet (s. VOM BROCKE ET AL. 2009, S. 16)

2.4 Abgrenzung des Untersuchungsbereichs

Ausgehend von der Zielsetzung der vorliegenden Dissertationsschrift, wurden die begrifflichen Grundlagen definiert und erläutert. Anschließend erfolgt die Einordnung des Untersuchungsbereichs anhand etablierter Forschungsrahmen, bestehend aus der Managementlehre in Kapitel 2.4.1 und den Arbeitswissenschaften in Kapitel 2.4.2. Anschließend findet die betriebstypologische Einordnung entlang der Anwendung, des Betrachtungsraums und der Modellentwicklung des Gestaltungsbereichs der vorliegenden Dissertationsschrift statt.

2.4.1 Einordnung in die Managementlehre

In der Managementlehre nach ULRICH wird die Organisation als Strukturgeber eines zweckorientierten sozialen Systems verstanden (s. ULRICH 2001, S. 10), die sich der Gestaltung und Lenkung produktiver sozialer Systeme widmet (s. ULRICH 2001, S. 17). Ziel ist die Bereitstellung von Wissen für reale Problemstellungen und Erarbeitung konkreter Lösungsvorschläge für soziale Institutionen (s. ULRICH 2001, S. 87–93). Bei der Gestaltung sozialer und technischer Systeme der angewandten Wissenschaft steht die Analyse menschlicher Handlungsempfehlungen im Vordergrund (s. ULRICH U. HILL 1976, S. 305). Die Strukturen folgen dem Bedürfnis des Menschen nach Sinn, Ordnung und Sicherheit und wirken zur Erfüllung gesellschaftlicher Funktionen zusammen (s. ULRICH 2001, S. 10). Die von ULRICH (2001, S. 11) postulierte Relevanz der dynamischen Prozesse durch Umwelteinwirkungen greift BLEICHER (2011, S. 74) insbesondere anhand des Entwicklungsaspekts von Unternehmen auf. BLEICHER (2011, S. 74) sieht in der dynamischen Theorie des Managements Unternehmen im Spannungsfeld von Umwelt- und Inweltveränderung.

Das auf dem ganzheitlichen Bezugsrahmen des St. Galler Management-Modells basierende Konzept des integrierten Managements identifiziert Handlungsräume und Lösungen für das Management (s. BLEICHER 2011, S. 85). Der Bezugsrahmen für Theorie und Praxis dient der Analyse und Lösungsidentifikation von Managementproblemen (s. BLEICHER 2011, S. 86). Zentral ist, dass der Bezugsrahmen relevante Rahmenbedingungen durch den Einbezug der Systemeigenschaften von Unternehmen nicht isoliert betrachtet (s. BLEICHER 2011, S. 67). Das in Abbildung 2-7 dargestellte Konzept des integrierten Managements besteht aus dem normativen, strategischen und operativen Management. Das normative und strategische Management nimmt eine Gestaltungsfunktion ein, wobei das operative Management entlang der Fähigkeiten und Ressourcen die normativen und strategischen Vorgaben umsetzt (s. BLEICHER 2011, S. 90). Die Prinzipien, Normen und Spielregeln für die Lebens- und Entwicklungsfähigkeit des Unternehmens werden auf der Ebene des normativen Managements auf die Nutzenstiftung ausgerichtet (s. BLEICHER 2011, S. 88). In der Dimension des strategischen Managements stehen der Aufbau, die Pflege und das Erringen von Erfolgspotenzialen im Mittelpunkt (s. BLEICHER 2011, S. 89).

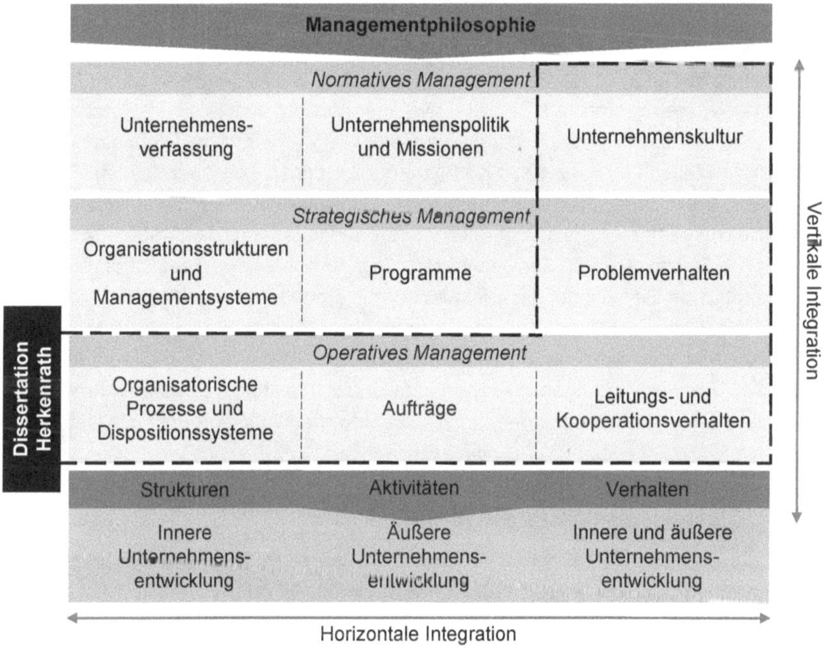

Abbildung 2-7 Konzept des integrierten Managements (eigene Darstellung i. A. a. BLEICHER 2011, S. 91–96, Original leicht ergänzt)

Die horizontale Dimension des normativen, strategischen und operativen Managements wird aufgrund der Vor- und Rückkopplungsprozesse in vertikaler Dimension entlang der Strukturen, Aktivitäten und Verhalten betrachtet, welche auf die Unternehmenswicklung einwirken (s. BLEICHER 2011, S. 94–96). Die strukturelle Integration wird in der normativen Dimension durch die Unternehmensverfassung legitimiert, welche in der strategischen Dimension durch die Organisationsgestaltung und das Managementsystem konkretisiert wird (s. BLEICHER 2011, S. 95). Hinsichtlich des Raums und der Zeit wird die Struktur durch die Prozessorganisation in der operativen Dimension umgesetzt. Die Integration der Aktivitäten erfolgt entlang der Handlungsaufforderung. Aus der unternehmerischen Mission in der normativen Dimension entstehend, werden

Vorgaben zur Erfüllung des Sinns und Zwecks des Unternehmens strategisch und operativ abgeleitet. Konkretisiert werden diese in der strategischen Dimension durch Programme, welche entlang von Teilaspekten auf operativer Ebene in konkrete Aufträge umgesetzt werden. Die Leitung des Verhaltens wird normativ durch die Unternehmenskultur als Verhaltensbegründung geprägt (s. BLEICHER 2011, S. 95). In strategischer und operativer Dimension wird durch das Problem-, Leistungs- und Kooperationsverhalten verhaltensrealisierend gewirkt. Die Aktivitäten, Strukturen und das Verhalten bestimmen auf den drei Dimensionen des normativen, strategischen und operativen Managements die Unternehmensentwicklung.

Die Zielsetzung der Dissertationsschrift wird in die Managementlehre nach BLEICHER eingeordnet. Maßgeblich für diese Dissertationsschrift ist das Verständnis der Integration, wonach Unternehmen als Teil von etwas Größerem nicht isoliert betrachtet werden können (s. ULRICH 2001, S. 109). Die Gestaltung von Remote-Work konzentriert sich auf den Menschen als zentrale Komponente, bedingt durch Organisation, Technik und Kultur. Im Rahmen der Dissertationsschrift werden unternehmenskulturelle Aspekte, Problemverhalten, Leistungs- und Kooperationsverhalten, Aufträge sowie organisatorische Prozesse und Dispositionssysteme besonders betrachtet, da diese Bereiche wesentlichen Einfluss auf die erfolgreiche Implementierung und Funktionalität von Remote-Work haben. Die besondere Betrachtung der normativen, strategischen und operativen Managementdimensionen ermöglicht eine detaillierte Untersuchung der vielfältigen Wechselwirkungen zwischen individueller Leistung, Zusammenarbeit und den strukturellen Rahmenbedingungen in einer Remote-Work-Umgebung in Unternehmen.

2.4.2 Einordnung in die Arbeitswissenschaft

Die Arbeitswissenschaft, als praktisch gerichtete Wissenschaft, ist durch die Teilbegriffe „Arbeit“ und „Wissenschaft“ charakterisiert. In der Arbeitswissenschaft wird Arbeit als die durch Bemühung bewirkte Tätigkeit für einen bestimmten Zweck verstanden, verrichtet durch den Menschen (s. HILF 2019, S. 13). Der Arbeit verrichtende Mensch bewältigt äußere und innere Widerstände, um einen gesetzten Zweck zu erfüllen. Die in der Arbeitswissenschaft human orientierte Rationalisierung versteht Arbeit als menschengerecht, bei gleichzeitiger Effektivität und Effizienz (s. SCHLICK ET AL. 2018, S. 8). Das Zusammenwirken von Wirtschaft, Technik und Arbeit bildet ein Beziehungsdreieck, in welchem die Wirtschaft die Aufgabe stellt, die Technik diese ermöglicht und die Arbeit diese erfüllt (s. HILF 2019, S. 13–14). In der arbeitswissenschaftlichen Forschung umfasst der Begriff „Wissenschaft“ das methodische Forschen durch geordnete Erfahrungen (s. HILF 2019, S. 20). Die Arbeitswissenschaft umfasst die verschiedenen Möglichkeiten der menschlichen Arbeitsleistung, wobei die Vorbedingungen der Arbeitsgestaltung einbezogen werden. Das Ziel der Arbeitswissenschaft umfasst drei Felder (s. HILF 2019, S. 24):

- Die Gestaltung der Arbeit durch Herabsetzung der Beanspruchung für den Menschen und Verringerung der Kosten der Arbeit.
- Die Bemessung der Leistung von Arbeit durch objektive Leistungsermittlung als Grundlage.
- Die Wertung der Arbeit durch gerechte Einschätzung der Anforderungen an den arbeitenden Menschen.

An diversen Schnittstellen weiterer Forschungsfelder setzen die Gebiete der Arbeitswissenschaft an, begründet in der ursächlichen bedingten Beziehung zwischen dem Menschen und seiner Arbeit (s. HILF 2019, S. 41–42). Die Arbeitsgestaltung in der Arbeitswissenschaft manifestiert sich in einer engen Verflechtung mit den Naturwissenschaften, den technischen Disziplinen sowie den Gesellschaftswissenschaften auf diversen Ebenen des Produktionsprozesses (s. KULKA U. DORNBUSCH 1989, S. 84). Arbeitsgestaltung und Arbeitsproduktivität stehen hier in engem Zusammenhang, da die Steigerung der Arbeitsproduktivität durch Gestaltung der Arbeitsmittel und -maßnahmen möglich wird. Die Arbeitsbedingungen werden durch das Arbeitsstudium als Analyse, die Ergebnisse als Bewertung und abgeleitete Schlussfolgerungen als Maßnahmen zur Gestaltung geprägt (s. KULKA U. DORNBUSCH 1989, S. 85). Die Überschneidung von Arbeits- und Ingenieurwissenschaften sowie Gesellschaftswissenschaften liegt in der Arbeitsgestaltung anhand möglicher konstruktiver, technologischer und organisatorischer Maßnahmen begründet, aufgegriffen in dieser Dissertationsschrift (s. KULKA U. DORNBUSCH 1989, S. 85). Zentraler Unterschied zwischen den Disziplinen bildet das Menschenbild. Zentraler Bezugspunkt zwischen Ingenieurwissenschaften und Arbeitswissenschaft bildet die Nutzung von Technik als Gestaltungsmittel menschlicher Arbeit, gerade unter Einsatz ingenieurwissenschaftlicher Methoden (s. SCHLICK ET AL. 2010, S. 25). Im technikorientierten Gestaltungsansatz steht zur Optimierung des Produktionsfaktors Arbeit der Leistungsbegriff im Vordergrund. Nach dem mechanistischen Bild verhält sich der Mensch nach Regeln und Kennlinien, wobei Tätigkeiten ohne direkte Arbeitsergebnisse analysiert und optimiert werden (s. SCHLICK ET AL. 2010, S. 24). Ingenieurwissenschaftliche Modellvorstellungen bilden häufig die Grundlage arbeitswissenschaftlicher Konzepte. Ein Beispiel bietet die Verwendung der Systemtheorie, um Regelkreise zwischen dem Menschen und dem führenden Arbeitsmittel aufzubauen (s. SCHLICK ET AL. 2010, S. 308–313).

Die Betriebswirtschaftslehre betrachtet den Begriff der Arbeit als Produktionsfaktor, in welchen der Mensch als „homo oeconomicus" betriebswirtschaftlichen Denkmodellen folgt (s. SCHLICK ET AL. 2010, S. 15). Auch wenn sich die Betriebswirtschaftslehre und die Arbeitswissenschaft in einem Umfeld bewegen, grenzen sie sich durch den Gegenstand, das Wesen des Tätigseins, die Methode und die Leitvorstellung der Perspektive auf der Arbeit, den Menschen und den Ertrag ab (s. HILF 2019, S. 54). Während die Betriebswirtschaftslehre den Schwerpunkt auf wirtschaftliche Vorgänge im Betrieb und damit einhergehende Wertungen legt, fokussiert die Arbeitswissenschaft die durch den Menschen und seine Beziehung zur Arbeit entstehenden Vorgänge.

Die verschiedenen Disziplinen liefern Erkenntnisbeiträge auf unterschiedlichen Ebenen, geprägt durch die verschiedenen zugrundeliegenden Menschenbilder und Arbeitsbegriffe (s. SCHLICK ET AL. 2010, S. 26). Die Arbeitswissenschaft versteht menschliche Arbeit *„als organisatorisch geregelter [n] Arbeitsvollzug durch Mensch und Maschine [...], wobei die Funktionen, Grenzen und Beurteilungskriterien des menschlichen Anteils der Leistungserbringung in Organisationen und im Kontext der Arbeitsumgebung im Vordergrund stehen"* (SCHLICK ET AL. 2010, S. 26). Die vorwiegend gestaltungsorientierte Arbeitswissenschaft nutzt Erkenntnisse der verschiedenen Disziplinen (s. SCHLICK ET AL. 2018, S. 14), geprägt durch Pluridisziplinarität, als einen gemeinsamen Betrachtungsgegenstand und Interdisziplinarität als Form wissenschaftlicher Kooperation für gemeinsame Ziele (s. JUNGERT 2014, S. 2–4).

Methodisch bietet der Problemlösezyklus für arbeitswissenschaftliche Gestaltungsfragen (s. SCHLICK ET AL. 2018, S. 7) ein Vorgehensmodell, welches in der Arbeitswissenschaft regelmäßige Anwendung findet, dargestellt in Abbildung 2-8. Zentraler Ansatzpunkt bildet das Herunterbrechen eines nicht direkt lösbaren Gesamtproblems, abgeleitet von der globalen Zielsetzung. Durch Anwendung von Regeln werden Teilprobleme abgeleitet, welche Teillösungen zugeordnet werden. Synthetisierte Teillösungen gestalten Arbeitssysteme anhand einer Gesamtlösung. Während des Problemlösungszyklus nutzt die Arbeitswissenschaft Erkenntnisse, Methoden und Paradigmen aus anderen Disziplinen, indem diese in handhabbare Werkzeuge für die Praxis transformiert werden (s. SCHLICK ET AL. 2010, S. 15). Das sequenzielle Vorgehensmodell findet als allgemeine Methodik der Systemgestaltung auch in weiteren Disziplinen Anwendung, wie beispielsweise in technischen Regelwerken des VDI (s. SCHLICK ET AL. 2010, S. 13).

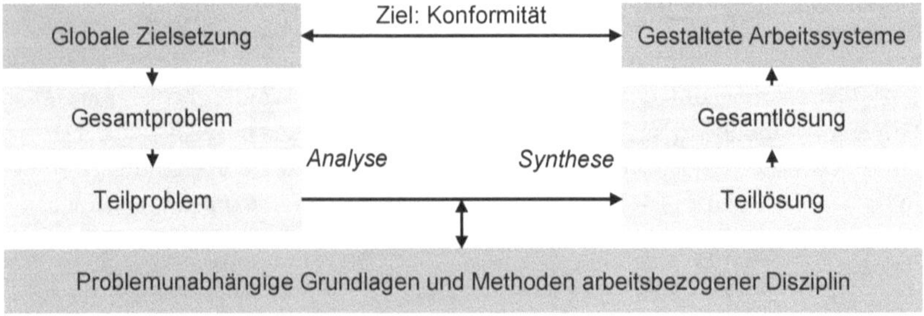

Abbildung 2-8 Problemlösungszyklus zur Gestaltung von Arbeitssystemen (eigene Darstellung i. A. a. SCHLICK ET AL. 2018, S. 7)

Die im Problemlösungsprozess adressierte globale Zielsetzung der Arbeitswissenschaft, als Schaffung eines menschengerechten und wirtschaftlichen Arbeitssystems, wird anhand organisatorischer, technischer, kostenbezogener und personeller Teilziele heruntergebrochen (s. BARTSCH 2003, S. 82). Es ist festzuhalten, dass der Mensch im Fokus der Arbeitswissenschaften steht und arbeitswissenschaftliche Ziele damit eng mit einer Vielzahl an Disziplinen vernetzt sind.

2.5 Betriebstypologische Einordnung des Untersuchungsbereichs

Die Eingrenzung des Untersuchungsbereichs dieser Dissertationsschrift erfolgt aufbauend auf den zuvor dargestellten terminologischen Grundlagen sowie der Einordnung in die Managementlehre und Arbeitswissenschaften. In der vorliegenden Dissertationsschrift wird eine Gestaltungsmethode von Remote-Work in produzierenden Unternehmen entwickelt. Ausgangspunkt der Gestaltungsmethode bildet die durch den Menschen als Mitarbeitendem ausgeführte Remotefähigkeit der Tätigkeit. Die Eingrenzung des Untersuchungsbereichs erfolgt entlang der hergeleiteten Kategorien anhand des Betrachtungsraums, des Anwendungsraums und der Modellentwicklung. Diese Dreiteilung findet sich in der Eingrenzung des Untersuchungsbereichs wieder, in welcher der Betrachtungsraum die Objektkategorie, die Anwendung die Prädikatskategorie und die Modellentwicklung die Subjektkategorie umfasst. Die Eingrenzung des Untersuchungsbereichs ist in Abbildung 2-9 dargestellt.

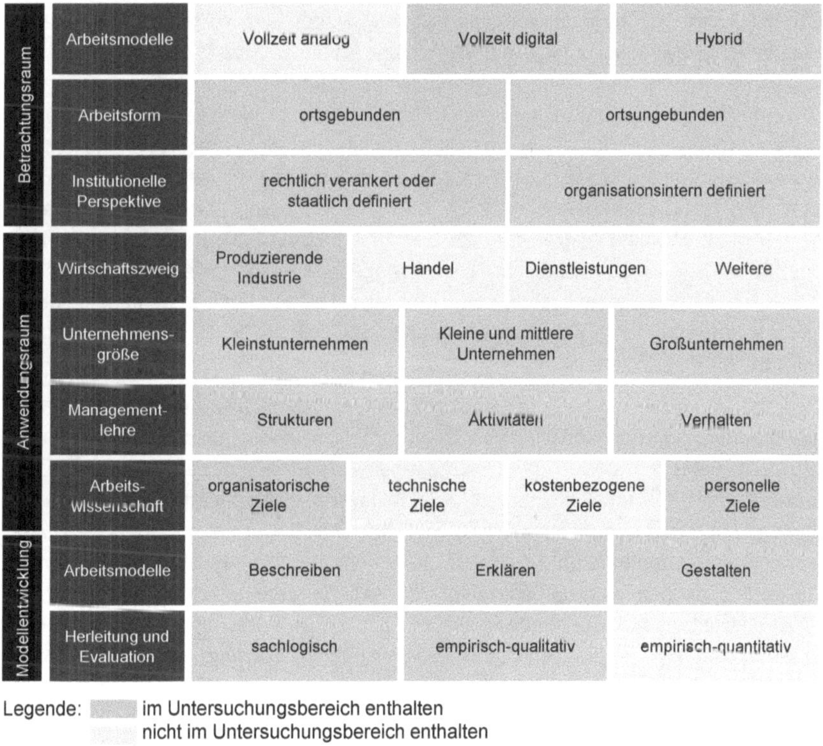

Abbildung 2-9 Eingrenzung des Untersuchungsbereichs (eigene Darstellung)

In der vorliegenden Dissertationsschrift, mit dem Thema Remote-Work im Fokus, wird der Untersuchungsraum zunächst auf Informations- und Kommunikationstechnologien sowie auf das Begriffsverständnis von Remote-Work eingegrenzt. IKT werden als entscheidende Komponenten für Innovation und Wachstum betrachtet, wobei sie die Verschmelzung von Informationstechnik und Telekommunikation darstellen. Remote-Work wird als die Ausübung von beruflichen Tätigkeiten außerhalb eines festen Arbeitsplatzes in der Betriebsstätte definiert, wobei die Verbindung zum Unternehmen durch IKT aufrechterhalten wird. Die Definition von Remote-Work orientiert sich an internationalen Verständnissen und bildet den Oberbegriff, wobei verschiedene Autoren unterschiedliche Definitionen und Einordnungen vornehmen. Bergiffe wie „Telearbeit", „mobiles Arbeiten" und „Homeoffice" werden terminologisch inkludiert. Die Charakteristika von Remote-Work werden anhand der Arbeitsmodelle, Arbeitsformen und institutionellen Perspektiven detailliert betrachtet und abgegrenzt. Die Volkswirtschaft wird gemäß der Sektorentheorie in Primär-, Sekundär- und Tertiärsektor unterteilt, wobei produzierende Unternehmen dem Sekundärsektor angehören. Der in dieser Dissertationsschrift betrachtete Anwendungsraum wird durch produzierende Unternehmen bestimmt. Diese Unternehmen wandeln Ausgangsmaterialien zu neuen Waren, wobei eine wesentliche Veränderung oder Veredelung stattfindet. Die Wertkette eines Unternehmens zeigt die verschiedenen Wertaktivitäten auf, die zur Schaffung eines Wettbewerbsvorteils beitragen. Die Betriebsorganisation in produzierenden Unternehmen umfasst sowohl Aufbau- als auch Ablauforganisation, wobei moderne Ansätze prozessorientiert sind und auf ganzheitliche Abläufe abzielen. Arbeitsprozesse in produzierenden Unternehmen werden durch ihre Zielorientierung, Wertschöpfung und Art der Tätigkeit charakterisiert, wobei die Geschäftsprozesse die Basis für die prozessorientierte Organisationsgestaltung bilden. Insgesamt werden alle Unternehmensgrößen in dieser Dissertationsschrift betrachtet, von Kleinstunternehmen über kleine und mittlere Unternehmen bis Großunternehmen.

Die Managementlehre nach Ulrich (2001) und Bleicher (2011) befasst sich mit der Gestaltung und Lenkung von sozialen Systemen in Organisationen. Ulrich (2001) betont die Bedeutung dynamischer Prozesse durch Umwelteinflüsse, während Bleicher (2011) das Konzept des integrierten Managements entwickelt, um Handlungsräume und Lösungen für das Management zu identifizieren. Dabei werden die normativen, strategischen und operativen Dimensionen des Managements sowohl horizontal als auch vertikal betrachtet, um Strukturen, Aktivitäten und Verhalten zu analysieren. Die Dissertationsschrift fokussiert spezifische Aspekte der vertikalen Integration von Strukturen, Aktivitäten und Verhaltensweisen im Rahmen der Forschungsfrage. Die Arbeitswissenschaft umfasst die Gestaltung, Bemessung und Wertung der Arbeit, wobei die Schnittstellen zu verschiedenen Forschungsfeldern an den Beziehungen zwischen Menschen und Arbeit ansetzen. Das Zusammenwirken von Wirtschaft, Technik und Arbeit bildet ein Beziehungsdreieck, wobei die Wirtschaft die Aufgabe stellt, die Technik diese ermöglicht und die Arbeit diese erfüllt. Zentral ist das Verständnis der Arbeit als organisatorisch festgelegter Arbeitsvollzug durch Mensch und Maschine, wobei die Arbeitswissenschaften methodisch den Problemlösezyklus für die Gestaltung von Arbeitssystemen anwenden. Fokussiert werden in diesem Dissertationsvorhaben organisatorische und personelle Ziele betrachtet. Bei der Modellentwicklung der Gestaltungsmethode dieser Dissertationsschrift werden beschreibende, erklärende und gestaltende Modelle einbezogen, welche sachlogisch und empirisch-qualitativ hergeleitet und evaluiert werden.

2.6 Zusammenfassung der terminologischen Grundlagen und des Untersuchungsbereichs

In diesem Kapitel werden die grundlegenden Begrifflichkeiten und Einordnungen der Dissertationsschrift definiert, um ein einheitliches Begriffsverständnis zu gewährleisten. Die Definition von produzierenden Unternehmen und die Abgrenzung ihres Betrachtungsbereichs sind zentrale Themen, gefolgt von einer detaillierten Betrachtung von Remote-Work. IKT werden als Schlüsselkomponenten für Remote-Work und deren Einfluss auf die Betriebsorganisation hervorgehoben. Die Managementlehre und Arbeitswissenschaften bilden die Basis zur Betrachtung theoretische Grundlagen, wobei die vertikale Integration von Strukturen, Aktivitäten und Verhaltensweisen im Fokus steht. Die Modellentwicklung umfasst beschreibende, erklärende und gestaltende Modelle zur Entwicklung der Gestaltungsmethode von Remote-Work in produzierenden Unternehmen.

3 Stand der Forschung

Auf Basis des in Kapitel 2 eingeordneten Untersuchungsbereichs der Dissertationsschrift werden in diesem Kapitel die relevanten Erkenntnisse aus Wissenschaft und Praxis untersucht. Die Beantwortung der Forschungsfrage wird durch die Identifikation relevanter Gestaltungsansätze unterstützt. Zuerst wird in Kapitel 3.1 die Vorgehensweise zur konkretisierten Auswahl der Beiträge und Erkenntnisse vorgestellt. Darauffolgend werden in Kapitel 3.2 die Bewertungskriterien zur Analyse der Beiträge sowie die Suchräume zur systematischen Untersuchung hergeleitet. In Kapitel 3.3 erfolgt die Untersuchung der relevanten Beiträge führt zu Abteilung des Forschungsbedarfs in Kapitel 3.4.

3.1 Methode der systematischen Literaturrecherche

Der Forschungsprozess wird maßgeblich von bestehenden Beiträgen in der Literatur geprägt und stellt einen wesentlichen Bestandteil der akademischen Forschung dar (s. XIAO U. WATSON 2017, S. 93). Der Wissenszuwachs baut grundlegend auf bereits vorhandener Forschung im Themengebiet auf, welche den vorhandenen Forschungsbedarf systematisch untersucht aufzeigt (s. XIAO U. WATSON 2017, S. 93). Um den Forschungsbedarf eines Themengebiets strukturiert aufzuzeigen, sind die bestehenden Ansätze zu identifizieren, zu analysieren und einzuordnen (s. TORRES-CARRIÓN ET AL. 2018, S. 1364). Eine Forschungsmethode zur Synthese des Wissensstands eines Fachgebiets stellt die systematische Literaturrecherche dar, welche bestehende Ansätze identifiziert und strukturiert einordnet (s. ROWLEY U. SLACK 2004, S. 31). Ziel der systematischen Literaturrecherche ist es, das angesammelte Wissen des Themengebiets nachvollziehbar zu rekonstruieren (s. VOM BROCKE ET AL. 2009, S. 2207). Damit identifiziert und strukturiert die systematische Literaturrecherche die Konzepte und Beiträge der einschlägigen Literatur. Die systematische Literaturrecherche kann zum einen als Grundlage für eine empirische Studie dienen, zum anderen eine eigenständige Arbeit darstellen (s. TEMPLIER U. PARÉ 2015, S. 113). In dieser Dissertationsschrift wird sie als Ersteres eingesetzt. Eine wesentliche Anforderung an die Literaturrecherche stellt die wissenschaftliche Strenge dar, bestimmt durch Reliabilität und Validität (s. VOM BROCKE ET AL. 2009, S. 2209). Die Reliabilität beschreibt die Reproduzierbarkeit des Suchprozesses, die Validität den Grad der zutreffend aufgedeckten Quellen (s. VOM BROCKE ET AL. 2009, S. 2209).

Die Qualität der systematischen Literaturrecherche wird maßgeblich durch den zugrundeliegenden Prozess bestimmt (s. VOM BROCKE ET AL. 2009, S. 2207). Das zirkulär aufgebaute Vorgehen der systematischen Literaturrecherche von VOM BROCKE ET AL. (2009) umfasst fünf Phasen: Zuerst erfolgt die Definition des Recherchebereichs. Aufbauend darauf wird das Thema strukturiert. Der dritte Schritt beinhaltet den eigentlichen Suchprozess der Literatur. Die Analyse und Synthese der Ergebnisse bilden den vierten Schritt. Abschließend wird im fünften Schritt die Forschungsagenda erstellt.

Aufbauend auf dem zyklischen Gedanken des Vorgehens bietet dieser nahtlos den möglichen erneuten Anknüpfungspunkt zu Phase eins. Die detaillierte Ausgestaltung der einzelnen Phasen der systematischen Literaturrecherche wird folgend im Detail ausgeführt, ergänzt durch die Grundlagen zur systematischen Literaturrecherche weiterer Autoren, wie XIAO U. WATSON (2017), COOPER (1988), WEBSTER U. WATSON (2002) und OKOLI U. SCHABRAM (2010).

Um einen angemessenen Umfang bei der Identifikation der relevanten Gestaltungs- und Modellansätze zu gewährleisten, findet in Phase eins die Definition des Recherchebereichs statt, in welchem der eigentliche Untersuchungsbereich eingrenzt wird (s. VOM BROCKE ET AL. 2009, S. 2212). Im eingehenden Planungsprozess wird sowohl der Sinn der Literaturrecherche als auch die Art und Weise der Dokumentation festgelegt (s. OKOLI U. SCHABRAM 2010, S. 15–19). Die Eingrenzung des Untersuchungsbereichs erfolgt anhand einer Taxonomie mit sechs konstituierenden Merkmalen als Charakteristik und deren Ausprägungen (s. COOPER 1988, S. 109), dargestellt in der folgenden Abbildung 3-1.

Charakteristik	Ausprägungen			
Schwerpunkt	Forschungsergebnisse	Forschungsmethoden	Theorien	praxisbezogene Anwendungen
Ziel	Verallgemeinerung	Beurteilung	Identifikation zentraler Problemstellungen	
Perspektive	neutraler Bezugspunkt	Positionierung eines spezifischen Bezugspunkts		
Erfassungsbereich	gesamte Auswahl	selektive Auswahl	repräsentative Auswahl	ausschlaggebende Auswahl
Aufbau	historisch	konzeptionell	methodisch	
Zielgruppe	themenspezifische Wissenschaft	allgemeine Wissenschaft	Praxis	allgemeine Öffentlichkeit

Legende: im Untersuchungsbereich enthalten / nicht im Untersuchungsbereich enthalten

Abbildung 3-1 Eingrenzung des Untersuchungsbereichs der systematischen Literaturrecherche (eigene Darstellung, Inhalte basierend auf COOPER 1988, S. 109)

Die hier getroffene Eingrenzung des Untersuchungsbereichs der Dissertationsschrift erfolgt aufbauend auf den vorangegangenen Kapiteln. Der Schwerpunkt dieser Dissertationsschrift liegt, bedingt durch die praxisnahe Forschungsfrage, auf mehreren Ausprägungen, was keine Seltenheit darstellt (s. COOPER 1988, S. 108). Ziel der systematischen Literaturrecherche ist die Abbildung des aktuellen Forschungsstands als Verallgemeinerung, bei welcher die Perspektive eines neutralen Bezugspunktes eingenommen wird (s. COOPER 1988, S. 108–109). Der erfasste Bereich deckt sowohl die selektive und die repräsentative als auch die ausschlaggebende Auswahl an Gestaltungs- und Modellansätzen ab (s. COOPER 1988, S. 110–111). Von der Betrachtung aller potenziell relevanten Gestaltungs- und Modellansätze wird wegen des geringen Mehrwerts sowie des Umfangs Abstand genommen. Da Remote-Work in den vergangenen Jahren einen Schub durch die Entwicklungen erhalten hat, fokussieren einzelne Beiträge im Aufbau die historische Aufarbeitung und den beobachteten Wandel. Der Aufbau der Gestaltungs- und Modellansätze umfasst daher, neben dem konzeptionell und methodisch orientierten Aufbau, auch den historisch angeordneten Aufbau. Die Zielgruppe der verschiedenen Gestaltungs- und Modellansätze umfasst sowohl die themenspezifische Wissenschaft als auch die Praxis, angelehnt an das Forschungsziel des Dissertationsvorhabens (s. COOPER 1988, S. 112). Phase zwei umfasst die Konzeptionalisierung der abgegrenzten Forschungsagenda (s. VOM BROCKE ET AL. 2009, S. 2214). Ziel bildet das einheitliche Begriffsverständnis zur Konkretisierung der Terminologie, das beispielsweise anhand von Arbeitsdefinitionen umgesetzt werden kann. Die in dieser Dissertationsschrift dargelegten Definitionen bilden diese Phase der systematischen Literaturrecherche ab.

Im Fokus der dritten Phase stehen die Identifikation von Beiträgen sowie die systematische Dokumentation zur Gewährleistung der Reliabilität und Validität (s. VOM BROCKE ET AL. 2009, S. 2214–2216). Die Identifikation der Literatur im Erfassungsbereich wird in Online-Datenbanken umgesetzt, in denen anhand von Schlagwörtern, engl. *Search Strings*, die dort hinterlegten Publikationen zur wissenschaftlichen Verwertung gefiltert werden (s. OKOLI U. SCHABRAM 2010, S. 22–23). Neben der Nennung der untersuchten Datenbanken bildet die Aufschlüsselung der Schlagwörter zur Identifikation der Beiträge einen zentralen Schritt der umfassenden Dokumentation. Die „Preferred Reporting Items for Systematic Reviews and Meta-Analyses“-Methode, kurz ‚PRISMA 2020‘-Methode von PAGE ET AL. (2021), als Weiterentwicklung der PISMA-2009-Methode (s. LIBERATI ET AL. 2009, S. 1), bietet ein anwendungszentriertes Vorgehen für die erfolgreiche Literatursuche und die nachvollziehbare Dokumentation dieser, dargestellt in Abbildung 3-2. Die in Kapitel 3.3 im Detail dargelegte Datenbanksuche erfolgt nach nach der ‚PRISMA 2020‘-Methode. Ergänzt wird diese um die sog. Vorwärts-Rückwärtssuche, welche weitere Beiträge bei der Identifikation der Literaturrecherche aufnimmt (s. VOM BROCKE ET AL. 2009, S. 2215; WEBSTER U. WATSON 2002, S. 16).

Abbildung 3-2 Vorgehen zur Identifikation von Literatur nach der ‚PRISMA 2020'-Methode (eigene Darstellung i. A. a. PAGE ET AL. 2021, S. 5, Original leicht gekürzt)

In Phase vier werden die Ergebnisse der Literaturrecherche im Analyseprozess synthetisiert (s. VOM BROCKE ET AL. 2009, S. 2215). Um die dargelegte Forschungslücke differenziert darzulegen, bietet die Konzeptionsmatrix nach WEBSTER U. WATSON (2002, S. 17) eine strukturierte Übersicht. Die Konzeptionsmatrix für die in dieser Dissertationsschrift adressierte Forschungsagenda wird in Kapitel 3.2 hergeleitet. In Kapitel 3.4 wird mit der konsolidierten Konzeptionsmatrix die Synthese der identifizierten Literatur dargelegt. In der abschließenden Phase fünf werden die Ergebnisse der Literatursynthese in eine Forschungsagenda überführt. Die Erkenntnisse der systematischen Literaturrecherche erlauben die Einordnung der Ergebnisse und die Ableitung des Forschungsstands (s. VOM BROCKE ET AL. 2009, S. 2216). Basierend auf dem in Kapitel 3.4 abgeleiteten Forschungsbedarf entlang der konsolidierten Konzeptionsmatrix, ist die systematische Literaturrecherche handlungsleitend für die folgende Darlegung dieser Dissertationsschrift.

3.2 Bewertungskriterien und Suchräume für relevante Gestaltungsansätze

Die Gestaltung von Remote-Work in produzierenden Unternehmen bezieht eine Spanne an Perspektiven ein, für welche es gilt, die bestehenden Ansätze nach VOM BROCKE ET AL. (2009), PAGE ET AL. (2021) und WEBSTER U. WATSON (2002) zu identifizieren und zu erläutern. Um den derzeitigen Stand der Forschung abzubilden, werden auf Basis des Forschungsziels und des eingegrenzten Untersuchungsraums vier

Suchräume a priori identifiziert. Die Untersuchung der relevanten Gestaltungsansätze findet entlang der aufgespannten Suchräume statt, welche die notwendigen inhaltlichen und methodischen Perspektiven abdecken. Suchraum 1 greift das in Kapitel 2.2 eingeführte Remote-Work auf, mit dem Fokus auf der betrieblichen Gestaltung von Remote-Work als Aufgabe der Organisation. Suchraum 2 basiert ebenso auf dem Verständnis von Remote-Work, konzentriert sich jedoch auf die Eigenschaften als Charakteristika von remotefähigen Tätigkeiten. Suchraum 3 bezieht sich auf die in Kapitel 2.1 betrachteten produzierenden Unternehmen und die dort verrichteten menschlichen Tätigkeiten. Suchraum 4 konzentriert sich auf den Wandel der modernen Arbeitswelt als methodischer Fokus der in Kapitel 2.3 beschriebenen Gestaltungsmethoden. Die Matrix der Suchräume ist in der folgenden Abbildung 3-3 dargestellt.

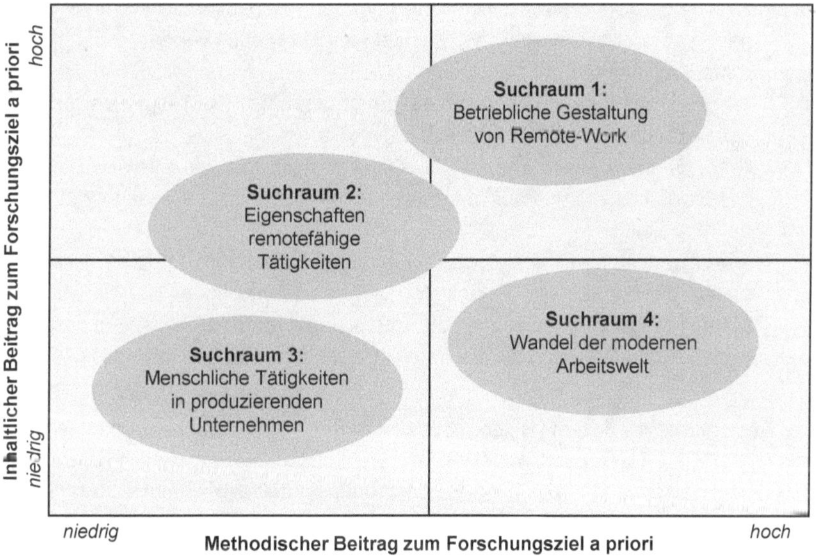

Abbildung 3-3 Matrix der a priori aufgespannten Suchräume zur Identifikation relevanter Ansätze (eigene Darstellung)

Relevante Ansätze werden im folgenden Kapitel 3.3 entlang der vier beschriebenen Suchräume identifiziert und analysiert. Zur Untersuchung und Einordnung der Ansätze werden Bewertungskriterien hergeleitet, welche den in den Suchräumen differenzierten inhaltlichen und methodischen Beitrag zum Forschungsziel aufgreifen und die Validität und Qualität einordnen (s. TEMPLIER U. PARÉ 2015, S. 114). Die Bewertung findet hinsichtlich des Objektbereichs und des Modellzwecks statt. Die folgenden Kriterien zur Bewertung des Objektbereichs der identifizierten Gestaltungs- und Modellansätze werden berücksichtigt:

- *Bezug Remote-Work:* Der Objektbereich der vorliegenden Dissertationsschrift versteht Remote-Work als die Verrichtung von beruflichen Tätigkeiten, die sowohl ortsgebunden als auch ortsungebunden, jedoch nicht am Arbeitsplatz in der Betriebsstätte vollbracht und durch Informations- und Kommunikationstechnologien unterstützt werden. Hierbei ist der zentrale Aspekt, ob die Definition mit dem Verständnis der Autoren übereinstimmt, nicht aber, ob Remote-Work wörtlich genannt wird.

- *Ganzheitliche Unternehmensgestaltung:* Die Gestaltungs- und Modellansätze betrachten holistisch das Unternehmen als eine Organisation, in welcher anhand einer integrierten Betrachtungsweise Strukturen, Aktivitäten und Verhalten geprägt werden.
- *Charakterisierung von Tätigkeiten:* Die Gestaltungs- und Modellansätze leiten Attribute von Tätigkeiten, unterschieden von Aufgaben, als Eigenschaften her. Es wird berücksichtigt, ob sich die Autoren auf Tätigkeiten als synonym für Aufgaben oder dem menschlichen Handeln als Aktivität beziehen.
- *Einteilung menschlicher Tätigkeiten:* Die Gestaltungs- und Modellansätze differenzieren die zugrundeliegende ausgeübte menschliche Tätigkeit, welche von der verrichteten Aufgabe unterschieden wird.
- *Produzierende Unternehmen:* Der Objektbereich der vorliegenden Dissertationsschrift bezieht sich auf Unternehmen, die der produzierenden Industrie zuzuordnen sind.
- *Menschenzentrierte Arbeitsgestaltung:* Die Gestaltungs- und Modellansätze stellen die Bedürfnisse, Fähigkeiten und das Wohlbefinden der Menschen als Mitarbeitende zur Gestaltung von Arbeitsplätzen und -prozessen in den Mittelpunkt. Arbeit 4.0 und New Work sind in diesem Kontext Ansätze, welche einander bedingen.

Die Analyse der Modellentwicklung teilt sich in den Modellzweck und die Herleitung des Modells auf. Der Modellzweck wird an den in dieser Dissertationsschrift aufgegriffenen methodischen Rahmen angelehnt und umfasst die folgenden drei Kriterien:

- *Beschreibung:* Im Modellansatz wird die Situation dargelegt und in die notwendigen Elemente zerlegt.
- *Erklärung:* Im Modellansatz werden Zusammenhänge zur Förderung des Verständnisses der Situation erläutert und begründet.
- *Gestaltung:* Im Modellansatz werden Gestaltungsempfehlungen für Unternehmen aufgezeigt.

Die Kriterien des Objektbereichs und Modellzwecks finden sich in Abbildung 3-4 wieder. Die Bewertung erfolgt anhand des dreistufigen Bewertungsschemas „Voll behandelt“, „Teilweise behandelt“ und „Nicht behandelt“, dargestellt durch sogenannte Harvey-Balls.

Quelle	Objektbereich						Modellzweck		
Legende: ● Voll behandelt; ◐ Teilweise behandelt; ○ Nicht behandelt	Bezug Remote-Work	Ganzheitliche Unternehmensgestaltung	Charakteristika von Tätigkeiten	Einteilung menschlicher Tätigkeiten	Produzierende Unternehmen	Menschenzentriete Arbeitsgestaltung	Beschreibung	Erklärung	Gestaltung
Suchraum 1:									
BEISPIEL ET AL. (2022)	○	◐	○	◐	●	●	○	○	●

Abbildung 3-4 Übersicht der Bewertungskriterien für relevante Gestaltungs- und Modellansätze (eigene Darstellung)

Die in der Betrachtung folgend einbezogenen Gestaltungs- und Modellansätze werden aufgrund der Aktualität des Themas um relevante praxisnahe Managementliteratur erweitert.

3.3 Untersuchung und Bewertung relevanter Gestaltungsansätze

Auf Basis der oben aufgeschlüsselten Bewertungskriterien und Suchräume werden im Folgenden entlang der Methode der systematischen Literaturrecherche (s. Kapitel 3.1) die relevanten Erkenntnisse aus Wissenschaft und Praxis aufgeführt. Die vier Suchräume gliedern die Analyse in vier Teilschritte, welche in den folgenden Unterkapiteln als Detailanalyse aufgeführt werden. Die Identifikation erfolgte für jeden Suchraum einzeln über die Online-Datenbanken Scopus, Springer Link, IEEE Explore und Google Scholar. Die Datenbanken wurden auf Basis einer vorangegangenen Analyse als besonders passend bewertet. Um die Reproduzierbarkeit der Literaturrecherche sicherzustellen, werden die gewählten Suchbefehle, auch als Suchstrings bezeichnet, für die einzelnen Online-Datenbanken in Anhang A1 aufgeschlüsselt.

Entlang der vier Suchräume wurden 35 Quellen identifiziert, welche die erste Ebene des übergeordneten Screenings erfüllen. Zur weiterführenden Analyse wurden die Suchstrings um zwei Qualitätssicherungskriterien erweitert, welche den Ein- und Ausschluss von Publikationen ermöglichen. Ergänzend zur Online-Datenbankrecherche wurde eine Vorwärts-Rückwärtssuche durchgeführt, wodurch sich weitere Quellen ergeben, welche den Anforderungen der Taxonomie für Literaturrecherchen nach COOPER (1988, S. 109) entsprechen. Entlang der jeweiligen Qualitätskriterien und einer anschließenden Vorwärts-Rückwärtsanalyse konnten in den Suchräumen konsolidiert 35 Quellen identifiziert werden. Die Detailbeschreibung des Auswahlprozesses der systematischen Literaturrecherche mit den jeweiligen Qualitätskriterien für Suchraum 1 bis 4 wird in Abbildung 3-5 aufgeschlüsselt.

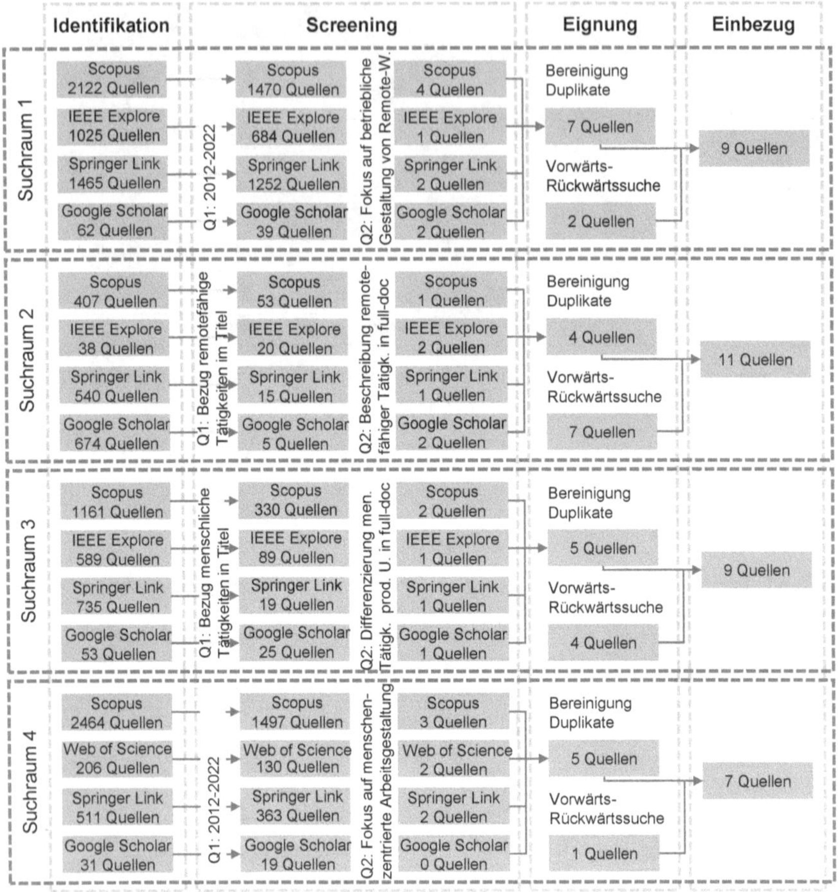

Abbildung 3-5 Zusammenfassung des Auswahlprozesses der systematischen Literaturrecherche für Suchraum 1 bis 4 (eigene Darstellung)

Folgend werden die identifizierten Quellen detailliert beschrieben. Aufbauend wird in Kapitel 3.4 der resultierende Forschungsbedarf abgeleitet.

3.3.1 Suchraum 1: Betriebliche Gestaltung von Remote-Work

Im Folgenden werden die systematisch identifizierten Ansätze von Suchraum 1 beschrieben. Die Literaturrecherche von Suchraum 1 liefert wertvolle Erkenntnisse für die Entwicklung des Beschreibungsmodells betrieblicher Gestaltungsparameter von Remote-Work. Einbezogen werden durch die ganzheitliche Gestaltungsperspektive jene Publikationen, welche den Fokus auf die Wirkung für die gesamten Organisationen legen, auch wenn einzelne Gestaltungsbereiche aufgezeigt werden. Die

Publikationen von BAUMGARTEN ET AL. (2022), CAMPBELL U. MCDONALD (2009), GALANXHI U. NAH (2021), HELMOLD (2022), HERRMANN U. FREY CORDES (2020), JÖLLENBECK ET AL. (2022) und ZAKHAROV (2022) zeigen relevante Gestaltungsbereiche auf, jedoch fehlt es ihnen an gesamtorganisationalem Fokus, weshalb sie zur Betrachtung des Suchraums 1 herausfallen.

Exploring the remote work challenges in the era of COVID-19 pandemic: review and application model| ARUNPRASAD ET AL. (2022)

ARUNPRASAD ET AL. (2022, S. 8–10) untersuchen entscheidende Managementfaktoren für Remote-Work und identifizieren mittels einer *Bibliometrischen Literaturanalyse* und eines *Conceptual Mappings* fünf Cluster: Technologien, Kultur, externe Prozesse, Human-Resource-Praktiken und Leadership. Der entworfene Modellansatz basiert auf der Theorie komplexer additiver Systeme und spannt einen Rahmen für Organisationen zur Beantwortung der Forschungsfrage, wie sich Herausforderungen im Zusammenhang mit Remote-Work im Zeitalter der Disruption wirksam bewältigen lassen (s. ARUNPRASAD ET AL. 2022, S. 2). Kern des anhand der Literaturrecherche erarbeiteten Modells ist die einbezogene Perspektive des einzelnen Mitarbeitenden, des Teams und des gesamten Unternehmens.

Remote-Work stellt Organisationen vor unterschiedliche Herausforderungen auf verschiedenen Ebenen. Basierend auf der Theorie der komplexen additiven Systeme berücksichtigt der Modellansatz drei Aspekte: (1) die unabhängigen Handlungsfähigkeiten aller Einheiten, (2) ihre gegenseitige Abhängigkeit und (3) die Notwendigkeit zur ständigen Weiterentwicklung der sich zusammensetzenden Einheiten (s. Arunprasad et al. 2022, S. 5). Als erster Aspekt sind die remote arbeitenden Mitarbeitenden individuell am staksten von den Auswirkungen von Remote-Work betroffen als kleinste Einheit. Wer ortsunabhängig arbeitet, muss sich aktiv mit dem Unternehmen verbinden, beispielsweise durch Aktivitäten. Als zweiter Aspekt ist die effektive Zusammenarbeit zwischen den Einzelpersonen, Teams und Abteilungen als gegenseitige Abhängigkeit der Beziehungen zu betrachten. Strukturen und Anreize unterstützen aus organisationaler Perspektive die Zusammenarbeit zwischen den Einheiten. Als dritter Aspekt wird die Anpassung der Organisation an Veränderungen identifiziert. Um auf das Umfeld reagieren zu können, muss die Organisation ein komplexes, anpassungsfähiges System mit aktiver, ortsunabhängiger Zusammenarbeit zwischen den Mitarbeitenden, Teams und Organisationssystemen fördern. (s. Arunprasad et al. 2022, S. 5) Das Modell der Faktoren und Anwendung für den Erfolg von Remote-Work von Arunprasad et al. (2022, S. 10), beschreibt die entscheidenden Faktoren für Remote-Work und bringt diese mit den Ebenen Individuum, Team und Organisation zusammen (siehe Abbildung 3-6). Entscheidende Faktoren sind nach ARUNPRASAD ET AL. (2022) Technologie, Kultur, Leadership, interne Prozesse, externe Prozesse und das Ergebnis für die Organisation. Anschließend werden die verschiedenen Anwendungen von Remote-Work anhand der Bereiche (1) Aspekte des Mitarbeitenden, (2) Remote-Ressourcen, (3)

Gemeinsamer Speicherplatz, (4) Zuweisung der Aufgaben, (5) Fortschrittsanalyse und (6) Zielsetzung aufgeschlüsselt.

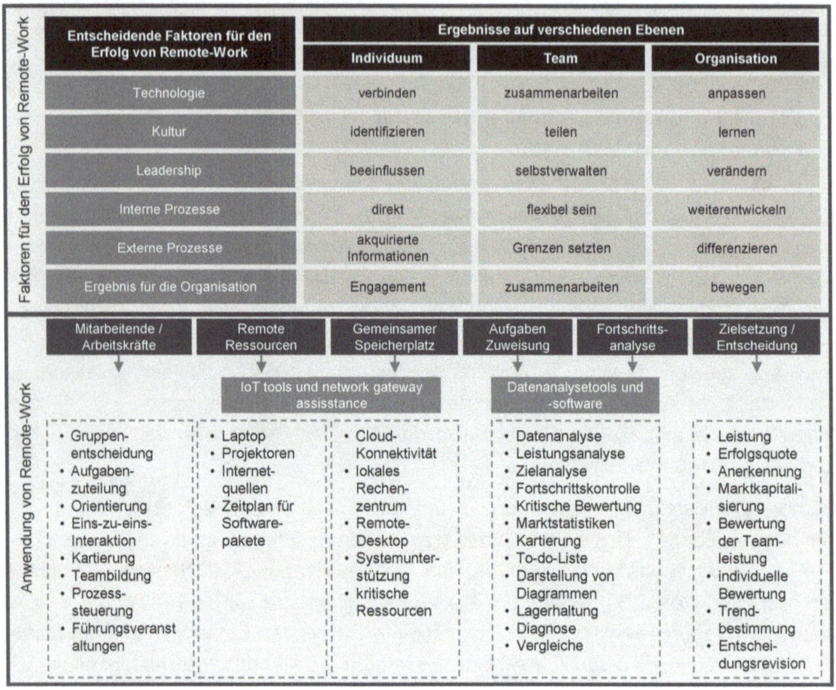

Abbildung 3-6 Faktoren und Anwendung für den Erfolg von Remote-Work (eigene Darstellung i. A. a. Arunprasad et al. 2022, S. 10 Original leicht erweitert)

Arunprasad et al. (2022) stellen damit einen Ansatz zur ganzheitlichen Gestaltung von Remote-Work vor, welcher in der Tiefe der Anwendungsempfehlung weiteren Ausbaubedarf aufweist. Es fehlt jedoch eine tiefgehende Analyse möglicher Branchenunterschiede sowie der Langzeiteffekte von Remote-Work auf die Unternehmenskultur und Mitarbeitendenzufriedenheit.

Sorry you're on mute: Towards determining the factors that impact the productivity and job motivation of remote workers and a conceptual framework | Borse et al. (2021)

Angestoßen durch die COVID-19-Pandemie als Katalysator, untersuchen Borse et al. (2021) Faktoren, die die Produktivität und Arbeitsmotivation von Remote-Arbeitenden in wissensintensiven Berufen beeinflussen, sogenannter *Knowledge Workers*. Mittels einer Fragebogenstudie und explorativen Faktorenanalyse identifizieren Borse et al. (2021) fünf zentrale Faktoren: (1) soziale Interaktion auf Distanz, (2) soziale

Unterstützung und Wissensaustausch, (3) Weiterbildungs- und Umschulungsmöglichkeiten, (4) Regeln und Richtlinien für Remote-Work und (5) Interaktion zwischen Führungskräften und Mitarbeitenden. Die Studie konzentriert sich auf die Perspektive der Mitarbeitenden und erweitert das Verständnis von Remote-Work post-pandemisch, wobei zu beachten ist, dass die Ergebnisse aufgrund der kulturellen Kontextualisierung und selbstberichteten Variablen möglicherweise nicht verallgemeinert werden können (s. BORSE ET AL. 2021, S. 9). Den Faktoren werden insgesamt 20 Variablen zugeordnet, welche den Erfolg von Remote-Work positiv beeinflussen, siehe Tabelle 3-1.

Tabelle 3-1 Variablen zur positiven Beeinflussung von Remote-Work (eigene Darstellung, Inhalte basierend auf BORSE ET AL. 2021, S. 9)

Faktor	Variable
Soziale Interaktion in der Ferne	Förderung des virtuellen Teambuildings durch unterhaltsame Aktivitäten und Termine ohne strikte Agenda; Organisation von virtuellen sozialen Aktivitäten wie Geburtstagen, Karrieremeilensteinen, Arbeitsjubiläen und persönlichen Erfolgen; Anerkennung wichtiger Errungenschaften und Ziele in der Organisation durch Bekanntmachen und Feiern; Schaffung eines zentralen Raums, der den Teamzusammenhalt fördert und ein Gefühl der Zugehörigkeit vermittelt; Berücksichtigung von regelmäßigem Feedback; Förderung des geistigen und körperlichen Wohlbefindens der Mitarbeitenden
Soziale Unterstützung und Wissensaustausch	Bereitstellung von Ausstattung; Ermöglichung der mobilen Nutzung von Arbeitsanwendungen und Daten; Verbesserung des Onboarding-Prozesses für neue Mitarbeitende; Förderung von Wissensaustausch; Sichtbarkeit von Führungskräften und angemessener Zugang zu den Mitarbeitenden; Bereitstellung relevanter Informationen und Schaffung einer einzigen Informationsquelle (Single Source of Truth)
Möglichkeiten zur Höherqualifizierung und Umschulung	Eröffnung der Anpassung der Arbeitszeit an persönliche Verpflichtungen; Schulung der Mitarbeitenden, um effektiver in einer Remote-Work-Umgebung zu arbeiten; Bereitstellung von digitalen Kursen zu Schulung und Weiterbildung der Mitarbeitenden; Schulung von Managenden für die Führung von Teams in einer Remote-Umgebung
Remote-Work-Regeln und -Richtlinien	Festlegung von Richtlinien und Regelungen für Remote-Work
Interaktion zwischen Führungskräften und Mitarbeitenden	Ermöglichung der mobilen Nutzung von Arbeitsanwendungen und Daten

Die Ergebnisse der Studie von BORSE ET AL. (2021) stellen die Perspektive der Mitarbeitenden in den Fokus und tragen zum postpandemischen Wissen über Remote-Work bei. Aufgrund kultureller Unterschiede sind die Erkenntnisse nicht allgemein übertragbar, und durch Selbstberichterstattung könnten subjektive Verzerrungen entstanden sein, trotz statistischer Konsistenzprüfungen (s. BORSE ET AL. 2021, S. 13).

Eine umfassende Betrachtung der organisationalen Perspektive und der strategischen Maßnahmen zur Unterstützung der identifizierten Faktoren fehlt jedoch.

Organizational control in the context of Remote-Work arrangements: A conceptual framework | ERRICHIELLO U. PIANESE (2016)

ERRICHIELLO U. PIANESE (2016) entwickeln, basierend auf der vorangegangenen Forschungsergebnissen über organisatorische Steuerung und Remote-Arbeit, einen Ordnungsrahmen, der die Komplexität der organisatorischen Steuerung in ihre konstituierenden Elemente zerlegt und mit den Bedingungen für die Implementierung von Remote-Work zusammenführt. Der Ordnungsrahmen umfasst die drei Hauptelemente der Bedingungen für die Einführung von Remote-Work, die eigentliche Einführung und die Auswirkungen der Einführung (siehe Anhang A2). Der konzeptionelle Rahmen verbindet die komplexe Dynamik der Veränderung der organisatorischen Kontrolle, die durch die Einführung von Remote-Work-Regelungen ausgelöst wird, mit ihren Vorbedingungen und den Ergebnissen der Umsetzung auf individueller, gruppenbezogener und organisatorischer Ebene. Schwerpunkt des Modells liegt auf der Implementierungsphase von ortsunabhängigem Arbeiten. ERRICHIELLO U. PIANESE (2016, S. 286) legen den Fokus auf die Dynamik der organisatorischen Kontrolle, mit der Identifikation der Aufgaben des Unternehmens entlang des eingeführten Remote-Work-Konzepts.

Das erste Hauptelement betrifft die Bedingungen von Remote-Work, einschließlich zentraler Aspekte wie Standorte, Häufigkeit der Remote-Tage, Formalisierungsgrad, IKT-Ausrüstung und Kommunikation für effektive Aufgabenerfüllung (s. ERRICHIELLO U. PIANESE 2016, S. 294–295). Die Bedingungen der Einführung von Remote-Work werden durch vier Treiber charakterisiert. Umweltfaktoren wie (1) staatliche Vorschriften, (2) organisatorische Faktoren einschließlich technologischer Ausstattung, (3) Merkmale der Mitarbeitenden wie Selbstständigkeit und Vertrautheit mit IKT-Werkzeugen fließen hier ein. Auch Präferenzen und Charakteristika der Mitarbeitenden zählen hierzu, etwa die Bereitschaft für Remote-Work (s. ERRICHIELLO U. PIANESE 2016, S. 286). Diese Treiber stehen in Wechselwirkung mit den Charakteristika von Remote-Work-Konzepten, welche verschiedene Organisationseinheiten, Personen oder Aufgabenbereiche umfassen können und durch spezifische Merkmale der angenommenen Remote-Work-Modalitäten sowie die Kategorisierung der Treiber für die Einführung von Remote-Work definiert sind.

Die Einführung von Remote-Work, das zweite Hauptelement des Ordnungsrahmens, thematisiert die organisatorische Kontrolle, die als dynamischer Prozess der wechselseitigen Konstituierung von Kontrollstrukturen und Handlungen verstanden wird (s. ERRICHIELLO U. PIANESE 2016, S. 287). Sowohl die Unternehmensführung als auch Mitarbeitende werden dabei einbezogen. Diese organisatorische Kontrolle gliedert sich in vier Hauptfelder Kontrollsysteme, Managementhebel, Kontrolle durch Mitarbeitende und Kontrolltechnologien, wobei Kontrollsysteme eine Mischung aus direkten formellen und informellen Mechanismen beinhalten (s. ERRICHIELLO U. PIANESE 2016, S. 287–288). Managementinstrumente dienen als indirekte Kontrollmechanismen zur

Abstimmung zwischen individuellen und organisatorischen Zielen. Das dritte Hauptelement betrachtet die Auswirkungen der Einführung von Remote-Work, differenziert nach individueller, gruppenbezogener und organisatorischer Ebene, mit Faktoren wie Produktivität und Performance, die aus verschiedenen Perspektiven wirken (s. Errichiello u. Pianese 2016, S. 288). Eine eingehende Analyse der langfristigen Auswirkungen der organisatorischen Kontrolle auf die Zufriedenheit und Bindung der Mitarbeitenden wurde nicht durchgeführt.

Effective management of a remote workforce for Covid-19: A proposed research model toward smart working adoption within organizations | Metallo et al. (2022)

Metallo et al. (2022) betonen, trotz der Vorteile von Remote-Work, die Notwendigkeit eines Human-Resource-Management (HRM)-Modells, um organisatorische und individuelle Bedürfnisse intelligenter Arbeitnehmer*innen zu berücksichtigen. Die Zukunft von Smart Work und die Effektivität neuer Organisationsformen erfordern daher die Entwicklung und Umsetzung eines HRM-Modells, welches zudem Herausforderungen wie soziale Isolation, Motivation, Zufriedenheit und Arbeitsleistung identifiziert. Metallo et al. (2022, S. 102–106) entwickeln ein neues HRM-Modell mit dem Ziel, die Unternehmensführung von remote arbeitenden Mitarbeitenden im Rahmen des Smart-Work-Forschungsfeldes effektiv zu gestalten. Metallo et al. (2022, S. 103) definieren „Smart Work" als flexible Arbeitsform, ermöglicht durch neue Technologien. „Smart Work" erfordert eine großflächige Neuausrichtung der HRM-Praktiken auf "Smart Workers", wobei das *HRM Working Model* nach Metallo et al. (2022) drei Fokusfelder aufzeigt: *Mobilität und Entwicklung*, *Bewertung* und *Belohnung* (siehe Abbildung 3-7).

„Smart Workers" als Arbeitskräfte		
Mobilität und Entwicklung	**Bewertung**	**Belohnung**
▪ Rekruting ▪ Lernen ▪ Sozialisierung ▪ Karriere	▪ Kompetenz ▪ Leistung ▪ Arbeitsplatz ▪ Potenzial	▪ kompetenzbasiert ▪ leistungsbezogen ▪ aufgabenbezogen

Abbildung 3-7 *HRM Working Model* für ein effektives Management von remote arbeitenden Mitarbeitenden (eigene Darstellung i. A. a. Metallo et al. 2022, S. 103)

Im Feld „Mobilität und Entwicklung" werden Schulungsmaßnahmen fokussiert, welche das Verhalten der Akteure an der Entwicklung einer gemeinsamen Kultur, an Vertrauen, gemeinsamen Werten und Sprachen ausrichten (s. Metallo et al. 2022, S. 114). Die Ausbildung des Personalmanagementsystems ist von entscheidender Bedeutung für den Erfolg einer Remote-Work-Initiative. Zentral ist, dass, getrieben durch die Vorgesetzten und Manager*innen, die gesamte Organisation in die Einführung und Weiterentwicklung des Remote-Work-Konzepts einbezogen wird (s. Metallo et al. 2022, S. 114). Die Bewertung, als Leistungsbewertung verstanden, erfolgt im traditionellen Arbeitskontext durch die*den direkte*n Vorgesetzte*n. Bei einem „Smart Worker“ ist der oder die direkte Vorgesetzte nicht in der Lage, die Beurteilung aller Aspekte umfassend zu gewährleisten, die das Verhalten der Arbeitnehmerin oder des Arbeitnehmers und ihre oder seine Fähigkeit zur Interaktion und dynamischen Rollenübernahme kennzeichnen (s. METALLO ET AL. 2022, S. 117). Ein Bewertungssystem mit verschiedenen Quellen, beispielsweise entlang der "360-Grad-Bewertung", bei welcher die Mitarbeitenden auch von Kund*innen sowie Kolleg*innen bewertet werden, bildet die eigentliche Leistung umfassender ab. Das Feld der monetären Belohnung ist mit verschiedenen Formen der variablen Vergütung verbunden (s. METALLO ET AL. 2022, S. 118). Das Belohnungssystem ist an das Erreichen bestimmter Ziele zu knüpfen, welche soziale Kontrolle und kooperatives Verhalten begünstigen. Ein Beispiel für monetäre Belohnung nach variablen Vergütungsgrundsätzen für „Smart Workers“ bietet *Management by Objectives* (s. METALLO ET AL. 2022, S. 118), bei welchem intrinsisch die Ziele im Einklang mit der monetären Vergütung stehen können. METALLO ET AL. (2022) zeigen, dass die Gestaltung von Remote-Work von Organisationen ganzheitlich adressiert werden muss. Einen zentralen Bestandteil stellt HRM dar, welches mit dem „Smart Work“-Ansatz den Wandel, weg vom traditionellen Mitarbeitendenverständnis, hin zur „Smart Workforce“, adressiert.

Das HRM-Modell von METALLO ET AL. (2022) bietet eine grobe Struktur zur Bewältigung der Herausforderungen von Remote-Work und adressiert die Bedürfnisse von „Smart Workers“. Allerdings wird eine detaillierte Betrachtung der praktischen Implementierung und der damit verbundenen Herausforderungen in unterschiedlichen organisatorischen Kontexten nicht ausreichend behandelt.

Flexibilisierung von Arbeitswelten in der digitalen Transformation – Ansatzpunkte für die erfolgreiche Gestaltung von Homeoffice (In: Digitale Arbeitswelten) | MÜLLER, M. (2021)

In ihrem Beitrag des Sammelbands „Digitale Arbeitswelten“ identifiziert MÜLLER (2021, S. 124) Ansatzpunkte für die erfolgreiche Gestaltung von Homeoffice. Um den organisationalen Kontext zu betrachten, analysiert sie die Zusammenhänge zwischen verschiedenen Variablen in Organisationen empirisch anhand von Fallstudienforschung. Der Ansatz der Konfigurationstheorie legt dar, dass verschiedene Faktoren auf der organisationalen, interaktionalen und individuellen Ebene innerhalb der Organisation miteinander vernetzt sind (s. MÜLLER 2021, S. 123–124). Nach MÜLLER (2021) beleuchtet derzeitige Forschung das Themenfeld des flexiblen Arbeitens nur in Teilbereichen, wie die Veränderung der Kommunikation, und damit zu begrenzt. Die isolierte Betrachtung von Teilbereichen führt zur Vernachlässigung zentraler Zusammenhänge in Politik und Wissenschaft (s. MÜLLER 2021, S. 124). MÜLLER (2021, S. 127–128) entwickelt das Modell der zentralen Einflussfaktoren bei der Umsetzung von Homeoffice als holistische Betrachtung von Organisationen, bei welchem die Teilkomponenten in dem Gesamtzusammenhang eingeordnet werden, sodass einer isolierten Betrachtung vorgebeugt wird. Erarbeitet wird das Modell mittels Fallstudienforschung und

Interviews. Basierend auf der Konfigurationstheorie bilden die Organisation, die Interaktion und das Individuum die drei obersten Ebenen. Diesen untergeordnet werden die zentralen Themenfelder der Ebene mit jeweiligen Unternehmen und Aspekten (siehe Anhang A2). Auf der organisationalen Ebene werden die informellen, formellen und technologischen Rahmenbedingungen aufgeführt, auf der interaktionalen Ebene das Team und die Kommunikation und auf individueller Ebene die Präferenzen, Kompetenzen und personenbezogenen Rahmenbedingungen der Arbeitnehmenden. Durch den Fokus auf Homeoffice liegt das Augenmerk zwar überwiegend auf dem in dieser Dissertationsschrift vorliegenden Begriffsverständnis von Remote-Work, bezieht aber nicht den gesamten Betrachtungsraum von Remote-Work ein.

Aufbauend auf den Ergebnissen der Fallstudienforschung werden die Wirkungsbeziehungen der verschiedenen Einflussfaktoren gemäß der Konfigurationstheorie untersucht, um die Wirkungsbeziehungen der einzelnen Themenfelder besser zu verstehen (MÜLLER 2021, S. 131). Betrachtet wird die zweite Dimension der zentralen Themenfelder des Modells. Ergebnis dieser Untersuchung ist, dass die Zusammenhänge der Themenfelder nicht nur linear und bivariat, sondern wechselseitig und reziprok verlaufen (s. MÜLLER 2021, S. 131). Insbesondere die stark verknüpften Einflussfaktoren sind bei der Umsetzung von Remote-Work-Konzepten zu fokussieren (s. MÜLLER 2021, S. 131–134). MÜLLER betrachtet lediglich einen Teilaspekt von Remote-Work, nämlich Homeoffice, und bietet zudem keine detaillierte Analyse der spezifischen operativen Schritte und praktischen Maßnahmen, die für die erfolgreiche Implementierung von Remote-Work-Konzepten in verschiedenen organisatorischen Kontexten notwendig sind.

Organizational control in the context of remote working: A synthesis of empirical findings and a research agenda | PIANESE ET AL. (2022)

Als Weiterentwicklung der vorangegangenen Erkenntnisse von ERRICHIELLO U. PIANESE (2016) untersuchen PIANESE ET AL. (2022) die Ausübung von organisationaler Kontrolle hinsichtlich Remote-Work. Remote-Work wird in der Studie als die Arbeit fernab von traditionellen Büros an geografisch verstreuten Orten verstanden (s. PIANESE ET AL. 2022, S. 1). Betrachtet wird organisationale Kontrolle bei Remote-Work unter Einklang der Vision, der Werte und Ziele des Unternehmens, durch Untersuchungen von Analysen von über 130 empirischen Analysen. Es werden fünf Kontrollbereiche identifiziert, anhand derer die Ergebnisse dargelegt werden: Kontrollsysteme, Managementstile der Vorgesetzten, vertrauensvolle Beziehungen, organisatorische Identifikation und Arbeitsidentität in Remote-Work-Konzepten. Die Analyse thematisiert die psychologischen und verhaltensbezogenen Dimensionen von Mitarbeitenden, indem die persönlichen Erfahrungen der an der organisatorischen Veränderung beteiligten Personen fokussiert werden.

In dem Modell der Kontrollbereiche von Remote-Work unterscheiden PIANESE ET AL. (2022, S. 11) die Rolle der Organisation, der Führungskräfte und der remote arbeitenden Mitarbeitenden (siehe Anhang A2). Fokussierend auf der organisationalen und verwaltungstechnischen Ebene, stellt die Autonomie von remote tätigen Mitarbeitenden einen zentralen Aspekt dar. Eine verschärfte Kontrolle von Organisation und Führungskräften zielt in den betrachteten Studien hauptsächlich darauf ab, den Wert flexiblen Arbeitens und der Beachtung der Work-Life-Balance zu zeigen (s. PIANESE ET AL. 2022, S. 11). Auf die Absicht von Führungskräften, ein unterstützendes Umfeld zu schaffen, reagieren Mitarbeitende mit der Konstruktion eines seriösen Auftritts durch gehäufte Kommunikation mit Kolleg*innen und Vorgesetzten. Dies geht mit der Selbstauferlegung von Kontrollnormen einher. Zentrale Ängste von remote arbeitenden Mitarbeitenden umfassen die Überschneidung von beruflichen und privaten Aufgaben und die Gefahr von Karriereeinschnitten (s. PIANESE ET AL. 2022, S. 11).

Mit Blick auf die technologischen Ebenen des Modells der Kontrollbereiche von Remote-Work werden die genutzten technischen Instrumente zur Überwachung und Kontrolle von Remote-Work relevant. Interessant ist, dass der Schwerpunkt nicht auf den spezifisch eingesetzten Werkzeugen, sondern den zugrundeliegenden Systemen, wie beispielsweise dem *Customer Relationship Management*, liegen (s. PIANESE ET AL. 2022, S. 11). Kanäle wie E-Mails, Chats und Anrufe werden zur Kommunikation und zur Verbindung genutzt, auch um das Zugehörigkeitsgefühl im Team und in der Gruppe zu festigen. Technologien wie Smartphones werden eingesetzt, um die Arbeitsidentität zu verwirklichen, die von ihren Erwartungen und organisatorischen Rollen geprägt ist, sowie um negative Auswirkungen wie der Unsichtbarkeit bei Karrierepfaden entgegenzuwirken.

PIANESE ET AL. (2022) bieten einen umfassenden Überblick über die organisationalen Kontrollmechanismen bei Remote-Work und die damit verbundenen psychologischen und technologischen Aspekte. Jedoch wird die langfristige Auswirkung dieser Kontrollmechanismen auf die Mitarbeitendenzufriedenheit und -bindung nicht eingehend behandelt.

Transforming physical enterprise into a remote organization transformation impact: Digital tools, processes and people | SARAIVA ET AL. (2021)

SARAIVA ET AL. (2021) betrachten den Transformationsprozess von einem postpandemisch traditionellen *Office Model* als ortsgebundenes Arbeitsmodell zu einem „New Work"-Arbeitsmodell mit Remote-Work. Unterstützt wird die Transformation des Arbeitsmodells als Teil der digitalen Transformation durch die Anwendung digitaler Werkzeuge und Methode, für welche von SARAIVA ET AL. (2021, S. 4) die Struktur des *Remote Transformation Framework* entworfen wird. Remote-Work wird als Teil von virtuellem Arbeiten gesehen, was Homeoffice und Telearbeit einschließt, befähigt durch den Einsatz von computergestützter Technologie am nicht konventionellen Arbeitsplatz (s. SARAIVA ET AL. 2021, S. 1). Getrieben wird der Transformationsprozess beispielsweise durch zunehmenden Wettbewerb und die Dienstleistungswende, welche mehr unternehmerische Flexibilität und Anpassungsfähigkeit der Kund*innen erfordern.

Als Leistungsindikatoren für die Sinnhaftigkeit der Transformation des Arbeitsmodells hin zu „New Work" sehen SARAIVA ET AL. (2021, S. 3) Führung, Organisationsstrategie und -struktur, Managementstil, Technologie sowie Kundenbedürfnisse und Anforderungen. Das *Remote Transformation Model* von SARAIVA ET AL. (2021, S. 3–4) wird als praxisnaher Rahmen zur Anwendung für Unternehmen entworfen, der drei Phasen umfasst:

Phase 1 Anwendungsprüfung von Remote-Work: Analyse des bestehenden traditionellen *Office Model* als ortsgebundenes Arbeitsmodell hinsichtlich der physischen Bindung des Unternehmens und die Transformierbarkeit zu einem ganz oder teilweisen Remote-Arbeitsmodells.

Phase 2 Definition der Ziele: Bestimmung qualitativer und quantitativer Ziele und „Key Performance Indicators" (KPI) zur Erfolgsmessung der Transformation des Arbeitsmodells durch die Führungskräfte.

Phase 3 Darstellung des neuen digitalen Unternehmens: Einteilung der Geschäftsbereiche in ortsabhängig und ortsunabhängig und die Definition der neuen dezentralen Geschäftsbereiche.

Das *Remote Transformation Model* beschreibt das Vorgehen zur Umsetzung von Remote-Work. Es konzentriert sich vornehmlich auf die Analyse der Ausgangssituation und die Identifikation von Gestaltungsfeldern. Dies ermöglicht eine flächig anwendbare Vorgehensweise, spezifiziert aber nicht konkret die eigentliche betriebliche Gestaltung. Eine detaillierte Betrachtung der praktischen Implementierung und der damit verbundenen Herausforderungen in unterschiedlichen organisatorischen Kontexten wird damit nicht umfassend behandelt.

Achieving effective Remote-Working during the COVID-19 pandemic: A work design perspective | WANG ET AL. (2021)

WANG ET AL. (2021) identifizieren anhand semistrukturierter Interviews und einer Umfrage die zentralen Herausforderungen und Merkmale von Remote-Work und den Zusammenhang mit der Leistung und dem Wohlbefinden der Mitarbeitenden. Untersucht wurde der chinesische Arbeitsmarkt während der COVID-19-Pandemie. Anhand der semistrukturierten Interviews wurden drei zentrale Themenfelder identifiziert: (1) Herausforderungen von Remote-Work, (2) Merkmale von virtuellem Arbeiten und (3) Individuelle Faktoren entlang persönlicher Eigenschaften (s. WANG ET AL. 2021, S. 28–31). Die quantitative Umfrage der Arbeitnehmenden zeigt den Zusammenhang zwischen den Themenfeldern auf. Die Interviews verdeutlichen, dass eine Reihe von Herausforderungen bei Remote-Work während der Pandemie die Arbeitseffektivität und das Wohlbefinden des Individuums negativ beeinflussen (s. WANG ET AL. 2021, S. 44). Zudem prägen Remote-Arbeitseigenschaften und Selbstdisziplin gemeinsam das Ausmaß dieser erlebten Herausforderungen. WANG ET AL. (2021) zeigen, dass Störungen zwischen Arbeit und Familie die am häufigsten genannte Herausforderung bei Remote-Work während der Pandemie waren. Auf der Grundlage der Arbeitsgestaltungsperspektive wurden die Ergebnisse in ein theoretisches Modell integriert, um zu zeigen, wie Remote-Arbeitsmerkmale im aktuellen Kontext von Remote-Work von Bedeutung sind (s. WANG ET AL. 2021, S. 32):

- Merkmale von Remote-Work: soziale Unterstützung, Arbeitsautonomie, Überwachung und Arbeitsbelastung
- Individuelle Faktoren: Selbstdisziplin
- Herausforderungen von Remote-Work: Prokrastination, ineffiziente Kommunikation, Interferenzen zwischen Arbeit und Freizeit und Einsamkeit
- Ergebnisse von Remote-Work: Leistung, Wohlbefinden

Der Ausbruch der COVID-19-Pandemie hat eine einzigartige Situation geschaffen, um die Anwendbarkeit von Remote-Work in einem neuen Umfang weltweit beleuchten zu können. WANG ET AL. (2021, S. 44) untersuchen daher explorativ die Herausforderungen, die durch die disruptiv veränderten Umfeldbedingungen für Remote-Work aufgrund der COVID-19-Pandemie entstanden sind. Die abgeleiteten sechs Schlüsselergebnisse umfassen (1) die Arbeitsmerkmale als Mittel zur Verbesserung der Erfahrung von Remote-Work, (2) die neue Theorie des Konflikts zwischen Heim und Arbeit, (3) Prokrastination als Herausforderung, welche durch Arbeitsgestaltung gemildert werden kann, (4) die Einsamkeit als überraschende Rolle der beruflichen Autonomie, (5) Kommunikation jenseits ihrer remote Attribute und (6) die Macht der Selbstdisziplin.

WANG ET AL. (2021) betrachten in ihrer Analyse den chinesischen Kulturkreis, wodurch die Ergebnisse nicht ohne Weiteres auf das deutsche Arbeitsumfeld übertragbar sind. Ein Beispiel bietet die zusätzliche Überwachung von remote arbeitenden Mitarbeitenden. Frühere Untersuchungen zeigen, dass zusätzliche Überwachung für Fernarbeitnehmer schädlich ist. WANG ET AL. (2021, S. 31) zeigen hingehen, dass remote arbeitende Mitarbeitende umfängliche Überwachung als notwendiges Mittel sehen, um mit der Prokrastination umzugehen. WANG ET AL. (2021) bietet wertvolle Einblicke in die Herausforderungen und Merkmale von Remote-Work während der COVID-19-Pandemie, lässt jedoch eine detaillierte Betrachtung der langfristigen Auswirkungen auf verschiedene kulturelle und organisatorische Kontexte vermissen.

3.3.2 Suchraum 2: Eigenschaften remotefähiger Tätigkeiten

Im Folgenden werden, aufbauend auf dem dargelegten Verständnis von Remote-Work, bestehende Ansätze zu Charakteristika von remotefähigen Tätigkeiten untersucht. Das Kapitel stellt die Ergebnisse des Suchraums 2 der systematischen Literaturrecherche detailliert dar.

The Skill Content of Recent Technological Change: An Empirical Exploration | AUTOR ET AL. 2003

AUTOR ET AL. (2003) untersuchen in ihrem Beitrag im Kontext der Automatisierung, wie die Informatisierung als Zunahme der Nutzung von Computern die beruflichen Fähigkeiten verändert. Die betriebswirtschaftliche Perspektive wird durch die globalpolitische Perspektive und die damit einhergehende Lohnungleichheit in industrialisierten Ländern erweitert. Der Bezug zu Eigenschaften remotefähiger Tätigkeiten findet sich in der Unterteilung von vier Dimensionen menschlicher Arbeitstätigkeiten, AUTOR ET AL. (2003, S. 1286) unterscheiden manuelle und kognitive Tätigkeiten sowie Routine- und Nicht-Routine-Tätigkeiten. Wie in Abbildung 3-8 dargestellt, bilden die vier Dimensionen den Ausgangspunkt zur Spezifizierung der automatisierbaren Tätigkeiten. Tätigkeiten, welche expliziten Regeln folgen, schaffen durch den berechenbaren Charakter prinzipiell ein großes Potenzial für Automatisierung. Hier sehen AUTOR ET AL. (2003) das überwiegende Potenzial für die Substituierung des Menschen im Arbeitsprozess. Dies steht im Gegensatz zu den Nicht-Routine-Tätigkeiten, welche geprägt durch komplexe Kommunikationsvorgänge und Problemlösungsaufgaben sind. AUTOR ET AL. (2003) sehen hier das Potenzial der Automatisierung nicht in der Ersetzung der menschlichen Arbeitskraft, sondern in der Ergänzung und Unterstützung durch die digitalen Technologien.

Routine-Tätigkeiten	Tätigkeitsarten	Nicht-Routine-Tätigkeiten
Auswirkung durch Computer: Erhebliche Substitution Bsp. Kommissionierung oder Sortierung	Manuelle Tätigkeiten	Auswirkung durch Computer: Begrenzte Möglichkeiten für Substitution oder Komplementarität Bsp. Hausmeisterdienste
Auswirkung durch Computer: Erhebliche Substitution Bsp. Buchführung, Berechnung, Kundenbetreuung	Kognitive Tätigkeiten	Auswirkung durch Computer: Starke Komplementaritäten Bsp. Bildung/Prüfung von Hypothesen, Überzeugen, Managen

Abbildung 3-8 Dimensionen von Tätigkeiten im Aufgabenmodell (eigene Darstellung, Inhalte basierend auf AUTOR ET AL. 2003, S. 1286)

Inmitten der rasant fortschreitenden Entwicklung digitaler Technologien stellt der Journalbeitrag von AUTOR ET AL. (2003), wenn auch Anfang der 2000er-Jahre veröffentlicht, eine übergeordnete Einteilung von Tätigkeiten in Bezug auf digitale Technologien dar. Diese allgemeine Kategorisierung lässt jedoch eine detaillierte Verfeinerung der einzelnen Einteilungen vermissen.

Klassifikation der Berufe 2010 – überarbeitete Fassung 2020 | BA 2021

Die Bundesagentur für Arbeit (s. BA 2021) erhebt im Rahmen der Arbeitsmarktforschung die Klassifikation der Berufe (KldB), um die aktuellen Berufsstrukturen in Deutschland realitätsnah abzubilden (BA 2021). Diese nationale Klassifikation unterscheidet sich von der International Standard Classification of Occupations (ISCO) der ILO aufgrund der einzigartigen Berufsausbildungen und Weiterbildungsberufe in Deutschland. Die KldB findet breite Anwendung in der Arbeitsmarktforschung und der Codierung von Stellen- und Bewerberangeboten bei der Bundesagentur für Arbeit (s. BA 2021, S. 17). Die zehn klassifizierten Berufsbereiche sind als 1-Steller codiert, gefolgt von 37 Berufshauptgruppen (2-Steller), 144 Berufsgruppen (3-Steller), 702 Berufsuntergruppen (4-Steller) und 1300 Berufsgattungen (5-Steller) (s. BA 2021, S. 6). Der erste Bereich der KldB (Ebene 1-4) bildet den Fachbezug des Berufs ab, gruppiert nach Kenntnissen, Fertigkeiten und Tätigkeiten. Je tiefer die Ebene, desto ähnlicher werden die Berufe. Der zweite Bereich (Ebene 5) ordnet die berufsfeldbezogenen Einheiten nach dem Anforderungsniveau ein, wobei die Komplexität der Tätigkeit beschrieben wird. Die Einstufung erfolgt in vier Komplexitätsgrade, von "1" (geringe Komplexität) bis "4" (hohe Komplexität) (s. BA 2021, S. 19). Für die Maschinen- und Fahrzeugbautechnik führt dies zur folgenden Gliederung (s. BA 2021, S. 64):

1. Berufsbereiche: Rohstoffgewinnung, Produktion und Fertigung
2. Berufshauptgruppe: Maschinen- und Fahrzeugtechnikberufe
3. Berufsgruppen: Maschinenbau- und Betriebstechnik
4. Berufsuntergruppen: Berufe in der Maschinenbau- und Betriebstechnik (ohne Spezialisierung)
5. Berufsgattungen: Berufe in der Maschinenbau- und Betriebstechnik (ohne Spezialisierung) *Helfer-/Anlerntätigkeiten,* Berufe in der Maschinenbau- und Betriebstechnik (ohne Spezialisierung) *fachlich ausgerichtete Tätigkeiten,* Berufe in der Maschinenbau- und Betriebstechnik (ohne Spezialisierung) *komplexe Spezialtätigkeiten,* Berufe in der Maschinenbau- und Betriebstechnik (ohne Spezialisierung) *hochkomplexe Tätigkeiten*

Die Unterscheidung der Tätigkeiten in der KldB fokussiert den Komplexitätsgrad der Tätigkeiten, berücksichtigt jedoch nicht spezifisch die Remotefähigkeit von Berufen.

Berufliche Tasks auf dem deutschen Arbeitsmarkt | Dengler et al. 2014

Dengler et al. (2014) führen, aufbauend auf Autor et al. (2003), die Analyse der Automatisierung von Tätigkeiten auf dem deutschen Arbeitsmarkt weiter. Basis bildet der Task-Based-Approach. Ergänzend zur KldB wird die Expert*innendatenbank BERUFENET[2] der Bundesagentur für Arbeit (s. BA 2020) genutzt. Diese ermöglicht die Fokussierung der Durchführung von beruflichen Tätigkeiten. Anders als bei der KldB identifiziert BERUFENET die gängigen Fertigkeiten und Kenntnisse zur Ausführung der Tätigkeiten. Ziel der Task-Operationalisierung ist eine Codierung von Tätigkeiten in die fünf Task-Typen (1) Analytische Nicht-Routine-Tasks, (2) Interaktive Nicht-Routine-Tasks, (3) Kognitive Routine-Tasks, (4) Manuelle Routine-Tasks und (5) Manuelle Nicht-Routine-Tasks (siehe Tabelle 3-2).

[2] https://web.arbeitsagentur.de/berufenet/?path=null (Link zuletzt geprüft: 22.08.2024)

Tabelle 3-2 Zuordnung von Anforderungen der Task-Typen für die Codierung (eigene Darstellung i. A. a DENGLER ET AL. 2014, S. 18)

Tasks-Typ	Anforderungen
Analytische Nicht-Routine-Tasks	Management, Planung, Planung und Überwachung, Kunde, Wirtschaft, Bewirtschaftung, Leitung, Führung, Controlling, Wissenschaften, Softwareentwicklung, Programmiersprache, Netzwerkzertifizierungen, Aufsicht, Musik, Gesang, Ballett, Musikinstrumente, Optik, Anwendung von Recht, Design, Gestaltung (Kunst), Auswertung, Kontrolle, Therapie, Programmierung
Interaktive Nicht-Routine-Tasks	Handel, Beratung, Betreuung, Training, Marketing, Werbung
Kognitive Routine-Tasks	Technik, Verwaltung, Grafie, Netzwerktechnik, Netzprotokolle, Betriebssysteme, Zertifikate, Sprachkenntnisse, Waren- und Produktkenntnisse, Kenntnisse, Sensorik, Elektronik, Mechanik, Mechatronik, Hydraulik, Bearbeitung, Revision, Prüfung, Untersuchung, Vermessung, Überwachung, Verfahren, Diagnostik
Manuelle Routine-Tasks	Anbau, Bau, Herstellung, Erzeugung, Gewinnung, Ernte, Bedienung von Maschinen, Einrichtung von Maschinen, Drucksatz
Manuelle Nicht-Routine-Tasks	Tanz, Sanierung, Dienst, Therapie (manueller Schwerpunkt), Sonder-/Spezial-/ Maßanfertigungen, Handwerksbetriebe (z. B. Bäckerei, Tischlerei)

Dies wurde durch das Gruppieren der Task-Typen in einem mehrstufigen Codierungsprozess umgesetzt, durch drei unabhängig Codierende, die autonom voneinander die vorliegenden Arbeitsanforderungen codieren. Das iterative Vorgehen ermöglichte Anpassungen der Codierregeln bei Unstimmigkeiten. Die Codierung der Arbeitsanforderungen zu Task-Typen kann sich mit der Zeit verändern. Tätigkeiten, die aktuell als manuelle Nicht-Routine-Tätigkeiten klassifiziert werden, könnten in der Zukunft durch Maschinen ausgeführt und als Routine-Tätigkeiten gelten. Vier Grundregeln bei der Sortierung von Arbeitsanforderungen in die Task Typen wurden erarbeitet (s. DENGLER ET AL. 2014, S. 17–18):

- Arbeitsanforderungen werden dem Task-Typ zugeordnet, bei dem die größte Übereinstimmung mit den in der Anforderungsliste aufgeführten Kenntnissen oder Fertigkeiten vorliegt.
- Liegen Zweifel vor, ob eine Routine- oder Nicht-Routine-Tätigkeit vorliegt, wird gewissenhaft recherchiert, ob die Tätigkeit von einem Computer ausgeführt werden kann.
- Kann keine eindeutige Zuordnung stattfinden, wird auf eine Zuordnung verzichtet.
- Wenn in einer Zeile einer Anforderungsliste mehr als eine Tätigkeit nicht eindeutig einem Task-Typ zugeordnet werden kann, werden die Anforderungen auf zwei Task-Typen aufgeteilt.

Der Beitrag von DENGLER ET AL. (2014) bietet eine detaillierte Analyse der Automatisierungsmöglichkeiten beruflicher Tätigkeiten und erweitert den Task-Based-Approach.

Allerdings wird die spezifische Eignung von Tätigkeiten für Remote-Work nicht explizit behandelt, auch wenn die Automatisierung eine wesentliche Grundlage dafür darstellt.

Work routinization and implications for ergonomic exposure assessment | GOLD ET AL. (2006)

Die zunehmende inhaltliche und zeitliche Variabilität in den Arbeitsaufgaben veranlasst GOLD ET AL. (2006) zu einer Arbeitsplatzanalyse, die von unregelmäßigen Arbeitszyklen und nicht-routinisierten Aufgaben ausgeht. Übergeordnetes Ziel der Analyse ist die Bewertung der Arbeitsbelastungen unter Berücksichtigung der unterschiedlichen Routinestufen von Aufgaben (s. GOLD ET AL. 2006, S. 12). Als industrielle Bezugsbranche wird die Automobilindustrie ausgewählt. Mithilfe einer Kohortenstudie unter Beteiligung von rund 1200 Arbeitskräften aus der Automobilindustrie wurden Arbeitstätigkeiten erfasst und in Routinekategorien eingeordnet, um die festgestellten Arbeitsbelastungen in Relation dazu zu betrachten (s. GOLD ET AL. 2006, S. 15–19). Das von GOLD ET AL. (2006, S. 15) entworfene Klassifikationssystem für die Routinestufen der Arbeitstätigkeiten umfasst fünf Kategorien mit absteigendem Routinegrad. Die Verbindung von zyklischen Tätigkeiten und dem Routinegrad des Jobs wird in Abbildung 3-9 dargestellt.

Routinekategorie	Routinegrad	Beispiel
1 Eine einzige Tätigkeit mit einem regelmäßigen Arbeitszyklus	Routine-Job	Arbeit an der Fertigungsstraße ohne Jobrotation
2 Mehrere zyklische Tätigkeiten	↓	Arbeit an der Fertigungsstraße mit Jobrotation
3 Mischung aus zyklischen und nicht-zyklischen Tätigkeiten	↓	Arbeitsvorbereitung, Arbeitsplatzeinrichtung (Maschinenwartung)
4 Eine einzige nicht-zyklische Tätigkeit	↓	Reparatur von Motoren oder Schweißarbeiten
5 Mehrere nicht-zyklische Tätigkeiten	Nicht-Routine-Job	Elektrik-Arbeiten, Schlossereitätigkeiten

Abbildung 3-9 Routine-Kategorien und Arbeitsbeispiele aus der Automobilindustrie (eigene Darstellung i. A. a. GOLD ET AL. 2006, S. 15)

GOLD ET AL. (2006, S. 12) heben zudem die Auswirkungen von Routinisierung auf ergonomische Risikofaktoren hervor. Der Schwerpunkt liegt dabei auf monotonen Arbeitsaufgaben, was zu einer Zunahme von Muskel-Skelett-Erkrankungen und anderen ergonomisch bedingten Beschwerden führen kann. Die Ergebnisse unterstreichen die Notwendigkeit eines umfassenderen Ansatzes zur Bewertung ergonomischer Risiken in routinierten Arbeitsumgebungen.

Who can work from home? The roles of job tasks and HRM practices | KAWAGUCHI U. MOTEGI 2021

KAWAGUCHI U. MOTEGI (2021) untersuchen das Potenzial von Remote-Work anhand von Arbeitsplatz- und HRM-Charakteristika. Die Analyse basiert auf einem japanischen

Arbeitnehmer*innen-Paneldatensatz von 2019 bis 2020 und zeigt, dass Remote-Work vor allem für Arbeitskräfte mit analytischen Aufgaben, Hochschulabschluss und Beschäftigung in größeren Unternehmen geeignet ist. Arbeitnehmende mit nicht-routinemäßigen, analytischen und nicht-manuellen Aufgaben sowie spezifischen HRM-Methoden haben eine höhere Wahrscheinlichkeit, remote zu arbeiten. Berufe mit manuellen oder interaktiven Aufgaben sind weniger für Remote-Work geeignet (s. KAWAGUCHI U. MOTEGI 2021, S. 10). Remote Arbeitsmöglichkeiten variieren stärker zwischen Berufsgruppen als Industrien. Im Durchschnitt arbeiten 8 Prozent der japanischen Arbeitnehmenden remote, mit 17 Prozent in der Telekommunikationsbranche und 0 Prozent im Gastgewerbe (s. KAWAGUCHI U. MOTEGI 2021, S. 4).

Remote arbeitende Kräfte üben seltener Routine- oder manuelle Tätigkeiten aus. Die Interaktivität der Aufgaben ist weniger aussagekräftig für das Potenzial von Remote-Work (s. KAWAGUCHI U. MOTEGI 2021, S. 5). Ein enger Zusammenhang besteht zwischen HRM-Praktiken, die auf individuellen Leistungsmaßen beruhen, und dem Remote-Work-Potenzial. Remote-Work wird primär angeboten, wenn der Output messbar ist. Während der COVID-19-Pandemie wurde ortsunabhängiges Arbeiten auch in schwer messbaren Berufen ausgeweitet. KAWAGUCHI U. MOTEGI (2021, S. 2) betonen die Notwendigkeit, den Output messbar zu machen. Sie zeigen, dass remote Mitarbeitende anhand spezifischer KPI und MbO geführt werden können. Leistungsbezogene Bezahlung ist oft Teil der Führung auf Distanz. Die Einkommenshöhe korreliert stark mit der Möglichkeit, remote zu arbeiten. Arbeitnehmende, die remote arbeiten dürfen, verdienen durchschnittlich mehr als andere. KAWAGUCHI U. MOTEGI (2021) verdeutlichen, dass Performance-Messung und das Bewertungssystem zentral für die Remotefähigkeit sind. Sie betonen die Bedeutung klar messbarer Leistungsziele und spezifischer HRM-Praktiken für erfolgreiche Remote-Work. Ihre Ergebnisse zeigen, dass Remote-Work besonders für hochqualifizierte Arbeitskräfte geeignet ist und stark mit der Einkommenshöhe zusammenhängt.

What´s next for Remote-Work: An analysis of 2,000 tasks, 800 jobs, and nine countries | LUND ET AL. 2020

LUND ET AL. (2020) untersuchen die Berufe und deren korrespondierende Tätigkeiten, die das größte Potenzial bieten, remote ausgeübt zu werden. Hierbei analysierten die Autor*innen insgesamt 2 000 Tätigkeiten und 800 Berufe aus neun Ländern. Die Studienergebnisse zeigen, dass Remote-Work insbesondere auf hochqualifizierte und gut ausgebildete Arbeitnehmende sowie auf eine begrenzte Anzahl an Branchen, Berufen und Regionen konzentriert ist (s. LUND ET AL. 2020, S. 2). Tätigkeiten, die den Einsatz von stationären Geräten erfordern, sowie intensive körperliche Betätigung und manuelle Tätigkeiten können nicht aus der Ferne ausgeführt werden, wie die Pflege von Personen (s. LUND ET AL. 2020, S. 3). Kognitive Tätigkeiten, wie das Sammeln und Verarbeiten von Informationen, Unterrichten und Beraten, können aus der Ferne ausgeführt werden. Betrachtet wird neben der theoretischen Remotefähigkeit der Tätigkeiten der Berufe auch das effektive Potenzial bei der Remoteausführung. Die Analyse basiert auf Beobachtungen während der COVID-19-Pandemie, während der bestimmte Aufgaben zwar remote ausgeführt wurden, jedoch mit einem Produktivitätsverlust einhergingen. Um Ergebnisse von gleicher Qualität wie in Präsenz zu erzielen, sind diese Aufgaben grundlegend zu analysieren und zu verstehen. Beispiele bieten Verhandlungen, Schulungen und die Einarbeitungen neuer Mitarbeitender, welche häufig mit erheblichen Produktivitätseinbußen einhergehen (s. LUND ET AL. 2020, S. 3).

Um feststellen zu können, welche Tätigkeiten und Branchen sich für Remote-Work eignen und welche aufgrund zu hoher Zeitverluste ungeeignet sind, messen LUND ET AL. (2020, S. 4) das Remote-Work Potenzial von Tätigkeiten und Branchen anhand der aufgebrachten Zeit. Tätigkeiten mit dem größten Potenzial für Remote-Work umfassen die Aktualisierung von Wissen sowie die Interaktion mit Computern. Tätigkeiten in den Bereichen Ausbildung, Unterricht und Entwicklung stellen sich als weniger geeignet für Remote-Work heraus. Die Branchen im Bereich Finanzen, Management, professioneller Dienstleistungen und Informationen weisen das höchste Remote-Work-Potenzial auf. Hier sind aufgrund des geringen Zeitverlusts die Produktivitätseinbußen minimal. Dagegen sind das Baugewerbe, Gaststättengewerbe und die Landwirtschaft für Remote-Work weniger praktikabel (s. LUND ET AL. 2020, S. 5). Das Remote-Work-Potenzial ist nach LUND ET AL. (2020, S. 6–7) stark tätigkeits- und branchenabhängig. Remote-Work ist primär in Industrienationen vertreten, in welchen die für die Arbeit aus der Ferne geeigneten Sektoren, wie der Finanz- und Dienstleistungssektor, dominieren. Länder, in denen Berufe dominieren, welche körperliche und manuelle Tätigkeiten erfordern, haben ein deutlich niedrigeres Remote-Work Potenzial. Der Produktivitätsverlust ist bei den meisten Tätigkeiten zu hoch oder die Tätigkeiten wären aufgrund der Ortsgebundenheit nicht aus der Ferne zu erledigen (s. LUND ET AL. 2020, S. 6).

Berufliche Zugänge zum Homeoffice | MERGENER 2020

MERGENER (2020) untersucht die Chancenungleichheit des Zugangs zu Homeoffice in Deutschland, welche zunehmend von der digitalen Vernetzung und mobilen Kommunikation geprägt wird. Das ortflexible Arbeiten nimmt in Deutschland an Bedeutung zu, wobei der Zugang abhängig von der ausgeführten Tätigkeit ist. MERGENER (2020) nutzt für ihre Analyse daher den Task-Ansatz von SPITZ-OENER (2006) sowie die Daten aus der Erwerbstätigenbefragung des Bundesministeriums für Berufsbildung. Anhand eines Intercept-Only-Modells und eines Random-Intercept-Modells analysiert MERGENER (2020, S. 525–527) die Daten empirisch anhand statistischer Verfahren hypothesenbasiert. Unterschieden werden die beruflichen Tätigkeiten nach kognitiven und manuellen Tätigkeiten (siehe Tabelle 3-3).

Tabelle 3-3 Unterscheidung beruflicher Tätigkeiten (eigene Darstellung i. A. a. MERGENER 2020, S. 527, Original leicht gekürzt)

Kognitive Tätigkeiten	Manuelle Tätigkeiten
• Nutzung des Internets, E-Mails bearbeiten • entwickeln, forschen, konstruieren, werben, Marketing, Öffentlichkeitsarbeit, PR • organisieren, planen, vorbereiten von Arbeitsprozessen • beraten, informieren • Informationen sammeln, recherchieren, dokumentieren • Arbeiten mit Computern, allgemein einkaufen, beschaffen, verkaufen, ausbilden, lehren, unterrichten, erziehen	• bewirten, beherbergen, Speisen zubereiten • reinigen, Abfall beseitigen, recyceln, pflegen, betreuen, heilen, überwachen, Maschinen und Anlagen steuern • transportieren, lagern, versenden, reparieren, instandsetzen, sichern, schützen, über- und bewachen, Verkehr regeln • messen, prüfen, Qualität kontrollieren • Herstellen, Waren und Güter produzieren

Die tätigkeitsbasierte Analyse zeigt, dass überwiegend Tätigkeiten innerhalb eines Berufs entscheidend dafür sind, ob der Zugang zu Homeoffice möglich ist oder verwehrt bleibt (s. MERGENER 2020, S. 511). Die Chance auf einen Homeofficezugang steigt mit Zunahme der kognitiven Tätigkeit, manuelle Tätigkeiten verhindern den Zugang (s. MERGENER 2020, S. 511). Gerade Beschäftigte, die manuelle Tätigkeiten an Geräten, Maschinen oder Transportmitteln verrichten, haben eine besonders geringe Chance auf Homeoffice (s. MERGENER 2020, S. 529). Einen weiteren Einflussfaktor, neben der Tätigkeit, bildet die Unternehmensgröße. In größeren Unternehmen arbeiten Mitarbeitende mit kognitiven Haupttätigkeiten häufiger im Homeoffice als in kleineren Unternehmen (s. MERGENER 2020, S. 528). Liegt der Tätigkeitsschwerpunkt der Arbeitenden auf manuellen Tätigkeiten, so ist die Wahrscheinlichkeit, im Homeoffice zu arbeiten, in kleineren Unternehmen höher als in größeren (s. MERGENER 2020, S. 528).

Die Analyse nach MERGENER (2020) bildet eine Basisanalyse im Rahmen des Themenfeldes Remote-Work. Die empirisch belegten Daten zeichnen ein erstes Bild des bisher nur geringfügig statistisch analysierten Feldes. Der von MERGENER (2020) verwendete tätigkeitsbasierte Ansatz bildet den in dieser Dissertationsschrift dargelegten Ansatz ab, welcher gerade für den heterogenen Arbeitsmarkt die abstrahierte Betrachtung des ortsflexiblen Arbeitens ermöglicht.

Content analysis in the training of engineers for the design of MOOCs | PALACIOS U. SILVA (2020)

PALACIOS U. SILVA (2020, S. 77) zeigen in ihrem Beitrag, welche neuen Qualifikationen in der Arbeitswelt relevant werden, bedingt durch den technologischen Wandel von Industrie 4.0. Es werden von Menschen ausgeführte Tätigkeiten definiert und klassifiziert, um *Massive Online Open Courses* (MOOCs) zur Schulung von Arbeitskräften zu entwerfen. MOOCs dienen der Vermittlung von Lerninhalten und werden insbesondere in höheren Bildungsinstitutionen wie Universitäten verwendet (s. PALACIOS U. SILVA 2020, S. 77). Um Tätigkeiten von ingenieurwissenschaftlichen Berufen in der vierten industriellen Revolution zu betrachten, findet eine Gruppierung der Eigenschaften menschlicher Tätigkeiten bei der Ausübung von Industrieberufen statt. Die Tätigkeiten werden in vier Gruppen eingeteilt (s. PALACIOS U. SILVA 2020, S. 77):

- Analytische Nicht-Routine-Tätigkeiten
- Interaktive Nicht-Routine-Tätigkeiten
- Kognitive Routine-Tätigkeiten
- Manuelle Routine-Tätigkeiten

Analytische Nicht-Routine-Tätigkeiten sind überwiegend in hochqualifizierten Beschäftigungen zu finden. Interaktive Nicht-Routine-Tätigkeiten erfordern ebenfalls hohe Qualifikationen und umfassen oft Management-, Aufsichts- und Planungsverantwortungen. Kognitive Routine-Tätigkeiten, die strikte Einhaltung von Grenzen oder Standards erfordern, stellen mittlere bis hohe Ansprüche an das Qualifikationsniveau. Manuelle Routine-Tätigkeiten umfassen händische Bearbeitungen, bei denen Schnelligkeit oder Genauigkeit der Arbeitskräfte wichtig sind (s. PALACIOS U. SILVA 2020, S. 77). PALACIOS U. SILVA (2020) entwickeln einen Rahmen zur Klassifizierung von Tätigkeiten im Kontext von Industrie 4.0 und betonen die Bedeutung von MOOCs zur Schulung von Arbeitskräften. Der Beitrag verdeutlicht, dass die verschiedenen Tätigkeitsgruppen unterschiedliche Qualifikationsanforderungen haben, was bei der Entwicklung von Schulungsprogrammen berücksichtigt werden muss.

Technical Change, Job Tasks, and Rising Educational Demands: Looking outside the Wage Structure | SPITZ-OENER (2006)

SPITZ-OENER (2006) untersucht den technischen Wandel in der Arbeitswelt, die beruflichen Aufgaben und die damit einhergehenden steigenden Bildungsanforderungen an Mitarbeitende. Ihre Analyse fokussiert den westdeutschen Arbeitsmarkt zwischen 1979 und 1999. Die Analyse der beruflichen Qualifikationsanforderungen basiert auf der Tätigkeitszusammensetzung von Berufen. Der Task-Ansatz von AUTOR ET AL. (2003) bildet die Grundlage, welcher von SPITZ-OENER (2006) weiterentwickelt wird. Differenziert werden aufseiten der nicht-routinemäßigen Tätigkeiten zusätzlich analytische und interaktive Tätigkeiten. Nach SPITZ-OENER (2006, S. 243) werden fünf Klassen an Tätigkeiten unterschieden (siehe Abbildung 3-10).

Klassifikation		Korrespondierende Tätigkeiten
nicht-routinemäßig	analytisch	Recherchieren, Analysieren, Bewerten und Planen, Pläne/Konstruktionen erstellen, Entwerfen, Skizzieren, Regeln/Vorschriften ausarbeiten sowie Regeln anwenden und auslegen
	interaktiv	Verhandeln, Lobbying, Koordinieren, Organisieren, Unterrichten oder Ausbilden, Verkaufen, Kaufen, Beraten von Kunden, Werben, Unterhalten oder Präsentieren und Einstellen oder Verwalten von Personal
	manuell	Reparieren oder Renovieren von Häusern/Wohnungen/Maschinen/Fahrzeugen, Restaurieren von Kunstwerken/Denkmälern und Bedienen oder Beherbergen
routinemäßig	manuell	Bedienen oder Steuern von Maschinen und Ausrüsten von Maschinen
	kognitiv	Rechnen, Buchführung, Korrektur von Texten/Daten und Messen von Länge/Gewicht/Temperatur

Abbildung 3-10 Zuweisung von Tätigkeiten (eigene Darstellung i. A. a. SPITZ-OENER 2006, S. 243)

SPITZ-OENER (2006) zeigt, dass nicht ganze Berufe, sondern einzelne Tätigkeiten innerhalb eines Berufs von der Automatisierung betroffen sind. Sie kritisiert die Studien von AUTOR ET AL. (2003), die Tätigkeiten aus Berufsbezeichnungen im *Dictionary of Occupational Titles* ableiten und mit Bevölkerungsumfragen vergleichen, was zu erhöhter Ungenauigkeit führt. Durch eine direkte Messung beruflicher Tätigkeiten ermöglicht SPITZ-OENER (2006) die Betrachtung des Einflusses von Computertechnologie auf spezifische Tätigkeiten, nicht auf ganze Berufe. Ihre Analyse zeigt, dass sich die Qualifikationsanforderungen in Deutschland ähnlich wie in den USA verändert haben (s. SPITZ-OENER 2006, S. 236). SPITZ-OENER verdeutlicht die Notwendigkeit, Tätigkeiten nach ihren Eigenschaften zu unterscheiden, und betont die Bedeutung der Automatisierungsgrundsätze. Dies zeigt, dass technischer Wandel und steigende Bildungsanforderungen die Struktur beruflicher Tätigkeiten verändern, was für die zukünftige Arbeitsmarktgestaltung relevant ist.

Mobile Task Characteristics and the Needs for Mobile Work Support: A Comparison between Mobile Knowledge Workers and Field Workers | YUAN U. ZHENG 2009

YUAN U. ZHENG (2009) entwickeln, basierend auf ihrer empirischen Studie, einen theoretischen Bezugsrahmen zur Analyse verschiedener Arten des mobilen Arbeitens. Unterschieden werden mobile Wissensarbeiten als kognitive Tätigkeiten und Außendienstarbeiten als vorwiegend manuelle Tätigkeiten. Ist die ausführende Person mehr als 20 Prozent der Arbeitszeit von ihrem Büroarbeitsplatz getrennt oder kann keinen Büroarbeitsplatz vorweisen, wird dies nach YUAN U. ZHENG (2009) als mobiles Arbeiten verstanden. Einbezogen in mobile Wissensarbeit werden z. B. Führungskräfte, Vertriebsmitarbeitende und Medienschaffende. Lieferfirmen, Berufskraftfahrende und Sicherheitspersonal werden den Außendienstarbeitenden zugeordnet. Ziel der Studie ist es, geeignete Mobiltechnologien für verschiedene Arten der mobilen Arbeitsunterstützung zu identifizieren. YUAN U. ZHENG (2009, S. 7) heben hervor, dass nicht alle mobil ausgeführten Aufgaben und zugrundeliegende Tätigkeiten von der Unterstützung durch IKT profitieren.

Berufe bestehen aus verschiedenen Aufgaben, die entlang der Dimensionen der Aufgabenkomplexität und Aufgabeninterdependenz betrachtet werden, wobei die Komplexität die Vielfalt und Analysierbarkeit der Aufgaben umfasst, und die Interdependenz das Maß der Abhängigkeit zwischen den Arbeitnehmenden bei der Aufgabenerledigung darstellt (s. YUAN U. ZHENG 2009). Die Kontextdimensionen Zeit-Kritikalität und Ortsabhängigkeit beeinflussen die Aufgabenausführung, wobei die Zeit-Kritikalität den Grad der Pünktlichkeit und Dringlichkeit betrachtet, und die Ortsabhängigkeit das Ausmaß der Standortabhängigkeit der Aufgabe darstellt. YUAN U. ZHENG (2009) zeigen, dass die Aufgabeninterdependenz bei mobilen Wissensarbeitenden höher ist als bei Außendienstarbeitenden, und es zentrale Unterschiede in den vier Dimensionen der Aufgabenkomplexität, Interdependenzen, Zeitkritikalität und Ortsabhängigkeit zwischen diesen beiden Gruppen gibt. Zur Ermöglichung und Erleichterung des mobilen Arbeitens sind mobile Unterstützungsfunktionen notwendig, welche von YUAN U. ZHENG (S. 8) als Eigenschaften mobiler IKT aufgeschlüsselt werden. Identifiziert werden vier zentrale Eigenschaften mobiler IKT (s. YUAN U. ZHENG 2009, S. 8):

- Mobile Kommunikation (z. B. Sprachkommunikation und Textnachrichten)
- Mobile Informationssuche (z.B. durch mobile Geräte über eine drahtlose Internetverbindung)
- Mobile Transaktionsprozesse (z. B. zur Echtzeittransaktionsverarbeitung)
- Mobile Bürotätigkeiten (z. B. Textverarbeitung, Tabellenkalkulation oder Datenbankanwendungen)

Die Unterscheidung von mobiler Wissensarbeit und Außendienstarbeitenden charakterisiert Tätigkeiten berufsgruppenübergreifend. YUAN U. ZHENG (2009) zeigen die Notwendigkeit der Differenzierung der Tätigkeiten und bieten einen Rahmen zur Analyse der Remotefähigkeit von Tätigkeiten.

Task-Technology Fit in Mobile Work: Exploring the Links between Task Attributes and Technology Characteristics | ZHANG ET AL. 2011

ZHANG ET AL. (2011) analysieren bestehende Forschungsarbeiten zur Theorie des Task-Technology-Fits. Die Task-Technology-Fit-Theorie basiert auf der Annahme, dass Technologien, welche besser zu den in der Organisation anfallenden Tätigkeiten und deren Eigenschaften passen, einen höheren Nutzen und eine höhere Bewertung erfahren als jene, die eine schlechtere Übereinstimmung (engl. Fit) aufweisen. Vorangegangene Ansätze legen den Schwerpunkt auf die menschliche Wahrnehmung des abstrakten Konzepts der Übereinstimmung (Fit), weniger auf die eigentliche verrichtete Tätigkeit. Die Übereinstimmung wird als ein menschliches Verhaltenskonstrukt verstanden, welches mit Selbstauskünften gemessen werden kann. ZHANG ET AL. (2011)

sehen die Übereinstimmung (Fit) als eine relativ stabile Verbindung zwischen einer bestimmten Technologie und einer spezifischen Tätigkeit und den damit verbundenen Aufgaben. Basierend auf diesem Theorie-Ansatz untersuchen ZHANG ET AL. (2011, S. 268) den Zusammenhang der Eigenschaften mobiler Technologien und typischer Tätigkeitsmerkmale in modernen Arbeitsumgebungen.

Die entwickelte Task-Technology-Fit-Matrix nach ZHANG ET AL. (2011, S. 272) bildet die Verbindungen zwischen Tätigkeiten und Technologien in mobilen Geschäftskontexten ab (siehe Tabelle 3-4). Nicht-Routine-Tätigkeiten und Independenten stellen die in der Literatur allgemein akzeptierte Merkmale dar, wohingegen hohe Zeitabhängigkeit, Standortrelevanz und Mobilität besondere Merkmale mobiler Geschäftsumgebungen sind. Die Task-Technology-Fit-Matrix (s. ZHANG ET AL. 2011, S. 272) ist in der praktischen Anwendung abhängig von Faktoren wie dem Bildungshintergrund des Personals, dem technologischen Hintergrund des Personals und dem spezifischen kulturellen Hintergrund der Anwendungssituation.

Tabelle 3-4 Task-Technology-Fit-Matrix (eigene Darstellung i. A. a. ZHANG ET AL. 2011, S. 272)

Tätigkeitmerkmal / Technologiemerkmale	**Nicht-Routine**	**Interdependenz**	**Zeitkritisch**	**Standortrelevanz**	**Mobilität**
Informationsbeschaffung	+	+	+		+
Interaktion mit Informationen	+	+	+	+	+
Auswertung von Informationen	+				
Standortbezogene Dienste			+	+	+
Multimediale Datenerfassung			+	+	+

Legende: + Technologiemerkmal stimmt mit entsprechendem Aufgabenmerkmal überein

Die Task-Technology-Fit-Matrix wurde hypothesenbasiert mittels Interviews hergeleitet und spiegelt die Verbindungen zwischen Tätigkeiten und Technologien in allgemeinen mobilen Geschäftskontexten wider. Zur Untersuchung der Eigenschaften von remotefähigen Tätigkeiten ist, über den Ansatz von ZHANG ET AL. (2011) hinaus, eine tiefergehende Eingrenzung des hier betrachteten mobilen Geschäftskontextes zu treffen.

3.3.3 Suchraum 3: Menschliche Tätigkeiten in produzierenden Unternehmen

Folgend findet die Detailbetrachtung der in Suchraum 3 identifizierten Quellen statt. Diese Differenzierung ist von zentraler Bedeutung, um ein tiefergehendes Verständnis für die Komplexität der Arbeitsgestaltung und die darin eingebetteten menschlichen Aktivitäten zu entwickeln.

A research on hard and soft skills required to operate in a manufacturing company embracing the industry 4.0 paradigm | ACERBI ET AL. (2019)

Im Kontext von Industrie 4.0 gilt der technologische Fortschritt als wesentlicher Treiber für veränderte Bedingungen und Anforderungen in der Produktion. Produktionssysteme werden durch die Implementierung von cyber-physischen Systemen an komplexere Kundenanforderungen angepasst. ACERBI ET AL. (2019, S. 1) erachten den Einklang von technologischer Entwicklung mit der Ressource des Humankapitals als wesentlich, um die Wettbewerbsfähigkeit langfristig zu fördern. Vor diesem Hintergrund untersuchen ACERBI ET AL. (2019) die erforderlichen menschlichen Fähigkeiten für die Arbeit im produzierenden Gewerbe, basierend auf den Industrie-4.0-Paradigmen. Zusätzlich werden Veränderungen in Jobprofilen analysiert und Jobprofile in Verbindung mit den berufsrelevanten Fähigkeiten aufgeführt (s. ACERBI ET AL. 2019, S. 3f.).

ACERBI ET AL. (2019) unterscheiden auf der Fähigkeitsebene zwischen Soft Skills und Hard Skills. Soft Skills repräsentieren Fähigkeiten auf interpersoneller und persönlicher Ebene, wie Teamfähigkeit und kritisches Denken, während Hard Skills operative Fähigkeiten und fachliche Expertisen umfassen, wie die Datenanalysefähigkeit oder die Beherrschung von Simulationstechniken (s. ACERBI ET AL. 2019, S. 6). Während die Jobprofile direkt mit den erforderlichen Hard Skills verknüpft werden, gelten Soft Skills als berufsübergreifende Fähigkeiten (s. ACERBI ET AL. 2019, S. 9). Ein Trend zeigt eine Veränderung der Hard Skills und die zunehmende Relevanz von Soft Skills auf. Die wesentlichen Fähigkeiten aus beiden Bereichen werden im Anhang A2 zusammengefasst. Der Schwerpunkt der Analyse liegt auf der Veränderung von Arbeitsplätzen und neu entstehenden Berufsbildern, um Fähigkeiten im Kontext von Industrie 4.0 zu bewerten. ACERBI ET AL. (2019) unterstreichen die Bedeutung sowohl von Hard Skills als auch von Soft Skills im Industrie-4.0-Umfeld. Die Forschung zeigt, dass neben technischen Fähigkeiten auch interpersonelle Kompetenzen zunehmend an Bedeutung gewinnen, um den Anforderungen der modernen Produktionsumgebungen gerecht zu werden.

Maintenance task classification: towards automated robotic maintenance for industry | AKROUT ET AL. (2013)

Im Zuge der Entwicklung hin zu Produkt-Service-Systemen wird der Bedarf an Dienstleistungen, wie der Wartung für ein hergestelltes Produkt, immer relevanter. Vor diesem Hintergrund führen AKROUT ET AL. (2013) eine Machbarkeitsstudie zur Integration von automatisierten Robotern in der Wartung und Instandhaltung durch, bei welcher vielfältige Instandhaltungs- und Wartungsaufgaben durch Industrieroboter untersucht werden. Als Basis werden Wartungstätigkeiten mithilfe von Erfassungstechniken wie der Zeitbewegungsanalyse, der Methoden- oder der Workflow-Analyse aufgelistet und klassifiziert. Industrielle Wartungsarbeiten werden in eine Reihe von Einzeltätigkeiten zerlegt (s. AKROUT ET AL. 2013, S. 367). Ziel ist es, die Einsatzfelder zukünftiger Instandhaltungsroboter zu untersuchen. Basis bildet die Zeit- und

Bewegungsstudientechnik , die 18 elementare menschliche Bewegungen in Produktionsprozessen identifizieren (s. AKROUT ET AL. 2013, S. 368).

Anhand von Fallstudien werden entsprechende Grundbewegungen zur Erfüllung der Wartungsaufgaben erfasst. Untersuchte Fallstudien bilden die Wartung des Stoßdämpfers eines ferngesteuerten Modellautos und der Ölfüllstand eines Dieselmotors in einem Zugfahrgestell (s. AKROUT ET AL. 2013, S. 368–369). Analysiert werden die simultan ausgeführte Bewegungsmuster mittels einer Simultane-Motion-Analyse, anhand welcher die simultanen Bewegungen der linken und der rechten Hand abgebildet und separat in Bezug zur Bewegungszeit gesetzt werden (s. AKROUT ET AL. 2013, S. 368). Herausgestellt werden von folgenden grundlegenden Bewegungen:

- Suchen
- Finden
- Erreichen
- Greifen
- Heben
- Transportieren
- Loslassen
- Positionieren

AKROUT ET AL. (2013, S. 370–371) zeigen damit die Tätigkeiten von Wartungsarbeiten auf. Die Tätigkeitsklassifikation erfolgt vor dem Hintergrund der robotischen Automatisierung im produzierenden Gewerbe durch die Elementarisierung von motorischen Grundaktionen bzw. menschlichen Bewegungsabläufen.

Ein Kategorienschema zur Kennzeichnung der Tätigkeiten gewerblicher Arbeitnehmer in der Industrie. Ansatz, Entwicklung und Erprobung | HACKSTEIN ET AL. (1975)

Die Arbeit von HACKSTEIN ET AL. (1975) fußt auf der Kluft zwischen Berufsbezeichnung und zugehörigem Tätigkeitsinhalt im industriellen Bereich (s. HACKSTEIN ET AL. 1975, S. 150). Ziel ist die Entwicklung eines Katalogs von Tätigkeitskategorien, denen Teiltätigkeiten zugeordnet werden (s. HACKSTEIN ET AL. 1975, S. 151). Durch die dichotome Abgrenzung von „Tätigkeitsfunktionen“ und „Tätigkeitsvollzügen“ wird eine Charakterisierung menschlicher Tätigkeiten im Arbeitsprozess mithilfe eines Kategorien-Katalogs ermöglicht (s. HACKSTEIN ET AL. 1975, S. 149). Die Tätigkeitsfunktionen werden vor dem Hintergrund der einzelnen Tätigkeitsvollzüge (Teiltätigkeiten), welche auf eine beschränkte Menge an menschlichen Grundaktivitäten zurückzuführen sind, definiert. Als wesentlich wird die Funktion der vollzogenen Tätigkeit erachtet. Unterschiedliche Teiltätigkeiten erfüllen eine damit eine übergeordnete Funktion. Gemäß HACKSTEIN ET AL. (1975) sind unterschiedliche Tätigkeitsfunktionen in Kombination erforderlich, um die Ziele eines betrieblichen Funktionsbereichs zu erfüllen. Die Tätigkeitsfunktionen werden daher von den betrieblichen Funktionsbereichen (z. B. Fertigung, Montage oder Qualitätskontrolle) unterschieden (s. HACKSTEIN ET AL. 1975, S. 152) (siehe Abbildung 3-11).

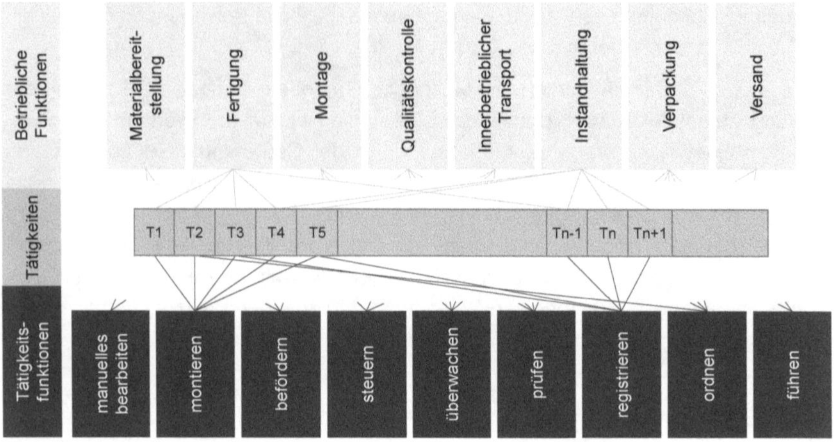

Abbildung 3-11 Industrielle Tätigkeiten und funktionale Zuordnung (eigene Darstellung i. A. a. HACKSTEIN ET AL. 1975, S. 154)

Als Tätigkeitsvollzüge werden die real vorkommenden Teiltätigkeiten bezeichnet, die den einzelnen Tätigkeitsfunktionen zugeordnet werden (s. HACKSTEIN ET AL. 1975, S. 151). Die visualisierten Tätigkeitsfunktionen werden im Zuge der Erstellung des Kategorienschemas mit Definitionen versehen, um eine fundierte Einordnung der Tätigkeitsvollzüge zu realisieren (s. HACKSTEIN ET AL. 1975, S. 160–163). Die maßgeblichen Kriterien für die Definitionen der Tätigkeitsfunktionen sind die eindeutige Zuordnungsfähigkeit der real beobachtbaren menschlichen Tätigkeiten sowie ein vergleichbares Aggregationsniveau der einzelnen Tätigkeitsfunktionen und deren sowohl abstrakter als auch operabler Charakter (s. HACKSTEIN ET AL. 1975, S. 152). Der wesentliche Einfluss der Subjektivität in der Tiefe der Elementarisierung steht im direkten Zusammenhang mit der Gesamttätigkeit der einzelnen Tätigkeitsfunktionen, die sich auf die Anwendbarkeit des Kategorienschemas auswirken kann (s. HACKSTEIN ET AL. 1975, S. 157).

Der Fokus liegt auf der Charakterisierung von ausführbaren Tätigkeiten der gewerblichen Arbeitnehmenden und bezieht sich vorwiegend auf manuelle sowie beobachtbare Handlungen. Hochkomplexe und geistige Arbeiten, die nicht unmittelbar extern wahrnehmbar sind, werden durch den Katalog nicht erschöpfend erfasst (s. HACKSTEIN ET AL. 1975, S. 158). Der im Rahmen der Berufsforschung erstellte Kategorienkatalog der Tätigkeitsfunktionen richtet damit den Fokus auf die menschlichen Tätigkeiten in produzierenden Unternehmen und schlägt die Abstraktion auf eine funktionale Ebene der Tätigkeitsausführung vor.

Erfolgreiche Mitarbeiterführung durch soziale Kompetenz | Hintz u. Graevenstein (2020)

Hintz u. Graevenstein (2020) untersuchen Führungstätigkeiten und die damit in Verbindung stehenden Aufgaben von Führung. Übergeordnetes Ziel für die Führungstätigkeit bildet das synergetische Zusammenwirken im Interesse des Unternehmens (s. Hintz u. Graevenstein 2020, S. 33). Die Umsetzung der Führungsaufgabe geht von der zwischenmenschlichen Beziehung von Mitarbeitenden und Führungskraft aus. Die Ausführung der entwickelten Führungsaufgaben erfolgt in einem multifaktoriellen unternehmerischen Beziehungsgeflecht bedingender Umfeldfaktoren, wie Leitbildern, Zielen, Strategien, Organisationsstrukturen, Werten, Normen und Kundenerwartungen (s. Hintz u. Graevenstein 2020, S. 33). Für die Führungskraft gilt es in diesem Umfeld Synergien zu erzeugen und zu nutzen sowie Reibungen zu vermeiden. Zur Untersuchung der Führungsaufgaben identifizieren Hintz u. Graevenstein (2020, S. 32) neun Tätigkeiten. Aufgrund der periodischen Repetition werden diese in einem Führungskreislauf angeordnet (s. Abbildung 3-12).

Abbildung 3-12: Die Führungsaufgaben im Führungskreislauf (eigene Darstellung i. A. a. Hintz u. Graevenstein 2020, S. 32)

Aufgaben und Tätigkeiten werden im Führungskreislauf von Hintz u. Graevenstein (2020), abweichend von der hier verwendeten Bedeutung, als Synonyme verwendet. Bei Tätigkeiten wie beispielsweise der Zielentwicklung und dem Planen wird das Kommunizieren mit einem aufgabenübergreifenden Charakter versehen und als „in allen Schritten des Führungskreislaufs unerlässlich" (Hintz u. Graevenstein 2020, S. 33) betrachtet. Mit Blick auf die Unternehmung bildet das synergetische Zusammenwirken für die Führungskraft die zentrale Herausforderung bei der Bewältigung der neun Führungsaufgaben.

A Taxonomy of Technologies for Human-Centred Logistics 4.0 | Lagorio et al. (2021)

Im Zuge der zunehmenden Digitalisierung und Vernetzung von Prozessen betrachten Lagorio et al. (2021) verschiedene Technologien zur Unterstützung von Logistikprozessen in der Industrie. Mit der Verbreitung von Industrie 4.0 und der zunehmenden Komplexität der Prozesse erhöht sich der Komplexitätsgrad für das Management. Unternehmen benötigen fundierte Kenntnis über die einzelnen betrieblichen Aktivitäten, um das technologische Potenzial voll ausschöpfen zu können. Ein Ansatzpunkt bietet das Verständnis der menschenzentrierten Dimension, bei welcher der Mensch im Mittelpunkt steht. Lagorio et al. (2021) entwerfen eine Taxonomie einsatzfähiger Technologien zur Unterscheidung verschiedener Bereiche der unternehmensinternen Logistik, die zur Unterstützung eines Logistik-4.0-Modells eingesetzt werden. Der Fokus liegt auf Beziehungen zwischen menschlichen Aktivitäten und technologischen Implementierungen, entwickelt anhand des deduktiven Ansatzes (s. Lagorio et al. 2021, S. 1). Die Taxonomie entsteht durch die Zuordnung von technologischen Lösungen zu den jeweiligen Kombinationen der drei Dimensionen und fußt auf drei Kategorien: den internen Logistikaktivitäten, den Flusstypen (Material- oder Informationsfluss) und der Mensch-Technologie-Beziehung (s. Lagorio et al. 2021, 9). Durch eine Unterteilung in Dimensionen werden die Kategorien inhaltlich konkretisiert (siehe Tabelle 3-5). Die Kategorien „Flusstypen“ und „Mensch-Technologie-Beziehung“ erhalten eine zweidimensionale Subdivision in „Material- und Informationsfluss“, „vollständige Automatisierung“ und „technologische Unterstützung“ (s. Lagorio et al. 2021, S. 6). Mehrdimensional aufgebaut wird hingegen die Kategorie der „internen Logistikaktivitäten“ (s. Lagorio et al. 2021, S. 5).

Tabelle 3-5 Kategorien und Dimensionen in der Technologie-Taxonomie für die unternehmensinterne Logistik (eigene Darstellung i. A. a. Lagorio et al. 2021, S. 7)

Kategorie	Dimensionen
Interne Logistikaktivitäten	Materialtransport, Lagerung, Kommissionierung, Lagerortszuweisung, Warenverpackung, Etikettierung, Konfektionierung, Konsolidation
Flusstypen	Materialfluss, Informationsfluss
Mensch-Technologie-Beziehung	Vollständige Automatisierung, technologische Unterstützung (Koexistenz)

Mit Schwerpunkt auf die Beziehung zwischen menschlichen Akteuren und Technologien, bietet die Taxonomie einen Rahmen, um die Logistikprozesse in Richtung Logistik 4.0 voranzutreiben und die gegenwärtigen und zukünftig möglichen technologischen Implementierungen zu verstehen. Für diese Dissertationsschrift sind insbesondere die Dimensionen der internen Logistikaktivitäten relevant, welche den Bezug zu menschlichen Tätigkeiten in produzierenden Unternehmen herstellen.

Die funktionsorientierte Bestimmung von Tätigkeitsinhalten | Luxem (1972)

Bei der Frage nach der Identität von Berufsbezeichnungen und Tätigkeitsinhalten in Industrieunternehmen wird von Luxem (1972, S. 226–227) eine Diskrepanz aufgrund von technisch-organisatorischen Weiterentwicklungen erkannt. Diese Weiterentwicklungen äußern sich laut Luxem konkret in der Funktionsverlagerung von Tätigkeiten (s. Luxem 1972, S. 227–228). Die Verlagerung einer Teilfunktion vom Menschen auf die Maschine wird beispielsweise je nach Funktionsart als Mechanisierung oder Automatisierung bezeichnet. Bei Verlagerung einer materiellen Funktion, wie Transport oder Beschickung, wird mechanisiert, während die Übertragung einer Entscheidungsfunktion der Automatisierung zugeschrieben wird (s. Luxem 1972, S. 227). Vor dem Hintergrund derartiger Weiterentwicklungen besteht das Forschungsziel der Arbeit in der Beschreibung der Tätigkeitsinhalte durch die auszuführenden Funktionen (s. Luxem 1972, S. 226). Bezogen auf die industrielle Produktion führt Luxem (1972, S. 228–229) folgende ausgeführte Funktionen auf:

1. Manuelles Be- und Verarbeiten (mit und ohne Werkzeug)
2. Montieren
3. Transportieren (mit und ohne Fördermittel)
4. Maschinenbedienung (ohne Steuerung)
5. Steuern
6. Überwachen
7. Kontrollieren
8. Einrichten
9. Instandhaltung
10. Bestimmen von Prozessparametern
11. Verwalten (Magazin, Listen führen)
12. Leitungsfunktion

Das Zusammenbringen von Tätigkeitsinhalten, aufbereitet als auszuführende Funktionen und erforderliche Fähigkeiten der Arbeitskräfte, wird dem Personalwesen zugeordnet, zu dessen Lösung dieser Ansatz beiträgt (s. Luxem 1972, S. 226). Die drei Aspekte – Funktionen, fachliche Kenntnisse und Fertigkeiten sowie nicht fachliche geistige Anforderungen – werden als Bestimmungsgrößen für Tätigkeiten subsumiert (s. Luxem 1972, S. 229). Die Relevanz zusätzlicher Informationen über die erforderlichen Kenntnisse und geistigen Anforderungen ist für ein Unternehmen von hoher Bedeutung. Da die auszuführende Funktion sowohl das Niveau als auch den Charakter der geistigen Anforderungen prädiktiert, fungieren die Funktionen als zentrale Bestimmungsgröße (s. Luxem 1972, S. 229). Rückschlüsse von der Funktion auf die erforderlichen Fachkenntnisse sind jedoch nicht immer offensichtlich (s. Luxem 1972, S. 229). Luxem (1972) zeigt, dass die funktionsorientierte Betrachtung von Tätigkeitsinhalten eine wichtige Rolle in der Personalplanung spielt. Die Analyse verdeutlicht, dass Funktionen als zentrale Bestimmungsgröße dienen, wobei die erforderlichen Fachkenntnisse nicht immer klar erkennbar sind.

Jobs and Skills in Industry 4.0: An Exploratory Research | Pinzone et al. (2017)

Der Aufschwung von Industrie 4.0 bedingt Veränderungen von Arbeitsplätzen und den dafür notwendigen Qualifikationsprofilen. Um die spezifischen Veränderungen von Qualifikationen in der Fertigung zu verstehen, untersuchen Pinzone et al. (2017) diese in einer explorativen Studie, anhand einer Literaturanalyse, Fokusgruppen und Tiefeninterviews. Anhand des dreistufigen Prozesses, mit verschiedenen Akteuren des verarbeitenden Gewerbes, zeigen PINZONE ET AL. (2017, S. 282) Trends und Entwicklung von technischen Fähigkeiten bei Arbeitskräften auf. Zuerst wird ein initiales Set an Fähigkeiten und Unternehmensbereichen aus vorangegangener Literatur zusammengestellt und anschließend durch die Ergebnisse der Fokusgruppen und Tiefeninterviews erweitert (s. PINZONE ET AL. 2017, S. 284). Ergebnis bildet die Aufschlüsselung von Fähigkeiten in fünf verschiedenen branchenunabhängigen Unternehmensbereichen, als feingranulares Fähigkeiten-Set.

Die fünf betrachteten organisationalen Einheiten umfassen das Operation-Management, das Supply-Chain-Management, das Produkt-Service-Innovation-Management, das Data-Science-Management und das IT-OT-Integration Management (s. PINZONE ET AL. 2017, S. 284). Unter Berücksichtigung von Fähigkeitsüberschneidungen zwischen den fünf Organisationsbereichen sowie unter Vernachlässigung von konkreten Objektbezügen werden die wesentlichen menschlichen Fähigkeiten extrahiert und wie folgt zusammengetragen:

- Entwickeln und definieren von Strategien
- modellieren und simulieren
- nutzen von digitalen Geräten und Materialien
- analysieren von Prozessen und Daten
- entwerfen und designen von Systemen, Netzwerken, Modellen, Produkten und Services
- planen von Personaleinsatz
- überwachen per Remote-System
- verwalten von Daten und Netzwerken sowie Speichern von Daten
- erforschen und recherchieren
- grafisches Abbilden von Informationen und Daten
- auswählen und spezifizieren von Produkten und Systemen (z. B. Cloudanwendungen)

PINZONE ET AL. (2017, S. 286), zielen darauf ab, die Anforderungen produzierender Unternehmen an Fähigkeiten im Kontext von Industrie 4.0 zu identifizieren und mithilfe eines Trendradars zukünftige Anforderungen zu antizipieren. Dabei konzentriert sich die Forschung auf das Verständnis menschlicher Tätigkeiten in produzierenden Unternehmen und bildet einen Ausgangspunkt, ohne jedoch eine explizite Darstellung der erforderlichen Fähigkeiten zu bieten.

An investigation of a human material handler on part flow in automated manufacturing systems | SHIN ET AL. (2006)

SHIN ET AL. (2006, S. 123) legen in der Untersuchung zur Steuerungskomplexität von Produktionssystemen den Fokus auf ein Prozessflussmodell der menschlichen Aufgabenverrichtung und den Einfluss der menschlichen Fehler im Prozess (s. SHIN ET AL. 2006, S. 123). Speziell wird der intralogistische Aufgabenbereich des Materialtransports in Werkshallen betrachtet und eine Klassifikation der menschlichen Tätigkeiten im Kontext des Materialtransports als Teil des Prozessmodells vorgenommen. Im ersten Schritt werden zwei Kategorien gemäß der Anzahl der Handlungen zur Erfüllung einer Aufgabe unterschieden. In der ersten Kategorie der Basisaufgaben werden

Aufgaben eingestuft, die eine einzige menschliche Handlung zur Aufgabenverrichtung beinhalten. Aufgaben, die mindestens zwei konsekutive Handlungen am selben Objekt erfordern, werden in der zweiten Kategorie als erweiterte Aufgaben bezeichnet (s. SHIN ET AL. 2006, S. 127). Eine weitere Kategorisierung betrifft die Anzahl der Verrichtungsorte, die mit einer Aufgabe verbunden sind. Sogenannte *On-the-spot Tasks* stellen Aufgaben dar, die an Ort und Stelle erfüllt werden können, während *Around-the-system Tasks* mindestens einen Ortswechsel erfordern (s. SHIN ET AL. 2006, S. 127).

Der Einfluss von Aufgaben und menschlichen Fehlern auf den Materialfluss stehen im Zentrum der Modellanalyse. Für den speziellen Bereich des innerbetrieblichen Materialtransports identifizieren SHIN ET AL. (2006, S. 133f.) die menschlichen Grundaktionen zur Erfüllung der Aufgaben im Materialflussmodell. Als menschliche Grundaktionen werden folgende neun identifiziert:

- bewegen
- legen und einsetzen
- zurückholen
- transportieren
- einlagern
- einladen bzw. beladen
- entladen
- aufnehmen
- ausrichten

Aufgrund zyklischer Wiederholungen und variierender Kombinationen der Bewegungsabläufe folgen die Grundaktionen keiner linearen Abfolge. Analog zu den Ausführungen von AKROUT ET AL. (2013) beschränkt sich die Aufgabenklassifikation auf physische menschliche Bewegungsabläufe. Im Bereich des Materialtransports werden diese Bewegungen und ihre Auswirkungen auf die Bauteile als entscheidende Aspekte für Automatisierungslösungen in kooperativen Mensch-Maschine-Systemen verstanden (s. SHIN ET AL. 2006, S. 134). Im Kontext des Forschungsschwerpunktes dieser Dissertationsschrift ist die Klassifikation der Tätigkeiten besonders relevant. Die Untersuchung zeigt, dass eine detaillierte Klassifikation menschlicher Bewegungsabläufe notwendig ist, um effektive Automatisierungslösungen in kooperativen Mensch-Maschine-Systemen zu entwickeln.

Leadership in Non-Profit-Organisation | SIMSA U. PATAK (2016)

SIMSA U. PATAK (2016) widmen sich den Führungsaufgaben in einem Unternehmen und charakterisieren das Führen als „komplexe und vielschichtige Aufgabe" (s. SIMSA U. PATAK 2016, S. 39). Sie entwickeln ein Modell, das die Führung in sieben wesentliche Felder unterteilt und feldspezifische zentrale Führungsaufgaben identifiziert. Die Führungsfelder werden als überschneidend erkannt, sodass die Eindeutigkeit einer Zuordnung von Führungshandlungen zugunsten des kontinuierlichen Erhaltens eines Gesamtüberblicks weicht (s. SIMSA U. PATAK 2016, S. 39). Die sieben Führungsfelder werden als Aufmerksamkeitsfelder definiert, auf welche die Ausübung der Führungstätigkeit gerichtet werden kann. Korrespondierend werden sieben Aufmerksamkeitsbereiche der Führung unterschieden. Aus den Aufmerksamkeitsfeldern werden wiederum sieben wesentliche Führungsaufgaben abgeleitet und konkretisiert (s. SIMSA U.

PATAK 2016, S. 40–41). Der geschilderte Zusammenhang wird in Tabelle 3-6 konstruiert und zeigt eine enge Kopplung zwischen Aufmerksamkeitsfeldern und zugehörigen Führungsaufgaben. Es wird durch die Kombination aus Führungsfeldern und Führungsaufgaben ein Rastermodell entwickelt, welches der Führungstätigkeit eine Orientierung für die vielschichtigen Elemente der Tätigkeit und für die situativen Gegebenheiten verschaffen kann (s. SIMSA U. PATAK 2016, S. 39). SIMSA U. PATAK (2016) bieten eine Orientierungshilfe für Führungskräfte, jedoch bleibt offen, wie diese in der Praxis auf individuelle Führungsstile und -situationen anzupassen ist.

Tabelle 3-6 Aufmerksamkeitsfelder und Führungsaufgaben (eigene Darstellung, Inhalte basierend auf SIMSA U. PATAK 2016, S. 40–41)

Aufmerksamkeitsfelde	Führungsaufgaben
• **Ich selbst** (Fokus auf die Führungsperson selbst) • **Meine Mitarbeitenden** (Fokus auf den Umgang mit einzelnen Menschen) • **Meine Teams** (Fokus auf das Anleiten von Teams und auf Gruppengestaltung) • **Die Organisation** (Fokus auf der Organisation als soziales Gebilde) • **Die Aufgabe** (Fokus auf die Inhalte des Verantwortungsbereichs) • **Die Strategie** (Fokus auf Strategie, Vision und die grundsätzliche Ausrichtung) • **Der relevante Kontext** (Fokus auf das Umfeld des Verantwortungsbereichs)	• **Mich selbst** führen • **Die Mitarbeitenden** führen • **Die Zusammenarbeit** gestalten • **Die Organisation** entwickeln • **Die Aufgaben und Ziele** erfüllen • **Den strategischen Rahmen** für die Führungsaktivtäten setzen • **Das Umfeld beobachten**, relevante Trends erkennen, Rahmenbedingungen wahrnehmen und deren Bedeutung für den Verantwortungsbereich einschätzen

3.3.4 Suchraum 4: Wandel der modernen Arbeitswelt

Die bedürfnisgerechte Gestaltung von Arbeitsplätzen und -prozessen ist ein zentraler Faktor für die Leistungsfähigkeit und Zufriedenheit der Mitarbeitenden in einer Organisation. Zur Gestaltung von Remote-Work in Unternehmen ist es zentral, die Perspektive der menschenzentrierten Arbeitsgestaltung einzubeziehen. In Kapitel 3.3.4. werden die Erkenntnisse zum Wandel der modernen Arbeitswelt aus Suchraum 4 detailliert aufgeschlüsselt.

Socio-Technical Perspectives on Smart Working: Creating Meaningful and Sustainable Systems | BEDNAR U. WELCH (2020)

BEDNAR U. WELCH (2020) untersuchen die Gestaltung Intelligenter Arbeitssysteme anhand des soziotechnischen Systemansatzes. Intelligente Arbeitssysteme, engl. „Smart Working", werden von BEDNAR U. WELCH (2020, S. 282–283) im Kontext von Industrie 4.0 und dem sich abzeichnenden Trend zu Industrie 5.0 betrachtet. Die Einführung von Industrie 4.0 hat Produktivitätsfortschritte ermöglicht, fokussierend auf die Digitalisierung und Intelligente Vernetzung von Komponenten. Ergänzend stellt Industrie 5.0

zunehmend die menschenzentrierte Perspektive in den Mittelpunkt, unter Berücksichtigung von Nachhaltigkeitsbelangen. Nach BEDNAR U. WELCH (2020) erfordert „Smart Working" eine Balance zwischen Fähigkeiten, Engagement und unterstützenden Technologien sowie beruflicher Bildung und Engagement der Mitarbeitenden. Mit Fokus auf Intelligenten Arbeitssystemen setzen sich BEDNAR U. WELCH (2020, S. 294) mit der Frage auseinander, ob Intelligente Systeme zur Nachhaltigkeit der Organisationen beitragen können und wie diese gestaltet werden. Geleitet durch die auf den Menschen zentrierte Betrachtungsweise, welche nach BEDNAR U. WELCH (2020) zum Erfolg Intelligenter Innovationen führen wird, wird eine moderne soziotechnische Perspektive zur Gestaltung von Intelligenten Arbeitssystemen aufgezeigt.

Der soziotechnische Ansatz betont die Bedeutung des individuellen Verständnisses von Arbeitsrollen und die Nachhaltigkeit bei der Gestaltung Intelligenter Arbeitssysteme (engl. *Smart Working*). Zusammenarbeit, Kommunikation und Innovation sind entscheidend für die organisationale Unterstützung von Leistung und das Erreichen von Zielvorgaben. Ergänzend heben BEDNAR U. WELCH hervor, dass das Individuum den Wunsch haben muss, sich an der Veränderung zu beteiligen und diese zu prägen. Die kontextabhängige Unterstützung von Engagement wird durch das Leadership entscheidend geprägt. Organisationale Herausforderungen bei der Implementierung intelligenter Arbeitssysteme bestehen in der unbeabsichtigten Sabotage und Trägheit von Individuen, welche die Verwirklichung behindern können (s. BEDNAR U. WELCH 2020, S. 294). Für den Erfolg ist es daher zentral, unterschiedliche Interessen auszugleichen und die gemeinsame Anstrengung der Transformation zu einem Intelligenten Arbeitssystem anzuerkennen. Nach BEDNAR U. WELCH (2020) ermöglicht die soziotechnische Perspektive die Schaffung zielführender Systeme für alle Beteiligten und die Anerkennung von Erfahrungen und Auswirkungen transformativer Veränderungen.

Die soziotechnische Perspektive von BEDNAR U. WELCH (2020) bietet wertvolle Einblicke in die Gestaltung nachhaltiger und menschzentrierter Intelligenter Arbeitssysteme. Es wird jedoch betont, dass der Erfolg dieser Systeme stark von der aktiven Beteiligung und dem Engagement der Mitarbeitenden abhängt.

Socio-Technical Perspectives of mobile work | CHEN U. NATH (2008)

Die zunehmende Verbreitung des mobilen Arbeitens und damit einhergehende mobilen Arbeitsformen veranlassten CHEN U. NATH (2008) bereits weit vor der COVID-19-Pandemie zu einer empirischen Untersuchung der mobilen Arbeitswelt. Mobil tätige Mitarbeitende werden verstanden als *„employees who not only work remotely but also [...] demonstrate a high level of mobility within the workplace"* (CHEN U. NATH 2008, S. 41). Für die Gestaltung einer mobilen Arbeitsumgebung nutzen CHEN U. NATH (2008) den soziotechnischen Systemansatz. Ziel der Studie von CHEN U. NATH (2008) ist es, Elemente der sozialen und technischen Subsysteme für mobile Arbeit zu identifizieren sowie Handlungsempfehlungen zwecks Gestaltung von mobilen Arbeitsformen aufzuzeigen. Durchgeführt werden dazu qualitative Interviews mit zehn Geschäftsführenden auf C-Leveln diverser Industrien, um Einblicke in die aktuellen Praktiken, die wichtigsten Bedenken und die kritischen Erfolgsfaktoren für mobiles Arbeiten zu gewinnen. Die Ergebnisse der Studie gliedern sich in vier Bereiche: Struktur (soziales Subsystem), Mensch (soziales Subsystem), Technologie (technisches Subsystem) und Struktur (technisches Subsystem) (s. CHEN u. NATH 2008, S. 44). Zur erfolgreichen Gestaltung von mobilen Arbeitsformen sind die Anforderungen beider Subsysteme simultan zu erfüllen. Für die erfolgreiche Gestaltung ist die Beteiligung von Mitarbeitenden, die Aus- und Weiterbildung, die Verbesserung der Qualität des Arbeitslebens, das beste Verhältnis von technologischer Unterstützung zur Aufgabenbewältigung und ein klares Engagement der Geschäftsleitung zentral, detailliert aufgezeigt in der folgenden Abbildung 3-13.

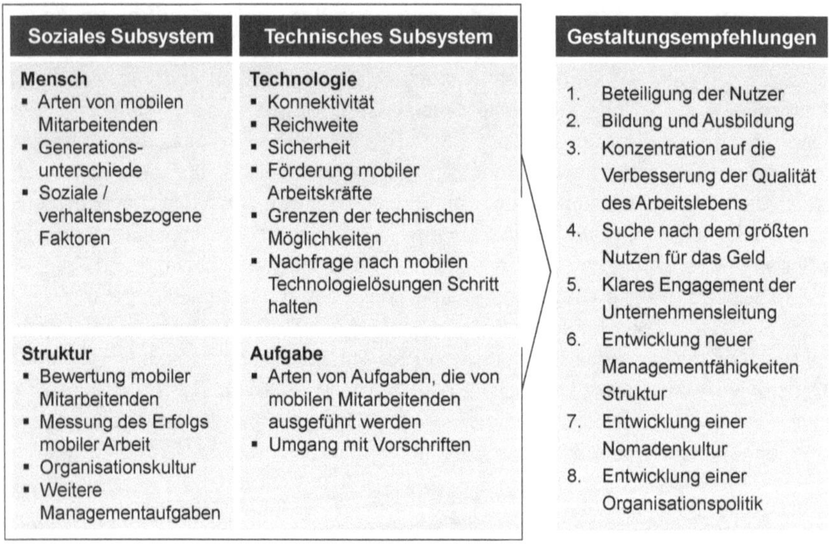

Abbildung 3-13 Gestaltungsempfehlungen entlang des soziotechnischen Ansatzes zur Umsetzung mobiler Arbeit (eigene Darstellung i. A. a. CHEN u. NATH 2008, S. 46, S. 54; Abbildungen von der Autorin dieser Dissertationsschrift zusammengeführt)

Besonders hervorzuheben ist die wechselseitige Abhängigkeit der beiden Subsysteme hinsichtlich der Gestaltungsempfehlungen (s. CHEN u. NATH 2008, S. 54). Unternehmen sollten Mitarbeitende aktiv in die Gestaltung der technologischen und organisatorischen Veränderungen im Kontext der mobilen Arbeit einbeziehen. Dadurch wird sichergestellt, dass die mobile Arbeitsumgebung benutzerorientiert ist und die besonderen Bedürfnisse der verschiedenen Arten von mobilen Arbeitsformen erfüllt. Zur Verbesserung des Umgangs mit mobilen Arbeitstechnologien sollten Unternehmen ihren mobilen Mitarbeitenden Schulungen und Trainings anbieten. Neben der Leistungssteigerung sollten Organisationen auf die Verbesserung der Qualität des Arbeitslebens mobiler Mitarbeitender achten. Eine wechselseitige Abhängigkeit der Subsysteme erfordert, dass Mitarbeitende aktiv in die Gestaltung mobiler Arbeitsumgebungen einbezogen werden. Schulungen und Trainings sind entscheidend, um Leistung und Lebensqualität der mobilen Mitarbeitenden zu verbessern.

Do organizations need a head of remote work? | CUEL ET AL. (2022)

CUEL ET AL. (2022) betrachten das Intelligente Arbeiten in der „Smart Work"-Umgebung anhand der soziotechnischen Systemgestaltung. Aufbauend auf der während der COVID-19-Pandemie in den Mittelpunkt der Aufmerksamkeit gerückten Remote-Work, untersuchen CUEL ET AL. (2022, S. 274) die zentralen Faktoren, um agiles Arbeiten aus unternehmerischer Perspektive zu begünstigen. Ziel des „Smart Workings" ist es, Mitarbeitenden die Möglichkeit zu geben, Arbeit und Privatleben in Einklang zu bringen und die Produktivität durch effizientere Prozesse zu steigern, beispielsweise durch die Reduktion der Pendelzeit. Aufbauend auf den Entwicklungen während der Pandemie, die besonders die technische Dimension betrafen, sehen CUEL ET AL. (2022, S. 279) den nächsten Schritt darin, dass Unternehmen neue Kompetenzen, Verfahren und Rollen entwickeln müssen. Die soziotechnische Systemgestaltung wird dabei als Kompass genutzt. Das Phasenmodell von „Smart Working" nach CUEL ET AL. (2022, S. 283–284) umfasst drei Phasen, in denen technische, soziale und organisatorische Komponenten unterschiedliche Rollen spielen: die Vor-Notfall-/Experimentierphase, die sofortige Einführung neuer Instrumente und Methoden und die Post-Notfall-/Konsolidierungsphase (siehe Abbildung 3-14).

Vor-Notfall-/ Experimentierphase:	**Sofortige Einführung neuer Instrumente und Methoden:**	**Post-Notfall-/ Konsolidierungsphase:**
▪ Innovationsprozess, bedingt durch Berücksichtigung organisatorischer wie auch technischer Fragen gehemmt ▪ Hoher Anteil an Diskussionen in erster Phase, da viele Arbeitnehmer*innen den Status quo beibehalten möchten ▪ Innovatoren sind gezwungen, mit den Gewerkschaften zu verhandeln, deren Ziel es ist, die Leistungen und Rechte der Arbeitnehmer*innen zu schützen ▪ Technologie ist ein ermöglichender Faktor, die Auswirkungen ihrer Einführung werden jedoch kontrolliert und abgegrenzt	▪ *Innovation hauptsächlich durch die technologische Dimension vorangetrieben* ▪ *Soziale und individuelle Variablen treten in den Hintergrund* ▪ *Veränderungen der Aufgaben werden dort vorgenommen, wo ein Bedarf an neuen Dienstleistungen für die Anwendenden besteht* ▪ *Veränderungen der Aufgaben werden vornehmlich dort vorgenommen, wo ein Bedarf an neuen Dienstleistungen entsteht* ▪ *selbständigeren und mit mehr Befugnissen ausgestatteten Arbeitnehmer*innen gestalteten ihre Arbeit meisten eigenständig*	▪ Technologische Variablen sind vornehmlich konsolidiert ▪ Zunehmende Anforderungen an die sozialen Aspekte. ▪ Entwicklungsprozess kann in zwei Richtungen verlaufen: Beibehaltung der Veränderungen und Verbesserung der sozialen Aspekte, Rückbesinnung auf den Zustand vor dem Notstand, Rückbesinnung auf Verhaltensweisen, Einstellungen, Anreize, Aufgaben, Prozesse usw. aus der Zeit vor dem Notstand. ▪ Entscheidung für die Institutionalisierung des Wandels und die Verbesserung der Organisation als größte Herausforderung zu bewerten ▪ Alle Mitarbeitenden auf allen Ebenen lernen eine neue Form der Arbeitsorganisation

Abbildung 3-14 Phasenmodell von „Smart Working" in Unternehmen (eigene Darstellung, Inhalte basierend auf CUEL ET AL. 2022, S. 282–284)

In der Vor-Notfall- und Experimentierphase werden sowohl technische als auch soziale Aspekte berücksichtigt. In der Notfallphase liegt der Fokus auf der Einführung neuer Instrumente und Methoden, wobei technische Aspekte dominieren. In der Konsolidierungsphase müssen Unternehmen digitale Kompetenzen und Fähigkeiten der Mitarbeitenden entwickeln, die für innovative, flexible und agile Arbeitspraktiken erforderlich sind. Gleichzeitig müssen sie betriebliche Sozialmaßnahmen bereitstellen, um arbeitsbedingtem Stress und digitaler Überlastung vorzubeugen (s. CUEL ET AL. 2022, S. 286). Die soziotechnische Systemgestaltung von „Smart Working" erfordert eine ausgewogene Berücksichtigung technischer und sozialer Aspekte, um die Produktivität zu steigern und die Bedürfnisse der Mitarbeitenden zu erfüllen.

Human-centered design of work systems in the transition to industry 4.0 | KADIR U. BROBERG (2021)

KADIR U. BROBERG (2021, S. 2–4) entwerfen für die Gestaltung industrieller Arbeitssysteme zu Industrie 4.0. Der vorgeschlagene Rahmen ist ein systematischer und umfassender Ansatz für die Implementierung neuer digitaler Technologien und die Entwicklung neuer digitaler Lösungen im Übergang zu Industrie 4.0. Er kombiniert menschliche Faktoren und Ergonomie, die Modellierung von Arbeitssystemen und die Gestaltung von Strategien, um die Herausforderungen bei der Umsetzung anzugehen. Das Modell ermöglicht die Identifikation von Herausforderungen in Arbeitssystemen sowie die darauf aufbauende Auswahl relevanter Konzepte, Methoden und Werkzeuge für die Bewältigung dieser Herausforderungen. Das entwickelte Modell des Arbeitssystems betrachtet die Arbeitstätigkeit und Arbeitsgestaltung aus sozialen, organisatorischen, finanziellen und technischen Perspektiven. Humanfaktoren und Ergonomie sind zentrale Aspekte, mit einem Fokus auf dem Wohlstand der Mitarbeitenden und dem Leistungsergebnis im System (s. KADIR U. BROBERG 2021, S. 2–3). Diese Elemente werden kombiniert, um die Gestaltungskriterien und Ziele von Arbeitssystemen beim Übergang zu Industrie 4.0 zu berücksichtigen. Der Rahmen umfasst auch einen siebenstufigen Ansatz, der die Nutzer*nnen bei der effektiven Nutzung des Rahmens anleitet (s. KADIR U. BROBERG 2021, S. 8). Für die Strategiegestaltung wird die Balanced Scorecard als anwendungserprobtes Instrument verwendet. Die visuelle Darstellung der Grundstruktur des Rahmens ist in Abbildung 3-15 abgebildet.

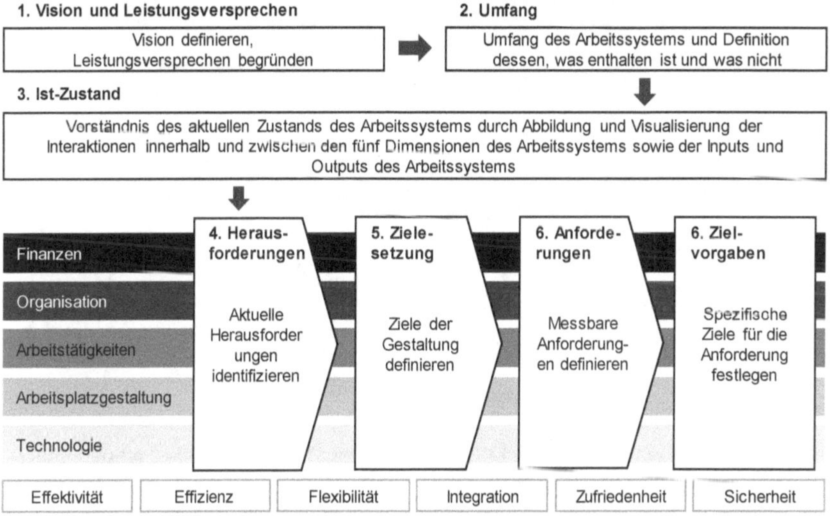

Abbildung 3-15 Rahmen für die Gestaltung von Arbeitssystemen beim Übergang zur Industrie 4.0. (eigene Darstellung i. A. a. KADIR U. BROBERG 2021, S. 4)

Die Anwendung des siebenstufigen Verfahrens wurde mittels Workshops in dänischen produzierenden Unternehmen geprüft. Auch wenn die praxisnahe Anwendbarkeit bestätigt werden konnte, ist die Verbesserung des menschlichen Wohlbefindens oder Systemleistung durch die Anwendung des Modells ungeklärt (s. KADIR U. BROBERG 2021, S. 9).

A systems model of organizational change | MAES U. VAN HOOTEGEM (2019)

MAES U. VAN HOOTEGEM (2019, S. 725) entwickeln ein Metamodell des organisatorischen Wandels, welches verschiedene Blickwinkel inkludiert. Ziel ist es, die verschiedenen Diskurse zu organisationalem Wandel in einem Systemmodell zusammenzuführen, um jenen ganzheitlich erfassen zu können. Grundlage bietet eine Literaturauswertung, welche Grundlage von Organisationstheorie, Systemtheorie und spezifischen angrenzenden Theorien einbezieht. MAES U. VAN HOOTEGEM (2019) gehen von der Annahme aus, dass organisationale Veränderung weder durch ein lineares Modell noch durch eine einzelne Theorie oder einen einzelnen Diskurs abgebildet werden kann. Wenn das Metamodell allerdings als Systemmodell konstruiert wird, erlaubt es einen ganzheitlichen Ansatz zur organisationalen Veränderung (s. MAES U. VAN HOOTEGEM 2019, S. 725). Die Grundstruktur des Systemmodells umfasst einen Prozess, bei welchen die Input-Variablen in einem spezifischen Kontext zu Output-Variablen verwandelt werden. Die Konzeptelemente des Systemmodells werden darauf aufbauend in die folgenden vier Kategorien unterteilt: Inhalt-Konzepte (Veränderungsobjekte), Prozess-Konzepte, Ergebnis-Konzepte (Auswirkungen) und Kontext-Konzepte, wie in Abbildung 3-16 dargestellt.

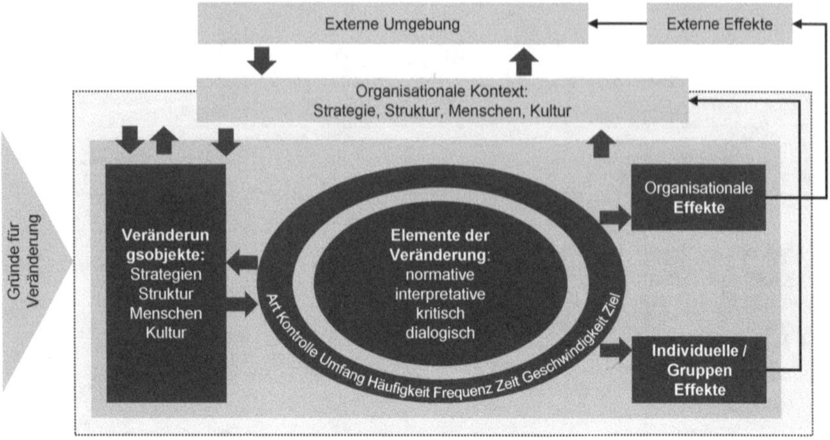

Abbildung 3-16 Systemmodell des organisationalen Wandels (eigene Darstellung i. A. a. MAES U. VAN HOOTEGEM 2019, S. 733)

Die Veränderungselemente können aus unterschiedlichen Perspektiven variierend interpretiert werden, was die Relevanz einer multidisziplinären Betrachtung von Veränderungen hervorhebt. Das Systemmodell des Wandels induziert spezifische individuelle, organisatorische und soziale Auswirkungen, wobei der organisatorische Kontext das System beeinflusst und dieses wiederum auf die Umwelt einwirkt (s. MAES U. VAN HOOTEGEM 2019, S. 733). Die Interaktion zwischen organisatorischem Kontext, Veränderungssystem und Umwelt verdeutlicht die Komplexität und wechselseitigen Einflüsse im Prozess organisatorischer Veränderungen. Das Metamodell von MAES U. VAN HOOTEGEM (2019, S. 734) ermöglicht die Betrachtung des Wandels aus vier Diskursen: strategisch, kulturell, strukturell und verhaltensbezogen. Diese systemische Perspektive betont die Interdependenzen und positioniert die Veränderungskonzepte als Elemente oder Subsysteme des Modells. Eine multidisziplinäre Betrachtung organisationaler Veränderungen im Systemmodell des Wandels ermöglicht ein umfassenderes Verständnis der komplexen wechselseitigen Einflüsse.

Work 4.0: Human-Centered Work Design in the Digital Age | MÜTZE-NIEWÖHNER ET AL. (2022)

Im digitalen Zeitalter steht die Arbeitsgestaltung vor neuen Herausforderungen, insbesondere im Hinblick auf die menschenzentrierte Gestaltung im Kontext von Industrie 4.0. Dabei ist es essenziell, die Potenziale der digitalen Transformation zu nutzen, um eine menschenzentrierte Arbeitsgestaltung zu fördern. Eine Schlüsselherausforderung besteht darin, geeignete Gestaltungsspielräume auf verschiedenen Ebenen zu identifizieren und zu nutzen, um die Interaktion und Kooperation zwischen Menschen und digitalen technischen Systemen in produzierenden Unternehmen effektiv zu gestalten (s. MÜTZE-NIEWÖHNER ET AL. 2022, S. 986). Für die Gestaltung von Arbeit sind verschiedene Kriterien zu berücksichtigen, wie die Vollständigkeit der Aufgabe, der

Transparenz und der Gestaltbarkeit der Arbeitsprozesse, um sowohl die individuellen Bedürfnisse der Mitarbeitenden als auch die organisatorischen Anforderungen zu erfüllen. MÜTZE-NIEWÖHNER ET AL. (2022, S. 996) präsentieren ein Schalenmodell, das ein Klassifikationssystem der relevanten Gestaltungsdimensionen bietet und Mitarbeitende in den Mittelpunkt stellt. Das Modell unterstützt die Betrachtung und Planung der Arbeitsgestaltung von der individuellen bis zur betrieblichen Ebene und ermöglicht damit eine ganzheitliche Betrachtung der Arbeitsgestaltung. Dabei werden die Prioritäten zur Gestaltung des Arbeitssystems sachlogisch abgeleitet und ermöglichen eine effektive Reorganisation produzierender Unternehmen im Kontext der digitalen Transformation (s. MÜTZE-NIEWÖHNER ET AL. 2022, S. 1005–1007).

Das von MÜTZE-NIEWÖHNER ET AL. (2022, S. 996) entworfene Schalenmodell zielt darauf ab, der Komplexität neuer Arbeitsgestaltung gerecht zu werden, und illustriert die Hauptbeeinflussungsfaktoren aus dem Unternehmensumfeld sowie die zentralen Gestaltungsdimensionen auf unternehmerischer und individueller Ebene. Aus einer makroergonomischen Perspektive betrachtet, treten in der Arbeitsgestaltung von Unternehmen andere Dimensionen und Einflussfaktoren hervor (s. MÜTZE-NIEWÖHNER ET AL. 2022, S. 996). Diese Dimensionen sind insbesondere in umfassenden Neugestaltungsprozessen im Rahmen von Unternehmenswandlungsprozessen relevant und beeinflussen sowohl die Gestaltung der Arbeitsaufgaben als auch die Arbeitsbedingungen der Mitarbeitenden. Das Schalenmodell bezieht damit sowohl makro-ergonomische also mikro-ergonomische Dimension von Arbeitsgestaltung ein. Die äußere Schale, die überbetriebliche Ebene, bezieht die externen Einflussfaktoren ein, während die nächste innenliegende Schale die Gestaltungsdimension auf Unternehmensebene betrachtet. Auf individueller Ebene werden die Gestaltung der Arbeitsumgebung sowie der Arbeitsaufgabe unterschieden, dargestellt in Abbildung 3-17.

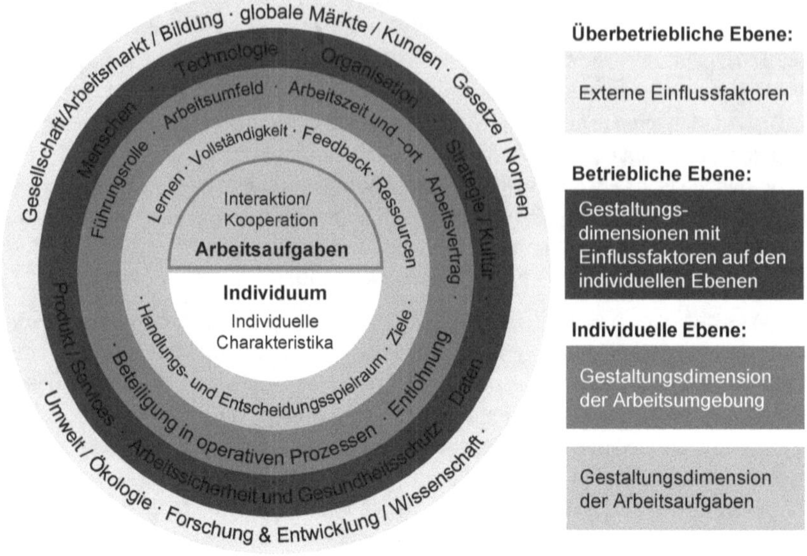

Abbildung 3-17 Einflussfaktoren und Dimensionen der menschzentrierten Arbeitsgestaltung in Unternehmen (eigene Darstellung i. A. a. MÜTZE-NIEWÖHNER ET AL. 2022, S. 996)

Durch die konkreten Anforderungen und die schalenförmige Struktur des Modells wird ein umfassender Einblick in die menschenzentrierte Arbeitsgestaltung für digitale Transformationsprozesse ermöglicht, wobei auch Themen wie Remote-Work, wenn auch nur kurz, angeschnitten werden.

The redesign of blue- and white-collar work triggered by digitalization: collar matters | WASCHULL ET AL. (2022)

Die Digitalisierung im Kontext der Industrie 4.0 bringt wesentliche Veränderungen in den Produktionsmethoden und Arbeitsplätzen von White- und Blue-Collar-Mitarbeitenden mit sich. WASCHULL ET AL. (2022) identifizieren die verbundenen Gestaltungsprozesse von White- und Blue-Collar-Mitarbeitenden und untersuchen, wie diese Prozesse die Arbeitsmerkmale von Fertigungsingenieuren und Operateuren in einem Digitalisierungsprojekt beeinflussen. Analysiert werden die relevanten individuellen und organisatorischen Faktoren. Der entwickelte Rahmenplan beginnt mit der Beobachtung der Arbeitstätigkeiten, gefolgt von einer Evaluation der Entscheidungsspielräume am Arbeitsplatz, um die Gestaltungsparadigmen zu erkennen (s. WASCHULL ET AL. 2022, S. 7–11). Darauf aufbauend werden individuelle und organisatorische Einflussfaktoren, insbesondere Wissen und Motivation der Systemgestalter*innen, analysiert. Zur Kategorisierung der veränderten Arbeitstätigkeiten wird die Work-Design-Theorie verwendet und die Umgestaltungsprozesse im Kontext der soziotechnischen

Systemgestaltung evaluiert (s. WASCHULL ET AL. 2022, S. 3). Die Effekte der Umgestaltung werden als Bereicherung (*Job Enrichment*) oder Vereinfachung (*Job Simplification*) charakterisiert.

Ein Fallbeispiel zeigt, dass die humanzentrierte Perspektive bei der Gestaltung der White-Collar-Arbeit berücksichtigt wurde, während die Shopfloor-Arbeitsgestaltung rein technisch zentriert war (s. WASCHULL ET AL. 2022, S. 11) (siehe folgende Abbildung 3-18). Die Effekte der Arbeitsgestaltung im Shopfloor wurden der Vereinfachung zugeordnet und stark von der Motivation der White-Collar-Mitarbeitenden beeinflusst (s. WASCHULL ET AL. 2022, S. 10). Drei organisatorische Faktoren bestimmten die Motivation: Ziele des Digitalisierungsprojektes, Organisation des Gestaltungsteams und organisationale Kulturen.

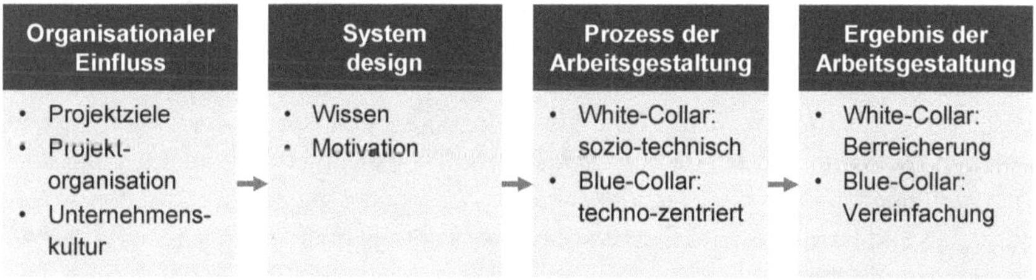

Abbildung 3-18 Fallbeispiel zur Arbeitsgestaltung von White- und Blue-Collar-Mitarbeitenden (eigene Darstellung i. A. a. WASCHULL ET AL. 2022, S. 11)

Die Digitalisierung erfordert eine differenzierte Arbeitsgestaltung für White- und Blue-Collar-Mitarbeitende, wobei die Motivation und organisationalen Kulturen entscheidend für den Erfolg sind.

3.4 Ableitung des Forschungsbedarfs

In diesem Kapitel wird der Forschungsbedarf durch eine tiefgehende und reflektierte Auswertung der zuvor beschriebenen und bewerteten Gestaltungsansätze abgeleitet. Auf Basis der detaillierten Untersuchung bestehender Gestaltungsansätze in den vier Suchräumen wird der spezifische Forschungsbedarf abgeleitet, welcher die Bedeutung der übergeordneten Forschungsfrage unterstreicht und die Forschungslücke aufzeigt. Im Zuge der systematischen Literaturanalyse wurden 35 Publikationen in den vier Suchräumen identifiziert. Die Ergebnisse der Literaturanalyse werden in Abbildung 3-19 zusammengefasst.

Im Suchraum 1 wurde untersucht, wie die betriebliche Gestaltung von Remote-Work als organisatorische Aufgabe eingeordnet wird. Es zeigte sich, dass kein ganzheitlicher Ansatz existiert, der auf die Praxis übertragbar ist. Die identifizierten Beiträge, wie der Ordnungsrahmen von ERRICHIELLO U. PIANESE (2016) und die organisationalen Kontrollbereiche von PIANESE ET AL. (2022), bieten theoretische Grundlagen, aber es fehlen praxisnahe Implementierungsstrategien. ARUNPRASAD ET AL. (2022) bieten erste Ansätze für die Praxis, indem sie Faktoren und Anwendungen für den Erfolg von

Remote-Work identifizieren und diese auf verschiedenen Ebenen des Individuum, Team, Organisation differenzieren. Der Forschungsbedarf in diesem Suchraum liegt in der Entwicklung eines praxisorientierten, ganzheitlichen Gestaltungsmodells für Remote-Work in produzierenden Unternehmen, das technologische, kulturelle, führungstechnische und prozessuale Aspekte integriert und dabei die spezifischen Anforderungen der produzierenden Industrie berücksichtigt.

Im Suchraum 2 wurden Beiträge identifiziert und analysiert, die sich mit den Eigenschaften und Charakteristika von remotefähigen Tätigkeiten befassen. Hier zeigte sich, dass der Fokus entweder auf abstrahierten Charakterisierungen von Tätigkeiten, wie bei AUTOR ET AL. (2003), DENGLER ET AL. (2014) und MERGENER (2020) oder auf spezifischen Beispielen in Berufsgruppen, wie bei BA (2021) liegt. AUTOR ET AL. (2003) und DENGLER ET AL. (2014) bieten allgemeine Klassifizierungen, die theoretische Grundlagen zur Bewertung der Remotefähigkeit liefern. Im Gegensatz dazu konzentriert sich die Studie der BA (2021) auf den Komplexitätsgrad von Tätigkeiten, ohne eine direkte Verbindung zur Remotefähigkeit herzustellen. In der Literatur fehlen systematische Kriterien zur Bewertung der Remotefähigkeit von Tätigkeiten sowie eine adäquate Verknüpfung der allgemeinen Charakteristika von Tätigkeiten mit den spezifischen Anforderungen und Herausforderungen der Remote-Work. Es mangelt an einer detaillierten und systematischen Herangehensweise zur Einschätzung der Remotefähigkeit. Die vorliegenden Untersuchungen abstrahieren entweder auf einem sehr hohen Niveau oder konzentrieren sich nur auf einzelne Aspekte, ohne eine umfassende Verbindung zwischen den Tätigkeitsmerkmalen und den Anforderungen von Remote-Work zu schaffen. Daher besteht ein deutlicher Forschungsbedarf in der Entwicklung systematischer Kriterien zur Bewertung der Remotefähigkeit von Tätigkeiten.

In Suchraum 3 wurden Beiträge untersucht, die sich mit der Einteilung und Charakterisierung menschlicher Tätigkeiten in produzierenden Unternehmen befassen. Literatur von ACERBI ET AL. (2019), LAGORIO ET AL. (2021), PINZONE ET AL. (2017) legen den Fokus auf Fähigkeiten im Kontext von Industrie 4.0. Bei HACKSTEIN ET AL. (1975) erfolgt die Einteilung der Tätigkeiten auf funktionaler Ebene. Auch wenn HACKSTEIN ET AL. (1975) eine differenzierte Basis zur Einteilung menschlicher Tätigkeiten in produzierenden Unternehmen geschaffen haben, hat sich durch die Digitalisierung und den Wandel der Arbeitswelt im Laufe der Zeit eine bedeutende Entwicklung vollzogen. SIMSA U. PATAK (2016) sowie HINTZ U. GRAEVENSTEIN (2020) greifen den Fokus der Führungsaufgaben in ihrer Forschung auf. Es lässt sich feststellen, dass die Literatur umfangreiche Untersuchungen zu spezifischen Fähigkeiten und Aufgaben in produzierenden Unternehmen bietet. Es fehlt jedoch ein umfassendes Modell, das die durch Digitalisierung und Remote-Work bedingten Veränderungen systematisch erfasst und analysiert. Insbesondere die Verbindung zwischen allgemeinen Tätigkeitscharakteristika und den spezifischen Anforderungen von Remote-Work bleibt unzureichend untersucht.

In Suchraum 4 wird der Wandel der modernen Arbeitswelt betrachtet, bei welchem die menschenzentrierte Arbeitsgestaltung im Fokus steht. Die Perspektive von Arbeit 4.0, als Konnexe zu Industrie 4.0, gestaltet Arbeit getrieben durch eine technologische Perspektive (vgl. KADIR U. BROBERG 2021, MÜTZE-NIEWÖHNER ET AL. 2022). Veränderungen in Organisations- und Führungsstrukturen können die Folge sein. „Smart Work“ oder „New Work“ nimmt vornehmlich die Perspektive der Mitarbeitenden ein, wobei BEDNAR U. WELCH (2020) und CHEN U. NATH (2008) den soziotechnischen Systemansatz nutzen. Speziell der Ansatz von MÜTZE-NIEWÖHNER ET AL. (2022) bietet einen übergeordneten Betrachtungsrahmen zur Gestaltung von Remote-Work in produzierenden Unternehmen. Die vorhandene Literatur offenbart wertvolle Einblicke in die Gestaltung moderner Arbeitssysteme und die Integration von Technologien. Trotz dieser Fortschritte bleibt die detaillierte und systematische Untersuchung der spezifischen Anforderungen und Herausforderungen von remotefähigen Tätigkeiten jedoch unvollständig. Dies liegt daran, dass bisherige Literatur oft entweder auf allgemeine Charakterisierungen von Tätigkeiten abzielt oder sich auf spezifische Beispiele konzentriert, ohne eine umfassende Verbindung zwischen den allgemeinen Charakteristika von Tätigkeiten und den spezifischen Anforderungen von Remote-Work herzustellen. Zudem mangelt es an systematischen Kriterien, die es ermöglichen, die Remotefähigkeit von Tätigkeiten präzise zu bewerten.

Der identifizierte Forschungsbedarf zeigt die Notwendigkeit weiterführender Untersuchungen, die sich auf langfristige Auswirkungen, branchenspezifische Unterschiede und praktische Implementierungsschritte konzentrieren, um die erfolgreiche Integration von Remote-Work in verschiedenen organisationalen Kontexten zu gewährleisten.

Legende: ● Voll behandelt; ◑ Teilweise behandelt; ○ Nicht behandelt

Quelle	Objektbereich						Modellzweck		
	Bezug Remote-Work	Ganzheitliche Unternehmens-gestaltung	Charakteristika von Tätigkeiten	Einteilung menschlicher Tätigkeiten	Produzierende Unternehmen	Menschenzentriete Arbeitsgestaltung	Beschreibung	Erklärung	Gestaltung
Suchraum 1: Betriebliche Gestaltung von Remote-Work									
ARUNPRASAD ET AL. (2022)	●	◑	○	○	○	○	●	○	◑
BORSE ET AL. (2021)	◑	●	○	○	○	○	●	○	○
ERRICHIELLO U. PIANESE (2016)	●	◑	○	○	○	○	◑	●	○
METALLO ET AL. (2022)	●	◑	○	○	○	○	○	◑	●
MÜLLER, E. (2021)	◑	◑	○	○	○	○	●	○	○
PIANESE ET AL. (2022)	●	◑	○	○	○	○	◑	◑	○
SARAIVA ET AL. (2021)	●	◑	○	○	○	○	●	○	◑
WANG ET AL. (2021)	●	◑	○	○	○	○	○	◑	○
Suchraum 2: Eigenschaften remotefähiger Tätigkeiten									
AUTOR ET AL. (2003)	◑	○	●	○	○	○	●	○	○
BA (2021)	○	○	●	◑	○	○	●	○	○
DENGLER ET AL. (2014)	○	○	●	◑	○	○	●	○	○
GOLD ET AL. (2006)	○	◑	◑	◑	◑	○	●	◑	○
KAWAGUCHI U. MOTEGI (2021)	●	○	◑	◑	○	○	●	○	○
LUND ET AL. (2020)	●	○	◑	○	○	○	●	○	○
MERGENER (2020)	●	○	◑	◑	○	○	●	○	○
PALACIOS U. SILVA (2020)	○	○	●	○	◑	○	●	○	○
SPITZ-OENER (2006)	◑	○	●	◑	○	○	●	○	○
YUAN U. ZHENG (2009)	●	○	◑	◑	○	○	●	○	○
ZHANG ET AL. (2011)	◑	○	●	○	○	○	●	○	○
Suchraum 3: Menschliche Tätigkeiten in produzierenden Unternehmen									
ACERBI ET AL. (2019)	○	○	○	◑	◑	○	●	◑	○
AKROUT ET AL. (2013)	○	○	○	◑	◑	○	●	○	○
HACKSTEIN ET AL. (1975)	○	◑	◑	●	●	○	●	◑	◑
HINTZ U. GRAEVENSTEIN (2020)	○	◑	◑	●	○	○	●	○	◑
LAGORIO ET AL. (2021)	○	○	○	◑	◑	○	●	◑	○
LUXEM (1972)	○	◑	◑	◑	●	○	●	○	◑
PINZONE ET AL. (2017)	○	○	○	◑	◑	○	●	○	○
SHIN ET AL. (2006)	○	○	○	●	●	○	●	◑	○
SIMSA U. PATAK (2016)	○	○	◑	●	○	○	●	○	◑
Suchraum 4: Wandel der modernen Arbeitswelt									
BEDNAR U. WELCH (2020)	○	○	○	○	○	●	●	○	○
CHEN U. NATH (2008)	○	◑	○	○	○	●	○	○	○
CUEL ET AL. (2022)	●	●	○	○	○	●	◑	◑	●
KADIR U. BROBERG (2021)	○	◑	○	○	○	●	○	○	●
MAES U. VAN HOOTEGEM (2019)	○	◑	○	○	○	●	○	○	●
MÜTZE-NIEWÖHNER ET AL. (2022)	○	◑	○	○	●	●	●	○	●
WASCHULL ET AL. (2022)	○	◑	○	○	○	●	○	○	●

Abbildung 3-19 Übersicht der Einordnung relevanter Ansätze (eigene Darstellung)

3.5 Zusammenfassung des Stands der Forschung

In diesem Kapitel wurde der aktuelle Forschungsstand methodisch erarbeitet und strukturiert dargelegt. Zunächst wurde eine systematische Literaturrecherche detailliert beschrieben und die Bewertungsmaßstäbe für bestehende Ansätze definiert. In vier spezifischen Suchräumen wurden relevante Gestaltungsansätze identifiziert und analysiert. Auf Grundlage dieser detaillierten Untersuchung konnte der Forschungsbedarf ermittelt werden, welcher die Relevanz der übergeordneten Forschungsfrage betont. Die betriebliche Gestaltung von Remote-Work zeigt, dass es keinen ganzheitlichen, praxisorientierten Ansatz gibt, der auf produzierende Unternehmen übertragbar ist. Während theoretische Grundlagen vorhanden sind, fehlen praxisnahe Implementierungsstrategien. Bei der Bewertung der Remotefähigkeit von Tätigkeiten bietet die Literatur entweder abstrakte Charakterisierungen oder spezifische Beispiele, jedoch fehlen systematische Kriterien und eine Verknüpfung der allgemeinen Charakteristika mit den spezifischen Anforderungen und Herausforderungen der Remote-Work. Die Charakterisierung menschlicher Tätigkeiten in produzierenden Unternehmen wurde umfangreich im Kontext von Industrie 4.0 untersucht, doch es fehlt ein umfassendes Modell, das die durch Digitalisierung und Remote-Work bedingten Veränderungen systematisch erfasst und analysiert. Schließlich bietet die menschenzentrierte Arbeitsgestaltung im Wandel der modernen Arbeitswelt wertvolle Einblicke, jedoch bleibt die detaillierte Untersuchung der spezifischen Anforderungen und Herausforderungen von remotefähigen Tätigkeiten unvollständig.

Der aufgezeigte Forschungsbedarf legt dar, dass weitere Forschungsarbeit erforderlich ist, die spezifisch die ausgeführten menschlichen Tätigkeiten in produzierenden Unternehmen berücksichtigt. Zudem besteht Bedarf an dem Einbezug von Best Practices und innovativen Technologien, die die Remotefähigkeit menschlicher Tätigkeiten einbezieht. Schließlich ist der Einfluss von Remote-Work auf betriebliche Prozesse und die Unternehmenskultur eingehend zu erforschen, um die nachhaltige Gestaltung in bestehende Initiativen einzuordnen. Basierend auf der analysierten Literatur wird im Folgenden, unter Berücksichtigung der bestehenden Forschungsansätze, die Konzeption der Gestaltungsmethode aufgebaut.

4 Konzeption der Gestaltungsmethode

In der Initiierungsphase der Modellentwicklung erfolgt die Grobkonzeptionierung der Gestaltungsmethode von Remote-Work in produzierenden Unternehmen. Aufbauend auf FEYERABENDS (1965) pluralistischem Ansatz wird eine Vielfalt von Theorien und Methoden betrachtet (s. OBERHEIM 2006, S. 270–271). Die einzubeziehenden Organisationstheorien und -ansätze bilden die Grundlage für die Modellentwicklung und werden im Folgenden ausgewählt und vorgestellt. Der theoretische Bezugsrahmen bildet die substanzielle Basis der Gestaltungsmethode und kontextspezifischen Anwendung. Des Weiteren einbezogen werden die Systemtheorie, die allgemeine Modelltheorie, der Mensch-Technik-Organisation-Ansatz sowie das Analyse-Synthese-Konzept. Im Anschluss an den theoretischen Bezugsrahmen erfolgt die Darlegung der methodischen Grundlagen, wobei die Klassifikation als analytische Forschungsmethode, die Grundprinzipien der Fallstudienforschung und qualitative Interviews Berücksichtigung finden. Aufbauend auf dem theoretischen Bezugsrahmen und den methodischen Grundlagen werden die formal-konzeptionellen sowie inhaltlichen Anforderungen an die Gestaltungsmethode präzisiert. Abschließend werden die Erkenntnisse zur Grobkonzeption der Gestaltungsmethode konsolidiert und das Vorgehen aufgezeigt.

4.1 Theoretischer Bezugsrahmen

Die Ausgestaltung von Remote-Work in produzierenden Unternehmen wirkt sich unmittelbar auf die Organisation aus. Die Organisationsforschung und die dazugehörigen Theorien finden ihren Ursprung in verschiedenen wissenschaftlichen Disziplinen, darunter Wirtschaftswissenschaften, Ingenieurwissenschaften, Soziologie und Psychologie. Somit bildet sie ein Konglomerat aus vielfältigen Ansätzen (s. SCHULTE-ZURHAUSEN 2010, S. 9). In diesem Kontext wird der pluralistische Ansatz nach FEYERABEND (1965) verfolgt, welcher die Integration diverser theoretischer Strömungen aufzeigt, wobei der wissenschaftliche Fortschritt durch die Vielfalt an Ansätzen und Methoden erreicht wird (s. ROTH 1989, S. 114). Im nachfolgenden Kapitel werden verschiedene Ansätze der Organisationstheorie erörtert und es wird aufgezeigt, inwieweit sie für die Entwicklung der Gestaltungsmethode relevant sind. Die unterschiedlichen Theorien stellen eine Partialanalyse dar, die in Kombination ein umfassendes Verständnis von Organisationen ermöglicht (s. SCHERER U. MARTI 2019, S. 16). Im Mittelpunkt der Theoriebetrachtung stehen dabei das Verhalten von Organisationseinheiten und -strukturen sowie das individuelle Verhalten innerhalb der Organisation. Die systematische Strukturierung des Abschnitts, beginnend mit den Grundlagen der allgemeinen Systemtheorie und Modelltheorie, eröffnet eine geordnete Einführung in die theoretischen Grundlagen. Dies schafft einen definierten Rahmen zur kohärenten Erfassung abstrakter Konzepte, ehe spezifischere Ansätze wie der Mensch-Technik-Organisation-Ansatz und das Analyse-Synthese-Konzept vorgestellt werden. Der aufgezeigte theoretische Bezugsrahmen eröffnet ein kohärentes Verständnis sowie eine zielgerichtete

Entwicklung von abstrakten Theorien zu praxisorientierten Konzepten von Remote-Work in produzierenden Unternehmen.

4.1.1 Grundlagen der allgemeinen Systemtheorie

Die moderne Systemtheorie im heutigen Verständnis wird durch verschiedene Einflüsse geprägt (s. SCHULTE-ZURHAUSEN 2010, S. 29). Eingeführt in den 1930er-Jahren von dem Biologen BERTALANFFY (1972), beschreibt die Systemtheorie die Ganzheit als Summe der Einzelbestandteile und deren Beziehung. In den 1940er-Jahren begründet WIENER (1988) die Kybernetik, basierend auf der komplexen Anordnung von Informationen und Regeln. Geprägt durch Ulrich in den 1970er Jahren, findet die Systemtheorie Einzug in die deutschsprachige betriebswirtschaftliche Lehre (s. ULRICH U. HILL 1976, S. 308–309). Ergänzend bildet das Systems-Engineering einen interdisziplinären Ansatz, welcher unterschiedliche Methoden für die Entwicklung komplexer Systeme zusammenfasst, wie die Entwicklung von Modellen zur vereinfachten Darstellung der Realität (s. HABERFELLNER ET AL. 2018, S. 35). Die allgemeine Systemtheorie wird dabei durch ihre fachübergreifende Anwendbarkeit charakterisiert (s. ROPOHL 2009, S. 71). Voraussetzung für die Anwendung der allgemeinen Systemtheorie in einer Disziplin bildet der Abstraktionsgrad, welcher in der Organisationstheorie maßgeblich durch KOSIOL und BLEICHER geprägt wurde (s. ROPOHL 2012, S. 30). Bedeutend ist die Kombination von umfangreichem Systemverständnis von Generalisten, gepaart mit spezifischem Fachwissen unterschiedlicher Spezialisten (s. WALDEN ET AL. 2015, S. 5).

Der systemtheoretische Ansatz repräsentiert eine interdisziplinäre und interperspektivische Verfahrensweise zur Modellierung von realen Sachverhalten (s. BERTALANFFY 1972, S. 422–424). Ein System besteht aus einer Menge von zweckorientiert interagierenden Einzelelementen, die in einer Beziehung zueinander stehen (s. FORRESTER 1972, S. 9). Die Elemente in einem System weisen Eigenschaften und Funktionen auf, wodurch die Beziehung zu anderen Elementen inhaltlich charakterisiert werden kann (s. HABERFELLNER ET AL. 2018, S. 28). Das Geflecht aus den interagierenden Elementen wird als Struktur bezeichnet (s. HABERFELLNER ET AL. 2018, S. 29). Eine Struktur bildet laut FORRESTER die wesentliche Voraussetzung, um reale Beobachtungen relativ zum Wissensgebiet einzuordnen und zu interpretieren (s. FORRESTER 1972, S. 11). In Abbildung 4-1 werden die Begrifflichkeiten des systemischen Denkens in ihrer Bedeutung visualisiert.

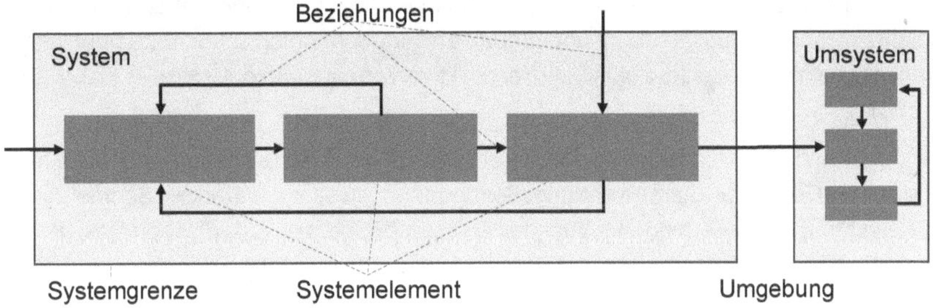

Abbildung 4-1 Allgemeine Systemdarstellung und Grundbegriffe im systemischen Denken (eigene Darstellung i. A. a. HABERFELLNER ET AL. 2018, S. 28)

Die systemkonstituierenden *Systemelemente* und *Beziehungen* werden von ihrer Umgebung durch die *Systemgrenze* separiert (s. Abbildung 4-1). Außerhalb der Systemgrenze befindet sich die *Umgebung*, mit welcher ein offenes System durch Beziehungen zu *Umfeldelementen* oder *Umsystemen* in Wechselwirkung stehen kann (s. HABERFELLNER ET AL. 2018, S. 29). Die Differenzierung von offenen und geschlossen Systemen wird durch die beschriebenen Beziehungen über die Systemgrenzen hinaus gekennzeichnet. In offenen Systemen werden Input-Ströme über die Systemgrenzen in das System eingebracht und in zeitlich versetzter Reaktion werden Output-Ströme über die Systemgrenzen extrahiert, sodass eine Interrelation zu umliegenden Elementen besteht (s. FORRESTER 1972, S. 15). Geschlossene Systeme sind durch eine systemimmanente Rückkopplung charakterisiert, wodurch die generierten Outputs als Feedbackschleife in die künftigen Input-Größen einfließen, ohne eine extrasystemische Konnektivität aufzuweisen (s. HABERFELLNER ET AL. 2018, S. 32–33). Eine weitergehende Differenzierung der geschlossenen Systeme in negative und positive Feedback-Systeme ergibt sich aus der Betrachtung des Systemzwecks. Negative Feedbacksysteme spiegeln Zielabweichungen und steuern diesen entgegen, um sich dem Systemziel anzunähern. Verstärkende Wirkung auf die künftigen Aktionen haben positive Feedbacksysteme, indem Wachstums- oder Schrumpfungsprozesse innerhalb des Systems intensiviert werden (s. FORRESTER 1972, S. 15).

Durch die Charakterisierung von Systemen mittels Grenzen, Elementen und Beziehungen ermöglicht der Systemansatz eine umfassende Darstellung der Struktur unterschiedlicher Gegenstandsbereiche (s. SCHLICK ET AL. 2018, S. 20). In diesem Zusammenhang wird der Systemansatz als anwendungsbezogenes Konstrukt betrachtet, wobei es sich von rein theoretischen Überlegungen abkoppelt (s. ULRICH U. HILL 1976, S. 308). Konsistent zur interdisziplinäres Zugänglichkeit ergeben sich breite Anwendungsfelder, die mithilfe der Funktionen der Systemtheorie erschlossen werden können (s. ULRICH U. HILL 1976, S. 308). Die terminologische Funktion wird als ein abstraktes, interdisziplinären Begriffssystem ohne realitätsbeeinflussende inhaltliche Vorurteile oder A-priori-Annahmen verstanden. Die heuristische Funktion umfasst die Entdeckung neuer Aspekte, Zusammenhänge und Schwerpunkte in den generierten

Strukturmodellen. Unter der Integrationsfunktion werden simultane Betrachtungen unterschiedlicher Einflussfaktoren und Variablen aus psychologischer, soziologischer, ökonomischer sowie technologischer Perspektive verstanden. (s. ULRICH U. HILL 1976, S. 308)

Die Vorzüge des systemischen Denkens eröffnen in dieser Dissertationsschrift ein methodisches Gerüst für die anwendungsbezogene Analyse existierender Sachverhalte und Systeme. Die Verbindung von der Systemtheorie zur Modelltheorie (s. Kapitel 4.1.2) beschreibt STACHOWIAK (1973, S. 137–138) durch die Erkenntnis des Systemcharakters von wissenschaftlichen Modellen. Ein Modell kann demnach als ein System betrachtet werden, wobei modellhaft abgebildete, realen Sachverhalte ebenfalls Eigenschaften eines Systems aufweisen (s. STACHOWIAK 1973, S. 137–138). Im folgenden Kapitel wird, an die Systemtheorie anschließend, daher die allgemeine Modelltheorie beleuchtet.

4.1.2 Grundlagen der allgemeinen Modelltheorie

Die fundamentale Bedeutung des Systemdenkens manifestiert sich in der modellhaften Abbildung und Veranschaulichung von komplexen Systemen und ihren vielschichtigen Verknüpfungen (s. HABERFELLNER ET AL. 2018, S. 35). Die allgemeine Modelltheorie findet ihren Ursprung in der Notwendigkeit eines systematischen Verfahrens, um Erkenntnisse aus der kognitiv schwer fassbaren Vielfalt realer Sachverhalte und Ereignisse zu gewinnen (s. STACHOWIAK 1973, S. 128–129). Um eine fundierte Erklärung der realen Sachverhalte zu erreichen, wird durch eine anschließende Überprüfung der Theorie ein empirischer Geltungsanspruch angestrebt (s. ZELEWSKI 1999, S. 30). Dabei handelt es sich keinesfalls um einen Beweis für die Theorie, da aus der Überprüfung endlich vieler Sachverhalte keine logische Schlussfolgerung für alle, in potenziell unendlicher Anzahl, vorhandenen Sachverhalte in der Empirie gerechtfertigt werden kann (s. ZELEWSKI 1999, S. 30). Übergeordnetes Ziel bildet die Reduktion der komplexen Realität, um sie für die Entwicklung theoretischer Lösungen zugänglich zu machen. Der Ansatz resultiert aus dem Streben, eine systematische Struktur zur Erkenntnisgewinnung inmitten der kognitiven Komplexität der realen Welt zu schaffen (s. STACHOWIAK 1973, S. 138). Heute erfährt die Modelltheorie breite Anwendung in verschiedenen wissenschaftlichen Disziplinen zur Bewältigung komplexer Herausforderungen (s. HABERFELLNER ET AL. 2018, S. 40). Ein anschauliches Beispiel des Verhältnisses von Modell und Wirklichkeit bietet eine Landkarte, welche bestimmte Aspekte abstrahiert und nur die für den Hersteller und Benutzer relevanten Informationen darstellt (s. ROPOHL 2012, S. 53). ROPOHL (2012, S. 53–54) zeigt die Zusammenhänge von Systemtheorie, dem beobachtenden sowie dem Systemmodell als Zusammenspiel realer Ganzheit auf, folgend in Abbildung 4-2 dargestellt.

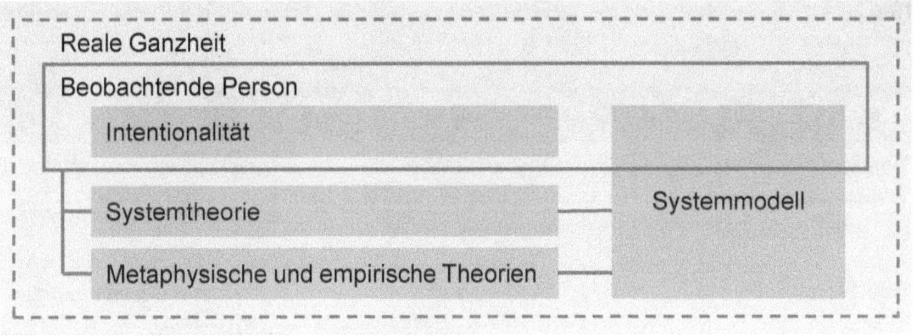

Abbildung 4-2 Zusammenspiel von Systemtheorie und Modellkonstruktion (eigene Darstellung i. A. a. ROPOHL 2012, S. 54)

Die Attributauswahl eines jeden Modells orientiert sich an den charakteristischen Eigenschaften des zu repräsentierenden Originals. Dabei werden im Modell typischerweise nur diejenigen Attribute berücksichtigt, die im gegebenen Kontext für die Betrachtenden relevant erscheinen (s. ROPOHL 2012, S. 54). Wesentlich für die Modellentwicklung sind die formulierten Zielsetzungen und der vorgesehene Anwendungsbereich, mit den folgenden drei zentralen Merkmalen, die den Modellbegriff prägen (s. STACHOWIAK 1973, S. 131; ROPOHL 2012, S. 53–54):

- *Abbildungsmerkmal*: Modell als Repräsentation eines Originals, welches in Struktur, Verhalten und Funktionsweise dem Original entspricht
- *Verkürzungsmerkmal*: Auswahl und Priorisierung der Attribute und Eigenschaften nach Relevanz der Zielsetzung
- *Pragmatisches Merkmal*: Modelle erfüllen ihre Ersetzungsfunktion, durch Ausrichtung der Anforderungen auf den Zweck der Nutzung

Implizite Modelle, auch als mentale Modelle bezeichnet, existieren als rein gedankliche Konstrukte. Im Gegensatz dazu umfassen explizite Modelle eine verbale Darstellungsform. (s. ZELEWSKI 1999, S. 45) Die Differenzierung der expliziten Modelle bezieht sich weiter auf die zugrunde liegenden Erkenntnisziele der Modellierung. Geprägt durch die zentralen Merkmale, sind die Modellarten entlang des Nutzungszwecks zu unterscheiden. In der Modelltheorie erfolgt eine dichotome Abgrenzung von Beschreibungs- und Analysemodellen zur Unterstützung des Erkenntnisgewinns (s. ZELEWSKI 1999, S. 46). Beschreibungsmodelle dienen vornehmlich der reinen Sachverhaltsdarstellung, bezogen auf die Beschreibung eines realen Problems. Im Gegensatz dazu umfassen Analysemodelle eine Vielzahl von Modellarten, deren Ziel es ist, über die reine Beschreibung von Sachverhalten vorzunehmen. Zu Analysemodellen zählen sowohl Erklärungs- und Gestaltungsmodelle als auch Prognosemodelle, wie in Tabelle 4-1 dargestellt. Bei Beschreibungsmodellen zeigt sich keine klare Präferenz für eine bestimmte Modellierungsweise, sei es natürlich- oder formalsprachlich. Bei Analysemodellen ist hingegen ein Schwerpunkt auf der Verwendung formalsprachlicher Problemrepräsentationen zu verzeichnen. (s. ZELEWSKI 1999, S. 45–47)

Tabelle 4-1 Unterscheidung explizierter Modelle (eigene Darstellung, Inhalte basierend auf ZELEWSKI 1999, S. 47)

Explizite Modelle	Natürliche und formsprachliche Modelle	Erkenntnisziel
Beschreibungsmodelle	Beschreibungsmodelle	Deskriptives Erkenntnisziel
Analysemodelle	Erklärungsmodelle	Theoretisches Erkenntnisziel
	Gestaltungsmodelle	Praktisches Erkenntnisziel
	Prognosemodelle	Theoretisches oder praktisches Erkenntnisziel

In Anbetracht der Relevanz für die Dissertationsschrift erfolgt nachfolgend eine eingehende Erläuterung der verschiedenen Erkenntnisziele und korrespondierenden Modelle. Beschreibungsmodelle verfolgen ein deskriptives Erkenntnisziel und streben eine zutreffende Beschreibung sowie Veranschaulichung realer Sachverhalte an (s. STACHOWIAK 1973, S. 138–139). Stets mit einer Intention verbunden, besitzen Beschreibungsmodelle ihrer Natur nach keinen Selbstzweck. Das deskriptive Erkenntnisziel wird verfolgt, um für Erklärungen oder Gestaltungsempfehlungen den unterstützenden Charakter zu entfalten. Die wissenschaftliche Bedeutung der Beschreibung manifestiert sich durch die systematische Strukturierung einer Vielzahl von Phänomenen (s. ZELEWSKI 1999, S. 26). Methodische Grundlage für eine derartige Systematisierung (s. Kapitel 4.2) stellen unter anderem die Klassifikation oder die Typisierung dar (s. ZELEWSKI 1999, S. 26–27). Zu Analysemodellen zählen Erklärungs-, Gestaltungs- und Prognosemodelle (s. ZELEWSKI 1999, S. 46–48).

Die zentrale Funktion von Erklärungsmodellen bildet die Lösung erklärungsbedürftiger realer Phänomene, abgeleitet von Aussagen. Erklärungsmodelle dienen damit meist dazu, komplexe Phänomene zu erklären, indem sie die zugrunde liegenden Gesetzmäßigkeiten und Beziehungen zwischen den Elementen eines Systems herausarbeiten. (s. ZELEWSKI 1999, S. 48) Die Verbindung von Ursache-Wirkung-Relationen bildet eine häufige Ausprägung. In diesem Kontext wird auch der Begriff der Kausalmodelle verwendet, um die systematische Analyse und Darstellung von kausalen Beziehungen zwischen verschiedenen Variablen oder Elementen zu betonen. (s. STACHOWIAK 1973, S. 139) Die Intention von Gestaltungsmodellen liegt in der Entscheidungsunterstützung zur Erreichung von praktischen Erkenntniszielen. Im Vordergrund steht die Generierung von operativen Handlungsempfehlungen, die unterstützenden Charakter für die Auswahl und Realisierung von Gestaltungsalternativen aufweisen (s. ZELEWSKI 1999, S. 48; STACHOWIAK 1973, S. 139). Praktische Gestaltungs- und Entscheidungsempfehlungen werden als zentrale Elemente des Gestaltungsziels in den Fokus gerückt und in der betrieblichen Umsetzung durch Managementaktivitäten konkretisiert (s. ZELEWSKI 1999, S. 31). Prognosemodelle fokussieren die Erfassung erwartbarer

Konsequenzen bei Eintritt von modellspezifisch getroffenen Annahmen. Diese gehen nicht notwendigerweise mit einer Vorhersage zukünftiger Zustände einher. Sowohl bei der Erfüllung von Erklärungszielen als auch bei Gestaltungszielen können Prognosemodelle eingesetzt werden (s. ZELEWSKI 1999, S. 48).

Die allgemeine Modelltheorie und ihre dazugehörigen Erkenntnisziele bilden das Fundament dieser Dissertationsschrift. Ihre Berücksichtigung ermöglicht die Auswahl geeigneter Forschungsmethoden, eine adäquate Modellierungsweise und zur Auswahl der anzuwendenden Forschungsmethoden.

4.1.3 Mensch-Technik-Organisations-Ansatz im soziotechnischen System

Die industrielle Arbeitstätigkeit besteht nach dem soziotechnischen Systemansatz aus der sozialen und technischen Komponente als Teilsysteme, die in Beziehung zueinander stehen (s. ULICH 2013, S. 4). Der soziotechnische Systemansatz sieht den Technologieeinsatz und die Organisation als sich bedingende Perspektiven, für welche die Optimierung nur gemeinsam erreicht werden kann. Zur Gestaltung des soziotechnischen Systems sind nach ULICH (2013, S. 5) drei Prinzipien zu berücksichtigen. Zum einen ist der Produktionsprozess in unabhängige Teilprozesse als Organisationseinheiten gegliedert und modulartig vernetzt. Zum anderen besteht ein inhaltlicher Zusammenhang zwischen den Organisationseinheiten, der die Arbeitstätigkeiten auf ein gemeinsames Ziel ausrichtet, welches verbindet. Des Weiteren sind Arbeitsergebnisse qualitativ und quantitativ auf die jeweilige Organisationseinheit rückführbar zu gestalten, um ganzheitliche Aufgaben darlegen zu können. (s. ULICH 2013, S. 5)

Zur Analyse und Gestaltung ebendieses Zusammenspiels von Mensch, Technik und Organisation (MTO) wird der sogenannte MTO-Ansatz herangezogen, welcher auf dem soziotechnischen Systemansatz basiert (s. STROHM 1997, S. 9). Der MTO-Ansatz zeigt die Abhängigkeit von Mensch, Technik und Organisation für die erfolgreiche Bewältigung der Arbeitsaufgabe bei industriellen Arbeitstätigkeiten auf (s. ERNST 2014, S. 352). Die Aufgabe stellt den zentralen Ausrichtungspunkt des Wirkungsbereichs Mensch, Technik und Organisation dar, welche die sozialen und technischen Teilsysteme sowie den Menschen mit den organisationalen Gefügen verknüpft (s. STROHM 1997, S. 9). Die Aufgabe ist demnach nicht nur der Schnittpunkt zwischen Organisation und Individuum. Sie bildet auch den Fokus arbeitspsychologischer Gestaltungskonzepte und ist Zentrum des soziotechnischen Systems (siehe Abbildung 4-3).

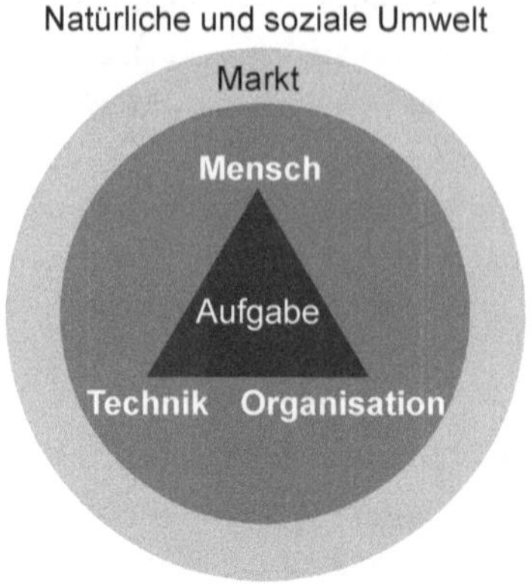

Abbildung 4-3 Mensch, Technik, Organisation als ganzheitliches Konzept (eigene Darstellung i. A. a. STROHM 1997, S. 10)

Der MTO-Ansatz zielt auf die Optimierung der Entwicklung der Mitarbeitendenqualifikation, den Einsatz von Technik und die Gestaltung von Organisation ab (s. ULICH 2013, S. 6; STROHM 1997, S. 10). Die Aufzählungsreihenfolge, beginnend mit Mensch und Technik, spiegelt die Priorisierung der Aufgabenverteilung für die Entwicklung von Produktionssystemen wider (s. ULICH 2013, S. 6). Der Autonomiegrad der Beschäftigten wird maßgeblich durch die Mensch-Maschine-Funktionsteilung bestimmt. Eine Aufgabenorientierung entsteht, wenn die zwei Voraussetzungen erfüllt werden (s. ULICH 2013, S. 6):

1. Der Mitarbeitende hat Kontrolle über die Arbeitsabläufe und Hilfsmittel
2. Der Mitarbeitende schöpft Kraft durch die strukturellen Merkmale zur Ausübung der Aufgabe

Zur Überführung des MTO-Konzepts in die Praxis nutzen STROHM (1997, S. 25) und ULICH (2013, S. 8) für die ganzheitliche Analyse eine mehrschrittige Vorgehensweise. Die Analyse der Ebene des Unternehmens erarbeitet den Bezugsrahmen für die folgenden Analyseschritte, indem die Weichen für die MTO-Analyse als Rahmenbedingen, beispielsweise entlang der Unternehmensziele und -strategie, identifiziert werden. Aufbauend wird auf Ebene der Organisationseinheit das betriebliche Umfeld anhand von Prozess- und Arbeitssystemanalysen einbezogen. Die Arbeitsbedingungen und Schlüsseltätigkeiten werden auf Ebene der Gruppen analysiert. Zum Einbezug der objektiv abbildbaren Arbeitsstation sowie der Wahrnehmung durch Mitarbeitende bezieht die Ebene des Individuums die subjektive Bewertung der Arbeitssituation ein. Die Erkenntnisse der „höheren" Ebene bei der Analyse dienen der Reihung der Ebenen als Voraussetzung. (s. ULICH 2013, S. 6–9; STROHM 1997, S. 24–30) Als konkrete Gestaltungshilfe bei der Reorganisation von Unternehmen eingesetzt, gliedert sich das Vorgehen in sieben Schritte: die Ebenen des Unternehmens, der Auftragsdurchläufe, des Arbeitssystems, der Arbeitsgruppen, der Schlüsseltätigkeiten, der personenbezogene Analyse und der soziotechnischen Geschichte des Unternehmens. In Tabelle 4-2 werden der Analysegegenstand und die korrespondierenden Methoden der einzelnen Schritte der MTO-Analyse aufgeführt.

Tabelle 4-2 Ganzheitliche MTO-Analyse in der Praxis (eigene Darstellung i. A. a. ULICH 2013, S. 8)

Schritt	Analysegegenstand	Methode
1. Analyse auf der Ebene des Unternehmens	Analyse von Unternehmenszielen, Unternehmensstrategien, Unternehmensorganisation, Produkten und Produktionsbedingungen, Personalstruktur, Technikeinsatz, Qualitätsmanagement, Innovationsverhalten, Lohnsystem, Arbeitszeitmodellen, Mitwirkungsrechten etc.	Dokumentenanalysen, Expert*inneninterviews, Interviews mit der Geschäftsleitung
2. Analyse von Auftragsdurchläufen als Prozessanalyse	Analyse des Auftragsdurchlaufs von 2 bis 5 typischen und abgeschlossenen Aufträgen	Dokumentenanalysen, ablauforientierte Betriebsbegehungen, Expert*inneninterviews, Gruppeninterviews
3. Analyse von Arbeitssystemen	Analyse von Inputs, Transformationsprozessen, Outputs, sozialem und technischem Teilsystem, technisch-organisatorischer Gestaltung, Schwankungen und Störungen, Hauptproblemen etc.	Dokumentenanalysen, Expert*inneninterviews, Gruppeninterviews
4. Analyse von Arbeitsgruppen	Analyse von Möglichkeiten zur kollektiven Regulation von Arbeitsaufgaben und Arbeitszeit, Umgebungsbedingungen, Qualifizierung, Leistung, Qualität, interner und externer Koordination etc.	Dokumentenanalysen, Gruppeninterviews, Beobachtungsinterviews
5. Bedingungsbezogene Analyse von Schlüsseltätigkeiten	Analyse von Arbeitseinheiten, Tätigkeitsabläufen, Kommunikations- und Kooperationserfordernissen, Mensch-Maschine-Funktionsteilung und -Interaktion, Regulationshindernissen etc.	Ganzschichtbeobachtungen, Beobachtungsinterviews, Expert*inneninterviews
6. Personenbezogene Arbeitsanalysen	Analyse von Erwartungen der Beschäftigten an ihre Arbeit sowie Wahrnehmung der Arbeitssituation durch die Beschäftigten	Schriftliche Erhebung mit Skalierungsverfahren
7. Analyse der soziotechnischen Geschichte	Analyse von Strategien, Vorgehen und Meilensteinen bei der technisch-organisatorischen Entwicklung des Betriebs	Dokumentenanalysen, Expert*inneninterviews

In der praktischen Anwendung entfaltet der MTO-Ansatz mit der MTO-Analyse für die betriebliche Untersuchung seine Wirkung als Instrument für verschiedene Nutzergruppen, wie Ingenieure, Ökonomen und Organisatoren (s. ULICH 2013, S. 10). Kritisch zu beachten ist, dass gerade durch die starke Konnektivität in der heutigen Zeit, verglichen mit der Automatisierung oder Digitalisierung einzelner Arbeitsplätze zu Zeiten der Entwicklung von soziotechnischen Systemansätzen, veränderte Bedingungen und Voraussetzungen für die System- und Arbeitsgestaltung vorzufinden sind (s. Bendel u. Latniak 2023, S. 2). Der bestehende MTO-Ansatz wird zunehmend kritisiert, da die Berücksichtigung menschlicher Aspekte (vgl. Humanfaktor) als unzureichend angesehen wird (s. Bendel u. Latniak 2023, S. 9). Die Bedeutung dieser Faktoren nimmt bei industriellen Arbeitstätigkeiten zu, wobei neben physischen insbesondere psychische und soziale Fähigkeiten verstärkt in den Fokus rücken (s. Ernst 2014, S. 359).

Der MTO-Ansatz, basierend auf dem soziotechnischen Systemansatz, bildet eine für die Industrie greifbare, ganzheitliche Struktur, was mit der zentralen Gestaltungsabsicht dieser Dissertationsschrift einhergeht. Organisationen werden als offene und dynamische Systeme betrachtet, die sich in einem Spannungsfeld von dynamisierenden und stabilisierenden Kräften befinden. Gleichzeitig gewinnt die Berücksichtigung dynamischer, kurzzyklischer Veränderungen in der heutigen Umwelt zunehmend an Bedeutung. Einen Weg bietet die Weiterentwicklung nach Ulich (2016), welche die Aspekte der Unternehmenskultur und -strategie ergänzt. Der Weiterentwicklungsansatz nach Ulich wird in der Dissertationsschrift in der Anwendung berücksichtigt, woraus sich neben Mensch, Technik und Organisation die Kultur als vierter Aspekt um die Aufgabe gruppiert, als Erweiterung des beschriebenen Konzepts nach Strohm (1997, S. 10).

4.1.4 Analyse-Synthese-Konzept

Die organisatorische Gestaltung eines Unternehmens unterliegt verschiedenen Einflussgrößen, die die Situation und Gestaltungsspielräume prägen, wobei diese Größen im Rahmen der Gestaltung nicht verändert, sondern nur innerhalb ihrer Grenzen berücksichtigt werden können. Das Verständnis der Rahmenbedingungen organisatorischer Gestaltung sowie die Auswahl relevanter Größen und die Berücksichtigung von Wechselwirkungen zwischen den organisatorischen Rahmenbedingungen stellen dabei herausfordernde Aspekte dar. (s. Krüger 1994, S. 51–53) Das Analyse-Synthese-Konzept, verankert in der traditionellen betriebswirtschaftlichen Organisationslehre, entfaltet seine Bedeutung in der Erörterung der Organisationsarbeit (s. Schulte-Zurhausen 2010, S. 39). Geprägt von zunehmender Komplexität und Dynamik in betrieblichen Prozessen, zeigen Kosiol (1976) und Bleicher (1991) die Dimensionen der Aufbau- und Ablauforganisation auf. Dabei versteht Kosiol (1976, S. 43) die Aufgabe als „Zielsetzungen für zweckbezogene menschliche Handlungen“, wobei Bleicher (1991, S. 35) die „Aufforderung zum wiederholten Handeln“ ergänzt. In der internationalen Literatur wird allgemein der englische Begriff „Task“ verwendete, welcher die deutsche Unterscheidung von Aufgaben und Tätigkeiten vereint (s. Kapitel 2.1.4). Als Instrument zur organisationalen Gestaltung wirkend, sind die Aufgabenanalyse und -synthese im Gesamtkontext der Arbeitsanalyse und -Synthese einzuordnen, welche das Modell der organisatorischen Gestaltung verdeutlicht (s. BLEICHER 1991, S. 49).

Die Aufgabenanalyse beginnt bei der Identifikation der Gesamtaufgabe eines Unternehmens als inhaltlicher Wirkungsschwerpunkt, welche entlang von Gliederungskriterien in Teilaufgaben strukturiert wird (s. SCHULTE-ZURHAUSEN 2010, S. 40). Durch eine schrittweise Verfeinerung der Aufgabenbeschreibung wird die Gesamtaufgabe als Oberaufgabe analysiert. Abbruchkriterien bilden verteilungsfähige Teilaufgaben (s. SCHULTE-ZURHAUSEN 2010, S. 40–41). KOSIOL (1976, S. 49–62) führt als Gliederungskriterien folgende fünf Gesichtspunkte auf:

- Verrichtung: Art der Leistung als Veränderung am Objekt
- Objekt: materieller oder informationeller Bezugspunkt der Verrichtung
- Rang: Aufgabengliederung nach Entscheidungs- und Ausführungsaufgabe
- Phase: Einteilung der Aufgabenerfüllung in Planung, Realisation und Kontrolle
- Zweckbeziehung: mittelbarer oder unmittelbarer Bezug zur ursprünglichen Teilaufgabe

Die anschließende Aufgabensynthese baut auf den Ergebnissen der Aufgabenanalyse auf und gliedert diese mit dem Ziel der Bündelung zu Aufgabenkomplexen (s. SCHULTE-ZURHAUSEN 2010, S. 41). Die Prinzipien der Aufgabensynthese folgen wiederum fünf Gliederungsmerkmalen (s. KOSIOL 1976, S. 82). Bei der persönlichen Zentralisation werden die Merkmale des Aufgabentragenden betrachtet, während die sachliche Zentralisation entweder gleiche Verrichtungsarten oder gleiche Objektaufgaben zusammenfasst. Die formale Zentralisation orientiert sich ebenfalls an den oben vorgestellten Gliederungskriterien. Es findet entweder eine Rang-, Phasen oder Zweckzentralisation statt. Ein weiteres Gliederungsmerkmal stellt die Mittelzentralisation dar, welche die Maschine als sachlichen Arbeitsträger als Merkmal betrachtet. Die abschließende Raum- und Zeitzentralisation betrachtet die örtlichen Gegebenheiten und den Zeitabschnitt als Merkmal. (s. KOSIOL 1976, S. 82) Die Gliederungsmerkmale stellen damit die Kernaspekte organisatorischer Synthese in den Fokus. In der praktischen Anwendung stellt der Einbezug persönlicher Erfahrung zur Aufgabensynthese ein essenzielles Mittel dar, da diese kaum standardisiert erfolgt (s. SCHULTE-ZURHAUSEN 2010, S. 42).

Nach der organisatorischen Aufbaustrukturierung folgt die Betrachtung der korrespondierenden Ablauforganisation als Arbeitsanalyse und -synthese, welche primär die Aufgabenerfüllung betrachtet. Das Vorgehen bildet die Untergliederung der Gesamtaufgabe als Arbeitselemente, welche in der Literatur in verschiedene Detailgraden erfolgt. (s. SCHULTE-ZURHAUSEN 2010, S. 43) Die darauf aufbauende Arbeitssynthese zur Arbeitsprozessgestaltung folgt nach KOSIOL (1976, S. 211) durch Synthetisierung, wie in Abbildung 4-4 dargestellt. Bezieht sich die Synthese auf das Arbeitssubjekt, findet eine personale Synthese statt. Findet der Vorgang der Arbeitssynthese mit Betrachtung des Zeitmoments statt, wird eine temporale Synthese durchgeführt. Die dritte Syntheseoption bildet die lokale Synthese, welche die Raumgestaltung behandelt. (s.

KOSIOL 1976, S. 211) Hervorzuheben ist, dass die in der Arbeitssynthese betrachteten Syntheseperspektiven durch ihre komplexen wechselseitigen Beziehungen charakterisiert werden (s. KOSIOL 1976, S. 12).

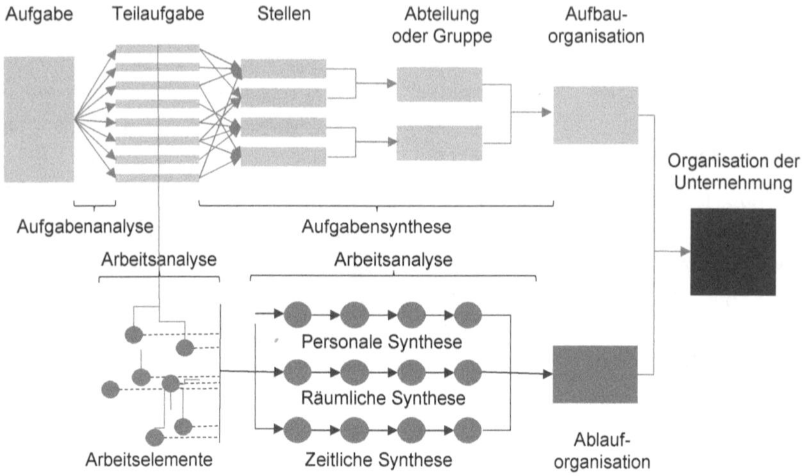

Abbildung 4-4 Modell organisatorischer Gestaltung nach Bleicher (eigene Darstellung i. A. a. SCHULTE-ZURHAUSEN 2010, S. 39)

Das wesentliche Ziel des Analyse-Synthese-Konzepts liegt damit darin begründet, komplexe Aufgabenstrukturen effizient zu organisieren, um eine nachhaltige Verbesserung der Gesamtleistung der Organisation zu erreichen und klare Arbeitsabläufe zu etablieren. Dennoch erweist sich das etablierte Analyse-Synthese-Konzept in der Organisationsgestaltung in der praktischen Anwendung als umstritten, insbesondere aufgrund der Notwendigkeit, komplexe Aufgabenstrukturen systematisch zu erfassen und zu beschreiben (s. SCHULTE-ZURHAUSEN 2010, S. 45). Auch die Trennung von Aufbau- und Ablauforganisation ist nicht immer in Gänze abbildbar. Ergänzend ist die Objektivierbarkeit durch die subjektive Wahl der Anwendungsreihenfolge der Analyseschritte gefährdet, da unterschiedliche Ausführungen zu verschiedenen Schwerpunkten führen können. (s. SCHULTE-ZURHAUSEN 2010, S. 45) Eine flexible Anpassung des Konzepts an individuelle Anforderungen ist daher von entscheidender Bedeutung, was in dieser Dissertationsschrift bei der Modellgestaltung berücksichtigt wird.

4.2 Methodische Grundlagen

Aufbauend auf der grundlegenden Einführung in die System- und Modelltheorie werden in diesem Abschnitt die anwendungsbezogenen Forschungsmethoden dargelegt. Forschungsmethoden dienen als systematische Herangehensweise zur Unterstützung der Lösungsfindung bei zugrundeliegenden Problemstellungen (s. ZELEWSKI 2008, S. 39). Die ausgewählte Betrachtung der methodischen Grundlagen der Klassifikation,

Fallstudienforschung und Expert*inneninterviews ist durch die spezifische Stärke des explorativen Charakters und ihre synergetische Ergänzung innerhalb des Forschungskontextes begründet. Die Fallstudienforschung ermöglicht eine eingehende und kontextreiche Analyse realer Situationen, indem sie die Erfassung von Einzelfällen in ihrer Komplexität und Einzigartigkeit gestattet. Dieser methodische Ansatz trägt maßgeblich dazu bei, komplexe Phänomene innerhalb des betrachteten Systems detailliert zu verstehen und tiefgreifende Erkenntnisse zu gewinnen. Die Kombination der Forschungsmethoden schafft somit eine methodische Synergie, die sowohl die Tiefe als auch die Breite der Forschung erhöht. Der Explorationsstrategie in der Organisationsforschung folgend, wird der Fokus des Entdeckungszusammenhangs in den Vordergrund gestellt. Diese Vielfalt wird durch einen systematischen Ansatz zur Erkundung und Entdeckung bislang unbekannter Aspekte und Zusammenhänge durch eine multipersonale und mehrstufige Präzisierung von Bezugsrahmen erreicht (s. KUBICEK 1977, S. 13).

4.2.1 Klassifikation als analytische Forschungsmethode

Innerhalb des Fachgebiets der Unternehmensführung und -gestaltung lassen sich verschiedene Denkmuster identifizieren, die oft Schnittmengen mit betriebswirtschaftlichen Paradigmen aufweisen. Der problemorientierte Ansatz findet seine Anwendung primär in klar strukturierten Aufgaben, in denen Ist- und Soll-Situationen sowie Handlungsmöglichkeiten eindeutig definiert sind. Ein Problem wird hierbei als ein Komplex von vier grundlegenden Elementen betrachtet: die Beschreibung der gegenwärtigen Ist-Situation, die Definition der angestrebten Soll-Situationen, das Vorhandensein einer nicht trivialen Diskrepanz zwischen Ist- und Soll-Situationen sowie die Festlegung von Handlungen zur Verbesserung der aktuellen Lage. (s. ZELEWSKI 1999, S. 39–40). Der problemorientierte Ansatz betont die Bedeutung eines strukturierten Vorgehens bei der Lösung von Problemen bei der Unternehmensführung und -gestaltung. Bei Entscheidungsprozessen und der Gewinnung neuer Erkenntnisse über ein Untersuchungsobjekt spielt die Anwendung von Forschungsmethoden eine entscheidende Rolle. Forschungsmethoden werden dabei als systematische Verfahren verstanden, die unabhängig von der ausführenden Person nachvollziehbar sind und dazu dienen, Probleme zu lösen. Hierbei lassen sich generell drei Hauptkategorien unterscheiden: (1) analytische Forschungsmethoden, (2) interpretative Forschungsmethoden und (3) Schlussfolgerungsverfahren. (s. WELTER 2006, S. 113)

Analytische Forschungsmethoden verfolgen primär das Ziel, eine systematische Ordnung einer Menge von Untersuchungsobjekten vorzunehmen. Diese Ordnung erfolgt anhand sinnvoller Merkmale, die dem jeweiligen Untersuchungsziel dienen. Während der problemorientierte Ansatz auf die Lösung konkreter betriebswirtschaftlicher Herausforderungen abzielt, stellt die Klassifikation als analytische Forschungsmethode einen methodischen Schritt dar, um eine umfassende und strukturierte Sicht auf eine Gruppe von Untersuchungsobjekten zu gewinnen (s. WELTER 2006, S. 113–114). Um dieses Ziel zu erreichen, werden spezifische Merkmale identifiziert, die im Kontext der jeweiligen Untersuchung von Bedeutung sind. In der Systematik der Forschungsmethoden findet sich neben der Art der analytischen Forschungsmethoden, unter welche neben der Klassifikation auch die Typisierung fällt, die interpretative Forschungsmethode und schlussfolgernde Verfahren (s. WELTER 2006, S. 113).

Die in die analytischen Forschungsmethoden fallenden beiden Verfahren unterscheiden sich anhand der Anzahl der Merkmale, der Eindeutigkeit und Vollständigkeit (s. WELTER 2006, S. 113–114; FRIEDRICHS 1990, S. 88–89; SCHÖNIG 2019, S. 41–42). Die Klassifikation wird gegenüber der Typologie vorwiegend über die eindeutige Begrenzung der Anzahl der Merkmale differenziert. Eine Strukturierung des Untersuchungsobjekts anhand eines spezifischen Merkmals kennzeichnet die Klassifikation (s. WELTER 2006, S. 113). Dabei ermöglichen mehrstufige Gliederungen eine differenzierte Analyse, wobei auf jeder Ebene ausschließlich ein bestimmtes Merkmal berücksichtigt wird (s. SODEUR 1974, S. 65). Im Gegensatz zur Typologie streben Klassifikationen nach Vollständigkeit, indem sie alle vorhandenen Fälle erfassen und diese nach vordefinierten Kriterien in Klassen und deren Merkmale einteilen. Die Begriffe einer Klassifikation sind daher starr und erfordern ein eindeutiges Schema, das klare Zuordnungen ermöglicht (s. SCHÖNIG 2019, S. 41). Im Vergleich zu Typologien, die durch unscharfe Grenzen und fließende Übergänge gekennzeichnet sind, zeichnet sich die Klassifikation hinsichtlich der Eindeutigkeit durch scharfe Grenzen und klare Übergänge aus (s. SCHÖNIG 2019, S. 41–42). Die durch eine Typisierung hervorgebrachten Typen können Gemeinsamkeiten aufweisen und sind nicht zwingend eindeutig voneinander abgegrenzt (s. WELTER 2006, S. 114). Die Differenzierung der beiden aufgezeigten analytischen Forschungsmethoden findet sich in folgender Abbildung 4-5.

Kriterium	Klassifikation	Typisierung
Anzahl der Merkmale	1	> 1
Vollständigkeit	Erfassung aller vorhandenen Fälle	Erfassung aller relevanten Typen
Eindeutigkeit	Scharfe Grenzen	Fließende Übergänge

Abbildung 4-5 Differenzierung der analytischen Forschungsmethoden (eigene Darstellung, Inhalte basierend auf WELTER 2006, S. 114; SCHÖNIG 2019, S. 41)

Eine Möglichkeit der mehrstufigen Gliederung stellt die hierarchische Klassifikation dar. Eine hierarchische Klassifikation ist eine geordnete Strukturierung von Elementen, die sich durch die Zusammenfassung in Klassen auszeichnet (s. SODEUR 1974, S. 24–25). Diese Klassen werden durch hierarchische Verknüpfungen in einen systematischen Zusammenhang gebracht, wie es im biologischen Klassifikationssystem durch die hierarchische Anordnung von Familien zu Arten und weiteren Stufen geschieht, wie in Abbildung 4-6 im Folgenden dargestellt. Die Beziehungen zwischen den Klassen einer Stufe werden indirekt durch ihre gemeinsame Zugehörigkeit zu Klassen einer höheren Stufe bestimmt (s. SODEUR 1974, S. 24–25). In anderen Kontexten, wie den

Wirtschafts- und Sozialwissenschaften, kann die hierarchische Klassifikation auch durch die Definition mindestens einer Klasse erfolgen, zwischen denen die einzelnen Elemente ohne feste Zuweisung geordnet werden. Im qualitativen Merkmalsraum wird bei einer hierarchischen Klassifikation daher vorausgesetzt, dass der Merkmalsraum durch inhaltlich nicht redundante Merkmale aufgespannt wird. (s. SODEUR 1974, S. 65–66)

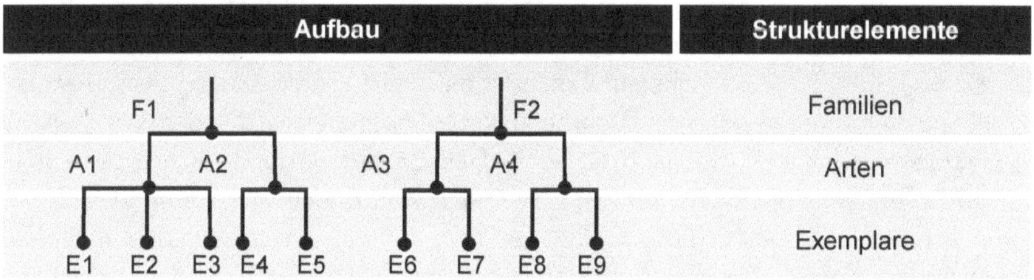

Abbildung 4-6 Aufbau einer hierarchischen Klassifikation am Beispiel des biologischen Klassifikationssystems (eigene Darstellung i. A. a. SODEUR 1974, S. 25)

Die Limitierung der Klassifikation ergibt sich aus ihrer Herausforderung, die Kontinuität realer Objekte angemessen zu repräsentieren (s. WELTER 2006, S. 115). Trotz ihrer rigiden Struktur ziehen wissenschaftliche Begriffe und Klassen klare Grenzen in Situationen, die eigentlich von fließenden Übergängen charakterisiert sind (s. SCHÖNIG 2019, S. 42). Um dieser Problematik zu begegnen, neigt die Klassifikation dazu, sich verstärkt auf immer feinere, klar abgegrenzte Kategorien zu stützen, auch wenn diese pragmatische Lösung, die grundlegende Problematik nicht in vollem Umfang adressiert. Insgesamt unterstreicht die Verbindung zwischen dem problemorientierten Ansatz und der analytischen Klassifikation die Notwendigkeit einer methodisch vielseitigen Herangehensweise in der Forschung zur Unternehmensführung und -gestaltung.

Die aufgezeigte analytische Forschungsmethode der Klassifikation und das Anwendungsbeispiel einer hierarchischen Klassifikation anhand eines biologischen Klassifikationssystems ermöglicht eine differenzierte Analyse und Strukturierung von Elementen innerhalb eines betrachteten Systems. Durch die systematische Einordnung in Klassen bietet sie einen Rahmen, der nicht nur eine tiefgreifende Untersuchung einzelner Merkmale ermöglicht, sondern auch die Zusammenhänge und Abhängigkeiten zwischen verschiedenen Elementen für das in dieser Dissertationsschrift betrachtete Untersuchungsfeld herausarbeitet. Während das Lösen konkreter Probleme unmittelbare Handlungsanleitungen bietet, ermöglicht die hierarchische Klassifikation eine übergeordnete Perspektive, die es erlaubt, Strukturen und Zusammenhänge im komplexen Kontext Unternehmensführung und -gestaltung zu erkennen und zu verstehen.

4.2.2 Grundlagen der Fallstudienforschung

In der Arbeits- und Organisationsforschung bildet die Fallstudienforschung eine wesentliche qualitative Methode zur empirischen Erkenntnisgewinnung (s. EISENHARDT

1989, S. 532; PFLÜGER 2012, S. 156), welche zur Untersuchung realer Sachverhalte und praxisbezogener Phänomene eingesetzt wird (s. GASSMANN 1999, S. 11). Sie bietet eine Methode zur explorativen Forschung, welche gerade bei Praktikern durch die enge Verbindung zu realen Sachverhalten als besonders lösungsorientiert bewertet wird (s. KUBICEK 1977, S. 13). Als wesentliche Zielsetzungen der Fallstudienforschung ist die *Bereitstellung von Beschreibungen*, *Testung und Überprüfung von Theorien* und *Theoriebildung* aufzuführen (s. EISENHARDT 1989, S. 535–536), indem relevante Erkenntnisse auf ähnliche, praktische Interessenbereiche übertragen werden (s. GASSMANN 1999, S. 11). Insgesamt verbindet die Fallstudienforschung verschiedene Ergebungsverfahren, welche die Integration von Multiperspektivität in der Forschungsstrategie ermöglicht (s. PFLÜGER 2012, S. 156). Durch die verknüpft verschiedene qualitative Datensammlungsverfahren wird die Entwicklung neue Theorien und Modelle ermöglicht (s. EISENHARDT 1989, 534f.; GASSMANN 1999, S. 11). Neben dem multiperspektivischen Vorgehen ist, durch die verschiedenen Verfahren zur Datenaufbereitung und -gewinnung, zusätzlich das multimethodische Vorgehen ein Kennzeichen von Fallstudienforschung (s. PFLÜGER 2012, S. 156). GASSMANN (1999) unterstreicht zudem den induzierten iterativen Lernprozess der Fallstudienforschung, der durch kritische Reflexion der realen Ereignisse charakterisiert wird. Insbesondere für die Theoriebildung in bisher wenig erforschten, literarisch nicht umfassend behandelten Themenfeldern bietet sich die herausragende Methode der Fallstudienforschung an (s. EISENHARDT 1989, S. 532).

Die Vorgehensweise zur Fallstudienforschung nach EISENHARDT (1989) beruht auf der Erweiterung und Integration bestehender Konzepte in den Bereichen A-priori-Konstrukte, fallspezifischer und -übergreifender Analyse, multiperspektivischer Triangulation sowie der Einbeziehung spezifischer Literatur (s. EISENHARDT 1989, S. 533). EISENHARDT (1989) erläutert das Vorgehen der Fallstudienforschung anhand von acht Schritten (s. EISENHARDT 1989, S. 533), wie in Abbildung 4-7 illustriert. Grundlage stellt die Synthese existierender Forschungen zu qualitativen Methoden, Fallstudiendesign und fundierter Theorieentwicklung dar, in deren Verdichtung und Erweiterung der wesentliche Forschungsbeitrag der Autorin liegt (s. EISENHARDT 1989, S. 532–533).

Schritte	Umsetzung
Beginn	• Definition der Forschungsfrage • Aufstellung des A-priori-Modells
Auswahl der Fallstudien	• Identifikation von Fallstudien • Auswahl der Grundgesamtheit an Fallstudien
Erhebung der Daten	• Qualitative und quantitative Datenerhebung durch Methodentriangulation
Einstieg in das Forschungsfeld	• Parallelisierte Beschreibung der Fallstudien • Überschneidung von Datenerhebung und -analyse
Analyse der Daten	• Fallspezifische und -übergreifende Analyse der betrachteten Fallstudien
Bildung von Hypothesen	• Bildung neuer Hypothesen • Konkretisierung des A-priori-Modells
Abgleich der Literatur	• Verifikation und Falsifikation durch Sichtung der Literatur
Abschluss	• Erreichung des Abbruchkriteriums durch theoretische Sättigung

Abbildung 4-7 Vorgehen zur Fallstudienforschung (eigene Darstellung i. A. a. EISENHARDT 1989, S. 533)

Zu Beginn des Vorgehens wird der Fokus der Untersuchung durch die Definition und Formulierung der Forschungsfrage festgelegt. Die Entwicklung eines A-priori-Modells bildet die Grundlage für die nachfolgenden Schritte (s. EISENHARDT 1989, S. 536). In einem zweiten Schritt erfolgt die Identifikation der Fallstudien, die spezifizierte Auswahl der Grundgesamtheit an Fallstudien findet im Anschluss statt (s. EISENHARDT 1989, S. 537). Die exemplarisch vertiefende Fallstudienforschung nach PFLÜGER ET AL. (2010, S. 11) sieht eine detaillierte Untersuchung einer begrenzten Anzahl an Fällen vor, welche sich durch die Auswahl von Erfolgsbeispielen aus der Praxis auszeichnet. Dabei liegt der Schwerpunkt auf einer intensiven analytischen Auswertung der prägnanten Einzelfälle, um der Komplexität realer Prozesse ausreichend nachzukommen. Gemäß YIN (2007, S. 47) ist eine Anzahl von etwa sechs bis zehn Fallstudien empfehlenswert, um das A-priori-Modell zu konstruieren. Durch eine thematisch fundierte Selektion wird die Zentralisation von forschungsrelevanten Fallstudien angestrebt (s. EISENHARDT 1989, S. 536–537). Bei auftretenden Ambivalenzen zwischen den Fallstudien werden ein korrigierender Eingriff in das A-priori-Modell und eine Wiederholung des Prozessschrittes empfohlen (s. YIN 2007, S. 47).

Die anschließende Erhebung der Daten erfährt durch die Methodentriangulation einen Einbezug unterschiedlicher Perspektiven (s. EISENHARDT 1989, S. 537f.). Interviews, Fragebogentechnik, Beobachtungen sowie Literatur und Archivdokument bilden beispielhaft relevante Datensammlungen. Eine iterative Datenerhebung und -analyse gewährleisten die notwendige Flexibilität der praxisnahen Datenerhebung (s. EISENHARDT

1989, S: 538f.). Die Analyse der Daten stellt das Kernelement der Fallstudienforschung dar. Basierend auf der fallinternen und -externen Analyse der ausgewählten Fallstudien werden Schlussfolgerungen des aufgestellten Modells getroffen. Dieser Schritt weist eine enorme Komplexität auf, da für die ergebnisoffenen Sachverhalte keine standardisierte Herangehensweise festzulegen ist (s. EISENHARDT 1989, S. 539f.). Basierend auf den Erkenntnissen der Datenanalyse konzentriert sich der folgende Schritt auf die Formulierung von Hypothesen und die Konkretisierung des A-priori-Modells (s. EISENHARDT 1989, S. 514ff.). Abschließend wird das entwickelte Modell durch einen Abgleich mit ausgewählter Literatur verifiziert oder falsifiziert. Das Ziel der theoretischen Sättigung als Abbruchkriterium wird erreicht, wenn zusätzliche Erkenntnisse nur noch geringfügige Auswirkungen haben und den Prozess der Modellverbesserung minimal beeinflussen. Dieser Zustand markiert den Abschluss des Vorgehens (s. EISENHARDT 1989, S. 545ff.).

Das iterative Vorgehen der Fallstudienforschung nach EISENHARDT (1989) zeigt den systematischen Einsatz qualitativer Forschung in einem realitätsnahen Bezug auf. Durch die rasanten Entwicklungen im Forschungsschwerpunkt des Dissertationsvorhabens wird die anwendungsbezogene Perspektive einbezogen, welche die Lücke an unzureichender Literatur bei der Modellentwicklung schließt (s. EISENHARDT 1989, S. 541ff.). Bei der Auswahl der Fallstudien zeigt die exemplarisch vertiefende Fallstudienforschung nach PFLÜGER ET AL. (2010, S. 11) die eingehende Analyse von Einzelfällen von repräsentativen Beispielen als bewährte Praktiken auf.

4.2.3 Qualitative Expert*inneninterviews

Die wachsende Dynamik und Komplexität der Unternehmensumwelt führen zunehmend zu disziplinübergreifenden Forschungsschwerpunkten, welche die tiefgehende Ergründung innovativer Forschungsansätze fordern. Qualitative Forschungsmethoden bieten einen innovativen Zugang zur Erforschung komplexer Phänomene, welche die Grenzen des Bekannten erweitern (s. PALUCH U. WITTKOP 2015, S. 105–106). Im Kontext qualitativer Methoden findet der Begriff der explorativ interpretativen Forschung Anwendung, welcher die Erkundung vielschichtiger, komplexer Phänomene fokussiert (s. KUNZ ET AL. 2021, S. 222). Unternehmen oder Organisationen werden als von menschlichen Akteuren geschaffene Systeme betrachtet (s. Kapitel 4.1.1), deren Bedeutung durch Wahrnehmung, Deutung und Interpretation entsteht, wobei qualitative Forschungsmethoden zur wissenschaftlichen Erfassung dieser komplexen Systeme dienlich sind (s. VON ROSENSTIEL 2019, S. 238).

Die Wahl der qualitativen Forschungsmethode ist abhängig von verschiedenen Faktoren, wie beispielsweise der Forschungsfrage, der Verfügbarkeit von Ressourcen sowie der Zugänglichkeit zu Daten. Die Datenerhebung in der qualitativen Forschung erfolgt auf vielfältige Weise, wobei häufig auf Befragungs- und Beobachtungsverfahren zurückgegriffen wird. Der Ansatz der Befragungsverfahren weist gegenüber den Beobachtungsverfahren den Unterschied auf, dass eine Analyse von Organisationen aus externer Perspektive nur begrenzt, möglich ist (s. von Rosenstiel 2019, S. 225–226). Zu den Befragungsverfahren gehört neben Gruppendiskussionen auch das Interview (s. Mey u. Ruppel 2018, S. 213). Die Anwendung erstreckt sich über unterschiedliche Forschungskontexte mit diversen Anwendungsbereichen, wie Fallstudienforschung und Action-Research (s. Myers u. Newman 2007, S. 2). Maßgeblich geprägt durch die breite Anwendbarkeit, bietet das qualitative Interview ein vielseitiges Instrument zur systematischen Erhebung und Analyse subjektiver Erfahrungen mit einer differenzierten Erkenntnisgewinnung (s. Myers u. Newman 2007, S. 3). Trotz des effektiven Mittels zur Datengewinnung durch qualitative Expert*inneninterviews ist die beträchtliche Komplexität, welche die Methode des qualitativen Interviews vereint, bei der Anwendung zu berücksichtigen (s. Myers u. Newman 2007, S. 3).

Qualitative Interviews sind in verschiedene Arten zu unterteilen: strukturierte Interviews, semistrukturierte und unstrukturierte Interviews sowie Gruppeninterviews (s. Fontana u. Frey 1998, S. 68–81). Das strukturierte Interview arbeitet mit einem vollständig ausgearbeiteten Skript oder Leitfaden, das keine Improvisation zulässt. Diese Art findet meist Anwendung in Umfragen, bei welchen der Forschende nicht selbst alle Interviews führt. (s. Fontana u. Frey 1998, S. 68–70) In semistrukturierten und unstrukturierten Interviews arbeitet der Forschende mit einem Leitfaden, welcher sich durch eine gröbere Ausarbeitung als bei dem strukturierten Interview auszeichnet. Dies eröffnet den Forschenden einen gewissen Spielraum während der Interviewführung und erlaubt einhergehende Improvisationen. (s. Fontana u. Frey 1998, S. 74–81) Gruppeninterviews beinhalten die Erhebung mit zwei oder mehr Personen gleichzeitig durch einen oder mehrere Forschende. Sie können sowohl strukturiert als semistrukturiert und unstrukturiert sein. (s. Fontana u. Frey 1998, S. 70–74)

Kaiser u. Kozica (2021, S. 9) definieren das qualitative Expert*inneninterview als ein systematisches und theoriegeleitetes Verfahren zur Datenerhebung durch Befragung von Personen. Die Gestaltung von Expert*inneninterviews zur Faktenrecherche erfordert unterschiedliche Fertigkeiten und Herangehensweisen im Vergleich zu anderen Formen von Interviews (s. Helfferich 2011, S. 162). Expert*inneninterviews bieten diverse Anwendungen, wobei die Expert*innen als Ratgeber objektiver Informationen bereitstehen. Die Definition dessen, wer als Expert*in betrachtet wird, ist variabel und abhängig von der Forschungsfrage sowie dem jeweiligen Handlungsfeld. Aus einer wissenssoziologischen Perspektive wird betont, dass Expert*innen ein detailliertes, spezialisiertes Wissen besitzen, wobei sie bewusst ihren Wissensbereich begrenzen. Ihr Status definiert sich dabei durch einen klaren Bezugsrahmen für bestimmte Aspekte der Realität und erfolgt durch den Forschenden, wobei die hierarchische Position als zusätzlicher Anhaltspunkt dienen kann. (s. Helfferich 2011, S. 163)

Die Stichprobegröße für die Durchführung von Expert*inneninterviews ist durch die Vermeidung von Einzelfallstudien gezeichnet. Eine hermeneutische Interpretation beginnt ab einer Stichprobengröße von N=6 (s. Helfferich 2011, S. 175). Die gewählte Stichprobengröße sollte verschiedene Aspekte einbeziehen, darunter die Konzeption des Forschungsgegenstandes, die angestrebte Verallgemeinerbarkeit der Ergebnisse und die geplanten Auswertungsstrategien. Bei dieser Entscheidung spielen jedoch oft Ressourcenbeschränkungen eine zentrale Rolle. (s. HELFFERICH 2011, S. 175–176)

Als zentrale Schritte zur Durchführung von Expert*inneninterviews zeigt HELFFERICH (2011, S. 172) die folgenden auf:

- Strategische Entscheidungsfindung und begleitende Klärungen
- Methodische Festlegung der Stichprobenstruktur
- Identifikation der Datenerhebungsinstrumente einschließlich der Ausarbeitung von Leitfäden
- Erstellung von Unterlagen zur Präsentation des Projekts
- Rekrutierung und Benennung der Expert*innen
- Ausarbeitung von Unterlagen für Informationsblätter und Datenschutzaspekte
- Formulierung eines Protokollformulars
- Technische und organisatorische Vorbereitungen
- Ausarbeitung der Intervieweinführung

Das Forschungsvorgehen nach HELFFERICH (2011) setzt zu Beginn die Weichen durch die Definition des Forschungsgegenstands, die Auswahl der Interviewform und die Festlegung der Auswertungsmethode. Anschließend wird die genaue Festlegung der Stichprobe vorgenommen, wobei qualitative Interviews typische Muster rekonstruieren, ohne an repräsentative Kriterien gebunden zu sein. (s. HELFFERICH 2011, S. 173) HELFFERICH (2011) empfiehlt für die folgende Informationssynthese der Expert*inneninterviews eine präzisere Strukturierung der Fragen für die gezielte Erfassung relevanter Informationen. Dabei hat der Interviewleitfaden den Anforderungen an Offenheit, formale Übersichtlichkeit und eine schlanke Gestaltung der Frageanzahl zu genügen. Ein natürlicher Argumentationsfluss ohne abrupte Themensprünge ist dabei essenziell (s. HELFFERICH 2011, S. 172–173). Die systematische Leitfadenerstellung erfolgt nach dem SPSS-Prinzip, welches die Schritte Sammeln, Prüfen, Sortieren und Subsumieren beinhaltet. Dieses Prinzip unterstützt die Konkretisierung von theoretischem Vorwissen, die Verdeutlichung impliziter Erwartungen und die Optimierung der Fragenanforderungen. Im Vorfeld der Expert*inneninterviews werden umfassende Vorbereitungen getroffen, einschließlich der Erstellung von Präsentationsunterlagen für das Projekt, der Rekrutierung und Benennung der Expert*innen, der Ausarbeitung von Informationsblättern und Datenschutzaspekten, der Formulierung eines Protokollformulars sowie der technischen und organisatorischen Vorbereitungen. Zudem erfolgt die detaillierte Ausarbeitung der Intervieweinführung, um einen reibungslosen Ablauf zu gewährleisten und eine klare Kommunikationsbasis mit den Expert*innen zu schaffen. Expert*inneninterviews im qualitativen Forschungskontext eignen sich durch die Erhebung von tiefgehendem und spezialisiertem Wissen im Kontext dynamischer Arbeitswelten. Dabei verfügen Expert*innen über ein differenziertes Verständnis und eine umfassende Perspektive auf relevante Entwicklungen, welche jüngste Umwelt- und Umfeldveränderungen einbezieht.

4.3 Anforderungen an die Gestaltungsmethode

Das Ziel der Dissertationsschrift besteht in der Entwicklung einer Methode zur Gestaltung von Remote-Work in produzierenden Unternehmen. Unter Zuhilfenahme von Modellen erfolgt die repräsentative Darstellung komplexer Realitätsverflechtungen durch abstrakte Konzepte. Dabei herrschen bestimmte Anforderungen an das Modell, welche sich in formal-konzeptionelle und inhaltliche Anforderungen aufgliedern. Die Formulierung der systematischen Ausrichtung und Strukturierung der Modellierung findet sich in den formal-konzeptionellen Anforderungen. Ergänzend gewährleisten die inhaltlichen Anforderungen die konsequente Ausrichtung des entworfenen Modells auf die definierte Forschungsfrage und die zugrundeliegenden Ziele. Im Rahmen dieses Kapitels werden die Anforderungen an die Gestaltungsmethode von Remote-Work in produzierenden Unternehmen dargelegt, die als differenzierte Betrachtung die Grundlage für die Entwicklung der Partialmodelle bilden, welche spezifische Aspekte oder Komponenten eines umfassenderen Gesamtsystems analysieren.

4.3.1 Formal-konzeptionelle Anforderungen

Bei der Entwicklung der systematisch fundierten Methode zur Gestaltung von Remote-Work in produzierenden Unternehmen liegt das beschriebene Ziel dieser vorliegenden Dissertationsschrift in dem Entwurf eines Modells. Die Anforderungen an das Modell bauen auf den theoretischen Grundlagen und Prinzipien der allgemeinen Systemtheorie auf. Eine ordnungsgemäße Modellierung zeichnet sich durch die Betrachtung und das Einhalten der formalen und die konzeptionellen Anforderungen aus, angelehnt an die präzise Kontextualisierung der systemtheoretischen Grundsätze (s. ROPOHL 2012, S. 30). Zusätzlich erscheint es unabdingbar, eine eingehende Analyse des Nutzens des Modells, dessen Qualität und des mit der Modellentwicklung verbundenen Aufwands vorzunehmen, wobei diese Überlegungen eng an die Grundlagen der allgemeinen Modelltheorie anknüpfen (s. STACHOWIAK 1973, S. 128–129). Die daraus resultierenden formal-konzeptionellen Anforderungen werden in ihrer Ableitung somit von einem integrativen Ansatz geprägt, welcher sowohl die systemtheoretischen Prinzipien als auch die Anforderungen an die Modellstruktur und den Entwicklungsprozess berücksichtigt. Nachfolgend werden die formal-konzeptionellen Anforderungen, die betrachtet werden sollen, detailliert beschrieben.

Die formalen Anforderungen für die Gestaltungsmethode werden durch PATZAK (1982) und BECKER ET AL. (2012) beschrieben. PATZAK (1982, S. 309–310) führt als Charakteristika eines fähigen Modells die empirische Richtigkeit, die formale Richtigkeit, den Zweckbezug, die Praktikabilität und den tragbaren Aufwand auf. Ergänzend nennen BECKER ET AL. (2012, S. 32–37) den Grundsatz der Richtigkeit, den Grundsatz der Relevanz, den Grundsatz der Klarheit und den Grundsatz der Wirtschaftlichkeit. Diese beiden Ansätze werden konsolidiert als formale Anforderungen für die in dieser Dissertationsschrift entworfene Gestaltungsmethode benannt:

- *Richtigkeit*: Das Modell weist hohe Realitätsnähe auf, indem es sowohl in Bezug auf die Struktur als auch auf die Elemente des Systems übereinstimmt (s. PATZAK 1982, S. 309). Neben der beschriebenen empirischen Richtigkeit hat es zudem in sich exakt und widerspruchsfrei zu sein, was als formale Richtigkeit zu verstehen ist (s. PATZAK 1982, S. 310). Die innere Konsistenz des Modells verlangt eine stringente und logische Ausgestaltung, sowohl im internen Kontext des Modells als auch in Bezug auf andere Modelle (s. BECKER ET AL. 2012, S. 32–33).
- *Relevanz*: Zentral für den Erfolg der Modellierung ist der Zweckbezug des Modells (s. PATZAK 1982, S. 310), welcher es ermöglicht, die enthaltenen Elemente auf ihre Relevanz hin zu prüfen. Die Sinnhaftigkeit ist gegeben, wenn der Nutzen der Anwendung des Modells durch dessen Auslassung abnimmt. (s. BECKER ET AL. 2012, S. 33–34).
- *Klarheit*: Die Modellanforderung der Klarheit betont nichtdisjunkte Aspekte wie Strukturiertheit, Übersichtlichkeit und Lesbarkeit. Diese werden insbesondere durch die grafische Anordnung der enthaltenen Elemente beeinflusst. Bei der Erweiterung von Modellen ist stets sicherzustellen, dass die Anforderungen an Klarheit berücksichtigt und erfüllt werden. (s. BECKER ET AL. 2012, S. 35–36).
- *Praktikabilität*: Die Modellanwendung ist im Hinblick auf ihre Handhabbarkeit in einer Art und Weise zu präsentieren, welche eine unkomplizierte Interpretation ermöglicht (s. PATZAK 1982, S. 310).
- *Wirtschaftlichkeit:* Neben der Anforderung an Relevanz als inhaltlicher Umfang fokussiert die Wirtschaftlichkeit betriebswirtschaftliche Maxime (s. BECKER ET AL. 2012, S. 34–35). Dies wird durch einen vertretbaren Aufwand für Modellerstellung und -anwendung gewährleistet (s. PATZAK 1982, S. 310).

Neben den oben aufgeführten formalen Anforderungen werden weitere konzeptionelle Anforderungen an die Gestaltungsmethode gestellt. Die konzeptionellen Anforderungen für die Gestaltungsmethode werden entlang der Grundgedanken gemäß HABERFELLNER ET AL. (2018, S. 53ff.) wie folgt benannt.

- *Schrittweise Verfeinerung*: Die präzise Abgrenzung und schrittweise Verfeinerung des Untersuchungs- und Gestaltungsbereichs sind von entscheidender Bedeutung (s. HABERFELLNER ET AL. 2018, S. 56–57). Vor der eigentlichen Modellerstellung ist es erforderlich, den Untersuchungsbereich genau zu definieren, gefolgt von einer anschließenden Detaillierung.
- *Variantenbildung*: Die Bandbreite der verfügbaren Lösungsmöglichkeiten ist vergleichbar mit der Vielfalt an Fragestellungen. Ein zentrales Prinzip bei der Modellerstellung besteht darin, nicht die erste Lösungsmöglichkeit zu akzeptieren, sondern verschiedene Lösungsansätze zu betrachten (s. HABERFELLNER ET AL. 2018, S. 57–60). Daher ist es entscheidend, sich bei der Modellbildung der Gestaltungsmethode der Grundprinzipien einer Lösung bewusst zu sein und vor einer Entscheidung nach Alternativen im Lösungsraum zu suchen.

- *Gliederungsprinzip*: Die Segmentierung der Lösungsentwicklung in separate, logisch und zeitlich abgegrenzte Phasen stellt eine Weiterentwicklung der bisherigen schrittweisen Verfeinerung und Variantenbildung dar. Die Konzeption und Implementierung einer Lösung erfordern eine strukturierte Abfolge von Phasen, die klar voneinander getrennt sind (s. HABERFELLNER ET AL. 2018, S. 61–62). Das Vorgehen der Gestaltungsmethode wird durch definierte Teilschritte charakterisiert, die sich in logische und zeitliche Projektphasen gliedern lassen.
- *Problemlösungszyklus*: Zur Bewältigung verschiedener Herausforderungen in den Projektphasen finden in jeder Projektphase die Zielsuche, Lösungssuche und Auswahl statt. Es erfolgen zunächst eine umfassende Situationsanalyse und die klare Formulierung eines Ziels. Anschließend werden verschiedene Lösungsansätze entwickelt und eingehend untersucht. Das Ende des Zyklus bildet die Entscheidung. (s. HABERFELLNER ET AL. 2018, S. 70–74) Für die Modellerstellung der Gestaltungsmethode ist maßgeblich, dass jede Phase zur Erreichung des Gesamtziels beiträgt und eine klare Struktur aufweist.

Die aus der vorliegenden Untersuchung abgeleiteten Anforderungen setzen sich aus fünf formalen und vier konzeptionellen Anforderungen zusammen. Die abgeleiteten Anforderungen implizieren die Entwicklung des Modells gemäß den Prinzipien korrekter Modellierung (s. Kapitel 4.1.2), um durch den Einsatz spezifischer Modellierungskonventionen zur Erzielung einer hohen Qualität der Gestaltungsmethode beizutragen.

4.3.2 Inhaltliche Anforderungen

Neben den formal-konzeptionellen Anforderungen, welche die Strukturierung des Modellentwurfs aufgreifen, sind zur Erreichung der inhaltlichen Ziele die inhaltlichen Anforderungen an die Gestaltungsmethode aufzuzeigen. Die Gesamtheit an formal-konzeptionellen und inhaltlichen Anforderungen stellt sicher, dass die Gestaltungsmethode nicht nur theoretisch konsistent, sondern auch in der praktischen Anwendung relevante und praktikable Lösungen bietet. Sie ermöglicht es Unternehmen, fundierte und realitätsnahe Maßnahmen zur Gestaltung von Remote-Work in produzierenden Unternehmen abzuleiten und umzusetzen. Im Zuge dessen werden im Folgenden spezifische inhaltliche Anforderungen identifiziert und formuliert, die dazu dienen, die bestehende Forschungslücke zu schließen und einen ganzheitlichen Ansatz für die Modellentwicklung zu gewährleisten.

Angesichts der gegenwärtigen Entwicklungen im Bereich des Remote-Work hat sich ein zunehmendes Interesse von Unternehmen zur aktiven Gestaltung von Arbeit manifestiert, die eine effektive und effiziente Zusammenarbeit über räumliche Distanzen hinweg ermöglicht. Trotz des Umfangs an vorhandener Literatur auf diesem Gebiet tendieren bestehende Gestaltungsansätze dazu (s. Kapitel 3.3.1 und 3.3.4), entweder technologische Aspekte oder die individuellen Bedürfnisse der Arbeitnehmenden zu fokussieren, wobei die organisatorische und kulturelle Dimension oft vernachlässigt werden. Eine umfassende Betrachtung und eine holistische Gestaltung von Remote-Work erfordern jedoch eine angemessene Berücksichtigung aller vier Dimensionen – Mensch, Technik, Organisation und Kultur – und ihre Integration in die Gestaltungsmethode. Daraus ergeben sich die folgenden inhaltlichen Anforderungen:

- *Unternehmerischer Handlungsspielraum*: Zur Gestaltung von Arbeitsprozessen und -umgebungen wird eine ganzheitliche und systemische Herangehensweise gewählt, die sich auf die Gestaltungsbereiche konzentriert, die Unternehmen aktiv beeinflussen können.
- *Heterogenität von Klassen*: Um die Klassen in Bezug auf die unternehmerische Gestaltung von Remote-Work präzise abzugrenzen, wird die erforderliche Trennschärfe für die spätere Ableitung von Maßnahmen thematisiert. Um die Diversität der Akteure und Elemente, die in dem System wechselwirken, zu betrachten, bilden die Klassen eine realistische Darstellung der komplexen Systemdynamik.

Zur Herleitung von Gestaltungsempfehlungen für Remote-Work in produzierenden Unternehmen ist es essenziell, die tatsächlichen Tätigkeiten zu identifizieren, welche für Remote-Work geeignet sind. Die aktuelle Forschungslage verdeutlicht (s. Kapitel 3.3.2 und 3.3.3), dass bisherige Ansätze entweder abstrakte Charakterisierungen oder konkrete Beispiele betrachten, ohne jedoch eine angemessene Verbindung zwischen der spezifischen Beschreibung von Tätigkeiten in produzierenden Unternehmen und die Remotefähigkeit herzustellen. Eine detaillierte Beschreibung dieser Tätigkeiten ermöglicht eine strukturierte Analyse unternehmensspezifischer Abläufe, was wiederum eine effektive Gestaltung und Implementierung von Remote-Work ermöglicht. Hieraus lassen sich die nachfolgenden inhaltlichen Anforderungen ableiten.

- *Tätigkeitsfunktionen und -merkmale*: Eine zentrale Anforderung an die Modellentwicklung besteht darin, die remotefähigen Tätigkeitsfunktionen und -merkmale in produzierenden Unternehmen präzise zu identifizieren und zu beschreiben, um eine spezifische unternehmensbezogene Analyse zu ermöglichen. Dabei ist es von Bedeutung, dass dieser Prozess im Gegensatz zu umfassenden individuellen Aufgabenanalysen, die mehrere Monate und einen hohen Ressourceneinsatz erfordern, durch einen fokussierten und ganzheitlichen Ansatz praxisnah umgesetzt werden kann.
- *Reale Existenz der Funktionen und Merkmale*: Die identifizierten Tätigkeitsfunktionen und -merkmale sind tatsächlich in der Arbeitspraxis produzierender Unternehmen vorhanden und werden ausgeführt. Sie können beobachtet, analysiert und in den Arbeitsprozessen identifiziert werden, was eine konkrete Grundlage für die Gestaltung von Remote-Work und anderen betrieblichen Maßnahmen bietet.

Die bidirektionale Wirkung zwischen den remotefähigen Tätigkeiten und den betrieblichen Gestaltungsparametern ist essenziell, um die Implikationen auf die

Arbeitsgestaltung zu erfassen. Gestaltungsparameter sind wesentliche Merkmale und Variablen, die bei der Planung und Implementierung eines Systems oder Prozesses berücksichtigt werden müssen. Bisherige Untersuchungen vernachlässigten diese Verknüpfungen weitestgehend, und wenn sie betrachtet wurden, war der Schwerpunkt primär auf den technologischen Einfluss gerichtet, während andere entscheidende Faktoren wie menschliche, organisatorische und kulturelle Aspekte nicht einbezogen wurden (s. Kapitel 3.3.4). Das Schließen dieser Lücke ermöglicht es Unternehmen, die Auswirkungen verschiedener Dimensionen von Arbeitsgestaltung zu betrachten und fundierte Entscheidungen in Bezug auf die Gestaltung von Remote-Work zu treffen. Aus dieser Erkenntnis ergeben sich die nachfolgenden inhaltlichen Anforderungen.

- *Beschreibung wechselseitiger Wirkungsbeziehungen:* Es ist erforderlich, die praktisch vorhandenen und belegbaren wechselseitigen Wirkungsbeziehungen zwischen den initialen beiden Bereichen zu erörtern und zu erläutern. Einzubeziehen sind die heterogenen Klassen zur Beschreibung der unternehmerischen Gestaltung von Remote-Work und der remotefähigen Tätigkeitsfunktionen und -merkmale in produzierenden Unternehmen.
- *Praxisorientierte Gestaltungsempfehlungen*: Die Wechselwirkungen zwischen diesen beiden Teilbereichen bilden das Kernstück zur Ableitung konkreter Maßnahmen zur Gestaltung. Die Hinzufügung dieses inhaltlichen Aspekts stellt einen bedeutsamen Beitrag zur Erörterung der Forschungsfrage und einhergehender Anwendbarkeit der Gestaltungsmethode dar.

Übergeordnet werden inhaltliche Anforderungen an das Modell sowie die Partialmodelle gestellt, welche die Anwendbarkeit und die Akzeptanz der Gestaltungsmethode ermöglichen. Aus diesem Schluss ergeben sich die folgenden inhaltlichen Vorgaben:

- *Innere Konsistenz*: Eine solche Anforderung betrifft die innere Konsistenz innerhalb der einzelnen Modelle. Dies gewährleistet, dass die Gesamtheit der Teilmodelle ein kohärentes Abbild der komplexen Realität darstellt und somit eine nahtlose Verbindung für die praktische Anwendung der Gestaltungsmethode ermöglicht wird. (s. ROPOHL 2012, S. 57)
- *Adaptierbarkeit*: Zentral für die Modellentwicklung ist die Fähigkeit, sich flexibel und dynamisch an Veränderungen anpassen zu können, um mit den sich wandelnden Umwelt- und Umfeldbedingungen Schritt zu halten. Es beinhaltet die Eigenschaft, dass die Modelle nicht statisch sind, sondern kontinuierlich weiterzuentwickeln sind, um einschlägige Veränderungen zu integrieren. (s. STACHOWIAK 1973, S. 304ff.)
- *Visualisierbarkeit*: Eine weitere Anforderung besteht zudem in den grafischen Darstellungen der Gestaltungsmethode sowie der Partialmodelle. Dies trägt dazu bei, komplexe Fragestellungen und deren Lösungsraum, die verbal schwer darstellbar sind, in klarer Übersichtlichkeit zu präsentieren. (s. WELTER 2006, S. 116)

Die aufgeführten formal-konzeptionellen und inhaltlichen Anforderungen, welche bei der Modellentwicklung der Gestaltungsmethode zu betrachten sind, werden in Abbildung 4-8 konsolidiert dargestellt:

Formal-konzeptionell	Inhaltlich
Richtigkeit	Unternehmerischer Handlungsspielraum
Relevanz	Heterogenität von Klassen
Klarheit	Tätigkeitsfunktionen und -merkmale
Praktikabilität	Reale Existenz der Funktionen und Merkmale
Wirtschaftlichkeit	Beschreibung wechselseitige Wirkbeziehungen
Schrittweise Verfeinerung	Praxisorientierte Gestaltungsempfehlungen
Variantenbildung	Innere Konsistenz
Gliederungsprinzip	Adaptierbarkeit
Problemlösungszyklus	Visualisierbarkeit

Abbildung 4-8 Anforderungen an die Gestaltungsmethode (eigene Darstellung)

4.4 Grobkonzeption der Gestaltungsmethode

Basierend auf dem übergeordneten Ziel der Gestaltung von Remote-Work in produzierenden Unternehmen, wird eine umfassende Gestaltungsmethode entwickelt, die sich aus vier Partialmodellen zusammensetzt. Diese Modelle stehen in einer wechselseitigen Beziehung zueinander und basieren auf einem gemeinsamen theoretischen Bezugsrahmen (s. Kapitel 4.1), methodischen Grundlagen (s. Kapitel 4.2) und spezifischen Anforderungen (s. Kapitel 4.3). Die modulare Struktur dieser Gestaltungsmethode ermöglicht eine systematische Erfassung der komplexen Realitäten und eine detaillierte Analyse der Interaktionen und Dynamiken innerhalb des Systems. Angesichts des raschen technologischen Fortschritts und der ständigen Veränderungen in der Arbeitsgestaltung bietet diese modulare Struktur zudem die notwendige Flexibilität, um sich an zukünftige Entwicklungen anzupassen. Die Gestaltungsmethode umfasst zwei Beschreibungsmodelle, ein Erklärungsmodell und ein Gestaltungsmodell. Diese Modelle sind in Abbildung 4-9 als konzeptionelle Darstellung der Gestaltungsmethode visualisiert.

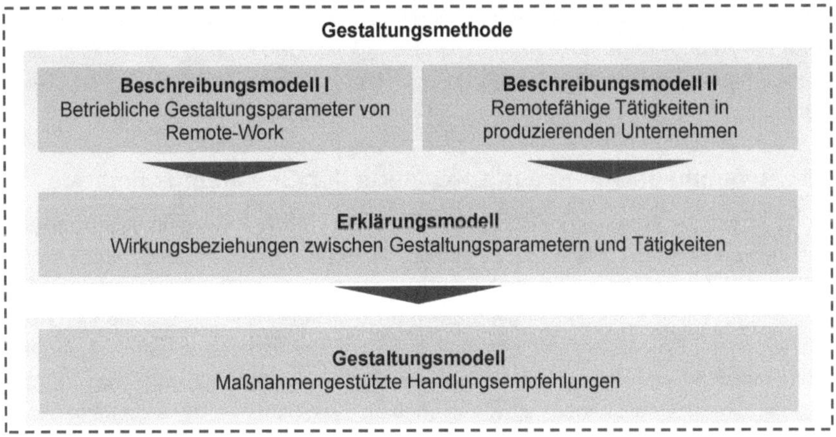

Abbildung 4-9 Konzeptionalisierung der Gestaltungsmethode (eigene Darstellung)

Für eine langfristige und nachhaltige Etablierung von Remote-Work in produzierenden Unternehmen ist eine umfassende Betrachtung der relevanten betrieblichen Gestaltungsparameter von entscheidender Bedeutung. Das erste Beschreibungsmodell fokussiert daher deren detaillierte Beschreibung. Es basiert auf realen betrieblichen Gegebenheiten und umfasst die Gestaltungsparameter, die ein Unternehmen aktiv beeinflussen kann. Das erste Beschreibungsmodell beantwortet die erste Unterforschungsfrage: „*Was sind die relevanten betrieblichen Gestaltungsparameter zur Beschreibung von Remote-Work-Konzepten?*".

Das zweite Beschreibungsmodell befasst sich mit den zugrunde liegenden menschlichen Tätigkeiten in produzierenden Unternehmen und ihrer Remotefähigkeit. Die systematische Beschreibung der remotefähigen Tätigkeiten bildet die Grundlage für die Gestaltung von Remote-Work. Das zweite Beschreibungsmodell beantwortet die zweite Unterforschungsfrage: „*Was sind remotefähige Tätigkeitsmerkmale in produzierenden Unternehmen?*".

Das Erklärungsmodell baut auf den beiden Beschreibungsmodellen auf und untersucht die Wirkungsbeziehungen zwischen den Gestaltungsparametern und den remotefähigen Tätigkeitsmerkmalen in produzierenden Unternehmen. Durch die systematische Analyse dieser Wirkungsbeziehungen wird ein analytischer Rahmen geschaffen, der die unternehmensindividuelle Gestaltung von Remote-Work ermöglicht. Dieses Erklärungsmodell adressiert die dritte Forschungsfrage: „*Welche Wirkungsbeziehungen bestehen zwischen remotefähigen Tätigkeitsmerkmalen und betrieblichen Gestaltungsparametern von Remote-Work-Konzepten?*".

Abschließend integriert das Gestaltungsmodell die Erkenntnisse der Beschreibungsmodelle und die analysierten Wirkungsbeziehungen des Erklärungsmodells. Es enthält praxisnahe Handlungsempfehlungen zur Gestaltung von Remote-Work in produzierenden Unternehmen, bezugnehmend auf die betrieblichen Gestaltungsparameter und unternehmensspezifische Tätigkeitsprofile. Das Gestaltungsmodell beantwortet die vierte Forschungsfrage: *„Welche Handlungsempfehlungen können hierfür identifiziert und wie kann eine Gestaltungsmethode von Remote-Work in produzierenden Unternehmen systematisiert werden?“*.

4.5 Zusammenfassung der Konzeption der Gestaltungsmethode

In diesem Kapitel wurde die methodische Konzeption der Gestaltungsmethode zur Gestaltung von Remote-Work in produzierenden Unternehmen umfassend dargelegt. Es wurden der theoretische Bezugsrahmen, die methodischen Grundlagen und die Anforderungen an die Gestaltungsmethode vorgestellt. Anschließend erfolgte die Grobkonzeption der Gestaltungsmethode, basierend auf dem übergeordneten Ziel der Dissertationsschrift und den daraus hervorgehenden Partialmodellen. Der theoretische Bezugsrahmen umfasst Ansätze der allgemeinen Systemtheorie, der allgemeinen Modelltheorie, des Mensch-Technik-Organisation-Ansatzes im soziotechnischen System und des Analyse-Synthese-Konzepts. Diese Ansätze konzentrieren sich auf Organisationseinheiten und -strukturen sowie individuelle Verhaltensweisen innerhalb der Organisation und ermöglichen eine umfassende Analyse der komplexen Interaktionen und Dynamiken im System. Die methodischen Grundlagen, bestehend aus Klassifikation, Fallstudienforschung und Expert*inneninterviews, wurden aufgrund ihrer Stärke im explorativen Kontext und ihrer synergetischen Ergänzung innerhalb des Forschungsrahmens ausgewählt. Diese Methoden erzeugen eine Synergie, die sowohl die Tiefe als auch die Breite der Forschung erweitert.

Spezifische Anforderungen an die Gestaltungsmethode wurden in formal-konzeptionelle und inhaltliche Anforderungen unterteilt. Die formal-konzeptionellen Anforderungen beinhalten Richtigkeit, Relevanz, Klarheit, Praktikabilität, Wirtschaftlichkeit, schrittweise Verfeinerung, Variantenbildung, Gliederungsprinzip und Problemlösungszyklus. Die inhaltlichen Anforderungen fokussieren den unternehmerischen Handlungsspielraum, die Heterogenität von Klassen, Tätigkeitsfunktionen und -merkmalen, die reale Existenz der Funktionen und Merkmale, die Beschreibung wechselseitiger Wirkungsbeziehungen, praxisorientierte Gestaltungsempfehlungen, innere Konsistenz, Adaptierbarkeit und Visualisierbarkeit.

Das Grobkonzept der Gestaltungsmethode besteht aus vier Partialmodellen: zwei Beschreibungsmodellen, einem Erklärungsmodell und einem Gestaltungsmodell. Das erste Beschreibungsmodell beschreibt die relevanten betrieblichen Gestaltungsparameter von Remote-Work-Konzepten. Das zweite Beschreibungsmodell fokussiert die remotefähigen Tätigkeiten in produzierenden Unternehmen. Das Erklärungsmodell untersucht die Wirkungsbeziehungen zwischen den Gestaltungsparametern und den remotefähigen Tätigkeitsmerkmalen, während das Gestaltungsmodell praxisnahe Handlungsempfehlungen zur Gestaltung von Remote-Work bietet. Die entwickelten Partialmodelle beantworten jeweils eine der vier Unterforschungsfragen und führen gemeinsam zur Beantwortung der übergeordneten Forschungsfrage: *„Wie ist eine*

Gestaltungsmethode von Remote-Work in produzierenden Unternehmen zu gestalten?". Die detaillierte Ausarbeitung der Gestaltungsmethode durch die vorgestellten Partialmodelle wird im folgenden Kapitel detailliert.

5 Detaillierung der Gestaltungsmethode

Im vorangegangenen Kapitel 4 wurden die initiale Konzeptualisierung der angestrebten Gestaltungsmethode sowie die Einführung der partiellen Modelle vorgestellt. Kapitel 5 widmet sich der detaillierten Darlegung der einzelnen Bestandteile der Gestaltungsmethode. Kapitel 5.1 enthält eine umfassende Beschreibung der betrieblichen Gestaltungsparameter von Remote-Work-Konzepten. Hierbei wird eine dreistufige Klassifikation entwickelt, die auf der Methode der hierarchischen Klassifikation basiert. In Kapitel 5.2 werden die remotefähigen Tätigkeiten in produzierenden Unternehmen untersucht und anhand einer Klassifikation beschrieben. Dies legt die Grundlage für eine differenzierte Betrachtung der remotefähigen Tätigkeiten produzierender Unternehmen. Kapitel 5.3 widmet sich der Entwicklung eines deskriptiv-funktionalen Erklärungsmodells. Dieses Erklärungsmodell dient zur Darstellung der wechselseitigen Wirkungsbeziehungen und basiert auf den zuvor entwickelten Beschreibungsmodellen. Es bietet eine theoretische Grundlage für das Verständnis komplexer Wirkungsbeziehungen innerhalb des Gesamtsystems. Das abschließende Gestaltungsmodell, erläutert in Kapitel 5.4, untersucht die unternehmensspezifische Umsetzung von Remote-Work anhand der Auslöser und praxisnaher Maßnahmen. Die vorangehenden Partialmodelle werden in dieses Gestaltungsmodell integriert und schrittweise in Form eines Navigators detailliert zusammengeführt. Der entwickelte Navigator, ein umfassender Leitfaden für die Gestaltung von Remote-Work in produzierenden Unternehmen, ermöglicht es, Maßnahmen basierend auf den identifizierten Auslösern und dem individuellen Tätigkeitsprofil zu bewerten und in das bestehende Projektportfolio zu integrieren. Das abschließende Gestaltungsmodell (siehe Kapitel 5.4) untersucht die unternehmensspezifische Umsetzung von Remote-Work anhand der Auslöser zu Gestaltung von Remote-Work und mithilfe praxisnaher Maßnahmen. Die vorangehenden Partialmodelle werden in dem Gestaltungsmodell darüber hinaus zusammengeführt und schrittweise in Form eines Navigators detailliert integriert. Der entwickelte Navigator, ein Leitfaden für die Gestaltung von Remote-Work in produzierenden Unternehmen, ermöglicht es Unternehmen, Maßnahmen basierend auf den Auslösern und dem individuellen Tätigkeitsprofil zu bewerten und in das Projektportfolio zu integrieren.

5.1 Beschreibungsmodell betrieblicher Gestaltungsparameter von Remote-Work-Konzepten

Um Remote-Work im Unternehmen nachhaltig zu verankern, ist die holistische Betrachtung der für das Unternehmen relevanten Gestaltungsparameter zentral. Das nachfolgende Kapitel dient der Beantwortung der ersten untergeordneten und handlungsleitenden Forschungsfrage:

„Was sind relevante betriebliche Gestaltungsparameter zur Beschreibung von Remote-Work-Konzepten?“.

In diesem Kapitel wird, auf Basis der literaturbasierten Analyse zur Gestaltung von Remote-Work (s. Kapitel 3.3) und einer ergänzenden Fallstudienforschung, eine hierarchische Klassifikation zur Aufschlüsselung von betrieblichen Einflussfaktoren von Remote-Work-Konzepten entworfen. Das Beschreibungsmodell orientiert sich methodisch an dem empirischen Verfahren zur Klassifikation nach SODEUR (1974), wie in der folgenden Abbildung 5-1 dargestellt.

1.	**Einordnung des Untersuchungsbereichs** • Definition der Untersuchungsobjekte • Abgrenzung des Untersuchungsbereichs	Kapitel 1 - 4
2.	**Entwicklung der Gestaltungsdimensionen als Klassifikationsraum als erste Ebene** • Herleitung der ersten Ebene als die überordneten Betrachtungsdimensionen des zu entwerfenden Beschreibungsmodells, basierend auf dem MTO-Ansatz	Kapitel 5.1.1
3.	**Spezifikation der Gestaltungsfelder als zweite Ebene** • Identifikation der Gestaltungsfelder anhand der korrespondierenden Literatur • Logisch widerspruchsfreie Verknüpfung der Gestaltungsfelder als Klassen	Kapitel 5.1.2
4.	**Spezifikation der Gestaltungsparameter als dritte Ebene** • Identifikation der Gestaltungsparameter anhand von Fallstudienforschung • Logisch widerspruchsfreie Verknüpfung der Gestaltungsparameter als Klassen	Kapitel 5.1.3
5.	**Zusammenführen und graphische Darstellung der hierarchischen Klassifikation** • Empirisch verifizierbare und praktisch brauchbare Konzentration der konstituierenden Klassen • Zusammenfassung der Ergebnisse	Kapitel 5.1.4

Abbildung 5-1 Vorgehensweise zur Entwicklung der Klassifikation von Gestaltungsparametern für Remote-Work (eigene Darstellung, Teilinhalte basierend auf SODEUR 1974, S. 25)

Angelehnt an die Modelltheorie nach ZELEWSKI (2008, S. 26) wird ein deskriptives Erkenntnisziel zur Beschreibung realer Sachverhalte verfolgt. Das angewandte Forschungsdesign orientiert sich an dem empirischen Verfahren zur hierarchischen Klassifikation von SODEUR (1974). Umgesetzt durch ein Beschreibungsmodell, leitet es Klassen hierarchisch gegliedert her. Der aufgezeigte Klassifikationsraum wird basierend auf den Prinzipen des MTO-Ansatzes eingegrenzt (s. Kapitel 4.1.3). Die erste Ebene der Klassifikation, bestehend aus den Gestaltungsdimensionen, beschreibt den Klassifikationsraum, welchem wiederum Gestaltungsfelder untergeordnet werden. Die untergeordneten Gestaltungsfelder werden dann in Gestaltungsparameter untergliedert. Zentral hervorzuheben ist, dass der Merkmalsraum sich aus inhaltlichen, nicht redundanten Merkmalen aufspannt (s. SODEUR 1974, S. 66).

5.1.1 Entwicklung der Gestaltungsdimensionen des Klassifikationsraums

Das Vorgehen der hierarchischen Klassifikation (s. Kapitel 4.2.1) ordnet Klassen anhand einer Baumstruktur ein (s. SODEUR 1974, S. 25). Den übergeordneten Familien werden Arten und diesen wiederum Exemplare zugeordnet. In der im

Beschreibungsmodell 1 entworfenen hierarchischen Klassifikation bilden die Familien die betrachteten Gestaltungsdimensionen, die Arten die Gestaltungsfelder und die Exemplare die Gestaltungsparameter (siehe folgende Abbildung 5-2). Der Klassifikationsraum wird dabei maßgeblich durch die gewählte Perspektive eingegrenzt. Die Beschreibung von Remote-Work-Konzepten wird aus betrieblicher Perspektive vorgenommen. Hervorzuheben ist, dass ausschließlich für die aktive Gestaltung relevante Gestaltungsparameter einbezogen werden. So kann beispielsweise die Organisationsstruktur beeinflusst werden, als aktives Gestaltungswerkzeug des Unternehmens, nicht aber der familiäre Hintergrund eines Mitarbeitenden. Werden Remote-Work-Konzepte zwar von einem Gestaltungsparameter bedingt, dieser ist aber von dem gestaltenden Unternehmen nicht beeinflussbar, fällt dieser nicht in den Klassifikationsraum des entworfenen Beschreibungsmodells.

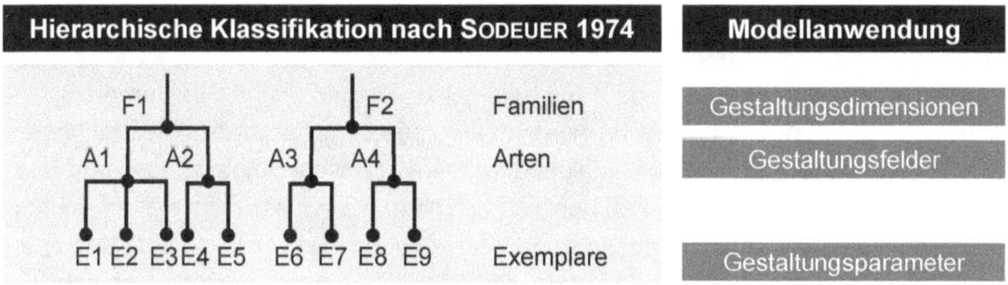

Abbildung 5-2 Einordnung der Vorgehensweise zur Entwicklung der hierarchischen Klassifikation (eigene Darstellung i. A. a. Sodeur 1974, S. 2, Original leicht ergänzt)

Der Klassifikationsraum wird auf erster Ebene durch die Gestaltungsdimensionen beschrieben. Um die betriebliche Perspektive aufzugreifen, basiert diese auf dem MTO-Ansatz (s. ERNST 2014, S. 352) (s. Kapitel 4.1.3). Im Mittelpunkt des MTO-Ansatzes steht die Annahme, dass Menschen, Technik und Organisation in ihrer Verflechtung und Interaktion verstanden werden müssen (s. STROHM 1997, S. 9). Die Teilsysteme des MTO-Ansatzes verbinden die sozialen und technischen Komponenten sowie die menschlichen Elemente mit den Organisationsstrukturen (s. ERNST 2014, S. 352). Diese Gestaltungsdimensionen bieten die nötige Tiefe zur Abbildung der zu bewältigenden Arbeitsaufgaben und sind in der Forschungslandschaft verankert. Der Ansatz bietet zudem eine zentrale Wirkungsausrichtung für Industriepartner. Die Nutzung der Diversität als Instrument verschiedener Nutzergruppen, wie bspw. Ingenieur*innen und Ökonom*innen (s. ULICH 2013, S. 10), schafft eine umfassende Gestaltungshilfe für die Reorganisation von Unternehmen. Mensch, Technik und Organisation werden daher als Gestaltungsdimensionen der Klassifikation identifiziert. Ein hierarchischer Aufbau des Klassifikationsraums von oben nach unten (engl. *Top-down*) impliziert, dass die spezifischen Gestaltungsparameter eines bestimmten Gestaltungsfeldes innerhalb der jeweiligen Gestaltungsdimension systematisch einzuordnen sind (s. Abbildung Abbildung 5-2). Eine Vorwärts-Rückwärtsanalyse verdeutlicht, dass die Gestaltungsdimension Kultur in den vergangenen Jahren an Bedeutung gewonnen hat und eine substanzielle Determinante von Remote-Work-Konzepten bildet. Für Remote-Work-Konzepte ergeben sich daher in der obersten Ebene der hierarchischen Klassifikation die relevanten Gestaltungsdimensionen: Mensch, Technik, Organisation und Kultur. In diesem Zusammenhang erweist sich die Kultur des Unternehmens als zentraler Einflussfaktor für die Implementierung digitaler Arbeitsprozesse, da sie maßgeblich die Etablierung einer partizipativen Zusammenarbeit sowie einer vertrauensbasierten digitalen Arbeitsweise prägt, welche als essenzielle Voraussetzungen für die erfolgreiche Gestaltung von Remote-Work gelten (s. MÜTZE-NIEWÖHNER ET AL. 2022, S. 998).

Die Verflechtung und Interaktion von Mensch, Technik, Organisation und Kultur werden in den Fokus gestellt und gewährleisten eine umfassende und allgemeingültige Grundlage, die unabhängig von spezifischen Branchen anwendbar ist. Dies vermeidet die Einschränkung der Anwendbarkeit des Beschreibungsmodells und ermöglicht eine flexible Adaption in unterschiedlichen Unternehmenskontexten. Die allgemeine Ausrichtung des Beschreibungsmodells auf betriebliche Prozesse und Strukturen stellt sicher, dass es übergreifend genutzt werden kann, ohne dass branchenspezifische Besonderheiten eine zentrale Rolle spielen. Branchenspezifische Anpassungen und Spezifika für produzierende Unternehmen wurden hierbei bewusst nicht berücksichtigt. Dies erleichtert die Implementierung und Anwendung des entwickelten Beschreibungsmodells in einem breiten Spektrum von Unternehmensumgebungen, einschließlich produzierender Unternehmen, ohne die Notwendigkeit zusätzlicher Anpassungen.

5.1.2 Spezifikation der Gestaltungsfelder im Klassifikationsraum

Aufbauend auf den Gestaltungsdimensionen als oberster Ebene der hierarchischen Klassifikation, werden nachfolgend die Gestaltungsfelder als zweite Ebene im Klassifikationsraum hergeleitet. Relevant für die Herleitung der Gestaltungsfelder sind die in der systematischen Literaturrecherche aufgezeigten Quellen (s. Kapitel 3.3.1). In einem ersten Schritt werden die Fokusfelder als Schwerpunkte der Publikationen identifiziert. Um die verschiedenen Betrachtungsebenen der identifizierten Literatur zu kondensieren, werden in einem zweiten Schritt die Gestaltungsfelder hergeleitet. Diese vereinen die in der Literatur aufgezeigten Fokusfelder zu einer ganzheitlichen betrieblichen Perspektive.

Remote-Work wird in der Literatur aus verschiedenen Perspektiven betrachtet. Eine Perspektive bildet die Gestaltung von Remote-Work auf volkswirtschaftlichen Grundsätzen, unter anderem unter Berücksichtigung aufkommender Gefälle zwischen Stadt und Land. Weiterhin wird Remote-Work aus soziologischer Perspektive, beispielsweise hinsichtlich der Auswirkungen auf die Work-Life-Balance und Fragen der Gleichberechtigung im privaten Kontext, erforscht. Diese wichtigen Forschungsansätze werden hier, begrenzt durch den Untersuchungsraum der Dissertationsschrift, nicht einbezogen. Die hier betrachtete Perspektive bildet die Betriebliche aus Sicht von Unternehmen. Die Literaturanalyse zeigt, dass Forschung zu Remote-Work in jüngerer Vergangenheit stark zugenommen hat. Gleichzeitig betrachten viele Autor*innen insbesondere die Herausforderungen und Potenziale von Remote-Work und widmen sich wenig bis gar nicht der Gestaltung. Die in Kapitel 3.3.1 identifizierten Ansätze betrachten die betriebliche Gestaltung von Remote-Work aus einer ganzheitlichen unternehmerischen Gestaltungsperspektive, welche den Fokus auf die Wirkung für die gesamte Organisation legt. Der gesamtorganisatorische Fokus der systematischen Literaturrecherche wird im Folgenden um die einzelnen Fokusfelder zur Gestaltung von Remote-Work erweitert, weshalb die Publikationen von Baumgarten et al. (2022), Campbell u. McDonald (2009), Galanxhi u. Nah (2021), Helmold (2022), Herrmann u. Frey Cordes (2020), Jöllenbeck et al. (2022) und Zakharov (2022) ergänzend einbezogen werden. In den identifizierten siebzehn Veröffentlichungen wurden iterativ die in der Veröffentlichung betrachteten Fokusfelder identifiziert. Die betrachteten Quellen und resultierenden Fokusfelder werden in Anhang A4 detailliert aufgeschlüsselt. Aus der Aggregation aller Schwerpunktbereiche, die in der identifizierten Literatur berücksichtigt wurden, ergibt sich die qualitative Bewertung der untersuchten Fokusfelder.

Die identifizierten Fokusfelder spiegeln die Hauptaspekte der verschiedenen Veröffentlichungen wider. Es wird deutlich, dass keine der Veröffentlichungen einen ganzheitlichen Ansatz zur Etablierung eines Fernarbeitskonzepts in Organisationen präsentiert. Hervorzuheben ist, dass die Fokusfelder den durch die Veröffentlichungen gesetzten Schwerpunkt darlegen, was keine ganzheitliche Abdeckung des Themenfeldes voraussetzt. Zudem spiegelt sie nicht die Priorisierung von Fokusfeldern für die tatsächliche Umsetzung in der Praxis wider. Die Fokusthemen bilden jedoch die Grundlage zur Aggregation von betrieblichen Gestaltungsfeldern auf Basis der vorhandenen Forschung. Abstrahiert und konsolidiert werden aus den Fokusfeldern daher folgende sieben Gestaltungsfelder, basierend auf den Gestaltungsdimensionen, als zweite Ebene hergeleitet, wie in folgender Abbildung 5-3 dargestellt.

Gestaltungsdimensionen	Gestaltungsfelder
Mensch	Produktivität und Performance
	Personenbezogene Umwelt
Technik	Infrastruktur
Organisation	Kommunikation, Kooperation und Kollaboration
	Soziokulturelle und organisationale Umgebung
Kultur	Unternehmensumwelt
	Soziale Beziehungen und Interaktion

Abbildung 5-3 Gestaltungsdimensionen und Gestaltungsfelder von Remote-Work-Konzepten (eigene Darstellung)

Im nächsten Abschnitt werden die oben benannten Gestaltungsfelder dargelegt, erläutert und in den Kontext der hergeleiteten Literatur eingebettet.

Gestaltungsfelder der Gestaltungsdimension Mensch

Die Gestaltungsdimension Mensch umfasst die Gestaltungsfelder *Produktivität und Performance* sowie die *personenbezogene Umwelt*. Das Gestaltungsfeld *Produktivität und Performance* betrachtet die Effizienz und Wirksamkeit, bei der Erreichung von Zielen sowie die Leistung, bestimmte Funktionen erfolgreich auszuführen. Die soziale Distanz bei Remote-Work erfordert eine hohe Motivation und Fähigkeiten der Mitarbeitenden, um auch in stressigen Situationen berufliche Herausforderungen meistern zu können (s. ARUNPRASAD ET AL. 2022, S. 11). Bedingt durch einen starken Medieneinsatz sind beispielsweise Multitasking und das Kommunikationsmanagement im Team zentral (s. CUEL ET AL. 2022, S. 278). Die Selbstmotivation, die Fähigkeit, eigenständig Leistungsbereitschaft und Begeisterungsfähigkeit intrinsisch hervorzurufen, ist hier ausschlaggebend (s. HELMOLD 2022, S. 221). BORSE ET AL. (2021) grenzen hinsichtlich der Leistungsbereitschaft und Motivation die Begrifflichkeiten Arbeitszufriedenheit und das Mitarbeitenden-Engagement ab. Während Arbeitszufriedenheit im Wesentlichen die Art und Weise bezeichnet, wie Mitarbeitende ihre Arbeit empfinden, wird Mitarbeitenden-Engagement als die Leidenschaft der Mitarbeitenden für ihre Arbeit, sich mit vollem Einsatz für die Erfüllung der Aufgaben und Organisationsziele einzusetzen, verstanden (s. BORSE ET AL. 2021, S. 3). ARUNPRASAD ET AL. (2022) stellen heraus, dass Remote-Work sowohl die Arbeitszufriedenheit als auch das Mitarbeitenden-Engagement steigern kann. Eine erhöhte Flexibilität kann Konfliktfelder zwischen Arbeit und Familie verringern, gleichzeitig aber auch zu Entgrenzung führen (s. ARUNPRASAD ET AL. 2022, S. 3).

Das Gestaltungsfeld der *personenbezogenen Umwelt* bezieht sich auf die unmittelbare oder direkte Umgebung, in der eine Person lebt, arbeitet und sich bewegt. Ein zentraler Bestandteil ist die Einstellung der Mitarbeitenden zu Remote-Work sowie dem gelebten Arbeitsmodell, welche durch das Management mithilfe von Unterstützung aktiv beeinflusst werden kann (s. CAMPBELL U. MCDONALD 2009, S. 819). Die Einstellung und das Verhalten der Führungskräfte haben eine Wirkung auf die individuellen Bestrebungen im Team und können organisationale Ziele fördern, wenn sich diese im Einklang mit den individuellen Zielen der Mitarbeitenden befinden (s. PIANESE ET AL. 2022, 3). Während die persönliche Identität die übergreifende Perspektive eines einzelnen Mitarbeitenden auf das gesamte Umfeld bezieht, betrachtet die Arbeitsidentität die individuelle Wahrnehmung in Bezug auf die Organisation. Die Identitätsregulierung beschreibt den Prozess, durch den die beiden Perspektiven der Identitäten als Ergebnis autonomer Handlungen der Mitarbeitenden oder des Drucks des Managements bzw. der Umwelt zusammenlaufen (s. ERRICHIELLO U. PIANESE 2016, S. 284–285). Aus betrieblicher Perspektive tritt für Remote-Work-Konzepte zur aktiven Gestaltung daher die Arbeitsidentität in den Fokus. Aus unternehmerischer Sicht werden die Selbstpositionierung und somit die Kontrolle der Mitarbeitenden durch den Prozess der Identitätsregulierung angestrebt, der von der Organisationskultur, den

Managementpraktiken sowie den individuellen Mustern der Bildung und Veränderung der eigenen Identität beeinflusst wird (s. PIANESE ET AL. 2022, S. 3). Der Aufbau und die Aufrechterhaltung einer Organisations- und Teamidentität unterscheidet sich bei Remote-Work deutlich vom Aufbau einer Teamidentität, welche durch reine physische Anwesenheit geprägt ist (s. ARUNPRASAD ET AL. 2022, S. 8). Die Arbeitsidentität wird von den kommunizierten und gelebten Unternehmenswerten geprägt. Ein hoher Identifikationsgrad von Führungskräften und Mitarbeitende mit den Unternehmenswerten stärkt die intrinsische Motivation (s. HELMOLD 2022, S. 222–223).

Gestaltungsfelder der Gestaltungsdimension Technik

Die Gestaltungsdimension Technik umfasst das Gestaltungsfeld der *Infrastruktur*, welches die grundlegenden physischen und technologischen Ressourcen betrachtet, die benötigt werden, um Arbeitsaufgaben und Geschäftsprozesse effizient und effektiv auszuführen. Informationstechnologien als Werkzeug legen den Grundstein, um zu Remote-Work zu befähigen und es zu erleichtern. Ein Beispiel bietet die Reduktion von papiergebundenen Prozessen durch elektronische Unterschriften (s. ZAKHAROV 2022, S.28). Zentral ist es, Umweltveränderungen zu identifizieren und auch hinsichtlich der Adaption von Informationstechnologien zu reagieren. So sind beispielsweise informationstechnische Fähigkeiten der Mitarbeitenden, die diese Systeme nutzen, zu schulen (s. SARAIVA ET AL. 2021, S. 4). Die digitale Infrastruktur ist auf die Mitarbeitenden abzustimmen, sodass die Technologien zielgerichtet einsetzen werden. Für die Nutzung von digitalen Werkzeugen sind digitale Fähigkeiten erforderlich, welche den Mitarbeitenden zu vermitteln sind. Insbesondere Prozesse, welche remote bearbeitet werden, bauen auf internetfähiger Konnektivität auf, welche durch Funktionen wie internetbasierte Speicher- und Rechenleistungen (Cloud-Dienste) und Intelligente Softwarelösungen zur Arbeitsplatzgestaltung (engl. *Smart Workplace Software*) erst ermöglicht oder mindestens erleichtert werden (s. ARUNPRASAD ET AL. 2022, S. 13). Eine nicht zu verachtende, zentrale Voraussetzung stellen, neben den Werkzeugen und deren Bedienung, digitale Endgeräte sowie eine bedarfsgerechte Internetverbindung dar (s. BAUMGARTEN ET AL. 2022, S. 169). Insgesamt wird deutlich, dass Technologie und Infrastruktur die Kommunikation und Koordination von Mitarbeitenden verbessert hat (s. ARUNPRASAD ET AL. 2022, S. 4).

Gestaltungsfelder der Gestaltungsdimension Organisation

Die Gestaltungsdimension Organisation setzt sich aus den *Gestaltungsfeldern Kommunikation, Kooperation und Kollaboration* sowie der *soziokulturellen und organisationalen Umgebung* zusammen. Das Gestaltungsfeld der *Kommunikation, Kooperation und Kollaboration* betrachtet die Zusammenarbeit zwischen Personen. Dies bezieht sowohl den reinen Austausch als auch das Teilen von Anstrengungen, um individuelle Interessen in Einklang zu bringen, ein. Um die Arbeitstätigkeiten zwischen geografisch getrennten Arbeitsplätzen zu überbrücken, unterstützen Informations- und Kommunikationstechnologien. Die Nutzung von IKT hat neue Organisationsstrukturen und Geschäftsprozesse ermöglicht, die eine zuvor nicht verfügbare Flexibilität in Bezug auf den Zeitpunkt und den Ort der Arbeitsausführung bieten (s. CAMPBELL U. MCDONALD 2009, S. 813). Mittels verschiedener Werkzeuge zur virtuellen Kommunikation, wie z. B. Skype, Slack oder MS Teams, werden eine ortsungebundene Kommunikation und Koordination möglich (s. CUEL ET AL. 2022, S. 274–276). In virtuellen Teams wirkt sich die Verwendung eines affektiven Tons durch die Führungskräfte sowohl auf die Teamidentifikation als auch auf die Teamkooperation positiv aus. Die Identifikation mit dem Team steigert die Bereitschaft zur Zusammenarbeit mit Teammitgliedern, die Kooperation im Team und die Leistung (s. PIANESE ET AL. 2022, 60). Ein zentraler Faktor, welcher alle drei Aspekte auf Teamebene beeinflusst, bildet Vertrauen (s. ARUNPRASAD ET AL. 2022, S. 12; METALLO ET AL. 2022, S. 105). Für zielgerichtete Zusammenarbeit sind zudem auch ein ortsgebundenes Wissensmanagement und Wissenstransfer entscheidende Erfolgsfaktoren für Remote-Work. Für die kollaborative Wissenskreation und den -transfer können Werkzeuge eingesetzt werden, um eine gemeinsame Wissensgenerierung zu ermöglichen (s. BAUMGARTEN ET AL. 2022, S. 148). Zudem können der Austausch von Best Practices oder Mentoring-Konzepten sowie die persönliche Betreuung und Unterstützung durch erfahrene Fachkräfte den Austausch von formellem und informellem Wissen fördern (s. HELMOLD 2022, S. 217).

Das Gestaltungsfeld *Soziokulturelle und organisationale Umgebung* betrachtet die sozialen und kulturellen Bedingungen und Faktoren, die den Kontext beeinflussen, in dem eine Organisation existiert. Überdies umfasst es die spezifischen Gegebenheiten, die eine Organisation direkt betreffen. Verschiedenste organisationale Strukturen und Prozesse sowie Kontrollmechanismen bestimmen sowohl die direkte Zusammenarbeit der Mitarbeitenden als auch die formellen Rahmenbedingungen (s. ERRICHIELLO U. PIANESE 2016, S. 273). In Betriebsvereinbarungen beispielsweise werden arbeitsrechtliche Gesetze und Verordnungen verankert, welche verbindliche Bestimmungen hinsichtlich der Arbeitnehmerrechte steuern (s. HELMOLD 2022, S. 215). Die Betriebsvereinbarung ist als zentraler, formeller Einflussfaktor auf die Umsetzung von Remote-Work einzuordnen. Heute, bedingt durch die COVID-19-Pandemie, sind in Betriebsvereinbarungen die Häufigkeit und Form von Remote-Work meist Teil eines Arbeitszeitmodells (s. MÜLLER, M. 2021, S. 127). Soziokulturelle Maßnahmen werden beispielsweise im „Workplace Health Management“ (WHM) betrachtet, welches die Gesundheit der Mitarbeitenden in den Mittelpunkt stellt. WHM bündelt eine systematische, datengestützte Entwicklung, Planung sowie Steuerung und Stärkung organisationaler Strukturen und Prozesse mit dem Ziel, die Gesundheit der Beschäftigten zu erhalten und zu fördern (s. JÖLLENBECK ET AL. 2022, S. 3). Ebenso ist der Fachkräftebedarf bei Remote-Work zur Bindung von Talenten zu berücksichtigen (s. ARUNPRASAD ET AL. 2022, S. 2). Der Wertewandel moderner Gesellschaften hat einen entscheidenden Einfluss auf die Flexibilisierung der Arbeitswelt (s. MÜLLER, M. 2021, S. 119). Die kontinuierliche Auseinandersetzung mit den zukünftigen Profilen von Fachkräften und Talente trägt dazu bei, zu verstehen, welche Bedürfnisse von organisationaler Gestaltung für die Mitarbeitendengewinnung zentral sind, um qualifizierte Fachkräfte zu akquirieren (s. HELMOLD 2022, S. 213).

Gestaltungsfelder der Gestaltungsdimension Kultur

Die Gestaltungsdimension Kultur beinhaltet die Gestaltungsfelder der *Unternehmensumwelt* sowie der *sozialen Beziehungen und Interaktion*. Im Kontext des Gestaltungsfeldes der Unternehmensumwelt wird die Gesamtheit der Faktoren und Bedingungen betrachtet, die die Geschäftstätigkeiten und die Leistung eines Unternehmens beeinflussen. HELMOLD (2022) betont, dass Leadership als Leitbild der Unternehmenskultur zu betrachten ist. Moderne Führung, Mitarbeitendenorientierung und -befähigung haben eine positive Auswirkung auf die Unternehmensleistung, beispielsweise hinsichtlich Qualität, Profitabilität und Kosten. Das Führungsverhalten ist dabei eng an die Kultur des Unternehmens geknüpft (s. HELMOLD 2022, S. 213). Einzubeziehen sind darüber hinaus das Performance-Management, die systematische Überwachung und Steuerung von Leistungen und Zielen, und Kontrollsysteme sowie die Messgrößen sowie Bonus- und Entlohnungssysteme. Kontrollsysteme stellen Anreizsysteme dar, was die Priorisierung im Unternehmen aufzeigt. Zu betrachten ist beispielsweise, ob Belohnung oder Strafen im Vordergrund stehen oder wie das generelle Überwachungsmaß und die Autonomieebene für Mitarbeitende beschaffen ist (s. HELMOLD 2022, S. 220; GALANXHI U. NAH 2021, S. 350). Zudem wird die Rolle von Arbeitsautonomie für Gesundheit und Wohlbefinden bei der Informationsvermittlung hervorgehoben. Hinsichtlich der Unternehmensumwelt spielen die gelebte Unternehmenskultur sowie die Einstellung der Führungskräfte und Mitarbeitenden gegenüber Remote-Work eine zentrale Rolle (s. HELMOLD 2022, S. 218–219).

Neben der *Unternehmensumwelt* wird das Gestaltungsfeld der *sozialen Beziehungen und Interaktion* identifiziert. Betrachtet werden die Verbindungen und Wechselwirkungen zwischen Menschen in verschiedenen sozialen Gefügen im beruflichen Kontext. Der Führungsstil, die Art und Weise, in der eine Führungskraft führungsbezogene Aufgaben auffasst und umsetzt sowie führungsbezogene Kompetenzen ausübt, ist für den Erfolg von Remote-Work entscheidend (s. HELMOLD 2022, S. 215). Eine nach HELMOLD (2022, S. 213) hervorzuhebende Ausprägung bildet das „New Leadership". Hierbei ermächtigt die Führungskraft ihre Mitarbeitenden und agiert als Coach und Vorbild. Befähigung steht im Vordergrund, indem sowohl die Autonomie als auch die Selbstentwicklung der Teammitglieder gefördert wird. JÖLLENBECK ET AL. (2022, S. 9) stellen heraus, dass, abseits moderner Führungsstile, konservative Führungsstile und Managementmethoden noch immer verstärkt auf die direkte physische Interaktion ausgerichtet sind. Der gelebte Führungsstil kann auf verschiedenen Ebenen der Unternehmenshierarchie von unterschiedlichen Herausforderungen geprägt werden. Fehlendes Vertrauen der Führungskräfte in die Mitarbeitenden, gefühlter Kontrollverlust sowie unzureichende Erfahrung mit remotefähigen Führungsstilen können beispielsweise herausfordernd wirken (s. HERRMANN U. FREY CORDES 2020, S. 5). Eine zunehmende Verlagerung der Arbeitsweisen zu Remote-Work erfordert den Wechsel von direkter Aufsicht hin zu einem zielorientierten Management, z. B. durch die Einführung von „Regelungen für Remote Work". Ein unterstützender Führungsstil setzt nach PIANESE ET AL. (2022, S. 10) auf vertrauensvolle Beziehungen sowie die Befähigung und

Selbstkontrolle der remote arbeitenden Mitarbeitenden. Die oben hergeleiteten sieben Gestaltungsfelder der vier Gestaltungsdimensionen werden in Abbildung 5-4 konsolidiert dargestellt.

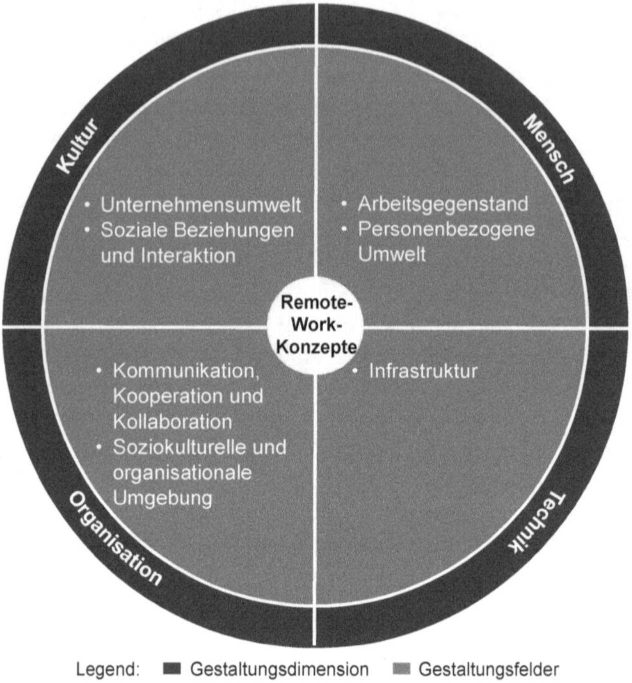

Abbildung 5-4 Einordnung der Gestaltungsfelder in den Klassifikationsraum (eigene Darstellung)

Folgend wird, aufbauend auf der hier aufgezeigten ersten und zweiten Ebene, die dritte Ebene der hierarchischen Klassifikation hergeleitet.

5.1.3 Spezifikation der Gestaltungsparameter im Klassifikationsraum

Aufbauend auf den aus der Literatur hergeleiteten Gestaltungsfeldern, werden folgend Gestaltungsparameter als darunterliegende Ebene der hierarchischen Klassifikation hergeleitet (s. SODEUR 1974). Anhand von Fallstudienforschung werden Gestaltungsparameter abgeleitet (s. Kapitel 4.2.2). Im Gegensatz zu der hergeleiteten Ebene der Gestaltungsfelder, welche auf theoretischen Modellansätzen der Literatur basieren, zeichnet sich die Ebene der Gestaltungsparameter daher durch die Praxisnähe aus. Anhand der Fallstudienforschung nach EISENHARDT (1989, S. 533), findet nach der Definition der Forschungsfrage zu Anfang des Kapitels 5.1 die Auswahl der Fallstudien statt. Hierzu wird eine Auswahl repräsentativer Fallstudien herangezogen, welche die identifizierten Klassen ganzheitlich für die in Remote-Work-Konzepten gestaltbaren betrieblichen Parameter sicherstellt. Die ausgewählten Fallstudien greifen branchenweit den Einsatz von Remote-Work-Konzepten auf, wobei ein breites Spektrum an Unternehmensgrößen einbezogen wird. Die Fallstudien wurden im europäischen und nordamerikanischen Raum durchgeführt. Eine Zusammenfassung der betrachteten Fallstudien befindet sich in der folgenden Tabelle 5-1. Zur Kurzbeschreibung der Fallstudien s. Anhang A5

Tabelle 5-1 Betrachtete Fallstudien zur Herleitung der Gestaltungsparameter der hierarchischen Klassifikation (eigene Darstellung)

Nr.	Quelle	Betrachtungsraum	Remote-Work-Bezug
1	AHLHEID ET AL. (2014)	Hybride Wertschöpfung durch eingebettete Systeme	Deutsches Großunternehmen im Bereich Landmaschinenherstellung
2	BUN ET AL. (2021)	Effizienzsteigerung durch Augmented-Reality-Brillen bei der Arbeit an Maschinen	Polnisches Unternehmen im Bereich Komponentenherstellung für die Automobilindustrie
3	GRUBIC U. PEPPARD (2016)	Service-Dienstleistungen durch Remote-Monitoring-Technologien	Britische Unternehmen in den Bereichen Luft- und Raumfahrt, Schifffahrt, Transport und Equipment
4	HAO ET AL. (2019)	Service-Dienstleistungen durch Cloud-based Remote-Monitoring	Finnische Unternehmen im Maschinen- und Anlagenbau
5	JACKWERTH-RICE U. DJERDJ (2021)	Einfluss der COVID-19-Pandemie auf betriebliche Transformationsprozesse in den Bereichen Innovation, industrielle Transformation und Digitalisierung	Im DACH-Raum ansässiges mittelständisches Unternehmen aus dem industriellen Sektor
6	LEE (2018)	Engagement am Arbeitsplatz bei remote arbeitenden Mitarbeitenden	Amerikanisches Kleinunternehmen im Technologiebereich
7	LEONARDELLI (2022)	Führung von remote arbeitenden Mitarbeitenden	Anwendung von Remote-Führung in der Praxis
8	LINDNER (2018)	Digitaler Wandel durch Arbeit 4.0, Agilität und Digital Leadership	Deutsche KMU in den Bereichen Dienstleistungen, Handel und Finanzwesen
9	MARTINS (2022)	Einfluss von hybriden Arbeitsweisen auf Unternehmensentwicklung	Irische Niederlassung eines Großunternehmens im Bereich E-Commerce
10	MAY U. CARTER (2000)	Virtuelle Zusammenarbeit im Bereich Logistik	Europäisches Unternehmen im Bereich der Automobilindustrie
11	SCHRAMBÖCK (2021)	Handlungsleitfaden für moderne Arbeits- und Organisationskonzepte in Krisenzeiten	Österreichische KMU in den Bereichen Produktion, Baugewerbe und Softwarelösungen
12	YANG ET AL. (2022)	Anpassung der betrieblichen Kommunikation während Krisenzeiten	Amerikanisches Großunternehmen in den Bereichen Software, Hardware und Cloudsysteme

Nach der Sammlung der Informationen und Strukturierung der Fallstudien wurden die Datenauswertung und -analyse iterativ durchgeführt (s. EISENHARDT 1989, S. 533). Als Abbruchkriterium wurde die theoretische Sättigung nach drei Fallstudien festgelegt. Die unterste Ebene der hierarchischen Klassifikation bis hin zur theoretischen

Sättigung wurde gemäß den oben beschriebenen zwölf Fallstudien sequenziell konkretisiert (siehe folgende Abbildung 5-5). Die Analyse der Fallstudien führt zur Identifikation von 20 Gestaltungsparametern, welchefolgend nach den Gestaltungsdimensionen geordnet dargelegt werden.

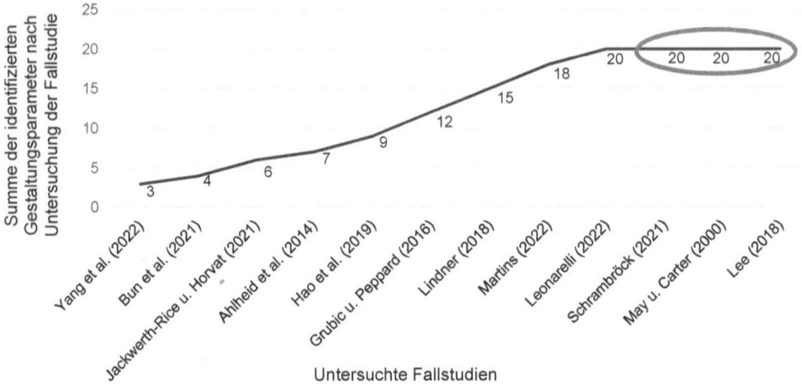

Abbildung 5-5 Sättigung und Abbruchkriterium der Fallstudienanalyse zur Identifikation der Gestaltungsparameter (eigene Darstellung)

Gestaltungsparameter der Gestaltungsdimension Mensch

Die Gestaltungsdimension Mensch umfasst zwei zentrale Gestaltungsfelder: *Produktivität und Performance* sowie die *personenbezogene Umwelt*. Innerhalb dieser Felder wurden insgesamt fünf Gestaltungsparameter identifiziert: *Leistungsbereitschaft und Motivation*, *fachliche Fähigkeiten und Fertigkeiten*, *persönliche Haltung zu Remote-Work*, *Arbeitsidentität* und *Technik- und Digitalkompetenz*, wie in Abbildung 5-6 dargestellt.

Der erste Gestaltungsparameter, die *Leistungsbereitschaft und Motivation*, beschreibt den inneren Antrieb der Mitarbeitenden. Dieser ist ein zentraler Faktor für die Produktivität und den Erfolg der Mitarbeitenden. Der Gestaltungsparameter ist dem Gestaltungsfeld der Produktivität und Performance zugeordnet. Dieser wird durch äußere Impulse und Arbeitsumstände bedingt und kann sowohl intrinsisch als auch extrinsisch motiviert sein. Durch die eingegrenzte physische Kontrolle beim remote Arbeiten, rückt eigenständige Leistungsbereitschaft in den Fokus. Sinnhafte, für Mitarbeitende nachvollziehbare Prozesse unterstützen hier (s. MAY U. CARTER 2000, S. 182). Insbesondere hinsichtlich Remote-Work stellt die Motivation der Mitarbeitenden eine der zentralen Aufgaben der Führungskräfte dar (s. LINDNER 2018, S. 34), welche durch finanzielle und nicht finanzielle Maßnahmen gesteuert werden kann (s. MARTINS 2022, S. 45). Nach LEONARDELLI (2022, S. 6) kann die Steigerung der Arbeitsautonomie zu einer erhöhten Motivation führen. Durch präzise Zielformulierungen und einer asynchronen Arbeitsweise kann dies unterstützt werden.

Den zweiten Gestaltungsparameter der Gestaltungsdimension Mensch bilden die *fachlichen Fähigkeiten und Fertigkeiten*, welche ebenfalls dem Gestaltungsfeld der Produktivität und Performance zuzuzählen sind. Das Begriffspaar umfasst die fachspezifischen Kompetenzen der Mitarbeitenden mit direktem Tätigkeitsbezug zum Beruf. Einbezogen werden hier sowohl die gesammelte Erfahrung als auch das grundlegende Wissen hinsichtlich eines Kompetenzbereichs. Für Führungskräfte ist es daher zentral, einen Überblick über die fachlichen Fähigkeiten und Fertigkeiten aller Teammitglieder zu bewahren, um bedarfsweise Kompetenzlücken zu identifizieren (s. GRUBIC U. PEPPARD 2016, S. 175). Dies schließt das zyklische Hinterfragen von Zuständigkeiten und Befugnissen entlang der sich verändernden Kompetenzprofile sowie der zielgerichteten Entwicklung ein (s. MAY U. CARTER 2000, S. 182). Im Rahmen der Implementierung von Remote-Work und hybrider Arbeitssysteme sind Angebote zu schaffen, welche den Mitarbeitenden das Erwerben neuer Fähigkeiten ermöglichen (s. MARTINS 2022, S. 10). Es ist hervorzuheben, dass sich die Entwicklung fachlicher Fähigkeiten und Fertigkeiten nicht auf die Nutzung von Computersystemen und weiteren Technologien beschränken muss.

Die *persönliche Haltung zu Remote-Work* bildet den dritten Gestaltungsparameter der Gestaltungsdimension Mensch und wird dem Gestaltungsfeld der personenbezogenen Umwelt zugeordnet (s. Abbildung 5-6). Betrachtet wird die Einstellung der Mitarbeitenden gegenüber Remote-Work aufgrund bisheriger Erfahrungen unter Einbezug des persönlichen Hintergrunds. Dies kann sowohl positive als auch negative Ausprägungen habe. MARTINS (2022, S. 34) nennt in diesem Kontext beispielhafte Variablen, wie die wirtschaftlichen Bedingungen für Mitarbeitende, den Flexibilitätsgrad der Arbeitszeit und des -ortes sowie private räumliche Grenzen. SCHRAMBÖCK (2021) hebt hervor, dass für Remote-Work das ergebnisorientierte Arbeiten geeignet ist, welches nicht in jedem Berufsfeld gelebt wird. Gleichzeitig ist eine gelebte Vertrauenskultur zentral, um Mitarbeitenden bei ihrer ergebnisorientierten Arbeit Unterstützung zu leisten sowie individuell auf sie einzugehen. Mitarbeitende weisen kein homogenes Bild an Bedürfnissen und Hintergründen auf, was Einfluss auf die persönliche Haltung zu Remote-Work hat (s. SCHRAMBÖCK 2021, S. 62) Die Förderung des Vertrauensverhältnisses zwischen dem Team und der Führungskraft unterstützt das Verständnis für die persönliche Haltung zu Remote-Work eines Mitarbeitenden (s. LEONARDELLI 2022, S. 8). Das Vertrauensverhältnis bildet die Basis für gemeinsame Verbesserungen und Lösungsfindung.

Die *Arbeitsidentität* umfasst den vierten Gestaltungsparameter der Gestaltungsdimension Mensch im Gestaltungsfeld der personenbezogenen Umwelt, welcher die Identifikation der Mitarbeitenden mit dem Unternehmen als Teil des Unternehmens versteht. Im Kontext der sinngetriebenen Arbeit (engl. *purpose-driven Work*) wird zunehmend die persönliche Identifikation in der beruflichen Umgebung hervorgehoben. Diese kann zum einen durch den übergeordneten Sinn und Zweck des Unternehmens und die damit in Verbindung stehenden strategischen Ziele begünstigt werden. Zum anderen wird durch die Bereitstellung von regelmäßigen Trainings und Schulungen sowie modernen Arbeitsmethoden und Tools der Aufbau einer Arbeitsidentität unterstützt (s. May u. Carter 2000, S. 182). Auch die Selbstverwirklichung stellt nach Leonardelli (2022, S. 10) einen wesentlichen Treiber der Arbeitsidentität dar. Neben einem hohen Maß an Identifikation mit dem Team als gemeinsame Identität stellt die persönliche Verwirklichung einen zentralen Aspekt dar (s. Leonardelli 2022, S. 10–11).

Der fünfte, abschließende Gestaltungsparameter der Gestaltungsdimension Mensch umfasst die *Technik- und Digitalkompetenz* als individuelle Fähigkeit eines Mitarbeitenden beim Umgang und der Nutzung von digitalen Werkzeugen. Er ist dem Gestaltungsfeld der personenbezogenen Umwelt zuzuordnen. Als Basis zur Ausführung der Tätigkeiten bei Remote-Work ist sicherzustellen, dass Mitarbeitende über das notwendige Wissen zur effizienten Nutzung von digitalen Werkzeugen verfügen (s. Leonardelli 2022, S. 6). Dies inkludiert auch die zur Kommunikation im Team und mit Führungskräften notwendigen Fähigkeiten zur Nutzung von digitalen Werkzeugen. Der geschulte Umgang mit IKT stellt damit eine Grundvoraussetzung für Remote-Work dar (s. Martins 2022, S. 10). Lindner (2018, S. 24) hebt hervor, dass die eigenständige Auswahl der Arbeitsgeräte die Technik- und Digitalkompetenz positiv bedingen kann. Zentrales Ziel ist es, Beständigkeit, Verlässlichkeit und Produktivität sicherzustellen (s. Hao et al. 2019, S. 187). Die fünf im Detail aufgeschlüsselten Gestaltungsparameter sind den beiden Gestaltungsfeldern der Gestaltungsdimension Mensch zugeordnet und werden in Abbildung 5-6 konsolidiert dargestellt.

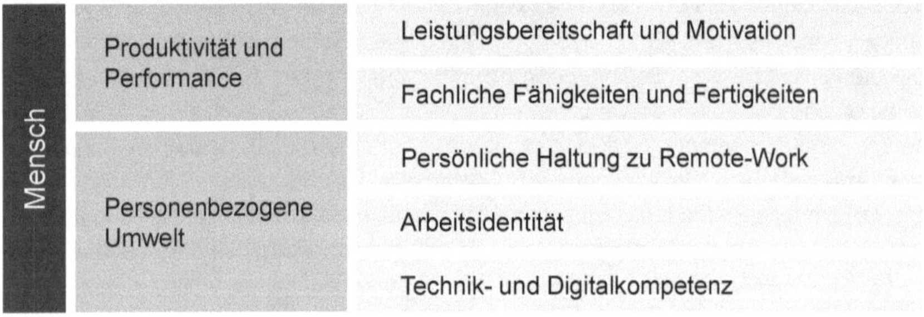

Abbildung 5-6 Gestaltungsparameter der Gestaltungsdimension Mensch aufgeteilt nach Gestaltungsfeldern (eigene Darstellung)

Gestaltungsparameter der Gestaltungsdimension Technik

Die Gestaltungsdimension Technik umfasst das zentrale Gestaltungsfeld Infrastruktur. Innerhalb dieses werden zwei Gestaltungsparameter identifiziert: *IT-Struktur* und *Arbeitsgegenstand*, wie in Abbildung 5-7 dargestellt.

In der Gestaltungsdimension Technik werden zwei Gestaltungsparameter im Gestaltungsfeld Infrastruktur identifiziert. Der Erste umfasst die *IT-Struktur*. Die IT-Struktur bezieht sich auf die systematische Organisation und Gestaltung von Informationstechnologieressourcen, -komponenten und -prozessen in einem Unternehmen. Die IT-Struktur ist entscheidend für die Bereitstellung, Verwaltung und Nutzung von

Informationstechnologie, um die Geschäftsziele, Effizienz und Effektivität eines Unternehmens sicherzustellen (s. MAY U. CARTER 2000, S. 173). Kollaborative Wissenskreation, gerade beim ortsabhängigen Arbeiten, wird durch synchrone und asynchrone Kommunikationsmedien zur Verständigung und zum Austausch erst ermöglicht. Eine Kombination aus synchronen Kommunikationsmedien, wie Videokonferenzsysteme, und asynchronen Kommunikationsmedien, wie E-Mails, sind bedarfsgerecht zu kombinieren (s. LEONARDELLI 2022, S. 3). YANG ET AL. (2022, S. 44) stellen die Rolle der Kommunikationsmedien heraus. So bieten sich beispielsweise asynchrone Kommunikationsmedien zur reinen Informationsverteilung an, während synchrone Kommunikationsmedien eine Diskussion oder Konsensbildung fokussieren können (s. YANG ET AL. 2022, S. 44).

Den zweiten Gestaltungsparameter der Gestaltungsdimension Technik, auch dem Gestaltungsfeld Infrastruktur zuzuordnen, stellt der *Arbeitsgegenstand* dar. Dieser bezieht sich auf das spezifische Objekt zur Ausführung einer Tätigkeit, welches die ortsunabhängige Tätigkeitsausführung durch den Einsatz digitaler Technologien ermöglicht. Hierzu zählt unter anderem die physische Ausstattung in Form von Computern und Smartphones, ohne die das ortsunabhängige Arbeiten und der Wechsel des Arbeitsplatzes nicht umsetzbar sind (s. MARTINS 2022, S. 29). Auch die digitale Vernetzung ermöglicht es dynamischen Teams, zeit- und ortsunabhängig zu arbeiten (s. LINDNER 2018, S. 24). Meist bildet eine Internetverbindung aller Partizipierenden eine Grundvoraussetzung (s. BUN ET AL. 2021, S. 422). Arbeitsmittel wie digitale Whiteboards verzeichnen hohe Akzeptanz für digitale Zusammenarbeit (s. MAY U. CARTER 2000, S. 171). Der Arbeitsgegenstand, wie digitale Telefonie oder Smartphones, können den ortsunabhängigen Austausch erleichtern und Isolationsgefühl von Teammitgliedern verringern oder diesen vorbeugen (s. SCHRAMBÖCK 2021, S. 44). Die Gestaltungsdimension Technik, mit den beiden Gestaltungsparametern des Gestaltungsfeldes der Infrastruktur, wird in Abbildung 5-7 dargestellt.

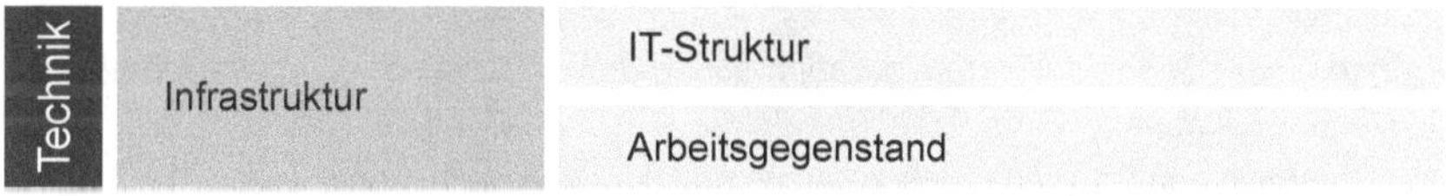

Abbildung 5-7 Gestaltungsparameter der Gestaltungsdimension Technik, aufgeteilt nach Gestaltungsfeldern (eigene Darstellung)

Gestaltungsparameter der Gestaltungsdimension Organisation

Die Gestaltungsdimension Organisation umfasst zwei Gestaltungsfelder: *Kommunikation, Kooperation und Kollaboration* sowie *soziokulturelle und organisationale Umgebung*. Innerhalb dieser Felder wurden insgesamt sieben Gestaltungsparameter identifiziert: *IT-Governance*, *Wissenskreation, -transfer und Kommunikationsprozesse*, *Branchenspezifika und Kundenvorgaben*, *Fachkräftebedarf*, *rechtliche Vorgaben*, *Organisationsstruktur, -prozesse und Raum* sowie die *Betriebsvereinbarung*, wie in Abbildung 5-8.dargestellt. Diese werden folgend detailliert aufgeschlüsselt.

Der erste Gestaltungsparameter der Gestaltungsdimension Organisation ist dem Gestaltungsfeld der Kommunikation, Kooperation und Kollaboration zuzuordnen. Die *IT-Governance* umfasst die Unterstützung und Sicherstellung des regulatorischen Rahmens der Informationstechnik, im Hinblick auf die Unternehmensstrategie und -ziele. Insbesondere vor dem Hintergrund der Kommunikation, Kooperation und Kollaboration sind die Planung und Ausrichtung zentral für erfolgreiches Remote-Work. In diesem Zusammenhang führt eine effektive Koordination zu positiven Effekten in Bezug auf die Planung und Ausrichtung (s. GRUBIC U. PEPPARD 2016, S. 167). Durch die Definition von *Rules of Engagement* wird der Grad der Erreichbarkeit festgelegt, beispielsweise durch feste Kernzeiten oder ein Ampelsystem (s. SCHRAMBÖCK 2021, S. 44). Werkzeuge, wie beispielsweise Gruppenplanungs-Apps, können die bedarfsgerechte Ausrichtung der IT-Governance unterstützen (s. MAY U. CARTER 2000, S. 173).

Der zweite Gestaltungsparameter *Wissenskreation, -transfer und Kommunikationsprozesse*, ebenfalls dem Gestaltungsfeld der Kommunikation, Kooperation und Kollaboration zuzuordnen, umfasst die strategischen und operativen Aktivitäten zur systematischen Erfassung, Speicherung und Verbreitung von Informationen als Wissen. Im Zentrum der kollaborativen Wissenskreation stehen die Erzeugung von Wissen und dessen Verteilung (s. AHLHEID ET AL. 2014, S. 27). Der Wissenstransfer wird durch ein aktives, ortsunabhängig erreichbares Wissensmanagement mit Wissensabfrage unterstützt. Einen möglichen Weg zur Umsetzung bieten nach JACKWERTH-RICE U. DJERDJ (2021, S. 18) Kooperationen, beispielsweise mit Hochschulen. Sowohl bei der Wissenskreation als auch beim Wissenstransfer unterstützen standardisierte Prozesse die Mitarbeitenden, um einen reibungslosen Wissensfluss zu ermöglichen (s. MARTINS 2022, S. 20). Ein digitalisiertes, barrierefreies Wissensmanagement unterstützt die Verfügbarkeit und tatsächliche Nutzung im Arbeitsalltag. Umfassende Richtlinien zur Erfassung, Bewahrung, Verteilung und Aktualisierung von Wissen unterstützen dies (s. GRUBIC U. PEPPARD 2016, S. 169).

Branchenspezifika und Kundenvorgaben bilden den dritten Gestaltungsparameter der Gestaltungsdimension Organisation, welcher dem Gestaltungsfeld der soziokulturellen und organisationalen Umgebung zuzuzählen ist. Die Branchenspezifika und Kundenvorgaben beziehen sich auf die Merkmale und Strukturen, die in einer bestimmten Branche vorherrschen, sowie auf die spezifischen Anforderungen und Bedürfnisse der Kunden, die diese Branche beeinflussen. Diese Branchenspezifika und Kundenvorgaben können sich dabei inkrementell oder disruptiv wandeln. Ein konkretes Beispiel für einen disruptiven Wandel stellt die Servitisierung (engl. *servitization*) dar, ein Wandel in der Fertigungsindustrie, bei dem Unternehmen von reinen Produktionsunternehmen zu Anbietern von Dienstleistungen übergehen (s. HAO ET AL. 2019, S. 187). Schon eine teilweise Umstellung zum Dienstleister hat Auswirkungen auf die Art und Weise, wie Mitarbeitende arbeiten. Neben dem Geschäftsmodell haben Branchenspezifika, wie ein stark geprägtes Saisongeschäft oder Dresscodes, einen Einfluss, der von den Unternehmen der Branche mitgeprägt wird (s. HAO ET AL. 2019, S. 188). Die Bedeutung des Kunden bei der Wertschöpfung bestimmt hierbei den Freiheitsgrad mit (s. GRUBIC U. PEPPARD 2016, S. 176).

Der vierte Gestaltungsparameter der Gestaltungsdimension Organisation greift mit dem *Fachkräftebedarf*, mit der Verfügbarkeit und dem Halten von Fachkräften, die einhergehende Arbeitgeberattraktivität auf. Eingeordnet ist der Gestaltungsparameter im Gestaltungsfeld der soziokulturellen und organisationalen Umgebung. Remote-Work, als Teil einer orts- und zeitflexiblen Arbeitsgestaltung, kann als Variable betrachtet werden, die zum einen das Interesse potenzieller Arbeitskräfte bestärkt und zum anderen aktiv zur Mitarbeitendenbindung beiträgt (s. LEE 2018, S. 54; SCHRAMBÖCK 2021, S. 52). Insbesondere für die Mitarbeitendenakquise in jüngeren Generationen kann Remote-Work einen wesentlichen Erfolgsfaktor im Recruiting-Prozess darstellen (s. SCHRAMBÖCK 2021, S. 65; LINDNER 2018, S. 32). Neben der Anbahnung ist das Halten von Mitarbeitenden im Rahmen von Remote-Work zu berücksichtigen. Die Beachtung und Reflexion der Onboarding-Prozesses hinsichtlich physischer und digitaler Präsenz bietet Spieltraum (s. LEE 2018, S. 64–65). Flexible Arbeitsort- und Zeitgestaltung kann die Unternehmensattraktivität für Mitarbeitende langfristig stärken und als Pull Faktor wirken, auch wenn dies mit einer geringen Identifizierung mit dem Unternehmen als Push-Faktor einhergehen kann (s. LINDNER 2018, S. 17–18).

Der in der Gestaltungsdimension Organisation identifizierte fünfte Gestaltungsparameter im Gestaltungsfeld der soziokulturellen und organisationalen Umgebung umfasst die *rechtlichen Vorgaben*. Einbezogen werden juristische Bestimmungen und verbindliche Regelungen, die durch staatliche oder behördliche Instanzen erlassen und vom Unternehmen ausgestaltet werden. Unternehmen obliegt daher die Aufgabe, die verschiedenen, für sie greifenden Bestimmungen und Regelungen, mit unterschiedlichem Handlungsspielraum, umzusetzen. Beispielhaft ist, neben einem möglichen Recht auf Remote-Work in einer spezifischen Ausprägung für Mitarbeitende, auch die Umsetzung von Datenschutzrichtlinien in der Praxis (s. MARTINS 2022, S. 22).

Organisationsstruktur, -prozesse und Raum bilden den sechsten Gestaltungsparameter der Gestaltungsdimension Organisation im Gestaltungsfeld der soziokulturellen und organisationalen Umgebung. Der Gestaltungsparameter betrachtet die strukturellen Rahmenbedingungen und systematischen Abläufe. Zentral ist, dass die strukturellen Rahmenbedingungen die Bedürfnisse, welche ein Arbeitsmodell aufweist, unterstützen. Arbeitsstrukturen werden durch hierarchische Strukturen geprägt, welche die Entscheidungsfreiheit für Mitarbeitende beeinflussen können (s. SCHRAMBÖCK 2021, S. 30). Eine klare Rollenverteilung entlastet gleichzeitig die Führungskräfte (s. LINDNER 2018, S. 34). Verändern sich Arbeitsmodelle, sind bestehende Rahmenbedingungen zu hinterfragen und bei Bedarf anzupassen, sodass Struktur und die systematischen Abläufe das Arbeiten unterstützen und fördern (s. MAY U. CARTER 2000, S. 177; MARTINS 2022, S. 34). Zudem ist die Rolle des Arbeitsraums, gerade in hybriden Arbeitskonzepten, bei der Gestaltung der Rahmenbedingungen zu berücksichtigen.

Der siebte, abschließende Gestaltungsparameter der Gestaltungsdimension Organisation ist die *Betriebsvereinbarung*, welche ebenfalls dem Gestaltungsfeld der soziokulturellen und organisationalen Umgebung zuzuschreiben ist. Die Betriebsvereinbarung, welche eine rechtlich bindende Vereinbarung zwischen Arbeitgeber und Arbeitnehmenden oder deren Vertretung darstellt, wird zur Gestaltung der Arbeitsbedingungen und -verhältnisse betrachtet. Sie dient dazu, die Arbeitsbedingungen, Rechte und Pflichten der Mitarbeitenden sowie die betrieblichen Abläufe und Regelungen in einer formellen und geregelten Weise festzulegen. Im Hinblick auf Remote-Work liegt die Gestaltung beim Unternehmen, wobei die einzubeziehenden Bereiche sowie die Ausgestaltung hier unterschiedlich ausfallen (s. MARTINS 2022, S. 8–9). Bedingt durch die COVID-19-Pandemie sind Betriebsvereinbarungen in den Fokus der Reflexionen gerückt. Kontinuierliche Entwicklungen von Rahmenbedingungen fordern, gerade im Kontext von Remote-Work, eine zyklische Reflexion und Anpassung, auch wenn dieser Prozess durch die rechtliche Bindung als träge wahrgenommen werden kann (s. YANG ET AL. 2022, S. 44). Die identifizierten sieben Gestaltungsparameter sind den beiden Gestaltungsfeldern der Gestaltungsdimension Organisation untergeordnet, dargestellt in der folgenden Abbildung 5-8.

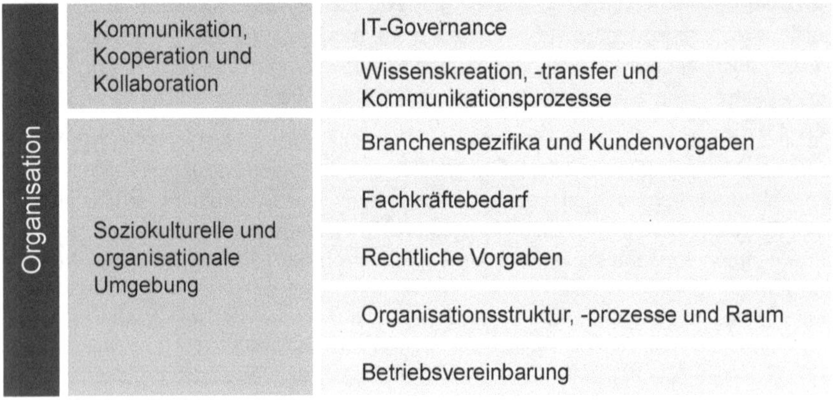

Abbildung 5-8 Gestaltungsparameter der Gestaltungsdimension Organisation, aufgeteilt nach Gestaltungsfeldern (eigene Darstellung)

Gestaltungsparameter der Gestaltungsdimension Kultur

Die Gestaltungsdimension Kultur umfasst zwei zentrale Gestaltungsfelder: *Unternehmensumwelt* sowie *soziale Beziehungen und Interaktion*. Anhand der Fallstudienforschung werden sechs Gestaltungsparameter identifiziert: *Unternehmensweit gelebte Kultur*, *Performance-Management und Leistungsmessung*, *persönlicher Gestaltungsspielraum und Autonomie*, *Führungsverhalten des Top-Managements*, *Führungsstil des Vorgesetzten* sowie *Teamkultur und Mindset*, wie in Abbildung 5-9 dargestellt.

Der erste Gestaltungsparameter bildet die *unternehmensweit gelebte Kultur*, welche dem Gestaltungsfeld der Unternehmensumwelt zugeordnet wird. Betrachtet werden das System geteilter Werte und sozialer Normen sowie der allgemeine Umgang im Unternehmen. Die Unternehmenskultur und die damit einhergehenden Denkweisen und Einstellungen (engl. *mentality*), wirken mit erheblichem Einfluss auf das Engagement der Beschäftigten (s. LEE 2018, S. 25). Arbeitsmodelle mit Remote-Work Anteil sind durch diversere Anforderungen charakterisiert, geprägt durch digitale Arbeitsweisen (s. AHLHEID ET AL. 2014, S. 24). JACKWERTH-RICE U. DJERDJ (2021, S. 34–35) sehen eine Herausforderung darin, den Arbeitsplatz als sozialen Raum aufrechtzuerhalten. Es gilt, neben dem Aufbau und Erhalt zwischenmenschlicher Basis beispielsweise durch Small Talk, auch übergreifend das allgemeine Stimmungsbild einzufangen, um das Wohlbefinden der Mitarbeitenden zu verstehen (s. JACKWERTH-RICE U. DJERDJ 2021, S. 34–35). SCHRAMBÖCK (2021, S. 34) empfiehlt eine individuelle Anpassung der Arbeitsbedingungen, was eine bessere Kommunikation, aber auch flexiblere Arbeitszeitgestaltung erfordert.

Der Gestaltungsparameter *Performance-Management und Leistungsmessung* betrachtet den strategischen Ansatz zur Steuerung und Optimierung der Leistung von Organisationen und Einzelpersonen. Auch dieser wird dem Gestaltungsfeld der Unternehmensumwelt zugeordnet. Der Gestaltungsparameter beinhaltet die Festlegung von Zielen, die kontinuierliche Betrachtung finanzieller und personeller Ressourcen sowie die zugrundeliegende quantitative und qualitative Bewertung von Leistung durch die Verwendung von Metriken und Indikatoren (s. GRUBIC U. PEPPARD 2016, S. 163). Die Verwendung von Metriken und Indikatoren ist hinsichtlich Remote-Work-Konzepten und der Relevanz physischer Sichtbarkeit zu hinterfragen. Zielorientierte Erfolgsmessung, welche zwischen Präsenz und Leistungsbeurteilung differenziert, kann hier die strategische Zielerreichung positiv beeinflussen. MARTINS (2022, S. 40) betont, dass sowohl monetäre als auch nichtmonetäre Anreize bei der erfolgreichen Umsetzung hybrider Arbeitsmodelle unterstützen.

Der dritte Gestaltungsparameter der Gestaltungsdimension Kultur im Gestaltungsfeld der Unternehmensumwelt betrachtet den *persönlichen Gestaltungsspielraum und die Autonomie*. Fokussiert wird der Freiheitsgrad, eigenständig zu entscheiden, auf welche Art und Weise gearbeitet wird. Ein hoher Grad an persönlichem Gestaltungsspielraum und Autonomie geht mit der dazu notwendigen Fähigkeit eines Mitarbeitenden einher, seine Aufgaben und Arbeitsweise weitgehend selbstständig zu organisieren und Entscheidungen bezüglich seiner beruflichen Tätigkeiten zu treffen (s. MAY U. CARTER 2000, S. 173). Der Grad der möglichen Eigenorganisation von Mitarbeitenden und die damit verbundenen, notwendigen Fähigkeiten werden in Unternehmen verschieden stark fokussiert. Das mit einem hohen Grad an Autonomie der Mitarbeitenden verbundene Schaffen von einer engagierten Unternehmenskultur ist nach LEE (2018, S. 68) von Führungskräften bewusst zu realisieren. Das Vertrauensverhältnis im Team und mit Führungskräften sowie der Kontrollgrad wirken auf den Gestaltungsspielraum und den wahrgenommenen Autonomiegrad ein (s. SCHRAMBÖCK 2021, S. 9).

Das *Führungsverhalten des Top-Managements* bildet den vierten Gestaltungsparameter der Gestaltungsdimension Kultur und ist dem Gestaltungsfeld der sozialen Beziehungen und Interaktion zuzuordnen. Der Gestaltungsparameter betrachtet das Verhalten der an der Spitze des Unternehmens stehenden Führungskräfte. Im Fokus stehen die Entscheidungsfindung und Kommunikation von Zielen, die Schaffung einer Unternehmenskultur sowie die Förderung von Werten und Normen. Das Führungsverhalten des Top-Managements hat damit einen entscheidenden Einfluss auf die Dynamik in der Organisation, die Mitarbeitendenmotivation und die Unternehmensleistung. LINDNER (2018, S. 30) betont, dass Remote-Work einbeziehende Arbeitsmodelle, wie hybrides Arbeiten, ortsunabhängige Führung erfordern. Neben der Anpassung der verwendeten Werkzeuge sind die Einstellung und Denkweise der Führungskräfte des Top-Managements für den Erfolg eines modernen Arbeitsmodells entscheidend (s. JACKWERTH-RICE U. DJERDJ 2021, S. 33). Führung auf Distanz schließt zudem das wertfreie Leben der getroffenen Arbeitsmodalitäten ein. Das Top-Management lebt top-down vor, wie eine proaktive Steuerung des Verhaltens, der Motivation und die digitale Koordination, Kooperation und Kommunikation von virtuellen Teams erfolgen kann (s. SCHRAMBÖCK 2021, S. 42). Gleichzeitig unterstützt eine Kultur des Engagements nach LEE (2018, S. 30) eine starke authentische Führung. Vertrauen und ein vorgelebtes Führungsverhalten bilden den gemeinsamen Grundstein für das Verständnis der Entwicklung und Aufrechterhaltung einer Kultur des Engagements und ist elementarer Bestandteil der unternehmensweit gelebten Kultur (s. LEE 2018, S. 53).

Der fünfte Gestaltungsparameter der Gestaltungsdimension Kultur, der *Führungsstil des Vorgesetzten*, ordnet sich dem Gestaltungsfeld der sozialen Beziehungen und Interaktion unter. Der Führungsstil des Vorgesetzten beschreibt die Art und Weise, wie eine Führungskraft ihre Führungsaufgaben wahrnimmt und sich und die Mitarbeitenden leitet. Einbezogen werden hier beispielsweise die Interaktion mit Teammitgliedern, die Art der Kommunikation, die Entscheidungsfindung und Delegation von Aufgaben und die verwendeten Motivationsmechanismen. Der Managementstil kann in Abhängigkeit der Führungspersönlichkeiten variieren. Mit dem „*Management of changes in roles*" zeigen MAY U. CARTER (2000, S. 182) einen Weg auf, bei welchem Verantwortung und Befugnisse entsprechend an die Mitarbeitenden übertragen werden. LEONARDELLI (2022, S. 9) betont, dass Führungskräfte im Kontext Remote-Work als kulturelle Champions agieren müssen, indem sie nicht nur erklären, was die Kultur für das Unternehmen bedeuten soll, sondern diese für die Mitarbeitenden erlebbar machen. Mitarbeitende stellen dabei unterschiedliche Bedürfnisse und Anforderungen, welchen Führungskräfte auch im Rahmen zunehmender digitaler Zusammenarbeit gerecht werden müssen, um die Produktivität und Widerstandsfähigkeit eines Unternehmens zu stärken (s. SCHRAMBÖCK 2021, S. 48). Die Distanz kann beispielsweise mithilfe digitaler Werkzeuge überwunden werden. Kollaborative Werkzeuge, integriert in den Arbeitsalltag, unterstützen hier (s. JACKWERTH-RICE U. DJERDJ 2021, S. 33).

Der abschließende, sechste Gestaltungsparameter der Gestaltungsdimension Kultur ist ebenfalls dem Gestaltungsfeld der sozialen Beziehungen und Interaktion zuzuordnen. Die *Teamkultur und das Mindset* umfassen die gemeinsamen Werte, Normen, Einstellungen und Verhaltens- und Denkweisen innerhalb eines Teams in der Arbeitsumgebung. Führungskräfte agieren als kulturelle Vorreiter, indem sie jene durch ihr Handeln prägen (s. LEONARDELLI 2022, S. 4). MARTINS (2022, S. 9) empfiehlt,

Standards zu etablieren, welche die Teamkultur fördern und zeitgleich die Produktivität der Mitarbeitenden erhöhen. Ein Beispiel bietet eine Kombination aus digitalen und Onboarding-Prozessen vor Ort, um eine remotefähige Teamkultur und ein dazugehöriges Mindset zu schaffen (s. MARTINS 2022, S. 20). Im Zuge der Führung auf Distanz gewinnt das Vertrauen zwischen den Beschäftigten an Bedeutung (s. LINDNER 2018, S. 34). Die Entwicklung von Personen- und Systemvertrauen von Führungskräften und Mitarbeitenden wird durch physische Entkoppelung erschwert. Eine Kontrollkultur, welche in Präsenz durch visuelle Kontrollmechanismen erleichtert umsetzbar ist, wird bei Remote-Work-Konzepten durch eingegrenzte Kontrollmechanismen erschwert. Dies bestärkt die positive Wirkung einer Vertrauenskultur bei Remote-Work-Konzepten zur Erreichung der Unternehmensziele (s. LEONARDELLI 2022, S. 5). Das Gefühl von Gemeinschaft wird durch das Zugehörigkeitsgefühl zum Unternehmen und die Identifizierung mit dem Team ein kritischer Faktor bei Remote-Work. Ein starker Gemeinschaftsgeist beschreibt einen zentralen Faktor einer leistungsbereiten und -fähigen Teamkultur und bezieht sich sowohl auf Führungskräfte als auch auf die Mitarbeitenden (s. LINDNER 2018, S. 34–35). Die im Detail beschriebenen sechs Gestaltungsparameter der Gestaltungsdimension Kultur ordnen sich den beiden Gestaltungsfeldern der Unternehmensumwelt sowie der sozialen Beziehung und Interaktion zu, wie zusammenfassend in der folgenden Abbildung 5-9 dargestellt.

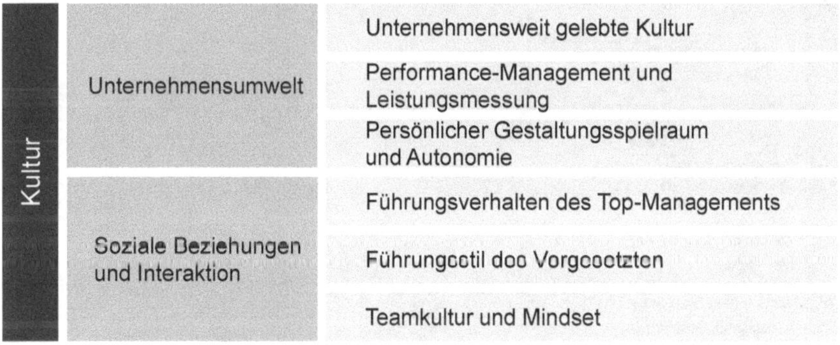

Abbildung 5-9 Gestaltungsparameter der Gestaltungsdimension Kultur, aufgeteilt nach Gestaltungsfeldern (eigene Darstellung)

Die 20 Gestaltungsparameter der hierarchischen Klassifikation wurden, basierend auf den zwölf Fallstudien, hergeleitet und im Detail beschrieben. Die Detailanalyse als Zuordnung der abgeleiteten Gestaltungsparameter zeigt, dass hinsichtlich der relativen Betrachtungswerte der Schwerpunkt auf den Gestaltungsdimensionen Organisation und Kultur liegen, visualisiert in Tabelle 5-2. Basierend auf der sequenziellen Identifikation der Gestaltungsparameter erfolgt die Anordnung der Fallstudien analog zur dargestellten Reihenfolge der Sättigungskurve (siehe Abbildung 5-5).

Tabelle 5-2 Datenauswertung der iterativen Fallstudienforschung nach Gestaltungsparametern (eigene Darstellung)

Fallstudienforschung		1 Yang et al. (2022)	2 Bun et al. (2021)	3 Jackwerth Rice & Horvat (2021)	4 Ahlheid et al. (2014)	5 Hao et al. (2019)	6 Grubic & Peppard (2016)	7 Lindner (2018)	8 Martins (2022)	9 Leonarelli (2022)	10 Schrambröck (2021)	11 May & Carter (2000)	12 Lee (2018)	Nennungen je Parameter [Anzahl]	Relative Häufigkeit Parameternennungen in Fällen [%]	Relativer Dimensionswert in % [Korrespondierende Anzahl absoluter Nennungen Dimension]
Mensch	Leistungsbereitschaft und Motivation							x	x	x	x	x		5	42 %	23 % [19]
	Fachliche Fähigkeiten und Fertigkeiten						x		x			x		3	25 %	
	Persönliche Haltung zu Remote-Work								x	x	x		x	4	33 %	
	Arbeitsidentität									x		x		2	17 %	
	Technik- und Digitalkompetenz				x	x		x	x	x				5	42 %	
Technik	IT-Struktur	x	x	x						x	x	x		6	50 %	15 % [13]
	Arbeitsgegenstand	x	x					x	x	x	x	x		7	58 %	
Organisation	IT-Governance						x				x	x		3	25 %	31 % [26]
	Wissenskreation, -transfer und Kommunikations-prozesse		x	x	x	x	x		x			x		7	58 %	
	Branchenspezifika und Kundenvorgaben					x	x							2	17 %	
	Fachkräftebedarf						x	x			x	x	x	5	42 %	
	Rechtliche Vorgaben								x					1	8 %	
	Organisationsstruktur, -prozesse und Raum							x	x		x	x		4	33 %	
	Betriebsvereinbarung	x		x					x				x	4	33 %	
Kultur	Unternehmensweit gelebte Kultur			x	x		x	x			x		x	6	50 %	31 % [26]
	Perfomance Management und Leistungsmessung					x	x		x					3	25 %	
	Persönlicher Gestaltungs-spielraum und Autonomie								x	x	x	x	x	5	42 %	
	Führungsverhalten des Top-Managements			x				x		x	x	x	x	6	50 %	
	Führungsstil des Vorgesetzten									x	x	x		3	25 %	
	Teamkultur und Mindset							x	x	x				3	25 %	
Nennungen je Fallstudie [Anzahl]		3	3	5	3	4	7	8	12	10	11	12	6	84	-	-

5.1.4 Zusammenführung der hierarchischen Klassifikation

Zur Beantwortung der ersten untergeordneten und handlungsleitenden Forschungsfrage wird eine hierarchische Klassifikation entworfen, welche drei Ebenen umschließt. Das Beschreibungsmodell folgt dem Vorgehen zur hierarchischen Klassifikation nach SODEUR (1974), welches verschiedene Klassen anhand einer Baumstruktur untereinander ordnet, wie in der folgenden Abbildung 5-10 dargestellt. Die erste Ebene bildet sich aus vier Gestaltungsdimensionen, welche in Kapitel 5.1.1 entwickelt wurden. Aufbauend wurden anhand der in der Literatur identifizierten Ansätze in Kapitel 5.1.2 sieben Gestaltungsfelder hergeleitet.

Diesen untergeordnet, werden in Kapitel 5.1.3 20 Gestaltungsparameter zur Beschreibung von Remote-Work-Konzepten anhand von Fallstudienforschung identifiziert. Die Gestaltungsdimensionen bilden eine Erweiterung des MTO-Ansatzes von STROHM (1997), während die Gestaltungsfelder anhand einer systematischen Literaturrecherche hergeleitet wurden. Die Gestaltungsparameter wurden anhand einer Fallstudienforschung, mit dem Fokus der praxisnahen Anwendung, hergeleitet (s. EISENHARDT 1989). Wie bei der Abgrenzung des Untersuchungsraums aufgezeigt, werden ausschließlich die aus der betrieblichen Perspektive aktiv gestaltbaren Parameter einbezogen. Gestaltungsparameter, auf welche das Unternehmen keinen direkten Einfluss ausüben kann, werden nicht einbezogen. Die Struktur bietet Unternehmen eine ganzheitliche, betriebliche Perspektive für Remote-Work-Konzepte. Damit wird eine Basis geschaffen, um folgend bei der aktiven Gestaltung von Remote-Work-Konzepten systematisch die relevanten Einflussgrößen betrachten zu können.

Im Rahmen eines Treffens mit dem projektbegleitenden Ausschuss des Forschungsvorhabens *DecentraLEAD* konnte die hier entwickelte hierarchische Klassifikation kritisch reflektiert und validiert werden (s. Anhang A3). Ein Auszug der nachfolgenden Erkenntnisse wurde durch die Autorin bereits international veröffentlicht (vgl. SCHUH ET AL. 2024).

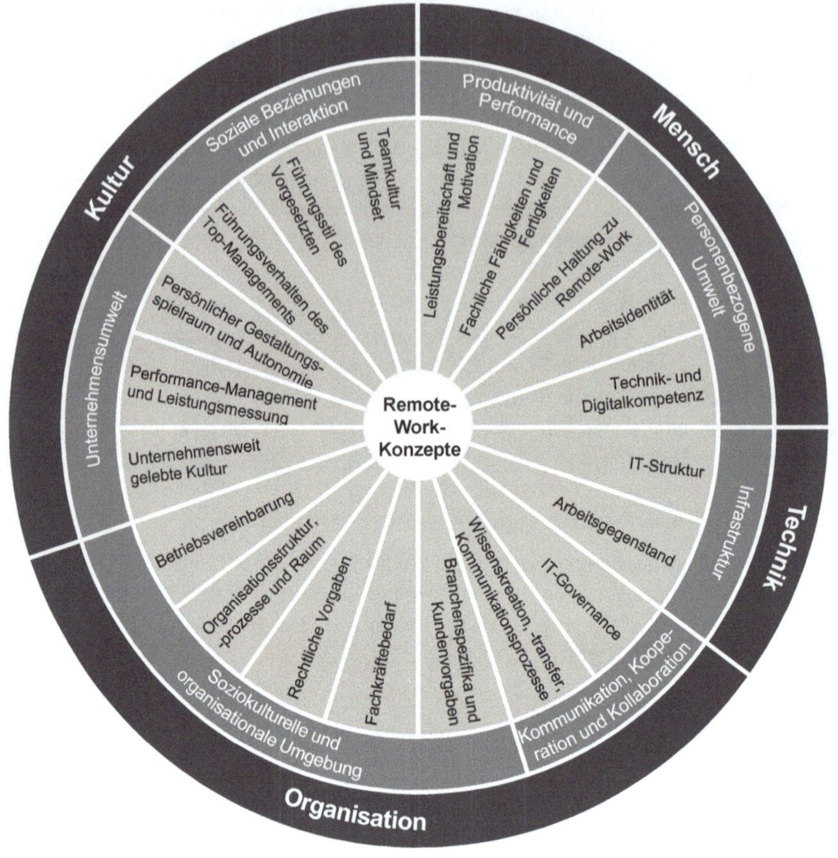

Abbildung 5-10 Hierarchische Klassifikation der Gestaltungsdimensionen, Gestaltungsfeldern und Gestaltungsparameter von Remote-Work-Konzepten (eigene Darstellung)

Das Kapitel 5.1 zeigt die für Unternehmen relevanten Gestaltungsdimensionen, Gestaltungsfelder und korrespondierenden Gestaltungsparameter für Remote-Work-Konzepte auf und beantwortet die erste untergeordnete und handlungsleitende Forschungsfrage: *„Was sind relevante betriebliche Gestaltungsparameter zur Beschreibung von Remote-Work-Konzepten?“*.

5.2 Beschreibungsmodell remotefähiger menschlicher Tätigkeiten in produzierenden Unternehmen

Das nachfolgende Kapitel dient der Beantwortung der zweiten untergeordneten und handlungsleitenden Forschungsfrage:

„Was sind remotefähige Tätigkeitsmerkmale in produzierenden Unternehmen?“.

In diesem Teil der Dissertationsschrift wird eine Klassifikation remotefähiger menschlicher Tätigkeiten in produzierenden Unternehmen entwickelt, angelehnt an die Systematik der Forschungsmethoden nach WELTER (2006, S. 113). Die angewandte Vorgehensweise wird in Abbildung 5-11 aufgezeigt.

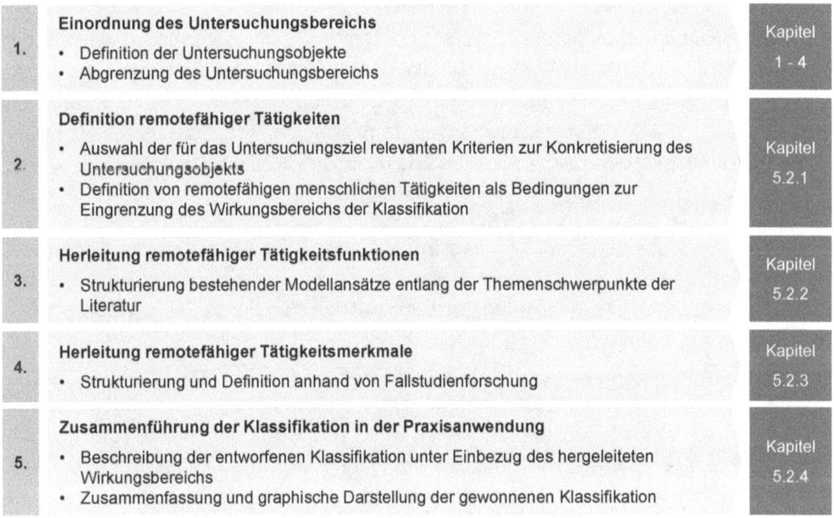

Abbildung 5-11 Vorgehensweise zur Beschreibung remotefähiger menschlicher Tätigkeiten in produzierenden Unternehmen (eigene Darstellung, Teilinhalte basierend auf WELTER 2006, S. 113–114)

In einem ersten Schritt wird der Untersuchungsbereich in Kapitel 1-4 definiert und abgegrenzt. In einem zweiten Schritt werden in Kapitel 5.2.1 remotefähige menschliche Tätigkeiten in ihrer Grundlage abgeleitet und entlang der Struktur- und Zeitachse definiert, aufbauend auf den Erkenntnissen der systematischen Literaturrecherche von Suchraum 2 (s. Kapitel 3.3.2). Vor dem Hintergrund der Tätigkeitsidentifikation und -systematisierung in der systematischen Literaturrecherche in Suchraum 2 und 3 (s. Kapitel 3.3.2 und 3.3.3) wird in Kapitel 5.2.2 die identifizierte Literatur synthetisiert.

Der vierte Schritt bildet das Herzstück der Klassifikation, in welchem die Tätigkeitsfunktionen und -merkmale definiert werden. Abschließend werden in einem fünften Schritt in Kapitel 5.2.4 die entworfene Klassifikation sowie der hergeleitete Wirkungsbereich dargestellt. Um die angestrebten Erkenntnisziele und die abgeleiteten

Zielsetzungen des Forschungsbedarfs zu realisieren, wird eine Modellierung gemäß der analytischen Forschungsmethode der Klassifikation umgesetzt (s. WELTER 2006, S. 113).

5.2.1 Definition remotefähiger Tätigkeiten

Als remotefähig wird, angelehnt an die Ausführungen in Kapitel 2.2, eine Tätigkeit verstanden, die die Voraussetzungen zur Ausführung im Rahmen von Remote-Work erfüllt. Remote-Work umfasst die Verrichtung von beruflichen Tätigkeiten, die sowohl ortsgebunden als auch ortsungebunden ausgeführt werden können, jedoch nicht vollständig am Arbeitsplatz in der Betriebsstätte stattfinden, sondern durch Informations- und Kommunikationstechnologien unterstützt werden. Auf dieser Grundlage wird der begriffliche Rahmen durch zwei korrelierende Dimensionen aufgespannt, welche die Kriterien für die Remotefähigkeit von Tätigkeiten darstellen. Der Tätigkeitsbegriff wird in den zwei Aspekten der Struktur und des Orts konkretisiert und eingegrenzt (s. LINDNER 2018, S. 24). Die zur Definition von remotefähigen menschlichen Tätigkeiten verwendete Literatur wurde in Suchraum 2 (s. Kapitel 3.3.2) identifiziert.

Arten der Tätigkeitsausführung

Eine Dimension der Unterscheidung liegt in der Art der Tätigkeitsausführung: Zentrales Unterscheidungsmerkmal für Tätigkeiten bildet die Perspektive, durch welche Tätigkeitsart eine Aufgabe bearbeitet wird, bezogen auf das Handlungsziel (s. KOSIOL 1976, S. 43). Unterschieden werden manuelle und kognitive Tätigkeiten (s. DENGLER ET AL. 2014, S. 5). Die Differenzierung erfolgt gemäß der etablierten Einteilung, deren Durchführung signifikant in der Art der menschlichen Belastung divergiert (s. MERGENER 2020, S. 518). Unter manuellen Tätigkeiten wird *„eine Belastungsart, bei der [...] Bewegungsabläufe und Kraftaufwendungen der Hände und Arme meist im Sitzen oder Stehen ausgeführt werden. Dabei können Instrumente, kleinere Werkzeuge oder handgeführte Maschinen verwendet werden."* (KITTELMANN ET AL. 2023, S. 2) verstanden. Bei manuellen Tätigkeiten führen menschliche Bewegungsabläufe und physische Kraftaufwendungen zur Erfüllung des Ziels der Aktivität. Die körperlichen Bewegungen zum Tätigkeitsvollzug, beispielsweise durch Extremitäten, können durch die Verwendung handgeführter Maschinen, kleiner Werkzeuge und Instrumente ergänzt werden. Resultat von manuellen Tätigkeiten ist eine Lage- oder Beschaffenheitsveränderung von realen, physischen Bearbeitungsobjekten (s. KLUßMANN ET AL. 2022, S. 8). Des Weiteren zählt zu manuellen Tätigkeiten die manuelle Bearbeitung als Veränderung der Beschaffenheit von Stoffen (s. HACKSTEIN ET AL. 1975, S. 153). Es erfolgt eine Lage- oder Zustandsveränderung am Bearbeitungsobjekt in der realen Welt (s. KOSIOL 1976, S. 44). Manuelle Tätigkeiten sind damit solche, aus denen durch Bewegung und Kraftaufwendung der Hände und Arme eine Veränderung der Beschaffenheit oder der Lage von Objekten in der realen Welt resultiert (s. KITTELMANN ET AL. 2023, S. 4; HACKSTEIN ET AL. 1975, S. 153; KOSIOL 1976, S. 43–44).

Im Kontrast stehen kognitive Tätigkeiten, die weder einen unmittelbaren physischen Einfluss auf materielle Objekte ausüben noch vordergründig durch eine körperliche Betätigung vollzogen werden. Der Tätigkeitsgegenstand bewegt sich im immateriellen Bereich. Angelehnt an den lateinischen Begriff für „Erkenntnis" (*cognitio*) stehen analytische, kreative sowie kommunikative und wissensintensive Handlungen im Fokus der kognitiven Tätigkeitsarten (s. MERGENER 2020, S. 518; SPITZ-OENER 2006, S. 243; DENGLER ET AL. 2014, S. 7; HÄNSEL ET AL. 2016, S. 24). Kognitive Tätigkeiten umfassen alle Tätigkeiten, die keinen direkten Einfluss auf physische Objekte in der realen Welt nehmen. Sie können weiter in interaktive und in analytische Tätigkeiten unterteilt werden. Interaktive Tätigkeiten umfassen Tätigkeiten auf kognitiver Ebene zwischen Menschen, in Form von Kommunikation sowie der Zusammenarbeit (s. AUTOR ET AL. 2003, S. 1293; SPITZ-OENER 2006, S. 237–239). Interaktive Tätigkeiten hingegen enthalten eine Komponente des interpersonellen Kontakts, wie es beim Verhandeln oder Präsentieren der Fall ist (s. DENGLER ET AL. 2014, S. 7). Bei kognitiv-interaktiven Tätigkeitsarten hat die Ausführung der Tätigkeit keinen direkten physischen Einfluss auf das Objekt in der Realität. Tätigkeiten sind analytisch, wenn sie auf kognitiver Ebene stattfinden, jedoch keine Interaktion zwischen Personen stattfindet. Analytische Tätigkeiten sind bspw. das Rechnen, Recherchieren, Konstruieren, Entwerfen oder Evaluieren (s. DENGLER ET AL. 2014, S. 7). Die Tätigkeit findet in Echtzeit zwischen Individuen statt. Im Hinblick auf den Prozessgegenstand werden materielle und informationelle Prozesse mit materiellen und informationellen Aktivitäten unterschieden (s. KRCMAR 2015, S. 58).

Tätigkeitsarten werden darauf basierend wie folgt unterschieden (s. DENGLER ET AL. 2014, S. 5–7; KAWAGUCHI U. MOTEGI 2021, S. 1; MERGENER 2020, S. 511):

- *Manuell-materielle Aktivitäten:* Die Ausführung der Tätigkeit hat einen physischen Einfluss auf Objekte in der realen Welt.
- *Kognitiv-immaterielle Aktivitäten:* Die Ausführung der Tätigkeit hat keinen direkten physischen Einfluss auf Objekte in der Realität. Sie fokussiert den Austausch und die Verarbeitung von Informationen.

Ausführungsort der Tätigkeiten

Die möglichen Varianten des Tätigkeitsortes stellen ein weiteres Abgrenzungsmerkmal für betriebliche Tätigkeiten dar (s. KOSIOL 1976, S. 43). VOGL U. NIES (2013, S. 87) charakterisieren Tätigkeiten nach der möglichen ortsungebundenen Ausführung. Tätigkeiten müssen ausschließlich im Betrieb ausgeführt werden, wenn das erforderliche Arbeitsmittel lediglich am Ort der Betriebsstätte zur Verfügung steht. In der Produktion oder Logistik von Industrieunternehmen tritt dieser Fall bei verschiedenen Tätigkeiten ein (s. MERGENER 2020, S. 518). Erfordert die Arbeit an Maschinen die körperliche Anwesenheit von Mitarbeitenden in der Produktion, findet die Tätigkeitsausführung ausschließlich innerbetrieblich statt (s. MERGENER 2020, S. 518; KACZYNSKA U. KÜMMERLING 2021, S. 89). Im Außendiensteinsatz hingegen ist der Tätigkeitsvollzug an einen betriebsfernen Ort gekoppelt (s. MERGENER 2020, S. 518). Als Ausführungsort fungiert vielfach der Firmensitz von geschäftlichen Kontakten, sodass eine Bindung an einen außerbetrieblichen Ort charakteristisch für ausschließlich betriebsfern durchführbare Tätigkeiten ist (s. VOGL U. NIES 2013, S. 88). Ortsungebundene Tätigkeiten hingegen, repräsentieren sämtliche Aktivitäten, deren Durchführung an beliebigen Orten vollzogen werden kann, vorausgesetzt, die notwendigen Mittel zur Tätigkeitserfüllung liegen vor (s. VOGL U. NIES 2013, S. 87).

Es wird wie folgt unterschieden:

- *Ausschließlich innerbetrieblich:* Die Tätigkeit kann ausschließlich innerhalb des Betriebs ausgeführt werden.
- *Ausschließlich betriebsfern:* Die Tätigkeit kann ausschließlich außerhalb des Betriebs ausgeführt werden.
- *Ortsungebunden:* Die Tätigkeit kann an beliebigen Orten ausgeführt werden, an dem die Mittel zur Ausführung der Tätigkeit vorliegen.

Die Konformität mit dieser Definition fungiert im Anwendungskontext als entscheidende Randbedingung für die Zuordnung der beobachtbaren realen Tätigkeitsinhalte zu den Modellklassen.

Definition | **Remotefähiger Tätigkeit**

Entlang der Struktur- und Zeitachse (s. LINDNER 2018, S. 24) definiert, ergibt sich die folgende Definition:

Kognitiv-immaterielle Aktivitäten: Die Ausführung der Tätigkeit hat keinen direkten physischen Einfluss auf Objekte in der Realität. Sie fokussiert den Austausch und die Verarbeitung von Informationen.

Ortsungebunden: Die Tätigkeit kann an beliebigen Orten ausgeführt werden, an dem die Mittel zur Ausführung der Tätigkeit vorliegen.

5.2.2 Herleitung remotefähiger Tätigkeitsfunktionen

Die Klassifikation wird gewählt, um strukturelle Komplexitätsreduktion im System der vielfältigen menschlichen Tätigkeiten zu erzielen. Durch die Zuordnung zu klar abgegrenzten Klassen (folgend Tätigkeitsfunktionen und -merkmale genannt) wird eine Vergleichbarkeit innerhalb und zwischen den Klassen erzeugt. Gemeinsamkeiten und Unterschiede der Tätigkeiten einer Klasse werden ersichtlich. Die konkrete Terminologie der Klassen bietet den Rahmen für präzise bereichs- und organisationsübergreifende Kommunikation über die klassifizierten Objekte, was Wissensaustausch und Kooperation der das Modell anwendenden Personen erleichtert. Ein mehrstufiges Klassifikationsmodell, bestehend aus Tätigkeitsfunktionen und -merkmalen als Klassen, wird zu diesem Zweck entwickelt. Die oben aufgeführten Erkenntnisse der systematischen Literaturrecherche aus Suchraum 2 und 3 fließen in das Modell ein und schaffen die Ausgangsposition für die inhaltliche Konkretisierung der Tätigkeitsfunktionen und -merkmale. Die Anforderungen an die Forschungsmethode der Klassifikation,

Eindeutigkeit, Ausschließlichkeit und Vollständigkeit (s. Kapitel 4.2.1), liegen der Relation zwischen den einzelnen Tätigkeitsfunktionen und -merkmale zugrunde. Durch die Erarbeitung von qualitativ definierten Abgrenzungen werden die Tätigkeitsfunktionen und -merkmale redundanzfrei voneinander unterschieden. Aufbauend auf den hergeleiteten Tätigkeitsmerkmalen der Klassifikation, findet die Spezifikation der Modellanwendung anhand von Fallstudienforschung praxisbezogen statt (s. Kapitel 4.2.2).

Zur Herleitung geeigneter Tätigkeitsfunktionen und korrespondierender Tätigkeitsmerkmale der Klassifikation erfolgt eine retrospektive Betrachtung der identifizierten Literatur, welche in eine kombinatorische Synthese mündet. In der systematischen Literaturrecherche aus Suchraum 3 und erweiternd durch Publikationen aus Suchraum 2, werden Ergebnisse aus verschiedenen Forschungsbereichen identifiziert, deren Herangehensweise und Tätigkeitsbezug auf unterschiedlichen Ebenen stattfinden. Vor diesem Hintergrund werden die identifizierten Modellansätze im Folgenden nach deren Untersuchungsfokus konzeptionell anhand von vier Themenschwerpunkten geclustert (siehe Tabelle 5-3).

Tabelle 5-3 Einordnung der identifizierten Literatur entlang der Themenschwerpunkte zur Klassifikation remotefähiger Tätigkeiten (eigene Darstellung)

Themenschwerpunkt	Systematisierungsansatz	Literaturrecherche	Publikation
Mensch-Maschine-Kollaborationen, Automatisierungen, Technologieeinsatz	Rückführung auf elementare menschliche Bewegungsabläufe; Taxonomie und Kategorisierung von Interaktionen und Aufgabenallokation	Suchraum 3	AKROUT ET AL. (2013) LAGORIO ET AL. (2021) RODRIGUES ET AL. (2023) SHIN ET AL. (2006)
Fähigkeiten und Kompetenzen	Auflistung oder Kategorisierung von Fähigkeiten (in Komposition mit Jobprofilen)	Suchraum 3	ACERBI ET AL. (2019) HASANAH U. NASIR (2015) PINZONE ET AL. (2017)
Berufsbilder, Berufsforschung, Tätigkeitsfunktionen	Kategorisierung oder Auflistung von Tätigkeitsfunktionen oder Tätigkeiten in bestimmten Aufgabenbereichen (Bezug zu Jobprofilen)	Suchraum 3	LUXEM (1972) HACKSTEIN ET AL. (1975) HINTZ U. GRAEVENSTEIN (2020) SIMSA U. PATAK (2016)
Routinetätigkeiten und Nicht-Routinetätigkeiten	Klassifizierung oder Kategorisierung nach Tätigkeitsart oder Ausführungsmodalitäten	Suchraum 2	GOLD ET AL. (2006) PALACIOS U. SILVA (2020)

In den Bereichen der Mensch-Maschine-Kollaborationen, Automatisierungen und des Technologieeinsatzes erfolgt die Tätigkeitsanalyse entweder durch detaillierte Fokussierung einer Aufgabe oder durch grundlegende Taxonomie. Erstere Herangehensweise wird meist durch Rückführung der Tätigkeiten auf die elementaren menschlichen Bewegungsabläufe gekennzeichnet. Diese Klassifizierungsart ermöglicht die Programmierung der maschinellen Bewegungsimitation und bildet die Basis für Modelle zur Aufgabenzuweisung und -verteilung auf Menschen und Maschinen (Schlüsselbegriff: *Task Allocation*). Konsistent zum Ziel der Implementierung von Mensch-Maschine-Systemen und Automatisierungen wird vorrangig ein bestimmter Unternehmensbereich fokussiert und dieser detailliert im Kontext der veränderten Arbeitsabläufe untersucht (s. SHIN ET AL. 2006; AKROUT ET AL. 2013). Der zweite Ansatz der Taxonomien untersucht die Dimensionen der Einsatzmöglichkeit von Maschinen und Technologien zur Unterstützung der menschlichen Tätigkeiten. Entsprechend der Zielsetzung werden dazu Taxonomien oder Kategorisierungsansätze vorgeschlagen, die mögliche Interaktionen und Arbeitsaufteilungen zwischen Menschen und Maschinen bzw. Technologien abbilden (s. RODRIGUES ET AL. 2023; LAGORIO ET AL. 2021). Als abgewandelter Teilbereich dazu kann die Betrachtung von Fehlerdetektion und Fehlerprävention im Qualitätsmanagement gesehen werden. Die Tätigkeitselementarisierung wird in diesem Fall in der Regel durch eine Zerlegung in Prozessschritte realisiert. Auf diese Weise können Fehler im Prozess identifiziert und lokalisiert sowie durch Häufigkeitsverteilungen eventuelle Schwachstellen erkannt werden. Aufgrund der vordergründigen Prozessorientierung, anstatt der Tätigkeitsorientierung, wird vom Einbezug dieser folgend abgesehen.

Die identifizierten Modellansätze zu menschlichen Fähigkeiten und Kompetenzen basieren vorrangig auf veränderten Rahmenbedingungen, die eine Erweiterung oder Anpassung der arbeitsbezogenen Fähigkeiten erforderlich erscheinen lassen. Industrie 4.0 wirkt diesbezüglich als prominenter Anknüpfungspunkt für Untersuchungen im Gebiet der Fähigkeiten- und Kompetenzforschung. Strukturell veränderte Bedingungen spannen den Rahmen für holistische Betrachtungen von Industrieunternehmen auf. Die Ergebnisse aus Fähigkeitsuntersuchungen werden sowohl auf ganzheitlicher als auch auf unternehmensübergreifender Betrachtungsebene angewandt. Die Darstellung der Ergebnisse erfolgt vielfach als Auflistung oder Kategorisierung und in Kombination mit Jobprofilen, in denen entsprechende Fähigkeiten abgerufen werden (s. ACERBI ET AL. 2019; PINZONE ET AL. 2017; HASANAH U. NASIR 2015).

Der breite Bereich der Berufsforschung unterliegt einer langen Historie und den sich kontinuierlich verändernden Grundverhältnissen. Die Zielfunktionen von Arbeiten aus der Berufsforschung erstrecken sich über ein breites Spektrum. Von Jobprofilen und Berufsbezeichnungen über konkrete berufliche Tätigkeiten bis zu betrieblichen Funktionsbereichen (z. B. Einkauf, Fertigung) und speziellen Branchenfokussierungen werden in Abhängigkeit vom Forschungsziel variable Schwerpunkte gesetzt. Die methodische Aufbereitung der Forschungsergebnisse wird in Form einer empirisch fundierten Kategorisierung oder Erstellung eines Katalogs realisiert. Speziell im Tätigkeitskontext werden die Begriffe der Verrichtungen und Tätigkeitsfunktionen akzentuiert. Als Verrichtungen werden die konkreten ausgeführten Arbeitsaufgaben tituliert, während die übergeordnete Funktionalität abstrahierend dazu als Tätigkeitsfunktion bezeichnet wird (s. LUXEM 1972; HACKSTEIN ET AL. 1975). Zudem werden in weiteren Veröffentlichungen zu Berufen und Berufsbildern separate Aufgabenbereiche, unter anderem speziell die Führungsaufgaben, beleuchtet (s. SIMSA U. PATAK 2016; HINTZ U.

GRAEVENSTEIN 2020). Die Untersuchungen von Tätigkeiten auf Basis des Routinegrads dienen insbesondere dem Herstellen eines Zusammenhangs zwischen Routinegrad und Arbeitsbelastung sowie dem Überblick über die Verteilung von Routine- und Nicht-Routine-Tätigkeiten in Bezug zur Tätigkeitskomplexität. Bei dieser Herangehensweise werden menschliche Tätigkeiten, basierend auf deren Ausführungsmodalitäten, zyklisch oder nicht-zyklisch, oder deren Art, manuell oder kognitiv, eingeteilt (s. GOLD ET AL. 2006; PALACIOS U. SILVA 2020).

In der Funktion als Beschreibungsmodell wird auf die Deskription der remotefähigen menschlichen Tätigkeiten in produzierenden Unternehmen durch entsprechende Systematisierung abgezielt. Folgender Zusammenhang erfasst den angestrebten Geltungsbereich der Tätigkeitsfunktionen: *Erfüllt die real beobachtbare Tätigkeit die Bedingung der remotefähigen menschlichen Tätigkeit, kann diese anhand der folgend aufgezeigten Tätigkeitsfunktionen klassifiziert werden* (s. Kapitel 5.2.1). Der praktische Anwendungszweck steht im Fokus der Modellintentionen, welche die Einbindung und Umsetzung von tätigkeitsbasierten Remote-Work-Konzepten in Unternehmen des produzierenden Gewerbes als das übergeordnete Gestaltungsziel definiert.

Im Objektbereich der ganzheitlichen Unternehmensbetrachtung weisen lediglich zwei Publikationen eine ganzheitliche Betrachtung der menschlichen Tätigkeiten in produzierenden Unternehmen auf, während vielfach eine Eingrenzung auf spezielle Unternehmensbereiche vorherrscht. ACERBI ET AL. (2019), HASANAH U. NASIR (2015) und PALACIOS U. SILVA (2020) nehmen in ihren Forschungen eine ganzheitliche Perspektive ein. Sie fokussieren die erforderlichen Fähigkeiten und Kompetenzen für industrielle Arbeit. Ohne einen direkten und umfassenden Tätigkeitsbezug aufzubauen, bieten sie die Basis für die zugrundeliegende Tätigkeit. Es verbleiben die Arbeiten von LUXEM (1972) und HACKSTEIN ET AL. (1975) als maßgebliche Literatur, in der eine holistische Betrachtung von Unternehmen aus organisatorischer Perspektive im Kontext der produzierenden Industrie vorgenommen wird, wobei sie die Gesamtheit der betrieblichen Tätigkeiten einbeziehen und nicht nur einzelne Bereiche isoliert betrachten. Der Schwerpunkt liegt auf der Beschreibung von Tätigkeitsinhalten durch die abstrahierende Observation der zugrundeliegenden Tätigkeitsfunktionen. Während LUXEM (1972) von Definitionen der erarbeiteten Tätigkeitsfunktionen absieht und auf die allgemeine Illustration der Vorgehensweise abzielt, erstellen HACKSTEIN ET AL. (1975) ein definitorisch unterstütztes Kategorienschema der Tätigkeitsfunktionen (s. HACKSTEIN ET AL. 1975, S. 160–163; LUXEM 1972, S. 229). Vor dem Hintergrund der Eindeutigkeit und Ausschließlichkeit als Anforderungen an die entworfene Klassifikation, erscheint der fundierte Ausgangspunkt zur Herleitung der Tätigkeitsfunktionen in der begrifflich abgegrenzten funktionalen Kategorisierung von HACKSTEIN ET AL. (1975) zu liegen. HACKSTEIN ET AL. (1975) erreichen das für die Klassifikation angestrebte Abstraktionsniveau durch die funktionale Ebene der Tätigkeitskategorisierung. Der aufgezeigte Tätigkeitenkatalog bezieht sich zudem speziell auf produzierende Unternehmen. Die Tätigkeitsfunktionen nach HACKSTEIN ET AL. (1975) sind auf die Remotefähigkeit hin zu prüfen (s. Kapitel 5.2.1). In Abbildung 5-12 wird die Detailprüfung aufgezeigt und die abgeleiteten Konsequenzen für die Verarbeitung im Modell werden veranschaulicht.

Tätigkeitsfunktionen	Definition nach Hackstein et al. (1975)	Prüfung der Remotefähigkeit	
Manuelles Bearbeiten	Veränderung der Beschaffenheit eines Gegenstandes von Hand oder durch ein von Hand geführtes Werkzeug	⊗	Eliminierung der Funktion
Zusammenfügen und Verbinden, Zerlegen	Lagegenaues Zusammenfügen und Verbinden von zwei und mehr Teilen (bzw. Zerlegen)	⊗	Eliminierung der Funktion
Befördern mit Körperkraft	Transportieren von Gütern ohne fremdangetriebenes Fördermittel	⊗	Eliminierung der Funktion
Steuern	Beeinflussen einer Ausgangsgröße durch Einstellen einer Eingangsgröße mittels Übertragungselementen	✓	Aufnahme als Tätigkeitsfunktion
Ordnen	Aufteilen einer Gesamtheit nach vorgegebenen Kriterien und Einordnen in ein Ordnungsschema	✓	Aufnahme als Tätigkeitsfunktion
Registrieren	Festhalten von Daten auf materiellen Datenträgern	✓	Aufnahme als Tätigkeitsfunktion
Überwachen	Beobachten von technischen Vorgängen mit der Absicht, Unregelmäßigkeiten und Störungen frühzeitig zu erkennen	✓	Aufnahme als Tätigkeitsfunktion, Reformulierung zur Erfüllung der Eindeutigkeit
Prüfen	Ermitteln eines Ist-Zustandes durch gezielte Untersuchung und dessen Vergleich mit einem Soll-Zustand	✓	
Bestimmen von Prozessdaten und Arbeitsabläufen	Festlegen der technischen und/oder organisatorischen Ausführungsmodalitäten für die eigene Tätigkeit und für die Tätigkeiten anderer	✓	Aufnahme als Merkmalsbasis für den Funktionsbereich „Führen"
Menschen führen	Andere durch Informationen, Argumente und Anweisungen zu einer gewünschten Handlungsweise bewegen	✓	

Abbildung 5-12 Prüfung der Tätigkeitsfunktionen nach HACKSTEIN ET AL. 1975, S. 154 im Modellkontext (eigene Darstellung)

Die funktionale Beschreibung der Tätigkeitsfunktionen nach HACKSTEIN ET AL. (1975) entstammt einer Zeit, in welcher der Digitalisierungstrend und die Computertechnologie sowie die damit verbundenen, heute ubiquitären technischen Möglichkeiten im Verborgenen blieben. Folgend wird daher eine kritische Einordnung vorgenommen. Tätigkeitsfunktionen, die definitionsgemäß die Randbedingung der Remotefähigkeit nicht erfüllen, werden eliminiert und im Modell nicht konkretisiert. Dies umfasst Tätigkeitsfunktionen, deren unmittelbarer physischer Einfluss auf reale Objekte konträr zur Definition remotefähiger Tätigkeiten steht. Folgende Tätigkeitsfunktionen werden damit von der weiteren Betrachtung ausgeschlossen: *Manuelles Bearbeiten*, *Zusammenfügen und Verbinden; Zerlegen* und *Befördern mit Körperkraft*. Durch eine Mechanisierung oder Automatisierung im Bereich der eliminierten Tätigkeitsfunktionen (z. B.

Einsatz eines Montageroboters) ergibt sich eine funktionale Verlagerung der menschlichen Tätigkeit. Die physische Bearbeitung am Objekt übernimmt in diesem Fallbeispiel der Montageroboter, während die menschliche Funktion sich auf das Steuern des Montageroboters verschiebt, was eine potenziell remotefähige Tätigkeitsfunktion darstellt. In der Konsequenz erfolgt eine Aufnahme als Merkmalsbasis bei Erkennbarkeit einer, mindestens potenziellen, Remotefähigkeit. Zunächst liegt keine Nonkonformität mit der Definition remotefähiger Tätigkeiten vor.

Die identifizierten Tätigkeitsfunktionen bilden das Fundament für die konkrete Entwicklung der Tätigkeitsmerkmale. Sie werden durch kohärente Erkenntnisse aus der analysierten Literatur erweitert. Die Aggregation von Tätigkeitsfunktionen und -merkmalen komplettiert die Entwicklung des Modells. Neben HACKSTEIN ET AL. (1975) bildet die Verarbeitung der Führungsaufgaben nach HINTZ U. GRAEVENSTEIN (2020) einen zentralen Einfluss auf die Tätigkeitsfunktionen. Das entwickelte Klassifikationsmodell zur funktionalen Systematisierung remotefähiger menschlicher Tätigkeiten umfasst darauf aufbauend sieben Tätigkeitsfunktionen, wie in Abbildung 5-13 dargestellt.

Abbildung 5-13 Tätigkeitsfunktionen remotefähige menschlicher Tätigkeiten in produzierenden Unternehmen (eigene Darstellung)

5.2.3 Herleitung remotefähiger Tätigkeitsmerkmale

Im Folgenden wird die Herleitung der Modellebenen der Tätigkeitsmerkmale schrittweise erläutert und Tätigkeitsfunktionen sowie deren korrespondierende Tätigkeitsmerkmale definiert.

Tätigkeitsfunktion: Steuern und regeln

Die Funktion des Steuerns und Regelns erfährt eine maßgebliche Beeinflussung durch die fortschreitende Automatisierung und Netzwerk-Konnektivität von Maschinen und Anlagen. Im Kategorienschema der Tätigkeitsfunktionen von HACKSTEIN ET AL. (1975, S. 161) umfasst diese Funktion die Bedienung von Transporteinrichtungen, Maschinen und Anlagen. Während die Definition: „Beeinflussen einer Ausgangsgröße durch Einstellen einer Eingangsgröße mittels Übertragungselementen" (s. HACKSTEIN ET AL. 1975, S. 161) weiterhin den Inhalt aktueller Steuerungsaufgaben repräsentiert, haben die technischen Entwicklungen im Bereich der Fernsteuerung eine Entkopplung der Tätigkeitsausführung vom Ort der Verrichtung ermöglicht (s. engl. *Remote-Control*). Durch die Netzwerkanbindung von Maschinen und Anlagen können das Steuern und

Fernsteuern remote erfolgen. Die merkmalsimmanente funktionale Erweiterung durch *Regeln* ergänzt eine ingenieurstechnische begriffliche Feinheit gemäß DIN IEC 60050-351 2014, detailliert in Abbildung 5-14. Das Steuern kennzeichnet einen offenen oder geschlossenen Wirkungsweg, bei dem die beeinflussten Ausgangsgrößen keine rückkoppelnde Wirkung auf die eingestellten Eingangsgrößen aufweisen (s. LINKE U. THRUN 2014, S. 1247). Beim Regeln erhält die eingestellte Führungsgröße eine Rückkopplung durch die ausgehende Regelgröße. Abweichungen zwischen diesen Größen werden kontinuierlich erfasst und angeglichen (s. HEINRICH 2014, S. 1324).

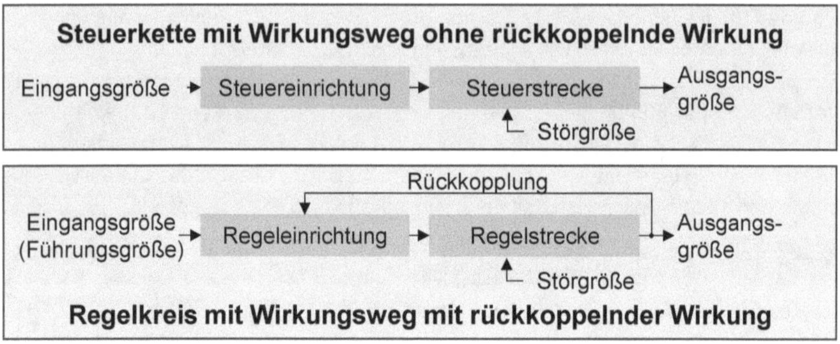

Abbildung 5-14 Steuerkette und Regelkreis (eigene Darstellung, Inhalte basierend auf LINKE U. THRUN 2014, S. 1247; HEINRICH 2014, S. 1324)

Die dargestellte Definition von HACKSTEIN ET AL. (1975) wird im Modell übernommen und durch die remotefähige Merkmalsausprägung *Fernsteuern und -regeln* konkretisiert, welche die Ortsungebundenheit der Tätigkeitsausübung induziert. Das *Fernsteuern und -regeln* wird direkt auf Transporteinrichtungen, Maschinen und Anlagen bezogen und kongruent zum Tätigkeitsmerkmal *Steuern und Regeln* definiert.

Definition | **Steuern und Regeln** *Tätigkeitsfunktion*
Beeinflussen einer Ausgangsgröße durch Einstellen einer Eingangsgröße mittels Übertragungselementen (s. HACKSTEIN ET AL. 1975, S. 161; LINKE U. THRUN 2014, S. 1247; HEINRICH 2014, S. 1324).

Das Tätigkeitsmerkmal *Fernsteuern und -regeln* wird definiert wie folgt.

Definition | **Fernsteuern und -regeln** *Tätigkeitsmerkmal*
Beeinflussen von Transporteinrichtungen, Maschinen und Anlagen durch Übertragung von Steuer- oder Regelsignalen (s. LINKE U. THRUN 2014, S. 1247; HEINRICH 2014, S. 1324).

Tätigkeitsfunktion: Ordnen

Das *Ordnen* repräsentiert eine strukturierende Funktion, die die Übersichtlichkeit der geordneten Objekte und Informationen erhöht und deren Verwendung erleichtert. HACKSTEIN ET AL. definieren Ordnen als das „Aufteilen einer Gesamtheit nach vorgegebenen Kriterien und Einordnen in ein Ordnungsschema" (HACKSTEIN ET AL. 1975, S. 162). Auf diese Weise werden Einzelaufgaben, wie das Einsortieren von Paketen oder von Produkten in ein Fertigwarenlager, auf deren funktionalen Charakter abstrahiert. Die Betrachtung bezieht sich dabei auf die händischen Industrietätigkeiten in Verbindung mit physischen Objekten oder Produkten. Heute werden ordnende Aufgaben vermehrt von Maschinen ausgeführt. Bei vollautomatischen Lager- und Sortiersystemen verändert sich die menschliche Tätigkeit von *Ordnen* zu *Steuern der Systeme*. Die Definition der Tätigkeitsfunktion wird in einem erweiterten Verständnis und in Bezug auf kognitive, remotefähige Tätigkeitsinhalte interpretiert. Losgelöst von physischen Objekten spielt das Ordnen im Rahmen der Informationsverarbeitung eine zentrale Rolle. So können beispielsweise computergesteuert Lagerplatzdaten zugewiesen oder Kundengruppen nach Umsatz und Kaufverhalten geordnet werden. Unter Beachtung der erweiterten Interpretation wird das *Ordnen* definiert.

Definition | **Ordnen** *Tätigkeitsfunktion*

Aufteilen einer Gesamtheit nach vorgegebenen Kriterien und Einordnen in ein Ordnungsschema (s. HACKSTEIN ET AL. 1975, S. 162).

Unterschieden werden die Tätigkeitsmerkmale zwischen *hierarchischem Einteilen* und *inhaltlichem Sortieren*. Aus der Etymologie wird eine Hierarchie als auf Stufen aufgebaute Über- und Unterordnung sowie „innerlich bestimmte Rangfolge" verstanden (s. KÖBLER 1995, S. 188). Das inhaltliche Sortieren findet losgelöst von Rängen statt. Der Prozess des Ordnens von Komponenten einer Gesamtheit erfolgt nach Klasse oder Art. Es wird eine Anordnung entlang einer definierten Reihenfolge vorgenommen (s. ADITYA U. DEEPAK 2008, S. 363; KNUTH 1998, S. 4). Dies ermöglicht auf funktionaler Ebene die Trennung zwischen dem Erzeugen einer qualitativen Rangfolge und dem Bestimmen einer Reihenfolge hinsichtlich der inhaltlichen Ähnlichkeit. Während beim *hierarchischen Einteilen* als Zweck die Priorisierung und Abgrenzung der eingeteilten Komponenten angestrebt wird, zielt das *inhaltliche Sortieren* auf die Realisierung von Übersichtlichkeit ab. Analog zur Modellebene des Tätigkeitsmerkmals *Steuern und regeln* wird die Ordnungsfunktion konstituiert, deren Definitionen sich wie folgt ergeben:

Definition | **Hierarchisches Einteilen** *Tätigkeitsmerkmal*

Einteilen von Abläufen und Informationen in eine qualitative Rangordnung (s. KÖBLER 1995, S. 188).

Definition | **Inhaltliches Sortieren** *Tätigkeitsmerkmal*

Bestimmen einer Reihenfolge von Komponenten eines Informationsbestands gemäß inhaltlicher Ähnlichkeit (s. ADITYA U. DEEPAK 2008, S. 363; KNUTH 1998, S. 4).

Tätigkeitsfunktion: Registrieren

Ebenfalls von dem Gebiet der Informations- und Datenverarbeitung leitet sich die Tätigkeitsfunktion *Registrieren* ab. Zunächst sind die Informationen und Daten voneinander abzugrenzen. Informationen sind als Wissenselemente zu verstehen, deren

Darstellungsform durch Daten, z. B. Zeichen, Symbole, Nachrichten oder Sprachelemente, spezifiziert werden (s. MEIER U. KAUFMANN 2016, S. 1–3). Sofern eine Information auf Gedankenbasis und nicht als Darstellungsform vorliegt, existiert keine Datenbasis zu dieser Information. Die Ausführungen von HACKSTEIN ET AL. (1975, S. 162) beinhaltet das *Registrieren* als eine informationserfassende Funktion. Beispieltätigkeiten, die sich diesem Funktionsbereich zuordnen lassen, beziehen sich schwerpunktmäßig auf das manuelle Notieren von Informationen mit einem Stift. Im Zuge der technischen Entwicklungen wandelt sich sowohl das Utensil als auch der Datenträger. In der digitalisierten Arbeitswelt wird für registrierende Tätigkeiten meist Computertechnologie in Verbindung mit lokal- oder cloudbasierten Datenträgern verwendet. Das Spektrum der Objekte, die als Datenträger fungieren können, erweiterte sich signifikant, was eine Definition des Sammelbegriffs *Datenträger* sinnvoll erscheinen lässt. Hinsichtlich der Informationsverarbeitung wird ein Datenträger als „[...] jedes Medium, das Daten in maschinell lesbarer Form ‚trägt' und dafür geeignet ist." (s. LACKES U. SIEPERMANN 2018) verstanden. Konstituierende Tätigkeitsmerkmale für einen Datenträger sind somit die Fähigkeit der Aufnahme von niedergelegten Informationen und die maschinelle Lesbarkeit und Abrufbarkeit dieser Daten. Es wird deutlich, dass die funktionale Definition des „Festhaltens von Daten auf materiellen Datenträgern" (HACKSTEIN ET AL. 1975, S. 162) in ihrer Richtung unveränderte Gültigkeit besitzt. Für das Klassifikationsmodell wird die folgende Reformulierung als Definition für das Registrieren eingeführt.

Definition | **Registrieren** *Tätigkeitsfunktion*

Festhalten von Informationen auf Datenträgern (s. HACKSTEIN ET AL. 1975, S. 162).

Die Tätigkeitsfunktion *Registrieren* wird durch zwei Tätigkeitsmerkmale differenziert. Das *Pflegen von Daten* als wesentliche Aufgabe im unternehmerischen Datenmanagement umfasst den Aufgabenpool rund um das Einfügen, Ändern oder Bereinigen von Datensätzen innerhalb einer Datenbank. MEIER U. KAUFMANN (2016, S. 22) unterstreichen die Bedeutung der Pflege von Daten im Kontext der Datenadministration. Wesentliche Funktionsbereiche stellen Datenbanksysteme in der Unterscheidung von Speicherungskomponente und Verwaltungskomponente dar. Konkret erfüllt die Speicherungskomponente die Funktionen der Datenbeschreibung und -speicherung, während in der Verwaltungskomponente die Auswertung und Veränderung der Datensätze stattfinden (s. MEIER U. KAUFMANN 2016, S. 2–3). Beispielhaft repräsentieren das Einpflegen von Artikelstammdaten und das Ändern von Artikelbewegungsdaten die komponentenbasierten Tätigkeiten. Das *Pflegen von Daten* wird in dieser Arbeit unter Exklusion der Datenauswertung definiert. Die Auswertung als menschliche Tätigkeit impliziert einen Vergleich mit einer Bezugsgröße, um eine bewertungsfähige Grundlage zu generieren. Dieser kognitive Prozess wird durch die Tätigkeitsfunktion *Überwachen* nachfolgend aufgegriffen und klassifiziert.

Definition | **Pflegen von Daten** *Tätigkeitsmerkmal*

Einfügen, ändern oder bereinigen von Datensätzen innerhalb einer Datenbank (s. MEIER U. KAUFMANN 2016, S. 2-3,22).

Das Tätigkeitsmerkmal *Dokumentieren von Informationen* beschreibt das generelle Festhalten von Informationen, ohne im Zusammenhang mit einer Aktion innerhalb einer bestehenden Datenbank zu stehen. Das Protokollieren von Gesprächen oder das Festhalten von Informationen aus Telefonaten veranschaulicht diese Abgrenzung exemplarisch. Es wird nicht ausgeschlossen, dass dokumentierte Informationen nachträglich als Daten in die Datenbank eines Wirtschaftssystems eingepflegt werden. Dieser nachgelagerte Arbeitsschritt umfasst funktional das Tätigkeitsmerkmal der *Pflege von Daten*. GAUS (2000, S. 11) hebt in Bezug auf die Dokumentations- und Ordnungslehre den Sinn und Zweck der Dokumentation im „gezielten Wiederfinden und Nutzbarmachen von Dokumenten und Informationen" (GAUS 2000, S. 11) hervor. Die Zweckbetrachtung wird in die Definition einbezogen.

Definition | **Dokumentieren von Informationen** *Tätigkeitsmerkmal*

Festhalten von Informationen in einem Dokument und Niederlegen in auffindbarer und nutzbarer Weise (s. GAUS 2000, S. 11).

Tätigkeitsfunktion: Überwachen

Die Unterscheidung der Tätigkeitsfunktionen *Überwachen* und *Prüfen* liegt nach HACKSTEIN ET AL. (1975) vornehmlich in der zeitlichen Ausführungsdauer. Während das Beobachten von Vorgängen beim *Überwachen* eine zeitliche Periode der Durchführung impliziert, wird das Ermitteln von Zuständen beim *Prüfen* als Zeitpunktbetrachtung verstanden. Die gemeinsame Charakteristik besteht in der Funktion des Vergleichens von real beobachtbaren Größen mit vordefinierten angestrebten Größen. In Anbetracht der Ähnlichkeit des zugrundeliegenden Wesens wird im praxisorientierten Modellkontext die dichotome Subdivision dieser Tätigkeitsfunktionen aufgelöst. Übergeordnet wird die Überwachung als „Vorgehen, bei dem [...] Abweichungen zwischen beobachtbaren Ist-Zuständen und vorzugebenden genauer gesagt zu ermittelnden Sollzuständen festgestellt [...] werden sollen" (BEECK 2018b) beschrieben. WISCHERMANN U. BEECK (2018) nutzen das Differenzierungskriterium zur Abgrenzung der Begriffe des Überwachens, der Prüfung und der Kontrolle, welches die Prozessabhängigkeit der Tätigkeit in den Fokus rückt (s. Abbildung 5-15). Entscheidend ist die Beziehung der überwachenden Person zum Überwachungsobjekt (s. BEECK 2018b). Prozessabhängigkeit resultiert aus einer psychischen Bindung der Kontrollierenden an das Überwachungsobjekt (s. BEECK 2009). Veranschaulicht werden kann diese Abgrenzung durch das Beispiel der Wirtschaftsprüfung, bei welcher den Prüfenden eine externe Rolle zukommt, im Vergleich mit der Qualitätskontrolle eines zuvor selbst erstellten Produkts oder selbst entwickelten Fertigungsprozesses.

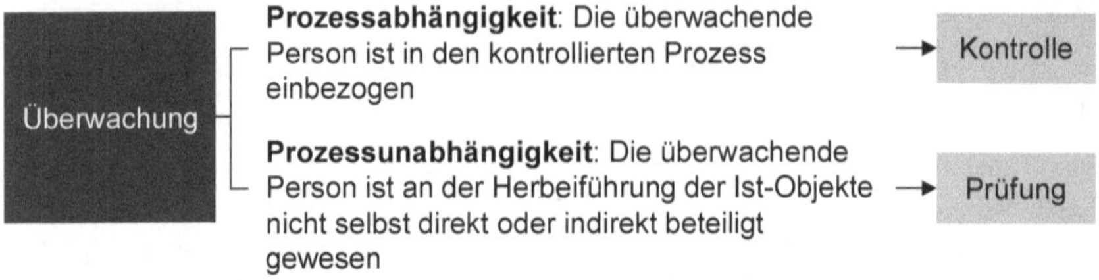

Abbildung 5-15 Unterscheidung von Überwachung, Prüfung und Kontrolle anhand des Differenzierungskriteriums der Prozessabhängigkeit (eigene Darstellung, Inhalte basierend auf BEECK 2009; 2018a; 2018b; WISCHERMANN U. BEECK 2018)

Nach dem Differenzierungskriterium darf bei der Tätigkeit des Prüfens die prüfende Person keine direkte oder indirekte Beteiligung an der Herbeiführung des Ist-Objekts oder -Zustands aufweisen (s. BEECK 2018a). Bei der Kontrolle hingegen ist die Person in den kontrollierten Prozess involviert und unterliegt der Prozessabhängigkeit (s. WISCHERMANN U. BEECK 2018). Die Tätigkeitsfunktion *Überwachen* wird durch die Tätigkeitsmerkmale *Prüfen* und *Kontrollieren* differenziert.

Definition | **Überwachen** *Tätigkeitsfunktion*

Feststellen von Abweichungen zwischen Zuständen (s. BEECK 2018b)

Die korrespondierenden Tätigkeitsmerkmale umfassen das *Prüfen* und das *Kontrollieren*:

Definition | **Kontrollieren** *Tätigkeitsmerkmal*

Prozessabhängiges Durchführen eines Vergleichs zwischen geplanten und realisierten Größen (s. WISCHERMANN U. BEECK 2018)

Definition | **Prüfen** *Tätigkeitsmerkmal*

Prozessunabhängiges Vergleichen von Tatbeständen, Sachverhalten und Eigenschaften von Ist-Objekten mit geeigneten Bezugsgrößen (Soll-Objekten) (s. BEECK 2018a)

Tätigkeitsfunktion: Entwerfen

Das Entwerfen setzt sich sowohl aus der funktionalen Kategorisierung menschlicher Tätigkeiten nach HACKSTEIN ET AL. (1975) als auch aus dem spezifizierenden Tätigkeitsbereich der Führungsaufgaben nach HINTZ U. GRAEVENSTEIN (2020, S. 33) zusammen. Das *Steuern und Regeln* stellt ein produkt-, produktions- und logistikbezogenes funktionales Tätigkeitsmerkmal dar. *Ordnen* und *Registrieren* repräsentieren die Tätigkeiten im Bereich des Informationsmanagements. Das *Überwachen* vertritt das Aufgabenspektrum zur Sicherstellung von angestrebten Zuständen. Der Gesamtbereich der Führungsaufgaben inklusive der kognitiv selbstbestimmten Arbeit, der menschlich interaktiven Kommunikation sowie der handlungsdefinierenden und entscheidungsfindenden Aktivitäten wird durch die beiden Tätigkeitsfunktionen adressiert. ACERBI ET AL.

(2019) und PINZONE ET AL. (2017) weisen in ihren Ausführungen auf erforderliche Fähigkeiten hinsichtlich der Simulations- und Modellierungstechnik, der Programmierung und des Entwerfens von Systemen und Produkten hin (s. ACERBI ET AL. 2019, S. 9–12; PINZONE ET AL. 2017, S. 284–287). Um das, von komplexen Aufgaben geprägte, Tätigkeitsspektrum aus den Unternehmensbereichen der Konstruktion, des Designs sowie der Forschung und Entwicklung in der Klassifikation abzubilden und die digitalen Transformationsprozesse einzubeziehen, wird das Tätigkeitsmerkmal *Entwerfen* eingeführt.

Die Grenze des Modells von HACKSTEIN ET AL. (1975) liegt im Grad der Komplexität der Tätigkeiten: „[…] der entwickelte Katalog dürfte zur Charakterisierung einfacher Tätigkeiten gewerblicher Arbeitnehmer im Industriebereich ausreichen" (HACKSTEIN ET AL. 1975, S. 158). Die Weiterentwicklung des Kategorien-Schemas, im Hinblick auf komplexere Tätigkeiten in produzierenden Unternehmen (s. HACKSTEIN ET AL. 1975, S. 159), wird empfohlen und in dieser Klassifikation aufgegriffen. Insbesondere die Entwicklungen im Bereich der Digitalisierung sind verantwortlich für Veränderungen der Tätigkeitsinhalte und -komplexität. Der Konstruktionsbereich industrieller Unternehmen beispielsweise unterliegt kontinuierlich verändernden Arbeitsabläufen, wie CONRAD (2021) unterstreicht: *„Konstruktionsmittel werden ständig weiterentwickelt […]. Insbesondere führte die zunehmende Unterstützung durch Rechner zu anderen Arbeitsabläufen im Konstruktionsbereich."* (CONRAD 2013, S. 10). In der Konstruktionslehre wird das *Entwerfen* als ein methodisches Vorgehen zur gestalterischen Festlegung einer Lösung beschrieben (s. PAHL ET AL. 2007, S. 305; NAEFE 2018, S. 141). CONRAD (2013) ergänzt den Aspekt der grafischen Darstellung technischer Gebilde als wesentliche Aufgabe in der Konstruktionsphase des Entwerfens (s. CONRAD 2013, S. 250). In der Kombination aus gestalterischem Festlegen und grafischem Darstellen von Lösungen ergibt sich für diese Arbeit die Definition der Tätigkeitsfunktion des *Entwerfens*.

Definition | **Entwerfen** *Tätigkeitsfunktion*

Gestalterisches Festlegen einer Lösung oder Darstellen eines technischen Gebildes (s. PAHL ET AL. 2007, S. 305; CONRAD 2013, S. 250)

Neben den technischen Aspekten werden der kreative Lösungs- und Darstellungsprozess aus der Fachrichtung des Designs beachtet. In der Konsequenz werden die remotefähigen Tätigkeitsmerkmale unterschieden in: *Technisches Entwerfen*, *inhaltliches Entwerfen* und *grafisches Abbilden*. Das *technische Entwerfen* bezieht sich auf lösungsentwickelnde Tätigkeiten, welche beispielsweise in der Konstruktion oder in der F&E von Industrieunternehmen vermehrt zu finden sind. Einzeltätigkeiten wie die Werkstoffauswahl oder die Funktions- sowie Abmessungsfestlegung von technischen Erzeugnissen sind wesentliche Bestandteile des technischen Entwerfens und werden ergänzt durch die Berücksichtigung wirtschaftlicher Aspektes des entstehenden Objekts (s. NAEFE 2018, S. 141). Abstrahierend basiert ein technischer Entwurf auf dem Erkennen von Anforderungen und dem Gestalten einer entsprechenden Lösung (s.

SIETE 1995, S. 1). Diese zweckgebundene Lösungsgestaltung wird in dieser Arbeit definitorisch wie folgt verankert:

Definition | **Technisches Entwerfen** *Tätigkeitsmerkmal*

Gestalten von technischen Objekten, Produkten und Lösungen zur Erfüllung eines definierten Zwecks (s. NAEFE 2018, S. 141; SIETE 1995, S. 1)

Auch durch die Erschließung unterschiedlicher Social-Media-Plattformen als Marketingkanäle intensivieren sich die Aufgaben im Feld der kreativen Gestaltung von Inhalten. Der Wandel von industriell ausführenden Aufgaben hin zu wissensintensiven Leistungen steigert die Anforderungen an den unternehmensinternen Wissenstransport und das Wissensmanagement. Im Kontext derartiger Aufbereitungsarbeiten von Inhalten haben sich entsprechende Berufsbilder entwickelt, die KISSANE (2011) exemplarisch als „*Content Strategist*" oder „*Content Specialist*" tituliert (s. KISSANE 2011, S. 39). Die vielfach projektbasierte Arbeit gliedert die Autorin in die drei Aufgabenbereiche „Evaluation", „Design" und „Execution". Den gestalterisch umsetzenden Teil eines solchen Berufsbildes repräsentiert der Bereich „Execution" (s. KISSANE 2011, S. 40). Das Tätigkeitsmerkmal des *inhaltlichen Entwerfens* beschreibt in diesem Zusammenhang den kognitiv gestalterischen Prozess, resultierend in einem inhaltlichen Entwurf zur Vermittlung einer bestimmten Botschaft. Beispielaufgaben für dieses Tätigkeitsmerkmal sind das Erstellen von Schulungsinhalten oder das Schreiben von Texten für Marketingkampagnen. In Anlehnung an die Ausführungen von KISSANE (2011) wird das *inhaltliche Entwerfen* wie folgt definiert:

Definition | **Inhaltliches Entwerfen** *Tätigkeitsmerkmal*

Gestalten von inhaltlichen Lösungen zur Vermittlung einer Botschaft (s. KISSANE 2011, S. 40).

In Ergänzung zur Gestaltung von sowohl inhaltlichen als auch technischen Objekten und Lösungen umfasst der funktionale Tätigkeitsbereich eine Form der Visualisierung des entsprechenden Entwurfs. Technische Entwürfe werden über Modellierungsverfahren oder technische Zeichnungen abgebildet und dem inhaltlichen Aufschlag durch eine visuelle Veranschaulichung Ausdruck verliehen. Während CONRAD (2013) bereits in der Definition von *Entwerfen* den grafisch darstellenden Aspekt auf der technischen Ebene berücksichtigt, beschreibt LI (2020) dies mit dem Überbegriff der Datenvisualisierung und enumeriert die Begriffsdefinitionen mehrerer literarischer Werke (s. LI 2020, S. 18–19). Die Definitionen kongruieren im Hauptinteresse der Datenvisualisierung durch die Nutzung visueller Wahrnehmungsfähigkeit (s. exemplarisch CARD ET AL. 1999, S. 295; KIRK 2012, S. 17). Die entsprechenden Tätigkeiten im Unternehmen und die unterschiedlichen Verfahren zur Visualisierung werden innerhalb der Definition der Merkmalsausprägung *Grafisches Abbilden* einbegriffen.

Definition | **Grafisches Abbilden** *Tätigkeitsmerkmal*

Anwenden von Verfahren zur visuellen (bildlichen, symbolischen, optischen oder elektronischen) Darstellung (s. CONRAD 2013, S. 250; LI 2020, S. 18–19)

Tätigkeitsfunktion: Andere führen

Um den umfangreichen Tätigkeitsbereich des *Führens* abzubilden, fließen verschiedene Modelle und Rahmenwerke in die Betrachtung ein und werden zusammengeführt. HACKSTEIN ET AL. (1975) erarbeiten die Tätigkeitsfunktionen *Bestimmen von Prozessdaten und Arbeitsabläufen* sowie *Menschen führen*, die im Kontext der Führungsaufgaben innerhalb eines Unternehmens interpretiert werden. Gemein haben die Definitionen, dass eine Form der Einflussnahme auf Personen ausgeübt wird. Zwar offenbart das „Festlegen [...] der Ausführungsmodalitäten für die eigene Tätigkeit oder für die Tätigkeiten anderer" (HACKSTEIN ET AL. 1975, S. 163) sowohl eine Selbstbeeinflussung als auch eine Fremdbeeinflussung. Jedoch erfolgt die Einflussnahme durch das „Bewegen anderer Menschen zu einer gewünschten Handlungsweise durch Informationen, Argumente und Anweisungen" (HACKSTEIN ET AL. 1975, S. 163). Die Erkenntnis der Einflussnahme als übergeordnete Funktion kongruiert mit den Ausführungen von ROSENSTIEL. (2014). Der Autor begreifen Führung als „zielbezogene Einflussnahme" (ROSENSTIEL 2014, S. 3). Differenziert betrachtet werden die Einflussnahme auf andere Personen und auf die eigene Person, aufgrund der unterschiedlich gearteten Aktivitäten und Perspektiven. Eigene kognitive Prozesse bestimmen das Tätigkeitsmerkmal des *Sich-selbst-Führens*, während das Tätigkeitsmerkmal *Andere führen* interaktiv gestaltet ist und unmittelbar unternehmensführenden Charakter innehat. Zunächst wird die Tätigkeitsfunktion *Andere führen* näher beleuchtet und in Anlehnung an ROSENSTIEL (2014) definiert.

Definition | **Andere Führen** *Tätigkeitsfunktion*

Zielbezogene Einflussnahme auf andere Menschen und auf die Unternehmensausrichtung (s. ROSENSTIEL 2014, S. 3)

Die Tätigkeitsfunktion bildet sowohl den vielschichtigen Aufgabenbereich der kommunikativen Interaktionen als auch den verantwortungsintensiven Aspekt der Unternehmensführung hinsichtlich zielbezogener Ausrichtung und Planung ab. Die Tätigkeitsfunktion bedarf der nuancierten Ausprägung menschlicher Interaktionsweisen. Folgend wird die analysierte Literatur mit dem speziellen Fokus auf Führungsaufgaben in Unternehmen herangezogen. Auffällig ist die inhaltliche Ähnlichkeit der Führungsaufgaben in den vergleichend analysierten Führungsmodellen. Leichte Abweichungen in vereinzelten Aspekten sind im Modell der sieben Führungsaufgaben von SIMSA U. PATAK (2016) erkennbar, die im Besonderen in der Ausdifferenzierung des Tätigkeitsmerkmals *Sich selbst führen* aufgegriffen werden. Die umfassende Aufgabenkonkretisierung als tatsächliche Tätigkeiten sowie das „Kommunizieren" als begleitender Teil sämtlicher Führungsaufgaben stellen den Führungskreislauf von HINTZ U.

GRAEVENSTEIN (2020) als geeigneten Bezugsrahmen heraus. Der Führungskreislauf wird in Abbildung 5-16 detailliert aufgeschlüsselt.

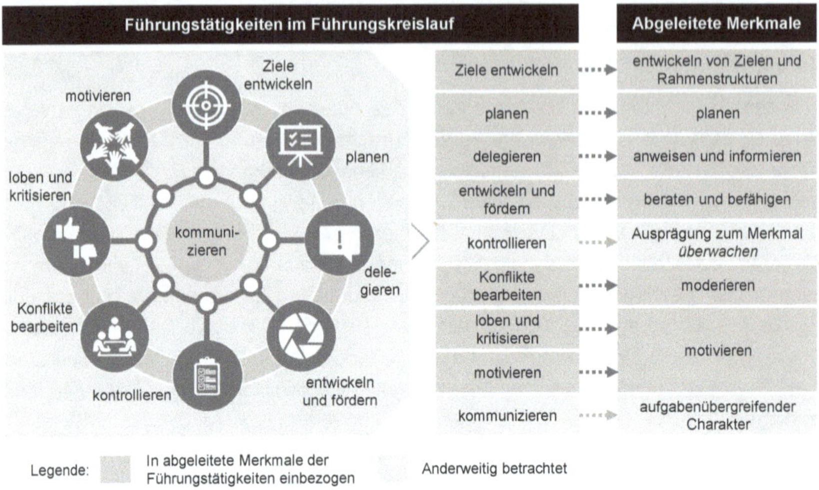

Abbildung 5-16 Führungstätigkeiten im Führungskreislauf nach HINTZ U. GRAEVENSTEIN (2020, S. 32) mit abgeleiteten Tätigkeitsmerkmalen (eigene Darstellung)

Die Führungsaufgabe das *Entwickeln von Zielen* entstammt dem Führungskreislauf von HINTZ U. GRAEVENSTEIN (2020, S. 32) und wird als Tätigkeitsmerkmal in die entworfene Klassifikation aufgenommen. ANT (2018) definiert Ziele als erstrebenswerte, zukünftig erreichbare Zustände und ergänzt den Begriff der Visionen im Zusammenhang mit den als wünschenswert erachteten Zuständen im Unternehmen (s. ANT 2018, S. 173–174). In Anbetracht der übergeordneten Charakteristik wird das *Entwickeln von Rahmenstrukturen* für die Unternehmensmarke in die Merkmalsausprägung integriert. Die zugrundeliegende menschliche Führungsaufgabe beinhaltet eine kognitive Leistung mit gravierender Wirkung auf die Unternehmensausrichtung und wird in folgender Weise als Merkmalsausprägung zusammengefügt:

Definition | **Entwickeln von Zielen und Rahmenstrukturen** *Tätigkeitsmerkmal*

Überlegen und Definieren von Unternehmenszielen sowie Rahmenstrukturen für die Unternehmensmarke (s. ANT 2018, S. 173–174)

Um definierte Ziele in ausführende Handlungen zu transformieren und die Zielerreichung zu fokussieren, unterstreichen HINTZ U. GRAEVENSTEIN (2020) die planerischen Tätigkeiten im Segment der Führungsaufgaben (s. HINTZ U. GRAEVENSTEIN 2020, S. 32). Das *Planen* von Strategien und Maßnahmen, um entsprechende Ziele zu erreichen, wird als handlungskonkretisierende Führungsaufgabe als Tätigkeitsmerkmal aufgenommen. Anzumerken ist, dass die beiden hergeleiteten Tätigkeitsmerkmale des

Entwickelns und Planens von kognitiven Prozessen und menschlichen Überlegungen geprägt werden. In der Klassifikation werden sie der Tätigkeitsfunktion des *Andere-Führens* zugeordnet, da die Tätigkeiten unmittelbar der Unternehmensführung dienen und stets eine Einflussnahme intendieren, die nicht ausschließlich die eigene Person betrifft.

Definition | **Planen** *Tätigkeitsmerkmal*

Aufstellen von Strategien und Maßnahmen für künftige Handlungen zur Erreichung definierter Ziele (s. HINTZ U. GRAEVENSTEIN 2020, S. 32; 2020, S. 70)

Das Delegieren erhält Einzug in das Modell durch das Tätigkeitsmerkmal *Anweisen und Informieren*. Im allgemeinen Verständnis betrifft das Delegieren die unternehmensinterne Aufgabenverteilung (s. HINTZ U. GRAEVENSTEIN 2020, S. 77; 2020, S. 88). Die Öffnung des Adressatenkreises für Unternehmensexterne wird in der Klassifikation umgesetzt, sodass insbesondere das Bestellen von Betriebsmitteln bei externen Lieferanten eingruppiert werden kann. KAEHLER (2017) wählt in seiner Erläuterung von Führungsaufgaben den Begriff der Arbeitsanweisung in der Bedeutung einer Zuweisung von zu verrichtender Arbeit (s. KAEHLER 2017, S. 224). Die Publikationen zu Führungsmodellen limitieren das Delegieren nicht auf die Aufgabenverteilung, sondern inkludieren eine Teilübertragung der Verantwortung für einen Aufgabenbereich (s. JÜRGENSEN 2021, S. 140; HINTZ U. GRAEVENSTEIN 2020, S. 77). Das Tätigkeitsmerkmal *Anweisen* wird als „Aufforderung zu einer Leistungsbewirkung" verstanden, um den innerbetrieblich delegierenden Aufgabenpool und die Beauftragung externer Leistungen zu vereinen. Zusätzlich erweitert das *Informieren* die kommunikative Interaktion, um einen rein informativen Charakter ohne eine Aufforderung zu implizieren.

Definition | **Anweisen und Informieren** *Tätigkeitsmerkmal*

Aufforderung zu einer Leistungsbewirkung oder informieren über einen Sachverhalt (s. KAEHLER 2017, S. 224)

Ein identisches Vorgehen wird in Bezug auf das *Entwickeln und Fördern* umgesetzt. Die Führungsaufgabe involviert im Kontext des Führungskreislaufs von HINTZ U. GRAEVENSTEIN (2020, S. 32) vornehmlich die Mitarbeitenden im Unternehmen. In dieser Arbeit wird die Merkmalsausprägung *Beraten und Befähigen* genutzt. Das *Beraten* wird als Vorschlag unverbindlicher Handlungsempfehlungen verstanden und konstituiert die unmittelbar handlungsbeeinflussende Ausprägung (s. DEWE 2002, S. 120). Das *Befähigen* umfasst das Schaffen von benötigten Fähigkeiten zur Durchführung einer Handlung. Es wirkt als Hilfestellung für die Befähigten, um die Handlungen eigenständig auszugestalten. MÜLLER (2021) etabliert den Begriff der Fähigkeit als informelle Kombination aus Wissen und Fertigkeit, was die Verbindung aus kognitivem Verständnis und praktischer Anwendungskompetenz unterstreicht (s. MÜLLER 2021, S. 4). In Anlehnung an diese Unterscheidung wird das *Beraten und Befähigen* definitorisch als folgende Merkmalsausprägung erfasst.

Definition | **Beraten und Befähigen** *Tätigkeitsmerkmal*

Vorschlagen von Handlungsweisen sowie Schaffung von Fähigkeiten zur Durchführung von Handlungen (s. DEWE 2002, S. 120; MÜLLER 2021, S. 4)

Diese Auslegung eröffnet eine Aufgabenbreite, die über die Unternehmensgrenzen hinausgeht. Das Beraten von Kundschaft wird hier ebenso wie das Schulen von Mitarbeitenden berücksichtigt, sodass eine erweiterte Bandbreite an Aufgaben und Adressaten innerhalb der Merkmalsausprägung subsumiert werden kann. Die Definition impliziert zusätzlich eine aktive Einflussnahme der ausführenden Person auf unterschiedlicher Ebene (s. ANT 2018, S. 126). Eine vorrangig passive Beeinflussung kann in der Aufgabe *Konflikte bearbeiten* je nach Konfliktkonstellation erforderlich werden. Die Führungskraft nimmt in Abgrenzung zum *Beraten und Befähigen* eine kommunikationsunterstützende Position ein. Auf dieser Grundlage wird das Tätigkeitsmerkmal *Moderieren* erweitert, welches den Raum für kommunikative Annäherungen aufspannt. Wesentliche Eigenschaften der moderierenden Person stellen die inhaltliche Unparteilichkeit und die personenbezogene Neutralität dar (s. HARTMANN ET AL. 2012, S. 26). Im Vordergrund steht der Erhalt einer angemessenen und konstruktiven Kommunikation unter Vernachlässigung der eigenen Interessen (s. HINTZ U. GRAEVENSTEIN 2020, S. 287). Unter der Führungstätigkeit des *Moderierens* wird neben den Aktivitäten im Bereich der Konfliktlösung weitere Unterstützung in kommunikativen Belangen synthetisiert, beispielsweise das Übersetzen oder die Gesprächsleitung.

Definition | **Moderieren** *Tätigkeitsmerkmal*

Unterstützen und Leiten von kommunikativen Annäherungen (s. HARTMANN ET AL. 2012, S. 26; HINTZ U. GRAEVENSTEIN 2020, S. 287)

HINTZ U. GRAEVENSTEIN (2020) begreifen im Kontrast zu JÜRGENSEN (2021) das *Motivieren* als konkrete Führungsaufgabe. JÜRGENSEN (2021) nimmt die Motivation als Ergebnis und Ziel der anderen übergeordneten Führungsaufgaben auf. Aufgrund des weniger Operativen sind asynchrone Einordnungen je nach Fokusausrichtung des Führungsmodells erklärbar. Der zwischenmenschliche und kommunikative Charakter des Motivierens ist entscheidend. Die Heterogenität und Komplexität menschlicher Interaktionen im Bereich des Führens werden in die Klassifikation integriert, sodass die Aufnahme des Motivierens als Merkmalsausprägung konsistent erscheint. In der Unterordnung zum Tätigkeitsmerkmal *Andere führen* wird schwerpunktmäßig die Einflussnahme auf die Motivation anderer Personen eingeschlossen. Um dem Motivieren eine definitorische Basis zu verschaffen, wird die Motivationspsychologie herangezogen, welche die Komponenten der Richtung, Intensität und Persistenz von zielgerichtetem menschlichem Verhalten unter Einwirkung einer Vielzahl unterschiedlicher personenbezogener und situativer Faktoren ergründet (s. HECKHAUSEN U. HECKHAUSEN 2010, S. 3). In Anlehnung an diesen grundlegenden Forschungs- und Formulierungsansatz wird das *Motivieren* folgend definiert.

Definition | **Motivieren** *Tätigkeitsmerkmal*

Verstärkendes oder veränderndes Einwirken auf die Richtung, Intensität und Persistenz des Verhaltens von Personen (s. HECKHAUSEN U. HECKHAUSEN 2010, S. 3)

Aufbauend werden das *Loben und Kritisieren* konsistent dem Motivieren zugeordnet. Zur Verstärkung oder Korrekturforderung des Verhaltens der Mitarbeitenden bilden Loben und Kritisieren definitionskonforme reale Tätigkeiten der Merkmalsausprägung *Motivieren* (s. HINTZ U. GRAEVENSTEIN 2020, S. 33). Das *Moderieren* und das *Motivieren* ergänzen den Teilbereich der Teamführung und Teamentwicklung. Während vor allem das *Befähigen* den Wissenstransfer und den Ausbau von Kenntnissen und Kompetenzen abdeckt, werden durch das *Moderieren* sowie durch das *Motivieren* die zwischenmenschlichen Komponenten der Führung pointiert. Die Aufgaben *Kontrollieren* und *Kommunizieren* komplettieren den Führungskreislauf von HINTZ U. GRAEVENSTEIN (2020). Während das *Kontrollieren* als Merkmalsausprägung zum bereits erläuterten Funktionsbereich des *Überwachens* hinzugefügt wird, erhält das *Kommunizieren* einen aufgabenübergreifenden Charakter. Kommunikation wird übergeordnet als Voraussetzung der Führungsaufgaben gesehen, repräsentiert durch die zentrale Position im Führungskreislauf. Die Intensität des kommunikativen Anteils variiert naturgemäß zwischen den Tätigkeitsmerkmalen. Hinsichtlich des *Anweisens und Informierens, Beratens und Befähigens, Moderierens* sowie beim *Motivieren* nimmt Kommunikation eine Schlüsselrolle ein.

Tätigkeitsfunktion: Sich selbst führen

Zur Vervollständigung der getrennten Erarbeitung der Führungsmerkmale wird das Tätigkeitsmerkmal des *Sich-selbst-Führens* ergänzt. Sowohl HACKSTEIN ET AL. (1975) als auch SIMSA U. PATAK (2016) referenzieren die Eigenführung als wesentlichen Bestandteil der Führungsaufgaben (s. HACKSTEIN ET AL. 1975, S. 163; SIMSA U. PATAK 2016, S. 42–43): *„Wer andere führen will, muss zuerst bei sich selbst beginnen."* (SIMSA U. PATAK 2016, S. 42). Wissensintensive Tätigkeiten sind meist nicht in Umfang und Art vorstrukturiert, was das selbstbestimmte Arbeiten in eine zentrale Position hebt. Selbstbestimmtes Arbeiten erfordert persönliche kognitive Leistungen und wirkt als wesentliche Unterstützung zur Führung anderer Menschen (s. SIMSA U. PATAK 2016, S. 42). Das funktionale Tätigkeitsmerkmal spiegelt die Aktivitäten wider, die primär eine Beeinflussung von eigenen Tätigkeiten und Denkweisen integrieren. *Sich selbst führen* wird alleinstehend betrachtet und wie folgt definiert:

Definition | **Sich selbst führen** *Tätigkeitsfunktion*

Zielbezogene Einflussnahme auf sich selbst durch kognitive Tätigkeit (s. ROSENSTIEL 2014, S. 3; SIMSA U. PATAK 2016, S. 42–43).

Im Detail werden zwei Ausprägungen unterschieden, welche die zugehörigen Komponenten der Selbstführung nach SIMSA U. PATAK (2016) schwerpunktmäßig erfassen und abstrahierend abbilden. Eine Ausprägung repräsentiert den Aufbau und Ausbau der eigenen Fähigkeiten sowie die Informationslage und wird als Tätigkeitsmerkmal mit *Sich-informieren und -befähigen* tituliert. Im Kontext der Fremdbeeinflussung wird die folgende Definition entsprechend festgehalten.

Definition | **Sich-Informieren und -Befähigen** *Tätigkeitsmerkmal*

Einholen von Informationen über Sachverhalte und Schaffung von Fähigkeiten zur Durchführung von Handlungen (s. MÜLLER, E. 2021, S. 4).

Ergänzend fokussiert die Entwicklung von persönlichen Werten und Zielen als wesentlicher Bestandteil die Persönlichkeitsbildung (s. SIMSA U. PATAK 2016, S. 42–43). Die Perspektive hebt den Unterschied zum Äquivalent *Andere führen*, in der ein unmittelbar unternehmerischer Zielbezug verankert ist, hervor. Die persönlichen Wertvorstellungen und Zielsysteme können gleichermaßen die Handlungen im Unternehmensinteresse beeinflussen. Das *Reflektieren* wird in diesem Zuge als stellvertretende Merkmalsausprägung eingeführt. In Anlehnung an die Ausführungen von WYSS (2008) und DAUBER (2006) repräsentiert das *Reflektieren* die kritisch selbstbetrachtenden, bewusst überlegenden und abwägenden Gedankenaktivitäten zur zielbezogenen Selbstbeeinflussung und persönlichen Entwicklung.

Definition | **Reflektieren** *Tätigkeitsmerkmal*

Kritisches Selbstbetrachten, bewusstes Überlegen oder abwägendes Denken (s. WYSS 2008, S. 3; DAUBER 2006, S. 13).

Die kognitiv intensive Merkmalsebene des *Sich-selbst-Führens* komplettiert die Klassifikationsmöglichkeiten für das breite Spektrum der menschlichen Tätigkeiten mit Führungscharakter.

5.2.4 Zusammenführung der Klassifikation und Praxisanwendung

Als zentrale Veränderungsmechanismen für Unternehmen des produzierenden Gewerbes beeinflussen digitalisierte Arbeitsmittel und Arbeitsweisen die betrieblichen Transformationsprozesse. Die erweiterten Möglichkeiten durch den technologischen Fortschritt wirken sich als wesentlicher Faktor auf die Erhaltung der Wettbewerbsfähigkeit aus. In der Geschwindigkeit, verstärkt durch die COVID-19-Pandemie, ergeben sich neue Arbeitsplatzanforderungen aus den digital vernetzten Arbeitsumgebungen. Motiviert durch diese Ausgangssituation, wird die Herausforderung der konzeptionellen Einbindung von flexiblen Arbeitsplatzstrukturen in einem heterogenen Tätigkeitszusammenhang für produzierende Unternehmen zum Forschungsschwerpunkt der entworfenen Klassifikation. Beispielhaft konnte in Dienstleistungsunternehmen Remote-Work in einem flächendeckenden Ausmaß als Reaktion auf den Ausbruch der Pandemie umgesetzt werden (s. STATISTA 2023, S. 24), was die heterogenen Tätigkeitsinhalte des verarbeitenden Gewerbes als zentrale Einflussgröße identifiziert. Vor diesem Hintergrund bildet die Klassifikation remotefähige menschliche Tätigkeiten in produzierenden Unternehmen, anhand eines tätigkeitsbasierten Lösungsansatzes zur Aufschlüsselung remotefähiger Tätigkeitselemente, ab. Die entwickelte Klassifikation remotefähiger menschlicher Tätigkeiten umfasst sieben Tätigkeitsfunktionen als übergeordnete Klassen. Als Subklassen werden 18 Tätigkeitsmerkmale hergeleitet (siehe Abbildung 5-17).

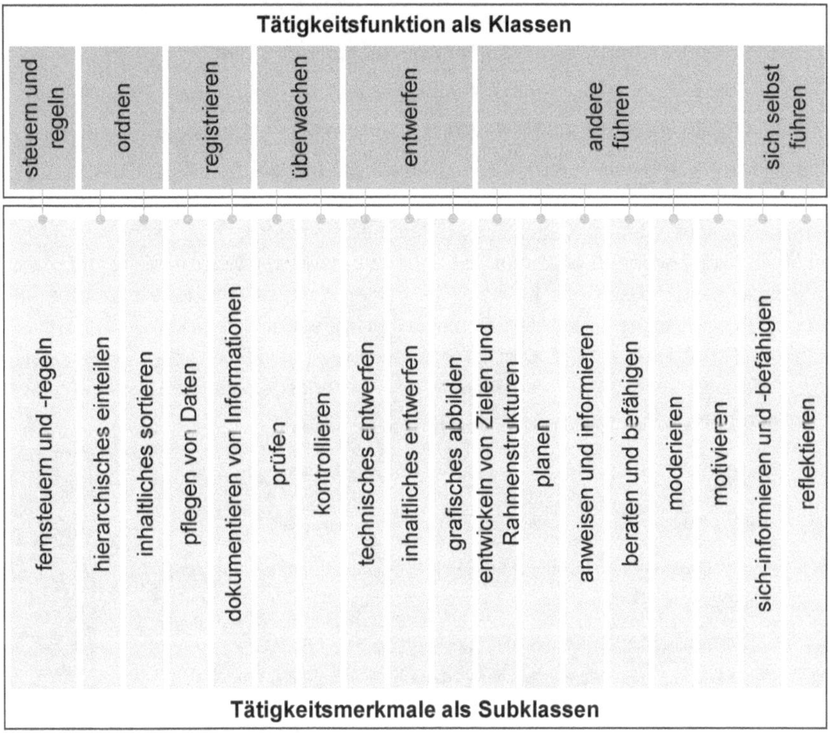

Abbildung 5-17 Klassifikation remotefähiger Tätigkeiten in produzierenden Unternehmen (eigene Darstellung)

Zur Einordnung der menschlichen Tätigkeit in die Klassifikation ist die in Kapitel 5.2.1 aufgezeigte Definition remotefähiger menschlicher Tätigkeiten maßgebend. Wenn die Prüfung der Randbedingungen entlang der Struktur und Zeitachse ergibt, dass eine Tätigkeit als kognitiv immaterielle und ortsunabhängig durchführbare Aktivität einzuordnen ist, dann tritt die entworfene Klassifikation in Kraft. Wird eine menschliche Tätigkeit anhand der Prüfung der Randbedingung als nicht remotefähig eingeordnet, sind die Voraussetzungen für die Modellanwendung nicht erfüllt. Ein Auszug der nachfolgenden Erkenntnisse wurde bereits von der Autorin veröffentlicht (s. HERKENRATH ET AL. 2023). In diesem Kapitel 5.2 wurde somit die zweite, untergeordnete und handlungsleitende Forschungsfrage beantwortet: *„Was sind remotefähige Tätigkeitsmerkmale in produzierenden Unternehmen?“.*

5.3 Erklärungsmodell der Wirkungsbeziehungen

Aufbauend auf der Beantwortung der ersten beiden untergeordneten Forschungsfragen anhand von zwei Beschreibungsmodellen, dient das folgende Kapitel der Beantwortung der dritten untergeordneten Forschungsfrage:

> *„Welche Wirkungsbeziehungen bestehen zwischen remotefähigen Tätigkeitsmerkmalen und betrieblichen Gestaltungsparametern von Remote-Work-Konzepten?“.*

In Kapitel 5.1 wurden die verschiedenen Klassen zur betrieblichen Gestaltung von Remote-Work mittels Gestaltungsdimensionen, Gestaltungsfeldern und Gestaltungsparametern beschrieben. In Kapitel 5.2 wurden die remotefähigen menschlichen Tätigkeiten in produzierenden Unternehmen anhand detaillierter Tätigkeitsfunktionen und -merkmale systematisch beschrieben. Die beiden deskriptiven Modelle wurden auf Grundlage einschlägiger Fachliteratur und erweiternder Fallstudien konstruiert. Darauf aufbauend erfolgt in diesem Kapitel die Synthese dieser beiden Beschreibungsmodelle durch die systematische Untersuchung der Wirkungsbeziehungen anhand eines mehrschrittigen Vorgehens, wie in Abbildung 5-18 dargestellt.

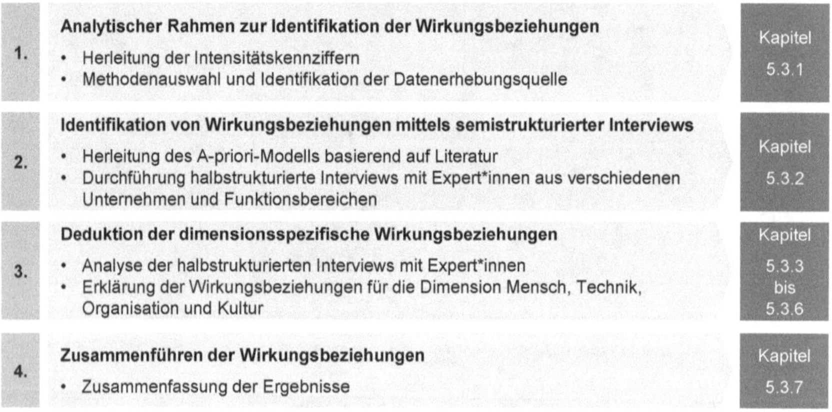

Abbildung 5-18 Vorgehensweise zur Erklärung der Wirkungsbeziehungen (eigene Darstellung)

Zur Erläuterung dieser Wirkungsbeziehungen wird zunächst der analytische Rahmen mithilfe von Intensitätskennziffern abgeleitet. Auf dieser Grundlage erfolgen die Auswahl der Methoden sowie die entsprechende Datenerhebung. Die Wirkungsbeziehungen werden dimensionsspezifisch erforscht. Im Rahmen eines praxisorientierten Forschungsansatzes dienen die Ergebnisse dazu, den Bedarf an Gestaltung zu differenzieren und anschließend angemessene Gestaltungsansätze für Remote-Work abzuleiten. Dieser Ansatz und die angestrebten Ergebnisse sind damit von zentralem Interesse für das übergeordnete Ziel dieses Dissertationsvorhabens.

5.3.1 Analytischer Rahmen zur Identifikation der Wirkungsbeziehungen

Die Identifikation der Wirkungsbeziehungen zwischen den Gestaltungsparametern von Remote-Work-Konzepten und remotefähigen Tätigkeitsmerkmalen in produzierenden Unternehmen stellt einen essenziellen Schritt für die Gestaltung von Remote-Work in produzierenden Unternehmen dar. Zur Erklärung der Wirkungsbeziehungen werden die beiden in Kapitel 5.1 und Kapitel 5.2 erarbeiteten Beschreibungsmodelle genutzt. Das Vorgehen zur Erklärung der Wirkungsbeziehungen bezieht jeweils die detaillierteste Ebene der beiden Beschreibungsmodelle mit den Gestaltungsparametern und Tätigkeitsmerkmalen ein, wie in Abbildung 5-19 dargestellt. Zur Strukturierung werden übergeordnet die jeweilige Gestaltungsdimension der Gestaltungsparameter und die Tätigkeitsfunktion der Tätigkeitsmerkmale aufgeführt. Zur Erklärung der Wirkungsbeziehungen wird eine Einflussmatrix aufgespannt. Eine Einflussmatrix identifiziert Entitäten im Netzwerk mit aktiver, reaktiver, kritischer oder zielführender Tendenz (s. PROBST U. GOMEZ 1993, S. 13–14). Diese Kategorisierung basiert nicht auf exakten mathematischen Bestimmungen, sondern auf intuitiven Schätzungen (s. PROBST U. GOMEZ 1993, S. 13). In der nachfolgend aufgespannten Einflussmatrix bilden die spezifischen Gestaltungsparameter von Remote-Work-Konzepten die Zeilen und die remotefähigen Tätigkeitsmerkmale in produzierenden Unternehmen die Spalten. Die Gestaltungsdimensionen Mensch, Technik, Organisation und Kultur zur betrieblichen Gestaltung von Remote-Work bilden die übergeordnete Strukturebene der Zeilen. Korrespondierend bilden die remotefähigen Tätigkeitsfunktionen mit der Detailebene der remotefähigen Tätigkeitsmerkmale die Spalten der Einflussmatrix.

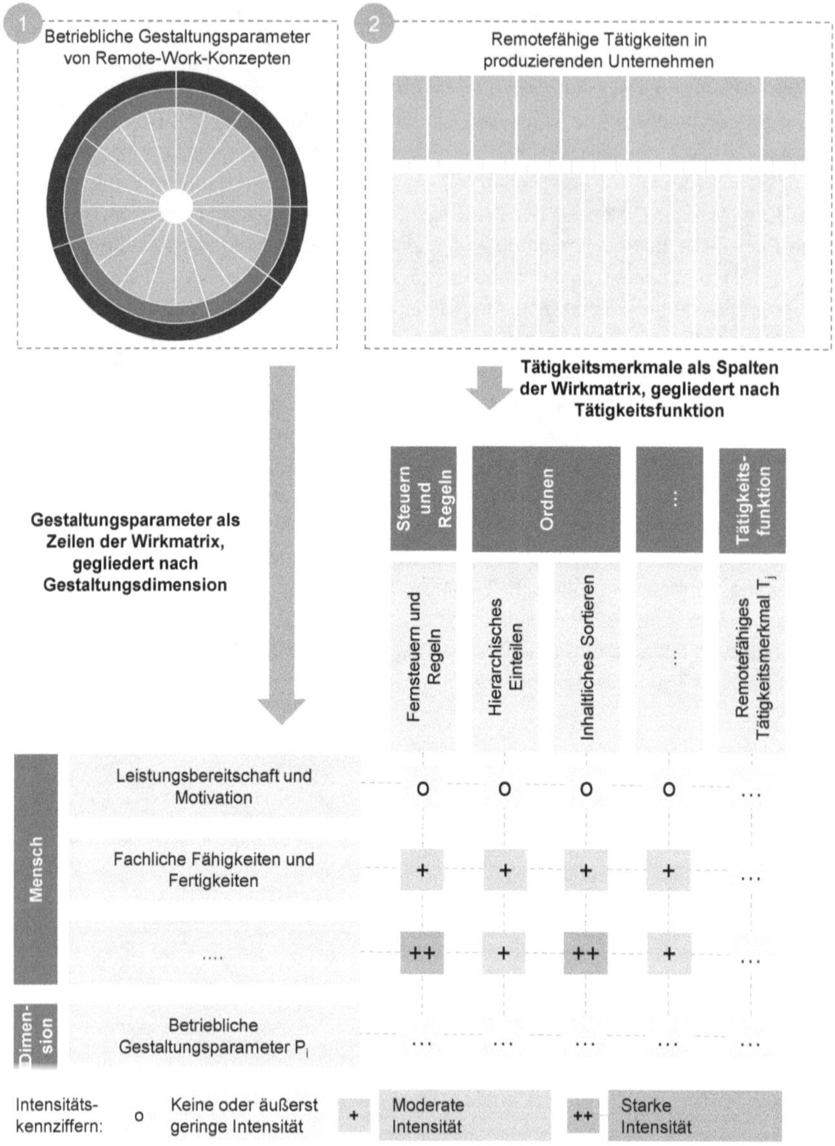

Abbildung 5-19 Zusammensetzung der Einflussmatrix (eigene Darstellung)

Basierend auf der im Folgenden dargestellten Datenerhebungsmethode und anschließenden Datenanalyse werden die Wirkungsbeziehungen hergeleitet und erklärt. Wie in der Einflussmatrix dargestellt, werden alle Gestaltungsparameter mit allen Tätigkeitsmerkmalen betrachtet und auf ihre Wirkungsbeziehung hin geprüft. Diese Prüfung und Bewertung finden anhand von Intensitäten statt (s. PROBST U. GOMEZ 1993, S. 13), welche sich in drei Intensitätsstufen gliedern:

- *Keine oder äußerst geringe Intensität: o*
  Die Intensität des Gestaltungsparameters von Remote-Work-Konzepten im Hinblick auf remotefähige Tätigkeiten ist marginal und kann in der Ableitung von Gestaltungsmaßnahmen berücksichtigt werden, ohne jedoch von entscheidender Bedeutung zu sein.
- *Moderate Intensität: +*
  Die Intensität des Gestaltungsparameters von Remote-Work-Konzepten im Hinblick auf remotefähige Tätigkeiten ist vorhanden und sollte in der Ableitung von Gestaltungsmaßnahmen berücksichtigt werden.
- *Starke Intensität: ++*
  Die Intensität des Gestaltungsparameters von Remote-Work-Konzepten im Hinblick auf remotefähige Tätigkeiten ist marginal, jedoch muss sie bei der Ableitung von Gestaltungsmaßnahmen berücksichtigt werden und ist von entscheidender Bedeutung.

5.3.2 Identifikation von Wirkungsbeziehungen mittels semistrukturierter Interviews

In der initiierenden Phase der Untersuchung ist es erforderlich, im Voraus geeignete Quellen für die Datenerhebung festzulegen. Der konstatierte Forschungsbedarf (s. Kapitel 3.4) manifestiert sich deutlich in der gegenwärtigen Literatur, indem bis zu diesem Zeitpunkt weder eine umfassende Darlegung gestalterischer Parameter für Remote-Work-Konzepte vorliegt, die in der unternehmerischen Praxis anwendbar wären, noch eine detaillierte Festlegung von remotefähigen Tätigkeiten in produzierenden Unternehmen erfolgt ist. Die Folgen ergeben sich bei der Erörterung der Wirkungsbeziehungen, da das A-priori Modell der Einflussmatrix lediglich aufzeigt, wo potenzielle Wirkungsbeziehungen bestehen, ohne eine umfassende und auf Intensitätsstufen basierende Aussage treffen zu können. Es bleibt fraglich, ob sämtliche relevanten Wirkungsbeziehungen durch die Literaturanalyse vollständig erfasst werden. Das A-priori-Modell, welches auf der vorhandenen Literatur basiert, wird im Anhang (siehe Anhang A6) detailliert dargestellt. Aufgrund der fehlenden theoretischen Sättigung, die eine umfassende Analyse der Wirkungsbeziehungen in ihrer Ganzheit gestattet (s. MWITA 2022, S. 313), wird eine Datenerhebungsmethode mit primären Daten in Form von Expert*inneninterviews gewählt (s. Kapitel 4.2.3).

In Anlehnung an die methodologischen Prinzipien von MYERS U. NEWMAN (2007, S. 3) erweist sich die Wahl des semistrukturierten Interviews als besonders adäquat für den Forschungskontext. Durch die Kombination von vorbereiteten Fragen und spontanen, ungeplanten Fragestellungen ermöglicht diese Interviewform eine flexible und dennoch strukturierte Interaktion zwischen dem Forschenden und den Befragten. Das semistrukturierte Interview folgt einer übergeordneten Gliederung, die es dem

Forschenden gestattet, die notwendigen Informationen zu erfassen, während gleichzeitig genügend Raum für eine anpassungsfähige Konversation besteht. MYERS U. NEWMAN (2007, S. 2) unterstreichen in diesem Kontext nachdrücklich die Notwendigkeit einer präzisen Interviewführung, um sicherzustellen, dass die Qualität der Ergebnisse hochwertig ist. Diese methodologische Ausrichtung findet ihre praktische Umsetzung im beigefügten Leitfaden der semistrukturierten Expert*inneninterviews, der im Anhang A7 zu finden ist. Die Expert*inneninterviews werden mit Mitarbeitenden produzierender Unternehmen durchgeführt, gestützt auf das Expert*innenverständnis, wie in Kapitel 4.2.3 erläutert.

Die Auswahl der Interviewten berücksichtigt eine breite Vielfalt an Mitarbeitenden verschiedener Positionen in produzierenden Unternehmen, wodurch divergierende Blickwinkel in die Analyse einbezogen werden. Durch eine breit angelegte Branchenabdeckung innerhalb der produzierenden Industrie sowie eine variierende Unternehmensgröße, die eine Vielzahl von Produktportfolios und Produktionsprozessen innerhalb der Unternehmen umfasst, wird dies umgesetzt. Diese zielgerichtete Vorgehensweise sichert eine umfassende Darstellung der vielschichtigen Aspekte und Herausforderungen, mit denen Unternehmen in der produzierenden Industrie konfrontiert sind. Besonderes Augenmerk liegt auf der Integration unterschiedlicher Perspektiven, welche sich dem direkten Produktionsbezug (folgend „Produktion" genannt) oder dem strategischen Bezug (folgend „Strategie" genannt) zuordnen lassen. Eine detaillierte Übersicht, wie in Tabelle 5-4 dargestellt, gibt Einblick in die sorgfältig gewählten Interviewpartner. Auf Wunsch der Interviewpartner findet eine Anonymisierung anhand einer übergeordneten Einteilung der Branche, Mitarbeitendenzahlen und des Umsatzes statt. Die abstrahierten Interviewergebnisse finden sich in Anhang A8 .

Tabelle 5-4 Übersicht der Interviewten (eigene Darstellung)

Nr.	Branche	Anzahl Mitarbeitende [im Jahr 2022]	Umsatz [in Mio. € im Jahr 2022]	Perspektive
I01	Luft- und Raumfahrt	> 100.000	> 50	Produktion
I02	Maschinen- und Anlagenbau	> 10.000	> 1	Produktion
I03	Konsumgüterindustrie	> 5.000	> 1	Strategie
I04	Konsumgüterindustrie	> 10.000	> 5	Produktion
I05	Maschinen- und Anlagenbau	> 1.000	> 500	Strategie
I06	Maschinen- und Anlagenbau	> 10.000	> 1	Strategie
I07	Werkzeug- und Maschinenbau	> 10.000	> 5	Produktion
I08	Automobilindustrie	> 10.000	> 1	Strategie
I09	Maschinen- und Anlagenbau	< 100	< 0,5	Produktion
I10	Maschinen- und Anlagenbau	> 500	*Verbanddienstleister*	Strategie
I11	Maschinen- und Anlagenbau	> 10.000	> 1	Produktion

Die Bewertung der Wirkungsbeziehungen erfolgt qualitativ anhand der oben dargelegten Intensitätskennziffern und bildet den Ausgangspunkt für die Identifikation von Handlungsempfehlungen. Angesichts der gewählten Methode wurden gezielt Expert*innen ausgewählt, deren beruflicher Hintergrund eine Erfassung des Abstraktionsniveaus der Einflussmatrix mit ihren Wirkungsbeziehungen ermöglicht. Diese Selektion eröffnet die Möglichkeit einer fundierten Bewertung und einer differenzierten Auseinandersetzung mit den Intensitätskennziffern. Etwa die Hälfte der Interviewten wurde im Rahmen des von der Verfasserin der Dissertationsschrift geleiteten Forschungsprojekts *DecentraLEAD* (s. Anhang A3) gewonnen. Die engen inhaltlichen Synergien begünstigte eine besonders gedankenreiche Interviewführung. Die Interviews, welche im Zeitraum zwischen Oktober und Dezember 2023 durchgeführt wurden, erfolgten digital über Videoanrufe. Zu diesem Zeitpunkt waren die Beschreibungsmodelle betrieblicher Gestaltungsparameter von Remote-Work (Kapitel 5.1) und remotefähigen Tätigkeiten in produzierenden Unternehmen (Kapitel 5.2) bereits abgeschlossen. Die Gespräche erstreckten sich über eine Dauer von 2 bis 4 Stunden und wurden in deutscher Sprache geführt. Eine Zusammenfassung der zentralen Interviewergebnisse je Interview ist im Anhang A8 , Auswertungsübersicht abstrahierter Interviewergebnisse, zu finden.

5.3.3 Wirkungsbeziehungen der Gestaltungsdimension Mensch

Im Folgenden werden die Wirkungsbeziehungen zwischen Gestaltungsparametern der Gestaltungsdimension Mensch und den remotefähigen Tätigkeitsmerkmalen in produzierenden Unternehmen erklärt. Die aufgezeigte Bewertung jeder Wirkungsbeziehung erfolgt durch eine Intensitätskennziffer, welche durch die einzelnen semistrukturierten Interviews die Expert*inneneinschätzung vereint. Folgend werden die Wirkungsbeziehungen, strukturiert nach dem betrieblichen Gestaltungsparameter der Gestaltungsdimension Mensch, aufgezeigt und konsolidiert in Abbildung 5-20 dargestellt.

	Steuern / Regeln	Ordnen		Regis-trieren		Über-wachen		Entwerfen			Andere Führen						Sich selbst führen	
	Fernsteuern und -regeln	Hierarchisches Einteilen	Inhaltliches Sortieren	Pflegen von Daten	Dokumentieren von Informationen	Prüfen	Kontrollieren	Technisches Entwerfen	Inhaltliches Entwerfen	Grafisches Abbilden	Anweisen und Informieren	Planen	Beraten und Befähigen	Entwickeln von Zielen und Rahmenstrukturen	Motivieren	Moderieren	Sich Informieren und Befähigen	Reflektieren
Leistungsbereitschaft und Motivation	o	o	o	o	o	+	+	+	+	+	++	++	++	++	++	++	++	+
Fachliche Fähigkeiten und Fertigkeiten	+	+	+	+	+	+	+	++	++	++	++	++	++	++	++	++	++	+
Persönliche Haltung zu Remote-Work	o	o	o	o	o	o	o	o	o	o	++	++	++	++	++	++	++	+
Arbeitsidentität	+	+	+	+	+	+	+	+	+	+	++	+	+	+	++	+	+	+
Technik- und Digitalkompetenz	++	+	+	+	+	+	+	+	+	+	++	++	++	++	++	++	+	+

Intensitätskennziffern: o Keine oder äußerst geringe Intensität + Moderate Intensität ++ Starke Intensität

Abbildung 5-20 Wirkungsbeziehungen der Gestaltungsdimension Mensch (eigene Darstellung)

Leistungsbereitschaft und Motivation

Leistungsbereitschaft und Motivation betrachten den inneren Antrieb der Mitarbeitenden und sind entscheidend für ihre Produktivität und den Erfolg. Für den Gestaltungsparameter der Leistungsbereitschaft und Motivation ist generell hervorzuheben, dass Leistung nicht mit kontrollierter Leistung gleichzusetzen ist. Leistungsbereitschaft und Motivation sind entscheidende Faktoren für die Produktivität und den Erfolg der Mitarbeitenden (s. I01). Die Art und Vielfalt der Aufgaben sowie der Karriereweg spielen eine wichtige Rolle bei der Motivation der Mitarbeitenden (s. I02). Die Perspektive auf eine potenziell gesteigerte Leistungsfähigkeit durch Remote-Work kann eine intrinsische Motivation fördern (s. I01). Wird Leistung direkt gemessen, motiviert dies zumindest extrinsisch, kann aber auch intrinsische demotivieren (s. I05).

Die Auswirkungen von Remote-Work auf die Leistung und Motivation können sich unterschiedlich äußern: So kann etwa die Hürde für einen informellen Austausch durch physische Trennung erschwert werden, was sich auf die Leistung und Motivation auswirken kann (s. I06). Hinzu kommt, dass es technisches und inhaltliches Entwerfen sowie die grafisch abbildenden Tätigkeiten sind, die remote bei bestimmten Personen deutlich konzentrierter und effizienter durchgeführt werden (s. I01). Das Ausmaß der

Abstraktion zeigt dabei einen signifikanten Zusammenhang mit der Leistung auf (s. I10). Die Aussicht auf gesteigerte Leistungsfähigkeit bei Remote-Work kann eine signifikante motivierende Wirkung entfalten, insbesondere im Hinblick auf die Förderung von intrinsischer Motivation (s. I01). Auch ist der Aufgabenmix der Tätigkeiten ausschlaggebend für die Motivation der Mitarbeitenden (s. I02).

Das Führungsverhalten und die Art der Aufgabenlenkung spielen eine wesentliche Rolle für die persönliche Leistung und Motivation der Mitarbeitenden (s. I01). Einen zentralen Aspekt bildet die Art und Weise, wie Aufgaben remote gesteuert und gelenkt werden (s. I01). Das Fehlen einer physischen Verbindung am gemeinsamen Arbeitsort kann die Motivation beeinträchtigen, da eine visuelle Verbundenheit fehlt (s. I01). Die Selbstführung spielt eine entscheidende Rolle für die Leistung und Motivation von Individuen bei Remote-Work (s. I05). Dies beinhaltet die Fähigkeit zur Selbstreflexion, um die Effizienz zu steigern und Leistungslücken zu identifizieren (s. I01). Das Reflektieren ist geprägt durch die ortsunabhängige personenbezogene Eigenleistung und wird damit weniger stark durch Remote-Work beeinflusst. Das Reflektieren unterliegt in Bezug auf die persönliche Leistung und Motivation, die unabhängig vom Standort ist, einer moderaten Wirkung bei Remote-Work.

Leistungsbereitschaft und Motivation sind entscheidend für die Produktivität und den Erfolg der Mitarbeitenden, wobei die Perspektive des Karrierewegs eine entscheidende Rolle bei der Motivation spielt. Bestimmte Tätigkeiten können remote effizienter durchgeführt werden, abhängig von der Abstraktionsebene. Das Fernsteuern und -regeln, das hierarchische Einteilen, das inhaltliche Sortieren, das Pflegen von Daten und das Dokumentieren von Informationen werden daher mit keiner bis zu einer äußerst geringen Intensität bewertet. Mit einer moderaten Intensität werden das Prüfen, Kontrollieren, technisches Entwerfen, inhaltliches Entwerfen und grafisches Abbilden eingeordnet. Das Führungsverhalten und die Aufgabenlenkung beeinflussen die persönliche Leistung und Motivation. Im Kontext von Führungstätigkeiten wird insgesamt eine starke Intensität festgestellt, außer beim Reflektieren, welches eine moderate Intensität aufweist.

Fachliche Fähigkeiten und Fertigkeiten

Die *fachlichen Fähigkeiten und Fertigkeiten* betrachten die berufsbezogenen Kompetenzen der Mitarbeitenden, die für die produktiven Tätigkeiten von grundlegender Bedeutung sind. Dabei sind die kontinuierliche Weiterentwicklung und die Identifizierung von Kompetenzlücken in einem dynamischen Umfeld von zentraler Bedeutung. Der Austausch von Fachwissen spielt eine entscheidende Rolle bei der Ausübung verschiedener Tätigkeiten (s. I05). Dies hat bei allen remotefähigen Tätigkeiten einen Einfluss. Der Einfluss erstreckt sich über sämtliche Tätigkeiten, die sich für die Ausführung im Rahmen von Remote-Work eignen. Dabei beeinflusst der Austausch von Wissen und fachlichen Fähigkeiten nicht nur die Qualität der Arbeit, sondern auch die Effizienz und den Erfolg der durchgeführten Aufgaben (s. I06).

Beim Fernsteuern und Regeln von Anlagen wirkt sich auch die Kundenerwartung aus, abhängig davon, ob die Anlage vor Ort oder beim Kunden betrieben wird (s. I02). Diese Tätigkeiten erfordern eine hohe Konzentration auf Details und eine präzise Ausführung, um etwaige Fehler zu identifizieren und zu korrigieren. Die fachlichen Fähigkeiten und Fertigkeiten sind eng an die zugewiesenen Befugnisse geknüpft. Eine räumliche Trennung kann die Zusammenarbeit beeinträchtigen, insbesondere dann, wenn auf das Fachwissen der Kollegen zurückgegriffen werden muss (s. I01). Prüfen und kontrollieren erfordern häufig wiederholende Aufgaben und eine gründliche Überprüfung, während beim Entwerfen Transferfähigkeiten und kreative Problemlösung im Vordergrund stehen (s. I06). Sowohl das technische und inhaltliche Entwerfen als auch das grafische Abbilden erfordern ein hohes Maß an Kreativität und die Fähigkeit, innovative Ideen zu entwickeln (s. I08).

In der digitalen Arbeitsumgebung erfordern Anweisungen andere Fähigkeiten als in der rein ortsgebundenen Führung (s. I02). Digitales Arbeiten erfordert ein differenzierteres Gespür, um zu erkennen, ob die Anweisung auf Zustimmung oder Ablehnung stößt, und entsprechend darauf zu reagieren (s. I05). Bei Tätigkeiten, die auf kollektive Intelligenz setzen, wie Anweisungen, informieren, planen, beraten und befähigen, ist Zusammenarbeit in der Regel unverzichtbar. Bei digitaler Beratung finden in der Regel mehrere kurze Meetings statt, während vor Ort längere, zusammenhängende Zeiträume üblich sind, die effizient genutzt werden (s. I02). Der Beratungsmodus unterscheidet sich je nachdem, ob die Interaktion digital oder persönlich erfolgt. Beim Entwickeln von Zielen und Rahmenstrukturen sowie beim Motivieren und Moderieren von Teams spielen eine klare Kommunikation, das Verständnis für individuelle Bedürfnisse und die Fähigkeit, ein unterstützendes Umfeld zu schaffen, eine entscheidende Rolle (s. I06). Auch bedarf es im digitalen Raum meist einer gewissen „Nachphase“ zur Verarbeitung, da meist Wege und Wechselzeiten, welche Raum zur Reflexion geben, wegfallen (s. I02). Die Ermöglichung von Selbstbefähigung durch Remote-Work hängt oft auch von der Einstellung und der mentalen Haltung der betreffenden Person ab, wobei sowohl der Digitalisierungsgrad als auch die Unternehmenskultur eine entscheidende Rolle spielen (s. I02). Das eigenständige Reflektieren ist wiederum unabhängig vom Ausführungsort und liegt bei dem Menschen selbst, jedoch wird es von äußeren Einflüssen beeinflusst.

Das Fernsteuern und -regeln sowie das hierarchische Einteilen, inhaltliche Sortieren, Pflegen von Daten und Dokumentieren von Informationen sind daher mit einer moderaten Intensitätskennziffer einzuordnen. Im Kontext des Prüfens und Kontrollierens sind die Fähigkeiten und Fertigkeiten direkt an die Befugnisse geknüpft. Benötigt man für eine Aufgabe Unterstützung durch Know-how der Kolleg*innen, kann eine räumliche Trennung hemmend wirken. Auch hier liegt eine moderate Intensität vor. Das technische Entwerfen, inhaltliche Entwerfen und grafische Abbilden werden mit einer starken Intensität bewertet, da diese Tätigkeiten ein hohes Maß an Kreativität und die Fähigkeit erfordern, innovative Ideen zu entwickeln. Sowohl das Anweisen und das Informieren, das Planen, Beraten und Befähigen, das Entwickeln von Zielen und

Rahmenstrukturen, das Motivieren und Moderieren als auch das Sich-Informieren und -Befähigen werden daher mit einer hohen Intensität eingeordnet. Das Reflektieren wird, wie beim Gestaltungsparameter der Leistungsbereitschaft und Motivation, mit einer moderaten Intensität bewertet.

Persönliche Haltung zu Remote-Work

Die persönliche Haltung zu Remote-Work umfasst die individuelle Einstellung der Mitarbeitenden gegenüber Remote-Work, basierend auf ihren bisherigen Erfahrungen und persönlichen Hintergründen. Die individuelle Einstellung eines Mitarbeitenden beeinflusst maßgeblich die Leistung und Motivation, insbesondere in Bezug auf Themen, die mit den gemeinsamen Arbeitspraktiken verbunden sind (s. I01). Jedoch ist hervorzuheben, dass technische Unterstützung und eine effektive Führung ebenfalls einen großen Einfluss haben (s. I02). Eine positive Einstellung und ein unterstützendes Führungsumfeld können dazu beitragen, dass individuelle Hürden gemeinsam überwunden werden. Die Art und Weise, wie eine Person andere remote führt, hängt in erster Linie von ihrer eigenen Einstellung dazu ab (s. I02). Vornehmlich in Produktionsbetrieben besteht oft eine deutliche Ablehnung gegenüber Remote-Work, was sowohl die Attraktivität des Unternehmens als auch die Motivation der Mitarbeitenden beeinflusst (s. I01). Diese Skepsis kann dazu führen, dass die Attraktivität des Unternehmens für potenzielle Mitarbeitende sinkt und die Motivation der bestehenden Belegschaft beeinträchtigt wird.

Auch wenn das soziale Umfeld und die damit verbundene persönliche Haltung als bedeutender Faktor angesehen wird, findet die eigentliche Ausführung der Tätigkeit beim Fernsteuern und -regeln, hierarchischem Einteilen, inhaltlichem Sortieren, Pflegen von Daten, Dokumentieren von Informationen, Prüfen, Kontrollieren, technischem Entwerfen, inhaltlichem Entwerfen und grafischem Abbilden größtenteils isoliert statt und wird mit einer äußerst geringen Intensität bewertet. Die Wirkungsbeziehungen des Anweisens und Informierens, des Planens, Beratens und Befähigens, des Entwickelns von Zielen und Rahmenstrukturen, des Motivierens und Moderierens weisen eine starke Intensität auf. Eine intensive Auseinandersetzung mit der eigenen Einstellung ist entscheidend für eine erfolgreiche Remote-Arbeitsweise, was das Sich-Informieren und -Befähigenl einbezieht, welches ebenfalls eine starke Intensität aufweist. Hinsichtlich des Reflektierens schwächt diese wieder ab, welche mit moderater Intensitätskennziffer bewertet wird.

Arbeitsidentität

Die Arbeitsidentität beschreibt die Identifikation der Mitarbeitenden mit dem Unternehmen und ihren individuellen Beitrag dazu. Im Rahmen der sinngetriebenen Arbeit wird zunehmend die persönliche Identifikation mit dem Unternehmen betont, die sowohl durch den übergeordneten Zweck des Unternehmens als auch durch strategische Ziele beeinflusst wird. Die Arbeitsidentität, als die Identitätsregulierung, die den Prozess der Integration persönlicher und organisatorischer Identitäten beschreibt, ist von entscheidender Bedeutung für die Akzeptanz von Remote-Work (s. I06). Die

Identifikation mit der ausgeführten Arbeit wird sowohl bei physischer Abwesenheit vom Arbeitsplatz am Standort als auch bei Präsenz vor Ort beeinflusst, was die Bedeutung der Passung zwischen Aufgabenfeld und Arbeitgeber für die Mitarbeitenden unterstreicht (s. I01). Ist die Tätigkeit direkt an die Herstellung eines physischen Produkts gebunden, beispielsweise im Fertigungsumfeld, kann sich durch die greifbare und konkrete Nähe eine starke Verbundenheit zur Arbeit ergeben (s. I05).

Gleichzeitig kann eine überwiegende physische Distanz zum Unternehmen Wechselhürden für Mitarbeitenden verringern (s. I06). Dies wird besonders sichtbar, wenn Mitarbeitende direkt bei Kund*innen arbeiten. Sie verbringen überwiegend Zeit mit spezifischen Kund*innen, wodurch die Verbundenheit mit dem Unternehmen verringert wird und ein Wechsel nur eine geringe Umstellung bedeuten kann (s. I02). Entscheidend ist hier die wahrgenommene Führungsqualität, die sowohl von den Führungskräften als auch von der Selbstführung her Wirkung zeigt. Zudem beeinflusst es Menschen, wenn sie ausschließlich digital geführt werden (s. I11). Insbesondere sensible Themen erfordern, beispielsweise bei direkter Anweisung und Information, eine persönliche Interaktion, wobei der physische Raum mehr Möglichkeiten bietet, die Atmosphäre zu erfassen. Die direkte Interaktion ermöglicht es, nonverbale Signale und emotionale Nuancen besser wahrzunehmen, was wiederum die Qualität des Gesprächs und das Verständnis zwischen den Beteiligten fördern kann (s. I02).

Die Wirkungsbeziehungen von Fernsteuern und -regeln, hierarchischem Einteilen, inhaltlichem Sortieren, Pflegen von Daten, Dokumentieren von Informationen, Prüfen, Kontrollieren, technischem Entwerfen, inhaltlichem Entwerfen und grafischem Abbilden werden aufgrund ihrer unmittelbaren Verbundenheit zum Produkt als moderate Intensität eingestuft. Gerade im Kontext des Anweisens und Informierens ist bei heiklen Themen ein persönliches Gespräch gefordert. Dies trifft korrespondierend auch auf das Motivieren zu. Während das Planen, Beraten und Befähigen, Entwickeln von Zielen und Rahmenstrukturen, das Moderieren, das Sich-Informieren und -Befähigen sowie Reflektieren mit einer moderaten Intensität bewertet werden, werden das Anweisen und Informieren sowie das Motivieren mit einer starken Intensität bewertet.

Technik- und Digitalkompetenz

Die Technik- und Digitalkompetenz umfasst die individuelle Fähigkeit eines Mitarbeitenden zur effektiven Nutzung digitaler Werkzeuge in seiner Arbeitsumgebung sowie der Kommunikation. Diese Kompetenz ist entscheidend für Remote-Work, da sie die Basis für die Ausführung von Aufgaben und die Zusammenarbeit im Team bildet. Die individuellen Kompetenzen eines Mitarbeitenden im Umgang mit digitalen Werkzeugen stellen eine grundlegende Voraussetzung für die Remote-Arbeit dar, wobei die Technikkompetenz bei der eigenständigen Einrichtung von digitalen Werkzeugen und Infrastruktur anfängt (s. I02). Personen, die nicht in der Lage sind, externe Systeme zu bedienen oder effektiv mit Kolleg*innen zu kommunizieren, werden Schwierigkeiten haben, Arbeit remote durchzuführen (s. I01). Werden Produktionsanlagen, Maschinen oder Prozesse aus der Ferne überwacht, gesteuert oder reguliert, werden

Technologien wie z. B. Fernwartungssysteme eingesetzt (s. I05). Abhängig von den Prozessen ist es umsetzbar, die Fernsteuerung und -regelung zu ermöglichen, wodurch spezifische Fähigkeiten erforderlich werden, um bei Bedarf eingreifen zu können (s. I05).

Bei Remote-Work werden insbesondere bei der Führung anderer Personen spezifische Technik- und Digitalkompetenzen benötigt. Die Zusammenarbeit wird hiervon maßgeblich beeinflusst, da das technische Wissen und Know-how im Umgang mit Maschinen nicht unmittelbar auf die Zusammenarbeit übertragbar sind (s. I06). Speziell in Remote-Arbeitsumgebungen, in denen digitale Werkzeuge und Technologien eine zentrale Rolle spielen, sind auch Digitalkompetenzen entscheidend für eine effektive Zusammenarbeit (s. I08). Die eigene Führung wird durch die Informationsbeschaffung und Beteiligung geprägt, jedoch weniger stark durch eine eigenständige Entscheidungsbasis beeinflusst.

Alle remotefähigen Tätigkeitsmerkmale werden von der Technik- und Digitalkompetenz beeinflusst, jedoch in unterschiedlichem Maße. Die Wirkungsbeziehung für das Fernsteuern und -regeln wird als starke Intensität eingeordnet, während das hierarchische Einteilen, inhaltliche Sortieren, Pflegen von Daten, Dokumentieren von Informationen, Prüfen, Kontrollieren, technische Entwerfen, inhaltliche Entwerfen und grafische Abbilden mit einer moderaten Intensitätsstufe bewertet werden. Bedingt durch die zentrale Rolle der Führung verschiedener Arbeitsmodelle, weisen das Anweisen und Informieren, Planen, Beraten und Befähigen, Entwickeln von Zielen und Rahmenstrukturen, Motivieren als auch das Moderieren eine starke Intensität auf. Das Sich-Informieren und -Befähigen sowie Reflektieren werden mit einer moderaten Intensität bewertet.

5.3.4 Wirkungsbeziehungen der Gestaltungsdimension Technik

Im nachfolgenden Abschnitt werden die Wirkungsbeziehungen zwischen den Gestaltungsparametern der Gestaltungsdimension Technik und den remotefähigen Tätigkeitsmerkmalen in produzierenden Unternehmen erläutert, anhand von Intensitätskennziffern bewertet und in Abbildung 5-21 zusammengefasst visualisiert.

	Steuern/ Regeln	Ordnen		Regis- trieren		Über- wachen		Entwerfen			Andere Führen						Sich selbst führen	
	Fernsteuern und – regeln	Hierarchisches Einteilen	Inhaltliches Sortieren	Pflegen von Daten	Dokumentieren von Informationen	Prüfen	Kontrollieren	Technisches Entwerfen	Inhaltliches Entwerfen	Grafisches Abbilden	Anweisen und Informieren	Planen	Beraten und Befähigen	Entwickeln von Zielen und Rahmenstrukturen	Motivieren	Moderieren	Sich Informieren und Befähigen	Reflektieren
IT-Struktur	++	++	++	++	++	++	++	++	++	++	+	+	+	+	+	+	+	+
Arbeits-gegenstand	++	++	++	++	++	++	++	++	++	++	++	++	++	++	++	++	++	+

Intensitätskennziffern: o Keine oder äußerst geringe Intensität; + Moderate Intensität; ++ Starke Intensität

Abbildung 5-21 Wirkungsbeziehungen der Gestaltungsdimension Technik (eigene Darstellung)

IT-Struktur

Die IT-Struktur bezeichnet die strukturierte Organisation und Verwaltung von Informationstechnologieressourcen, -komponenten und -prozessen innerhalb eines Unternehmens, um die Geschäftsziele, Effizienz und Effektivität zu unterstützen. Um Steuerungs-, Regelungs- und Ordnungsaufgaben umzusetzen, sind angemessene IT-Voraussetzungen unerlässlich, die eine breite Palette von technischen Möglichkeiten abdecken (s. I01). Die Umsetzungskapazitäten und Rechenleistung sind dabei wesentliche Faktoren für die Effektivität und Effizienz bei der Ausführung von Aufgaben (s. I02, I05), was insbesondere das Steuern und Regeln, Ordnen, Registrieren, Überwachen und Entwerfen betrifft. Vorwiegend im operativen Bereich wird eine Vielzahl von Programmen genutzt, welche eine Remote-Ausführung und den Zugriff auf entsprechende Systeme erfordern (s. I01). Es kann insbesondere für Entwickelnde mit notwendiger Simulationssoftware remote zu Einschränkungen durch Verzögerung kommen, was die Arbeit lähmt (s. I01).

Führungstätigkeiten sind besonders durch Interaktion, Kommunikation und Zusammenarbeit geprägt. Ein zentraler Aspekt der Führung besteht darin, Mitarbeitende zu unterstützen und zu befähigen, ihre individuellen Fähigkeiten und Kompetenzen zu stärken und dabei zu unterstützen, ihre Aufgaben eigenständig und effektiv zu erledigen. Die IT-Struktur bildet die Grundvoraussetzung, um dies in einem hybriden Umfeld, welches sowohl durch Remote-Work als auch verschiedene Standorte entstehen kann, zu ermöglichen. Neben der Anweisung und dem Informieren über Sachverhalte geht es zudem um das Schaffen eines motivierenden Umfelds, welches die Mitarbeitenden ermutigt, gemeinsam an Zielen zu arbeiten (s. I06). Das Fehlen bestimmter technischer Voraussetzungen kann diese Dynamik bei Remote-Work jedoch beeinträchtigen (s. I05).

Die beschriebene Fähigkeit zur Verarbeitung von Daten bildet eine grundlegende Determinante für die Wirksamkeit und Ausführbarkeit von Arbeitsaufgaben, weshalb sowohl das Fernsteuern und -regeln, das hierarchische Einteilen, das inhaltliche Sortieren, das Pflegen von Daten, das Dokumentieren von Informationen, das Prüfen und Kontrollieren als auch das technische Entwerfen, das inhaltliche Entwerfen und das grafische Abbilden mit einer starken Intensität bewertet werden. Die IT-Struktur ist zwar entscheidend für die effektive Umsetzung von Führungsaufgaben, da sie die Interaktion, Kommunikation und Zusammenarbeit ermöglicht. Gleichzeitig findet der Kern der Tätigkeit in der Unterstützung und Befähigung der Mitarbeitenden statt. Das Anweisen und Informieren, das Planen, Beraten und Befähigen, das Entwickeln von Zielen und Rahmenstrukturen, das Motivieren und Moderieren sowie das Sich-Informieren und -Befähigen sowie Reflektieren werden daher mit einer moderaten Intensität bewertet.

Arbeitsgegenstand

Der Arbeitsgegenstand, als konkretes Objekt, ermöglicht das ortsunabhängige Arbeiten und den Wechsel des Arbeitsplatzes durch den Einsatz digitaler Technologien, wozu u. a. die physische Ausstattung wie Computer und Smartphones zählen. Eine angemessene technische Ausstattung der fertigungsnahen Bereiche ist entscheidend, um eine reibungslose Produktion zu gewährleisten und den Anforderungen der modernen Arbeitswelt gerecht zu werden (s. I05). Dabei ist es unerlässlich, dass die technischen Ressourcen den sich stetig wandelnden Anforderungen der Branche entsprechen und eine nahtlose Integration in die Produktionsprozesse ermöglichen. Der Arbeitsgegenstand trägt damit nicht nur zur Zufriedenheit der Mitarbeitenden bei, sondern auch zur erfolgreichen Umsetzbarkeit von Remote-Work, wobei eine zuverlässige und effiziente Arbeitsumgebung von entscheidender Bedeutung ist (s. I00). Die verlässliche Verfügbarkeit einer stabilen technischen Infrastruktur ermöglicht es den Mitarbeitenden, ihre täglichen Aufgaben erfolgreich zu bewältigen (s. I02) und ein angenehmes Arbeitsumfeld zu erleben (s. I06).

In einer zunehmend digitalisierten Arbeitsumgebung spielen virtuelle Arbeitswerkzeuge wie Videokonferenzsysteme eine immer wichtigere Rolle für die effektive Zusammenarbeit und Kommunikation im Team (s. I01). Der Arbeitsgegenstand kann den ortsunabhängigen Austausch erleichtern und ein räumliches Isolationsgefühl von Teammitgliedern verringern oder verhindern (s. I01). Arbeitsgegenstände, wie ein digitales Writeboard, erfreuen sich einer hohen Akzeptanz für die digitale Zusammenarbeit (s. I02). Die Arbeitsgegenstände des Arbeitsplatzes, welche entscheidend für die Durchführung bestimmter Tätigkeiten sind, werden zusätzlich durch gesetzliche Vorgaben und Erwartungen der Kundschaft beeinflusst (s. I02).

Es ist unerlässlich, dass der Arbeitsgegenstand als technische Ressource den sich stetig wandelnden Anforderungen der Branche entspricht und eine nahtlose

Integration in die Produktionsprozesse ermöglicht. Dies trägt zur Zufriedenheit der Mitarbeitenden bei und ermöglicht die erfolgreiche Umsetzbarkeit von Remote-Work. Mit starker Intensität werden die Wirkungsbeziehungen der Tätigkeitsmerkmale des Fernsteuerns und -regelns, des hierarchischen Einteilens, des inhaltlichen Sortierens, des Pflegens von Daten, des Dokumentierens von Informationen, des Prüfens und Kontrollierens als auch des technischen Entwerfens, des inhaltlichen Entwerfens, des grafischen Abbildens sowie des Anweisens und Informierens, des Planens, Beratens und Befähigens, des Entwickelns von Zielen und Rahmenstrukturen, des Motivierens und Moderierens und des Sich-Informierens und Befähigens bewertet. Rein das Reflektieren wird, begründet auf dem starken persönlichen Bezug, bei moderater Intensität eingeordnet.

5.3.5 Wirkungsbeziehungen der Gestaltungsdimension Organisation

Zur Erklärung der Wirkungsbeziehungen der Gestaltungsparameter der Gestaltungsdimension Organisation mit den remotefähigen Tätigkeitsmerkmalen in produzierenden Unternehmen werden die Ergebnisse der semistrukturierten Interviews herangezogen. Die Analyse erfolgt anhand der vorgestellten Intensitätskennziffern. In Abbildung 5-22 sind die Ergebnisse zusammenfassend dargestellt.

	Steuern/ Regeln	Ordnen		Regis- trieren		Über- wachen		Entwerfen			Andere Führen						Sich selbst führen	
	Fernsteuern und –regeln	Hierarchisches Einteilen	Inhaltliches Sortieren	Pflegen von Daten	Dokumentieren von Informationen	Prüfen	Kontrollieren	Technisches Entwerfen	Inhaltliches Entwerfen	Grafisches Abbilden	Anweisen und Informieren	Planen	Beraten und Befähigen	Entwickeln von Zielen und Rahmenstrukturen	Motivieren	Moderieren	Sich Informieren und Befähigen	Reflektieren
IT-Governance	+	+	+	+	+	+	+	+	+	+	+	+	+	+	+	+	+	o
Wissenskreation, -transfer und Kommunikations -prozesse	o	o	o	+	+	o	o	++	++	++	++	++	++	++	++	++	++	o
Branchen-spezifika und Kundenvorgaben	++	+	+	+	+	++	++	+	+	+	o	o	+	+	o	o	+	o
Fachkräftebedarf	+	+	+	+	+	+	+	+	+	+	+	+	+	+	+	+	+	+
Rechtliche Vorgaben	++	+	+	+	+	+	+	+	+	+	++	o	o	o	o	o	o	o
Organisations-struktur, –prozesse und Raum	++	++	++	++	++	++	++	+	+	+	+	+	+	+	o	o	+	o
Betriebs-vereinbarung	++	+	+	+	+	+	+	+	+	+	++	o	o	o	o	o	o	o

Intensitätskennziffern: o Keine oder äußerst geringe Intensität; + Moderate Intensität; ++ Starke Intensität

Abbildung 5-22 Wirkungsbeziehungen der Gestaltungsdimension Organisation (eigene Darstellung)

IT-Governance

Die hier thematisierte IT-Governance umfasst die Planung und Ausrichtung der regulatorischen Rahmenbedingungen von der Informationstechnik bis zu den strategischen Zielen eines Unternehmens, insbesondere hinsichtlich Kommunikation, Kooperation und Kollaboration. IT-Governance und klare Richtlinien im Umgang damit sind für alle remotefähigen Tätigkeitsmerkmale von Bedeutung, unabhängig davon, ob es sich um inhaltliche oder personenbezogene Daten handelt (s. I01). In einer Zeit, in der die digitale Kommunikation einen immer größeren Stellenwert einnimmt, ist es unerlässlich, sensible Daten vor unbefugtem Zugriff zu schützen und die Privatsphäre der Nutzer*innen zu wahren (s. I10). Effektive Kommunikationsprozesse mit entsprechenden Werkzeugen spielen eine entscheidende Rolle für die Zusammenarbeit innerhalb eines Teams und einer Organisation (s. I06). Jene sind im Rahmen der IT-Governance sorgfältig auszuwählen, zu implementieren und kontinuierlich auf ihren bestehenden Nutzen zu hinterfragen (s. I02), um zielführende Kommunikation, Kooperation und Kollaboration zu stützen.

Auch der Datenschutz gewinnt zunehmend an Bedeutung, insbesondere in der modernen Kommunikationslandschaft, sowohl bei der Verwendung von Videokonferenzsystemen als auch beim Austausch von Informationen über andere Wege, wie beispielsweise per E-Mail (s. I08). Der Umgang mit Daten, wenn die Arbeit nicht in den Räumlichkeiten des Unternehmens ausgeführt wird, kann als unsicher oder unbehaglich empfunden werden (s. I02). Um eine angemessene Sicherstellung zu gewährleisten, ist es erforderlich, die entsprechenden technischen Ressourcen bereitzustellen und zu gewährleisten (s. I04). Konstrukteure sind beispielsweise auf eine robuste Rechnerleistung sowie eine zuverlässige Dateninfrastruktur angewiesen, um komplexe Aufgaben effizient bewältigen zu können (s. I05). Dies unterstreicht die Bedeutung einer effektiven IT-Governance, die sicherstellt, dass angemessene Sicherheitsmaßnahmen und Richtlinien für den Umgang mit sensiblen Daten vor Ort und bei Remote-Work implementiert werden (s. I05).

Hinsichtlich der IT-Governance ist der Datenschutz in der modernen Kommunikationslandschaft im Kontext mit der Unsicherheit beim Umgang mit Daten zentral, weshalb alle remotefähigen Tätigkeitsmerkmale, mit Ausnahme des Reflektierens, mit einer moderaten Intensitätsstufe bewertet werden. Wie dargelegt weisen die IT-Governance und die persönliche Reflexion keine oder eine geringe Intensität auf.

Wissenskreation, -transfer und Kommunikationsprozesse

Strategische und operative Aktivitäten zur systematischen Erfassung, Speicherung und Verbreitung von Informationen als Wissen sind zentral für den Gestaltungsparameter. Dabei unterstützen standardisierte Prozesse und ein digitalisiertes Wissensmanagement den reibungslosen Wissensfluss und die Verfügbarkeit im Arbeitsalltag. Die effektive Gestaltung von Kommunikationsprozessen spielt eine entscheidende Rolle in der Wissenskreation, dem -transfer und den Kommunikationsprozessen innerhalb einer Organisation (s. I04). Eine nahtlose Zusammenarbeit und der effiziente Austausch von Informationen sind in Bereichen wie der Produktionsplanung von grundlegender Bedeutung, da sie die erfolgreiche Umsetzung von Planungsaktivitäten und die Bewältigung von Herausforderungen im Produktionsprozess ermöglichen (s. I05). Dabei können starke Wechselwirkungen auftreten, die eine reibungslose Koordination und Kommunikation noch wichtiger machen (s. I05). Die Arbeit wird maßgeblich durch den Transfer von Informationen und die Gestaltung von Prozessen beeinflusst, wobei verschiedene Werkzeuge genutzt werden, die generell für Remote-Work geeignet sind (s. I10). Bei der Gestaltung der Arbeit ist es zentral, dass technische und grafische

Funktionen remote umsetzbar sind, auch wenn alle Werkzeuge an ihre Grenzen stoßen (s. I01).

Eine umfassende und strukturierte Dokumentation ist unerlässlich, um den reibungslosen und effektiven Transfer von Wissen digital zu gewährleisten (s. I06). Jene dient als zuverlässige Informationsquelle und unterstützt die Mitarbeitenden dabei, ihr Wissen zu teilen, verstehen und nutzen. Die digitale Dokumentation bringt, gerade für produzierende Unternehmen mit physischen Gütern, bestimmte Herausforderungen mit sich (s. I07). Eine besondere Herausforderung stellen papierbasierte Dokumente dar, die im Arbeitsumfeld der Produktion weiterhin stark genutzt werden (s. I07). Obwohl diese Informationen auch in IT-Systemen erfasst werden, ist es meist aufgrund rechtlicher Vorgaben in den bestehenden Prozessen notwendig, dass sie auch in physischen Dokumenten, wie Aufträgen, vermerkt sind (s.I07). Die Verwaltung von Informationen kann dann hauptsächlich über Softwareprogramme und Plattformen als Wissensmanagement-Tool und Online-Wiki umgesetzt werden, die auch als Kommunikations- und Lernplattform genutzt werden (s. I08). Wird zudem die Führungsaufgabe betrachtet, welche von Interaktion geprägt ist, profitiert diese durch visuelle Begleitung wie beispielweise digitale Writeboards (s. I02). Durch die strukturierte Organisation von Workshops können Führungskräfte aktiv Einfluss nehmen und eine positive Arbeitsumgebung schaffen.

Eine reibungslose Zusammenarbeit und der Austausch von Informationen sind essenziell, um eine effektive Kommunikation und schnellere Identifikation und Lösung von Herausforderungen zu finden. Das Fernsteuern und -regeln, hierarchische Einteilen, inhaltliche Sortieren, das Prüfen und Kontrollieren werden daher mit einer äußerst geringen Intensität bewertet. Hingegen werden das Pflegen von Daten und das Dokumentieren von Informationen moderat bewertet. Ein koordinierter Informationsaustausch verbessert die Planungsgenauigkeit und ermöglicht eine präzisere Ressourcenallokation. Das technische Entwerfen, das inhaltliche Entwerfen, das grafische Abbilden sowie das Anweisen und Informieren, das Planen, Beraten und Befähigen, das Entwickeln von Zielen und Rahmenstrukturen, das Motivieren und Moderieren als auch das Sich-Informieren und -Befähigen werden mit einer starken Intensität eingeordnet. Bedingt durch die persönliche Komponente des Reflektierens wird dieses mit einer äußerst geringen Intensität bewertet.

Branchenspezifika und Kundenvorgaben

Branchenspezifika und Kundenvorgaben umfassen die charakteristischen Merkmale und Strukturen bestimmter Wirtschaftsbereiche sowie die spezifischen Anforderungen und Bedürfnisse der Kund*innen, die diese Merkmale beeinflussen. Remote-Work ist stark durch Branchenspezifika geprägt, da viele Aspekte des Produktionsprozesses eine direkte physische Präsenz erfordern, insbesondere für das "Go-and-See"-Prinzip (s. I04). Obwohl Automatisierung als mögliche Lösung betrachtet wird, sind die damit verbundenen Kosten oft prohibitiv (s. I04). So können beispielsweise Führungskräfte wie Schichtleiter nicht remote arbeiten, wenn alle anderen Mitarbeitenden vor Ort in der Produktion tätig sind und ihre Präsenz für einen reibungslosen Ablauf unerlässlich ist (s. I04). Auch Stärkung der Präsenz bei Kund*innen vor Ort und das bessere Verständnis der Anforderungen stehen im Fokus einer langfristigen Zusammenarbeit (s. I02). Hierbei wird eine kollaborative Herangehensweise an die Leistungsgestaltung angestrebt, um innovative Lösungen gemeinsam zu entwickeln. Die Fähigkeiten für Remote-Work spielen dabei eine entscheidende Rolle für die effektive Kommunikation mit Kund*innen und den Zugriff auf Informationen von überall aus (s. I02).

In Bezug auf sensible Angelegenheiten wie Entwicklungstätigkeiten bestehen Unterschiede zwischen amerikanischen und deutschen Standorten, insbesondere aufgrund regulatorischer Anforderungen, z. B. des US-Militärs (s. I05). Auf dem amerikanischen Markt gelten spezifische rechtliche Kriterien, vornehmlich in den Branchen Luftfahrt, Raumfahrt, Öl & Gas und Verteidigung (s. I05). Grafische Elemente wie Kataloge sind weniger branchenabhängig und weisen daher ein geringeres Geheimhaltungsniveau auf. Dennoch ist es wichtig, sich auf die Belange der Kund*innen einzulassen und die unterschiedlichen regulatorischen Anforderungen zu berücksichtigen (s. I05). TISACS, ein Beispiel für Datensicherung in der Automobilindustrie, verdeutlicht, dass die Intensität der Anwendung in der Produktion höher ist als in der Entwicklung (s. I08). Dies liegt darin begründet, dass spezifische Prozesse vor Ort getestet werden müssen, um eine effektive Sicherung der Daten zu gewährleisten (s. I08). Es ist zwar technologisch möglich, bestimmte Geräte auch von anderen Kontinenten aus zu bedienen, wobei die Relevanz dieser gesteuerten Produktionsprozesse oft gering ist (s. I08). Informationen werden nach Vorlage weitergegeben, wobei alles, was TISACS-zertifiziert ist, eine wichtige Rolle spielt (s. I08).

Die Intensität von externen Vorgaben und Branchenspezifika variiert je nach Art der Tätigkeit. Während Unternehmen in der Regel über eigene Gestaltungsspielräume verfügen und in dieser Hinsicht weniger von externen Vorgaben abhängig sind, zeigen Prüf- und Kontrollinstanzen eine hohe Abhängigkeit, die je nach Branche unterschiedlich sein kann (s. I01). In Bezug auf Remote-Work besteht oft eine geringere direkte Auswirkung von Spezifika und Kundenvorgaben auf die Tätigkeiten, da jene die inhaltliche Gestaltung beeinflussen und weniger den eigentlichen Remote-Aspekt des Arbeitens (s. I01). Dennoch spielen diese Faktoren eine Rolle bei der Entwicklung von Zielen und Rahmenstrukturen und beeinflussen die Beratung und Befähigung von Führungskräften (s. I05).

Die Branchenspezifika und Kundenvorgaben bestimmen die Anforderungen und Rahmenbedingungen für Remote-Work, insbesondere in Bezug auf die physische Präsenz im Produktionsprozess und regulatorische Anforderungen. Das hierarchische Einteilen, das inhaltliche Sortieren, das Pflegen von Daten, das Dokumentieren von Informationen sowie das technische Entwerfen, das inhaltliche Entwerfen, das grafische Abbilden werden mit einer moderaten Intensitätsstufe bewertet. Die Wirkungsbeziehung zum Fernsteuern und -regeln genauso wie das Prüfen und Kontrollieren werden korrespondierend mit einer starken Intensität bewertet. Hinsichtlich der Führungsaufgaben weisen das Beraten und Befähigen, das Entwickeln von Zielen und

Rahmenstrukturen sowie das Sich-Informieren und -Befähigen ebenfalls eine moderate Intensität auf. Das Anweisen und Informieren, das Planen, Motivieren, Moderieren und Reflektieren weisen keine bis eine äußerst geringe Intensität auf.

Fachkräftebedarf

Der Gestaltungsparameter des Fachkräftebedarfs adressiert die Rekrutierung und Bindung von Fachkräften sowie die Attraktivität des arbeitgebenden Unternehmens. Remote-Work hat das Potenzial, sowohl die Rekrutierung neuer Mitarbeitenden als auch die Bindung bestehender Mitarbeitender zu fördern, insbesondere bei jüngeren Generationen (s. I01). Angesichts des Fachkräftemangels ist es unerlässlich, Arbeitsprozesse zu automatisieren und zu digitalisieren, um den Einstieg neuer Mitarbeitende zu erleichtern (I09). Überdies wird Remote-Work zunehmend als eine Notwendigkeit angesehen, um Fachkräfte anzuziehen und zu halten (s. I06). Speziell in Bereichen wie der IT-Branche trägt eine flexiblere Arbeitsgestaltung wie Remote-Arbeit an mehreren Tagen pro Woche, dazu bei, qualifizierte Talente anzuziehen und zu halten (s. I04). Die flexible Arbeitsgestaltung kann langfristig die Attraktivität eines Unternehmens steigern, doch birgt sie auch Risiken, beispielsweise bei der Identifikation und Verbundenheit mit dem Unternehmen (s. I01).

Der zunehmende Wettbewerb auf dem Bewerber*innenmarkt zwingt Unternehmen dazu, traditionelle Arbeitsmodelle zu überdenken und Tätigkeiten, die bisher nicht als remotefähig betrachtet wurden, in diese Richtung zu entwickeln (s. I10). Diese Entwicklung resultiert aus der steigenden Nachfrage nach flexiblen Arbeitsmöglichkeiten seitens der Bewerbenden, die vermehrt Remote-Work als attraktive Option wahrnehmen (s.I06). Unternehmen sehen sich daher gezwungen, ihre Arbeitsmodelle anzupassen, um qualifizierte Bewerber*innen anzulocken und zu halten. Dies verdeutlicht die Bedeutung einer agilen Arbeitsstruktur, die den aktuellen Anforderungen des Arbeitsmarktes gerecht wird und zugleich die Attraktivität des Unternehmens für potenzielle Mitarbeitende steigert (s. I06).

Die zunehmende Internationalität in der Geschäftswelt erfordert eine verstärkte internationale Zusammenarbeit, die durch die Remote-Arbeit erleichtert wird (s. I02). Unternehmen mit globalen Standorten sehen sich vor der Herausforderung, Teams effektiv über verschiedene Zeitzonen hinweg zu koordinieren (s. I02). Dies zeigt, dass Remote-Work nicht nur die Zusammenarbeit unterstützt, sondern auch die internationale Vernetzung fördert. Gleichzeitig ist zu beobachten, dass der Austausch vor Ort, gerade auch auf globaler Ebene, als eine besondere Form der Wertschätzung angesehen wird (s. I02). Eine ausgeglichene Integration von Remote-Work und persönlichem Austausch vor Ort ist daher entscheidend für die Stärkung der internationalen Zusammenarbeit in global agierenden Unternehmen.

Die Wirkung des Fachkräftebedarfs auf alle Tätigkeitsmerkmale wird mit einer moderaten Intensität bewertet, da die Anpassung traditioneller Arbeitsmodelle an den Bewerbermarkt und die verstärkte Nutzung von Remote-Work als Lösung für den Fachkräftemangel zeigen, dass die Rekrutierung und Bindung von Fachkräften sowie die

Attraktivität des Arbeitgebers maßgeblich beeinflusst werden. Dies bedingt damit alle remotefähigen Tätigkeitsmerkmale.

Rechtliche Vorgaben

Die rechtlichen Vorgaben beziehen sich auf gesetzliche Rahmenbedingungen und verbindliche Regelungen, die Unternehmen von staatlichen oder behördlichen Instanzen auferlegt werden. Die Betriebsvereinbarung weist eine starke Korrelation mit dem Datenschutz auf (s. I01). Inhaltlich werden diese Vereinbarungen oft von rechtlichen Vorgaben und unternehmerischen Anforderungen beeinflusst (s. I01). Insbesondere im Hinblick auf die Datenverwendung ähneln die Regelungen denen in der Betriebsvereinbarung (s. I01). Diese Vorschriften sind von entscheidender Bedeutung, da sie den rechtlichen Rahmen für den Umgang mit sensiblen Daten und anderen geschäftlichen Aspekten festlegen, die sowohl die Interessen der Unternehmen als auch die Rechte und Datenschutzbedenken der Mitarbeitenden schützen.

Zusätzlich sind Sicherheitsgrundsätze maßgebend. Beim Remote-Testen und -Ansteuern von Anlagen müssen spezifische Sicherheitsgrundsätze beachtet werden (s. I08). Die Fernsteuerung von Anlagen erfordert klare Regulierungen, um die Sicherheit zu gewährleisten (s. I05). Dies beinhaltet die Einhaltung von Vorschriften, um potenzielle Risiken zu minimieren und die Sicherheit am Arbeitsplatz zu garantieren (s. I08). Neben den allgemeinen Datenschutzbestimmungen wie der DSGVO sind zudem auch spezifische IT-bezogene Fragestellungen wie Zugriffsrechte und Rollenmodelle einzubeziehen (s. I05). Zudem sind bei der Verwaltung von Daten umfangreiche Regulierungen zu beachtet, insbesondere im Umgang mit sensiblen Daten wie Bewerber*innendaten und Stammdaten (s. I05). Gemäß dem Arbeitszeitgesetz ist es erforderlich, die Arbeitszeiten der Mitarbeitenden nachvollziehbar zu dokumentieren (s. I05).

Im Kontext der Arbeitssicherheit ist es von entscheidender Bedeutung, Mitarbeitende durch Anweisungen und Informationen zu unterstützen (s. I02). Diese Aufgabe umfasst die Bereitstellung relevanter Richtlinien und Verhaltensstandards, um sicherzustellen, dass Sicherheitsmaßnahmen verstanden und eingehalten werden (s. I02). Dazu gehört auch die Kommunikation von Sicherheitsprotokollen und Notfallverfahren zur Minimierung von Unfallrisiken (s. I02). Die Erfassung von Arbeitszeiten und die Freigabe von Dokumenten erfolgen zunehmend durch digitale Lösungen (s. I04). Softwarelösungen wie SAP ermöglichen es Mitarbeitenden, ihre Arbeitszeiten remote zu erfassen, während digitale Plattformen und Workflow-Systeme einen effizienten und transparenten Dokumentenfluss gewährleisten (s. I04).

Sicherheitsgrundsätze und Datenschutz im Remote-Testing gewährleisten die Sicherheit am Arbeitsplatz und minimieren potenzielle Risiken bei der Fernsteuerung von Anlagen. Das Fernsteuern und -regeln sowie das Anweisen und Informieren werden mit einer starken Intensität bewertet, da sie für die Sicherheit und Effizienz am Arbeitsplatz von entscheidender Bedeutung sind. Hierbei ist neben der Einhaltung gesetzlicher Vorschriften auch die Gewährleistung eines reibungslosen Ablaufs der Arbeitsprozesse zentral. Mit einer moderaten Intensität werden daher das hierarchische

Einteilen, das inhaltliche Sortieren, das Pflegen von Daten, das Dokumentieren von Informationen, das Prüfen und Kontrollieren sowie das technische Entwerfen, das inhaltliche Entwerfen und das grafische Abbilden bewertet.

Organisationsstruktur, -prozesse und Raum

Die Organisationsstrukturen, -prozesse und der Raum betrachten die strukturellen Rahmenbedingungen und systematischen Abläufe, die die Arbeitsumgebung bestimmen. Sie spielen eine entscheidende Rolle, insbesondere bei Tätigkeiten mit einem hohen Anteil an standardisierten Aufgaben, wie Datenpflege und Dokumentation (s. I01). Es ist essenziell, dass diese Strukturen die Anforderungen und Bedürfnisse der Arbeitsmodelle unterstützen. Die Begleitung von Veränderungsprozessen erfordert eine strukturierte Herangehensweise, um effektiv mit Veränderungen umzugehen (s. I02). Hierarchische Strukturen beeinflussen dabei maßgeblich die Entscheidungsfreiheit der Mitarbeitenden, während eine klare Rollenverteilung die Führungskräfte entlastet.

Strategien zur Identifikation und Bewältigung von Herausforderungen während der Implementierung neuer Prozesse sind entscheidend, denn sie ermöglichen es, potenzielle Hindernisse frühzeitig zu erkennen und effektive Lösungen zu entwickeln (s. I02). Flexibilität ist in diesem Zusammenhang von großer Bedeutung, um Anpassungen rapide vorzunehmen, sollten neue Prozesse nicht wie erwartet ablaufen (s. I02). Die Organisationsstruktur spielt ebenfalls eine entscheidende Rolle, da sie die Grundvoraussetzung für Remote-Work und die Ausführung bestimmter Tätigkeiten von verschiedenen Standorten aus schafft (s. I08). Sie legt die Rahmenbedingungen fest, die die Effektivität von Remote-Work maßgeblich beeinflussen (s. I08), wobei eine robuste Struktur unerlässlich ist, um die Herausforderungen der Remote-Arbeit erfolgreich zu bewältigen (s. I08). Insbesondere in hybriden Arbeitskonzepten, bei der Gestaltung der Rahmenbedingungen, spielt die Berücksichtigung des Arbeitsraums eine entscheidende Rolle (s. I09). Die Evolution der Arbeitsmodelle erfordert eine kontinuierliche Überprüfung und Anpassung der bestehenden Prozesse, um sicherzustellen, dass sie die Arbeitsabläufe effizient unterstützen (s. I10). Diese Notwendigkeit unterstreicht die Bedeutung einer kontinuierlichen Evaluation und Anpassung von Struktur und Abläufen, um den sich ständig verändernden Anforderungen gerecht zu werden. Auch Abhängigkeit von spezifischen Cloud- oder Serverbetriebssystemen können dazu führen, dass die Remotefähigkeit bestimmter Tätigkeiten in den bestehenden Prozessen von den Zugängen vor Ort bestimmt wird (s. I06).

Neben der eigentlichen Remotefähigkeit von Aufgaben ist zudem der Effizienzgedanke bei einer Remote-Durchführung einzubeziehen. Besonders im direkten Bezug zu physischen Gütern kann es äußerst zielführend sein, gemeinsam physisch vor Ort Aufgaben zu bearbeiten (s. I09). Die unmittelbare Präsenz ermöglicht es, Produkte und Materialien direkt zu begutachten und potenzielle Probleme durch „Testings“ vor Ort zu identifizieren (s. I09). Ein weiteres konkretes Beispiel bietet sich in der Finanzabteilung an. Einen zusätzlichen Aspekt bilden Prozesse, die nicht auf eine hybride Bearbeitung umgestellt sind, beispielsweise bei der Erstellung von Abschlüssen mit Ablagen auf Papier und Diskussionen über diese. Hier ist die physische Präsenz oft unerlässlich, da diese bestehenden Prozesse nicht reibungslos funktionieren, wenn Mitarbeitende nicht vor Ort anwesend sind (s. I04). Das Vergleichen von Bottom-up- und Top-down-Rechnungen bedarf in diesem Fall, bedingt durch die bestehenden papiergebundenen Prozesse, einer direkten Interaktion und Abstimmung im Büro (s. I04).

Die fortlaufende Entwicklung der Arbeitsmodelle verlangt eine kontinuierliche Evaluierung und Anpassung der etablierten Verfahren, um eine effektive Bewältigung der sich wandelnden Anforderungen sicherzustellen. Das Fernsteuern und -regeln sowie hierarchische Einteilen, das inhaltliche Sortieren, das Pflegen von Daten, das Dokumentieren von Informationen, das Prüfen sowie Kontrollieren werden aufgrund ihrer grundlegenden Bedeutung für die Effizienz und Sicherheit von Arbeitsprozessen mit einer starken Intensität bewertet. Die Bewertungen des technischen Entwerfens, des inhaltlichen Entwerfens, des grafischen Abbildens, des Anweisens und Informierens, des Planens, Beratens und Befähigens, des Entwickelns von Zielen und Rahmenstrukturen sowie des Sich-Informierens und -Befähigens erfolgen mit einer moderaten Intensität. Diese Tätigkeitsmerkmale werden als bedeutende Aspekte der Arbeitsorganisation und -führung betrachtet, bei welchen die unmittelbare Auswirkung auf die Sicherheit und Effizienz der Arbeitsabläufe als begrenzt angesehen wird. Das Motivieren, Moderieren und Reflektieren werden mit einer äußerst geringen Intensität bewertet.

Betriebsvereinbarung

Die oben genannten rechtlichen Vorgaben umfassen gesetzliche Regelungen, Verordnungen und Richtlinien, die allgemein verbindlich sind und bestimmte Anforderungen an Arbeitsbedingungen und -verhältnisse festlegen. Im Gegensatz dazu bezieht sich die Betriebsvereinbarung auf eine spezifische rechtlich bindende Vereinbarung zwischen Arbeitgeber*innen und Arbeitnehmer*innen oder deren Vertretung, die innerhalb eines Unternehmens getroffen wird und konkrete Regelungen zu Arbeitsbedingungen, Rechten, Pflichten und betrieblichen Abläufen festlegt. Während rechtliche Vorgaben allgemeine Standards setzen, ermöglicht die Betriebsvereinbarung eine individuelle Ausgestaltung entsprechend den Bedürfnissen und Gegebenheiten des Unternehmens und seiner Mitarbeitenden. Die Betriebsvereinbarung definiert die Bedingungen, unter denen Remote-Work möglich ist. Wenn eine Betriebsvereinbarung grundsätzlich kein Remote-Work ermöglicht, betrifft dies sämtliche Tätigkeiten (s. I04). Gibt es einen Betriebsrat, wird dieser bei der Formierung und Änderung der Betriebsvereinbarung beteiligt (s. I04). Neben der Festlegung von Rahmenbedingungen kann die Betriebsvereinbarung auch konkrete Handlungsanweisungen für die Mitarbeitenden für Remote-Work vorgeben (s. I08). Diese können insbesondere Anforderungen enthalten, dass Mitarbeitende auf Aufforderung der Führungskraft vor Ort anwesend sein müssen, was besonders im Führungskontext von Bedeutung ist (s. I08). Ein spezieller Fall sind hierbei Fernsteuerungsvorgänge, für die oft spezifische Vereinbarungen erforderlich sind (s. I04).

Die Betriebsvereinbarung spielt eine zentrale Bedeutung bei der Festlegung der Regeln bezüglich Datenverarbeitung und dem Umgang mit vertraulichen Informationen innerhalb eines Unternehmens (s. I01). Oftmals schließen sie das Teilen oder Bearbeiten von Informationen außerhalb des firmeninternen Netzwerks aus, was Tätigkeiten, die mit der Verarbeitung von Daten einhergehen, besonders betrifft (s. I01). Diese Regelungen dienen sowohl der Sicherheit der Mitarbeitenden als auch der unternehmensseitigen Verankerung von rechtlichen Vorgaben (s. I05). Zusätzlich zu den gesetzlichen Anforderungen müssen jedoch weitere Maßnahmen ergriffen werden, um das Fernsteuern von Objekten sicherer zu gestalten (s. I05). Hierbei sind insbesondere spezifische IT-Richtlinien relevant, welche den Zugriff und die Rollenverteilung definieren (s. I05). Als grundlegender Rahmen für die Planung und Organisation von Arbeitsprozessen legt die Betriebsvereinbarungen wesentliche Parameter wie Arbeitszeitmodelle, Schichtsysteme und Lohnstrukturen fest (s. I01). Einen weiteren bedeutenden Aspekt bildet die Gewährleistung der Arbeitssicherheit (s. I02). Hierbei sind klare Richtlinien und eine effektive Kommunikation bezüglich Verhaltensstandards, Sicherheitsprotokollen und Notfallverfahren relevant (s. I02). Die Betriebsvereinbarung trägt somit nicht nur zur Strukturierung der Arbeitsabläufe bei, sondern ist auch maßgeblich für die Sicherheit und das Wohlbefinden der Mitarbeitenden verantwortlich.

Da das Fernsteuern und -regeln eng mit den arbeitsrechtlichen Bestimmungen im Unternehmen und auf Kundenseite sowie den betrieblichen Richtlinien verknüpft ist, sind die spezifischen Anforderungen an die Arbeitsbedingungen und der Umgang mit vertraulichen Informationen festzulegen. Es liegt damit eine starke Intensitätsstufe vor. Analog zu den rechtlichen Vorgaben wird auch beim Anweisen und Informieren eine starke Intensität eingeordnet. Die Wirkungsbeziehung zwischen der Betriebsvereinbarung und dem hierarchischen Einteilen, inhaltlichen Sortieren, Pflegen von Daten, Dokumentieren von Informationen, dem Prüfen, Kontrollieren sowie dem technischen Entwerfen, dem inhaltlichen Entwerfen und grafischen Abbilden weist jeweils eine moderate Intensität auf.

5.3.6 Wirkungsbeziehungen der Gestaltungsdimension Kultur

Um die Wirkungsbeziehungen zwischen den Gestaltungsparametern der Gestaltungsdimension Kultur und den remotefähigen Tätigkeitsmerkmalen in produzierenden Unternehmen zu erklären, werden die Erkenntnisse der semistrukturierten Interviews verwendet. Die Auswertung erfolgt anhand der präsentierten Intensitätskennziffern. Die Ergebnisse sind in Abbildung 5-23 kompakt dargestellt.

	Steuern/ Regeln	Ordnen		Regis- trieren		Über- wachen		Entwerfen			Andere Führen						Sich selbst führen	
	Fernsteuern und –regeln	Hierarchisches Einteilen	Inhaltliches Sortieren	Pflegen von Daten	Dokumentieren von Informationen	Prüfen	Kontrollieren	Technisches Entwerfen	Inhaltliches Entwerfen	Grafisches Abbilden	Anweisen und Informieren	Planen	Beraten und Befähigen	Entwickeln von Zielen und Rahmenstrukturen	Motivieren	Moderieren	Sich Informieren und Befähigen	Reflektieren
Unternehmensweit gelebte Kultur	++	+	+	+	+	+	+	++	++	++	++	++	++	++	++	++	++	++
Performance-Management und Leistungsmessung	o	o	o	o	o	+	+	+	+	+	++	++	++	++	++	++	++	++
Persönlicher Gestaltungsspielraum und Autonomie	o	o	o	o	o	+	+	+	+	+	++	++	++	++	++	++	++	++
Führungsverhalt en des Top-Managements	++	++	++	++	++	++	++	++	++	++	++	++	++	++	++	++	++	++
Führungsstil des Vorgesetzten	++	++	++	++	++	++	++	++	++	++	++	++	++	++	++	++	++	++
Teamkultur und Mindset	++	++	++	++	++	++	++	++	++	++	++	++	++	++	++	++	++	++

Intensitätskennziffern: o Keine oder äußerst geringe Intensität + Moderate Intensität ++ Starke Intensität

Abbildung 5-23 Wirkungsbeziehungen der Gestaltungsdimension Kultur (eigene Darstellung)

Unternehmensweit gelebte Kultur

Die unternehmensweit gelebte Kultur konstituiert ein System gemeinsamer Werte, sozialer Normen und genereller Umgangsformen innerhalb der Organisation. Sie bildet einen entscheidenden Einflussfaktor, der alle Aspekte der Arbeitsumgebung und -praxis durchdringt und prägt (s. I01). Von der Überprüfung von Dokumenten bis zur Leitung von Teams werden sämtliche Tätigkeiten von den geteilten Werten, sozialen Normen und dem allgemeinen Umgang im Unternehmen beeinflusst (s. I02). In Krisenzeiten wird der Einfluss der gelebten Unternehmenskultur besonders deutlich. Ein Beispiel bietet die COVID-19-Pandemie, während der sich die Art der Zusammenarbeit in Unternehmen signifikant verändert hat (s. I03). Obwohl Autonomie und Vertrauen weiterhin gelebt wurden, entstanden neue Herausforderungen für die digitale Interaktion und das Wohlbefinden der Mitarbeitenden (s. I03). Auch Motivationsstrategien mussten an die neue Situation angepasst werden, wobei der Mensch weiterhin im Mittelpunkt stand und Prinzipien wie "Walk the Talk" besonders in Krisenzeiten von zentraler Bedeutung sind (s.I03). Insbesondere wird die Bedeutung der Unternehmenskultur deutlich, wenn es um die Akzeptanz von Remote-Work geht, da diese Einstellung direkte Auswirkungen auf sämtliche Arbeitsbereiche hat (s. I03). Eine offene und flexible Kultur fördert Remote-Work und schafft damit die notwendigen Bedingungen für eine erfolgreiche, langfristige Arbeitsweise (s. I06). Präferenzen verschiedener Generationen bezüglich papierbasierter Prozesse bieten nur ein Beispiel für die Vielfalt der Arbeitsweisen innerhalb eines Unternehmens (s. I07). Unternehmen, die eine Kultur pflegen, welche Remote-Work unterstützt, sind in der Lage, die Anforderungen der Mitarbeitenden an flexible Arbeitsweisen gezielt zu erfüllen und eine produktive Zusammenarbeit über entfernte Standorte hinweg zu erleichtern (s. I06). Die Förderung der Identifikation der Mitarbeitenden mit dem Unternehmen und die Notwendigkeit einer effektiven Kollaboration sind zentrale Elemente, die durch die Unternehmenskultur gestaltet werden (s.I02).

Die gelebte Kultur an verschiedenen Standorten kann zudem Unterschiede im Arbeitsalltag aufweisen, sowohl bei Standorten innerhalb eines Landes als auch in verschiedenen Ländern und Kontinenten. Ein Beispiel bietet das Stammdatenmanagement, welches eine zentrale Rolle in Unternehmen spielt, unabhängig davon, ob die Arbeit remote oder vor Ort in Präsenz durchgeführt wird (s. I05). Sensible Aspekte, wie die Entwicklungstätigkeiten an verschiedenen Standorten, erfordern eine sorgfältige Berücksichtigung (s.I05). Insbesondere im Vergleich zwischen amerikanischen und deutschen Standorten wird dies relevant, sowohl geprägt durch die landesspezifische Kultur als auch aufgrund regulatorischer Unterschiede, welche z. B. durch das US-Militär vorgegeben werden (s. I05). Die Unterschiede in der Standortkultur können sich auf die Arbeitsabläufe und die Art der Zusammenarbeit auswirken und erfordern eine gezielte Anpassung entsprechend den jeweiligen lokalen Gegebenheiten (s. I05). Die Umstellung auf eine einheitliche Kommunikationssprache, wie die Sprache „Englisch" bei der Einführung von SAP, trägt ebenfalls dazu bei, die internationale Zusammenarbeit zu verbessern und die Barrieren zwischen verschiedenen Standorten zu überwinden (s. I02). Insgesamt zeigt sich, dass die Kollaborationsbereitschaft und die Identifikation mit dem Unternehmen wesentliche Bestandteile einer remotefähigen Unternehmenskultur sind, die maßgeblich zur Effizienz und Effektivität der Arbeitsabläufe beitragen (s. I02).

Die Rolle, die Autonomie von Teams und die Komplexität beim Entwurf von Produkten oder Prozessen spielen, verdeutlicht die entscheidende Bedeutung der gelebten Unternehmenskultur (s. I08). Ein höheres Maß an Autonomie ermöglicht es Einzelpersonen oder Teams, fundierte Entscheidungen eigenständig zu treffen und Verantwortung zu übernehmen, was sich positiv auf die Qualität und Innovation der Ergebnisse auswirken kann (s. I08). Gleichzeitig erfordert eine zunehmende Komplexität mehr

Ressourcen und Fachwissen, um den gestellten Anforderungen erfolgreich gerecht zu werden (s. I08). Dies unterstreicht die Bedeutung einer unterstützenden Unternehmenskultur. Das Fernsteuern nimmt eine besonders zu betrachtende Rolle ein. Die Fähigkeit zur Fernsteuerung, insbesondere in Branchen wie dem Anlagenbau, ist von entscheidender Bedeutung, um eine effiziente Zusammenarbeit zu gewährleisten und die Flexibilität der Arbeitsprozesse zu erhöhen (s. I02).

Die gelebte Unternehmenskultur wird entscheidend von den Handlungen und Umgang aller Mitarbeitenden geprägt, beginnend beim Top-Management über den direkten Vorgesetzten bis zu einzelnen Teams (s. I01). Dieser Einfluss erstreckt sich über alle Hierarchieebenen und beeinflusst maßgeblich das Engagement der Mitarbeitenden und die Effektivität der Arbeitsprozesse. Die gemeinsame Zusammenarbeit profitiert von intrinsischer Motivation der Führungskräfte, welche bei Remote-Führung zur Aufrechterhaltung einer gesunden Work-Life-Balance zu Herausforderungen führen kann (s. I03). Hinsichtlich des Remote-Führens bieten neue Technologien Wege zur Zusammenarbeit und Vermittlung von Informationen. Ein internes Portal kann dabei eine wichtige Rolle spielen, indem es den Mitarbeitenden ermöglicht, sich mit dem Unternehmen zu identifizieren und sich einzubringen (s. I02).

Die Unternehmenskultur prägt die Arbeitsumgebung und -praxis maßgeblich, beeinflusst das Engagement der Mitarbeitenden und trägt zur Effizienz der Arbeitsprozesse bei. Insbesondere im Anlagenbau ist die Fähigkeit zum Fernsteuern und -regeln entscheidend für eine effiziente Zusammenarbeit und die Flexibilität der Arbeitsprozesse, weshalb diese Wirkungsbeziehung eine starke Intensität aufweist. Das hierarchische Einteilen, das inhaltliche Sortieren, das Pflegen von Daten, das Dokumentieren von Informationen, das Prüfen und Kontrollieren weisen eine moderate Intensität aufgrund der essenziellen Funktion für die Aufrechterhaltung organisatorischer Strukturen und Prozesse auf. Jene ist zwar für den Effizienzgedanken von Bedeutung, jedoch für komplexe Entscheidungsfindung und innovative Lösungsansätze nicht zentral. Das technische Entwerfen, das inhaltliche Entwerfen, das grafische Abbilden, Anweisen und Informieren, das Planen, Beraten und Befähigen, das Entwickeln von Zielen und Rahmenstrukturen, das Motivieren, Moderieren, das Sich-Informieren und -Befähigen sowie Reflektieren werden mit einer starken Intensität bewertet. Diese Tätigkeitsmerkmale sind geprägt durch zwischenmenschliche Faktoren, welche stark von Remote-Work bestimmt werden und eine hohe Komplexität für den organisatorischen Erfolg aufweisen.

Performance-Management und Leistungsmessung

Der Gestaltungsparameter *Performance-Management und Leistungsmessung* umfasst den strategischen Ansatz zur Steuerung und Optimierung der Leistung von Organisationen und Einzelpersonen. Dies schließt die Festlegung von Zielen, die kontinuierliche Überwachung finanzieller und personeller Ressourcen sowie die quantitative und qualitative Bewertung der Leistung durch die Verwendung von Metriken und Indikatoren ein. Arbeitsmodelle mit einem unterschiedlichen Grad an Remote-Work, mit variierendem Präsenzanteil, zeigen, dass die Balance von Remote-Work maßgeblich die Art der Leistungsmessung und -bewertung im Unternehmen beeinflusst (s. I05). Um bei Remote-Work leistungsorientierte Karrierepfade zu ermöglichen, müssen Unternehmen sicherstellen, dass ihre Leistungsmessungsverfahren die neuen Arbeitsumgebungen und -praktiken angemessen berücksichtigen. Bei einem Remote-Arbeitsumfeld gestaltet sich die Leistungsmessung differenziert und kann je nach Tätigkeitsbereich unterschiedliche Herausforderungen aufweisen (s. I03, I08). Je kreativer, freier und komplexer die eigentliche Tätigkeit ist, umso mehr Wirkung hat das Remote-Arbeiten auf das Performance-Management und die Leistungsmessung. Trotz der Implementierung von Verbesserungsmaßnahmen kann Intransparenz in heterogenen Themenfeldern die Effektivität des Performance-Managements beeinträchtigen, da es schwierig ist, klare Leistungsindikatoren zu definieren und zu verfolgen (s. I07).

Die kollaborative Arbeitsweise eines Unternehmens beeinflusst signifikant die Effizienz und Wirksamkeit der Arbeitsabläufe (s. I02). Teams wie „digital R&D“, die überwiegend mobil arbeiten, zeigen exemplarisch die Schwierigkeiten bei der Entwicklung spezifischer Leistungsmessverfahren für Remote-Work auf (s. I03). Je nach Tätigkeit gestaltet sich die Leistungsmessung differenziert. Bei repetitiven Tätigkeiten wie der Rechnungsbearbeitung ist die Erarbeitung von Kennzahlen leichter als bei kreativen Aufgaben wie dem Entwerfen. Diese unterliegen einem höheren Grad an Autonomie und Komplexität (s. I08). Auch die Akzeptanz von Remote-Work in der gelebten Unternehmenskultur hat einen erheblichen Einfluss auf das Performance-Management und die Leistungsmessung (s. I06). Wird die physische Sichtbarkeit als Kriterium zur Leistungsmessung maßgeblich herangezogen anstatt eines zielorientierten Leistungssystems, wirkt sich Remote-Work direkt auf Entwicklungs- und Karrierepfade aus (s. I01). Eine zentrale Aufgabe der Führungskraft ist es, die Leistungsmessung an die tatsächlich verrichtete Arbeit mit korrespondierender Zielerreichung an gelebte Arbeitsmodelle zu knüpfen. Durch einen kontinuierlichen Verbesserungsprozess, bei welchem die Methode und die Inhalte in Reflexionen differenziert werden, werden Anreize geschaffen, die strategischen Ziele des Unternehmens zu verfolgen (s. I02).

Das Fernsteuern und -regeln, das hierarchische Einteilen, das inhaltliche Sortieren, das Pflegen von Daten und das Dokumentieren von Informationen werden mit keiner Intensität bewertet, da sie in der Regel als standardisierte, routinemäßige Aufgaben angesehen werden. Sie werden weniger stark vom individuellen Führungsverhalten oder der gelebten Unternehmenskultur beeinflusst. Zwar werden diese Tätigkeitsmerkmale häufig in das Performance-Management und die Leistungsmessung einbezogen, jedoch ist ihr Einfluss insgesamt begrenzt. Sie spielen im Vergleich zu anderen Tätigkeitsmerkmalen eine untergeordnete Rolle. Aufgrund des direkten Einflusses auf das Performance-Management und die Leistungsmessung werden das Prüfen, Kontrollieren, das technische Entwerfen, das inhaltliche Entwerfen und das grafische Abbilden mit einer moderaten Intensität bewertet. Das Anweisen und Informieren, das Planen, Beraten und Befähigen, das Entwickeln von Zielen und Rahmenstrukturen, das Motivieren, Moderieren, das Sich-Informieren und -Befähigen sowie Reflektieren werden mit einer starken Intensität bewertet. Diese Tätigkeitsmerkmale gelten als wesentliche Komponenten der Führungsaufgaben und tragen maßgeblich zur Steuerung und Entwicklung der Mitarbeitenden bei. Sie sind entscheidend für die Gestaltung des Arbeitsumfeldes, die Erreichung der Unternehmensziele und die Förderung einer lebendigen Unternehmenskultur.

Persönlicher Gestaltungsspielraum und Autonomie

Beim persönlichen Gestaltungsspielraum und der Autonomie steht die Befähigung der Mitarbeitenden im Mittelpunkt, eigenständig zu entscheiden, wie sie ihre Arbeit ausführen. Ein umfangreicher Gestaltungsspielraum erfordert, dass die Mitarbeitenden in der Lage sind, ihre Aufgaben und Arbeitsweise eigenständig zu organisieren und Entscheidungen bezüglich ihrer beruflichen Tätigkeiten zu treffen. Die Ausprägung des gewährten Gestaltungsspielraums variiert von Unternehmen zu Unternehmen. Der persönliche Gestaltungsspielraum und die Autonomie hängen zudem eng mit der Natur der durchgeführten Tätigkeit zusammen. Je nach Art der Tätigkeit kann die Freiheit, Entscheidungen zu treffen und den Arbeitsprozess zu gestalten, unterschiedlich ausgeprägt sein (s. I05). Die Wahrnehmung des persönlichen Gestaltungsspielraums und der Autonomie variiert je nach Arbeitsumgebung, sei es remote oder in Präsenz (s. I03). Aspekte wie Mentoring-Programme spielen eine wichtige Rolle bei dem Kennenlernen des persönlichen Gestaltungsraums (s. I03). Zudem ist ein Einfluss von Motivation und Zusammenarbeit sichtbar. Die Motivation und Freude am Arbeiten werden durch die Zusammenarbeit mit motivierten und engagierten Kolleg*innen gesteigert (s. I02). Der Gestaltungsraum kann die Zusammenarbeit zusätzlich positiv beeinflussen (s. I02).

Der persönliche Gestaltungsspielraum und die Autonomie ermöglichen es, individuell zu entscheiden, welche Tätigkeiten remote bearbeitet werden (s. I06). Die Akzeptanz von Remote-Work in der Unternehmenskultur kann jedoch einen erheblichen Einfluss auf das Performance-Management und die Leistungsmessung haben (s. I06). Eine gemeinschaftliche Unternehmenskultur, die Werte wie Autonomie, Flexibilität und Vertrauen fördert, schafft ein Umfeld, das es Mitarbeitenden ermöglicht, ihren persönlichen Gestaltungsraum effektiv zu nutzen. In einer solchen Umgebung werden Mitarbeitende ermutigt, Entscheidungen eigenständig zu treffen und Verantwortung zu übernehmen, was wiederum ihre Leistungsfähigkeit und Zufriedenheit steigern kann. Ein Beispiel für den persönlichen Gestaltungsspielraum und die Autonomie, welche durch physische Nähe geprägt ist, wird deutlich, wenn das Zusammenspiel zwischen Serienproduktion und innovativen Aufgaben betrachtet wird (s. I07). Standorte wie die Hauptgeschäftsstelle fungieren oft als Innovationszentren und sind daher auch mit der Aufgabe betraut, an der Gestaltung und Entwicklung der Unternehmenskultur zu arbeiten (s. I07). Auch der persönliche Gestaltungsraum ist hier meist größer.

Die Führung prägt den persönlichen Gestaltungsspielraum und die Autonomie jedes einzelnen Mitarbeitenden. Das Vertrauensverhältnis sowohl innerhalb des Teams als auch zu den Führungskräften sowie das Ausmaß und die Umsetzung von

Kontrollmechanismen beeinflussen unmittelbar den Gestaltungsspielraum und die wahrgenommene Autonomie der Mitarbeitenden (s. I03). Eine Unternehmenskultur, welche Werte wie Autonomie, Flexibilität und Vertrauen offen lebt, kreiert ein Umfeld, das es den Mitarbeitenden ermöglicht, ihre individuellen Freiheiten zu gestalten (s I07). Unternehmen mit einer offenen und unterstützenden Kultur fördern eine Atmosphäre, in der Mitarbeitende ihre Aufgaben mit einem hohen Maß an Eigenverantwortung und Selbstbestimmung ausführen können.

Tätigkeitsmerkmale wie das Fernsteuern und -regeln, das hierarchische Einteilen, inhaltliche Sortieren, das Pflegen von Daten und Dokumentieren von Informationen weisen, geprägt durch Vorgaben und den repetitiven Charakter, wenig Gestaltungsspielraum auf. Diese Tätigkeitsmerkmale haben keine oder eine äußerst geringe Intensität in Bezug auf Remote-Work, während andere, die vielfältig und variabel sind, eine moderate Intensität mit Remote-Work aufweisen. Hierzu zählen das Prüfen, Kontrollieren, das technische Entwerfen, das inhaltliche Entwerfen und das grafische Abbilden. Sowohl die eigene als auch die Führung anderer bietet den größten Gestaltungsspielraum und die meisten Autonomien. Das Anweisen und Informieren, das Planen, Beraten und Befähigen, das Entwickeln von Zielen und Rahmenstrukturen, das Motivieren und Moderieren, das Sich-Informieren und -Befähigen sowie Reflektieren werden daher mit einer starken Intensität bewertet.

Führungsverhalten des Top-Managements

Das Führungsverhalten des Top-Managements thematisiert die Handlungsweisen der leitenden Führungskräfte des Unternehmens, insbesondere in Bezug auf die Entscheidungsfindung, Zielkommunikation, Gestaltung der Unternehmenskultur sowie Förderung von Werten und Normen. Diese Verhaltensweisen haben einen maßgeblichen Einfluss auf die Dynamik der Organisation, die Mitarbeitendenmotivation und die Gesamtleistung des Unternehmens. Das Top-Management legt nicht nur Richtlinien fest, sondern prägt auch maßgeblich die gelebte Unternehmenskultur, was sich wiederum auf alle Tätigkeiten auswirkt (s. I08). Vornehmlich ist das Verhalten des Top-Managements in Bezug auf Remote-Work relevant, da die Haltung direkte Auswirkungen auf die Möglichkeit für Mitarbeitende hat, remote zu arbeiten (s. I05). Die Steuerungsmeetings des Top-Managements setzen ein klares Signal, indem sie die Teilnahme von Teams, unabhängig vom Standort, aktiv ermöglichen und fördern. Dieses trägt dazu bei, Remote-Work als akzeptierte Arbeitsweise durch das Vorleben zu etablieren (s. I07). Neben der Anpassung von gemeinsam genutzten Werkzeugen demonstriert auch das Top-Management durch sein Verhalten eine proaktive Steuerung, Motivation und digitale Koordination von virtuellen Teams.

Eine Kultur des Engagements fördert eine starke Führung, wobei Vertrauen und vorbildliches Verhalten der Führungskräfte grundlegende Elemente für die Entwicklung und Aufrechterhaltung dieser Kultur darstellen (s. I02). In sensiblen Angelegenheiten, wie unterschiedlichen kulturellen Ansichten und Ausrichtung zwischen Standorten, kann das Führungsverhalten die Integration verschiedener Umgangsweisen ermöglichen (s. I05). Auch die persönliche Präsenz des Top-Managements ist von großer Bedeutung, da sie oft über spezifisches Ansehen und rhetorische Fähigkeiten verfügen, die eine bestimmte Wirkung entfalten (s. I03). Während der COVID-19-Pandemie wurde deutlich, dass die direkte Anwesenheit und das aktive Einbeziehen der Mitarbeitenden durch das Top-Management eine spürbare Wirkung auf die Motivation und Leistung haben können (s. I03). Dabei spielt die Kommunikation innerhalb des Unternehmens, insbesondere die Glaubwürdigkeit in der Kommunikation, eine entscheidende Rolle (s. I02).

Das Führungsverhalten des Top-Managements prägt die Arbeitsweise und die Unternehmenskultur entscheidend. Insbesondere in Bezug auf Remote-Work beeinflusst es maßgeblich die Akzeptanz und Umsetzung dieser Arbeitsweise, weshalb eine starke Intensität zu allen remotefähigen Tätigkeitsmerkmalen besteht.

Führungsstil der Vorgesetzten

Der Führungsstil der jeweiligen Vorgesetzten bezeichnet den Ansatz, den eine Führungskraft bei der Ausübung ihrer Tätigkeiten und der Leitung der Mitarbeitenden verfolgt. Dies umfasst die Interaktion mit Teammitgliedern, Kommunikationsmethoden, Entscheidungsfindung, Delegation von Aufgaben und Motivationsmechanismen. Dabei variiert der Führungsstil je nach individueller Führungspersönlichkeit. Die Einflussfaktoren in Bezug auf Remote-Work im Bereich der Unternehmenskultur und des Führungsverhaltens stehen im Zentrum organisatorischer Dynamiken und Arbeitspraktiken. Das Führungsverhalten des Top-Managements (s. I01) und des direkten Vorgesetzten (s. I04) stehen in Verbindung und spielen eine maßgebliche Rolle, welche die Arbeitsweise und das Engagement der Mitarbeitenden wesentlich beeinflussen. Diese Führungsebenen prägen die Unternehmenskultur und bestimmen die Richtlinien für die Umsetzung von Remote-Work, wodurch sie eine starke Wirkung auf alle Arbeitsbereiche aufweisen (s. I01).

Im Kontext von Remote-Work fungieren vorgesetzte Führungskräfte als kulturelle Vorbilder, indem sie die Unternehmenskultur im Arbeitsalltag aktiv mit dem Team gemeinsam erleben und prägen. Die Kommunikation und das Vertrauen zwischen Führungskräften und Mitarbeitenden sind entscheidende Faktoren, insbesondere bei einer begrenzten Anzahl an persönlichen Treffen (s. I02). Dies erfordert die Berücksichtigung der vielfältigen Bedürfnisse und Anforderungen der Mitarbeitenden im Rahmen einer zunehmenden digitalen Zusammenarbeit, um die Produktivität und Resilienz des Unternehmens zu stärken. Die räumliche Distanz kann mithilfe digitaler Werkzeuge überwunden werden, wobei kollaborative Tools, die nahtlos in den Arbeitsalltag integriert sind, eine unterstützende Rolle spielen.

Die Förderung von Remote-Work durch den direkten Vorgesetzten kann die Effektivität und das Wohlbefinden der Mitarbeitenden stark beeinflussen (s. I09). Damit ist das Führungsverhalten auf verschiedenen Ebenen von zentraler Bedeutung für die erfolgreiche Implementierung und Akzeptanz von Remote-Work innerhalb eines Unternehmens. Dabei beeinflusst das Vertrauen in die Mitarbeitenden maßgeblich die

Einstellung zu Remote-Work und kann das Arbeitsumfeld und das Miteinander positiv oder negativ beeinflussen (s. I06). Dies ist meist unmittelbar an das aktive Engagement des*der direkten Vorgesetzten gekoppelt (s. I03). Der Führungsstil des oder der direkten Vorgesetzten variiert je nach Standort und beeinflusst die Arbeitsweise und die Akzeptanz von Remote-Work (s. I05). In Traditionsunternehmen kann die gelebte Unternehmenskultur die Umstellung auf Remote-Work auf bestimmen Hierarchieebenen erschweren, wenn die physische Anwesenheit historisch stark betont wurde (s. I04).

Diese Führungsebenen, sowohl das Top-Management als auch der Vorgesetzten, prägen die Unternehmenskultur und legen Richtlinien und Handlungsweisen für die Umsetzung von Remote-Work im Arbeitsalltag fest, was sich deutlich auf alle Arbeitsbereiche auswirkt. Der Intensität zwischen dem Führungsstil des*der Vorgesetzten und den remotefähigen Tätigkeitsmerkmalen ist übergreifend als stark zu bewerten, da maßgeblich die Arbeitsweise und das Engagement der Mitarbeitenden im Arbeitsalltag beeinflusst werden.

Teamkultur und Mindset

Teamkultur und Mindset umfassen die gemeinsamen Werte, Normen, Einstellungen sowie Verhaltens- und Denkweisen innerhalb eines Teams in der Arbeitsumgebung. Führungskräfte spielen eine entscheidende Rolle als kulturelle Vorreiter, da ihr Handeln die Teamkultur maßgeblich prägt. Die Teamkultur und das Mindset sind essenzielle Bestandteile eines erfolgreichen Arbeitsumfeldes und werden im Remote-Work-Umfeld maßgeblich von der allgemeinen Unternehmenskultur und dem Führungsverhalten des Top-Managements geprägt (s. I01). Dabei werden Anpassung der Arbeitsweisen an Remote-Work entscheidend von der teaminternen Kultur und dem individuellen Mindset beeinflusst, unabhängig von den unterschiedlichen Aufgabenfeldern innerhalb der Arbeitsbereiche (s.I04).

Die Einführung von Remote-Work wird durch die Teamkultur und das Mindset beeinflusst, wobei deutliche Unterschiede zwischen Teams auftreten können (s. I09). Um die Teamkultur auch im Remote-Set-up zu stärken, ist es zentral, individuelle Bedürfnisse zu berücksichtigen und gezielte Maßnahmen zur Förderung der Zusammenarbeit zu ergreifen (s. I09). Dies unterstreicht die Bedeutung einer Vertrauenskultur für den Erfolg von Remote-Work-Konzepten und die Erreichung der Unternehmensziele. Eine gemeinsame Einstellung zu Remote-Work innerhalb des Teams erleichtert die Zusammenarbeit erheblich, während unterschiedliche Erwartungen, insbesondere unausgesprochen, den Arbeitsalltag erschweren können (s. I06). Gemeinsam erarbeitete, praktikable Vereinbarungen sind entscheidend, um erfolgreich zusammenzuarbeiten.

Das Gefühl der Gemeinschaft, welches durch die Zugehörigkeit zum Unternehmen und die Identifikation mit dem Team entsteht, bildet einen entscheidenden Faktor für langfristiges Remote-Work. Es bildet einen zentralen Bestandteil einer leistungsfähigen Teamkultur, der sowohl Führungskräfte als auch Mitarbeitende einbezieht. Die

Teamkultur und das Mindset der einzelnen Teams reflektieren meist die diversen Führungsstile der direkten Vorgesetzten, vorwiegend in Bezug auf Standortunterschiede (s. I05). Dabei spielen die direkten Vorgesetzten als vorbildliches „Role-Model" eine entscheidende Rolle, während im Top-Management die direkte Identifikation mit einer einzelnen Führungsperson und deren Arbeitsweisen oft weiter von der Arbeitsrealität entfernt ist (s. I05). Die Entwicklung einer für die Effizienz eines Teams förderliche Teamkultur und das zugehörige Mindset stellen in sich wandelnden Arbeitswelten eine bedeutende Herausforderung dar. Die Überbrückung kultureller Unterschiede in globalen Teams gestaltet sich hauptsächlich im Rahmen von Remote-Work herausfordernd. Für spezifische Treffen als Zeichen der Wertschätzung kann die physische Präsenz auch weiterhin erforderlich sein, da die internationale Präsenz zwangsläufig eine globale Zusammenarbeit erfordert (s. I02). Neben dem Gemeinschaftsgefühl innerhalb eines Teams ist die Zusammenarbeit entscheidend für den Erfolg eines Unternehmens. Silobildung kann hier negative Wirkung entfalten, durch ungenutzte Synergien und Konkurrenzverhalten zwischen Bereichen. Ein Bespiel für verstärkte Silobildung bildet die krisenbedingte Umstellung der Arbeitsweisen während der COVID-19-Pandemie. Während der COVID-19-Pandemie wurden bereits existierende, isolierte Strukturen in Organisationen verstärkt, speziell bei komplexen Teamkonfigurationen (s. I02). Diese Silos stellen eine Herausforderung dar, die es nun aktiv zu überwinden gilt, um eine effektive Zusammenarbeit sicherzustellen. Auch die Teamkultur und das Mindset beeinflussen alle Tätigkeitsmerkmale mit einer starken Intensität, da sie die gemeinsamen Werte, Normen, Einstellungen sowie Verhaltens- und Denkweisen innerhalb eines Teams in der Arbeitsumgebung umfassen.

5.3.7 Zusammenführung der Wirkungsbeziehungen

Die Identifikation der Wirkungsbeziehungen zwischen den Gestaltungsparametern von Remote-Work-Konzepten und remotefähigen Tätigkeitsmerkmalen in produzierenden Unternehmen ist ein zentraler Schritt für die Gestaltung von Remote-Work in produzierenden Unternehmen. In diesem Kapitel wurden die Wirkungsbeziehungen, unter Einbezug der Ergebnisse von Kapitel 5.1 und 5.2, hergeleitet und erläutert. Dabei wurde die detaillierteste Ebene der beiden Modelle mit den Gestaltungsparametern und Tätigkeitsmerkmalen betrachtet. Die Datenerhebungsmethode und anschließende Datenanalyse umfassen die Erstellung eines A-priori-Modells, basierend auf identifizierter Literatur, mit den anschließend durchgeführten Expert*inneninterviews. Das A-priori-Modell der Einflussmatrix zeigt potenzielle Wirkungsbeziehungen auf, ohne eine umfassende Bewertung abgeben zu können. Die Wahl der Datenerhebungsmethode basiert auf primären Daten in Form von Expert*inneninterviews. Das semistrukturierte Interview erlaubt eine flexible und dennoch strukturierte Interaktion zwischen der interviewenden Person und dem oder der Befragten. Die Auswahl der Interviewpartner erfolgt gezielt, um eine breite Vielfalt an Mitarbeitenden einzubeziehen und verschiedene Perspektiven in die Analyse einzubringen. Die Bewertung der Wirkungsbeziehungen erfolgt qualitativ anhand der Intensitätskennziffern und bildet die Grundlage für Handlungsempfehlungen. Unter Berücksichtigung von drei Stufen werden die Wirkungsbeziehungen anhand von Intensitätskennziffern bewertet: keine oder äußerst geringe, moderate und starke Intensität.

Im Zuge der vorherigen Analyse wurde erstmals ein umfassender Einblick in das Zusammenspiel der Gestaltungsparameter für Remote-Work in den Bereichen Mensch, Technik, Organisation und Kultur im Kontext der remotefähigen Tätigkeitsmerkmale in produzierenden Unternehmen gewonnen. Die Ergebnisse der Wirkmatrix sind in Abbildung 5-24 zusammengefasst. Diese zeigen, dass die Intensitäten der Tätigkeitsmerkmale je nach Gestaltungsdimension unterschiedliche Schwerpunkte aufweisen. Besonders auffällig ist hierbei die Gestaltungsdimension Kultur, in der eine verstärkte Präsenz von starken Intensitäten festgestellt wurde. Die erhöhte Präsenz von starken Intensitäten in der Gestaltungsdimension Kultur deutet darauf hin, dass die kulturellen Werte, Normen und Verhaltensweisen innerhalb eines Unternehmens einen starken Einfluss darauf haben, wie Mitarbeitende ihre Arbeitsweisen umsetzen, insbesondere im Kontext von Remote-Work. Eine bewusste Ausrichtung der Zusammenarbeit, Kommunikation und Vertrauen kann dazu führen, dass remote arbeitende Teams effektiver zusammenarbeiten und sich besser koordinieren. Jedoch könnten kulturelle Barrieren oder fehlende Unterstützung für Remote-Work dazu beitragen, dass die Produktivität und das Engagement der Mitarbeitenden beeinträchtigt werden.

Intensitätskennziffern
- o Keine oder äußerst geringe Intensität
- \+ Moderate Intensität
- ++ Starke Intensität

		Steuern/ Regeln	Ordnen		Registrieren		Über-wachen		Entwerfen			Andere Führen						Sich selbst führen	
		Fernsteuern und –regeln	Hierarchisches Einteilen	Inhaltliches Sortieren	Pflegen von Daten	Dokumentieren von Informationen	Prüfen	Kontrollieren	Technisches Entwerfen	Inhaltliches Entwerfen	Grafisches Abbilden	Anweisen und Informieren	Planen	Beraten und Befähigen	Entwickeln von Zielen und Rahmen-strukturen	Motivieren	Moderieren	Sich Informieren und Befähigen	Reflektieren
Mensch	Leistung und Motivation	o	o	o	o	o	+	+	+	+	+	++	++	++	++	++	++	++	+
	Fachliche Fähigkeiten und Fertigkeiten	+	+	+	+	+	+	+	++	++	++	++	++	++	++	++	++	++	+
	Persönliche Haltung zu Remote-Work	o	o	o	o	o	o	o	o	o	o	++	++	++	++	++	++	++	+
	Arbeitsidentität	+	+	+	+	+	+	+	+	+	+	++	+	+	+	++	+	+	+
	Technik- und Digitalkompetenz	++	+	+	+	+	+	+	+	+	+	++	++	++	++	++	++	+	+
Technik	IT-Struktur	++	++	++	++	++	++	++	++	++	++	+	+	+	+	+	+	+	+
	Arbeitsgegenstand	++	++	++	++	++	++	++	++	++	++	++	++	++	++	++	++	++	+
Organisation	IT-Governance	+	+	+	+	+	+	+	+	+	+	+	+	+	+	+	+	+	o
	Wissenskreation, -transfer und Kommunikationsprozesse	o	o	o	+	+	o	o	++	++	++	++	++	++	++	++	++	++	o
	Branchenspezifika und Kundenvorgaben	++	+	+	+	+	++	++	+	+	+	o	o	+	+	o	o	+	o
	Fachkräftebedarf	+	+	+	+	+	+	+	+	+	+	+	+	+	+	+	+	+	+
	Rechtliche Vorgaben	++	+	+	+	+	+	+	+	+	+	++	o	o	o	o	o	o	o
	Organisationsstruktur, –Prozesse und Raum	++	++	++	++	++	++	++	+	+	+	+	+	+	+	+	+	+	o
	Betriebsvereinbarung	++	+	+	+	+	+	+	+	+	+	++	o	o	o	o	o	o	o
Kultur	Unternehmensweit gelebte Kultur	++	+	+	+	+	+	+	++	++	++	++	++	++	++	++	++	++	++
	Performance-Management und Leistungsmessung	o	o	o	o	o	+	+	+	+	+	++	++	++	++	++	++	++	++
	Persönlicher Gestaltungsspielraum und Autonomie	o	o	o	o	o	+	+	+	+	+	++	++	++	++	++	++	++	++
	Führungsverhalten des Top-Managements	++	++	++	++	++	++	++	++	++	++	++	++	++	++	++	++	++	++
	Führungsstil des Vorgesetzten	++	++	++	++	++	++	++	++	++	++	++	++	++	++	++	++	++	++
	Teamkultur und Mindset	++	++	++	++	++	++	++	++	++	++	++	++	++	++	++	++	++	++

Abbildung 5-24 Konsolidierte Wirkungsbeziehungen von Gestaltungsparametern und Tätigkeiten nach Intensitätskennziffer (eigene Darstellung)

Die Analyse der Wirkungsbeziehungen zeigt ferner, dass in der Gestaltungsdimension Technik für alle Gestaltungsparameter überwiegend eine starke Wirkintensität vorliegt. Diese Erkenntnis unterstreicht die zentrale Bedeutung technischer Systeme und Infrastrukturen für die erfolgreiche Umsetzung von Remote-Work. Zudem sind die hohen Wirkintensitäten aller Tätigkeitsmerkmale der Tätigkeitsfunktion "Andere führen" bemerkenswert. Diese Ergebnisse verdeutlichen, dass Führungskräfte und die Rolle, die sie in der Gestaltung von Remote-Work einnehmen, zentrale Bausteine für das langfristige Gelingen von Remote-Work sind. Die erfolgreiche Implementierung und Aufrechterhaltung von Remote-Work erfordern daher nicht nur fortschrittliche technische Systeme, sondern auch eine gezielte Unterstützung und Befähigung von Führungskräften. Die erarbeiteten Wirkungsbeziehungen zeigen, dass je nach Schwerpunkt der ausgeführten Tätigkeiten unterschiedliche Gestaltungsparameter von Remote-Work-Konzepten an Relevanz gewinnen. Zur systematischen Gestaltung von Remote-Work in produzierenden Unternehmen bilden die dargelegten Wirkungsbeziehungen die notwendige Grundlage. In Abbildung 5-25 werden die Wirkungsbeziehungen anhand des arithmetischen Mittels für die Hauptkategorien der Tätigkeitsfunktionen und Gestaltungsdimensionen als Übersicht zusammengefasst.

Die dargelegten Ergebnisse adressieren damit den aufgezeigten Forschungsbedarf, wie in Kapitel 3.4 identifiziert, und bieten eine Antwort auf die dritte untergeordnete Forschungsfrage:

„Welche Wirkungsbeziehungen bestehen zwischen remotefähigen Tätigkeitsmerkmalen und betrieblichen Gestaltungsparametern von Remote-Work-Konzepten?“.

Intensitätskennziffern

- o Keine oder äußerst geringe Intensität
- \+ Moderate Intensität
- ++ Starke Intensität

Dimension	Faktoren	Steuern/Regeln (Fernsteuern und –regeln)	Ordnen (Hierarchisches Einteilen; Inhaltliches Sortieren)	Registrieren (Pflegen von Daten; Dokumentieren von Informationen)	Überwachen (Prüfen; Kontrollieren)	Entwerfen (Technisches Entwerfen; Inhaltliches Entwerfen; Grafisches Abbilden)	Andere Führen (Anweisen und Informieren; Planen; Beraten und Befähigen; Entwickeln von Zielen und Rahmen-strukturen; Motivieren; Moderieren)	Sich selbst führen (Sich Informieren und Befähigen; Reflektieren)
Mensch	Leistung und Motivation; Fachliche Fähigkeiten und Fertigkeiten; Persönliche Haltung zu Remote-Work; Arbeitsidentität; Technik- und Digitalkompetenz	+	+	+	+	+	++	+
Technik	IT-Struktur; Arbeitsgegenstand	++	++	++	++	++	+	+
Organisation	IT-Governance; Wissenskreation, -transfer und Kommunikationsprozesse; Branchenspezifika und Kundenvorgaben; Fachkräftebedarf; Rechtliche Vorgaben; Organisationsstruktur, –Prozesse und Raum; Betriebsvereinbarung	+	+	+	+	+	+	+
Kultur	Unternehmensweit gelebte Kultur; Performance-Management und Leistungsmessung; Persönlicher Gestaltungsspielraum und Autonomie; Führungsverhalten des Top-Managements; Führungsstil des Vorgesetzten; Teamkultur und Mindset	+	+	+	+	++	++	++

Abbildung 5-25 Konsolidierte Wirkungsbeziehungen nach Gestaltungsdimension und Tätigkeitsfunktion anhand des arithmetischen Mittels (eigene Darstellung)

5.4 Gestaltungsmethode von Remote-Work in produzierenden Unternehmen

Zur Gestaltung von Remote-Work in produzierenden Unternehmen werden die Ergebnisse der beiden Beschreibungsmodelle und des Erklärungsmodells zusammengeführt in einer Gestaltungsmethode integriert. Das nachfolgende Kapitel dient der Beantwortung der vierten untergeordneten und handlungsleitenden Forschungsfrage:

„Welche Handlungsempfehlungen können hierfür identifiziert und wie kann eine Gestaltungsmethode von Remote-Work in produzierenden Unternehmen systematisiert werden?“.

Um die handlungsleitende Forschungsfrage zu adressieren, wird der Navigator zur Gestaltung von Remote-Work in produzierenden Unternehmen entwickelt. Ein Navigator ist ein systematisches Werkzeug, das Unternehmen Schritt für Schritt durch den Prozess der Umsetzung von Remote-Work führt. Die Gestaltungsmethode wird in Form eines Navigators umgesetzt. Hierbei werden neben den entwickelten Partialmodellen (s. Kapitel 5.1 bis 5.3), Auslöser für die Einführung von Remote-Work sowie entsprechende Maßnahmen zur Gestaltung identifiziert. Diese werden in den Forschungsprozess integriert, einschließlich der Beschreibungsmodelle und des sich daraus ergebenden Erklärungsmodells. Auf dieser Grundlage wird ein umfassendes Gestaltungsmodell entwickelt, das als Entscheidungsgrundlage für die Auswahl von Maßnahmen zur Implementierung von Remote-Work dient. Die Interaktionen zwischen den verschiedenen Modellen innerhalb der Gestaltungsmethode werden detailliert in Abbildung 5-26 dargestellt, um ein ganzheitliches Verständnis zu vermitteln. Es werden zunächst die Auslöser für die Gestaltung von Remote-Work identifiziert. Anschileßend werden, anhand von Fallstudienforschung, Maßnahmen zur Gestaltung von Remote-Work entwickelt. Die Gestaltungsmethode wird anschließend in einem Vorgehen als Navigator schrittweise erläutert.

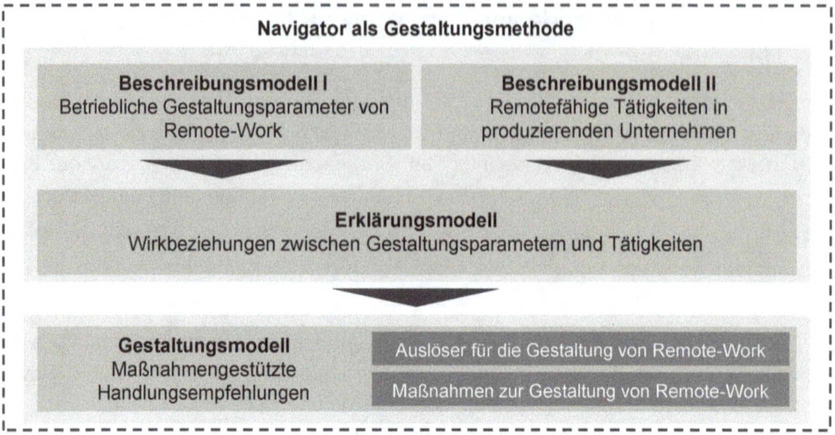

Abbildung 5-26 Zusammenspiel der Partialmodelle des Navigators als Gestaltungsmethode (eigene Darstellung)

5.4.1 Identifikation der Auslöser für die Gestaltung von Remote-Work

Bei der Gestaltung von Remote-Work stehen produzierende Unternehmen vor einer Vielzahl von Herausforderungen in verschiedenen Unternehmensbereichen. Diese Herausforderungen bilden Auslöser, die produzierende Unternehmen dazu veranlassen, sich eingehend mit der Gestaltung von Remote-Work auseinanderzusetzen. Diese Auslöser bildet damit den Ausgangspunkt zur Gestaltung von Remote-Work für Unternehmen. Sie bilden die Grundlage für die Umsetzung unternehmensspezifischer Maßnahmen zur aktiven Gestaltung von Remote-Work. Folgend werden die zentralen Auslöser für die Gestaltung von Remote-Work in produzierenden Unternehmen anhand von in der Literatur identifizierten Herausforderungen hergeleitet (s. Kapitel 3).

Die Auslöser werden bewusst übergreifend formuliert, um die Eingrenzung der vielfältigen Herausforderungen im Umgang mit Remote-Work in der Praxis zu erleichtern. Die Auswahl eines unternehmensindividuellen Auslösers bildet den Ausgangspunkt für die Identifikation der unternehmensindividuellen Maßnahmenidentifikation im folgenden Navigator. Die Auslöser berücksichtigen die individuellen Strategien, Ziele und Ausgangssituationen produzierender Unternehmen. Durch die weiteren Schritte des Navigators wird die spezifische Betrachtung des Unternehmens sichergestellt. Die Auslöser für die Gestaltung von Remote-Work für produzierende Unternehmen gliedern sich in zwei Bereiche: Positionierung und Entwicklung. Die Positionierung bezieht die von Unternehmensperspektive nach außen gerichtetem Auslöser ein. Es werden drei Auslöser der Positionierung zugeordnet: (A) Arbeitgeber*innenattraktivität fördern, (B) Ablauforganisation digitalisieren und (C) Krisensicherheit aufzubauen. Die Entwicklung konzertiert sich auf die nach innen gerichtetem Auslöser. Der Entwicklung werden ebenso drei Auslöser zugeordnet: (D) Teamzusammenarbeit optimieren, (E) Kompetenzlücken schließen und (F) Unternehmenskultur harmonisieren. In der folgenden Abbildung 5-27 werden die Auslöser zur Gestaltung von Remote-Work entlang der zwei Bereiche dargestellt.

Unternehmensstrategie	Positionierung	**A**	Arbeitgeber*innenattraktivität fördern
		B	Ablauforganisation digitalisieren
		C	Krisensicherheit aufbauen
	Entwicklung	**D**	Teamzusammenarbeit optimieren
		E	Kompetenzlücken schließen
		F	Unternehmenskultur harmonisieren

Abbildung 5-27 Auslöser zur Gestaltung von Remote-Work (eigene Darstellung)

Darauffolgend werden die Auslöser, basierend auf den Herausforderungen von Remote-Work für Unternehmen, detailliert hergeleitet. Eine genaue Übersicht der Auslöser und die korrespondierenden Herausforderungen sowie die Literaturverweise finden sich im Anhang A9 . Der Auslöser zur *Förderung der Arbeitgeber*innenattraktivität* ergibt sich aus vielfältigen Herausforderungen für Mitarbeitende im Kontext der Arbeit außerhalb des Unternehmensstandortes. Diese Herausforderungen umfassen einerseits die Schwierigkeit, berufsbezogene Gedanken in der arbeitsfreien Zeit auszublenden, bedingt durch die fehlende räumliche Distanz zum Arbeitsort während der Heimarbeit, was zu einem erhöhten psychologischen Druck führt (s. Flood 2019, S. 3; Arnold et al. 2015, S. 9; Bonin et al. 2020, S. 26). Andererseits schränkt die geringere räumliche Nähe zum Team den Aufbau und die Pflege sozialer Beziehungen zu Kolleg*Innen und Vorgesetzten ein (s. Borse et al. 2021, S. 3; Flood 2019, S. 1; Schüth u. Stahn 2020, S. 24). Dies führt zu einem erhöhten Risiko sozialer Isolation aufgrund des Rückgangs beruflicher und alltäglicher Interaktionen (s. Sandrock u. Stahn 2020; Metallo et al. 2022, S. 102; Flood 2019, S. 2). Zudem erschwert die räumliche Distanz zu Arbeitskolleg*innen die Vermittlung von Fertigkeiten an Berufseinsteiger*innen (s. Bonin et al. 2020, S. 87). Die mangelnde räumliche Trennung von Arbeitsplatz und Wohnraum kann zudem unbewusst die Arbeitszeit verlängern, was eine angemessene Erholung von der Arbeitsbelastung erschwert (s. Yang et al. 2022, S. 48; Arunprasad et al. 2022; Sandrock u. Stahn 2020, S. 8). Das Vermischen von Arbeitszeit und privaten Aufgaben, wie Haushaltstätigkeiten, führt zudem zu einem erhöhten Risiko für eine Überbelastung der Mitarbeitenden (s. Bonin et al. 2020, S. 13; Borse et al. 2021, S. 2). Zusätzlich zu den Belastungen im Arbeitsumfeld außerhalb des Unternehmensstandortes tragen Mitarbeitende eine erhöhte Eigenverantwortung bei der Umsetzung von Gesundheitsschutzmaßnahmen bei Remote-Work (s. Schüth u. Hartmann 2020, S. 19; Sandrock u. Stahn 2020, S. 3f.).

Die *Digitalisierung der Ablauforganisation* als zweiter Auslöser im Bereich Positionierung bezieht veränderte Anforderungen ein. Dabei ist die Einhaltung von Qualitätsstandards grundlegend (s. SCHÜTH U. HARTMANN 2020, S. 17; SANDROCK U. STAHN 2020, S. 8). Durch die Arbeit in neuer und ungewohnter Arbeitsumgebung abseits von der Betriebsstätte bedarf es der individuellen Prüfung und Anpassung der bisherigen Arbeitsweisen durch die Mitarbeitenden, um auch bei mobilen Arbeitsmodellen die geforderte Produktivität zu gewährleisten (s. YANG ET AL. 2022, S. 48; ARUNPRASAD ET AL. 2022, S. 3). Effektive Teamkollaboration im digitalen Raum erfordert eine Neuausrichtung der Kommunikationsstrukturen und die Berücksichtigung veränderter Anforderungen (s. FLOOD 2019, S. 4; SCHÜTH U. HARTMANN 2020, S. 19; METALLO ET AL. 2022, S. 109). Dies beinhaltet auch die Gewährleistung einer reibungslosen Anbindung und Produktivität der remote Mitarbeitenden. Hinsichtlich des Wissenstransfers im virtuellen Raum wird insbesondere der Austausch von komplexen Wissensinhalten zwischen Teammitgliedern beeinträchtigt (s. YANG ET AL. 2022, S. 49ff.; SARAIVA ET AL. 2021, S. 2). Der virtuelle Wissenstransfer wird durch asynchrone Kommunikationswege geprägt, was den Austausch von komplexem Wissen negativ beeinflusst und gewohnte Abstimmungsprozesse verzögern kann (s. FLOOD 2019, S. 3; YANG ET AL. 2022, S. 49ff.). Zudem wird der Informationsaustausch durch die räumliche Distanz und unterschiedliche Digitalkompetenzen erschwert (s. SCHÜTH U. HARTMANN 2020, S. 17; BONIN ET AL. 2020, S. 112).

Der dritte Auslöser des Bereits der Positionierung umfasst den *Aufbau von Krisensicherheit* zur Gewährleistung dauerhafter Geschäftskontinuität. Dies macht die Entwicklung proaktiver Strategien unabdingbar, um im Krisenfall eine reibungslose Umstellung auf Remote-Work zu ermöglichen (s. ARUNPRASAD ET AL. 2022, S. 4). Eine schnelle Reaktionsfähigkeit erfordert hohe Standards für die technische Ausstattung der Mitarbeitenden in Bezug auf Mobilität und Funktionalität (s. ARUNPRASAD ET AL. 2022, S. 13; SANDROCK U. STAHN 2020, S. 8). Mangelnde technische Voraussetzungen stellen eines der größten Hindernisse für die Umsetzung von Remote-Work dar und können insbesondere in Krisenzeiten die betriebliche Stabilität gefährden (s. ARNOLD ET AL. 2015, S. 15). Der Erfolg einer nahtlosen Umstellung auf Remote-Work hängt stark von robusten digitalen Betriebsabläufen ab, die auch in unsicheren Zeiten funktionsfähig sind (s. ARUNPRASAD ET AL. 2022, S. 4f.).

Der interne Auslöser der *Optimierung der Teamzusammenarbeit* des Bereichs Entwicklung beinhaltet zahlreiche organisatorische, kommunikative und regulatorische Herausforderungen im Kontext der Ortsunabhängigkeit der Arbeitsprozesse. Die geografische Verteilung der Mitarbeitenden führt zu einer Teamstruktur, die verschiedene Länder und Zeitzonen umfasst, was den Koordinationsaufwand für asynchrone Kommunikationswege erhöht (s. SARAIVA ET AL. 2021, S. 2; FLOOD 2019, S. 2–3). Bei der Notwendigkeit synchroner Zusammenarbeit sind Erschwernisse bei der Terminfindung zu berücksichtigen (s. ARUNPRASAD ET AL. 2022, S. 12) Diese Herausforderungen werden durch die Vielfalt individueller Präferenzen hinsichtlich des Arbeitsortes und -modells intensiviert (s. ALTUN U. HARTMANN 2019, S. 12; SANDROCK U. STAHN 2020, S. 8).

Neben den erhöhten Anforderungen an Koordinationsmechanismen haben sich ebenfalls die Anforderungen an die technischen Hilfsmittel und Arbeitsumgebungen gewandelt. Der Rückgang persönlicher Absprachen in der Betriebsstätte erfordert alternative Kommunikationsmethoden, die durch entsprechende Anwendungen unterstützt werden (s. METALLO ET AL. 2022, S. 108; FLOOD 2019, S. 3). Gleichzeitig werden neue mobile Methoden der Arbeitszeiterfassung notwendig (s. BONIN ET AL. 2020, S. 137; ALTUN U. HARTMANN 2019, S. 12). Bei der Einrichtung eines mobilen Arbeitsplatzes müssen einerseits die erhöhten Standards an die technische Ausstattung hinsichtlich Mobilität und Funktionalität beachtet werden, andererseits entsteht zusätzlicher finanzieller Aufwand (s. ARNOLD ET AL. 2015, S. 7; BONIN ET AL. 2020, S. 87,99,138; SANDROCK U. STAHN 2020, S. 8; SARAIVA ET AL. 2021, S. 2). Zudem ist sicherzustellen, dass den Mitarbeitenden das erforderliche Wissen vermittelt wird, um den mobilen Arbeitsplatz ergonomisch einzurichten (s. SANDROCK U. STAHN 2020, S. 5; BONIN ET AL. 2020, S. 34). Schließlich bedarf es einer Überarbeitung der internen Regularien und Datenschutzanforderungen, um Remote-Work-Konzepte anzupassen (s. HAIPETER ET AL. 2021, S. 26). Die dezentrale Speicherung von Daten auf Endgeräten außerhalb der Betriebsstätte erfordert neue Maßnahmen zum Schutz vor unbefugtem Zugriff durch Dritte (s. SCHÜTH U. HARTMANN 2020, S. 20).

Das *Schließen von Kompetenzlücken* als Auslöser bezieht sich auf die veränderten Anforderungen an Zusammenarbeit und Führung im digitalen Raum, einschließlich der Selbstführungskompetenzen. Die räumliche Distanz zur Betriebsstätte erfordert erweiterte Fähigkeiten in Selbstorganisation, Kommunikation, Medienkompetenz, Selbstständigkeit, Flexibilität, Verantwortungs- und Leistungsbereitschaft sowie Zuverlässigkeit von Mitarbeitenden (s. SCHÜTH U. STAHN 2020, S. 23–29; PIANESE ET AL. 2022, S. 10). Ebenso ergibt sich bei einer Umstellung zu Remote-Work Bedarf an kontinuierlichen Schulungsangeboten zum Aufbau und der Erweiterung von Digitalkompetenz (s. METALLO ET AL. 2022, S. 108; SCHÜTH U. STAHN 2020, S. 23; ARUNPRASAD ET AL. 2022, S. 11). Eng daran geknüpft sind die veränderten Anforderungen an den Umgang mit Soft- und Hardware, zur Erweiterung des Kompetenzprofils von Mitarbeitenden (s. HAIPETER ET AL. 2021, S. 26; ARUNPRASAD ET AL. 2022, S. 11; SCHÜTH U. STAHN 2020, S. 23). Führungskräfte müssen neue Wege finden, um die eingeschränkte nonverbale Kommunikation im digitalen Raum zu bewältigen und ihre Kontrollmethoden anzupassen, um ihrer Verantwortung gerecht zu werden (s. FLOOD 2019, S. 2; ARUNPRASAD ET AL. 2022, S. 8). Die Integration digitaler Führungsinstrumente in bestehende Führungskonzepte ermöglicht neue Kommunikationswege und fördert den Kontakt innerhalb von Remote-Teams und mit Führungskräften (s. PIANESE ET AL. 2022, S. 2; SCHÜTH U. STAHN 2020, S. 26). Zur Gestaltung von Führungskonzepten und -strategien werden zunehmend digitale Führungsinstrumente gefordert (s. FLOOD 2019, S. 2). Neue Wege der niedrigschwelligen Kontaktaufnahme innerhalb remote arbeitender Teams und mit Führungskräften müssen entwickelt werden, um dem Rückgang persönlichen Kommunikation entgegenzuwirken (s. PIANESE ET AL. 2022, S. 2).

Der dritte Auslöser des Bereichs der Entwicklung fokussiert die *Harmonisierung der Unternehmenskultur*. Zentrales Motiv der Herausforderungen bildet das Streben nach Trennung von Arbeitsleistung und Arbeitsplatz. Unternehmen müssen hierbei Widerstände überwinden. Der Mangel an persönlichem Austausch in der Betriebsstätte erfordert neue Methoden zur Etablierung eines gemeinsamen Werteverständnisses (s. FLOOD 2019, S. 2; ARUNPRASAD ET AL. 2022, S. 11). Die räumliche Distanz zwischen Mitarbeitenden erschwert den Aufbau einer Unternehmens- oder Teamidentität (s. ARUNPRASAD ET AL. 2022, S. 8; METALLO ET AL. 2022, S. 118; FLOOD 2019). Die Transformation zu remotefähigen Arbeitsmodellen kann zudem zu temporärer Zusatzbelastung für Mitarbeitende führen (s. ARUNPRASAD ET AL. 2022, S. 11; SANDROCK U. STAHN 2020, S. 7). Die Schaffung von Akzeptanz bei Mitarbeitenden bildet daher einen zentralen Erfolgsfaktor (s. ARUNPRASAD ET AL. 2022; FLOOD 2019, S. 3). Abschließend stellen unterschiedliche Präferenzen und Umsetzungsmöglichkeiten von Remote-Work zwischen Mitarbeitenden und Führungskräften eine weitere Herausforderung dar (s. ARNOLD ET AL. 2015, S. 12, 39; METALLO ET AL. 2022, S. 108).

Die beschriebenen sechs Auslöser zur Gestaltung von Remote-Work für Unternehmen werden im Navigator aufgegriffen und bilden den zentralen Inhalt des ersten Schritts des Navigators (s. Kapitel 5.4.3).

5.4.2 Identifikation der Maßnahmen für die Gestaltung von Remote-Work

Nachfolgend werden Maßnahmen für die Gestaltung von Remote-Work in produzierenden Unternehmen hergeleitet. Das Ziel besteht darin, Maßnahmen zu identifizieren, die auf den tatsächlichen Handlungen realer Unternehmen basieren und dadurch einen Beitrag zur praxisorientierten Ausgestaltung von Remote-Work leisten können. Methodische Basis bildet die Fallstudienforschung nach EISENHARDT (1989) (s. Kapitel 4.2.2), welche durch die exemplarisch vertiefende Fallstudienforschung nach PFLÜGER ET AL. (2010) ergänzt wird. PFLÜGER ET AL. (2010) legen den Fokus auf die eingehende analytische Auswertung herausragender Einzelfälle als Beispiele für bewährte Methoden in der Praxis. Die untersuchten Fallstudien umfassen demnach Handlungen und Aktivitäten realer Unternehmen im Zusammenhang mit Remote-Work. Insgesamt werden 22 Fallstudien analysiert, bis das Abbruchkriterium zur Sättigung erreicht wird. Eine Übersicht über die Grundgesamtheit der ausgewählten Fallstudien, einschließlich des betrachteten Unternehmens und der entsprechenden Branche sowie der Detailbeschreibung der Fallstudien, befindet sich im Anhang A10 . Die Erreichung theoretischer Sättigung markiert das Ende der Fallstudienforschung. Die durchgeführte additive Sättigungsanalyse ist in Abbildung 5-28 dargestellt, wonach der Analyseprozess nach 22 betrachteten Fallstudien eingestellt wird.

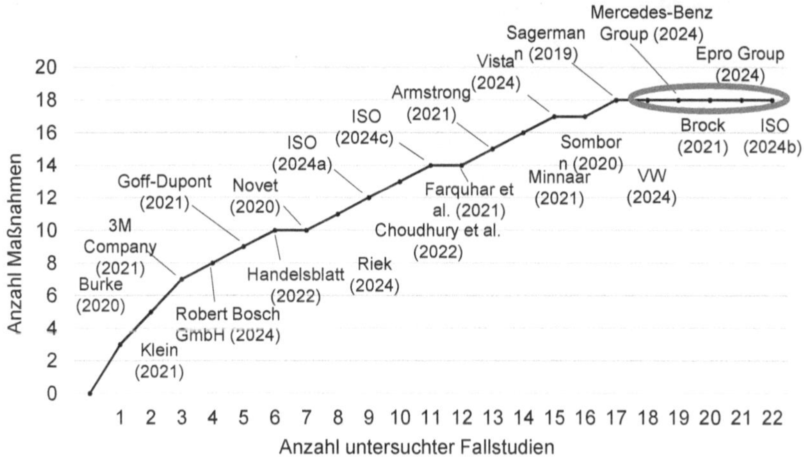

Abbildung 5-28 Sättigungsanalyse der identifizierten Maßnahmen (eigene Darstellung)

Die fallspezifisch generierten Erkenntnisse werden fallübergreifend analysiert. Im Rahmen dieser Analyse wird die quantitative Häufigkeit der abgeleiteten Maßnahmen in den Fallstudien untersucht, um potenzielle Ausreißer oder signifikante Unterschiede zwischen den einzelnen Maßnahmen aufzudecken. Der Analyseprozess wird im Anschluss durch eine additive Sättigungsanalyse vervollständigt. Insgesamt konnten 18 Maßnahmen identifiziert werden, welche in ihrer genannten Häufigkeit variieren. Es zeigt sich eine Tendenz, wonach die Häufigkeit der Nennungen invers mit der Komplexität der Maßnahmen korreliert. Die identifizierten Maßnahmen bilden in der Praxis erprobte Konzepte, die bereits in der Praxis Anwendung finden. Vor diesem Hintergrund wird die Relevanz der dargelegten Maßnahmen bestätigt, was in Einklang mit der vertiefenden Fallstudienforschung nach PFLÜGER (2012) steht. Die in der fallspezifischen Analyse generierten Maßnahmen werden in den Fallstudien in Tabelle 5-5 aufgelistet.

Tabelle 5-5 Identifizierte Maßnahmen zur Gestaltung von Remote-Work (eigene Darstellung)

Nr.	Maßnahme	Nennung
1	Mitarbeitende durch State-of-the-Art-Hardwareausstattung zum standortunabhängigen Arbeiten befähigen	Klein (2021), Volkswagen Group Services GmbH (2024)
2	Einrichtung eines ergonomisch gestalteten mobilen Arbeitsplatzes schulen und monetär unterstützen	Burke (2023), Novet (2020)
3	Individuelle Arbeitsmodelle mit Verankerung von Remote-Work-Konzepten in Arbeitsverträgen ermöglichen	Burke (2023), Robert Bosch GmbH (2024), Mercedes-Benz Group (2024)
4	Virtuelle Kontaktpunkte und Teambuilding-Aktivitäten zur Stärkung des Teamgefüges etablieren	Goff-Dupont (2021)
5	Taskforce für die erfolgreiche Umsetzung eines Remote-Work-Konzepts zusammenstellen	3M Company (2021), Siemens AG (2020)
6	Remote-Work-Konzepte in Unternehmenskultur mittels organisationsweiter Initiativen zur Akzeptanzförderung verankern	3M Company (2021), Farquhar u. Cannon-Brookes (2021), Brock (2021)
7	Mitarbeitende anhand individueller Trainingsmaßnahmen aktiv in die Gestaltung hybrider Arbeitsmodelle einbeziehen	Robert Bosch GmbH (2024)
8	Führungskräfte durch kontinuierliche Trainings zur erfolgreichen Steuerung von Remote-Teams befähigen	Burke (2023)
9	Technik- und Digitalkompetenz von Shopfloor-Mitarbeitenden mit fortlaufenden Schulungsprogramme ausbauen	Handelsblatt (2022)
10	Erlebnis der Mitarbeitenden mit ortsungebundener Human-Experience-Management-Software verbessern	Klein (2021)
11	Wissensmanagement durch ortsungebundene Informationssoftware remote zugänglich bereitstellen	Riek (2024)
12	Smart Devices zur Performanceverbesserung von Shopfloor-Mitarbeitenden implementieren	iso Institut (2024a) iso Institut (2024c)
13	Ortsunabhängige Echtzeit-Unterstützung mit Augmented-Reality Techniken realisieren	iso Institut (2024b)
14	Fabrikautomation mit Anwendung von Künstlicher Intelligenz und digitalem Zwilling vorantreiben	Choudhury u. Ma (2022)
15	Organisationsstruktur an hybrides Arbeiten anpassen	Minnaar (2021)
16	Standortstruktur durch den Aufbau eines Hub-Netzwerks dezentralisieren	Armstrong (2021)
17	Bestehende Standorte zu Collaboration-Centers mit modernen Arbeitsplatzkonzepten umgestalten	Vista (2024)
18	Anforderungen einer modernen Arbeitsumgebung durch innovative Arbeitsraumgestaltung der Bürofläche umsetzen	Sagermann (2019), Epro Group (2024)

Durch die identifizierten Maßnahmen zur Gestaltung von Remote-Work im Rahmen der Fallstudienforschung wird ein zentraler Baustein für den zu entwickelnden Navigator gelegt. Im Folgenden werden die Maßnahmen hinsichtlich ihrer Wirkungsrichtung analysiert und anhand verschiedener Kriterien bewertet. Auf Basis der Wirkungsbeschreibung ergibt sich ein Maßnahmenschwerpunkt in einer der vier

Gestaltungsdimensionen Mensch, Technik, Organisation oder Kultur. Um eine eindeutige Zuordnung zu einem der Bereiche zu gewährleisten, wird die folgende Entscheidungsregel formuliert: *„Der Schwerpunkt einer Maßnahme liegt in jener Gestaltungsdimension, in der prozentual die meisten betrieblichen Gestaltungsparameter durch die Maßnahme beeinflusst werden, wobei mindestens zwei Parameter beeinflusst werden müssen“.*

Die Bedingung ergibt sich daraus, dass es nicht zielführend ist, einen Schwerpunkt nur auf einen beeinflussten Parameter zu setzen. Des Weiteren wird die Maßnahme den identifizierten Auslösern zur Gestaltung von Remote-Work zugeordnet. Als Entscheidungsgrundlage für die Zuordnung werden die auslöserspezifischen Herausforderungen betrachtet und qualitativ mit der vorher generierten Wirkungsbeschreibung der Maßnahme abgeglichen. Auf diese Weise wird sichergestellt, dass die Herausforderungen von Remote-Work präzise durch die betrachtete Maßnahme adressiert werden. Dabei kann eine Maßnahme mehreren Auslösern zugeordnet werden. Als Resultat ergibt sich für jeden Auslöser ein Bündel aus optionalen Maßnahmen. Abschließenden werden die Maßnahmen anhand der Kriterien der Umsetzungszeit und des Umsetzungsaufwands bewertet. Um eine angemessene Bewertung der Umsetzungszeit zu gewährleisten, wird in der vorliegenden Arbeit auf den Projektlebenszyklus als theoretische Basis zurückgegriffen. Die Umsetzung einer Maßnahme zur Gestaltung von Remote-Work wird demgemäß als Projekt betrachtet. Diese Herangehensweise wird als zweckmäßig erachtet, da die in den Fallstudien beschriebenen Maßnahmen der Unternehmen oftmals im Zentrum eines internen Projekts stehen respektive Projektcharakter aufweisen. Zudem ermöglicht diese Betrachtungsweise einen Abgleich mit der bestehenden Projektlandschaft des anwendenden Unternehmens. Dieser Aspekt wird im späteren Verlauf im Zuge der Maßnahmenauswahl entscheidend. Der Projektlebenszyklus wird durch führende Projektmanagementmethoden definiert und in Phasen aufgeteilt (s. MEYER U. REHER 2020, S. 20; BENNETT ET AL. 2017, S. 4).

Durch die Integration dieser Prinzipe werden drei Phasen bei der Umsetzung einer Maßnahme zur Gestaltung von Remote-Work formuliert. Beginnend mit der Initiierungs- und Planungsphase wird eine Strategie für die Umsetzung der Maßnahme entwickelt (s. PROJECT MANAGEMENT INSTITUTE 2021, S. 46). Darüber hinaus erfolgt die Beschaffung der notwendigen Ressourcen und die betroffenen Stakeholder werden über das Projektvorgehen informiert (s. MEYER U. REHER 2020, S. 20ff.). Die nun folgende Ausführungshase umfasst die technische Realisierung mit anschließenden Testläufen, Fehlerbehebung und Anpassung (s. BENNETT ET AL. 2017, S. 47). Bei Maßnahmen ohne technischen Fokus steht die praktische Umsetzung von Konzepten im Vordergrund, wobei sich ebenfalls Evaluations- und Korrekturvorgänge anschließen (s. BENNETT ET AL. 2017, S. 218ff.). In der abschließenden Phase der Integration und Optimierung wird darauf abgezielt, dass sich die realisierte Maßnahme fest im Unternehmen etabliert und kontinuierlich Verbesserungsprozessen unterzogen wird. In diesem Schritt werden in erster Linie Change-Management-Aktivitäten, Schulungen und Trainings sowie Feedbackschleifen eingeleitet (s. PROJECT MANAGEMENT INSTITUTE

2021, S. 42ff.). Durch die Unterteilung wird der Projektlebenszyklus in gleichwertige Phasen separiert. Für jede Maßnahme wird die Dauer der drei Phasen anhand der zugehörigen Aktivitäten auf einer Skala von null bis zehn bewertet. Durch die Bildung des Mittelwertes wird für die betrachtete Maßnahme eine Bewertung der Umsetzungszeit generiert. Formel (**5.1**) stellt die Berechnung der Umsetzungszeit dar.

$$Umsetzungszeit = \frac{Initierung\ \&\ Planung + Implementierung + Integration\ \&\ Optimierung}{3} \quad (5.1)$$

Bei der Bewertung des Umsetzungsaufwands wird ein verwandtes Verfahren durchlaufen, welches auf dem *Resource-based view* nach BARNEY (1991) basiert. Zentral ist, dass Unternehmen durch die Identifizierung, Entwicklung und den Einsatz von einzigartigen und schwer zu imitierenden Ressourcen einen nachhaltigen Wettbewerbsvorteil erzielen (s. BARNEY 1991, S. 99ff.). Dabei unterscheidet BARNEY physische Kapitalressourcen, Humankapitalressourcen und organisationale Kapitalressourcen (s. BARNEY 1991, S. 101). GRANT (2020, S. 113) differenziert Ressourcen in tangible Ressourcen, intangible Ressourcen und Humanressourcen. Für die Bewertung des Umsetzungsaufwands der Maßnahmen in der vorliegenden Arbeit werden beide Ansätze integriert, sodass sich die drei Hauptarten Finanzielle Ressourcen, Technische Ressourcen und Immaterielle Ressourcen ergeben. Finanzielle Ressourcen umfassen dabei den Einsatz von liquiden Mitteln sowie Fremd- und Eigenkapitel (s. GRANT 2020, S. 113). Bei den technischen Ressourcen wird der Aufwand in Gebäuden, IT-Systemen und technischer Ausrüstung untersucht (s. GRANT 2020, S. 101). Die Dimension immaterieller Ressourcen inkludiert Aufwand in Form von Personal, Wissen und Lizenzen (s. GRANT 2020, S. 114). Folglich werden für jede Maßnahme die benötigten Ressourcen in den drei Kategorien auf einer Skala von null bis zehn bewertet und anschließend gemittelt, sodass sich analog zur Umsetzungszeit auch ein Wert für den Umsetzungsaufwand jeder Maßnahme ergibt, wie in Formel (**5.2**) illustriert.

$$Umsetzungsaufwand = \frac{Finanzielle\ Res. + Technische\ Res. + Immaterielle\ Res.}{3} \quad (5.2)$$

Die Bewertungsdimensionen und die Einordnung der bewerteten Maßnahmen sind in Abbildung 5-29 zusammengeführt, einschließlich ihrer Aktivitäten und Teilaspekte. Durch die strukturierte Aufteilung der Dimensionen in ihre einzelnen Komponenten wird eine präzisere Untersuchung ermöglicht und die Subjektivität bei der Bewertung der Umsetzung reduziert. Die detaillierte Herleitung der Bewertung je Maßnahme findet sich in Anhang A10 .

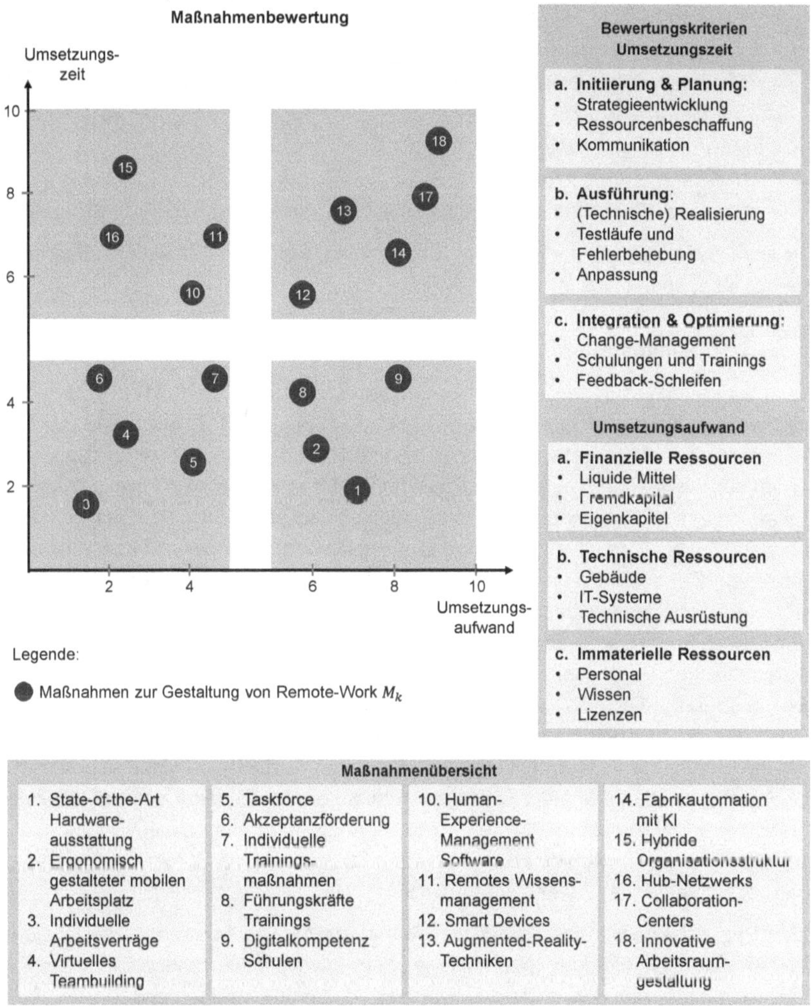

Abbildung 5-29 Bewertung der identifizierten Maßnahmen (eigene Darstellung)

Nach der Durchführung der Analyse der Maßnahmenwirkung, der Zuordnung zu den auslösenden Faktoren sowie der Bewertung der Umsetzungszeit und des -aufwands manifestiert sich als Ergebnis dieses Prozesses für jede Maßnahme ein individueller Steckbrief. Dieser Steckbrief dient dazu, die Maßnahme anhand der durchgeführten Detaillierungsschritte präzise zu charakterisieren und ihre wesentlichen Eigenschaften zu erfassen. Der Aufbau des Steckbriefs, strukturiert aus den hergeleiteten Erkenntnissen, besteht wie folgt:

- Maßnahme M_k
- Zuordnung Auslöser
- Wirkbeschreibung entlang der Wirkmatrix anhand der Gestaltungsparameter von Remote-Work-Konzepten
- Maßnahmenschwerpunkt
- Maßnahmenumsetzung
- Best Practice als Anwendungsbeispiel

Die Detailbeschreibung der einzelnen Maßnahmen, welche in Tabelle 5-5 zusammengefasst sind, finden sich im Anhang A10 .

5.4.3 Zusammenführung des Vorgehens als Navigator

Nach der Identifikation der Auslöser für die Gestaltung von Remote-Work in Unternehmen werden anwendungsorientierte Maßnahmen spezifiziert. Folglich wird der maßnahmengestützte Navigator zur Gestaltung von Remote-Work in produzierenden Unternehmen, aufbauend auf den dargelegten Erkenntnissen, entwickelt. Durch die Schaffung einer Entscheidungsgrundlage für die Auswahl von Maßnahmen zur Implementierung von Remote-Work wird das Gestaltungsmodell der vorliegenden Arbeit entworfen. Der detailliert dargestellte Navigator besteht aus fünf Schritten, die eng an den einzelnen Phasen des DMAIC-Zyklus angelehnt sind. Der DMAIC-Zyklus, als zentrales Element der ‚Lean Six Sigma'-Methode, orchestriert fünf iterative Phasen zur systematischen Verbesserung von Prozessen (s. VARANZ STARN 2018, S. 35). Durch die transparente Definition von Zielen, die präzise Messung, die gründliche Analyse von Ursachen und Zusammenhängen, die Implementierung gezielter Verbesserungen und die Einführung von Kontrollmechanismen bietet der DMAIC-Zyklus einen bewährten Ansatz zur Steigerung der Qualität von Abläufen. Die Struktur des DMAIC-Zyklus besteht aus fünf Phasen: definieren, messen, analysieren, verbessern und kontrollieren. Diese Phasen bieten einen strukturierten Rahmen für die Durchführung von Optimierungsprojekten (s. TÖPFER 2009, S. 45).

Jede Phase ist durch eine spezifische Reihe von Aktivitäten charakterisiert, die mit ausgewählten Werkzeugen unterstützt werden. Die Definitionsphase bildet den Ausgangspunkt und zielt darauf ab, das Problemfeld klar zu umreißen und das Verbesserungspotenzial zu identifizieren. Dabei werden spezifische Ziele, Anforderungen und der Umfang der Untersuchung präzisiert, um eine solide Grundlage für das Projekt zu schaffen (s. VARANZ STARN 2018, S. 69ff.). Anschließend folgt die Messphase, deren Ziel es ist, die aktuelle Leistung des Prozesses zu erfassen und eine Ausgangsbasis für künftige Verbesserungen zu schaffen. Dies wird durch die systematische Sammlung und Analyse relevanter Daten erreicht (s. VARANZ STARN 2018, S. 81ff.). In der darauffolgenden Analysephase werden die gesammelten Daten genutzt, um die Hauptursachen für Probleme zu identifizieren. Mittels statistischer Werkzeuge und Techniken werden Muster und Zusammenhänge in den Daten erkannt, was dazu beiträgt, gezielte Ansatzpunkte für Optimierungen zu finden (s. VARANZ STARN 2018,

S. 93ff.). Die Verbesserungsphase konzentriert sich auf die Entwicklung und Implementierung von Lösungen zur Leistungssteigerung. Hierbei werden kreative Ideen generiert, Lösungskonzepte ausgearbeitet und durch Pilotprojekte getestet, um ihre Wirksamkeit zu überprüfen (s. VARANZ STARN 2018, S. 107). Abschließend zielt die Kontrollphase darauf ab, die erzielten Verbesserungen langfristig zu sichern. Dies wird durch die Implementierung von Kontrollmechanismen und eine fortlaufende Überwachung des Prozesses erreicht, um sicherzustellen, dass die Verbesserungen nachhaltig Bestand haben und der Prozess stabil bleibt (s. VARANZ STARN 2018, S. 115ff.).

Der maßnahmengestützte Navigator zur Gestaltung von Remote-Work orientiert sich eng am DMAIC-Zyklus und greift auf Aktivitäten und Werkzeuge desselben zurück. Im ersten Schritt wählt das anwendende Unternehmen einen oder mehrere Auslöser für die Gestaltung von Remote-Work aus. Diese Entscheidung entspricht der Definitionsphase des DMAIC-Zyklus, in der die Ziele und der Umfang der Untersuchung festgelegt werden. Die darauffolgende Ausarbeitung eines maßgeschneiderten Profils der Unternehmensbereiche korreliert mit der Messtätigkeit, bei der relevante Daten erfasst werden und bildet den zweiten Schritt. Im dritten Schritt des Navigators erfolgt die Analysephase, welche die spezifische Festlegung der individuellen Wirkungsmaßnahmen zur Bereitstellung einer Entscheidungsgrundlage umfasst. Die Auswahl von Maßnahmen, basierend auf den eingeführten Bewertungskriterien im Rahmen des vierten Schrittes, ist kongruent zur Verbesserungsphase. Parallel zum DMAIC-Zyklus schließt der Navigator mit einer Kontrolltätigkeit, bei der die Auslöser jährlich auf ihre Aktualität überprüft werden. Eine detaillierte Erläuterung der einzelnen Schritte erfolgt im Anschluss, um das Vorgehen zur Modellanwendung für potenzielle Anwender zu präzisieren. Eine schematische Darstellung des Navigators wird in Abbildung 5-30 in abstrakter Form als Übersicht dargestellt, die Detailansicht jedes Schritts findet sich in Anhang A11 . Schließlich werden die einzelnen Schritte detailliert beschrieben sowie Anwendung beispielhaft erläutert.

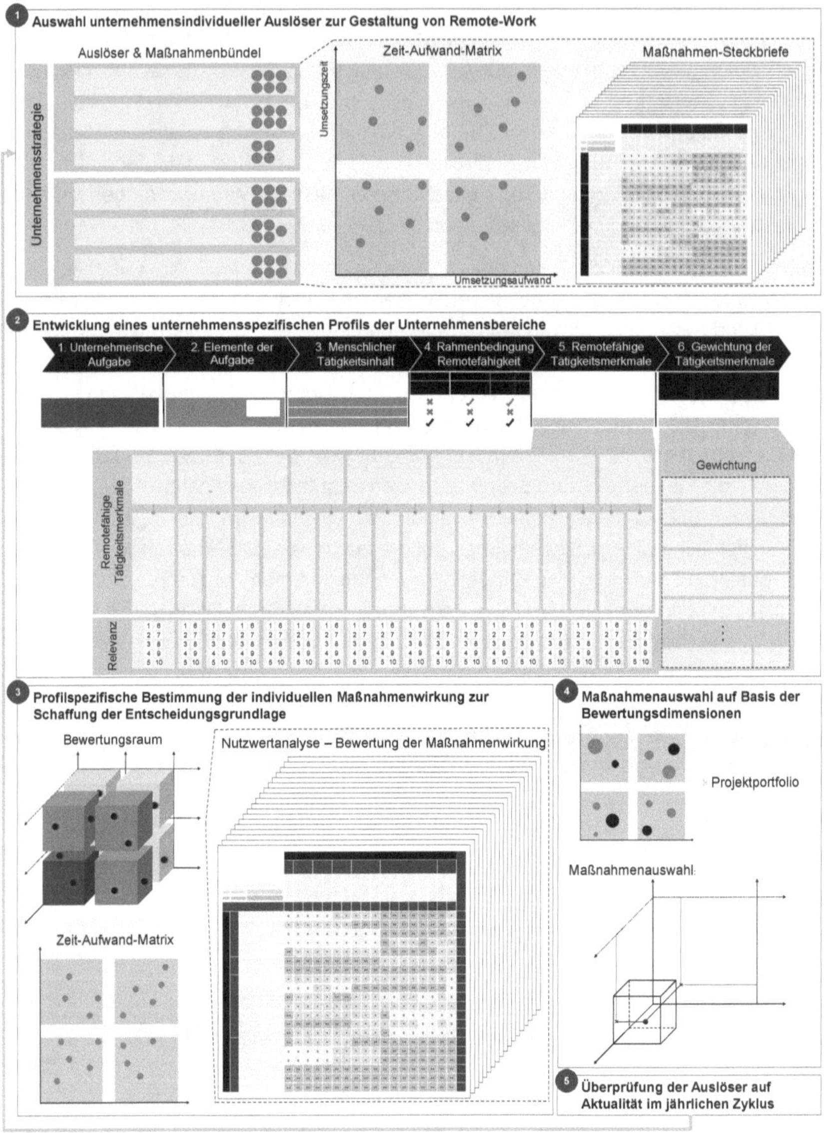

Abbildung 5-30 Gestaltungsmethode als Navigator für Remote-Work (eigene Darstellung)

Schritt 1: Auswahl unternehmensindividueller Auslöser zur Gestaltung von Remote-Work

Im Initialschritt des Navigators selektiert das anwendende Unternehmen aus einer Reihe von sechs vordefinierten Auslösern zur Gestaltung von Remote-Work, wobei eine Mehrfachauswahl möglich ist. Unternehmen identifizieren die maßgeblichen Auslöser, die den Bedarf zur Einführung von Remote-Work hervorgerufen haben. Dieser Bedarf ergibt sich aus den strategischen Zielen und Prioritäten des Unternehmens, die wiederum aus der Unternehmensstrategie abgeleitet sind. Durch einen Abgleich mit der Unternehmensstrategie sowie den spezifischen Herausforderungen und Zielen des Unternehmens wird die Auswahl individuell angepasst. Hierbei wird angestrebt, dass die gewählten Auslöser beim Unternehmen die Dringlichkeit und den Ansporn hervorrufen, sich eingehend mit der Ausgestaltung von Remote-Work auseinanderzusetzen. Die Bereiche „Positionierung“ und „Entwicklung“ fungieren in diesem Zusammenhang als Orientierungshilfe, insbesondere wenn eine Präferenz für die Ausrichtung der einzuleitenden Maßnahmen erkennbar ist. Jedem Auslöser wird ein Set von Maßnahmen zugeordnet. Die Selektion der Auslöser führt folglich zu einem Pool optionaler Maßnahmen, die für die spezifische Situation des Unternehmens im Hinblick auf Remote-Work maßgeschneidert sind. Für die identifizierten Maßnahmen zur Gestaltung von Remote-Work M_k, wird die hergeleitete Bewertung hinsichtlich der Umsetzungszeit und -komplexität einbezogen (s. Kapitel 5.4.2). Diese Matrix verwendet die Umsetzungszeit entlang der y-Achse und den Umsetzungsaufwand entlang der x-Achse. Um eine klarere Unterscheidung zwischen den Maßnahmen zu ermöglichen, wird die Matrix in vier Felder entlang eines Koordinatensystems unterteilt. Die optionalen Maßnahmen werden in der Zeit-Aufwand-Matrix hervorgehoben. Zudem wird für jede der optionalen Maßnahmen ein entsprechender Steckbrief bereitgestellt, der zentrale Informationen bezüglich Wirkungsweise, Schwerpunkt der Maßnahme, Umsetzungszeit und -aufwand sowie Anwendungsbeispiele liefert (s. Anhang A13). Als Ergebnis des ersten Schrittes wird ein detaillierter Überblick über die potenziellen Maßnahmen erstellt, die aus den für das Unternehmen relevanten Auslösern resultieren.

Für das vorliegende Anwendungsbeispiel wird der Auslöser C, Krisensicherheit aufbauen, ausgewählt. Die Auswahl des Auslösers C, die Errichtung einer Krisensicherheit, erweist sich als besonders relevant, nicht nur aufgrund der COVID-19-Pandemie. In der heutigen globalisierten Wirtschaft sind Unternehmen einem breiten Spektrum an potenziellen Krisensituationen ausgesetzt, seien es wirtschaftliche Turbulenzen, Naturkatastrophen oder geopolitische Unruhen. Der Auslöser C ist einem Bündel mit den vier Maßnahmen M_1, M_5, M_{11} und M_{18} zugeordnet, die im Folgenden als optionale Maßnahmen näher betrachtet werden. Indem die optionalen Maßnahmen in der Zeit-Aufwand-Matrix hervorgehoben werden, erhält das Unternehmen einen ersten Überblick hinsichtlich des Umfangs der Maßnahmen. Zugleich werden detaillierte Steckbriefe zu den optionalen Maßnahmen zur Verfügung gestellt, welche als umfassende Informationsquelle dienen (s. Anhang A13). Der erste Schritt des Navigators wird anhand des Anwendungsbeispiels in Abbildung 5-31 illustriert.

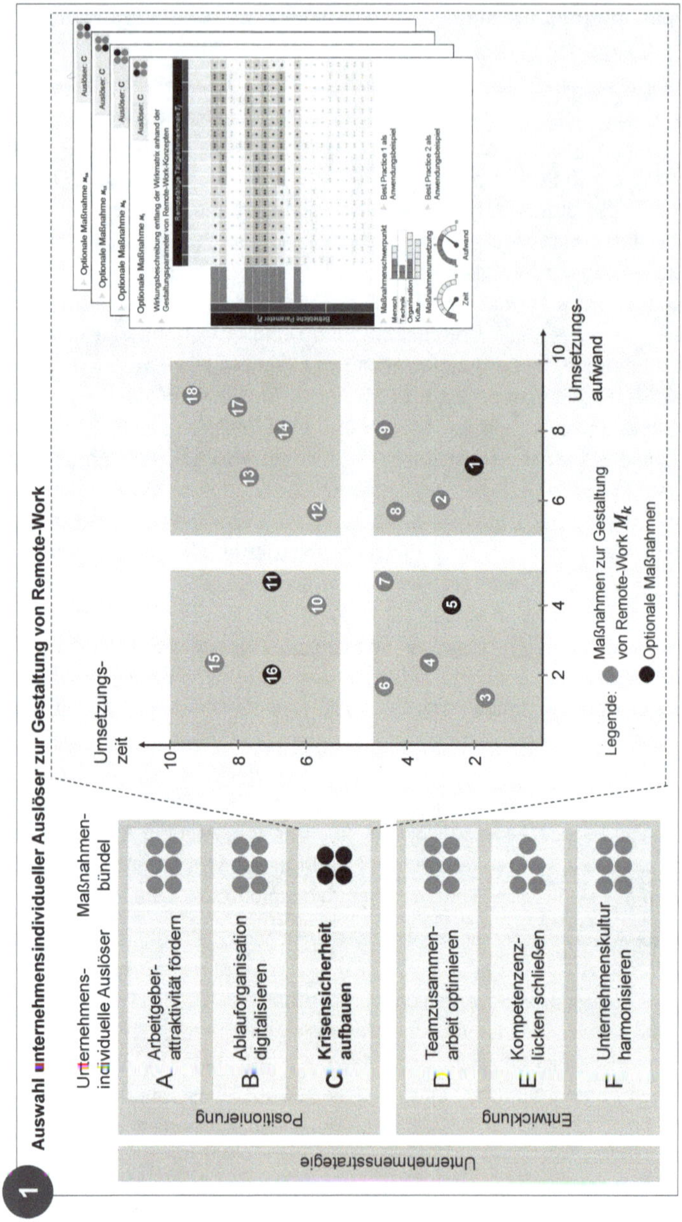

Abbildung 5-31 Anwendungsbeispiel Schritt 1 – Auswahl unternehmensindividueller Auslöser (eigene Darstellung)

Schritt 2: Entwicklung eines unternehmensspezifischen Tätigkeitsprofils der Unternehmensbereiche

Der zweite Schritt des Navigators besteht in der Ausarbeitung eines unternehmensspezifischen Profils der Unternehmensbereiche. Ein zentraler Aspekt dieses Schrittes ist das in Kapitel 5.1 eingeführte Beschreibungsmodell remotefähiger menschlicher Tätigkeiten für produzierende Unternehmen. Zur Anwendung des Beschreibungsmodells in der Praxis, welches den Schritt 2 des Navigators beschreibt, unterläuft ein Unternehmen sechs Schritte (s. HERKENRATH ET AL. 2023, S. 767). Anhand dieses Vorgehens werden remotefähige Tätigkeitsmerkmale als Unterklassen der Tätigkeitsfunktionen identifiziert, wie in Abbildung 5-32 dargestellt. Durch die Zerlegung der Tätigkeitsinhalte werden Tätigkeiten in ihre einzelnen Handlungsstränge zurückverfolgt und die zugrunde liegenden Funktionen untersucht. Mithilfe einer klaren Arbeitsdefinition werden Tätigkeiten, die nicht für Remote-Work geeignet sind, identifiziert und herausgefiltert. Für Remote-Work geeignete Tätigkeiten in produzierenden Unternehmen werden durch die Zerlegung in das Klassifikationsmodell heruntergebrochen und ihre funktionale Natur ermittelt. Unterschiede in den menschlichen Kommunikationsweisen werden erfasst, wobei deren funktionale Abgrenzung möglicherweise von der Situation und der individuellen Perspektive abhängt.

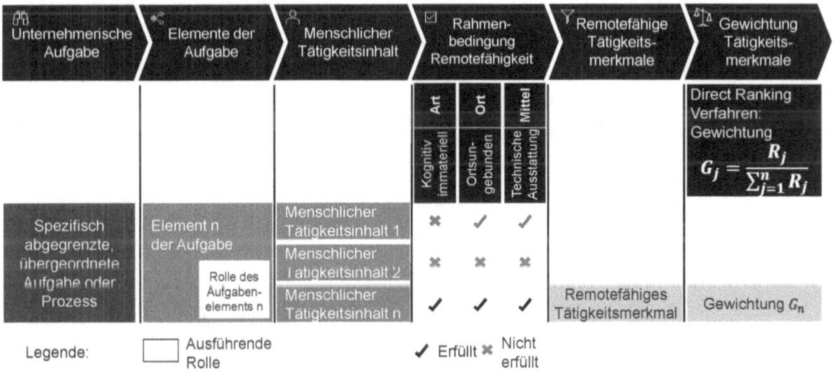

Abbildung 5-32 Schrittweise Identifikation der remotefähigen Tätigkeiten im Unternehmensbereich (eigene Darstellung)

Die Schritte werden im Folgenden beschrieben und anhand eines Fallbeispiels angewandt.

- *Festlegung der unternehmerischen Aufgabe:* Der Beginn des methodischen Vorgehens liegt in der Festlegung der unternehmerischen Aufgabe, die von den Anwendern konkretisiert wird. Diese Aufgabe bezieht sich auf eine spezifische Aktivität, die aus organisatorischer Perspektive in einem Unternehmen ausgeführt wird. Es ist wichtig, den Aufgabenbereich klar abzugrenzen und zu formulieren. Im nächsten Schritt wird dieser Bereich in verschiedene Einzelelemente unterteilt, die wiederum auf die spezifischen Inhalte menschlicher Tätigkeiten heruntergebrochen werden.

- *Identifizierung der Elemente der Aufgabe:* Auf dieser Grundlage werden die Aufgabenelemente identifiziert, die die einzelnen Schritte der unternehmerischen Aufgabe aufschlüsseln. Um die spezifischen menschlichen Tätigkeiten zu ermitteln, werden die Aufgabenelemente zwischen den verschiedenen ausführenden und bearbeitenden Rollen getrennt.
- *Herleitung der menschlichen Tätigkeitsinhalte:* Im Gegensatz zur unternehmerischen Aufgabe, die aus Sicht der Organisation betrachtet wird, konzentrieren sich die Tätigkeitsinhalte auf eine spezifische Rolle. Innerhalb des betrieblichen Kontextes werden menschliche Tätigkeiten insbesondere unter Berücksichtigung des Menschen als Ressource verstanden. Dabei kann es entweder um manuelle Tätigkeiten gehen, die eine Lage- oder Zustandsveränderung am Bearbeitungsobjekt hervorrufen, oder um kognitive Tätigkeiten, die keine physische Veränderung an Objekten bewirken (s. KOSIOL 1976).
- *Festlegung der Rahmenbedingungen für die Remotefähigkeit:* Remotefähigkeit bezieht sich auf kognitive Tätigkeiten, die keinen direkten physischen Einfluss auf reale Objekte haben. Entscheidende Parameter sind die Entkopplung von einem stationären Arbeitsplatz vor Ort, die Ortsunabhängigkeit und die technologische Verbindungsmöglichkeit zur Betriebsstätte (s. GRANT ET AL. 2013; ZAKHAROV 2022). Eine Tätigkeit wird als remotefähig betrachtet, wenn alle drei Kriterien erfüllt, sind: Art der Tätigkeit, Ort und Arbeitsmittel (s. LINDNER 2018).
- *Klassifizierung der remotefähigen Tätigkeitsinhalte:* Das Ziel dieser Klassifizierung besteht darin, die menschlichen Tätigkeiten in funktionale Klassen einzuordnen, sofern sie in den vorangegangenen Schritten als remotefähig bewertet wurden. Das Beschreibungsmodell bildet den Rahmen für Identifikation der Tätigkeitsfunktionen und -merkmale. Das entwickelte Beschreibungsmodell remotefähiger menschlicher Tätigkeiten in produzierenden Unternehmen umfasst sieben Tätigkeitsfunktionen und achtzehn korrespondierende Tätigkeitsmerkmale.
- *Gewichtung der Tätigkeitsmerkmale:* Anschließend an die Identifikation der remotefähigen Tätigkeitsmerkmale, werden diese in einem abschließenden Schritt gewichtet. Diese Gewichtung ist entscheidend, um das unternehmensspezifische Profil präzise zu gestalten und die Passung der Maßnahmen im weiteren Verlauf angemessen zu bewerten. Zur Gewichtung der Tätigkeiten wird auf das Direct-Ranking-Verfahren nach ECKENRODE (1965, S. 180f.) zurückgegriffen. Als Exkurs werden verschiedene multikriterielle Entscheidungsunterstützungen als Gewichtungsverfahren in Anhang A12 aufgeführt, wobei das Direct Ranking als besonders anwendungsfreundlich und zielführend für diese Anwendung bewertet wird. Das betreffende Unternehmen bewertet folglich die Relevanz jedes remotefähigen Tätigkeitsmerkmals auf einer Skala von null bis zehn, wobei null minimale und zehn maximale Relevanz bedeutet. Die

Häufigkeit der Tätigkeitsausführung kann als Hilfestellung dienen, um die Relevanz zu bewerten. Es ergeben sich die Gewichtungsfaktoren G_j der remotefähigen Tätigkeitsmerkmale T_j anhand Formel (**5.3**), wobei R_j die Relevanz der remotefähigen Tätigkeitsmerkmale angibt.

$$G_j = \frac{R_j}{\sum_{j=1}^{n} R_j} \; mit \; j = 1, \ldots, n \tag{5.3}$$

Um den Schritt 2 des Navigators exemplarisch anzuwenden, wird an dieser Stelle auf eine Fallstudie aus der Industrie zurückgegriffen. Das Fallunternehmen „Press&Mount GmbH" ist ein Automobilzulieferer, der Motorenkomponenten in Serien- und Massenfertigung produziert (s. GEITHNER 2012, S. 135). Zuerst wird die operative Steuerung der Produktionsprozesse als unternehmerische Aufgabe festgelegt (s. GEITHNER 2012, S. 209). Die Durchführung der Anlagenplanung durch den*die Produktionsplaner*in stellt ein Element dieser Aufgabe dar (s. GEITHNER 2012, S. 210). Jedes identifizierte Aufgabenelement wird in die korrespondierenden menschlichen Tätigkeitsinhalte unterteilt. Für die Anlagenplanung werden die Zuordnung von Aufträgen und die Planung der Auftragsabwicklung als menschliche Tätigkeitsinhalte abgeleitet (s. GEITHNER 2012, S. 210). Diese beiden Tätigkeitsinhalte erfüllen die Rahmenbedingungen für Remotefähigkeit hinsichtlich Art, Ort und Mittel. Als Resultat gehen im fünften Schritt des Modells die remotefähigen Tätigkeitsmerkmale *Inhaltliches Sortieren* und *Planen* hervor. Ein weiteres Element der unternehmerischen Aufgabe ist die Prüfung der Produktqualität durch den Operator auf dem Shopfloor, welches in die Durchführung von Produkttests und -inspektionen als menschliche Tätigkeitsinhalte zerlegt wird (s. GEITHNER 2012, S. 210). Da diese Tätigkeiten direkten physischen Einfluss auf die Produkte erfordern, ortsgebunden ausgeführt werden und technische Ausrüstung beanspruchen, sind die Rahmenbedingungen des Modells nicht erfüllt. Demnach resultieren für dieses Element keine remotefähigen Tätigkeitsmerkmale. Insgesamt werden drei spezifisch abgegrenzte unternehmerische Aufgaben identifiziert, woraus elf Aufgabenelemente mit drei verschiedenen ausführenden Rollen abgeleitet werden. Neben den bereits genannten Tätigkeiten resultieren das Pflegen von Daten, das Dokumentieren von Informationen, das Kontrollieren, Anweisen und Informieren, das Sich-Informieren und -Befähigen sowie Reflektieren als weitere remotefähige Tätigkeitsmerkmale aus der Untersuchung des Fallunternehmens. Die abschließende Gewichtung hinsichtlich Relevanz wird beispielhaft vorgenommen. So wird etwa für das Tätigkeitsmerkmal *Inhaltliches Sortieren* ein Relevanzwert von sieben vergeben. Durch die Anwendung von Formel 6.3 ergibt sich ein Gewichtsfaktor von 0,17 für dieses Tätigkeitsmerkmal. Als Output dieses Schrittes generiert das anwendende Unternehmen ein unternehmensspezifisches Profil der gewichteten remotefähigen Tätigkeitsmerkmale, wie in Abbildung 5-33 dargestellt. Abschließend sei darauf hingewiesen, dass die Anwendung des Modells ein tiefgehendes Verständnis für die unternehmerische Aufgabe sowie starkes Abstraktionsvermögen erfordert. Diese notwendigen Kriterien sollten bei der Auswahl der Anwender*innen berücksichtigt werden.

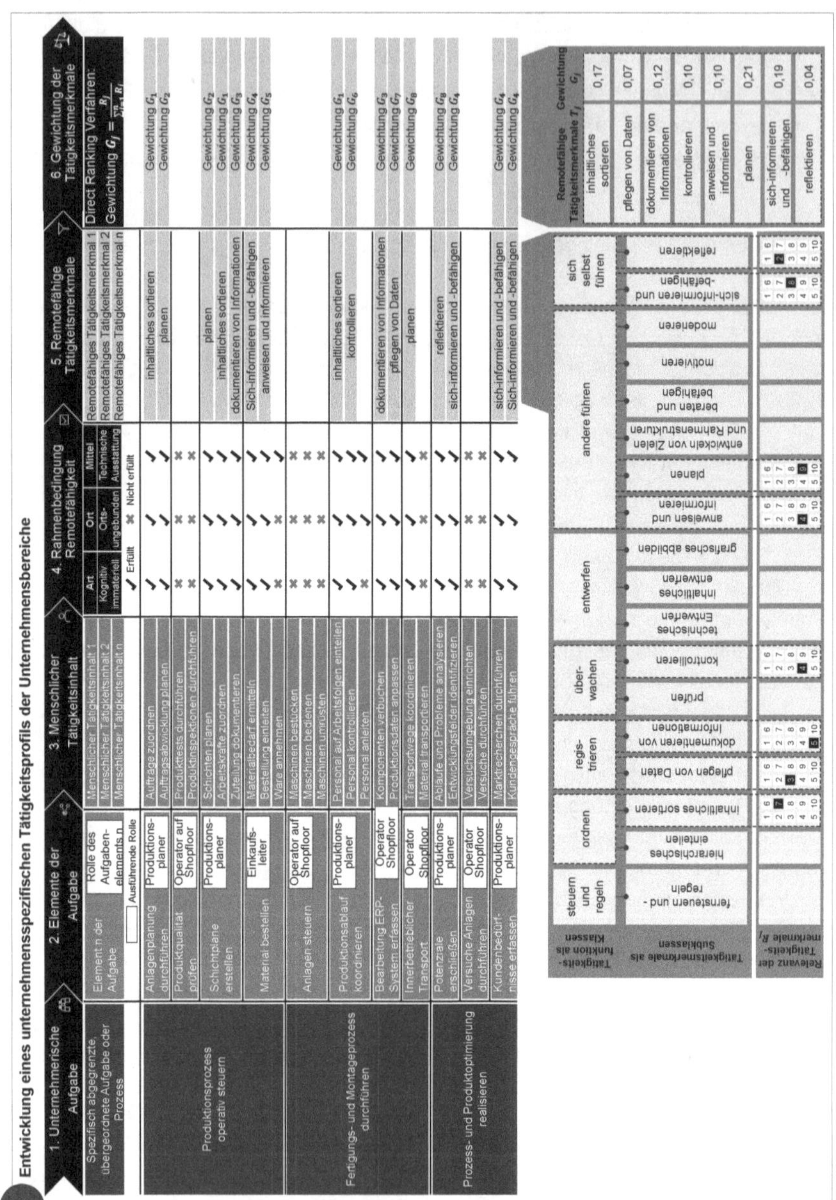

Abbildung 5-33 Anwendungsbeispiel Schritt 2 – Unternehmensspezifisches Tätigkeitsprofil (eigene Darstellung)

Schritt 3: Profilspezifische Bestimmung der individuellen Maßnahmenwirkung zur Schaffung der Entscheidungsgrundlage

Basierend auf den ersten beiden Schritten des Navigators, die sequenziell und miteinander verbunden sind, erfolgt im dritten Schritt eine Zusammenführung der bisher erarbeiteten Inhalte. Spezifisch wird für die identifizierten Maßnahmen anhand der im ersten Schritt festgelegten Auslöser ein Wirkungswert bestimmt. Mithilfe des unternehmensspezifischen Profils aus dem zweiten Schritt wird die Wirkung der Maßnahmen individuell für das Unternehmen bewertet. Die Maßnahmenwirkung beschreibt demnach die Intensität der Wirkung einer Maßnahme unter Beachtung der remotefähigen Tätigkeiten des anwendenden Unternehmens. Um für jede optionale Maßnahme einen Wirkungswert zu berechnen, wird die Nutzwertanalyse nach ZANGEMEISTER (1976, S. 45) herangezogen (s. Anhang A12). Die heuristische Methode zur Entscheidungsfindung ist für den vorliegenden Anwendungsfall angemessen, da der Gesamtnutzen in verschiedene Teilnutzen aufgeschlüsselt werden kann (s. DITTMER 1995, S. 43). Der Gesamtnutzen wird durch den Wirkungswert einer Maßnahme repräsentiert, der sich aus den Teilnutzen der einzelnen Gestaltungsparameter zusammensetzt. Da die Kriterien, hier die remotefähigen Tätigkeitsmerkmale, bereits in Schritt 2 gewichtet wurden, wird unmittelbar mit der Bestimmung der Nutzwerte der betrieblichen Gestaltungsparameter begonnen. Für jede optionale Maßnahme erfolgt eine separate Nutzwertanalyse.

Zu Beginn werden die remotefähigen Tätigkeitsmerkmale T_j zusammen mit den korrespondierenden Tätigkeitsfunktionen horizontal in einer Kreuztabelle aufgetragen. Zusätzlich wird eine Zeile mit den Gewichtungsfaktoren eingefügt. Für die folgenden Berechnungen werden ausschließlich die Tätigkeitsmerkmale mit einem Gewichtungsfaktor berücksichtigt. Diese Spalten werden entsprechend markiert. Die betrieblichen Gestaltungsparameter werden vertikal angeordnet, um eine Matrix zu erstellen. Dabei werden diejenigen Gestaltungsparameter hervorgehoben, die durch die betrachtete Maßnahme beeinflusst werden. Die übrigen Parameter werden für die Berechnung vernachlässigt. Die Wechselwirkungen zwischen den betrieblichen Gestaltungsparametern und den remotefähigen Tätigkeitsmerkmalen wurden bereits mithilfe des Erklärungsmodells in Kapitel 5.3 dargelegt. Auf einer ordinalen Skala erfolgt die Bewertung, die drei Abstufungen zur Beurteilung der Intensität des Zusammenhangs ermöglicht. Für keine oder äußerst geringe Intensität (0) werden null Punkte vergeben, bei normaler Intensität (+) wird ein Punkt zugewiesen, während starke Intensität (++) mit drei Punkten bewertet wird. Für die Berechnung der Teilnutzen werden die hervorgehobenen Zeilen nacheinander betrachtet. In jeder Zeile werden die Wirkintensitäten N_{ij} zwischen Gestaltungsparameter i und Tätigkeitsmerkmal j mit den korrespondierenden Gewichtungsfaktoren G_j multipliziert. Durch die Summierung der entstehenden Produkte in der Zeile ergibt sich der Nutzwert N_i des Gestaltungsparameters i. Durch die Addition aller Nutzwerte der Gestaltungsparameter wird die vorläufige Maßnahmenwirkung W_k' der Maßnahme k generiert. Formel (**5.4**) zeigt den beschriebenen Zusammenhang.

$$W'_k = \sum_{i=1}^{n} \left(\sum_{j=1}^{n} N_{ij} \times G_j \right) = \sum_{i=1}^{n} N_i \tag{5.4}$$

Für jede optionale Maßnahme wird eine eigenständige Nutzwertanalyse durchgeführt. Zur Sicherstellung einer angemessenen Bewertung und Kohärenz mit den anderen Bewertungskriterien erfolgt eine Skalierung der Wirkung der Maßnahmen in einem weiteren Schritt. Analog zu Umsetzungszeit und -aufwand wird ein Skalierungsbereich mit dem Minimalwert null (a) und dem Maximalwert zehn (b) gewählt. Für den Skalierungsvorgang werden die minimale Maßnahmenwirkung W'_{min} und die maximale Maßnahmenwirkung W'_{max} von allen 18 Maßnahmen herangezogen. Durch die Betrachtung des gesamten Maßnahmenkatalogs wird Vergleichbarkeit ermöglicht, wenn nachträglich weitere Auslöser ausgewählt werden oder der Navigator erneut durchlaufen wird. Auf diese Weise ist der Navigator wiederholbar anwendbar. Die Skalierung der optionalen Maßnahmen zur Berechnung der finalen Maßnahmenwirkung W_k erfolgt anhand von Formel (**5.5**).

$$W_k = a + \frac{(W'_k - W'_{min}) \times (b - a)}{W'_{max} - W'_{min}} \tag{5.5}$$

Um dem anwendenden Unternehmen eine optimale Entscheidungsgrundlage für die Auswahl umzusetzender Maßnahmen zu bieten, erfolgt an dieser Stelle eine Visualisierung der optionalen Maßnahmen anhand der Bewertungsdimensionen. Dazu wird die im ersten Schritt eingeführte Zeit-Aufwand-Matrix um eine dritte Achse für die Maßnahmenwirkung erweitert, wodurch ein dreidimensionales Koordinatensystem entsteht. Dabei wird die Maßnahmenwirkung auf der z-Achse aufgetragen. Die Maßnahmen werden anhand der drei Bewertungsdimensionen in dieses Koordinatensystem eingeordnet. Um die Position der Maßnahmen im Entscheidungsraum klar zu verdeutlichen und Unterschiede zwischen den einzelnen Maßnahmen hervorzuheben, wird der Raum in acht identisch dimensionierte Würfel unterteilt. Die vier vorderen Würfel sind farblich hervorgehoben, da Maßnahmen in diesem Bereich eine hohe Maßnahmenwirkung aufweisen und daher grundsätzlich bevorzugt werden sollten im Vergleich zu Maßnahmen, die in den vier hinteren Würfeln positioniert sind. Der vordere Würfel in der unteren linken Ecke ist zusätzlich speziell markiert. Maßnahmen, die diesem Würfel zugeordnet sind, zeichnen sich nicht nur durch eine hohe Maßnahmenwirkung aus, sondern auch durch eine geringe Umsetzungszeit und -aufwand, was sie äußerst vorteilhaft für das anwendende Unternehmen macht. Diese Form der Visualisierung bietet den Anwender*innen eine anschauliche Übersicht über die Vorzüge der optionalen Maßnahmen.

Um den dritten Schritt zu veranschaulichen, werden die remotefähigen Tätigkeitsmerkmale, die mithilfe des Fallunternehmens ermittelt wurden, zusammen mit den entsprechenden Gewichtungsfaktoren in die Nutzwerttabelle eingetragen. Für das Anwendungsbeispiel wird die optionale Maßnahme M_1 ausgewählt. Die durch diese Maßnahme beeinflussten Gestaltungsparameter werden in der Matrix markiert. Für die

Berechnung der Nutzwerte werden Formel (**5.4**) folgend die Wirkintensitäten mit den Gewichtungsfaktoren multipliziert. Die Wirkintensität zwischen dem Gestaltungsparameter *Leistungsbereitschaft und Motivation* und dem Tätigkeitsmerkmal *Planen* ist beispielsweise mit drei Punkten bewertet. Dem Tätigkeitsmerkmal ist ein Gewichtungsfaktor von 0,21 zugeordnet, sodass sich für das betrachtete Matrixfeld ein Wert von 0,63 ergibt. Die Aufsummierung der Werte in der Zeile resultiert in einem Teilnutzen von 1,64 für den Gestaltungsparameter *Leistungsbereitschaft und Motivation*. Die Addition aller Teilnutzen ergibt eine vorläufige Maßnahmenwirkung W_1' von 13,75. Zur Bestimmung der skalierten, finalen Maßnahmenwirkung gemäß Formel (**5.5**) werden die Extremwerte W_{min}' und W_{max}' herangezogen. Die Berechnung dieser Extremwerte verläuft analog zum vorgestellten Beispiel. Für die betrachtete Maßnahme M_1 ergibt sich eine skalierte Maßnahmenwirkung von 6,29. Die Maßnahmen M_{11} und M_1 erhalten beide einen skalierten Wirkungswert, der geringer als fünf ist, womit die Maßnahmen im Entscheidungsraum den hinteren Würfeln zugeordnet werden. Sie sind daher im Entscheidungsraum nicht sichtbar. Für die Maßnahme M_5 wird ein skalierter Wirkungswert von 7,72 berechnet, die Maßnahme ist folglich äußerst präzise auf das Tätigkeitsprofil des Unternehmens zugeschnitten. Die Addition aller Teilnutzen ergibt eine vorläufige Maßnahmenwirkung W_1' von 13,75. Zur Bestimmung der skalierten, finalen Maßnahmenwirkung gemäß Formel (**5.5**) werden die Extremwerte W_{min}' und W_{max}' herangezogen. Die Berechnung dieser Extremwerte verläuft analog zum vorgestellten Beispiel. Für die betrachtete Maßnahme M_1 ergibt sich eine skalierte Maßnahmenwirkung von 6,29. Die Maßnahmen M_{11} und M_1 erhalten beide einen skalierten Wirkungswert, der geringer als fünf ist, womit die Maßnahmen im Entscheidungsraum den hinteren Würfeln zugeordnet werden. Sie sind daher im Entscheidungsraum nicht sichtbar. Für die Maßnahme M_5 wird ein skalierter Wirkungswert von 7,72 berechnet, die Maßnahme ist folglich äußerst präzise auf das Tätigkeitsprofil des Unternehmens zugeschnitten. Die beschriebene Nutzwertanalyse sowie der Entscheidungsraum mit den eingeordneten Maßnahmen für das betrachtete Anwendungsbeispiel werden in Abbildung 5-34 veranschaulicht.

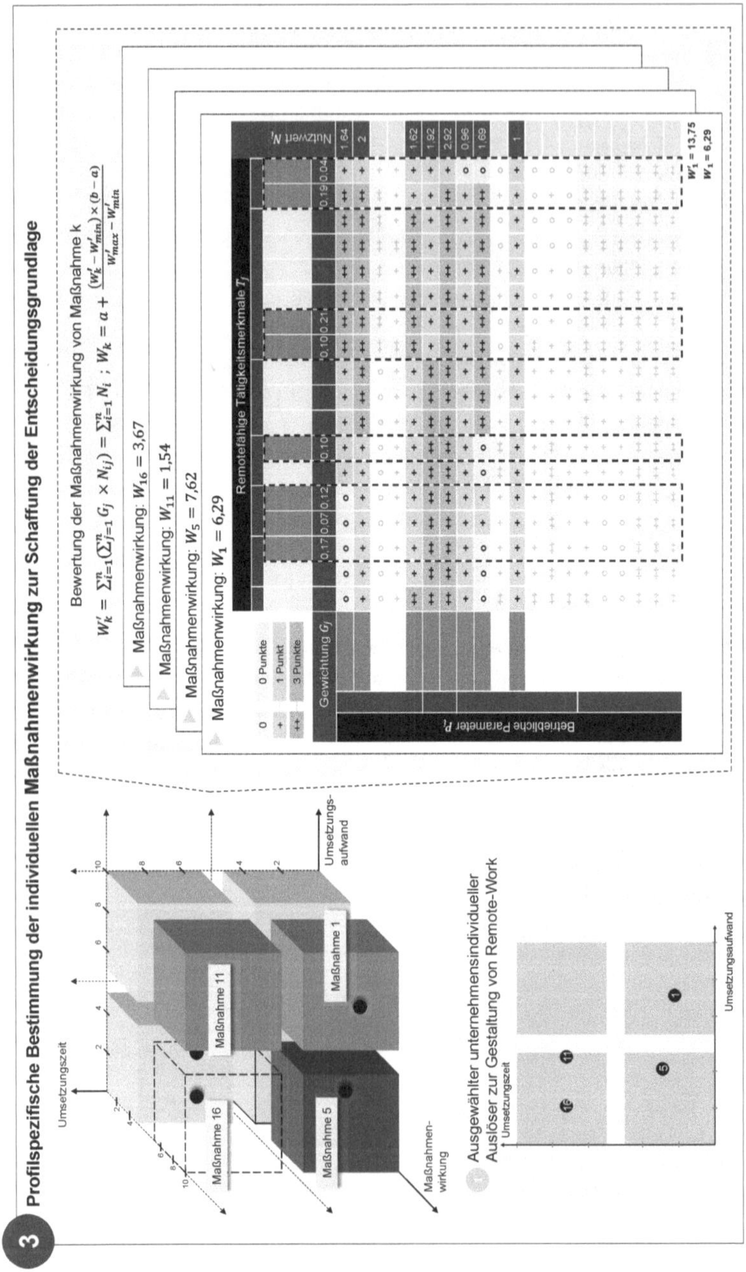

Abbildung 5-34 Anwendungsbeispiel Schritt 3 – Nutzwertanalyse und Entscheidungsraum (eigene Darstellung)

Schritt 4: Maßnahmenauswahl auf Basis der Bewertungsdimensionen und des unternehmensindividuellen Projektportfolios

Für eine weitere Individualisierung der Entscheidungssituation bezüglich der Auswahl geeigneter Maßnahmen wird im vierten Schritt das interne Projektportfolio des Unternehmens in die Untersuchung einbezogen. Gemäß der zuvor erörterten Argumentation, die die projektartige Natur der betrachteten Maßnahmen hervorhebt, ergibt sich die Notwendigkeit eines Abgleichs mit dem Projektportfolio. In diesem Zusammenhang erfolgt die Integration der geplanten, laufenden und abgeschlossenen Projekte in die Zeit-Aufwand-Matrix durch das anwendende Unternehmen. Es sei anzumerken, dass die Bewertung der Projekte nicht zwangsläufig nach dem vorgestellten Schema erfolgen muss. Vielmehr wird eine Vorgehensweise empfohlen, die auf die Bedürfnisse des Unternehmens zugeschnitten ist. Eine grobe Abschätzung der Umsetzungszeit und -ressourcen genügt in diesem Stadium. Die optionalen Maßnahmen können als Richtlinie dienen. Die vier Quadranten der Matrix können zur Kategorisierung nützlich sein, indem zu Beginn der Einordnung lediglich zwischen geringer und hoher Umsetzungszeit und zwischen aufwandsarmen oder -intensiven Projekten differenziert wird. Zusätzlich zur Zeit und zum Aufwand wird die Wirkung der internen Projekte anhand der Größe der Kreise visualisiert. Eine genaue Berechnung der Wirkungswerte wird hier nicht durchgeführt; eine grobe Einschätzung genügt für den weiteren Verlauf. Abschließend weist das Unternehmen den internen Projekten einen Schwerpunkt in den Gestaltungsdimensionen Mensch, Technik, Organisation oder Kultur zu. Durch diese Vorbereitungsschritte wird die interne Projektlandschaft entsprechend in das Format der Maßnahmen überführt. Demzufolge lässt sich die Kohärenz der optionalen Maßnahmen mit dem Projektportfolio effizient bewerten. Diese Methode erleichtert eine ausgewogene Gestaltung des Projektportfolios und gewährleistet, dass durch die Auswahl der Maßnahmen keine redundanten Aktivitäten initiiert werden. Für die finale Auswahl der umzusetzenden Maßnahmen stehen dem anwendenden Unternehmen schließlich vier zentrale Auswahlkriterien zur Verfügung:

- Maßnahmenwirkung
- Umsetzungszeit und Umsetzungsaufwand
- Maßnahmenfokus
- Stimmigkeit mit Projektlandschaft

Basierend auf diesen Auswahlkriterien ist das Unternehmen in der Lage, fundierte Entscheidungen für die Umsetzung von Maßnahmen zur Gestaltung von Remote-Work zu treffen. Dabei sei explizit darauf hingewiesen, dass das Unternehmen letztlich eine eigenständige Entscheidung trifft; der Navigator dient zur optimalen Vorbereitung dieser Entscheidung. Nachdem die Maßnahmenauswahl abgeschlossen ist, werden die ausgewählten Maßnahmen im Entscheidungsraum markiert. Die dazugehörigen Steckbriefe der Maßnahmen liefern eine umfassende Grundlage für die anschließende Umsetzung. Durch die Einbindung bewährter Verfahren oder Methoden (engl. *Best Practices*) erhält das Unternehmen einen Leitfaden für die praktische Umsetzung der Maßnahmen.

Um den vierten Schritt der Maßnahmenauswahl anhand des Anwendungsbeispiels zu veranschaulichen, wird eine beispielhafte Projektlandschaft erstellt, wie in Abbildung 5-35 dargestellt. Bei dieser Analyse wird festgestellt, dass keines der bestehenden Projekte einen Schwerpunkt in der Gestaltungsdimension Kultur aufweist. Darauf aufbauend wird die Implementierung von Maßnahme M_5 als Erweiterung der bestehenden Projektlandschaft um kulturelle Vorhaben präferiert. Angesichts der bereits vorgesehenen zwei technischen Projekte erscheint die Realisierung von Maßnahme M_1, die ebenfalls einen technischen Schwerpunkt aufweist, weniger wahrscheinlich. Diese Entscheidungsmuster werden bei der Bewertung der Kohärenz der Maßnahmen mit dem Projektportfolio in Betracht gezogen. Nach Abschluss der Bewertung der Maßnahmen anhand der eingeführten Auswahlkriterien wird an diesem Punkt eine abschließende Entscheidung über die zu implementierenden Maßnahmen getroffen. Mit Blick auf die geringe Maßnahmenwirkung und die vergleichsweise hohe Umsetzungszeit wird die Umsetzung der Maßnahmen M_{11} und M_{16} abgelehnt. Maßnahme M_5 verfügt über die höchste Maßnahmenwirkung, ist kurzfristig und aufwandsarm umsetzbar und weist hinsichtlich des Schwerpunktes eine hohe Stimmigkeit mit der Projektlandschaft auf. Infolgedessen wird die Zusammenstellung einer Taskforce zur erfolgreichen Implementierung eines Remote-Work-Konzepts ausgewählt. Die Entscheidung hinsichtlich der Umsetzung von Maßnahme M_1 ist im Vergleich deutlich komplexer. Einerseits verfügt die Maßnahme über einen hohen Wirkungswert und eine geringe Umsetzungszeit. Andererseits wird der Umsetzungsaufwand als erhöht eingeschätzt und es werden insbesondere finanzielle Ressourcen beansprucht. In diesem Anwendungsfall ist jedoch die geringe Übereinstimmung mit der bestehenden Projektlandschaft ausschlaggebend für die Entscheidung gegen die Umsetzung. Infolgedessen wird nur Maßnahme M_5 für die Umsetzung ausgewählt. Dem Unternehmen wird der entsprechende Steckbrief für die Maßnahme zur Verfügung gestellt, wobei die bewährten Praktiken der 3M Company und der Siemens AG als Anhaltspunkt für die Umsetzung dienen (s. 3M COMPANY 2021; SIEMENS AG 2020). Zum Abschluss sei darauf hingewiesen, dass der Entscheidungsprozess anhand dieses Anwendungsbeispiels in stark vereinfachter Form dargestellt wurde. In der Realität sind Entscheidungssituationen in Unternehmen von zahlreichen Einflussfaktoren geprägt, die teilweise nur implizit vorhanden sind und nur von Mitarbeitenden erfasst werden können. Die vorgestellten Auswahlkriterien dienen in diesem Kontext als Leitfaden für eine fundierte Entscheidungsfindung.

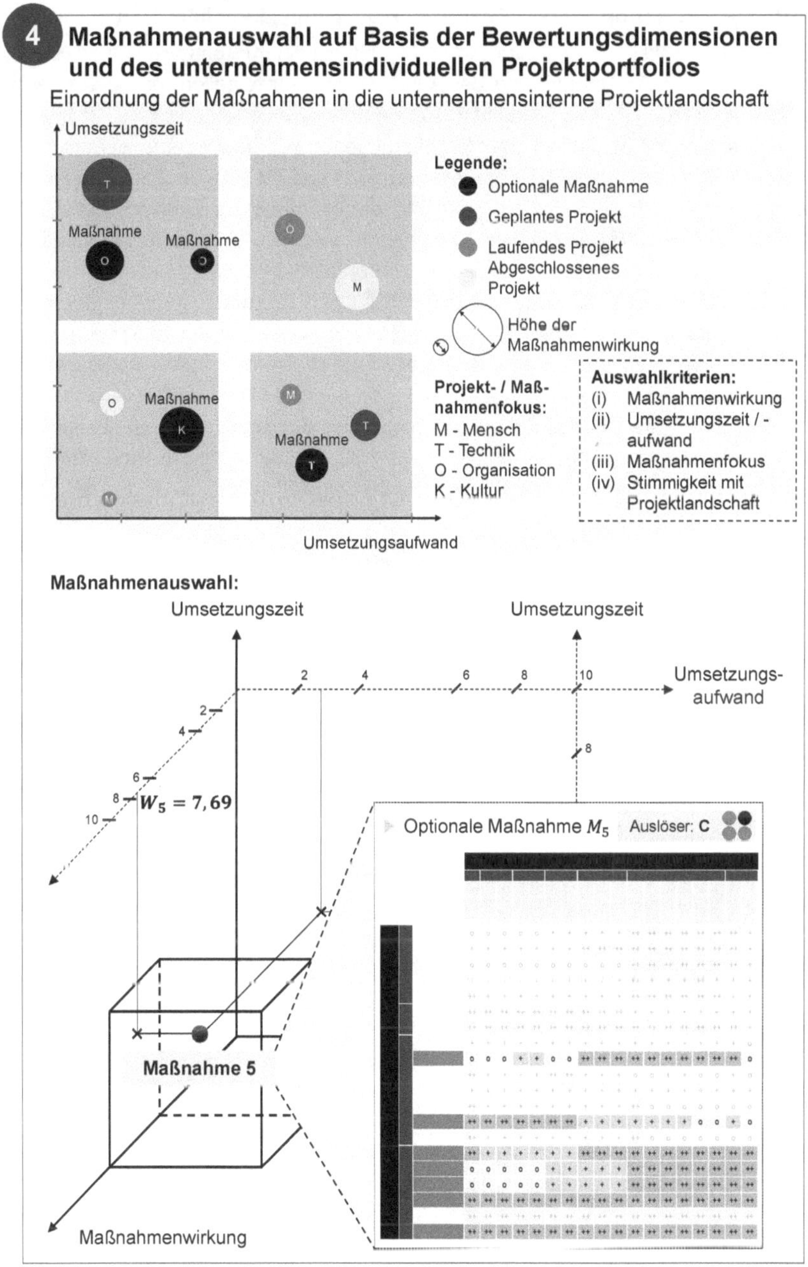

Abbildung 5-35 Anwendungsbeispiel Schritt 4 – Maßnahmenauswahl (eigene Darstellung)

Schritt 5: Überprüfung der Auslöser auf Aktualität im jährlichen Zyklus

Der Navigator schließt analog zum DMAIC-Zyklus mit einem Kontrollschritt ab. Dabei erfolgt eine zyklische Überprüfung der Auslöser, um festzustellen, ob eine erneute Auseinandersetzung mit der Gestaltung von Remote-Work erforderlich ist. Kontinuierliche Kontrollen sind essenziell, um Veränderungen in der Unternehmensumwelt und -strategie sowie hinsichtlich der Herausforderungen und Ziele zu berücksichtigen und eine fortschrittliche Remote-Work-Gestaltung zu gewährleisten. Ein jährlicher Zyklus zur Anwendung des Navigators wird empfohlen, um Auswirkungen bereits umgesetzter Maßnahmen zu reflektieren, wobei die Überprüfungsintervalle flexibel an die Unternehmensziele angepasst werden können. Wird der Navigator wiederholt durchlaufen, werden die Schritte entsprechend den bisherigen Ausführungen durchgeführt, wobei die Aktualisierung des unternehmensspezifischen Profils im zweiten Schritt von grundlegender Bedeutung ist. Angesichts kontinuierlicher Prozessinnovationen und technologischer Entwicklungen, die die Remotefähigkeit beeinflussen, ist eine umfassende Durchführung unvermeidlich. Überdies sind Anpassungen im Projektportfolio bei einem erneuten Durchlauf des Navigators zu berücksichtigen.

5.5 Zusammenfassung der Gestaltungsmethode und Ergebnisreflexion

Das vorausgegangene Kapitel synthetisiert die Gestaltungsmethode als Navigator. Zunächst werden die Partialmodelle eingehend analysiert und integriert, wodurch eine kohärente Gesamtstruktur entsteht. Im nächsten Schritt werden die verschiedenen Auslöser für die Gestaltung von Remote-Work herausgearbeitet, wie im Detail in Kapitel 5.4.1 beschrieben. Diese Auslöser fungieren als zentrale Impulse, die produzierende Unternehmen dazu motivieren, sich intensiv mit der Konzeption und Implementierung von Remote-Work auseinanderzusetzen, wobei der Handlungsspielraum und der Anwendungsbereich des Navigators definiert und verfeinert werden.

Konkrete Maßnahmen zur Gestaltung von Remote-Work werden anhand umfangreicher Fallstudien abgeleitet und analysiert, wie in Kapitel 5.4.2 dargelegt. Die Analyse umfasst 22 Fallstudien, wobei das Abbruchkriterium zur Sättigung nach der Analyse von 18 identifizierten Maßnahmen erreicht wurde. Dieser praxisnahe Ansatz ermöglicht einen umfassenden Überblick über bewährte Praktiken und innovative Ansätze zur Gestaltung von Remote-Work, illustriert durch korrespondierende Best Practices.

Nach der Analyse und Ableitung der Maßnahmen wird das Vorgehen des Navigators weiter verfeinert und die Anwendung schrittweise vorgestellt, wie in Kapitel 5.4.3 erläutert. Die einzelnen Schritte des Navigators werden sorgfältig unter Verwendung des DMAIC-Zyklus beschrieben und verfeinert. Ein methodisches Vorgehen zur Anwendung des Navigators wird entwickelt, um die effektive Nutzung seines gesamten Funktionsumfangs sicherzustellen. Der Navigator integriert die Gestaltung von Remote-Work in das Projektportfolio, um eine nahtlose und effiziente Umsetzung sicherzustellen. Die Spezifizierung der Anwendung des umfassenden vierstufigen Navigators dient als Ausgangspunkt für die Validierung im folgenden Kapitel.

6 Validierung der Gestaltungsmethode in der betrieblichen Praxis

Das Kapitel 6 widmet sich der Validierung der entwickelten Gestaltungsmethode durch ihre Anwendung in der betrieblichen Praxis anhand von drei Fallbeispielen. Das strukturgebende Element der Dissertationsschrift, die Herangehensweise zur Erkenntnisbildung nach ULRICH (1981, S. 19f.), fokussiert die Überprüfung der Übertragbarkeit auf die Realität. Die Validierung der Gestaltungsmethode in der Praxis bildet einen entscheidenden Schritt, um die theoretisch entwickelten Modelle auf ihre Anwendbarkeit und Relevanz hin zu überprüfen. In Kapitel 6.1 werden die Auswahl der Fallbeispiele sowie die Vorgehensweise der Validierung aufgezeigt. Die Basis bilden die hergeleiteten formal-konzeptionellen und inhaltlichen Anforderungen an die Gestaltungsmethode (s. Kapitel 4.3). Die Validierung der Gestaltungsmethode erfolgt anhand von drei spezifischen Fallbeispielen aus der betrieblichen Praxis, welche in Kapitel 6.2 bis 6.4 detailliert dargelegt werden. In diesen Fallbeispielen wird die Gestaltungsmethode unter Anwendung der Partialmodelle implementiert und anhand der abgeleiteten formalen und inhaltlichen Kriterien evaluiert. Neben dieser empirischen Überprüfung kommt zudem eine kritische Reflexion zum Tragen, welche die methodologischen Grundlagen, die theoretischen Annahmen sowie die praktische Umsetzbarkeit der Gestaltungsmethode hinterfragt. Durch die Anwendung und Überprüfung des Ordnungsrahmens im spezifischen betrieblichen Kontext wird der angewandte Forschungsprozess nach ULRICH (1981, S. 19f.) mit der systematischen Überprüfung und Reflexion abgeschlossen.

6.1 Auswahl und Vorgehensweise der Validierung

Die Validierung der konzipierten Gestaltungsmethode in der betrieblichen Praxis findet anhand von drei Fallbeispielen statt. Anhand von semi-strukturierten Interviews wurden die drei Fallbeispiele erarbeitet, welche für die Dissertationsschrift auf Wunsch der Unternehmen teils mit Namensnennung der Unternehmen (ESTA Apparatebau GmbH & Co. KG“ und „WITTENSTEIN SE“) und teilweise anonymisiert (Vakuumsysteme GmbH) dargelegt werden. Das hier als Vakuumsysteme GmbH bezeichnete Unternehmen wurde ausgewählt, um die Vertraulichkeit zu wahren. Die interviewten Personen wurden aus dem Kreis des projektbegleitenden Ausschusses des Forschungsprojekts *DecentraLEAD* sowie aus weiteren Fachkontakten im Umfeld der Projekttätigkeit am FIR an der RWTH Aachen durch die Autorin ausgewählt. Diese Vorgehensweise ermöglichte die Gewinnung eines breiten Spektrums praxisrelevanter Erkenntnisse, basierend auf der aktiven Gestaltung von Remote-Work im betrieblichen Kontext. Eine industrieseitige Validierung sowohl der ausgearbeiteten Partialmodelle als auch der Gesamtheit der Gestaltungsmethode wurde somit gewährleistet. Die Heterogenität der ausgewählten Validierungspersonen betont darüber hinaus die Bedeutung der Einbeziehung unterschiedlicher Perspektiven während des Validierungsprozesses.

Insbesondere durch die Einbindung von Unternehmen verschiedener Größenordnungen – von der ESTA Apparatebau GmbH & Co. KG als Vertreter kleiner und mittlerer Unternehmen bis hin zur global agierenden WITTENSTEIN SE – konnten vielfältige Perspektiven zu der entwickelten Gestaltungsmethode eingeholt werden. Ebenso spiegelt sich die betriebliche Rolle der Expert*innen wider. Während bei der ESTA Apparatebau GmbH & Co. KG die Geschäftsführung als interviewte Person fungierte, wurde bei der Vakuumsysteme GmbH ein Experte im Bereich Prozessentwicklung für eine perspektivische Betrachtung aus der Produktionsebene eingebunden. Bei der WITTENSTEIN SE wurde zusätzlich die Sichtweise der Organisationsgestaltung berücksichtigt.

Zur Validierung der Gestaltungsmethode sowie der Partialmodelle der vorliegenden Dissertationsschrift, werden qualitative Expert*inneninterviews in Form eines semistrukturierten Interviews als systematisches Verfahren angewendet (s. Kapitel 4.2.3). Dieses Verfahren umfasst die Erstellung eines detaillierten Leitfadens sowie die Durchführung eines Gesprächs mit Expert*innen, welches durch den Leitfaden strukturiert wird (s. HELFFERICH 2011, S. 172–173). Der Leitfaden umfasst vordefinierte Themen und Fragen, deren Adaptivität während des Gesprächs ermöglicht wird, um den Erfassungs- und Validierungsprozess der Resultate zu optimieren. Im Rahmen des vorliegenden Dissertationsvorhabens werden die Expert*inneninterviews mittels Videokonferenz durchgeführt, um effizient Informationen auszutauschen und dennoch die Reaktionen und Aussagen des Interviewpartners zuverlässig zu erfassen. Die Durchführung der Expert*inneninterviews erfolgt im April und Mai 2024. Während der Interviews wurden die Notwendigkeit und die Entstehungsgeschichte des Forschungsthemas erläutert. Anschließend präsentierten die Interviewpartner*innen Fallbeispiele, in denen die individuellen Ausgangssituationen und Herausforderungen im Umgang mit Remote-Work und den aktuellen Schwierigkeiten dargelegt wurden. Des Weiteren erfolgten die Vorstellung der entwickelten Gestaltungsmethode und eine detaillierte Darlegung der Partialmodelle (s. Kapitel 5.4). Im Verlauf der Validierungsgespräche wurden die einzelnen Partialmodelle insbesondere im Hinblick auf betriebliche Gestaltungsparameter, Tätigkeitsfunktionen und -merkmale in produzierenden Unternehmen anhand der Fallbeispiele auf ihre praktische Umsetzbarkeit hin geprüft. Die in Kapitel 4.3 hergeleiteten Anforderungen an die Gestaltungsmethode bilden die Bewertungsgrundlage, welche sich in formal-konzeptionelle und inhaltliche Anforderungen gliedert. Die in Übereinstimmung mit den Anforderungen formulierten Fragestellungen, welche im Rahmen der Validierung zu beantworten sind, sind in Abbildung 6-1 dargelegt.

Formal-konzeptionelle Anforderungen	
Richtigkeit	Ist die Gestaltungsmethode mit den Partialmodellen formal einwandfrei und widerspruchsfrei ausgearbeitet?
Relevanz	Trägt die Gestaltungsmethode mit den Partialmodellen zur Sinnhaftigkeit bei, sodass der Nutzen durch die Anwendung erhöht wird?
Klarheit	Ist die Gestaltungsmethode mit den Partialmodellen klar strukturiert, lesbar und verständlich?
Praktikabilität	Sind die Partialmodelle benutzerfreundlich anzuwenden und die Ergebnisse greifbar?
Wirtschaftlichkeit	Wird die Wirtschaftlichkeit der Gestaltungsmethode durch einen vertretbaren Aufwand für dessen Erstellung und Anwendung sichergestellt?
Schrittweise Verfeinerung	Wurde der Untersuchungs- und Gestaltungsbereich präzise abgegrenzt, schrittweise verfeinert und sukzessive detailliert?
Variantenbildung	Werden verschiedene Lösungsalternativen in Betracht gezogen?
Gliederungsprinzip	Erfolgen die Entwicklung und Realisierung der Lösung in separate, logisch und zeitlich abgegrenzte Phasen?
Problemlösungszyklus	Wurde bei der Modellerstellung der Gestaltungsmethode jede Phase zur Erreichung des Gesamtziels durchlaufen?
Inhaltliche Anforderungen	
Unternehmerischer Handlungsspielraum	Erlaubt die Gestaltungsmethode eine ganzheitliche Betrachtung der gestaltbaren Arbeitsprozesse und -umgebungen?
Heterogenität von Klassen	Bilden die identifizierten Klassen eine realistische Darstellung der komplexen Systemdynamik?
Tätigkeitsfunktionen und -merkmale	Sind die identifizierten Tätigkeitsfunktionen und -merkmale vollständig, praxistauglich und überschneidungsfrei?
Reale Existenz der Funktionen und Merkmale	Sind die identifizierten Tätigkeitsfunktionen und –merkmale in der Arbeitspraxis vorhanden und werden ausgeführt?
Beschreibung wechselseitige Wirkungsbeziehungen	Werden die praktisch vorhandenen, belegbaren wechselseitigen Wirkungsbeziehungen zwischen den initialen beiden Bereichen erläutert?
Praxisorientierte Gestaltungsempfehlungen	Führt die Gestaltungsmethode zu praktisch anwendbaren, konkreten Maßnahmen zur Gestaltung von Remote-Work?
Innere Konsistenz	Bildet die Gesamtheit der Partialmodelle ein kohärentes Abbild der komplexen Realität und eine Verbindung für die praktische Anwendung?
Adaptierbarkeit	Kann die Gestaltungsmethode kontinuierlich weiterentwickelt werden, um einschlägige Veränderungen zu integrieren?
Visualisierbarkeit	Unterstützt die grafische Darstellung der Gestaltungsmethode mit den Partialmodellen das Verständnis der Lösungsraums?

Abbildung 6-1 Bewertungslogik zur Validierung der Anforderungen an die Gestaltungsmethode (eigene Darstellung)

6.2 Fallbeispiel A: ESTA Apparatebau GmbH & Co. KG

Zur Validierung des entwickelten Navigators wurde die Geschäftsführung der ESTA Apparatebau GmbH & Co. KG, einem produzierenden Unternehmen im Bereich der Absaugtechnik, interviewt. Die Ergebnisse dieses Fallbeispiels werden nun nicht mehr anonymisiert dargestellt, sondern explizit dem genannten Unternehmen zugeordnet. Zu Beginn des Interviews wurden die Motivation und Zielsetzung des

Dissertationsvorhabens ausführlich dargelegt. Im Anschluss erfolgte eine detaillierte Präsentation der einzelnen Partialmodelle, um ein grundlegendes Verständnis für deren Anwendung im Navigator zu schaffen. Daraufhin wurde die Geschäftsführung systematisch durch die einzelnen Schritte des Navigators geführt. Nach jedem Schritt fand ein intensiver Diskurs zu den vorgestellten Inhalten statt, wobei besonderer Fokus auf die unternehmensspezifischen Auslöser im ersten Schritt des Navigators gelegt wurde. Insbesondere wurden die Digitalisierungsinitiativen zur Implementierung von Remote-Arbeit bei der ESTA Apparatebau GmbH & Co. KG thematisiert, die bereits vor der COVID-19-Pandemie angestoßen wurden. Das strategische Ziel des Unternehmens liegt in der effizienten und nachhaltigen Gestaltung der Unternehmensprozesse. Abschließend erfolgte eine umfassende Beurteilung der vorgestellten Inhalte unter Berücksichtigung der spezifischen Ausgangslage des Unternehmens durch die interviewte Person. Während des gesamten Interviews wurde fortlaufend die Möglichkeit eingeräumt, Anmerkungen zu äußern und Fragen zu den einzelnen Schritten des Navigators zu stellen. Dieses offene Gesprächsformat, das kontinuierlich Interventionsmöglichkeiten bot, führte zu einem interaktiven und produktiven Austausch.

6.2.1 Beschreibung des Anwendungsfalls

Die ESTA Apparatebau GmbH & Co. KG, ein führender Hersteller von Absauganlagen mit Sitz im Süden Deutschlands, agiert weltweit und bietet maßgeschneiderte Absauglösungen für zahlreiche technische Arbeitsprozesse an. Mit über 200 Mitarbeitenden realisiert die ESTA Apparatebau GmbH & Co. KG Projekte in diversen Branchen. Die ESTA Apparatebau GmbH & Co. KG befindet sich zurzeit in einer Transformation, mit welcher das Unternehmen den Übergang vom Einzelauftragsfertiger zum Serienfertiger anstrebt. Dieser Wandel wird durch die Umstrukturierung des Produktportfolios anhand eines modularen Baukastensystems vorangetrieben, was eine erhöhte Standardisierung und Effizienz in der Produktion ermöglichen soll. Diese strategische Neuausrichtung beeinflusst verschiedene Unternehmensbereiche tiefgreifend und hat signifikante Auswirkungen auf die Rolle von Remote-Work innerhalb des Unternehmens. Die Geschäftsführung hebt insbesondere die Potenziale von Remote-Work in der Produktentwicklung hervor, wo Aktivitäten im Bereich Monitoring und prädiktiver Instandhaltung zunehmend in den Vordergrund rücken. Durch die Implementierung digitaler Technologien und remotefähiger Arbeitsprozesse können Entwicklungs- und Wartungszyklen optimiert sowie die Reaktionsfähigkeit auf Marktanforderungen verbessert werden.

Als Projektpartner im AiF-Forschungsprojekt *DecentraLEAD* engagiert sich das Unternehmen, voran die Geschäftsführung, in dem Themenfeld *Moderne Arbeitsweisen und Remote-Work*. Im Jahr 2019 gewann das Thema Remote-Work bei der ESTA Apparatebau GmbH & Co. KG an Bedeutung. Mit dem Ziel, Unternehmensprozesse zu beschleunigen und effizienter zu gestalten, wurden erste Lizenzen für eine digitale Kollaborationssoftware angeschafft. Zunächst wurde diese Software hauptsächlich für die ortsungebundene Kommunikation auf der Führungsebene genutzt, während ausgewählte Prozesse auf dem Shopfloor schrittweise digitalisiert wurden. Dies ermöglichte erste Erfahrungen und Lernerfolge, welche die spätere Ausweitung digitaler Arbeitsprozesse, insbesondere während der COVID-19-Pandemie, erleichterte und beschleunigte. Postpandemisch spielt Remote-Work inzwischen eine zentrale Rolle im Unternehmen. Für Routinebesprechungen im Bereich Shopfloor hat sich ein Remote-Format etabliert, welches festen Zeiten und Abläufen folgt. Arbeitskreistreffen finden in der Regel virtuell statt, wobei die erzielten Ergebnisse digital erfasst werden. Hinsichtlich des Einsatzes von verschiedenen Arbeitsmodellen, betont die interviewte Person den hohen Stellenwert hybrider Konzepte für die Mitarbeitenden. Demnach bevorzugt der Großteil der Belegschaft ein Modell, bei dem flexibel zwischen Arbeit in der Betriebsstätte und ortsunabhängiger Arbeit gewählt werden kann. Das Angebot von Remote-Work trägt aus Sicht der Geschäftsführung maßgeblich zur Zufriedenheit der Mitarbeitenden bei.

Ein weiterer zentraler Aspekt des Transformationsvorhabens der ESTA Apparatebau GmbH & Co. KG betrachtet die Standardisierung von Tätigkeitsbezeichnungen und Rollen anhand von Tätigkeitsschlüsseln. Ziel ist es, eine klare und konsistente Struktur in den Aufgaben- und Verantwortungsbereichen zu etablieren, was wiederum eine Steigerung der Effizienz und Transparenz der internen Abläufe bewirkt. Zudem erleichtert die Standardisierung die Integration neuer Mitarbeitenden und fördert eine einheitliche Unternehmenskommunikation. Insgesamt wird durch die Transformation der ESTA Apparatebau GmbH & Co. KG, neben der Steigerung der Produktionskapazität und -effizienz, auch die Erhöhung der Flexibilität und Zufriedenheit der Mitarbeitenden durch hybride Arbeitsmodelle angestrebt. Dieser Ansatz zielt darauf ab, einem potenziellen Fachkräftemangel proaktiv entgegenzuwirken und gleichzeitig die Attraktivität für gegenwärtige Mitarbeitende, bei der ESTA Apparatebau GmbH & Co. KG zu arbeiten, zu steigern. Diese umfassenden Veränderungen tragen dazu bei, das Unternehmen zukunftsfähig zu machen und seine Wettbewerbsfähigkeit in einem dynamischen Marktumfeld zu sichern.

6.2.2 Darstellung der Ergebnisse

Die Ergebnisse des Interviews werden entlang der Struktur des Navigators präsentiert. Im ersten Schritt, der die Auswahl von unternehmensindividuellen Auslösern zur Gestaltung von Remote-Work umfasst, wurden insbesondere die Auslöser B und C für die ESTA Apparatebau GmbH & Co. KG herausgestellt. Der Auslöser B, die Digitalisierung der Ablauforganisation, diente als initiale Triebfeder für die intensive Auseinandersetzung mit Remote-Work im Jahr 2019, wobei das Ziel die Steigerung der Produktivität der Arbeitsprozesse durch den Einsatz digitaler Kollaborationssoftware war. In der aktuellen Zeit spielen innovative Technologien eine entscheidende Rolle, indem es Techniker*innen der ESTA Apparatebau GmbH & Co. KG ermöglicht wird, Anlagen weltweit aus der Ferne zu überwachen und zu steuern. Durch die frühzeitige Implementierung digitaler Werkzeuge konnten signifikante Vorteile realisiert werden, die sich insbesondere während der Pandemiezeit als wertvoll erwiesen. Die schnelle

Adaptierbarkeit und die verbesserte organisatorische Flexibilität trugen dazu bei, dass das Unternehmen seine operativen Tätigkeiten auch unter den erschwerten Bedingungen der COVID-19-Pandemie erfolgreich fortsetzen konnte. Die Digitalisierung der Ablauforganisation hat somit nicht nur kurzfristige betriebliche Anpassungen ermöglicht, sondern auch langfristige strategische Vorteile im Bereich der Remote-Work geschaffen.

Der Aufbau von Krisensicherheit, als Auslöser C, gewann während der COVID-19-Pandemie stark an Bedeutung und führte zu einer umfassenden Erweiterung und Beschleunigung der Maßnahmen im Kontext von Remote-Work, was schließlich zur Etablierung hybrider Arbeitsmodelle im Unternehmen führte. Die COVID-19-Pandemie fungierte dabei als entscheidender Katalysator, der die Notwendigkeit betonte, krisensichere Arbeitsstrukturen zu schaffen. Die Geschäftsführung der ESTA Apparatebau GmbH & Co. KG beschreibt die COVID-19-Pandemie als kritischen Moment, der die Dringlichkeit verdeutlichte, resiliente und flexible Arbeitsstrukturen zu implementieren. Durch die bereits initiierten Digitalisierungsmaßnahmen konnte die ESTA Apparatebau GmbH & Co. KG schnell und effektiv auf die neuartigen Herausforderungen reagieren. Die Fähigkeit, Arbeitsabläufe digital und remote zu gestalten, trug maßgeblich dazu bei, die Kontinuität der Betriebsabläufe während der Krise sicherzustellen und die Geschäftskontinuität zu gewährleisten. Die frühzeitige Implementierung digitaler Werkzeuge ermöglichte signifikante betriebliche Anpassungen und schuf langfristige strategische Vorteile im Bereich von Remote-Work. Dies unterstreicht die zentrale Rolle der Digitalisierung als Fundament für die Krisenresilienz und die nachhaltige Etablierung hybrider Arbeitsmodelle.

Die Förderung der Arbeitgeberattraktivität durch Remote-Work, was Auslöser A thematisiert, wurde in der Vergangenheit vernachlässigt. Dieser gewinnt jedoch angesichts des intensiven Wettbewerbs um Fachkräfte zunehmend an Relevanz. Die Auslöser im Bereich Entwicklung spielen eine untergeordnete Rolle, obwohl auch hier Anwendungsbezug hergestellt werden kann. Der erste Schritt des Navigators umfasst außerdem die Zeit-Aufwand-Matrix mit den eingeordneten Maßnahmen, deren praxistaugliche Bewertungskriterien vom Experten hervorgehoben wurden. In der folgenden Abbildung 6-2 werden die im ersten Schritt des Navigators erarbeiteten Auslöser der ESTA Apparatebau GmbH & Co. KG dargestellt.

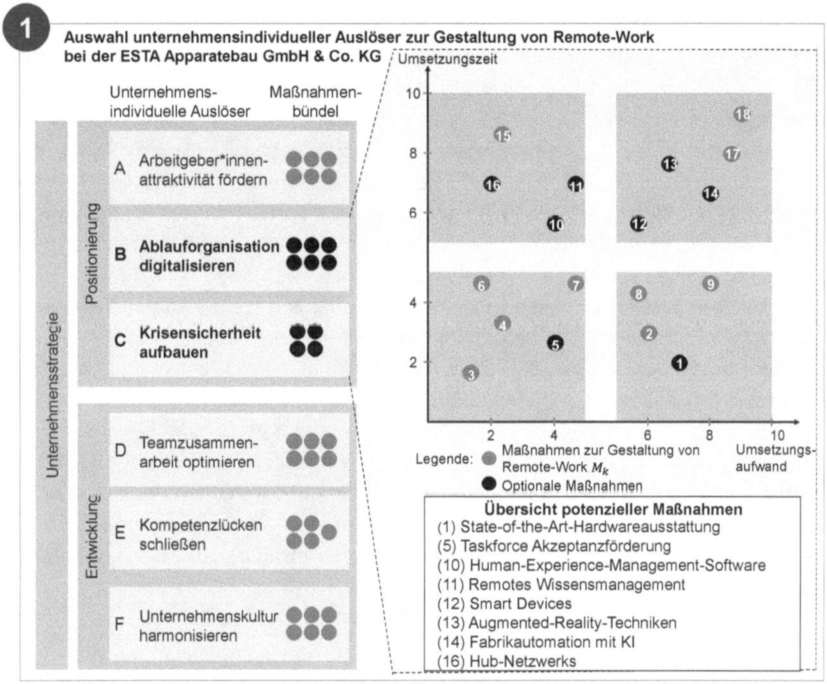

Abbildung 6-2 Auswahl der unternehmensindividuellen Auslöser im Rahmen der Validierung mit der ESTA Apparatebau GmbH & Co. KG (eigene Darstellung)

Der zweite Schritt des Navigators sieht die Identifikation und Gewichtung remotefähiger Tätigkeitsmerkmale vor, wobei eine Verknüpfung zur Standardisierung der Tätigkeiten im Rahmen des Unternehmens-Transformationsprozesses hergestellt wird. Die Geschäftsführung erkennt Potenzial, den Standardisierungsprozess, um eine Bewertung der Remotefähigkeit zu erweitern und hebt den Nutzen dieser Vorgehensweise hervor. Die Bestimmung der Maßnahmenwirkung, im dritten Schritt, erfolgte mittels einer exemplarischen Nutzwertanalyse, wobei die quantitative Entscheidungshilfe durch die Nutzwertanalyse als hilfreich bewertet wurde. Die Visualisierung der Maßnahmen in einem dreidimensionalen Entscheidungsraum wurde ebenfalls als zielführend eingeschätzt. Bei der abschließenden Maßnahmenauswahl, im vierten Schritt, wurde insbesondere die Entscheidungsfreiheit des anwendenden Unternehmens betont, wodurch die Rolle des Navigators als Assistenzsystem für fundierte Entscheidungen hervorgehoben wird. Die umfassende Bewertung des Navigators unterstreicht dessen Stärken in Bezug auf Komplexität und dynamische Anwendbarkeit.

6.2.3 Bewertung der Anforderungen

Die systematische Bewertung der formal-konzeptionellen und inhaltlichen Anforderungen, wie sie in Kapitel 4.3 eingeführt wurden, bilden den Abschluss des semi-strukturierten Interviews mit der Geschäftsführung. Die praktische Anwendung des Navigators wird durch die Geschäftsführung der ESTA Apparatebau GmbH & Co. KG eingeordnet und bestätigt. Die Richtigkeit und Relevanz, als formal-konzeptionelle Anforderungen, werden darauf aufbauend als praxisnah und adäquat bewertet. Der Einsatz und die Bewertung der Partialmodelle durch die interviewte Person verdeutlichen die Klarheit und Anwendbarkeit der Gestaltungsmethode. Dies zeigt, dass die Partialmodelle eine klare Struktur aufweisen und vom Anwendenden in einer kurzen Zeitspanne von wenigen Stunden erfasst werden können. Die nahtlose Anwendung und Bewertung der Partialmodelle durch den Interviewpartner unterstreichen weiterhin die Klarheit und Praktikabilität in der Anwendung der Gestaltungsmethode. Insbesondere wurde der angemessene Komplexitätsgrad des Navigators positiv hervorgehoben, was sich auf ein ausgewogenes Verhältnis von Aufwand und Ertrag im wirtschaftlichen Kontext bezieht. Durch die schrittweise Verfeinerung des Vorgehens und die gleichzeitige Berücksichtigung verschiedener Lösungsoptionen werden zudem die Anforderungen bezüglich Variantenbildung und Gliederungsprinzipien erfüllt. Die regelmäßige Aktualisierung der Auslöser sichert zudem die Übereinstimmung mit den Eigenschaften des Problemlösungszyklus und greift zudem die Adaptierbarkeit auf.

Hinsichtlich der inhaltlichen Anforderungen betonte die Geschäftsführung der ESTA Apparatebau GmbH & Co. KG ausdrücklich den unternehmerischen Handlungsspielraum. Die realistische Darstellung der identifizierten Klassen und die Authentizität der Tätigkeitsfunktionen und -merkmale wurde thematisiert, ohne eine detaillierte Anwendung durchzuführen. Die Geschäftsführung erkennt ein beträchtliches Potenzial für den Einsatz des Partialmodells als unterstützendes Instrument bei der Standardisierung der Tätigkeiten, vor denen die ESTA Apparatebau GmbH & Co. KG steht. Die wechselseitigen Wirkungsbeziehungen wurden durch die Nutzwertanalyse als sinnvoll erachtet. Die Gesamtheit der Partialmodelle der Gestaltungsmethode bilden nach Einschätzung der Geschäftsführung ein kohärentes Abbild der Realität. Die praxisorientierten Gestaltungsempfehlungen erhielten lobende Erwähnung, insbesondere die Bewertungskriterien der Maßnahmen und ihre Visualisierbarkeit im Entscheidungsraum. Das Fallbeispiel der ESTA Apparatebau GmbH & Co. KG ermöglichte eine eingehende Untersuchung der Arbeitsergebnisse im praktischen Kontext. Durch die Perspektive des Experten wurden die praktische Nützlichkeit und Anwendbarkeit des Navigators eingeordnet und geprüft. Die Bewertung der formal-konzeptionellen und inhaltlichen Anforderungen durch die Geschäftsführung der ESTA Apparatebau GmbH & Co. KG wird in Abbildung 6-3 zusammenfassend dargestellt.

Formal-konzeptionelle Anforderungen		
Richtigkeit	Ist die Gestaltungsmethode mit den Partialmodellen formal einwandfrei und widerspruchsfrei ausgearbeitet?	✓
Relevanz	Trägt die Gestaltungsmethode mit den Partialmodellen zur Sinnhaftigkeit bei, sodass der Nutzen durch die Anwendung erhöht wird?	✓
Klarheit	Ist die Gestaltungsmethode mit den Partialmodellen klar strukturiert, lesbar und verständlich?	✓
Praktikabilität	Sind die Partialmodelle benutzerfreundlich anzuwenden und die Ergebnisse greifbar?	✓
Wirtschaftlichkeit	Wird die Wirtschaftlichkeit der Gestaltungsmethode durch einen vertretbaren Aufwand für dessen Erstellung und Anwendung sichergestellt?	✓
Schrittweise Verfeinerung	Wurde der Untersuchungs- und Gestaltungsbereich präzise abgegrenzt, schrittweise verfeinert und sukzessive detailliert?	✓
Variantenbildung	Werden verschiedene Lösungsalternativen in Betracht gezogen?	✓
Gliederungsprinzip	Erfolgen die Entwicklung und Realisierung der Lösung in separate, logisch und zeitlich abgegrenzte Phasen?	✓
Problemlösungszyklus	Wurde bei der Modellerstellung der Gestaltungsmethode jede Phase zur Erreichung des Gesamtziels durchlaufen?	✓
Inhaltliche Anforderungen		
Unternehmerischer Handlungsspielraum	Erlaubt die Gestaltungsmethode eine ganzheitliche Betrachtung der gestaltbaren Arbeitsprozesse und -umgebungen?	
Heterogenität von Klassen	Bilden die identifizierten Klassen eine realistische Darstellung der komplexen Systemdynamik?	
Tätigkeitsfunktionen und -merkmale	Sind die identifizierten Tätigkeitsfunktionen und -merkmale vollständig, praxistauglich und überschneidungsfrei?	
Reale Existenz der Funktionen und Merkmale	Sind die identifizierten Tätigkeitsfunktionen und –merkmale in der Arbeitspraxis vorhanden und werden ausgeführt?	✓
Beschreibung wechselseitige Wirkungsbeziehungen	Werden die praktisch vorhandenen, belegbaren wechselseitigen Wirkungsbeziehungen zwischen den initialen beiden Bereichen erläutert?	✓
Praxisorientierte Gestaltungsempfehlungen	Führt die Gestaltungsmethode zu praktisch anwendbaren, konkreten Maßnahmen zur Gestaltung von Remote-Work?	✓
Innere Konsistenz	Bildet die Gesamtheit der Partialmodelle ein kohärentes Abbild der komplexen Realität und eine Verbindung für die praktische Anwendung?	✓
Adaptierbarkeit	Kann die Gestaltungsmethode kontinuierlich weiterentwickelt werden, um einschlägige Veränderungen zu integrieren?	✓
Visualisierbarkeit	Unterstützt die grafische Darstellung der Gestaltungsmethode mit den Partialmodellen das Verständnis der Lösungsraums?	✓

Abbildung 6-3 Bewertung der formal-konzeptionellen und inhaltlichen Anforderungen durch die ESTA Apparatebau GmbH & Co. KG (eigene Darstellung)

6.3 Fallbeispiel B: Vakuumsysteme GmbH

Das zweite Fallbeispiel bildet ein mittelständisches Maschinenbauunternehmen, welches im Bereich Vakuumtechnologie agiert. Das folgend dargelegte Fallbeispiel B wird anonymisiert vorgestellt und nachfolgend als „Vakuumsysteme GmbH" betitelt. Die dargelegte Anwendung des Navigators wurde anhand eines mehrstündigen semistrukturierter Interviews mit einem *Process Development Engineer* der

Vakuumsysteme GmbH erarbeitet. Die Perspektive der interviewten Person zeichnet sich durch Produktionsnähe im operativen Betrieb aus. Der Aufbau des Interviews folgt dem in Fallbeispiel A aufgezeigten Vorgehen. Nach der Vorstellung der Motivation und Zielsetzung der Dissertationsschrift wird der Navigator mit den einzelnen Partialmodellen durchlaufen. Der Abschluss eines jeden Schritts des Navigators bietet Raum für einen angeregten Austausch. Der Fokus lag, neben der Identifikation der unternehmensindividuellen Auslöser in der detaillierten Betrachtung, auf der Entwicklung eines unternehmensspezifischen Profils des Unternehmensbereichs.

6.3.1 Beschreibung des Anwendungsfalls

Das Fallbeispiel B betrachtet die Vakuumsysteme GmbH, welche Ende des 19. Jahrhunderts in Deutschland gegründet wurde und sich seitdem als führend im Bereich der Vakuuminnovationen etabliert hat. Seit der Gründung zeichnet sich die Vakuumsysteme GmbH durch kontinuierliche Innovation aus. Anfang des 21. Jahrhundert trat die Vakuumsysteme GmbH einer größeren, global agierenden Unternehmensgruppe bei und setzte seitdem ihre Entwicklung von innovativen Vakuumtechnologien unter einem spezifischen Markenversprechen fort. Heute ist das Unternehmen als führender Anbieter von Industrie- und Hochvakuumanwendungen anerkannt und bekannt für seine umfassenden technischen Kompetenzen. Das Unternehmen bietet ein breites Spektrum an hochmodernen Vakuumpumpen sowie standardisierten und kundenspezifischen Vakuumlösungen und -dienstleistungen an. Die Kernkompetenzen des Unternehmens liegen in der Entwicklung von anwendungs- und kundenspezifischen Systemen zur Vakuumerzeugung und Prozessgasförderung. Die Vakuumlösungen des Unternehmens werden in verschiedensten Produktions- und Analyseverfahren sowie für Forschungszwecke eingesetzt. Zu den spezifischen Geschäftsbereichen zählen insbesondere die Verfahrenstechnik, Informationstechnologie und Analyseverfahren. Die Vakuumtechnologie des Unternehmens findet unter anderem Anwendung in zahlreichen alltäglichen Bereichen wie Klimaanlagen und Fahrzeugtechnik sowie der Herstellung von optischem Glas und Analysegeräten.

Das Unternehmen ist Teil eines größeren Mutterkonzerns und operiert in einer Matrixorganisation, die sowohl divisionale als auch standortspezifische Projekte umfasst. Diese Struktur bringt Herausforderungen in der Kommunikation und Steuerung mit sich, welche bei der Gestaltung von Remote-Work zu berücksichtigen sind. Eine klare und transparente Kommunikation sowie eine effektive Koordination zwischen den verschiedenen Ebenen und Standorten ist hierbei von hoher Bedeutung. Parallel dazu sieht das Unternehmen die Digitalisierung der Ablauforganisation und die Schaffung moderner Arbeitsumgebungen als wichtige Maßnahmen an, um die Arbeitgeberattraktivität zu fördern. Die Verbesserung der Teamzusammenarbeit und der Unternehmenskultur wird als ein wesentlicher Faktor betrachtet, um talentierte Mitarbeitende zu gewinnen und langfristig zu binden. Durch die Integration dieser Maßnahmen soll die Effizienz gesteigert und eine positive Arbeitsumgebung geschaffen werden, die sowohl den Anforderungen der modernen Arbeitswelt entspricht als auch das Erreichen der strategischen Ziele des Unternehmens unterstützt.

Die COVID-19-Pandemie hat das Unternehmen gezwungen, moderne Arbeitsmodelle mit flexiblem Remote-Work zu prüfen. Während einige Abteilungen wie beispielsweise das „Design und Engineering" kurzfristig auf Remote-Work umgestellt wurden, standen produktionsnahe Bereiche vor erheblichen Herausforderungen in der Gestaltung der Arbeit. Die Notwendigkeit physischer Anwesenheit in bestimmten Bereichen und die begrenzte digitale Infrastruktur erschweren eine nahtlose Integration von Remote-Work. Bei der heutigen Gestaltung von Remote-Work wirken insbesondere organisatorische und kulturelle Barrieren. Trotz der Fortschritte in der Flexibilisierung des Arbeitsorts prägen weiterhin traditionelle Strukturen, wie die 1:1-Schreibtisch-Policy, den Arbeitsalltag. Ein weiteres Beispiel für die laufenden Transformationsbemühungen ist die Freigabe jedes remote gearbeiteten Arbeitstages durch den Vorgesetzten mittels eines Softwaretools. Die digitale Transformation des Unternehmens befindet sich in einem kontinuierlichen Entwicklungsprozess. Aspekte wie die digitale Zeiterfassung und die Bewältigung weiterer administrativer Aufgaben werden derzeit in verschiedenen Transformationsprojekten adressiert, die darauf abzielen, die Attraktivität von Remote-Work zukünftig zu steigern.

6.3.2 Darstellung der Ergebnisse

Aus der Anwendung des Navigators bei der Vakuumsysteme GmbH mit der Anwendung der einzelnen Partialmodelle gehen spezifische Maßnahmen hervor, die für das Unternehmen und die Gestaltung von Remote-Work besonders relevant sind. Zuerst werden dazu in Schritt eins des Navigators die Auslöser, welche zu dem Bedarf der Gestaltung von Remote-Work führen, identifiziert. Als besonders bedeutende Auslöser haben sich die Förderung der Arbeitgeberattraktivität, die Digitalisierung der Ablauforganisation und die Optimierung der Teamzusammenarbeit herausgestellt. Die Förderung der Arbeitgeberattraktivität ist ein zentraler Aspekt für die Vakuumsysteme GmbH. In einem wettbewerbsintensiven Markt ist es von entscheidender Bedeutung, talentierte Mitarbeitende zu gewinnen und langfristig zu binden. In den letzten Jahren wurde der Markt von einer zunehmenden Anzahl an Akteuren im Wettbewerb geprägt, wodurch die Vakuumsysteme GmbH einem steigenden Preisdruck seitens der Konkurrenz standhalten muss. Während die Vakuumsysteme GmbH früher die Preise nahezu autonom bestimmen konnte, erfordert der gegenwärtige Preisdruck verstärkte Prozessverbesserungen und Optimierungen. Diese Entwicklungen machen es notwendig, die Effizienz zu steigern und die Betriebsabläufe kontinuierlich zu optimieren, um wettbewerbsfähig zu bleiben. Ein weiterer wesentlicher Auslöser ist die Digitalisierung der Ablauforganisation. Dabei hat die Vakuumsysteme GmbH erkannt, dass die vorhandene digitale Infrastruktur verbessert werden muss, um administrative Prozesse zu optimieren und die Effizienz der Remote-Work zu steigern. Ein konkretes Beispiel hierfür bildet die digitale Zeiterfassung, bei welcher alle Mitarbeitenden die remote geplanten Arbeitstage einzeln durch den Vorgesetzten in einem Softwaretool freigeben lassen müssen. Diese bürokratischen Hürden zeigen die Notwendigkeit einer umfassenden digitalen Transformation, um die Abläufe zu vereinfachen und die Produktivität zu erhöhen. Gleichzeitig wird hier auch das Mindset, welches durch die Führung hinsichtlich Remote-Work gelebt wird, veranschaulicht. Darüber hinaus ist die Optimierung der Teamzusammenarbeit ebenfalls von großer Bedeutung. Es wird besonders hervorgehoben, dass vorhandene Tools wie Microsoft Teams heute noch nicht optimal und umfänglich mit allen Funktionen genutzt werden. Insbesondere wird bei der Nutzung von Kollaborationstools Potenzial identifiziert, um die Teamarbeit zu erleichtern und kreative Lösungsansätze zu fördern.

Die zunehmende Konkurrenz um qualifizierte Fachkräfte erfordert von Unternehmen, attraktive Arbeitsbedingungen wie flexible Arbeitsmodelle und moderne Arbeitsumgebungen zu bieten, um talentierte Mitarbeitende anzuziehen und langfristig zu binden, was zur Wettbewerbsfähigkeit beiträgt. Effiziente administrative Prozesse sind essenziell für Produktivität und Mitarbeitendenzufriedenheit; aktuelle bürokratische Hürden, wie die manuelle Freigabe von Remote-Arbeitstagen, verdeutlichen den Bedarf an einer verbesserten digitalen Infrastruktur. Durch die Digitalisierung dieser Prozesse kann das Unternehmen die Effizienz steigern und die Akzeptanz sowie Nutzung von Remote-Work erhöhen. Eine optimierte Teamzusammenarbeit, unterstützt durch geeignete Kollaborationstools, ist entscheidend für den Erfolg von Remote-Work, da sie die Kommunikation und Zusammenarbeit zwischen Mitarbeitenden verbessert. In einem Umfeld, in dem physische Treffen selten sind, sind virtuelle Interaktionen unerlässlich. In Schritt 1 werden damit Auslöser A, B und D für die Vakuumsysteme GmbH identifiziert. Alle treibenden Auslöser werden mit den möglichen Auslösern des Navigators aufgegriffen.

In Schritt zwei des Navigators wird die unternehmerische Aufgabe der Abwicklung eines Produktionsauftrags in Serienfertigung betrachtet. Aufbauend auf der Modellanwendung wird diese in die eigenen Aufgabenelemente heruntergebrochen, welche wiederum in die menschlichen Tätigkeitsinhalte segmentiert werden. Die menschlichen Tätigkeitsinhalte werden von verschiedenen Rollen im Unternehmen ausgeführt. Zur Erfüllung des Produktionsauftrags sind unternehmensinterne Schnittstellen der Disposition, Produktplanung und Shopfloor-Operation involviert. Nach Prüfung der Bedingung zur Bewertung der Remotefähigkeit wird im Folgenden die funktionale Klassifikation der Tätigkeitsinhalte bewertet und in die Klassifikation eingeordnet. Die Gewichtung der Tätigkeitsinhalte findet exemplarisch durch den *Process Development Engineer* statt, ohne weitere Rücksprache mit den jeweiligen Rollen. In der Umsetzung der Maßnahmen des Navigators sind die identifizierten Rollen bei dieser Einordnung aktiv einzubeziehen. Die Einordnung der remotefähigen menschlichen Tätigkeiten im Verlauf eines Produktionsauftrags in Serienfertigung sind nachfolgend detailliert beschrieben und konsolidiert in der folgenden Abbildung 6-4 dargestellt. Die Inhalte in wurden in Form eines Zeitschriftenartikels konsolidiert veröffentlicht (s. HERKENRATH ET AL. 2023).

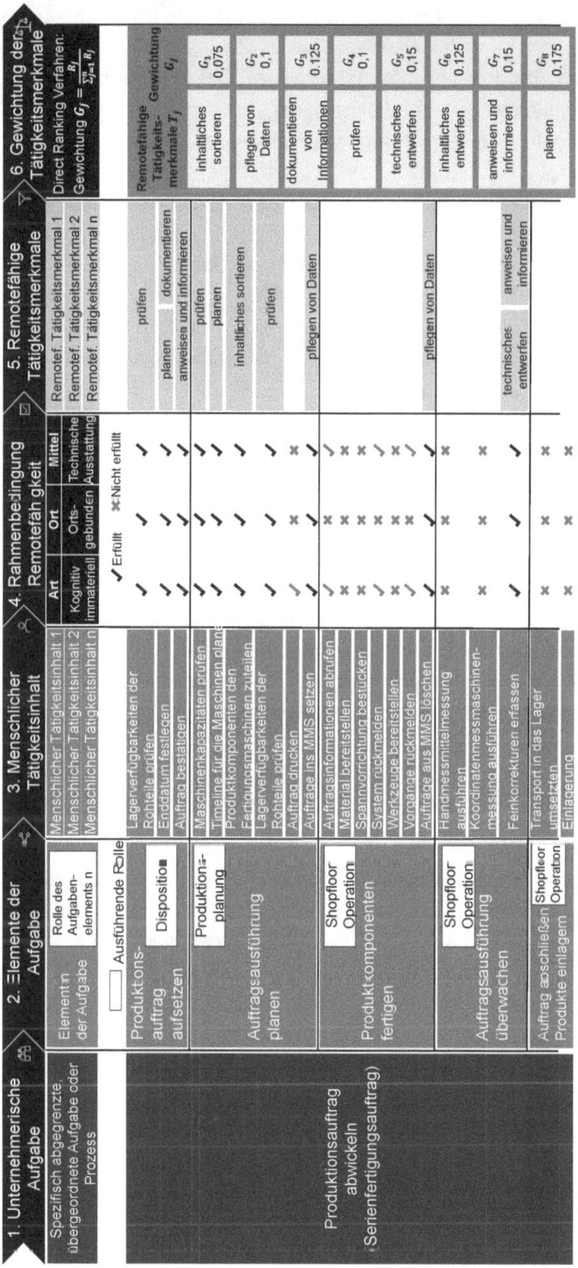

Abbildung 6-4 Remotefähige Tätigkeitsmerkmale eines Serienfertigungsauftrags der Vakuumsysteme GmbH (eigene Darstellung)

Die Auslösung des Fertigungsauftrags erfolgt automatisiert durch die Erfassung eines Lagerbestandsdefizits innerhalb eines hinterlegten Kanban-Zyklus im unternehmenseigenen SAP-System. Nach Abruf dieser Information veranlasst die Disposition den Produktionsauftrag, indem die Lagerverfügbarkeiten der erforderlichen Rohmaterialien überprüft, das späteste Enddatum für den Fertigungsabschluss festgelegt und der Auftrag im SAP-System bestätigt wird. Die identifizierten Tätigkeiten werden durch eine Prüfung der Randbedingungen als remote durchführbar bewertet. Die Tätigkeitsinhalte werden in die Tätigkeitsmerkmale Prüfen, Planen, Dokumentieren sowie Anweisen und Informieren klassifiziert. Neben der prozessunabhängigen Überprüfung der Lagerverfügbarkeiten plant die Disposition das späteste Enddatum für den Auftrag und dokumentiert diese Informationen durch Eintragung in das SAP-System. Die Bestätigung des Auftrags erfolgt digitalisiert, was in der funktionalen Betrachtung die Weitergabe von Informationen an die Produktionsplanung sowie die Aufforderung zur Leistungsbewirkung, klassifiziert unter dem Tätigkeitsmerkmal Anweisen und Informieren, umfasst.

Nach der Auftragsbestätigung durch die Disposition erscheint das Fertigungsvorhaben im "Arbeitsvorrat" der Produktionsplannung im SAP-System. Die Produktionsplannung beginnt mit der Planung der Auftragsausführung, wobei die initialen Schritte remote durchgeführt werden können. Konkret umfasst dies die Überprüfung der Maschinenkapazitäten, die Festlegung des Fertigungszeitplans und die Zuweisung der benötigten Produktkomponenten an die Fertigungsmaschinen in Abhängigkeit von deren Rüstzustand. Im Mittelpunkt dieser Zuweisung steht die Zuordnung, basierend auf der Übereinstimmung des Rüstzustands der Fertigungsmaschinen mit den erforderlichen Produktkomponenten. Diese Tätigkeit wird als inhaltliches Sortieren von Komponenten auf Basis inhaltlicher Ähnlichkeit eingeordnet. Mehrere Maschinen sind für die Produktion unterschiedlicher Komponenten vorgerüstet, sodass ein Umrüsten einzelner Maschinen entfällt.

Die Produktionsplanung überprüft die Verfügbarkeit der Rohteile erneut, um eventuelle Veränderungen der Verfügbarkeiten seit der letzten Überprüfung durch die Disposition zu erkennen. Das identifizierte Tätigkeitsmerkmal umfasst damit das Prüfen. Diese Tätigkeit erfolgt unabhängig von weiteren Prozessen. Die Produktionsplanung ist dabei nicht direkt an der Sicherstellung der Rohteilverfügbarkeit beteiligt. Anschließend wird der Auftrag gedruckt, was sowohl eine Statusänderung im SAP-System von „offen" zu „in Planung" bewirkt als auch den physischen Ausdruck der Fertigungspapiere umfasst, welche manuell an die Fertigungspalette geheftet werden. Dieser physische und manuell durchgeführte Tätigkeitsteil verhindert die Remotefähigkeit des Schritts „Auftrag drucken". Abschließend überträgt die Produktionsplanung den Auftrag aus dem SAP-System in das Manufacturing-Management-System (MMS). Die Datenübertragung wird mit dem Pflegen von Daten einem remotefähigen Tätigkeitsmerkmal zugeordnet. Das MMS dient als fertigungsbegleitende Systemschnittstelle und bietet den Vorteil, den prozessualen Fortschritt des Produktionsauftrags abzubilden und eine systemische Netzwerkverknüpfung zur Maschinensteuerung zu ermöglichen.

Die Fertigung der Produktkomponenten wird von der maschinenbedienenden Person auf dem Shopfloor durchgeführt. Nach Abruf der in Papierform vorliegenden Auftragsinformationen wird das erforderliche Rohmaterial bereitgestellt und die Spannvorrichtung der Produktionsmaschine mit den Rohteilen bestückt. Zur Bestätigung der ordnungsgemäßen Einspannung des Rohmaterials gibt die maschinenbedienende Person unmittelbar die entsprechende Rückmeldung an das MMS, wodurch die maschinelle Fertigung automatisch eingeleitet wird. Mit Ausnahme der Systemrückmeldung erfolgt dies durch physischen Kontakt mit Objekten an der Betriebsstätte. Die unmittelbare Kopplung der Systemrückmeldung an die ordnungsgemäße Bestückung der Spannvorrichtung verhindert in diesem Fall eine remote durchführbare Ausführung. In unregelmäßigen Abständen stellt die maschinenbedienende Person angepasste Werkzeuge für die Maschine bereit, um auf Abnutzungserscheinungen zu reagieren und Fertigungsabweichungen zu vermeiden. Aufgrund der unregelmäßigen Notwendigkeit stellt dieses nicht remotefähige Tätigkeitselement keinen Teil des hier fokussierten Standardprozesses dar.

Nach Abschluss des Fertigungsvorgangs meldet die maschinenbedienende Person den Vorgang zurück, indem sie den Fertigungsabschluss im SAP-System und in den Fertigungspapieren einträgt. Die Nutzung der Papierform als zusätzlichen Informationsträger beschränkt die Informationsverfügbarkeit auf die Betriebsstätte. Aufgrund dieser resultierenden Ortsgebundenheit können die Vorgänge bei derzeitigem Digitalisierungsstand nicht remote zurückgemeldet werden. Der fertiggestellte Auftrag wird aus dem MMS gelöscht, was funktional dem Bereinigen von Datensätzen innerhalb einer Datenbank entspricht und remote erfolgen kann. Dies fällt unter das Tätigkeitsmerkmal des Pflegens von Daten. In der Überwachungsphase der Auftragsausführung führt die Maschinenbedienungsperson vor Ort Messungen der Fertigteile mithilfe von Handmessmitteln und Koordinatenmessmaschinen durch. Eventuelle Feinkorrekturen werden digital im SAP-System erfasst. Diese Erfassung erfüllt als kognitiver Prozess die Funktion der zweckorientierten Lösungsgestaltung für ein technisches Produkt und dient zusätzlich der Aufforderung zur Umsetzung der Feinkorrekturmaßnahmen bei der nächsten internen Serienfertigung. Der Auftrag wird von der maschinenbedienenden Person durch den physischen Transport der Fertigteile ins Lager und das Einlagern der Palette abgeschlossen. Ein offener Lagerplatz wird vom SAP-System vorgeschlagen, und der Wareneingang der Fertigteile wird gebucht. Dadurch wird der Lagerplatz im System automatisch wieder belegt und der Kanban-Zyklus geschlossen.

Die in Schritt drei des Navigators fokussierte Identifikation der Maßnahmenwirkung wird anhand der spezifischen remotefähigen Tätigkeiten innerhalb des Unternehmens ermittelt. Die gewichteten remotefähigen Tätigkeitsmerkmale der Vakuumsysteme GmbH werden basierend auf dem betrachteten Serienfertigungsauftrag exemplarisch bewertet. Jede Maßnahme wird hinsichtlich ihrer Wirkung auf die ausgewählten Tätigkeiten und deren Gewichtung geprüft. Die Maßnahmenwirkung wird durch eine dreidimensionale Betrachtung ermittelt, welche die individuelle Gewichtung der Tätigkeiten integriert. Dies bedeutet, dass jede Tätigkeit, je nach ihrer Wichtigkeit und ihrem

Umfang innerhalb des Unternehmens, unterschiedlich stark in die Bewertung der Maßnahmenwirkung einfließt. Die Bewertung erfolgt dabei spezifisch entlang der Unternehmensparameter. Dazu gehören die Art der Tätigkeit, die Häufigkeit ihrer Ausführung sowie ihre Bedeutung für den Unternehmenserfolg. Durch diese systematische Herangehensweise wird gewährleistet, dass die Maßnahmen nicht nur theoretisch sinnvoll sind, sondern auch praktisch einen Mehrwert bieten.

Die dabei strukturgebenden Gestaltungsdimensionen Mensch, Technik, Organisation und Kultur ermöglichen eine greifbaren Rahmen, entlang welchem die Einordnung aus Perspektive des *Process Development Engineer* umsetzbar erscheint. Hervorzuheben ist, dass die betrachtete unternehmerische Aufgabe den Betrachtungsraum eingrenzt. Dabei kann dies exemplarisch erfolgen, wie vorhergehend anhand der Serienfertigung dargelegt, oder durch Einbezug verschiedener unternehmerischer Aufgaben erfolgen. Die Freiheit bei der Anwendung des Schrittes 2 und damit folgende Ergebnisse in Schritt drei, Schritt vier und Schritt fünf sind dem Anwendenden vor Durchführung aufzuzeigen und hervorzuheben. Insbesondere für die strukturierte Reflexion sowie das Aufzeigen vorher nicht als remotefähig identifizierter Tätigkeiten auf Shopfloorlevel bietet der Navigator einen ausgewogenen Ansatz zwischen Aufwand und Nutzen.

6.3.3 Bewertung der Anforderungen

Im Rahmen des semi-strukturierten Interviews mit einem *Process Development Engineer* der Vakuumsysteme GmbH wurde eine systematische Bewertung der formal-konzeptionellen und inhaltlichen Anforderungen vorgenommen. Die praktische Implementierung und Validierung des Navigators wurden von dem *Process Development Engineer* eingehend analysiert und bestätigt. Die formalen und konzeptionellen Anforderungen wurden als praxisrelevant und adäquat eingestuft. Der Einsatz und die Bewertung der Partialmodelle durch den *Process Development Engineer* verdeutlichen deren Richtigkeit, Relevanz und Klarheit. Die Partialmodelle zeichnen sich durch eine klare Struktur aus und können innerhalb kurzer Zeit vollständig erfasst werden. Diese Eigenschaft wurde von der interviewten Person positiv hervorgehoben, was die Anwendbarkeit und Praktikabilität der Gestaltungsmethode unterstreicht. Nichtsdestotrotz ist hervorzuheben, dass die beteiligte Person einen hohen Reflexionsgrad sowie einen umfassenden Überblick über die unternehmerische Aufgabe benötigt, ergänzt durch eine detaillierte Analyse der spezifischen Tätigkeiten. Diese Kombination aus Reflexion und Detailbetrachtung ist essenziell, um die Vielschichtigkeit der Aufgaben adäquat zu bewältigen und fundierte Entscheidungen zu treffen.

Durch die systematische Erarbeitung der Inhalte des Navigators entlang der einzelnen Schritte wird der anwendenden Person Raum zur Reflexion eröffnet. Diese methodische Vorgehensweise fördert eine tiefgehende Auseinandersetzung mit den jeweiligen Aufgaben und ermöglicht eine präzise Analyse der zu bewältigenden Herausforderungen, beginnend mit der Identifikation der Auslöser. Indem die einzelnen Schritte des Navigators klar strukturiert und sequenziell bearbeitet werden, erhält der oder die

Anwender*in die Gelegenheit, sowohl übergeordnete strategische Ziele als auch detaillierte operative Tätigkeiten kritisch zu hinterfragen und zu evaluieren. Diese Reflexionsphasen, als Abschluss jedes Schritts, sind essenziell, um die Komplexität der Aufgaben zu durchdringen, fundierte Entscheidungen zu treffen und adaptive Lösungsansätze zu entwickeln. Letztlich trägt dieser iterative Prozess zur Verbesserung des Problemverständnisses und der Innovationsfähigkeit bei und unterstützt die nachhaltige Gestaltung von Remote-Work. Mit der Berücksichtigung diverser Lösungsoptionen werden die Anforderungen an Variantenbildung und Gliederungsprinzipien erfüllt. Diese methodische Vorgehensweise ermöglicht es, flexibel auf Veränderungen zu reagieren und verschiedene Unternehmenssituationen präzise zu analysieren. Neben der Beherrschbarkeit der Komplexität wird zudem sichergestellt, dass alle relevanten Aspekte in der Planung und Ausführung berücksichtigt werden. Dies führt zu einer robusten und anpassungsfähigen Lösungsfindung.

Der interviewte *Process Development Engineer* betonte, dass die Anwendung des Navigators nicht nur eine systematische Herangehensweise an die Gestaltung von Remote-Work ermöglichte, sondern auch eine erhebliche Zeitersparnis bei der Identifikation und Implementierung der Maßnahmen bringt. Durch die klare Struktur und die Berücksichtigung spezifischer Unternehmensparameter kann das Unternehmen gezielt und effizient auf die Herausforderungen der Remote-Work reagieren. Zusätzlich bietet der Navigator unternehmerischen Handlungsspielraum, der es ermöglicht, flexibel auf dynamische Veränderungen zu reagieren und innovative Lösungen zu entwickeln. Diese Flexibilität ist entscheidend, um die spezifischen Bedürfnisse und Ziele des Unternehmens zu berücksichtigen und maßgeschneiderte Strategien zu implementieren, die sowohl kurz- als auch langfristig die strategischen Unternehmensziele unterstützen. Eine weitere Anforderung bildet die Heterogenität von Klassen, die eine realistische Darstellung der komplexen Systemthematik ermöglichen. Durch diese methodische Einteilung können die verschiedenen Elemente und Prozesse des Unternehmens präzise analysiert und bewertet werden. Dies trägt dazu bei, die Komplexität der Aufgaben zu reduzieren und gleichzeitig eine umfassende Sicht auf die gesamten Systeminteraktionen zu bewahren. Die identifizierten Klassen ermöglichen es, spezifische Herausforderungen und Potenziale systematisch zu erfassen und zielgerichtete Maßnahmen zu entwickeln.

Die identifizierten Tätigkeitsfunktionen und -merkmale, entlang der unternehmerischen Aufgabe der Serienfertigung, sind als vollständig, praxistauglich und überschneidungsfrei zu bewerten. Entlang des zweiten Schritts des Navigators wurden acht remotefähige Tätigkeitsmerkmale identifiziert, die eine klare Strukturierung und Kategorisierung der Tätigkeiten gewährleisten. Diese Tätigkeitsmerkmale decken die verschiedenen Aspekte der Aufgaben ab und stellen sicher, dass keine wesentlichen Tätigkeitsbereiche unberücksichtigt bleiben. Durch eine systematische Prüfung der Rahmenbedingungen der Remotefähigkeit, einschließlich der Art, des Ortes und der verfügbaren Mittel, wird die Herunterbrechung dieser Tätigkeitsmerkmale, welche zweifellos eine kognitiv anspruchsvolle Aufgabe darstellt, handhabbar. Besonders anspruchsvoll gestaltet sich der Übertrag der menschlichen Tätigkeitsinhalte. Hierbei erweist sich die Zuordnung der remotefähigen Tätigkeitsmerkmale als äußerst hilfreich, da die Definition der Tätigkeitsmerkmale die Umsetzung erheblich erleichtert. Diese methodische Vorgehensweise gewährleistet nicht nur, dass die Komplexität der Serienfertigung beherrschbar bleibt, sondern auch, dass die Aufgaben vollständig und praxistauglich abgebildet werden. Die Überschneidungsfreiheit der identifizierten Tätigkeitsfunktionen- und -merkmale wird auch in dem Beispiel der hier betrachteten Serienfertigung klar ersichtlich. Damit einhergehend wird die reale Existenz der Tätigkeitsfunktionen und -merkmale verdeutlicht.

Die praktisch vorhandenen wechselseitigen Wirkungsbeziehungen zwischen den initialen beiden Bereichen der betrieblichen Gestaltungsparameter von Remote-Work und den remotefähigen Tätigkeitsmerkmalen erscheinen sinnvoll und unterstützen die praktische Anwendbarkeit der Gestaltungsmethode durch konkrete Maßnahmen. Insbesondere die Berücksichtigung der Kategorien Mensch, Organisation, Kultur und Technik erweist sich als äußerst nützlich und hilfreich. Die Gesamtheit der Partialmodelle bildet ein kohärentes Abbild der komplexen Realität ab und ist aus praktischer Anwendungsperspektive des *Process Development Engineers* gewährleistet. Besonders hervorzuheben ist dabei die Zusammensetzung der Maßnahmen, da bestimmte Maßnahmen, die den Handlungsspielraum des *Process Development Engineers* betreffen, direkt für die durchführende Person umsetzbar sind, während andere, die durch das Produktportfolio geprägt sind, der Zuständigkeit des Mutterkonzerns unterliegen. Die Visualisierbarkeit der Maßnahmensteckbriefe überzeugt mit ihrer übersichtlichen Struktur und der Einbindung spezifischer Best Practices sowie des "Barometers", das den Wirkungsbereich der Maßnahmen veranschaulicht. Diese Flexibilität in der Umsetzung trägt dazu bei, dass die Gestaltungsmethode den individuellen Anforderungen und Bedürfnissen des Unternehmens gerecht wird. Auch in dieser Hinsicht wird die Adaptierbarkeit der Gestaltungsmethode durch kontinuierliche Weiterentwicklung gewährleistet.

Insgesamt zeigt die Anwendung des Remote-Work-Navigators, dass ein gut durchdachtes und strukturiertes Vorgehen entscheidend für den Erfolg der Implementierung von Remote-Work ist. Der Navigator ermöglichte es, die vielfältigen Aspekte der Remote-Arbeit zu berücksichtigen und maßgeschneiderte Lösungen zu entwickeln, die den spezifischen Bedürfnissen des Unternehmens gerecht werden. Die ausgeführte Bewertung der formal-konzeptionellen und inhaltlichen Anforderungen der Vakuumsysteme GmbH wird in Abbildung 6-5 zusammengefasst aufgezeigt.

Formal-konzeptionelle Anforderungen		
Richtigkeit	Ist die Gestaltungsmethode mit den Partialmodellen formal einwandfrei und widerspruchsfrei ausgearbeitet?	✓
Relevanz	Trägt die Gestaltungsmethode mit den Partialmodellen zur Sinnhaftigkeit bei, sodass der Nutzen durch die Anwendung erhöht wird?	✓
Klarheit	Ist die Gestaltungsmethode mit den Partialmodellen klar strukturiert, lesbar und verständlich?	✓
Praktikabilität	Sind die Partialmodelle benutzerfreundlich anzuwenden und die Ergebnisse greifbar?	✓
Wirtschaftlichkeit	Wird die Wirtschaftlichkeit der Gestaltungsmethode durch einen vertretbaren Aufwand für dessen Erstellung und Anwendung sichergestellt?	✓
Schrittweise Verfeinerung	Wurde der Untersuchungs- und Gestaltungsbereich präzise abgegrenzt, schrittweise verfeinert und sukzessive detailliert?	✓
Variantenbildung	Werden verschiedene Lösungsalternativen in Betracht gezogen?	✓
Gliederungsprinzip	Erfolgen die Entwicklung und Realisierung der Lösung in separate, logisch und zeitlich abgegrenzte Phasen?	✓
Problemlösungszyklus	Wurde bei der Modellerstellung der Gestaltungsmethode jede Phase zur Erreichung des Gesamtziels durchlaufen?	✓
Inhaltliche Anforderungen		
Unternehmerischer Handlungsspielraum	Erlaubt die Gestaltungsmethode eine ganzheitliche Betrachtung der gestaltbaren Arbeitsprozesse und -umgebungen?	✓
Heterogenität von Klassen	Bilden die identifizierten Klassen eine realistische Darstellung der komplexen Systemdynamik?	✓
Tätigkeitsfunktionen und -merkmale	Sind die identifizierten Tätigkeitsfunktionen und -merkmale vollständig, praxistauglich und überschneidungsfrei?	✓
Reale Existenz der Funktionen und Merkmale	Sind die identifizierten Tätigkeitsfunktionen und –merkmale in der Arbeitspraxis vorhanden und werden ausgeführt?	✓
Beschreibung wechselseitige Wirkungsbeziehungen	Werden die praktisch vorhandenen, belegbaren wechselseitigen Wirkungsbeziehungen zwischen den initialen beiden Bereichen erläutert?	✓
Praxisorientierte Gestaltungsempfehlungen	Führt die Gestaltungsmethode zu praktisch anwendbaren, konkreten Maßnahmen zur Gestaltung von Remote-Work?	✓
Innere Konsistenz	Bildet die Gesamtheit der Partialmodelle ein kohärentes Abbild der komplexen Realität und eine Verbindung für die praktische Anwendung?	✓
Adaptierbarkeit	Kann die Gestaltungsmethode kontinuierlich weiterentwickelt werden, um einschlägige Veränderungen zu integrieren?	✓
Visualisierbarkeit	Unterstützt die grafische Darstellung der Gestaltungsmethode mit den Partialmodellen das Verständnis des Lösungsraums?	✓

Abbildung 6-5 Bewertung der formal-konzeptionellen und inhaltlichen Anforderungen durch die Vakuumsysteme GmbH (eigene Darstellung)

6.4 Fallbeispiel C: WITTENSTEIN SE

Das dritte Fallbeispiel C befasst sich mit der WITTENSTEIN SE, einem führenden mittelständischen Unternehmen im Bereich der mechatronischen Antriebssysteme. Dieses Fallbeispiel wird nicht mehr anonymisiert präsentiert, sondern direkt dem genannten Unternehmen zugeordnet. Die WITTENSTEIN SE, gegründet in der Mitte des 20. Jahrhunderts, hat sich als ein führendes Innovationsunternehmen etabliert. Dies ist insbesondere auf ihren Fokus auf die Miniaturisierung, also die Reduktion der Größe der Antriebssysteme, und die Vernetzung, also die Integration digitaler Technologien, die eine Kommunikation der Antriebssysteme untereinander ermöglichen, zurückzuführen. Die WITTENSTEIN SE bietet ein umfassendes Sortiment hochmoderner Antriebssysteme und maßgeschneiderter Lösungen, die in verschiedenen Branchen wie dem Maschinenbau, der Medizintechnik und der Luft- und Raumfahrt eingesetzt werden. Ein wesentliches Element der Unternehmensstrategie ist die nachhaltige Zusammenarbeit mit Forschungsinstituten und Universitäten, um neue Technologien frühzeitig zu erkennen und zu integrieren. Das Fallbeispiel C wurde durch ein mehrstündiges, semi-strukturiertes Interview mit einer Person aus der Organisationsentwicklung der WITTENSTEIN SE erarbeitet. Die Perspektive der interviewten Person zeichnet sich durch eine enge Verbindung zur strategischen und operativen Unternehmensentwicklung aus, die auch durch ihre aktive Mitarbeit im projektbegleitenden Ausschuss des Forschungsprojekts „DecentraLEAD“ geprägt ist. Darüber hinaus ist die Person unter anderem für die Gestaltung moderner Arbeitsmodelle und die Neustrukturierung der Rollen und Berufsbezeichnungen in Zusammenarbeit mit der HR-Abteilung verantwortlich.

6.4.1 Beschreibung des Anwendungsfalls

Die WITTENSTEIN SE zählt zu den führenden Entwicklern und Herstellern mechatronischer Antriebssysteme. Das Unternehmen steigert die Effizienz und Leistung seiner Produkte durch Innovation, Miniaturisierung und digitale Vernetzung. Die WITTENSTEIN SE nutzt eine matrixorientierte Organisationsstruktur, die sowohl divisionale als auch standortspezifische Projekte umfasst. Dies unterstützt diese Flexibilität und ermöglicht eine effektive Steuerung und Koordination von Projekten. Durch die gezielte Einbindung verschiedener Abteilungen und Standorte wird sichergestellt, dass alle Mitarbeitenden mit deren Perspektiven und Anforderungen in die Transformationsvorhaben einbezogen werden. Ein Ziel der laufenden digitalen Transformation der WITTENSTEIN SE ist es, die Effizienz zu steigern und eine positive Arbeitsumgebung zu schaffen, die den Anforderungen der modernen Arbeitswelt entsprechen. Diese matrixorientierte Organisationsstruktur ermöglicht zudem eine effektive Steuerung und Koordination, insbesondere im Hinblick auf die Digitalisierung und die Gestaltung moderner Arbeitsumgebungen. Durch die Integration fortschrittlicher digitaler Technologien und die kontinuierliche Anpassung der Arbeitsplätze an moderne Standards wird sichergestellt, dass das Unternehmen nicht nur effizient arbeitet, sondern auch attraktiv für qualifizierte Fachkräfte bleibt.

Ein wesentliches Element der Unternehmensstrategie der WITTENSTEIN SE bilden die Schaffung moderner Arbeitsumgebungen und die Verbesserung der Teamzusammenarbeit. Durch die Einführung flexibler Arbeitsmodelle und attraktiver Arbeitsbedingungen wird nicht nur die Effizienz gesteigert, sondern auch die Mitarbeitendenzufriedenheit erhöht. Die kontinuierliche Schulung und Weiterentwicklung der Belegschaft stellen sicher, dass diese über die notwendigen Fähigkeiten verfügt, um die anspruchsvollen, sich wandelnden Anforderungen zu erfüllen. Dabei wurde die

Einführung von Remote-Work durch die Digitalisierung der Arbeitsprozesse unterstützt, was die Effizienz und Kommunikation innerhalb des Unternehmens deutlich verbesserte. Technologische Anpassungen und gezielte Schulungen bereiteten die Mitarbeitenden auf die Anforderungen von Remote-Work vor und adressierten sowohl technische als auch kulturelle Herausforderungen.

Die WITTENSTEIN SE hat sich im Kontext von Remote-Work als wegweisend und anpassungsfähig erwiesen. Seit dem Beginn der COVID-19-Pandemie im Jahr 2020 hat das Unternehmen umfassende Maßnahmen ergriffen, um die Arbeitsfähigkeit und Krisensicherheit zu gewährleisten. Während der Hochphase der Pandemie ermöglichte das Unternehmen kurzfristig Remote-Work und hat diese Flexibilität auch nach der Pandemie beibehalten. Im Zuge dessen wurden Arbeitsverträge entsprechend angepasst, um Modelle wie „drei Tage im Büro und zwei Tage mobiles Arbeiten" oder „vollständig mobiles Arbeiten" zu ermöglichen. Diese Umstellung hat nicht nur zur Krisensicherheit beigetragen, sondern auch die Arbeitgeberattraktivität gesteigert, indem sie Fachkräften flexible Arbeitsbedingungen bietet; besonders in ländlichen Regionen oder dezentralen Standorten im Süden Deutschlands. Die WITTENSTEIN SE hat damit im Zuge der COVID-19-Pandemie erkannt, wie wichtig es ist, auf nicht vorhersehbare Ereignisse vorbereitet zu sein, um den Geschäftsbetrieb aufrechterhalten zu können. Hierzu gehört auch die Bereitstellung der notwendigen Technologien und Schulungen, um die Mitarbeitenden auf die Anforderungen der Remote-Work vorzubereiten und an ein verändertes Umfeld heranzuführen.

Neben der technischen Umsetzung von Remote-Work hat die WITTENSTEIN SE auch kulturelle und organisatorische Herausforderungen adressiert. Es wurden Maßnahmen ergriffen, um die Zusammenarbeit und Kommunikation zu verbessern, etwa durch regelmäßige virtuelle Meetings und eine klare Kommunikation der Unternehmensziele und -strategien. Dabei wurde auch die physische Arbeitsumgebung modernisiert, um hybride Arbeitsmodelle zu unterstützen. Dies umfasst die Gestaltung von Büros, die sowohl kollaboratives Arbeiten als auch konzentrierte Einzelarbeit ermöglichen. Ein weiterer wichtiger Aspekt bildet die Attraktivität für Arbeitnehmer*innen. Durch die Implementierung flexibler Arbeitsmodelle konnte die WITTENSTEIN SE nicht nur bestehende Mitarbeiterinnen und Mitarbeiter halten, sondern auch neue Talente gewinnen, die flexible Arbeitsbedingungen schätzen. Besonders in ländlichen und dezentralen Standorten ist dies ein entscheidender Vorteil. Die Möglichkeit des Remote-Work erlaubt es den Mitarbeitenden, ihren Wohnort unabhängig vom Standort des Unternehmens zu wählen, was insbesondere in Regionen mit schlechter Verkehrsanbindung von großem Vorteil ist.

6.4.2 Darstellung der Ergebnisse

Das Interview mit der Organisationsentwicklung der WITTENSTEIN SE verdeutlichte die unternehmensindividuellen Auslöser und die detaillierte Betrachtung der kontinuierlichen Remote-Work Integration. Die Entwicklung eines spezifischen Profils für den

Unternehmensbereich zeigte, wie die WITTENSTEIN SE die Herausforderungen der modernen Arbeitswelt nicht nur annimmt, sondern aktiv gestaltet. Der erste Schritt des Remote-Work-Navigators fokussiert die Auswahl der Auslöser, warum das betrachtete Unternehmen, hier die WITTENSTEIN SE, sich mit Remote-Work beschäftigt. Diese Auslöser des Navigators sind in zwei Gruppen unterteilt: Positionierung und Entwicklung. Die für die WITTENSTEIN SE identifizierten spezifischen Auslöser umfassen die Krisensicherheit und die Arbeitgeberattraktivität. Die Krisensicherheit als ein zentraler Auslöser für die Implementierung von Remote-Work ergab sich insbesondere aus den Erfahrungen während der COVID-19-Pandemie. Das Unternehmen stellte fest, dass es notwendig war, sicherzustellen, dass die administrativen und konstruktiven Aufgaben auch während Krisenzeiten aufrechterhalten werden können. Die sich daraus ergebenden potenziellen Maßnahmen umfassen die Einrichtung einer speziellen Taskforce, die Entwicklung und Einführung eines robusten Wissensmanagementsystems und Investitionen in eine verlässliche und sichere technische Infrastruktur.

Die Steigerung der Arbeitgeberattraktivität bildet einen weiteren wesentlichen Auslöser für die WITTENSTEIN SE. In einer Zeit, in der der Wettbewerb um qualifizierte Fachkräfte intensiv ist, bietet die Möglichkeit von Remote-Work einen entscheidenden Vorteil. Dies gilt insbesondere für Unternehmen, die in weniger zentralen Regionen ansässig sind und daher Schwierigkeiten haben, Fachkräfte anzuziehen. Mit der Auswahl dieses Auslösers ergeben sich potenzielle Maßnahmen, die die Einführung flexibler Arbeitszeitmodelle, die Gestaltung attraktiver und ergonomischer Arbeitsumgebungen sowohl im Büro als auch im Homeoffice sowie die Förderung der Teamzusammenarbeit und die Harmonisierung der Unternehmenskultur trotz räumlicher Distanz umfassen. Die Auswahl und detaillierte Betrachtung der Auslöser im Remote-Work-Navigator bietet Unternehmen eine klare Orientierung, warum und wie sie Remote-Work implementieren sollten. Die gezielte Auseinandersetzung mit Krisensicherheit und Arbeitgeberattraktivität, ergänzt durch allgemeine Entwicklungsziele, ermöglicht es, maßgeschneiderte Maßnahmen zu identifizieren und erfolgreich umzusetzen. Durch die systematische Analyse und Integration dieser Auslöser in den Remote-Work-Navigator können Unternehmen ihre Resilienz erhöhen und ihre Attraktivität als Arbeitgeber nachhaltig steigern.

Im zweiten Schritt erfolgt die Bewertung der Tätigkeiten hinsichtlich ihrer Remotefähigkeit. Hierzu werden die unternehmerischen Aufgaben in spezifische Tätigkeitsmerkmale unterteilt und deren Eignung für Remote Work analysiert. Diese Bewertung erfolgt schrittweise, beginnend mit der Definition der unternehmerischen Aufgabe, gefolgt von der Identifikation der ausführenden Rollen und der detaillierten Analyse der einzelnen Tätigkeitsmerkmale. Die Bewertung umfasst sowohl die Art der Tätigkeit als auch deren räumliche und technische Anforderungen. So können beispielsweise Tätigkeiten im Bereich der Produktionsplanung häufig gut remote durchgeführt werden, während operative Aufgaben auf dem Shopfloor oft physische Präsenz erfordern. Eine Gewichtung der Tätigkeitsmerkmale hilft dabei, die Relevanz der jeweiligen Tätigkeiten für Remote-Work zu bestimmen. Für die praktische Anwendung wird hervorgehoben, dass die detaillierte Analyse der Tätigkeiten hinsichtlich ihrer Remotefähigkeit wertvolle Erkenntnisse liefert, insbesondere durch die systematische Reflexion und das strukturierte Gespräch, welche das Vorgehen ermöglicht. Es wird betont, dass die Flexibilität des Partialmodells und die Freiheit, die es den Unternehmen bei der Anwendung lässt, sowohl positiv als auch herausfordernd sein kann. Die Flexibilität ermöglicht es, die Anwendung des Partialmodells an die spezifischen Bedürfnisse und Gegebenheiten des Unternehmens anzupassen, erfordert jedoch auch ein hohes Maß an kognitiver Fähigkeit und Abstraktionsvermögen bei den Beteiligten. Dies führt zu der Erkenntnis, dass Potenziale besonders für hochgradig strukturierte und analytische Personen geeignet ist, während weniger strukturierte Anwendende möglicherweise Schwierigkeiten haben können, die Komplexität zu bewältigen. Insgesamt sieht die interviewte Person in dem Navigator einen hohen Nutzen für die systematische und reflektierte Einführung von Remote-Work, betont aber auch die Notwendigkeit einer klaren Anleitung und möglicherweise unterstützender Kataloge oder Vorlagen zur Erleichterung der Anwendung.

Anhand der Ergebnisse aus Schritt eins und zwei werden in Schritt drei und vier die unternehmensindividuelle Maßnahmenwirkung errechnet und das bestehende Projektportfolio des Unternehmens eingeordnet. Die Maßnahmenwirkung wird anhand von Intensitätskennziffern errechnet. Diese weitere Analyse umfasst eine Bewertung hinsichtlich ihrer Umsetzungszeit und des Umsetzungsaufwands sowie den spezifischen Projektschwerpunkten des Unternehmens. Hierbei wird zwischen schnellen, leicht umsetzbaren Maßnahmen und solchen unterschieden, die einen längeren Zeithorizont und umfangreiche Ressourcen erfordern. Ein Beispiel für eine Maßnahme ist die Einführung einer Taskforce zur Entwicklung eines Remote-Work-Konzepts, das sowohl die technische als auch organisationale Gestaltungsdimension adressiert. Diese Maßnahme kann beispielsweise eine hohe Wirkung auf die Flexibilisierung der Arbeitsorganisation haben, ist jedoch mit einem entsprechenden Implementierungsaufwand verbunden. In den vorangegangenen Schritten konnten 10 potenzielle Maßnahmen identifiziert werden. Basierend auf Auslöser A und C bilden sind Maßnahme 1, 2, 3, 5, 7, 10, 11, 16, 17 und 18 als potenzielle Maßnahmen anhand der Maßnahmenwirkung zu bewerten, wie in Abbildung 6-6 dargestellt.

Aufbauend auf der Analyse und Bewertung der Maßnahmen erfolgt der Portfolioabgleich. Ziel dieses Abgleichs ist es, Überschneidungen zu identifizieren und Synergien zu nutzen. Maßnahmen, die in bereits laufende Projekte integriert werden können, werden entsprechend priorisiert. Dabei wird besonders darauf geachtet, dass die Maßnahmen sinnvoll in das bestehende Projektportfolio eingegliedert werden können. Im Interview wird betont, dass Unternehmen hierbei die Balance zwischen bestehenden Projekten und neuen Initiativen finden müssen, um eine effektive Umsetzung sicherzustellen. Ein wesentlicher Aspekt ist dabei ein effektives Ressourcenmanagement, das gewährleistet, dass die Maßnahmen innerhalb des geplanten Zeitrahmens und Budgets realisiert werden können.

Die identifizierten Transformationsprojekte thematisieren die Umstellung und Anpassung von Arbeitsmethoden und Strukturen im Unternehmen. Dazu gehört die Neugestaltung von Arbeitswelten und Büroflächen, um attraktive Arbeitsumgebungen zu schaffen, die Mitarbeitende anziehen und die Zusammenarbeit fördern. Dies umfasst moderne Raumkonzepte und ergonomische Gestaltung, um die physische Anwesenheit im Büro attraktiv zu machen. Ein weiteres Projekt zielt auf die Verbesserung der Krisensicherheit und administrativen Absicherung, um den Betrieb auch in Ausnahmesituationen aufrechtzuerhalten. Dies schließt sowohl technologische als auch organisationale Anpassungen ein, um den Betrieb unter außergewöhnlichen Umständen aufrechtzuerhalten. Außerdem wird ein Schwerpunkt auf Wissensmanagement und digitale Zugänglichkeit gelegt, um wichtige Informationen von überall zugänglich zu machen. Dies umfasst die Digitalisierung von Dokumenten und die Implementierung sicherer, zugänglicher Datenbanken, um die Arbeit von entfernten Standorten aus zu erleichtern. Des Weiteren führt das Unternehmen eine neue Version eines SAP-Systems ein, was besonders die technische Dimension adressiert. Abschließend werden Organisationsstrukturen und Prozesse global harmonisiert und die Effizienz gesteigert. Dies umfasst die Standardisierung von Rollen und Abläufen sowie die Verbesserung der Effizienz und Transparenz durch ein zentrales Managementsystem. Die hier einbezogenen fünf laufenden internen Projekte wurden mit der interviewten Person aus Perspektive der Organisationsentwicklung aufgezeigt und eingeordnet, wie in Abbildung 6-6 dargestellt. Aufbauend werden die potenziellen Maßnahmen mit deren Maßnahmenwirkung und Dimensionsfokus betrachtet, basierend auf dem vorgestellten Projektportfolio der WITTENSTEIN SE. Die Auswahl der Maßnahmen erfolgt unter Berücksichtigung bestehender Unternehmensstrukturen und -projekte. Durch den Schwerpunkt der bestehenden Projekte in der Gestaltungsdimension Mensch, Technik und Organisation bietet sich M_5 mit dem Fokus auf Unternehmenskultur an. Die Empfehlung bildet die Entscheidungsgrundlage für die WITTENSTEIN SE.

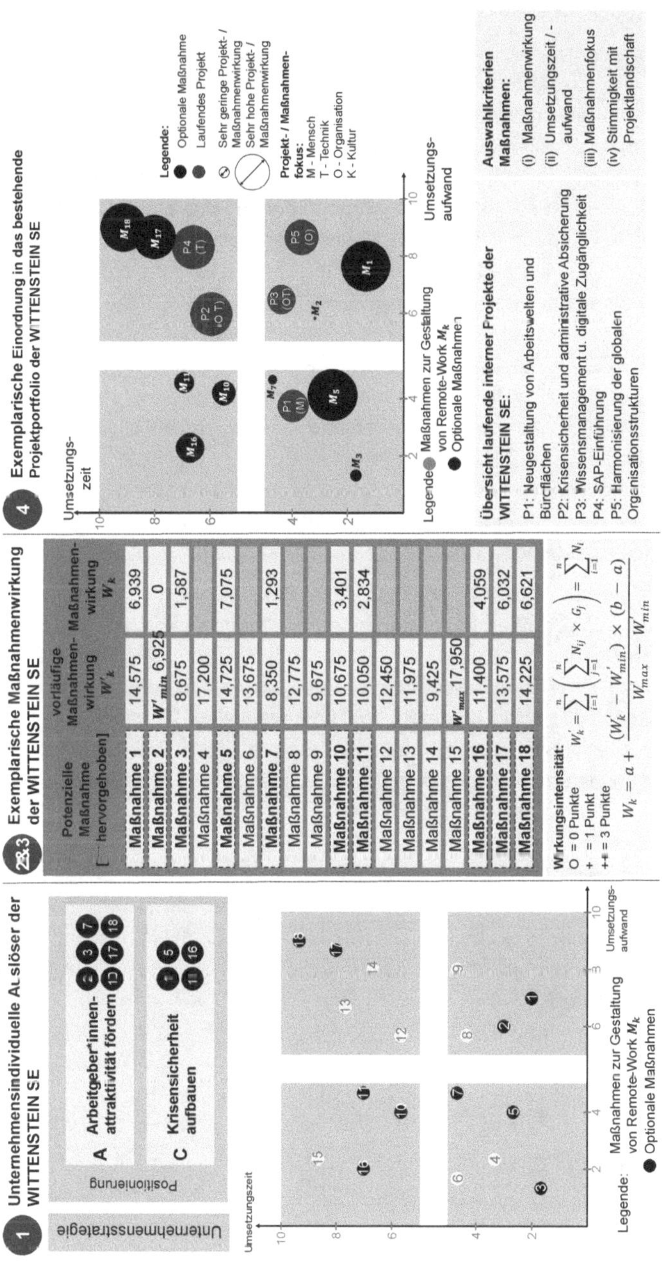

Potenzielle Maßnahme [hervorgehoben]	vorläufige Maßnahmenwirkung W'_k	Maßnahmenwirkung W_k
Maßnahme 1	14,575	6,939
Maßnahme 2	W'_{min} 6,925	0
Maßnahme 3	8,675	1,587
Maßnahme 4	17,200	
Maßnahme 5	14,725	7,075
Maßnahme 6	13,675	
Maßnahme 7	8,350	1,293
Maßnahme 8	12,775	
Maßnahme 9	9,675	
Maßnahme 10	10,675	3,401
Maßnahme 11	10,050	2,834
Maßnahme 12	12,450	
Maßnahme 13	11,975	
Maßnahme 14	9,425	
Maßnahme 15	W'_{max} 17,950	
Maßnahme 16	11,400	4,059
Maßnahme 17	13,575	6,032
Maßnahme 18	14,225	6,621

$$W'_k = \sum_{i=1}^{n} \left(\sum_{j=1}^{n} N_{ij} \times G_j \right) = \sum_{i=1}^{n} N_i$$

$$W_k = a + \frac{(W'_k - W'_{min}) \times (b - a)}{W'_{max} - W'_{min}}$$

Abbildung 6-6 Anwendung des Navigators bei der WITTENSTEIN SE (eigene Darstellung)

6.4.3 Bewertung der Anforderungen

Die vorgestellte Gestaltungsmethode des Navigators bietet nach Einordnung durch die WITTENSTEIN SE ein strukturiertes Vorgehen zur Implementierung von Remote-Work in produzierenden Unternehmen. Hinsichtlich der Richtigkeit wurde betont, dass der Navigator mit den unterteilten fünf Schritten die Widerspruchsfreiheit sicherstellt. Die Relevanz wird dadurch unterstrichen, dass Maßnahmen in den Bereichen Mensch, Technik, Organisation und Kultur umgesetzt werden können, was die Sinnhaftigkeit und den Nutzen der Anwendung erhöht. Die Klarheit der Methode zeigt sich in der strukturierten, lesbaren und verständlichen Darstellung der fünf Schritte, die anschaulich und für die Praxis greifbar erläutert werden. Die Praktikabilität wird durch die benutzerfreundliche Anwendung und die greifbaren Ergebnisse verdeutlicht, welche insbesondere für die WITTENSTEIN SE im Kontext der Krisensicherheit und der spezifischen Auslöser für Remote-Work für die betrachtet wurden. Durch die systematische und schrittweise Auswahl der Auslöser, die detaillierte Bewertung der Tätigkeiten und die gezielte Maßnahmenauswahl können Unternehmen die Herausforderungen und Potenziale von Remote-Work effektiv adressieren. Das Gliederungsprinzip zeigt sich in der Entwicklung und Realisierung der Lösung in separaten, logisch und zeitlich abgegrenzten Phasen, die systematisch im Navigator verankert sind.

Die kontinuierliche Überprüfung und Anpassung der Maßnahmen stellen sicher, dass Unternehmen flexibel auf Veränderungen reagieren und langfristig von den Vorteilen der Remote-Work profitieren können, was sowohl die Adaptierbarkeit als auch die innere Konsistenz ermöglicht. Die inhaltlichen Anforderungen werden durch die realistische Darstellung der identifizierten Klassen und Tätigkeitsmerkmale erfüllt, wodurch die Authentizität der beschriebenen Funktionen sichergestellt wird. Die Gestaltungsmethode ermöglicht es, den unternehmerischen Handlungsspielraum zu erweitern, indem sie praxisnahe und adäquate Lösungen bietet, die zur Standardisierung der Tätigkeiten beitragen. Die Beschreibung der wechselseitigen Wirkungsbeziehungen werden durch die Nutzung der Partialmodelle verdeutlicht, was ihre Klarheit und Anwendbarkeit in der Praxis unterstreicht. Die visuelle Darstellung unterstreicht die Anwendbarkeit des Navigators in der Praxis positiv. Die Bewertung der formal-konzeptionellen und inhaltlichen Anforderungen durch die WITTENSTEIN SE wird in Abbildung 6-7 zusammengefasst dargestellt.

Formal-konzeptionelle Anforderungen		
Richtigkeit	Ist die Gestaltungsmethode mit den Partialmodellen formal einwandfrei und widerspruchsfrei ausgearbeitet?	✓
Relevanz	Trägt die Gestaltungsmethode mit den Partialmodellen zur Sinnhaftigkeit bei, sodass der Nutzen durch die Anwendung erhöht wird?	✓
Klarheit	Ist die Gestaltungsmethode mit den Partialmodellen klar strukturiert, lesbar und verständlich?	✓
Praktikabilität	Sind die Partialmodelle benutzerfreundlich anzuwenden und die Ergebnisse greifbar?	✓
Wirtschaftlichkeit	Wird die Wirtschaftlichkeit der Gestaltungsmethode durch einen vertretbaren Aufwand für dessen Erstellung und Anwendung sichergestellt?	✓
Schrittweise Verfeinerung	Wurde der Untersuchungs- und Gestaltungsbereich präzise abgegrenzt, schrittweise verfeinert und sukzessive detailliert?	✓
Variantenbildung	Werden verschiedene Lösungsalternativen in Betracht gezogen?	✓
Gliederungsprinzip	Erfolgen die Entwicklung und Realisierung der Lösung in separate, logisch und zeitlich abgegrenzte Phasen?	✓
Problemlösungszyklus	Wurde bei der Modellerstellung der Gestaltungsmethode jede Phase zur Erreichung des Gesamtziels durchlaufen?	✓
Inhaltliche Anforderungen		
Unternehmerischer Handlungsspielraum	Erlaubt die Gestaltungsmethode eine ganzheitliche Betrachtung der gestaltbaren Arbeitsprozesse und -umgebungen?	✓
Heterogenität von Klassen	Bilden die identifizierten Klassen eine realistische Darstellung der komplexen Systemdynamik?	✓
Tätigkeitsfunktionen und -merkmale	Sind die identifizierten Tätigkeitsfunktionen und -merkmale vollständig, praxistauglich und überschneidungsfrei?	✓
Reale Existenz der Funktionen und Merkmale	Sind die identifizierten Tätigkeitsfunktionen und –merkmale in der Arbeitspraxis vorhanden und werden ausgeführt?	✓
Beschreibung wechselseitige Wirkungsbeziehungen	Werden die praktisch vorhandenen, belegbaren wechselseitigen Wirkungsbeziehungen zwischen den initialen beiden Bereichen erläutert?	✓
Praxisorientierte Gestaltungsempfehlungen	Führt die Gestaltungsmethode zu praktisch anwendbaren, konkreten Maßnahmen zur Gestaltung von Remote-Work?	✓
Innere Konsistenz	Bildet die Gesamtheit der Partialmodelle ein kohärentes Abbild der komplexen Realität und eine Verbindung für die praktische Anwendung?	✓
Adaptierbarkeit	Kann die Gestaltungsmethode kontinuierlich weiterentwickelt werden, um einschlägige Veränderungen zu integrieren?	✓
Visualisierbarkeit	Unterstützt die grafische Darstellung der Gestaltungsmethode mit den Partialmodellen das Verständnis des Lösungsraums?	✓

Abbildung 6-7 Bewertung der formal-konzeptionellen und inhaltlichen Anforderungen durch die WITTENSTEIN SE (eigene Darstellung)

6.5 Kritische Reflexion der Gestaltungsmethode

Im Rahmen der vorliegenden Dissertationsschrift wurde eine Gestaltungsmethode entwickelt und anhand von drei Fallstudien in der betrieblichen Praxis validiert. Diese Validierung erfolgte durch Interviews mit gezielt ausgewählten Expert*innen aus verschiedenen Unternehmen, um die Anwendbarkeit und Relevanz der Methode in unterschiedlichen betrieblichen Kontexten zu evaluieren. Die Resultate dieser Validierung bieten wertvolle Erkenntnisse zur praktischen Umsetzbarkeit und Effektivität der entwickelten Modelle. Dennoch ist es unerlässlich, die gewonnenen Ergebnisse sowohl methodisch als auch inhaltlich einer kritischen Reflexion zu unterziehen, um mögliche Einschränkungen und Herausforderungen der Gestaltungsmethode zu identifizieren.

Die Autorin war sich der möglichen Subjektivität und der Gefahr einer verzerrten Wahrnehmung durch persönliche Voreingenommenheit bei der Durchführung qualitativer Forschung bewusst. So besteht beispielsweise bei dem Einsatz des semi-strukturierten Interviewleitfadens die Möglichkeit, dass persönliche Erfahrungen und Perspektiven die Datenerhebung und -analyse beeinflusst haben, insbesondere aufgrund der praktischen Tätigkeit der Forscherin. Die begrenzte Stichprobe der Interviews schränkt die Übertragbarkeit der Ergebnisse ein, da die Antworten stark von den spezifischen Erfahrungen der befragten Personen geprägt sind. Zudem könnte die Reliabilität der Ergebnisse durch unterschiedliche Interpretationen und Reaktionen der Interviewerinnen und Interviewer beeinträchtigt werden. Obwohl Maßnahmen zur Minimierung von Inkonsistenzen ergriffen wurden, bleibt die Gefahr des sozialen „Erwünschtheitseffekts“, insbesondere in persönlichen Interviews, ein relevanter Faktor, der die Offenheit und somit die Qualität der erhobenen Daten beeinflussen kann. Die Komplexität der in den Interviews erfassten Zusammenhänge stellte eine erhebliche methodische Herausforderung dar. Die Interpretation der Ergebnisse ist zwangsläufig subjektiv, was die Grenzen der Übertragbarkeit und die Abhängigkeit von spezifischen Kontexten verdeutlicht. Die Entscheidung, ein Unternehmen der Validierung anonym zu halten, verbesserte die Vertraulichkeit und Offenheit der Befragungen und der gewonnenen Ergebnisse, schränkte jedoch die Nachverfolgbarkeit der Validierung weiter ein.

Die Validierung der Gestaltungsmethode in der Praxis zeigte, dass diese flexibel und vielseitig einsetzbar ist, jedoch auch hohe Anforderungen an die Anwender*innen stellt. Die Anwendung der Gestaltungsmethode erfordert technisches Verständnis sowie ausgeprägte kognitive Fähigkeiten und Abstraktionsvermögen, was die Nutzung und die Qualität der erzielten Ergebnisse stark von den beteiligten Personen im jeweiligen Unternehmen abhängig macht. Insbesondere kleinere Unternehmen, die nicht über eine dedizierte Abteilung für Organisationsentwicklung verfügen, könnten durch diese Anforderungen überfordert sein. Zwar erwies sich die Bewertung der Remotefähigkeit von Tätigkeiten als weniger zeitaufwändig und komplex als eine umfassende Aufgabenanalyse, doch auch sie kann in Unternehmen mit begrenzten Ressourcen zu erheblichen Herausforderungen führen. Die praktische Anwendbarkeit der Gestaltungsmethode hängt stark vom verfügbaren Fachwissen und den Ressourcen des jeweiligen Unternehmens ab. Der Zeit- und Ressourcenaufwand für die Implementierung der identifizierten Maßnahmen kann beträchtlich sein, was insbesondere für kleinere und mittlere Unternehmen problematisch sein könnte. Die Gestaltungsmethode kann ihre volle Wirkung nur dann entfalten, wenn die notwendigen Investitionen getätigt werden; andernfalls könnte die Wirksamkeit der identifizierten Maßnahmen erheblich eingeschränkt bleiben.

Zusammenfassend lässt sich festhalten, dass die Validierung der entwickelten Gestaltungsmethode in der Praxis wertvolle Einsichten in deren Anwendbarkeit und Wirksamkeit lieferte, zugleich jedoch auch wesentliche Herausforderungen offenbarte. Diese betreffen sowohl methodische Aspekte wie die Subjektivität in der Datenerhebung und die begrenzte Generalisierbarkeit der Ergebnisse als auch inhaltliche Aspekte wie die Flexibilität und Komplexität der Methode. Es ist von entscheidender Bedeutung, dass Unternehmen, die beabsichtigen, diese Gestaltungsmethode anzuwenden, über die erforderlichen Ressourcen und Kompetenzen verfügen und sich der potenziellen Einschränkungen bewusst sind. Nur so kann sichergestellt werden, dass die Gestaltungsmethode ihre volle Wirkung entfaltet und zur nachhaltigen Verbesserung der Unternehmensprozesse beiträgt.

6.6 Zusammenfassung

Die Validierung der Gestaltungsmethode mit den drei Fallbeispiele der ESTA Apparatebau GmbH & Co. KG, der Vakuumsysteme GmbH und der WITTENSTEIN SE zeigt die Praxisrelevanz des Navigators. Unterschiedliche Unternehmensgroßen und -sektoren sowie betriebliche Rollen wurden einbezogen, um vielfältige Perspektiven zu berücksichtigen. Die Einbindung von Führungskräften, Prozessentwicklern und Organisationsgestaltern ermöglichte eine fundierte Validierung aus operativen wie auch strategischen Blickwinkeln. Das interaktive Format der Interviews förderte einen intensiven Diskurs und erlaubte eine differenzierte Analyse der einzelnen Schritte des Navigators. Die Partialmodelle erwiesen sich dabei als flexibel anpassbar und praxisnah einsetzbar.

Für die ESTA Apparatebau GmbH & Co. KG stand die zentrale Bedeutung von Digitalisierungsinitiativen im Vordergrund der Unternehmensentwicklung. Bei der Vakuumsysteme GmbH lag der Schwerpunkt auf der Produktionsnähe und der Entwicklung eines spezifischen Unternehmensprofils. Die WITTENSTEIN SE betonte insbesondere ihre Innovationsstrategien und die Harmonisierung der unternehmensweiten Kommunikation. Obwohl die praktische Anwendbarkeit der Gestaltungsmethode von allen beteiligten Unternehmen bestätigt wurde, zeigte die kritische Reflexion, dass die Umsetzung hohe Anforderungen an die beteiligten Akteure stellt. Die methodische Analyse offenbarte zudem potenzielle Limitationen, wie die Subjektivität in der Datenerhebung und die eingeschränkte Übertragbarkeit der Ergebnisse. Dies unterstreicht die Notwendigkeit, dass Unternehmen, die diese Gestaltungsmethode anwenden, über ausreichende Ressourcen und das notwendige Fachwissen verfügen müssen, um die Gestaltungsmethode in ihrer vollen Wirksamkeit zu entfalten und eine nachhaltige Verbesserung der Unternehmensprozesse sicherzustellen.

7 Zusammenfassung und Ausblick

Zum Abschluss dieser Dissertationsschrift werden die wesentlichen Erkenntnisse konsolidiert und ein Ausblick auf zukünftige Forschungs- und Praxisentwicklungen geboten. Zunächst werden die zentralen Ergebnisse kritisch gewürdigt und ihre Bedeutung für Wissenschaft und Praxis erläutert. Daraufhin werden Implikationen für zukünftige Forschungsprojekte und praktische Anwendungen aufgezeigt. Abschließend wird der Bedarf für weitere Forschungsaktivitäten dargestellt, um die gewonnenen Erkenntnisse weiter zu vertiefen.

7.1 Zusammenfassung und kritische Reflexion der Ergebnisse

Die COVID-19-Pandemie hat tiefgreifende Veränderungen in der Geschäftswelt beschleunigt, bestehende Arbeitsweisen hinterfragt und moderne Arbeitsmodelle etabliert. Unternehmen sind gefordert, die Arbeitsgestaltung grundlegend neu zu konzipieren, sowohl in Bezug auf den Arbeitsplatz als auch hinsichtlich Zeit und Ort der Arbeit. Der demografische Wandel und das Ausscheiden der Babyboomer-Generation bringen zusätzliche personelle Herausforderungen mit sich. Der Wettbewerb um qualifizierte Arbeitskräfte, bekannt als "War for Talents", intensiviert sich, wobei Remote-Work zunehmend als Attraktivitätsfaktor für junge Fachkräfte gilt. Diese Entwicklung zwingt Unternehmen, ihre Arbeitsmodelle anzupassen. Flexible Arbeitsmodelle und organisatorische Unterstützungssysteme gewinnen an Bedeutung, insbesondere in produzierenden Unternehmen, wo bestimmte Tätigkeiten physische Präsenz erfordern.

Die Abwesenheit eines systematischen Ansatzes zur Identifikation von Tätigkeiten, die für Remote-Work geeignet sind, offenbart eine wesentliche Forschungslücke in der Arbeitsgestaltung produzierender Unternehmen. Über die Identifikation hinaus fehlt es diesen Unternehmen an einer fundierten Methode, um Remote-Work systematisch zu gestalten und zu implementieren. Die vorliegende Dissertationsschrift schließt diese Forschungslücke durch die Entwicklung eines Navigators, der Unternehmen systematisch bei der Implementierung von Remote-Work unterstützt. Der Navigator analysiert die Auslöser für Remote-Work, untersucht die remotefähigen Tätigkeiten und integriert individuell ausgewählte Maßnahmen effizient in das bestehende Projektportfolio.

Im Rahmen der Leitung des Forschungsprojekts DecentraLEAD konnte die Autorin durch intensive Gespräche mit einer Vielzahl von Praxisexpert*innen die dringende Notwendigkeit bestätigen, Remote-Work systematisch in produzierenden Unternehmen zu gestalten. Ein fundiertes, praxisbasiertes Vorgehen zur Gestaltung von Remote-Work erleichtert die Identifizierung und Implementierung geeigneter Maßnahmen, die auf die spezifischen Anforderungen und Charakteristika der jeweiligen produzierenden Unternehmen zugeschnitten sind. Dies stärkt die Wettbewerbsfähigkeit der Unternehmen und ermöglicht eine nachhaltige Arbeitsgestaltung. Zentral hierfür ist eine detaillierte Beschreibung der zu adressierenden Gestaltungsparameter für

Remote-Work-Konzepte. Das Zusammenspiel von Mensch, Technik, Organisation und Kultur spielt dabei eine herausragende Rolle. Eine tiefgehende Analyse dieser Elemente ist unerlässlich, um effektive Strategien zur Gestaltung von Remote-Work zu entwickeln, die den spezifischen Anforderungen und Herausforderungen des Unternehmens gerecht werden. Zudem zeigt sich in der aktuellen wissenschaftlichen Literatur, dass es eines Ansatzes zur Identifizierung von remotefähigen Tätigkeiten in produzierenden Unternehmen bedarf. Die Eignung spezifischer Tätigkeiten ist für die remotefähige Ausführung bislang nicht wissenschaftlich eindeutig definiert. Ziel der vorliegenden Dissertationsschrift war es daher, eine praxisorientierte Gestaltungsmethode für Remote-Work in produzierenden Unternehmen zu entwickeln. Die Entwicklung dieser Gestaltungsmethode für Remote-Work folgt einer zentralen Forschungsfrage mit vier Unterforschungsfragen, die jeweils eigenständige Erkenntnisziele verfolgen. Im weiteren Verlauf werden die jeweiligen Unterforschungsfragen der Dissertationsschrift sowie die erzielten Ergebnisse detailliert beschrieben.

Das erste Erkenntnisziel lag in der Beschreibung betrieblicher Gestaltungsparameter von Remote-Work mit folgender erster Unterforschungsfrage:

„Was sind die relevanten betrieblichen Gestaltungsparameter zur Beschreibung von Remote-Work-Konzepten?“.

Aufbauend auf einer systematischen Literaturrecherche ergab sich, dass bislang kein etabliertes Modell existiert, welches betriebliche Gestaltungsparameter von Remote-Work umfassend beschreibt. Wertvolle Erkenntnisse zur Entwicklung eines solchen Modells sind jedoch in der Literatur geboten. Die entwickelte hierarchische Klassifikation ist in drei Ebenen strukturiert: Gestaltungsdimension, Gestaltungsfelder und Gestaltungsparameter. Die Gestaltungsdimensionen Mensch, Technik, Organisation und Kultur basieren auf dem MTO-Ansatz von STROHM (1997). Die identifizierten 7 Gestaltungsfelder und 20 Gestaltungsparameter wurden durch einen systematischen Prozess der Fallstudienforschung nach EISENHARDT (1989) präzisiert, um ihre praktische Anwendbarkeit zu gewährleisten. Es konnten 20 betriebliche Gestaltungsparameter zur Beschreibung von Remote-Work-Konzepten identifiziert werden. Diese Struktur bietet Unternehmen eine umfassende betriebliche Perspektive für Remote-Work-Konzepte, die als Basis dient, um relevante Einflussgrößen systematisch bei der aktiven Gestaltung von Remote-Work-Konzepten zu berücksichtigen.

Das zweite Erkenntnisziel lag in der Beschreibung remotefähiger menschlicher Tätigkeiten in produzierenden Unternehmen mit folgender zweiter Unterforschungsfrage:

„Was sind remotefähige Tätigkeitsmerkmale in produzierenden Unternehmen?“.

Die Digitalisierung von Arbeitsmitteln und -methoden gilt als zentraler Transformationsmechanismus für produzierende Unternehmen, da sie wesentlich zur Wettbewerbsfähigkeit beiträgt. Zur systematischen Identifikation remotefähiger Tätigkeiten in produzierenden Unternehmen werden daher die ausgeführten menschlichen

Tätigkeiten in produzierenden Unternehmen betrachtet. Hervorzuheben ist, dass produzierenden Unternehmen durch ein heterogenes Tätigkeitsfeld geprägt sind. Die Einordnung menschlicher Tätigkeiten erfolgt in Form einer Klassifikation, methodisch auf der Systematik der Forschungsmethoden nach WELTER (2006) aufbauend. In diesem Kontext dient die Klassifikation der remotefähigen menschlichen Tätigkeiten in produzierenden Unternehmen als Grundlage, die mittels eines tätigkeitsbasierten Lösungsansatzes zur Analyse der Elemente remotefähiger Tätigkeiten entwickelt wurde. Die entwickelte Klassifikation remotefähiger menschlicher Tätigkeiten umfasst sieben Tätigkeitsfunktionen als übergeordnete Klassen. Als Subklassen werden 18 Tätigkeitsmerkmale hergeleitet. Das entwickelte Beschreibungsmodell bietet mit der Klassifikation eine systematische Einordnung remotefähiger menschlicher Tätigkeiten in produzierenden Unternehmen.

Das dritte Erkenntnisziel lag in der Erklärung der Wirkungsbeziehungen zwischen den betrachteten betrieblichen Gestaltungsparametern für Remote-Work und den beschriebenen remotefähigen menschlichen Tätigkeiten in produzierenden Unternehmen, mit folgender dritter Unterforschungsfrage:

„Welche Wirkungsbeziehungen bestehen zwischen remotefähigen Tätigkeitsmerkmalen und betrieblichen Gestaltungsparametern von Remote-Work-Konzepten?“.

Zur Beantwortung der dritten Unterforschungsfrage wurden zunächst ein A-priori-Modell und die Wechselwirkungen in einer Einflussmatrix anhand bestehender Literatur erarbeitet, ohne jedoch eine vollständige Bewertung vorzunehmen. Anschließend wurden in einem zweiten Schritt Daten durch semi-strukturierte Interviews mit Expert*innen aus produzierenden Unternehmen erhoben, die verschiedene Branchen, Positionen und Unternehmensgrößen repräsentierten. Diese systematische Untersuchung führte zu einer Einflussmatrix, die übergeordnete Gestaltungsdimensionen mit den Gestaltungsfeldern und Gestaltungsparametern und die remotefähigen Tätigkeitsfunktionen und -merkmale berücksichtigt. Die Intensität der Wirkungsbeziehungen wurde in drei Kategorien eingeteilt: keine oder äußerst geringe, moderate und starke Intensität. Das Erklärungsmodell zeigte, dass die Intensitäten der Tätigkeitsmerkmale je nach Gestaltungsdimension variieren.

Besonders starke Wirkintensitäten wurden in der Gestaltungsdimension Technik festgestellt, was die Bedeutung technischer Systeme und Infrastrukturen für die erfolgreiche Umsetzung von Remote-Work unterstreicht. Ebenso zeigte die Dimension Kultur starke Intensitäten, wobei Faktoren wie Unternehmenswerte, soziale Normen und der allgemeine Umgang innerhalb der Organisation erheblichen Einfluss auf die Umsetzung von Remote-Work haben. Eine offene und unterstützende Unternehmenskultur kann die Akzeptanz und Effektivität von Remote-Work fördern, während kulturelle Barrieren oder mangelnde Unterstützung die Produktivität und das Engagement der Mitarbeitenden beeinträchtigen können. In Bezug auf die Tätigkeitsmerkmale von Führungsaufgaben wurde eine hohe Wirkintensität festgestellt, was die zentrale Rolle von

Führungskräften in diesem Kontext verdeutlicht. Diese Ergebnisse bieten eine Grundlage für die systematische Gestaltung von Remote-Work in produzierenden Unternehmen.

Das vierte Erkenntnisziel lag in der Identifikation von praxisnahen Handlungsempfehlungen, welche in eine Gestaltungsmethode für produzierenden Unternehmen verankert werden, mit folgender vierter Unterforschungsfrage:

> *„Welche Handlungsempfehlungen können hierfür identifiziert und wie kann eine Gestaltungsmethode von Remote-Work in produzierenden Unternehmen systematisiert werden?“.*

Um die Forschungsfrage nach Handlungsempfehlungen zur Systematisierung der Gestaltung von Remote-Work in produzierenden Unternehmen zu beantworten, wurde der "Navigator zur Gestaltung von Remote-Work in produzierenden Unternehmen" entwickelt. Diese Gestaltungsmethode integriert die entwickelte Partialmodelle aus Erkenntnisziel eins bis drei sowie Auslöser für die Einführung von Remote-Work und entsprechende Gestaltungsmaßnahmen. Durch eine Fallstudienanalyse werden Maßnahmen zur Gestaltung von Remote-Work identifiziert. Diese Maßnahmen werden mithilfe des Navigators unternehmensindividuell nach ihrer Wirkung eingeordnet und ausgewählt. Der Navigator umfasst fünf Schritte, welche auf dem DMAIC-Zyklus zurückgreifen. Im ersten Schritt werden die unternehmensspezifischen Auslöser zur Gestaltung von Remote-Work identifiziert, wodurch potenziell relevante Maßnahmen vorausgewählt werden. Anschließend werden im zweiten Schritt die remotefähigen Tätigkeiten ermittelt. Darauf aufbauend wird die Wirkung dieser Maßnahmen unternehmensspezifisch bestimmt, was eine Entscheidungsgrundlage für die Maßnahmenauswahl auf Basis definierter Bewertungskriterien im dritten Schritt bildet. Im vierten Schritt integriert der Navigator die Gestaltung von Remote-Work in das Projektportfolio, um eine nahtlose und effiziente Umsetzung sicherzustellen. Im fünften Schritt werden die Auslöser jährlich auf ihre Aktualität überprüft, um kontinuierlich die Relevanz und Wirksamkeit der Maßnahmen sicherzustellen.

Angesichts der Vielfalt der Tätigkeitsfelder und der besonderen Herausforderungen, die mit Remote-Work verbunden sind, bietet der Navigator eine strukturierte Methode, um diese Komplexität für Unternehmen zu bewältigen. Durch die Integration der Partialmodelle ermöglicht der Navigator eine umfassende Analyse und Integration von Auslösern sowie Gestaltungsmaßnahmen für Remote-Work. Dieser integrative Ansatz ermöglicht es Unternehmen, jene unternehmensindividuellen Maßnahmen mit der größten Wirkung zu identifizieren und anzuwenden, um Remote-Work effektiv und langfristig erfolgreich umzusetzen. Der Navigator orientiert sich dabei an einem praxisorientierten Ansatz, der auf Best Practices und empirischen Erkenntnissen basiert, die aus umfangreichen Fallstudien gewonnen wurden. Somit bietet der Navigator eine klare Struktur und Anleitung zur Bewältigung der Herausforderungen der modernen Arbeitswelt, insbesondere im Kontext der zunehmenden Bedeutung von Remote-Work.

Die Validierung der Gestaltungsmethode mit den in den Partialmodellen erarbeiteten Erkenntnissen wurde abschießend durchgeführt. Hierfür wurde zunächst ein geeignetes Validierungsformat identifiziert, das in Form von systematisierenden Experteninterviews mit semi-strukturierten Leitfragen umgesetzt wurde. Die Validierung des Navigators durch drei Fallbeispiele bei der ESTA Apparatebau GmbH & Co. KG, der Vakuumsysteme GmbH und der WITTENSTEIN SE demonstriert die Praxisrelevanz der Gestaltungsmethode. Dabei wurden unterschiedliche Unternehmensgrößen, -sektoren und betriebliche Rollen einbezogen, um vielfältige Perspektiven zu berücksichtigen und eine umfassende Validierung aus verschiedenen operativen und strategischen Blickwinkeln zu gewährleisten. Die zentrale Forschungsfrage „*Wie ist eine Gestaltungsmethode von Remote-Work in produzierenden Unternehmen zu gestalten?*" wird mit den oben aufgeführten Erkenntniszielen in dieser Dissertationsschrift beantwortet. Die erarbeitete Gestaltungsmethode adressiert die in der Praxis auftretenden Herausforderungen und trägt zu einer systematischen Gestaltung bei.

In der Betrachtung der Ergebnisse dieser Dissertationsschrift zeigt sich eine komplexe Landschaft von Erkenntnissen und Implikationen, die einer eingehenden kritischen Reflexion bedürfen. Diese kritische Auseinandersetzung ist entscheidend, um die Grenzen, Einschränkungen und Weiterentwicklungsmöglichkeiten der vorliegenden Forschung angemessen zu würdigen. Dazu werden die oben aufgeführten Erkenntnisziele im Folgenden eingeordnet: Die hierarchische Klassifikation der betrieblichen Gestaltungsparameter von Remote-Work basiert auf aktuellen Merkmalen und Ausprägungen, die zum Zeitpunkt der vorliegenden Untersuchung relevant waren und sind. Angesichts der fortwährenden technologischen Entwicklung ist es jedoch zentral, dass künftige Forschung regelmäßig die Aktualität der Klassifikation hinterfragt und neue Merkmalsausprägungen berücksichtigt. Weiterhin lag der Untersuchungsraum des Beschreibungsmodells ausschließlich auf den betrieblichen Gestaltungsparametern von Remote-Work, die direkt durch Unternehmen beeinflusst werden können. Weiterführende Perspektiven, wie eine volkswirtschaftliche Betrachtung, blieben außerhalb des Untersuchungsraums und wurden nicht betrachtet. Die Klassifikation der remotefähigen Tätigkeiten in produzierenden Unternehmen ist an aktuellen Merkmalen und Ausprägungen orientiert, die zum Zeitpunkt der vorliegenden Dissertation relevant sind. Das Partialmodell reflektiert den gegenwärtigen Stand der Digitalisierung und das Verständnis von Arbeitsstrukturen. Insbesondere hat sich die Präsenz von Führungstätigkeiten in diesem Kontext in den vergangenen Jahren verstärkt. Zukünftige gesellschaftliche Veränderungen und Entwicklungen könnten jedoch die Notwendigkeit einer Weiterentwicklung des Partialmodells nach sich ziehen.

Trotz detaillierter Erkenntnisse über die Wirkungsbeziehungen des Erklärungsmodells weist der qualitative Forschungsansatz Limitationen auf. Semi-strukturierte Interviews ermöglichen zwar tiefgehende Einblicke, sind jedoch anfällig für Verzerrungen aufgrund der subjektiven Erfahrungen der interviewten Personen und potenzieller Einflüsse durch soziale Erwünschtheit. Zudem prägt der Ressourcenaufwand der Vorbereitung, Durchführung und Analyse die Datenbasis der Interviews. Der

„Navigationsansatz für Remote-Work“, der auf praxisbasierten Maßnahmen basiert, stellt einen kontinuierlichen Prozess dar, der kontinuierlich angesichts neuer technologischer Entwicklungen und Disruptionen aktualisiert werden sollte. Besondere Aufmerksamkeit gilt hierbei den Entwicklungen im Kontext der Unternehmenskultur. Die identifizierten Maßnahmen und Praxisbeispiele der Best Practices zeichnen ein Bild, das das jeweilige Unternehmen der Öffentlichkeit präsentiert. Trotz umfassender Recherche aus verschiedenen Perspektiven und eingehender Reflexion basieren diese Best Practices auf internen Informationen des Unternehmens und spiegeln das gewünschte Unternehmensimage wider.

7.2 Ausblick und Implikationen für zukünftige Forschungsaktivitäten

In der heutigen Arbeitswelt steht die Gestaltung von Arbeit im betrieblichen Kontext vor enormen Herausforderungen. Die zunehmende Komplexität und Vielfalt der Arbeitsgestaltung, die sowohl die Organisation als auch die Mitarbeitenden umfasst, erfordern eine kontinuierliche Anpassung an Veränderungen. Diese Herausforderung geht weit über die einfache Implementierung von Remote-Work hinaus und verlangt nach einer vertieften wissenschaftlichen Untersuchung, um praxisnahe und nachhaltige Lösungen zu entwickeln. Dieses Kapitel bietet, basierend auf den Erkenntnissen und Limitationen der vorliegenden Dissertationsschrift, einen Ausblick auf zukünftige Entwicklungs- und Forschungsaktivitäten.

Der im Rahmen dieser Dissertationsschrift entwickelte Navigator weist ein erhebliches Potenzial für eine branchenübergreifende Anwendung auf. Durch die Weiterentwicklung des Navigators für unterschiedliche Industriezweige können Unternehmen gezielte Strategien entwickeln, um ihre Wettbewerbsfähigkeit langfristig zu stärken, unabhängig von der jeweiligen Branche. Weiterführende Forschung sollte darauf abzielen, die Anwendungsmöglichkeiten des Navigators weiter zu verfeinern und dessen Wirksamkeit in verschiedenen industriellen Kontexten empirisch zu validieren. Dies würde nicht nur zur Optimierung der Arbeitsgestaltung in diversen Sektoren beitragen, sondern auch zur Identifikation von Best Practices, die als Referenz für die erfolgreiche Implementierung von Remote-Work-Initiativen dienen könnten. Auch die zunehmende Verlagerung zu Remote-Work im beruflichen Umfeld hat tiefgreifende Auswirkungen auf die gesellschaftliche Wahrnehmung von Remote-Work.

Ebenso ist der entwickelte Navigator kontinuierlich mit Best Practices aus der Praxis zu erweitern, um sicherzustellen, dass diese die aktuellen Auslöser der gestaltenden Unternehmen adressieren. Parallel dazu ist es entscheidend, den Maßnahmenkatalog fortlaufend zu aktualisieren und zu erweitern, um den unterschiedlichen Bedürfnissen und Herausforderungen gerecht zu werden. Diese fortwährende Anpassung und Erweiterung gewährleisten, dass Unternehmen stets die wirkungsvollsten Ansätze zur Gestaltung von Remote-Work einbeziehen. Dies betont die Bedeutung einer kontinuierlichen Übertragung wissenschaftlicher Erkenntnisse in konkrete

Handlungsempfehlungen, um den steigenden Anforderungen und dynamischen Veränderungen in der Wirtschaft effektiv begegnen zu können.

Eine detaillierte Erforschung von Remote-Work hinsichtlich der sozialen und gesellschaftlichen Betrachtungen bietet Raum für zukünftige Forschungsaktivitäten, um die vielschichtigen und dynamischen Herausforderungen der Arbeitsgestaltung im betrieblichen Kontext umfassend zu bewältigen. Der Wandel in der Teamdynamik und die Herausforderungen der Entgrenzung von Arbeits- und Privatleben erfordern eine vertiefte wissenschaftliche Untersuchung. Insbesondere stellt die Isolation in Remote-Work-Teams ein Themenfeld dar, das einer detaillierten Erforschung bedarf, um gezieltere Unterstützungsmöglichkeiten auf Unternehmensebene entwickeln zu können. Die Auswirkungen von Isolation auf die psychische Gesundheit, das Gemeinschaftsgefühl und die langfristige Mitarbeitendenzufriedenheit sind bisher nicht hinreichend untersucht. Es ist notwendig, die Mechanismen und Strategien zu identifizieren, die zur Förderung des sozialen Zusammenhalts und der kollektiven Produktivität in virtuellen Teams beitragen können. Des Weiteren beeinflusst die Entwicklungen rund um Remote-Work volkswirtschaftliche Aspekte, wie die Nachfrage nach Büroflächen, den Einfluss auf den öffentlichen Verkehr sowie regionale Unterschiede in der Arbeitsmarktbeteiligung. Der Einbezug einer umfassenden ökonomischen Betrachtung bietet das Potenzial, das Themenfeld interdisziplinär zu gestalten, um die langfristigen Effekte auf Produktivität, Innovationskraft und Wettbewerbsfähigkeit der Volkswirtschaften zu erfassen. Insgesamt ist eine ganzheitliche und interdisziplinäre Herangehensweise notwendig, um die komplexen und dynamischen Herausforderungen der Arbeitsgestaltung im Kontext von Remote-Work zu bewältigen. Durch die Integration ökonomischer, sozialer und technologischer Perspektiven können zukunftsweisende Strategien entwickelt werden, die sowohl die Bedürfnisse der Organisationen als auch der Mitarbeitenden erfüllen.

8 Quellenverzeichnis

8.1 Publikationsverzeichnis

CONRAD, R.; HERKENRATH, C.; STRATMANN, L.: Wettbewerbsvorteile durch Nachhaltigkeit. Mittelstandsbund online, 07.05.2022. https://www.mittelstandsbund.de/themen/energiewende/wettbewerbsvorteile-durch-nachhaltigkeit (Link zuletzt geprüft: 03.10.2024)

HERKENRATH, C.; CONRAD, R.; STICH, V.: Becoming an Agile Organization: Development of a Morphology for Strategic Agile Management Systems. In: Collaborative Networks In Digitalization and Society 5.0. PRO-VE 2022.23rd IFIP WG 5.5 Working Conference on Virtual Enterprises, PRO-VE 2022, Lisbon, Portugal, September 19–21, 2022, Proceedings. Series: IFIP Advances in Information and Communication Technology (IFIPAICT); Bd. 662; S. 423 – 433. DOI: 10.1007/978-3-031-14844-6_34.

HERKENRATH, C., HOEBORN, G.; STICH, V.: Why Companies Fail With Objectives And Key Results: An Analysis Of Implementation Frameworks. In: Proceedings of 4th Conference on Production Systems and Logistics – CPSL 2023, S. 316 – 325. DOI: 10.15488/13449.

HERKENRATH, C.; HOEBORN, G.: Digital vorsorgen: Saubere Städte gestalten – Datenmodell schafft Grundlage für die Reduktion von Mikroplastikemissionen im öffentlichen urbanen Raum. In: Internationales Verkehrswesen 74 (2022) 3, S. 90 – 93. https://epaper.internationales-verkehrswesen.de/44!22n&teR8Q9tr8&7N8!Ofj3/#0 (Link zuletzt geprüft: 03.10.2024)

HERKENRATH, C.; SCHUH, G.; BOOS, W.; HOEBORN, G.; NEIS, C.: Zukunftsfähige Produktion in der postpandemischen Arbeitswelt. In: ZWF – Zeitschrift für wirtschaflichen Fabrikbetrieb 118 (2023) 11, S. 763 – 768. DOI: 10.1515/zwf-2023-1143.

SCHUH, G.; BOOS, W.; HERKENRATH, C.; HOEBORN, G.; BOENIG, J.: How to establish a lasting remote work concept in organizations: A classification for the operational design of remote work. In: Proceedings of the 57th Annual Hawaii International Conference on System Sciences, 01/03/2024, Computer Society Press, 2024, S. 767 776. https://scholarspace.manoa.hawaii.edu/items/553eaa77-7d35-4178-9660-2161d1e43ab6 (Link zuletzt geprüft: 03.10.2024)

STICH, V.; SCHRÖER, T.; LINNARTZ, M.; MAREK, S.; HERKENRATH, C.; HOCKEN, C.; KAUFMANN, J.: Wertschöpfungsnetzwerke in Zeiten von Infektionskrisen. acatech – Deutsche Akademie der Technikwissenschaften. München, Juni 2021. https://www.acatech.de/publikation/wertschoepfungsnetzwerke-in-zeiten-von-infektionskrisen-expertise/download-pdf?lang=de (Link zuletzt geprüft: 03.10.2024)

VETTER, HERKENRATH, C.: Objectives and Key Results für ein agiles Performance Management In: Controlling 35 (2023) 6, S. 33 – 39.

8.2 Literaturverzeichnis

3M COMPANY (HRSG.): New trust-based approach allows 3Mers around the world to work their way. 3m online, 25.10.2021. https://news.3m.com/New-trust-based-approach-allows-3Mers-around-the-world-to-work-their-way (Link zuletzt geprüft: 02.10.2024)

ACERBI, F.; ASSIANI, S.; TAISCH, M.: A research on hard and soft skills required to operate in a manufacturing company embracing the industry 4.0 paradigm. In: Proceedings of the Summer School Francesco Turco (2019) 1, S. 1 – 12. https://re.public.polimi.it/handle/11311/1171903 (Link zuletzt geprüft: 02.10.2024)

ADITYA, M. D.; DEEPAK, G.: Selection of best sorting algorithm. In: International Journal of Intelligent Information Processing 2 (2008) 2, S. 363 – 368. https://gdeepak.com/pubs/Selection%20of%20best%20sorting%20algorithm.pdf (Link zuletzt geprüft: 02.10.2024)

AHLHEID, S.; GRÄFE, G.; RÖHR, F.: Technologie als Treiber hybrider Wertschöpfung am Beispiel eingebetteter Systeme. In: Management hybrider Wertschöpfung. Potenziale, Perspektiven und praxisorientierte Beispiele. Hrsg.: W. Ganz; B. Bienzeisler. Fraunhofer Verlag 2014, S. 17 – 37. https://publica-rest.fraunhofer.de/server/api/core/bitstreams/a8f95469-bc3c-452f-bab3-062808699d49/content (Link zuletzt geprüft: 02.10.024)

AKROUT, H.; ANSON, D.; BIANCHINI, G.; NEVEUR, A.; TRINEL, C.; FARNSWORTH, M.; TOMIYAMA, T.: Maintenance Task Classification: Towards Automated Robotic Maintenance for Industry. In: Procedia CIRP 11 (2013), S. 367 – 372. DOI: 10.1016/j.procir.2013.07.025

ALIPOUR, J.-V.: Kein Homeoffice ist auch keine Lösung. In: ifo Schnelldienst 76 (2023) 10, S. 35 – 38.

ALIPOUR, J.-V.; FALCK, O.; SCHÜLLER, S.: Homeoffice während der Pandemie und die Implikationen für eine Zeit nach der Krise. In: ifo Schnelldienst 73 (2022) 7, S. 30 - 36. https://www.ifo.de/DocDL/sd-2020-07-alipour-falck-schueller-homeoffice.pdf (Link zuletzt geprüft: 02.10.2024)

ALONSO, G.: Technik braucht Kultur – Lernkultur und Kompetenzentwicklung im Zeitalter der Digitalisierung. In: Gestaltung und Management der digitalen Transformation: ökonomische, kulturelle, gesellschaftliche und technologische Perspektiven. Hrsg.: R. A. Fürst. Springer, Wiesbaden 2019, S. 329 – 346.

ALPAR, P.; ALT, R.; BENSBERG, F.; GROB, H. L.; WEIMANN, P.; WINTER, R.: Anwendungsorientierte Wirtschaftsinformatik. Strategische Planung, Entwicklung und Nutzung von Informationssystemen. 7., aktualisi. u. erw. Auflage. Springer Vieweg, Wiesbaden 2014.

ALTUN, U.; HARTMANN, V.: Arbeitszeitgestaltung bei mobiler Arbeit. In: Arbeit interdisziplinär analysieren – bewerten – gestalten (2019) 65. Kongress der Gesellschaft für Arbeitswissenschaft, S. 11 – 16.

ANT, M.: Effizientes strategisches Management. Die 10 Phasen einer erfolgreichen Unternehmensentwicklung. Springer Gabler, Wiesbaden 2018.

APPINIO: Umfrage zu den Veränderungen im Arbeitsalltag durch Homeoffice in Deutschland 2022. Statista online, 2022. https://de.statista.com/statistik/daten/studie/1296981/umfrage/umfrage-arbeitsalltag-im-homeoffice/ (Link zuletzt geprüft Link zuletzt geprüft: 02.10.2024)

ARMSTRONG, B.: Coinbase is a decentralized company, with no headquarters. coinbase online, 24.02.2021. https://www.coinbase.com/de/blog/coinbase-is-a-decentralized-company-with-no-headquarters (Link zuletzt geprüft: 02.10.2024)

ARNOLD, D.; STEFFES, S.; WOLTER, S.: Bericht zum Monitor Mobiles und entgrenztes Arbeiten. Hrsg.: Bundesministerium für Arbeit und Soziales. Nürnberg, 12.10.2015. https://www.bmas.de/SharedDocs/Downloads/DE/Publikationen/Forschungsberichte/f460-mobiles-und-entgrenztes-arbeiten.pdf?__blob=publicationFile&v=2 (Link zuletzt geprüft: 02.10.2024)

ARUNPRASAD, P.; DEY, C.; JEBLI, F.; MANIMUTHU, A.; EL HATHAT, Z.: Exploring the remote work challenges in the era of COVID-19 pandemic: review and application model. In: Benchmarking 29 (2022) 10.

AUTOR, D. H.; LEVY, F.; MURNANE, R. J.: The Skill Content of Recent Technological Change: An Empirical Exploration. In: The Quarterly Journal of Economics 118 (2003) 4, S. 1279 – 1333.

BA (HRSG.): Klassifikation der Berufe 2010 – überarbeitete Fassung 2020; Bd. 1: Systematischer und alphabetischer Teil mit Erläuterungen. Nürnberg, November 2021. https://statistik.arbeitsagentur.de/DE/Statischer-Content/Grundlagen/Klassifikationen/Klassifikation-der-Berufe/KldB2010-Fassung2020/Printausgabe-KldB-2010-Fassung2020/Generische-Publikationen/KldB2010-PDF-Version-Band1-Fassung2020.pdf?__blob=publicationFile (Link zuletzt geprüft: 02.10.2024)

BAETZ, B.; HIMMELRATH, A.; HUHNOLD, T.; KREIKEBAUM, U.; MERSCH, B.; MÜHLENHORT, M.; WANNOW, K.: Der Brockhaus in einem Band. 14., völlig neu überarb. Auflage. F.A. Brockhaus, Gütersloh [u. a.] 2011.

BAFA (HRSG.): Merkblatt für Unternehmen des produzierenden Gewerbes. Eschborn, 07.05.2013. https://www.ksws.de/upload/BAFA_StromintensiveUnternehmen_48.pdf (Link zuletzt geprüft: 02.08.2024)

Balzer, V.; Schrodi, T.; Wiendahl, H.-H.: Strategien und Struktur produzierender Unternehmen. In: Fabrikbetriebslehre; Bd. 1: Management in der Produktion. Hrsg.: T. Bauernhansl. Springer Vieweg, Berlin 2020, S. 35 – 66.

Barney, J.: Firm Resources and Sustained Competitive Advantage. In: Journal of Management 17 (1991) 1, S. 99 – 120.

Bartsch; h: Skript Arbeitswissenschaften / Arbeitsgestaltung. Lehrstuhl Arbeitswissenschaft, Fakultät für Mascjinenbau, Elektrotechnik und Wirtschaftsingenieurwesen, Brandenburgische Technische Universität Cottbus, Cottbus, 07.10. 2003. http://www.heinz-bartsch.de/Skript-1.pdf (Link zuletzt geprüft: 02.10.2024)

Battisti, E.; Alfiero, S.; Leonidou, E.: Remote working and digital transformation during the COVID-19 pandemic: Economic-financial impacts and psychological drivers for employees. In: Journal of business research 150 (2022) 150, S. 38 – 50.

Bauernhansl, T.; Miehe, R.: Industrielle Produktion – Historie, Treiber und Ausblick. In: Fabrikbetriebslehre; Bd. 1: Management in der Produktion. Hrsg.: T. Bauernhansl. Springer Vieweg, Berlin 2020, S. 1 – 34.

Baumgarten, C.; Brenner, A.; Engelke, D.; Stöckler, S.; Thiel, C.; Thoma, A.; Zimmermann, H.-D.: Perspektiven auf das Konzept der digitalgestützten Zusammenarbeit. In: Hybride Arbeitsgestaltung. Herausforderungen und Chancen. Hrsg.: A. Cloots. Springer, Wiesbaden [u. a.] 2022, S. 143 – 177.

Becker, J.; Probandt, W.; Vering, O.: Grundsätze ordnungsmäßiger Modellierung. Konzeption und Praxisbeispiel für ein effizientes Prozessmanagement. Springer Gabler, Berlin [u. a.] 2012.

Becker, J.; Rosemann, M.; Schütte, R.: Grundsätze ordnungsmäßiger Modellierung. In: Wirtschaftsinformatik 37 (1995) 5, S. 435 – 445.

Beckmann, H.: Lieferantenauswahl und -bewertung. In: Grundkurs Beschaffungsmanagement. Hrsg.: H. Beckmann. Springer Vieweg, Wiesbaden 2023, S. 225 – 240.

Bednar, P. M.; Welch, C.: Socio-Technical Perspectives on Smart Working: Creating Meaningful and Sustainable Systems. In: Information Systems Frontiers 22 (2020) 2, S. 281 – 298.

Beeck, V.: [Definition] Prozessabhängigkeit. Gabler Wirtschaftslexikon online, 22.07.2209. https://wirtschaftslexikon.gabler.de/definition/prozessabhaengigkeit-46107/version-113949 (Link zuletzt geprüft: 02.10.2024)

Beeck, V.: [Definition] Prüfung. Gabler Wirtschaftslexikon online, 15.02.2018. https://wirtschaftslexikon.gabler.de/definition/pruefung-43271/version-266602 (Link zuletzt geprüft: 02.10.2024)

BEECK, V.: [Definition] Überwachung. Gabler, Wirtschaftslexikon online, 15.02.2018. https://wirtschaftslexikon.gabler.de/definition/ueberwachung-48200/version-271458 (Link zuletzt geprüft: 02.10.2024)

BENDEL, A.; LATNIAK, E.: Weiter so mit MTO? Konzeptionelle Entwicklungsbedarfe soziotechnischer Arbeits- und Systemgestaltung. In: Gruppe. Interaktion. Organisation. Zeitschrift für Angewandte Organisationspsychologie (GIO) 54 (2023), S. 9 – 26.

BENNETT, N.; BUTTRICK, R.; STANTON, P.: Managing successful projects with PRINCE2. 6. Auflage. TSO, London 2017.

BERTALANFFY, L. V.: The History and Status of General Systems Theory. In: THe Academy of Management Journal 15 (1972) 4, S. 407 – 426.

BLEICHER, K.: Organisation. Strategien – Strukturen – Kulturen. 2., vollst. neu bearb. u. erw. Auflage. Gabler, Wiesbaden 1991.

BLEICHER, K.: Das Konzept Integriertes Management. Visionen – Missionen – Programme. St. Galler Management-Konzept. 8., überarb. u. erw. Auflage. Campus, Frankfurt am Main 2011.

BMAS (HRSG..): Arbeitsstättenverordnung. ArbStättV. Bonn, April 2018. https://www.google.com/url?sa=t&source=web&rct=j&opi=89978449&url=https://www.bw.igm.de/downloads/artikel/attachments/ARTID_92764_21golE%3Fname%3Dverordnung.pdf&ved=2ahUKEwjW2MaE7u-lAxWj7rslHZ5vD7UQFnoECBQQAQ&usg=AOvVaw1FTCER-Laayi4oKJblD7Da3 (Link zuletzt geprüft: 02.10.2024)

BMBF (HSRG.): ZukunftsMonitor IV: Wissen schaffen. Denken und Arbeiten in der Welt von morgen. Ergebnisse. Bundesministerium für Bildung und Forschung, Berlin, März 2017. http://www.kmu-digital.eu/de/publikationen/tags/arbeitswelt/77-2017-03-01-studie-bmbf-zukunftsmonitor-iv/file (Link zuletzt geprüft: 02.10.2024)

BMWK (HRSG.): Informations- und Kommunikationstechnologien. 2024. https://www.bmwk.de/Redaktion/DE/Artikel/Technologie/informations-und-kommunikationstechnologien.html Link zuletzt geprüft: 22.08.2024.

BONIN, H.; EICHHORST, W.; KACZYNSKA, J.; KÜMMERLING, A.; RINNE, U.; SCHOLTEN, A.; STEFFES, S.: Froschungsbericht 549. Verbreitung und Auswirkungen von mobiler Arbeit und Homeoffice. Kurzexpertise. Bundesministerium für Arbeit und Soziales, Oktober 2020. https://www.bmas.de/SharedDocs/Downloads/DE/Publikationen/Forschungsberichte/fb-549-pdf-verbreitung-auswirkung-mobiles-arbeiten.pdf?__blob=publicationFile&v=1 (Link zuletzt geprüft: 02.10.2024)

BORSE, V.; MISHRA, W.; LOUDON, G. (HRSG.): Sorry you're on mute: Towards determining the factors that impact the productivity and job motivation of remote workers and a conceptual framework. In: India HCI '21: Proceedings of the 12th Indian Conference on Human-Computer Interaction. 2021. S. 47 – 58. DOI: 10.1145/3506469.350647.

BPB (HRSG.): Verarbeitendes Gewerbe. Verarbeitende Industrie. Lexikon der Wirtschaft online, 2024. https://www.bpb.de/kurz-knapp/lexika/lexikon-der-wirtschaft/21094/verarbeitendes-gewerbe/ (Link zuletzt geprüft: 02.10.2024)

BROCK, L. J.: Remote work could be the future. Can your company's culture accommodate the shift? 4 reasons your company might want to stay remote. Ptotocol Newsletters online, 13.09.2021.

BRUHN, P.: Homeoffice und mobiles Arbeiten im Team effektiv umsetzen. Praxisratgeber: Remote Work und Heimarbeitsplatz technisch schnell einrichten. Springer Vieweg, Wiesbaden [u. a.] 2020.

BUN, P.; GRAJEWSKI, D.; GORSKI, F.: Using augmented reality devices for remote support in manufacturing: A case study and analysis. In: Advances in Production Engineering & Management 16 (2021) 4, S. 418 – 430.

BURKE, K.: The Future of Work at Hubspot: How We're Building a Hybrid Company. hubspot online, 19.08.2020/19.01.2023. https://www.hubspot.com/careers-blog/future-of-work-hybrid (Link zuletzt geprüft: 02.10.2024)

CAMPBELL, J.; MCDONALD, C.: Defining a conceptual framework for telework and an agenda for research in accounting and finance. In: International Journal of Business Information Systems 4 (2009) 4, S. 387 – 387.

CARD, S. K.; MACKINLAY, J. D.; SHNEIDERMAN, B.: Readings in Information Visualization. Using vision to think. In: Readings in Information Visualization. Using vision to think. Hrsg.: S. K. Card; J. D. Mackinlay; B. Shneiderman. Morgan Kaufmann Publishers, San Francisco (CA) 1999, S. 295 – 305.

CHEN, L.; NATH, R.: A socio-technical perspective of mobile work. In: Information Knowledge Systems Management 7 (2008) 1/2, S. 41 – 60.

CHOUDHURY, P.; MA, S. L.: Unilever: Remote Work in Manufacturing. Hrsg.: Harvard Business School online, March 2022. https://www.hbs.edu/faculty/Pages/item.aspx?num=62230 (Link zuletzt geprüft: 02.10.2024)

CLARK, C.: The Conditions of Economic Progress. 3. Auflage. Macmillan and Company, New York1957.

CONRAD, K.-J.: Grundlagen der Konstruktionslehre. Methoden und Beispiele für den Maschinenbau und die Gerontik; mit 107 Tabellen, zahlreichen Kenntnisfragen und Aufgabenstellungen mit Lösungen. 6., aktualis. u. erw. Auflage. Hanser, München 2013.

CONRAD, K.-J. (Hrsg.): Taschenbuch der Konstruktionstechnik. 3., vollst. überarb. u. erw. Auflage. Hanser, München [u. a.] 2021.

COOPER, H. M.: Organizing knowledge syntheses: A taxonomy of literature reviews. In: Knowledge in Society 1 (1988) 1, S. 104 – 126.

COSTIN, A.; ROMAN, A. F.; BALICA, R.-S.: Remote work burnout, professional job stress, and employee emotional exhaustion during the COVID-19 pandemic. In: Frontiers in psychology 14 (2023) 1193854, 8 S.

CUEL, R.; CACCIATORE, E.; RAVARINI, A.; VARRIALE, L.: Do Organizations Need a Head of Remote Work? In: Exploring Digital Resilience. Challenges for People and Organizations. Hrsg.: R. Cuel; D. Ponte; F. Virili. Springer, Cham [u. a.] 2022, S. 274 – 286.

DAUBER, H.: Selbstreflexion im Zentrum pädagoischer Praxis. In: Professionelle Selbstreflexion aus pädagogischer und psychoanalytischer Sicht. Hrsg.: H. Dauber; R. Zwiebel. Klinkhardt, Bad Heilbrunn/Obb. 2006, S. 11 – 39.

DENGLER, K.; MATTHES, B.; PAULUS, W.: Berufliche Tasks auf dem deutschen Arbeitsmarkt. Eine alternative Messung auf Basis einer Expertendatenbank. Hrsg.: Forschungsdatenzentrum (FDZ) der Bundesabentur für Arbeit; Institut für Arbeitsmarkt- und Berufsforschung. FDZ-Methodenreport; 12/2014. https://doku.iab.de/fdz/reporte/2014/MR_12-14.pdf (Link zuletzt geprüft: 02.10.2024)

DEUTSCHER BUNDESTAG (HRSG.): Telearbeit und Mobiles Arbeiten. Voraussetzungen, Merkmale und rechtliche Rahmenbedingungen. WD 6 - 3000 - 149/16. Deutscher Bundestag, Berlin 2017. https://www.bundestag.de/resource/blob/516470/3a2134679f90bd45dc12dbef26049977/WD-6-149-16-pdf-data.pdf Link zuletzt geprüft: 22.08.2024.

DEWE, B.: Beratung. In: Einführung in Grundbegriffe und Grundfragen der Erziehungswissenschaft. Hrsg.: H.-H. Krüger; W. Helsper. 5. Auflage. VS Verlag für Sozialwissenschaften Wiesbaden, Wiesbaden 2002, S. 119 – 130.

DIN IEC 60050-351:2013: Internationales Elektrotechnisches Wörterbuch – Teil 351. Leittechnik. September 2014.

DIRANI, K. M.; ABADI, M.; ALIZADEH, A.; BARHATE, B.; GARZA, R. C.; GUNASEKARA, N.; IBRAHIM, G.; MAJZUN, Z.: Leadership competencies and the essential role of human resource development in times of crisis: a response to Covid-19 pandemic. In: Human Resource Development International 23 (2020) 4, S. 380 – 394.

DITTMER, G.: Nutzwertanalyse. In: Managen mit Methode. Instrumente für individuelle Lösungen. Hrsg.: G. Dittmer. Gabler, Wiesbaden 1995, S. 43 – 56.

DONATH, P. B.; ENGELMANN, A.: Arbeitsschutz und Mitbestimmung für die digitale Arbeitswelt. Regelungsmöglichkeiten und Regelungsbedarfe einer dezentraleren Arbeit. In: WSI-Mitteilungen 76 (2023) 1, S. 27 – 37.

DYCKHOFF, H.: Grundzüge der Produktionswirtschaft. Einführung in die Theorie betrieblicher Wertschöpfung: mit 98 Abbildungen und 20 Tabellen. 4., verb. Auflage. Springer, Berlin [u. a.] 2003.

ECKENRODE, R. T.: Weighting Multiple Criteria. In: Management Science 12 (1965) 3, S. 180 – 192.

EISENHARDT, K. M.: Building Theories from Case Study Research. In: The Academy of Management Review (1989) Vol. 14, S. 532 – 550.

EPRO GROUP: SBB BYTE, Bern. Neubau Bürogebäude inkl. Rechenzentrum. https://www.eprosecure.ch/sbb-byte-bern/ (Link zuletzt geprüft: 22.08.2024).

ERNST, J: Humanfaktoren in der Produktentwicklung. In: Modellbasierte virtuelle Produktentwicklung. Hrsg.: M. Eigner; D. Roubanov; R. Zafirov. Springer Vieweg, Berlin [u. a.] 2014, S. 349 – 368.

ERRICHIELLO, L.; PIANESE, T.: Organizational Control in the Context of Remote Work Arrangements: A Conceptual Framework. In: Performance Measurement and Management Control. Contemporary Issues. Hrsg.: M. J. Epstein; F. Verbeeten; S. K. Widener. Studies in Managerial and Financial Accounting; Bd.31. Emerald, Bradford 2016, S. 273 – 305.

EVSAN, I.: Die digitale Transformation in all ihren Facetten anpacken. In: Gestaltung und Management der digitalen Transformation: ökonomische, kulturelle, gesellschaftliche und technologische Perspektiven. Hrsg.: R. A. Fürst. Springer, Wiesbaden 2019, S. 135 – 153.

FARQUHAR, S.; CANNON-BROOKES, M.: Our founders announce a giant leap in remote work. atlassian online, 01.04.2021. https://www.atlassian.com/blog/our-founders-announce-a-giant-leap-in-remote-work#:~:text=Atlassian%20was%20one%20of%20the,all%20staff%20to%20work%20remotely Link zuletzt geprüft: 22.08.2024.

FEUBLI, P.; JUCKER, S.; ADLER, O.; SCHATZMANN, T.: Swiss Issues Branchen: Mit neusten Technologien gegen Standortnachteile. Erfolgsfaktoren für Schweizer KMU 2016. Credit Suisse, September 2016. https://www.digitaleschweiz.ch/wp-content/uploads/2017/02/KMU_Studie_2016_DE_final.pdf (Link zuletzt geprüft: 02.10.2024)

FEYERABEND, P.: Problems of empiricism. Cambridge University Press, New York 1965.

FISCHER, H.; ENGEL, D.: Welche Herausforderungen haben wir in der neuen Arbeitswelt? In: Hybrides Arbeiten und Lernen in virtuellen Welten. Mit zahlreichen Beispielen und Impulsen aus der Remote-Work-Praxis. Hrsg.: H. Fischer; D. Engel. Springer Gabler, Wiesbaden 2023, S. 1 – 33.

Flood, F.: Leadership in the Remote, Freelance, and Virtual Workforce Era. In: Global encyclopedia of public administration, public policy, and governance. Hrsg.: A. Farazmand. Living Reference Work. Springer, Cham [u. a.] 2019, S. 1 – 5.

Fontana, A.; Frey, J. H.: The Interview. From Structured Questions to Negotiated Text. In: Collecting and interpreting qualitative materials. Hrsg.: N. K. Denzin; Y. S. Lincoln. Sage, Thousand Oaks (CA) 1998, S. 61 – 106.

Forrester, J. W.: Grundzüge einer Systemtheorie: ein Lehrbuch. (Principles of Systems.) Gabler, Wiesbaden 1972.

Franke, S.; Pena eHaufler, B.; Salomo, S.: Wissenstransfer in dezentralen Fertigungsnetzwerken. In: zfo Führung + Organisation 91 (2022) 5, S. 346 – 352.

Friedrichs, J.: Methoden empirischer Sozialforschung. 14. Auflage. WV-Studium; Bd. 28. Westdt.Verl., Opladen 1990.

Gaitanides, M.: Prozessorganisation. Entwicklung, Ansätze und Programme des Managements von Geschäftsprozessen. 2., vollst. überarb. Auflage. Vahlen, München 2007.

Galanxhi, H.; Nah, F. F.-H.: Addressing the "Unseens": Digital Wellbeing in the Remote Workplace. In: HCI in business, government, and organizations. 8th international conference, HCIBGO 2021, held as part of the 23rd HCI international conference, HCII 2021, virtual event, July 24-29, 2021: proceedings. Hrsg.: F. F.-H. Nah; K. Siau. Lecture notes in computer science; 12783. Springer, Cham 2021, S. 347 – 364.

Gärtner, M.; Garten, T.; Huesmann, M.: Flexible Arbeitsmodelle für Führungskräfte. Zum Stand der Forschung. In: Zeitschrift für Arbeitswissenschaft 70 (2016) 4, S. 220 – 230.

Gassmann, O.: Praxisnähe mit Fallstudienforschung. Nutzen für das Technologiemanagement ist gegeben. In: Wissenschaftsmanagement 1 (1999) 3, S. 11 – 16.

Gaus, W.: Dokumentations- und Ordnungslehre. Theorie und Praxis des Information Retrieval. 3. Auflage. Springer, Berlin [u.a.] 2000.

Geithner, S.: Arbeits- und Lerntätigkeit in Industrieunternehmen. Fallstudien aus Perspektive der kultur-historischen Tätigkeitstheorie. International Cultural-historical Human Sciences, Bd. 42. Lehmanns Media, Köln 2012. – Zugl.: Dresden, Techn. Univ., Diss., 2012.

Geldermann, J.; Lerche N.: Leitfaden zur Anwendung von Methoden der multikriteriellen Entscheidungsunterstützung. Methode: PROMETHEE. Universität Göttingen, Januar 2014. https://www.uni-goettingen.de/de/document/download/285813337d59201d34806cfc48dae518-en.pdf/MCDA-Leitfaden-PROMETHEE.pdf (Link zuletzt geprüft: 02.10.2024)

GËRVALLA, M.; HAJRIZI, E.: IT Governance vs Information Governance. In: COVID-19 Challenges to University Information Technology Governance. Hrsg.: M. Alaali. Springer, Cham [u. a.] 2022, S. 309 – 329.

GOFF-DUPONT, S.: 18 virtual team building activities and games. atlassian online, 14.12.2021. https://www.atlassian.com/blog/teamwork/virtual-team-building-activities-remote-teams (Link zuletzt geprüft: 02.10.2024)

GOLD, J. E.; PARK, J.-S.; PUNNETT, L.: Work routinization and implications for ergonomic exposure assessment. In: Ergonomics 49 (2006) 1, S. 12 – 27.

GRANT, C. A.; WALLACE, L. M.; SPURGEON, P. C.: An exploration of the psychological factors affecting remote e-worker's job effectiveness, well-being and work-life balance. In: Employee Relations 35 (2013) 5, S. 527 – 546.

GRANT, R. M.: Contemporary strategy analysis. 10. Auflage. Wiley, Hoboken (NJ) 2020.

GRUBIC, T.; PEPPARD, J.: Servitized manufacturing firms competing through remote monitoring technology. In: Journal of Manufacturing Technology Management 27 (2016) 2, S. 154 – 184.

HABERFELLNER, R.; WECK, O. D.; FRICKE, E.; VÖSSNER, S.: Systems Engineering. Grundlagen und Anwendungen. 14. überarb. Auflage. orell füssli, Zürich 2018.

HACKMAN, J. R.; OLDHAM, G. R.: Development of the Job Diagnostic Survey. In: Journal of Applied Psychology 60 (1975) 2, S. 159 – 170.

HACKSTEIN, R.; KAISER, M.; LUXEM, E.: Ein Kategorienschema zur Kennzeichnung der Tätigkeiten gewerblicher Arbeitnehmer in der Industrie. Ansatz, Entwicklung und Erprobung. In: Mitteilungen aus der Arbeitsmarkt- und Berufsforschung (MittAB) 8 (1975) 2 (Sonderdruck), S. 149 – 163. https://doku.iab.de/mittab/1975/1975_2_MittAB_Hackstein_Kaiser_Luxem.pdf (link zuletzt geprüft: 02.10.2024)

HANDELSBLATT/DPA (HRSG.): Siemens bündelt Qualifizierung in eigener Digitalisierungsakademie. Handelsblatt online, 02.12.2022. https://www.handelsblatt.com/unternehmen/industrie/human-resources-siemens-buendelt-qualifizierung-in-eigener-digitalisierungsakademie/28844714.html Link zuletzt geprüft: 29.03.2024.

HÄNSEL, F.; BAUMGÄRTNER, S. D.; KORNMANN, J.; ENNIGKEIT, F.: Sportpsychologie. Springer, Berlin [u. a.] 2016.

HAO, Y.; HELO, P.; GUNASEKARAN, A.: Cloud platforms for remote monitoring system: a comparative case study. In: Production Planning & Control 31 (2019) 2-3, S 186 – 202.

HARTMANN, M.; RIEGER, M.; FUNK, R.: Zielgerichtet moderieren. Ein Handbuch für Führungskräfte, Berater und Trainer. 6., überarb. und erw. Auflage. Beltz, Weinheim [u. a.] 2012.

HASANAH, H.; NASIR, M. M.: Competency Mapping Based Work Area Electrical Industry Classification for Vocational Education and Training. In: The 3rd UPI International Conference on Technical and Vocational Education and Training (TVET) (2015) 14, S. 87 – 90.

HECKHAUSEN, J.; HECKHAUSEN, H.: Motivation und Handeln: Einführung und Überblick. In: Motivation und Handeln. Hrsg.: J. Heckhausen; H. Heckhausen. 4., überarb. u. erw. Auflage. Springer, Berlin [u. a.] 2010, S. 1 – 9.

HEINER, M.; MEINHOLD, M.; SPIEGEL, H. VON; STAUB-BERNASCONI, S.: Methodisches Handeln in der Sozialen Arbeit. 4., aktualis. u. erw. Auflage. Lambertus-Verlag, Freiburg 1998.

HEINRICH, B.: R Regelungstechnik. In: Handbuch Maschinenbau. Grundlagen und Anwendungen der Maschinenbau-Technik. Hrsg.: A. Böge; W. Böge. 22. Auflage. Springer, Wiesbaden 2014, S. 1322 – 1371.

HELFFERICH, C.: Die Qualität qualitativer Daten. Manual für die Durchführung qualitativer Interviews. 4. Auflage. VS Verlag für Sozialwissenschaften, Wiesbaden 2011.

HELMOLD, M.: New Work als moderner Leadership Ansatz zur Transformation. In: Leadership. Agile, virtuelle und globale Führungskonzepte in Zeiten von neuen Megatrends. Hrsg.: M. Helmold. Springer Gabler, Wiesbaden [u. a.] 2022, S. 209 – 226.

HERGET, J.: Digitale Unternehmenskultur. Springer Gabler, Wiesbaden 2021. Autorenwerk, kein Beitrag in Sammelwerk, daher angepasst.

HERKENRATH, C.; SCHUH, G.; BOOS, W.; HOEBORN, G.; NEIS, C.: Zukunftsfähige Produktion in der postpandemischen Arbeitswelt. In: ZWF – Zeitschrift für wirtschaftlichen Fabrikbetrieb 118 (2023) 11, S. 763 – 768.

HERRMANN, M.; FREY CORDES, R.: Homeoffice im Zeichen der Pandemie. Neue Perspektiven für Wissenschaft und Praxis. IU Discussion Papers – Human Resources; Nr. 2/2020. IUBH Internationale Hochschule, Erfurt 2020. https://www.econstor.eu/bitstream/10419/217267/1/1698345356.pdf (Link zuletzt geprüft: 02.10.2024)

HILF, H. H.: Einführung in die Arbeitswissenschaft. 2., erw. Auflage. Sammlung Göschen; Bd. 2175. De Gruyter, Berlin [u. a.] 2019.

HINTZ, A. J.; GRAEVENSTEIN, J.: Erfolgreiche Mitarbeiterführung durch soziale Kompetenz. 5., erw. Auflage. Springer Gabler, Wiesbaden 2020.

HAIPETER, T.; HOOSE, F.; ROSENBOHM, S.: Arbeitspolitik in digitalen Zeiten: Chancen und Herausforderungen für Arbeitsbeziehungen, Arbeitsgestaltung und Organisation. In: Arbeitspolitik in digitalen Zeiten. Entwicklungslinien einer nachhaltigen Regulierung und Gestaltung von Arbeit. Hrsg.: T. Haipeter; F. Hoose; S. Rosenbohm. Nomos, Baden-Baden 2021, S. 9 – 44.

IFO INSTITUT (HRSG.): ifo-Konjunkturumfragen, Februar 2023. Anteil der Beschäftigten, die zumindest teilweise im Homeoffice arbeiten im Verarbeitenden Gewerbe im Februar 2023. Statista Research Department, Statista online, 02.01.2024. https://de.statista.com/statistik/daten/studie/1386893/umfrage/homeoffice-anteil-im-verarbeitenden-gewerbe/ (Link zuletzt geprüft: 02.10.2024)

ILO (HRSG.): COVID-19: Guidance for labour statistics data collection. Defining and measuring remote work, telework, work at home and home-based work. Hrsg.: International Labour Organization. Genf, 05.06.2020. https://www.google.com/url?sa=t&source=web&rct=j&opi=89978449&url=https://www.ilo.org/media/399011/download&ved=2ahUKEwi6rovCiP-CIAxVI_bsIHbuNDQYQFnoECBkQAQ&usg=AOvVaw0SNvmERQL-5eqG437BOcAa (Link zuletzt geprüft: 02.10.2024)

INITIATIVE D21: D21-Digital-Index 2021/2022. Aus welchen Gründen nutzen Sie Telearbeit, Homeoffice oder mobiles Arbeiten nicht? Hrsg.: Statista Research Department. Statista online, 02.01.2024. https://de.statista.com/statistik/daten/studie/1191897/umfrage/umfrage-zu-den-gruenden-nicht-im-homeoffice-zu-arbeiten/#:~:text=Die%20Personen%2C%20die%20keine%20M%C3%B6glichkeit,genannten%20Arbeitsweisen%20Gebrauch%20zu%20machen (Link zuletzt geprüft: 02.10.2024)

ISO INSTITUT: Einsatz von Field Management Systemen und Smart Devices für die remote Inbetriebnahme von Geräten. Projekt ViSAAR. https://visaar.de/usecases/usecasedebusmann/ (Link zuletzt geprüft: 22.08.2024a).

ISO INSTITUT: Mediengestützte Fehlerbehebung für mehr Serviceeffizienz. Projekt ViSAAR. https://visaar.de/usecases/usecasencs/ (Link zuletzt geprüft: 22.08.2024b).

ISO INSTITUT: Virtualisierte Unterstützung von Arbeitsprozessen und topologische Geländeerfassung mittels Photogrammetrie beim Bau von Solarparks. Projekt ViSAAR. https://visaar.de/usecases/usecasegreencells/ (Link zuletzt geprüft: 22.08.2024c).

JACKWERTH-RICE, T.; DJERDJ, H.: Auswirkungen der Corona-Krise auf betriebliche Transformationsprozesse in produzierenden Unternehmen. Begleitforschung zur Arbeitsweltberichterstattung im Auftrag des BMAS; Bd. 2. Hrsg.: Bundesministerium für Arbeit und Soziales. Berlin, 23.08.2021. https://www.bmas.de/SharedDocs/Downloads/DE/Publikationen/Forschungsberichte/fb-580-2-auswirkungen-corona-auf-transformationsprozesse.pdf?__blob=publicationFile&v=3 (Link zuletzt geprüft: 02.10.2024)

JAGUSCH, K.; BEUß, F.; NEHLS, C.; SENDER, J.; FLÜGGE, W.: Digitalisierung als Voraussetzung für den Wissenstransfer in produzierenden KMU. In: ZWF – Zeitschrift für wirtschaftlichen Fabrikbetrieb 116 (2021) 11, S. 826 – 830.

JÖLLENBECK, M.; MALOKU, O.; BERLING, I.; STAMER, T.; OCHSMANN, E.: Healthy Mobile Work: The Relationship of a Participative Work Agreement and Workplace Health Management-Qualitative Results of a Longitudinal Study. In: International Journal of Environmental Research and Public Health 19 (2022) 12, S. 1 – 18.

JUNGERT, M.: Was zwischen wem und warum eigentlich? Grundsätzliche Fragen der Interdisziplinarität. In: Interdisziplinarität. Theorie, Praxis, Probleme. Hrsg.: M. Jungert; E. Romfeld; T. Sukopp; U. Voigt. 2., durchges. u. um ein aktuelles Vorwort erw. Auflage.. wbg Academic, Darmstadt 2014, S. 1 – 12.

JÜRGENSEN, S. M.: Ende der Machtposition!? Wie Mitarbeiterführung wirklich gelingt. Praxis-Know-how für erfolgreiche Führungskräfte und Manager. Springer Gabler, Wiesbaden 2021.

KACZYNSKA, J.; KÜMMERLING, A.: Flexibel in Zeit und Raum – Gelingensbedingungen von Homeoffice und mobiler Arbeit in KMU. In: Arbeitspolitik in digitalen Zeiten. Entwicklungslinien einer nachhaltigen Regulierung und Gestaltung von Arbeit. Hrsg.: F. Hoose; T. Haipeter; S. Rosenbohm. Nomos, Baden-Baden 2021, S. 83 – 108.

KADIR, A. B.; BROBERG, O.: Human-centered design of work systems in the transition to industry 4.0. In: Applied Ergonomics (2021) 92, S. 1 – 14.

KAEHLER, B.: Komplementäre Führung. Ein praxiserprobtes Modell der Personalführung in Organisationen. 2., vollst. überarb. u. erw. Auflage. Springer Gabler, Wiesbaden 2017.

KAISER, A.; TEPE, J.: Neue Arbeit passt nicht in alte Muster. In: Digitalisierung als Chancengeber. Wie KI, 3D-Druck, Virtual Reality und Co. neue berufliche Perspektiven eröffnen. Hrsg.: A. Ternès. Springer Gabler, Wiesbaden [u. a.] 2020, S. 89 – 97.

KAISER, S.; KOZICA, A.: In: Digitale Arbeitswelt. Wie Unternehmen erfolgreich die digitale Transformation gestalten können. Hrsg.: S. Kaiser; A. Kozica; F. Böhringer; J. Wissinger. Springer Gabler, Wiesbaden [u. a.] 2021, S. 3 –18.

KÄNEL, S. VON: Betriebswirtschaftslehre. Eine Einführung. Springer Gabler, Wiesbaden 2018.

KANNETZKY, F.: Dilemmata der Kommunikationstheorie. In: Kommunikatives Verstehen. Hrsg.: M. Siebel. Leipziger Schriften zur Philosophie; Bd. 16. Leipziger Univ.-Verl., Leipzig 2002, S. 97 – 137.

KAWAGUCHI, D.; MOTEGI, H.: Who can work from home? The roles of job tasks and HRM practices. In: Journal of the Japanese and International Economies 62 (2021) 12, 101162, S. 1 – 19.

KIESER, A.; KUBICEK, H.: Organisation. 2. Auflage. De Gruyter, Berlin [u.a.] 2020.

KIRK, A.: Data visualization. A successful design process. Packt Pub, Birmingham 2012.

KISSANE, E.: The elements of content strategy. A Book Apart. Brief books for people who make websites; Bd. 3. New York 2011.

KITTELMANN, M.; ADOLPH, L.; MICHEL, A.; PACKROFF, R.; SCHÜTTE, M.; SOMMER, S.: Manuelle Arbeitsprozesse. Bundesanstalt für Arbeitsschutz und Arbeitsmedizin (BAuA), Dortmund [u. a.] 2023. https://www.baua.de/DE/Themen/Arbeitsgestaltung/Gefaehrdungsbeurteilung/Handbuch-Gefaehrdungsbeurteilung/Expertenwissen/Physische-Belastung/Manuelle-Arbeit/Manuelle-Arbeit_dossier?view=pdfViewExt (Link zuletzt geprüft: 02.10.2024)

KLEIN, C.: Pledge to Flex: The Future of Work at SAP Is 100% Flexible and Trust Based. https://news.sap.com/2021/06/pledge-to-flex-future-of-work-at-sap/ Link zuletzt geprüft: 22.08.2024.

KLUßMANN, A.; SCHÄFER, A.; SERAFIN, P.; LANG, K.-H.; SCHUST, M.; LIEBERS, F.: Manuelle Arbeitsprozesse – Gefährdungsbeurteilung mit der Leitmerkmalmethode. Bundesanstalt für Arbeitsschutz und Arbeitsmedizin (BAuA): Praxis, Dortmund 2022.

KNUTH, D. E.: The Art of Computer Programming; Vol. 3: Sorting and Searching. 2. Auflage. Addison-Wesley, Boston (MA) 1998.

KÖBLER, G.: Etymologisches Rechtswörterbuch. Uni-Taschenbücher Rechtswissenschaften; Bd. 1888. Mohr, Tübingen 1995.

KONEGEN, N.; SONDERGELD, K.: Was ist eine Methode? In: Analyse internationaler Beziehungen. Methoden – Instrumente – Darstellungen. Hrsg.: J. Bellers; W. Woyke. VS Verlag für Sozialwissenschaften, Wiesbaden 1989, S. 11 – 15.

KOSIOL, E.: Organisation der Unternehmung. 2., durchges. Auflage. Gabler, Wiesbaden 1976.

KRCMAR, H.: Informationsmanagement. 6., überarb. Auflage. Springer, Berlin [u. a.]2015.

KRÜGER, W.: Organisation der Unternehmung. 3., verb. Auflage. Kohlhammer, Stuttgart 1994.

KUBICEK, H.: Heuristische Bezugsrahmen und heuristisch angelegte Forschungsdesigns als Elemente einer Konstruktionsstrategie empirischer Forschung. In: Empirische und handlungstheoretische Forschungskonzeptionen in der Betriebswirtschaftslehre. Bericht über d. Tagung in Aachen, März 1976 / Komm. Wissenschaftstheorie im Verb. d. Hochschullehrer für Betriebswirtschaft e. V. Hrsg.: R. Köhler. Poeschel, Stuttgart 1977, S. 3 – 36.

KÜHNAPFEL, J. B.: Nutzwertanalysen in Marketing und Vertrieb. 2. Auflage. Springer Gabler, Wiesbaden 2019.

KULKA, H.; DORNBUSCH, G.: Arbeitswissenschaften für Ingenieure. Lehrbuch. 2. Auflage. Fachbuchverl., Leipzig 1989.

KULKE, E.: Wirtschaftsgeographie. 6. Auflage. Grundriss Allgemeine Geographie; Bd. 2434. UTB, Stuttgart 2017.

KUMMER, S.; GRÜN, O.; JAMMERNEGG, W.: Grundzüge der Beschaffung, Produktion und Logistik. 2., aktualisierte Auflage. Pearson Studium, München [u. a.] 2009.

KUNZ, A. M.; MEY, G.; RAAB, J.; ALBRECHT, F.: Qualitativ Forschen als Schlüsselqualifikation: Prämissen – Praktiken – Perspektiven. Beltz, Weinheim [u. a.] 2021.

LACKES, R.; SIEPERMANN, M.: [Definition] Datenträger. Wirtschaftslexikon Gabler online, 19.02.2018. https://wirtschaftslexikon.gabler.de/definition/datentraeger-29410/version 253018 (Link zuletzt geprüft: 02.10.2024)

LAGORIO, A.; CIMINI, C.; PIROLA, F.; PINTO, R.: A Taxonomy of Technologies for Human-Centred Logistics 4.0. In: Applied Sciences 11 (2021) 20, 9661, 13 S. DOI: 10.3390/app11209661.

LANDES, M.; STEINER, E.; WITTMANN, R.; UTZ, T.: Führung von Mitarbeitenden im Home Office. Umgang mit dem Heimarbeitsplatz aus psychologischer und ökonomischer Perspektive. Springer Gabler, Wiesbaden 2020.

LEE, A. M.: An Exploratory Case Study of How Remote Employees Experience Workplace Engagement. Walden, Univ., Diss., 2018. https://scholarworks.waldenu.edu/cgi/viewcontent.cgi?article=6848&context=dissertations (Link zuletzt geprüft: 02.10.2024)

LEONARDELLI, G. J.: Lessons from a Crisis: Identity as a Means of Leading Remote Workforces Effectively. In: Organizational dynamics 51 (2022) 2, S. 1 – 15.

LEONHARD, K.-W.; NAUMANN, P.: Managementsysteme – Begriffe. Ihr Weg zu klarer Kommunikation. 7. Auflage. DGQ; Bd. 11-04. Beuth, Berlin [u. a.] 2002.

LI, Q.: Embodying Data. Chinese Aesthetics, Interactive Visualization and Gaming Technologies. Springer, Singapur 2020.

LIBERATI, A.; ALTMAN, D. G.; TETZLAFF, J.; MULROW, C.; GØTZSCHE, P. C.; IOANNIDIS, J. P. A.; CLARKE, M.; DEVEREAUX, P. J.; KLEIJNEN, J.; MOHER, D.: The PRISMA statement for reporting systematic reviews and meta-analyses of studies that evaluate healthcare interventions: explanation and elaboration. In: BMJ (Clinical research ed.) 62 (2009) 10, b2700. DOI: 10.1136/bmj.b2700.

LIEDTKE, G.; LÜTJENS, K.; PIENDL, R.: Leitfaden zur Entscheidungsfindung und Bewertung von Maßnahmen und Technologien im Verkehr. ÖKONVER – Ökonomisch fundierte Bewertung neuer Technologien und Maßnahmen im europäischen Verkehrssystem. Deutsches Zentrum für Luft- und Raumfahrt, Köln, 05.11.2020. https://elib.dlr.de/140664/1/%C3%96KONVER%20Bewertungsleitfaden%202020-11-05.pdf (Link zuletzt geprüft: 02.10.2024)

LIFKA, S.: Entscheidungsanalysen in der Immobilienwirtschaft. Wirtschaft & Raum; Bd. 18. Utz, München 2009. – Zugl.: München, Univ., Diss., 2009.

LINDNER, D.: KMU im digitalen Wandel. Ergebnisse empirischer Studien Zu Arbeit, Führung und Organisation. Gabler, Wiesbaden 2018.

LINDNER, G.: Algorithmenauswahl im KDD-Prozess. Karlsruhe, Techn. Univ., Diss., 2005. https://publikationen.bibliothek.kit.edu/1000003458/1306 (Link zuletzt geprüft: 02.10.2024)

LINKE, P.; THRUN, W.: Q Steuerungstechnik. In: Handbuch Maschinenbau. Grundlagen und Anwendungen der Maschinenbau-Technik. Hrsg.: A. Böge; W. Böge. 22., überarb. u. erw. Auflage. Auflage. Springer , Wiesbaden 2014, S. 1246 – 1321.

LOYLESS, L. H.: Competence in virtual communication: Remote transformational leadership. In: Public Administration Review 83 (2023) 3, S. 702 – 709.

LUDWIG, C.: Unternehmensführung in einem volatilen Umfeld: Ist strategische Führung in Zeiten von VUCA-Bedingungen obsolet? In: Gestaltung und Management der digitalen Transformation: ökonomische, kulturelle, gesellschaftliche und technologische Perspektiven. Hrsg.: R. A. Fürst. Springer, Wiesbaden 2019, S. 105 – 118.

LUND, S.; MADGAVKAR, A.; MANYIKA, J.; SMIT, S.: What´s next for remote work: An analysis of 2,000 tasks, 800 jobs, and nine countries. Hybrid models of remote work are likely to persist in the wake of the pandemic, mostly for a highly educated, well-paid minority of the workforce.McKinsey online, November 2020. [in Bibliothek des FIR e. V. an der RWTH Aachen verfügbar]

LUXEM, E.: Die funktionsorientierte Bestimmung von Tätigkeitsinhalten. In: Mitteilungen aus der Arbeitsmarkt- und Berufsforschung (MittAB) 5 (1972) 3, S. 224 – 229.

MAES, G.; VAN HOOTEGEM, G.: A systems model of organizational change. In: Journal of Organizational Change Management 32 (2019) 7, S. 725 – 738.

MAI, J.: Remote Work: Definition, Konzept, Jobs, Tipps. 2022. https://karrierebibel.de/remote-work/ (Link zuletzt geprüft: 03.10.2024)

MANGIAPANE, M.; BÜCHLER, R. P.: Modernes IT-Management. Methodische Kombination Von IT-Strategie und IT-Reifegradmodell. Springer Vieweg, Wiesbaden 2015.

MARTINS, G. O.: Remote or Hybrid Work After Effects of Covid Changing the Future Work Structure-A Case Study of Amazon. Dublin, Univ., Diss., 2022. https://norma.ncirl.ie/5892/1/germanooreofeoluwamartins.pdf (Link zuletzt geprüft: 03.10.2024)

MAY, A.; CARTER, C.: A case study of virtual team working in the European automotive industry. In: International Journal of Industrial Ergonomics 2001 27 (2000) 3, S. 171 – 186.

MAYER, C.; SIVATHEERTHAN, T.; MÜTZE-NIEWÖHNER, S.; NITSCH, V.: Sharing leadership behaviors in virtual teams: effects of shared leadership behaviors on team member satisfaction and productivity. In: Team Performance Management: An International Journal 29 (2023) 1/2, S. 90 - 112.

MCPHAIL, R.; CHAN, X. W.; MAY, R.; WILKINSON, A.: Post-COVID remote working and its impact on people, productivity, and the planet: an exploratory scoping review. In: The International Journal of Human Resource Management 35 (2024) 1, S. 154 – 182.

MEIER, A.; KAUFMANN, M.: SQL- & NoSQL-Datenbanken. 8., überarb. u. erw. Auflage. Springer Vieweg, Berlin [u. a.] 2016.

MERCEDES-BENZ GROUP (HRSG.): Hybrides Arbeiten bei Mercedes-Benz. https://group.mercedes-benz.com/karriere/ueber-uns/kultur-benefits/hybrides-arbeiten/ (Link zuletzt geprüft: 03.10.2024)

MERCER (HRSG.): DACH-Report Global Talent Trends 2023. Hrsg.: Statista Research Department. Februar 2023. https://de.statista.com/statistik/daten/studie/1367101/umfrage/unternehmerische-massnahmen-als-attraktiver-arbeitgeber-in-der-dach-region/ (Link zuletzt geprüft: 03.10.2024)

MERGENER, A.: Berufliche Zugänge zum Homeoffice. In: KZfSS Kölner Zeitschrift für Soziologie und Sozialpsychologie 72 (2020) S1, S. 511 – 534.

METALLO, C.; AGRIFOGLIO, R.; MARIA, F.: Effective Management of a Remote Workforce for Covid-19: A Proposed Research Model Toward Smart Working Adoption Within Organizations. In: HR Analytics and Digital HR Practices. Digitalization post COVID-19. Hrsg.: S. R. Mondal; F. Di Virgilio; S. Das. Springer, Singapur 2022, S. 101 – 126.

MEY, G.; RUPPEL, P. S.: Qualitative Forschung. In: Sozialpsychologie und Sozialtheorie; Bd. 1: Zugänge. Hrsg.: O. Decker. Springer Fachmedien Wiesbaden, Wiesbaden 2018, S. 205 – 244.

MEYER, H.; REHER, H.-J.: Projektmanagement verstehen. In: Projektmanagement. Von der Definition über die Projektplanung zum erfolgreichen Abschluss. Hrsg.: H. Meyer; H.-J. Reher. 2., überarb. Auflage. Springer Gabler, Wiesbaden 2020, S. 1 – 40.

MEYERHUBER, S.: Sozial nachhaltiges Handeln in der Online-Kommunikation und -kooperation? Langzeitliches Homeoffice – Konfliktpotenziale und Lösungsansätze in digitalen Gruppen sowie für deren Leitung. Hrsg.: Universität Bremen. Bremen 2021. [in Bibliothek des FIR e. V. an der RWTH Aachen verfügbar]

MIERICH, S.: Orts- und zeitflexibles Arbeiten. Praxiswissen Betriebsvereinbarungen. Hans-Böckler-Stiftung. Study / Hans-Böckler-Stiftung; Nr. 446. Hans-Böckler-Stiftung, Düsseldorf, August 2020.

MINNAAR, J.: Zappos' Evolution: From Holacracy To Market-Based Dynamics. corporate rebels online, 02.10.2021. https://www.corporate-rebels.com/blog/zappos-market-dynamics (Link zuletzt geprüft: 03.10.2024)

MORGAN, G.: Images of organization. Sage, Newbury Park 1996.

MÜLLER, E.: Einführung in das Thema Schlüsselkompetenzen. Springer, Wiesbaden 2021.

MÜLLER, M.: Flexibilisierung von Arbeitswelten in der digitalen Transformation – Ansatzpunkte für die erfolgreiche Gestaltung von Homeoffice. In: Digitale Arbeitswelt. Wie Unternehmen erfolgreich die digitale Transformation gestalten können. Hrsg.: S. Kaiser; A. Kozica; F. Böhringer; J. Wissinger. Springer Gabler, Wiesbaden [u. a.] 2021, S. 119 – 139.

MÜLLER-HERBERS, S.: Methoden zur Beurteilung von Varianten. Arbeitspapier. 4. Universität Stuttgart 2007. [in Bibliothek des FIR e. V. an der RWTH Aachen verfügbar]

MÜTZE-NIEWÖHNER, S.; MAYER, C.; HARLACHER, M.; STEIREIF, N.; NITSCH, V.: Work 4.0: Human-Centered Work Design in the Digital Age. In: Handbook Industry 4.0: Law, Technology, Society. Hrsg.: W. Frenz. Springer, Berlin 2022, S. 985 – 1019.

MWITA, K.: Factors to Consider when Using Qualitative Interviews in Data Collection. In: Social Sciences Humanities and Education Journal (SHE Journal) 3 (2022) 3, S. 313 – 323.

MYERS, M.; NEWMAN, M.: The qualitative interview in IS research: Examining the craft. In: Information and Organization 17 (2007) 1, S. 2 – 26.

NAEFE, P.: Methodisches Konstruieren. Auf den Punkt gebracht. 3., überarb. Auflage. SpringerVieweg, Wiesbaden 2018.

NAUZE, J. A.; FISHER, A. G. B.: The Clash of Progress and Security. In: The Australian Quarterly 8 (1936) 30, S. 101 – 101.

NOVET, J.: Google will reimburse up to $1,000 for employees to buy work-from-home gear. CNBC online, 26.05.2020. https://www.cnbc.com/2020/05/26/google-will-give-employees-up-to-1000-to-buy-work-from-home-gear.html#:~:text=Tech-,Google%20will%20reim-burse%20up%20to%20%241%2C000%20for,buy%20work%2Dfrom%2Dhome%20gear&text=Employees%20who%20don't%20necessarily,them%20conti-nue%20working%20from%20home (Link zuletzt geprüft: 03.10.2024)

OBERHEIM, E.: Feyerabend's philosophy. Quellen und Studien zur Philosophie; Bd. 73. De Gruyter, Berlin [u. a.] 2006. – Zugl.: Hannover, Univ., Diss., 2004 u. d. T.: On Feyerabend's early philosophy.

OKOLI, C.; SCHABRAM, K.: A Guide to Conducting a Systematic Literature Review of Information Systems Research. In: Working Papers on Information Systems 10 (2010) 26, 1 – 49.

PAGE, M. J.; MCKENZIE, J. E.; BOSSUYT, P. M.; BOUTRON, I.; HOFFMANN, T. C.; MULROW, C. D.; SHAMSEER, L.; TETZLAFF, J. M.; AKL, E. A.; BRENNAN, S. E.; CHOU, R.; GLANVILLE, J.; GRIMSHAW, J. M.; HRÓBJARTSSON, A.; LALU, M. M.; LI, T.; LODER, E. W.; MAYO-WILSON, E.; MCDONALD, S.; MCGUINNESS, L. A.; STEWART, L. A.; THOMAS, J.; TRICCO, A. C.; WELCH, V. A.; WHITING, P.; MOHER, D.: The PRISMA 2020 statement: an updated guideline for reporting systematic reviews. In: BMJ (Clinical research ed.) 372 (2021) 71, S. 1 – 9.

PAHL, G.; BEITZ, W.; FELDHUSEN, J.; GROTE, K.-H.: Konstruktionslehre. Grundlagen erfolgreicher Produktentwicklung Methoden und Anwendung. 7. Auflage. Springer, Berlin [u. a.] 2007.

PALACIOS, M. S. R.; SILVA, M. J. M.: Content analysis in the training of engineers for the design of MOOCs. In: [Proceedings] 2020 IEEE Learning With MOOCS (LWMOOCS 2020) – Learning With MOOCs. Antigua Guatemala, Guatemala, 30 September – 2 October 2020, S. 77 – 80. DOI: 10.1109/LWMOOCS50143.2020.9234367

PALUCH, S.; WITTKOP, T.: Instrumente der qualitativen Marktforschung als Werkzeuge des Innovationsmanagements. In: Innovationserfolg. Hrsg.: A. Faix. EBL-Schweitzer; v.10. Peter Lang, Frankfurt 2015, S. 105 – 130.

PATZAK, G.: Systemtechnik – Planung komplexer innovativer Systeme. Grundlagen, Methoden, Techniken. Springer, Berlin [u. a.] 1982.

PFLÜGER, J.: Triangulation in der arbeits- und industriesoziologischen Fallstudienforschung. In: KZfSS Kölner Zeitschrift für Soziologie und Sozialpsychologie 64 (2012) 1, S. 155 – 173.

PFLÜGER, J.; PONGRATZ, H.; TRINCZEK, R.: Methodische Herausforderungen arbeits- und industriesoziologischer Fallstudienforschung. In: Sozialwissenschaftlicher Fachinformationsdienst soFid (2010) Industrie- und Betriebssoziologie; Nr. 2010/2, S. 9 – 18. https://www.ssoar.info/ssoar/bitstream/handle/document/21581/ssoar-sofid-2010-industrie-_und_betriebssoziologie_20102-pfluger_et_al-methodische_herausforderungen_arbeits-_und_industriesoziologischer.pdf?sequence=1&isAllowed=y&lnkname=ssoar-sofid-2010-industrie-_und_betriebssoziologie_20102-pfluger_et_al-methodische_herausforderungen_arbeits-_und_industriesoziologischer.pdf (Link zuletzt geprüft: 03.10.2024)

PIANESE, T.; ERRICHIELLO, L.; CUNHA, J. V.: Organizational control in the context of remote working: A synthesis of empirical findings and a research agenda. In: European Management Review 20 (2022) 2, 1 – 101.

PINZONE, M.; FANTINI, P.; PERINI, S.; GARAVAGLIA, S.; TAISCH, M.; MIRAGLIOTTA, G.: Jobs and Skills in Industry 4.0: An Exploratory Research. In: Advances in Production Management Systems. The Path to Intelligent, Collaborative and Sustainable Manufacturing. IFIP WG 5.7 International Conference, APMS 2017, Hamburg, Germany, September 3-7, 2017, Proceedings, Part I. Hrsg.: H. Lödding; R. Riedel; K.-D. Thoben; G. von Cieminski; D. Kiritsis. IFIP Advances in Information and Communication Technology (IFIPAICT); Bd. 513. Springer, Cham [u. a.] 2017, S. 282 – 288.

POHL, H.-J.: Kritik der Drei-Sektoren-Theorie. In: Mitteilungen aus der Arbeitsmarkt- und Berufsforschung 3(1970) 4 (Sonderdruck). https://doku.iab.de/mittab/1970/1970_4_MittAB_Pohl.pdf (Link zuletzt geprüft: 03.10.2024).

PORTER, M. E.: Wettbewerbsvorteile. Spitzenleistungen erreichen und behaupten = Competitive advantage. 8. durchges. Auflage. Campus, Frankfurt [u. a.] 2014.

PROBST, G. J. B.; GOMEZ, P.: Die Methodik des vernetzten Denkens zur Lösung komplexer Probleme. In: Vernetztes Denken. Ganzheitliches Führen in der Praxis. Hrsg.: G. J. B. Probst; P. Gomez. 2., erw. Auflage. Gabler, Wiesbaden 1993, S. 3 – 22.

PROJECT MANAGEMENT INSTITUTE (HRSG.): A Guide to the project management body of knowledge (PMBOK guide). 7. Auflage. Project Management Institute, Newtown Square (PA) 2021.

QUATRAM, J.; VAN KEMPEN, B.: Remote Work – Neue Entwicklungen im öffentlichen Sektor. In: Wirtschaftsinformatik 13 (2021) 6, S. 406 – 412.

RACHFALL, T.; FÖRSTER-TRALLO, D.: Der analytische Hierarchieprozess – Am Beispiel einer Lieferantenauswahl. HTW Berlin, Berlin 2017. https://www.researchgate.net/publication/314724549_Der_analytische_Hierarchieprozess_-_Am_Beispiel_einer_Lieferantenauswahl (Link zuletzt geprüft: 03.10.2024)

RAJ, R.; KUMAR, V.; SHARMA, N. K.; SINGH, S.; MAHLAWAT, S.; VERMA, P.: The study of remote working outcome and its influence on firm performance. In: Social Sciences & Humanities Open 8 (2023) 1, S. 1 – 11.

RIEDL, R.: Analytischer Hierarchieprozess vs. Nutzwertanalyse: Eine vergleichende Gegenüberstellung zweier multiattributiver Auswahlverfahren am Beispiel Application Service Providing. In: Wirtschaftsinformatik als Schlüssel zum Unternehmenserfolg. Hrsg.: K. Fink; C. Ploder. Deutscher Universitäts-Verlag, Wiesbaden 2006, S. 99 – 127.

RIEK, J.: How to best support remote employees. Atlassian online, 2024. [in Bibliothek des FIR e. V. an der RWTH Aachen verfügbar]

RINGLSTETTER, M. J.: Organisation von Unternehmen und Unternehmensverbindungen. Einführung in die Gestaltung der Organisationsstruktur. Oldenbourg, München [u. a.] 1997.

ROBERT BOSCH GMBH (HRSG.): Gestalte deinen Arbeitsalltag mit Smart Work. https://www.bosch.de/karriere/warum-bosch/kultur-und-benefits/remote-work/ (Link zuletzt geprüft: 03.10.2024)

RODRIGUES, P. B.; SINGH, R.; OYTUN, M.; ADAMI, P.; WOODS, P. J.; BECERIK-GERBER, B.; SOIBELMAN, L.; COPUR-GENCTURK, Y.; LUCAS, G. M.: A multidimensional taxonomy for human-robot interaction in construction. In: Automation in Construction 150 (2023) 104845, 19 S.

ROPOHL, G.: Allgemeine Technologie. Eine Systemtheorie der Technik. 3., überarb. Auflage. Universitätsverlag Karlsruhe, Karlsruhe 2009. – Zugl.: Karlsruhe, Univ., Habil.-Schrift, 1978. https://www.ksp.kit.edu/site/books/10.5445/KSP/1000011529/download/3620/ (Link zuletzt geprüft: 03.10.2024)

ROPOHL, G.: Allgemeine Systemtheorie. Einführung in transdisziplinäres Denken. 1. Auflage. Nomos, Baden-Baden 2012.

ROSENSTIEL, L. VON: Grundlagen der Führung. In: Führung von Mitarbeitern. Handbuch für erfolgreiches Personalmanagement. Hrsg.: L. von Rosenstiel; E. Regnet; M. E. Domsch. 7., überarb. Auflage. Schäffer-Poeschel, Stuttgart 2014, S. 3 – 28.

ROSENSTIEL, L. VON: Theorie qualitativer Forschung. Organisationsanalyse. In: Qualitative Forschung. Ein Handbuch. Hrsg.: U. Flick; E. von Kardorff; I. Steinke. 13. Aufl. Rororo Rowohlts Enzyklopädie; 55628. Rowohlt Taschenbuch Verlag, Reinbek bei Hamburg 2019, S. 224 – 238.

ROTH, P. A.: Meaning and Method in the Social Sciences: A Case for Methodological Pluralism. Cornell University Press, Ithaca (NY) 1989.

ROWLEY, J.; SLACK, F.: Conducting a literature review. In: Management Research News 27 (2004) 6, S. 31 – 39.

RÜEGG-STÜRM, J.; GRAND, S.: Das St. Galler Management-Modell. Management in einer komplexen Welt. UTB; Bd. 5092. Haupt, Bern [u. a.] 2019.

RUMP, J.; EILERS, S.: Mobile Work: Neue Perspektiven für das Homeoffice. In: Arbeiten in der neuen Normalität: sieben Trilogien für die neue Arbeitswelt. Hrsg.: J. Rump; S. Eilers. SpringerGabler, Berlin [u. a.] 2022, S. 129 – 156.

SAATY, T. L.: The Analytic Hierarchy Process: Decision Making in Complex Environments. In: Quantitative Assessment in Arms Control. Mathematical Modeling and Simulation in the Analysis of Arms Control Problems. Hrsg.: R. Avenhaus; R. K. Huber. Springer, Boston (MA) 1984, S. 285 – 308.

SAGERMANN, T.: [Pressemitteilung] SMS group ab 2023 in hochinnovativem Campus in Mönchengladbach. SMS group online, 20.11.2019. https://www.sms-group.com/de-de/presse-und-medien/pressemitteilungen/pressemitteilungen-detail/sms-group-ab-2023-in-hochinnovativem-campus-in-moenchengladbach (Link zuletzt geprüft: 03.10.2024)

SANDROCK, S.; STAHN, C.: Arbeits- und Gesundheitsschutz bei mobiler Arbeit. In: Ganzheitliche Gestaltung mobiler Arbeit. Hrsg.: ifaa. Springer Vieweg, Berlin [u. a.] 2020, S. 3 – 9.

SARAIVA, C.; MAMEDE, H. S.; SILVEIRA, M. C.; NUNES, M.: Transforming physical enterprise into a remote organization: Transformation impact: digital tools, processes and people. In: 2021 16th Iberian Conference on Information Systems and Technologies (CISTI). Hrsg.: Conferência Ibérica de Sistemas e Tecnologias de Informação / Asociación Ibérica de Sistemas y Tecnologías de Información. IEEE, Piscataway (NJ) 2021, S. 1 - 5. DOI: 10.23919/CISTI52073.2021.9476463

SCHERER, A. G.; MARTI, E.: Wissenschaftstheorie der Organisationstheorie. In: Organisationstheorien. Hrsg.: A. Kieser; M. Ebers. 8., erw. u. aktualis. Auflage. Verlag W. Kohlhammer, Stuttgart 2019, S. 17 – 44.

SCHILLING, J.: Didaktik /Methodik Sozialer Arbeit. Grundlagen und Konzepte: mit 40 Abbildungen, 5 Tabellen und 177 Lernfragen: mit Online-Material. 8. aktualis. Auflage. UTB Sozialpädagogik, Soziale Arbeit; Bd. 8311. UTB, Stuttgart 2020.

SCHLICK, C.; BRUDER, R.; LUCZAK, H.: Arbeitswissenschaft. 4. Auflage. Springer Vieweg, Berlin [u. a.] 2018.

SCHLICK, C. M.; BRUDER, R.; LUCZAK, H.: Arbeitswissenschaft. 3., vollst. überarb. u. erw. Auflage. Springer, Berlin [u. a.] 2010.

SCHMOLL, R.; SÜß, S.: Flexibles Arbeiten. In: WiSt – Wirtschaftswissenschaftliches Studium 50 (2021) 9, S. 16 – 20.

SCHOLTZ, K.: Wo das Homeoffice zu Hause ist. Beliebter Anglizismus. FAZ online, 18.04.2020. https://www.faz.net/aktuell/stil/trends-nischen/anglizismus-das-wort-home-office-wird-nur-im-deutschen-gebraucht-16727926.html Link zuletzt geprüft: 22.08.2024.

SCHÖNIG, W.: Typologie und Klassifikation in Sozialer Arbeit und Sozialpolitik. Ambivalenz und kritische Nutzung von Ordnungsschemata sozialer Probleme. Nomos, Baden-Baden 2019.

SCHRAMBÖCK, M.: Krise als Booster für neue Arbeits- und Organisationskonzepte. Praxisorientierter Leitfaden mit Handlungsanleitungen für KMU. Hrsg.: Bundesministerium für Digitalisierung und Wirtschaftsstandort [Österreich]. Wien, März 2021. https://www.bmaw.gv.at/dam/jcr:32867b2a-71dd-4e73-b070-623f04136663/Leitfaden%20Arbeits-%20und%20Organisationskonzepte_A4%20barrierefrei.pdf (Link zuletzt geprüft: 03.10.2024)

SCHREYÖGG, G.; GEIGER, D.: Organisation. Grundlagen moderner Organisationsgestaltung. Mit Fallstudien. 7. Auflage. Springer Gabler, Wiesbaden 2024.

SCHUH, G.; HERING, N.; BRUNNER, A.: Einführung in das Logistikmanagement. In: Logistikmanagement. Reihe Handbuch Produktion und Management; Bd. 6. Hrsg.: G. Schuh; V. Stich. Springer. 2012, S. 1 – 33.

SCHUH, G.; HERKENRATH, C.; BOOS, W.; HOEBORN, G.; BOENIG, J.: How to establish a lasting remote work concept in organizations: A classification for the operational design of remote work. In: Hawaii International Conference on System Sciences 2024 (HICSS-57)4, S. 767 – 776.

SCHUH, G.; KELZENBERG, C.; HELBIG, J.; GRABERG, T.: Kompetenzprofile in einer digital vernetzten Produktion: Veränderungen in Kompetenzanforderungen und Handlungsempfehlungen für eine anforderungsgerechte Weiterbildung in der metallverarbeitenden Industrie. Working Paper Forschungsförderung; Nr. 198. Hrsg.: Hans-Böckler-Stiftung, Düsseldorf 2020. https://www.boeckler.de/fpdf/HBS-007909/p_fofoc_WP_198_2020.pdf (Link zuletzt geprüft: 03.10.2024)

SCHUH, G.; SCHMIDT, C.: Grundlagen des Produktionsmanagements. In: Produktionsmanagement. Hrsg.: G. Schuh; C. Schmidt. Reihe Handbuch Produktion und Management; Bd. 5. Springer Vieweg, Berlin [u. a.] 2014, S. 1 – 62.

SCHULTE-ZURHAUSEN, M.: Organisation. 5., überarb. u. aktualis. Auflage. Vahlen, München 2010.

SCHÜPBACH, H.: Arbeitstätigkeit und Arbeitshandeln in soziotechnischen Systemen – ein Beitrag zur Diskussion. In: Arbeit und Gesundheit. Zum aktuellen Stand in einem Forschungs- und Praxisfeld. Hrsg.: P. G. Richter; R. Rau; S. Mühlpfordt. Pabst Science Publishers, Lengerich 2007, S. 28 – 41.

SCHÜTH, N. J.; HARTMANN, V.: Technik. In: Ganzheitliche Gestaltung mobiler Arbeit. Hrsg.: ifaa. Springer Vieweg, Berlin [u. a.] 2020, S. 17 – 21.

SCHÜTH, N. J.; STAHN, C.: Mensch. In: Ganzheitliche Gestaltung mobiler Arbeit. Hrsg.: ifaa. Springer Vieweg, Berlin [u. a.] 2020, S. 23 – 32.

SEIBOLD, B.: Büroarbeit der Zukunft – neue Freiheiten, neue Zwänge? wzb online, 18.09.2023. https://wzb.eu/de/forschung/digitalisierung-und-gesellschaftlicher-wandel/globalisierung-arbeit-und-produktion/projekte/blog-postpandemische-konstellation/bueroarbeit-der-zukunft-neue-freiheiten-neue-zwaenge (Link zuletzt geprüft: 03.10.2024)

SHANNON, C. E.: The mathematical theory of communication. In: The Bell System Technical Journal (1948) 27, S. 623 – 656.

SHIN, D.; WYSK, R. A.; ROTHROCK, L.: An investigation of a human material handler on part flow in automated manufacturing systems. In: IEEE Transactions on Systems, Man, and Cybernetics – Part A: Systems and Humans 36 (2006) 1, S. 123 – 135.

SIEGL, A.: Remote Working Skills: Empirical Evidence on the Relevance and Needs from Six EU Countries. Research report within the framework of the project 'REMSKA – Remote Working Skills for All'. Mai 2021. https://www.researchgate.net/publication/359060396_Remote_Working_Skills_Empirical_Evidence_on_the_Relevance_and_Needs_from_Six_EU_Countries (Link zuletzt geprüft: 03.10.2024)

SIEMENS AG (HRSG.): [Pressemitteilung] Siemens etabliert mobiles Arbeiten als Kernelement der „neuen Normalität". Siemens online, 16.07.2020. https://press.siemens.com/global/de/pressemitteilung/siemens-etabliert-mobiles-arbeiten-als-kernelement-der-neuen-normalitaet (Link zuletzt geprüft: 03.10.2024)

SIETE (HRSG.): Engineering Design. Introduction to Engineering Design and Problem Solving. University of Arkansas, Fayetteville 1995. https://webpages.charlotte.edu/~jmconrad/hsed/intr_0in.pdf (Link zuletzt geprüft: 03.10.2024)

SIGWART, H.-J.: Wirklichkeitswissenschaft und Ordnungswissenschaft: Eric Voegelins Auseinandersetzung mit Max Weber. In: Zeitschrift für Politik 54 (2007) 4, S. 379 – 407.

SIMSA, R.; PATAK, M.: Leadership in Non-Profit-Organisationen. Die Kunst der Führung ohne Profitdenken. 2., aktualis. Auflage. Linde, Wien 2016.

SODEUR, W.: Empirische Verfahren zur Klassifikation. Studienskripten zur Soziologie; Bd. 42. Teubner, Stuttgart 1974.

SPECK, A.: Homeoffice ist gut, hybride Arbeitsmodelle sind besser. In: Best of springerprofessional.de: Management + Führung. Hrsg.: A. Amerland; M. Paefgen-Laß; A. Speck. Springer Gabler, Wiesbaden [u. a.] 2022, S. 21 – 23.

SPITZ-OENER, A.: Technical Change, Job Tasks, and Rising Educational Demands: Looking outside the Wage Structure. In: Journal of Labor Economics 24 (2006) 2, S. 235 – 270.

STACHOWIAK, H.: Allgemeine Modelltheorie. Springer, Wien [u. a.] 1973.

STATISTA (HRSG.): Homeoffice und mobiles Arbeiten. https://de.statista.com/statistik/studie/id/86464/dokument/homeoffice-und-mobiles-arbeiten/ (Link zuletzt geprüft: 03.10.2024)

STATISTISCHES BUNDESAMT (HRSG.): Klassifikation der Wirtschaftszweige 2008 (WZ 2008). Statistisches Bundesamt, Wiesbaden 2008. https://www.destatis.de/DE/Methoden/Klassifikationen/Gueter-Wirtschaftsklassifikationen/Downloads/klassifikation-wz-2008-3100100089004-aktuell.pdf?__blob=publicationFile (Link zuletzt geprüft: 03.10.2024)

STATISTISCHES BUNDESAMT (HRSG.): Bevölkerung – Zahl der Einwohner in Deutschland nach Altersgruppen am 31. Dezember 2022. Hrsg.: Statista Research Department. Statista online, 10.06.2024. https://de.statista.com/statistik/daten/studie/1112579/umfrage/bevoelkerung-in-deutschland-nach-altersgruppen/)Link zuletzt geprüft: 02.10.2024)

STROHM, O.: Unternehmen arbeitspsychologisch bewerten. Ein Mehr-Ebenen-Ansatz unter besonderer Berücksichtigung von Mensch, Technik und Organisation. Reihe Mensch – Technik – Organisation; Bd. 10. vdf Hochschulverlag AG an der ETH Zürich, Zürich 1997.

TEMPLIER, M.; PARÉ, G.: A Framework for Guiding and Evaluating Literature Reviews. In: Communications of the Association for Information Systems (2015) 37, S. 113 – 137.

TÖPFER, A.: Lean Management und Six Sigma: Die wirkungsvolle Kombination von zwei Konzepten für schnelle Prozesse und fehlerfreie Qualität. In: Lean Six Sigma. Erfolgreiche Kombination von Lean Management, Six Sigma und Design for Six Sigma. Springer, Berlin 2009, S. 25 – 68.

TORRES-CARRIÓN, P. V.; GONZÁLEZ-GONZÁLEZ, C. S.; ACIAR, S.; RODRÍGUEZ-MORALES, G.: Methodology for systematic literature review applied to engineering and education. In: 2018 IEEE Global Engineering Education Conference (EDUCON). Hrsg.: IEEE. Piscataway (NJ) 2018, S. 1364 – 1373.

TURSUNBAYEVA, A.; DI LAURO, S.; ANTONELLI, G.: Remote Work at the Time of COVID-19 Pandemic and Beyond: A Scoping Review. In: HR Analytics and Digital HR Practices. Hrsg.: S. R. Mondal; F. Di Virgilio; S. Das. Springer, Singapur 2022, S. 127 – 169.

ULICH, E.: Arbeitssysteme als Soziotechnische Systeme – eine Erinnerung. In: Journal Psychologie des Alltagshandelns / Psychology of Everyday Activity 6 (2013) 1, S. 4 – 12.

ULICH, E.: Unternehmensgestaltung im Spannungsfeld von Stabilität und Wandel. Neue Erfahrungen und Erkenntnisse, Bd. 2Reihe Mensch – Technik – Organisation; Bd. 47. vdf Hochschulverlag an der ETH Zürich, Zürich 2016.

ULRICH, H.: Die Betriebswirtschaftslehre als anwendungsorientierte Sozialwissenschaft. In: Die Führung des Betriebes. Curt Sandig zu seinem 80. Geburtstag gewidmet. Hrsg.: M. Geist; R. Köhler. Pöschel, Stuttgart 1981, S. 1 – 26.

ULRICH, H.: Gesammelte Schriften. Haupt, Bern [u. a.] 2001.

ULRICH, H.; DYLLICK, T.; PROBST, G. J. B.: Management. Schriftenreihe Unternehmung und Unternehmungsführung; Bd. 13. Haupt, Bern {u. a.] 1984.

ULRICH, P.; HILL, W.: Wissenschaftstheoretische Grundlagen der Betriebswirtschaftslehre. In: WiSt – Wirtschaftswissenschaftliches Studium: Zeitschrift für Ausbildung und Hochschulkontakt 5 (1976) 7, S. 304 – 390.

VARANZ STARN, T.: Lean Six Sigma. International standards and global guidelines. 2. Auflage. CRC Press, Boca raton (FL) 2018.

VISTA: Work where you work best. https://careers.vista.com/remote-first/ (Link zuletzt geprüft: 03.10.202).

VOGL, G.; NIES, G.: Mobile Arbeit. Betriebs- und Dienstvereinbarungen. Analyse und Handlungsempfehlungen. Bund-Verl., Frankfurt am Main 2013. https://www.boeckler.de/fpdf/HBS-005508/mbf_bvd_mobile_arbeit.pdf (Link zuletzt geprüft: 03.10.2021)

VOLKSWAGEN GROUP SERVICES GMBH: Unternehmenskultur & Benefits. https://www.volkswagen-groupservices.com/karriere/unternehmenskultur-benefits#c575 (Link zuletzt geprüft: 22.08.2024).

VOM BROCKE, J.: Referenzmodellierung. Gestaltung und Verteilung von Konstruktionsprozessen. Advances in Information Systems and Management Science; Bd. 4. 2. Auflage. Logos, Berlin 2015. – Zugl.: Münster, Univ.; Diss., 2002.

VOM BROCKE, J.; SIMONS, A.; NIEHAVES, B.; RIEMER, K.; CLEVEN, A.: Reconstructing the Giant: On the Importance of Rigour in Documenting the Literature Search Process. In: Proceedings of the 17th European Conference on Information Systems 17 (2009), S. 2206 – 2217. https://aisel.aisnet.org/ecis2009/161/ (Link zuletzt geprüft: 03.10.2024)

WALDEN, D.; ROEDLER, G.; FORSBERG, K.; DOUGLAS, H.; THOMAS, S.: Systems engineering handbook. A guide for system life cycle processes and activities. INCOSE-TP-2003-002-04 2015. 4. Auflage. Wiley, San Diego (CA) [u. a.] 2015.

WANG, B.; LIU, Y.; QIAN, J.; PARKER, S. K.: Achieving Effective Remote Working During the COVID-19 Pandemic: A Work Design Perspective. In: Applied psychology = Psychologie appliquee 70 (2021) 1, S. 16 – 59.

WASCHULL, S.; BOKHORST, J.; WORTMANN, J. C.; MOLLEMAN, E.: The redesign of blue- and white-collar work triggered by digitalization: collar matters. In: Computers & Industrial Engineering (2022) 165, S. 1 – 14.

WEBSTER, J.; WATSON, R. T.: Analyzing the Past to Prepare for the Future: Writing a Literature Review. In: MIS Quarterly 26 (2002) 2, S. 13 – 23.

WELTER, M.: Die Forschungsmethode der Typisierung: Charakteristika, Einsatzbereiche und praktische Anwendung. In: WiSt – Wirtschaftswissenschaftliches Studium 35 (2006) 2, S. 113 – 116.

WERNECKE, P.: Von der Ausnahme zur Regel in Rekordzeit. In: Personalmagazin Hauf 23 (2021) 10, S. 22 – 26.

WESTERMANN, G.; FINGER, S.; GIERETH, S.; HOFFMANN, S.; KÄHLER, M.; KÖLLE, V.; POPALL, M.; REIMERS, D.; RICHTER, J.; RÜCKRIEM, K.; SCHULZ, I.; SICORELLO, S.; THURISCH, H.; WENDT, S.: Kosten-Nutzen-Analyse. Einführung und Fallstudien. 2., neu bearb. u. erw. Auflage. Erich Schmidt Verlag, Berlin 2021.

WIEMANN, M.; WEIBEL, A.; ZOLLIKER, L.: Zwischen Wunsch und Wirklichkeit: Topmanager im Spannungsfeld organisationalen Wandels. In: Identität in der modernen Arbeitswelt. Neue Konzepte für Zugehörigkeit, Zusammenarbeit und Führung. Hrsg.: O. Geramanis; S. Hutmacher. Springer Gabler, Wiesbaden 2018, S. 161 – 176.

WIENER, N.: The human use of human beings: cybernetics and society. Da Capo Press, Cambridge (MA) [u. a.] 1988.

WISCHERMANN, B.; BEECK, V.: [Definition] Kontrolle. Gabler Wirtschaftslexikon online, 15.02.2018. https://wirtschaftslexikon.gabler.de/definition/kontrolle-41119/version-264490 Link zuletzt geprüft: 22.08.2024.

WITTE, H.: Allgemeine Betriebswirtschaftslehre. Lebensphasen des Unternehmens und betriebliche Funktion; mit Aufgaben. 2., völlig überarb. Auflage. Oldenbourg, München 2009.

WÜNDERLICH, N. V.; SCHUMANN, J. H.; WANGENHEIM, F. V.; HOLZMÜLLER, H. H.: Ferngesteuerte Dienstleistungen. Betriebswirtschaftliche Spezifika, Terminologie und Herausforderungen für das Management. In: Remote Services. Neue Formen der Internationalisierung von Dienstleistungen. Hrsg.: D. Holtbrügge; H. H. Holzmüller; F. v. Wangenheimer. Deutscher Universitäts-Verlag, Wiesbaden 2007, S. 3 – 26.

WYSS, C.: Zur Reflexionsfähigkeit und -praxis der Lehrperson. In: Bildungsforschung 5 (2008) 2, S. 1 – 16.

XIAO, Y.; WATSON, M.: Guidance on Conducting a Systematic Literature Review. In: Journal of Planning Education and Research 39 (2017) 1, S. 93 – 112.

YANG, L.; HOLTZ, D.; JAFFE, S.; SURI, S.; SINHA, S.; WESTON, J.; JOYCE, C.; SHAH, N.; SHERMAN, K.; HECHT, B.; TEEVAN, J.: The effects of remote work on collaboration among information workers. In: Nature human behaviour 6 (2022) 1, S. 43 – 54.

YIN, R. K.: Case study research. Design and methods. 3. Auflage. Applied social research methods series; Bd. 5. Sage, Thousand Oaks (CA) 2007.

YUAN, Y.; ZHENG, W.: Mobile Task Characteristics and the Needs for Mobile Work Support: A Comparison between Mobile Knowledge Workers and Field Workers. In: 2009 Eighth International Conference on Mobile Business. IEEE, Piscataway (NJ) 2009, S. 7 – 11.

ZAKHAROV, D. K.: Organization of Remote Work of Employees in Modern Conditions. In: Proceedings of the International Scientific Conference "Smart Nations: Global Trends In The Digital Economy". Hrsg.: S. I. Ashmarina; V. V. Mantulenko; M. Vochozka. Lecture Notes in Networks and Systems (LNNS); Bd. 398. Springer, Cham [u. a.] 2022, S. 26 – 32.

ZANGEMEISTER, C.: Nutzwertanalyse in der Systemtechnik. Eine Methodik zur multidimensionalen Bewertung und Auswahl von Projektalternativen. 4. Auflage. Wittemann, München 1976. Zugl.: Berlin (West), Techn. Univ., Diss., 1970.

ZELEWSKI, S.: Grundlagen. In: Betriebswirtschaftslehre; Bd. 1. Hrsg.: H. Corsten; M. Reiß. 4., vollst. überarb. u. wesentlich erw. Auflage. Oldenbourg, München [u. a.] Wien 2008, S. 1 – 97.

ZELEWSKI, S.: Grundlagen. In: Betriebswirtschaftslehre. Hrsg.: H. Corsten; M. Reiß. 3., vollst. überarb. und wesentlich erw. Auflage. Oldenbourg, München [u. a.] 1999, S. 1 – 125.

ZEW (HRSG.): Umfrage zur erwarteten Veränderung der Homeoffice-Nutzung in der Informationswirtschaft und im Verarbeitenden Gewerbe bis Juni 2025. Statista Research Department, 03.01.2024. https://de.statista.com/statistik/daten/studie/1406991/umfrage/erwartete-veraenderung-der-homeoffice-nutzung-nach-branchen/ (Link zuletzt geprüft: 03.10.2024)

ZHANG, N.; GUO, X.; WANG, F.; CHEN, G.; WEI, Q.: Task-Technology Fit in Mobile Work: Exploring the Links between Task Attributes and Technology Characteristics. In: 2011 10th International Conference on Mobile Business. IEEE, Piscataway (NJ) 2011, S. 268 – 274.

ZUKUNFTSINSTITUT (Hrsg.): 13 Trends für die Zukunft der Arbeit. Megatrendstudie. Zukunftsinstitut, Frankfurt am Main 2023.

Anhang

A1 Literaturrecherche Suchstrings zu Suchräumen

Digitale Datenbank	Suchstring Suchraum 1
Scopus	TITLE-ABS-KEY ((remote AND work) AND (design) AND (framework OR concept))
Springer Link	(design AND "remote work" AND (framework OR concept)) *in the discipine „Business and Management" and „Engineering"*
IEEE Explore	("All Metadata":remote AND "All Metadata":work) AND ("All Metadata":design) AND ("All Metadata":framework OR "All Metadata":concept)
Google Scholar	allintitle: remote work framework OR concept OR design
Digitale Datenbank	**Suchstring Suchraum 2**
Scopus	TITLE-ABS-KEY ((Task OR Tätigkeit OR Job OR Occupation OR Beruf OR Arbeit) AND (Analysis OR Characteristics OR Merkmale OR Analyse) AND ("Mobile Work" OR Homeoffice OR "Remote Work" OR Telearbeit OR Telework OR "Mobile Arbeit"))
Springer Link	(Task OR Tätigkeit OR Job OR Occupation OR Beruf OR Arbeit) AND (Analysis OR Characteristics OR Merkmale OR Analyse) AND ("Mobile Work" OR Homeoffice OR "Remote Work" OR Telearbeit OR Telework OR "Mobile Arbeit") *in the discipine „Business and Management" and „Organization"*
IEEE Explore	(Task OR Tätigkeit OR Job OR Occupation OR Beruf OR Arbeit) AND (Analysis OR Characteristics OR Merkmale OR Analyse) AND ("Mobile Work" OR Homeoffice OR "Remote Work" OR Telearbeit OR Telework OR "Mobile Arbeit")
Google Scholar	allintitle: Task OR Tätigkeit OR Job OR Occupation OR Beruf OR Arbeit OR Analysis OR Characteristics OR Merkmale OR Analyse OR Mobile Work OR Homeoffice OR Remote Work OR Telearbeit OR Telework OR Mobile Arbeit
Digitale Datenbank	**Suchstring Suchraum 3**
Scopus	TITLE-ABS-KEY (occupation OR job OR task OR work) AND TITLE-ABS-KEY ((producing OR manufacturing) AND industry) AND TITLE-ABS-KEY (classification OR taxonomy OR typification)
IEEE Explore	("All Metadata": occupation OR "All Metadata": job OR "All Metadata": task OR "All Metadata": work) AND ("All Metadata": producing OR "All Metadata": manufacturing) AND ("All Metadata": industry) AND ("All Metadata": classification OR "All Metadata": taxonomy OR "All Metadata": typification)
Springer Link	("human occupation" OR "human task" OR "human job" OR "human work") AND ("producing industry" OR "manufacturing industry") AND (classification OR taxonomy OR typification)
Google Scholar	allintitle:(occupation OR task OR job OR work) industry (classification OR taxonomy OR typification)
Digitale Datenbank	**Suchstring Suchraum 4**
Scopus	TITLE-ABS-KEY ("organization* design") OR ("organization* redesign") OR (design "work systems") OR ("organizational theories") AND ALL ("organization* change" OR transformation) AND TITLE-ABS-KEY (model* OR framework OR "method*")
Web of Science	"organization* design" OR "organization* redesign" OR (design "work systems") OR "organizational theories" (Topic) and model* OR framework OR method* (Abstract) and "organization* change" OR transformation (All Fields)
Springer Link	Organisationale Veränderungen OR Transformation, Gestaltung der Organisationen OR Gestaltung der Arbeitssysteme OR Gestaltungsmethode der Organisation OR Rahmen OR Model* OR Method*
Google Scholar	allintitle ("organization* design" OR "organization* redesign" OR (design AND "work systems") OR "organizational theories") AND (model* OR framework OR method*) AND ("organization* change" OR transformation)

A2 Erweiterung Ergebnisse Literaturrecherche

Konzeptioneller Ordnungsrahmen der organisationalen Kontrolle bei der Einführung von Remote-Work (eigene Darstellung i. A. a. ERRICHIELLO U. PIANESE 2016, S. 288)

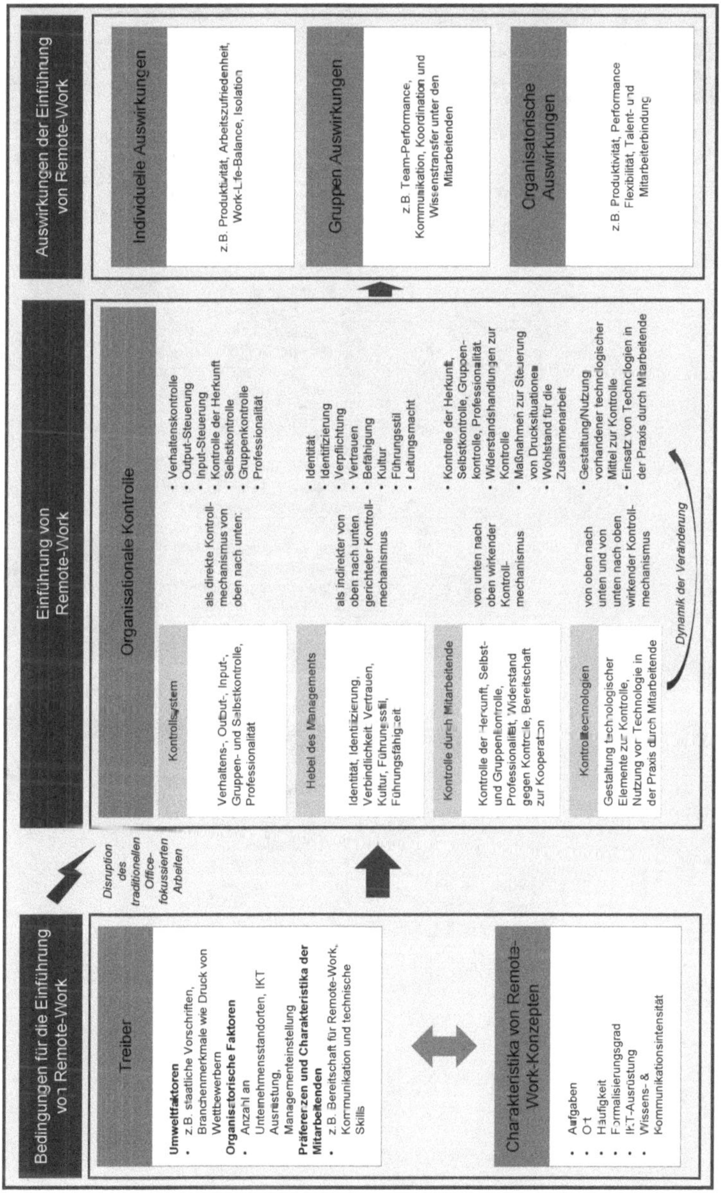

Zentrale Einflussfaktoren auf die Umsetzung des Homeoffice nach MÜLLER, M. 2021, S. 127–128

Ebene	Zentrale Themenfelder	Unternehmen	Aspekte
Organisation	Formelle Rahmenbedingungen	Betriebsvereinbarungen	Häufigkeit und Form von Homeoffice Arbeitszeitmodell
		Arbeitsrecht	Ausstattung zu Hause Arbeitszeit
	Technologische Rahmenbedingungen	Ausstattung	Hardware und Software Zugänge zum Firmennetz
		IT-Support	Hilfe/Reparaturen Datenschutz
	Informelle Rahmenbedingungen	Unternehmensstrategie	Mitarbeitendenbindung/-gewinnung Wirtschaftlichkeit/Kosten Platzerspamis
		Unternehmenskultur	Vertrauens- vs. Präsenzkultur Einstellung gegenüber der Geschäftsführung
Interaktion	Team	Führung	Vertrauen anstatt Kontrolle Führen über Ziele Akzeptanz und Erlaubnis von Führungskraft Aufweichen der Präsenzkultur An Beschäftigte im Homeoffice denken
		Teammitglieder	Gerechte Nutzung von Homeoffice Angst vor Nichterreichbarkeit Angst vor weniger Teamgefühl Akzeptanz und Unterstützung von Teammitgliedern
	Kommunikation	Kommunikation von Angeboten	Informationen über Regelungen und Möglichkeiten Informationen oder Workshops zu Teamorganisation und Kommunikation Informationen zu neuen Technologien
		Arbeitsbezogene Kommunikation	Angst vor Informationsverlust Besprechungskultur und Wunsch nach spontanen Meetings Angst vor schwieriger Erreichbarkeit Regelmäßige Kommunikation
		Sozialer Austausch	Bedeutung von persönlichem Kontakt Angst vor Isolation
Individuum	Präferenzen	Flexibilität	Wunsch nach Vereinbarkeit Anpassung an persönliche Bedürfnisse
		Karriere	Angst vor weniger Sichtbarkeit Angst vor Informationsverlust
		Grenze Arbeit – Privatleben	Angst vor ständiger Erreichbarkeit Angst vor Mehrarbeit
	Kompetenzen	Eigenständigkeit	Eigenmotivation Selbstorganisation Disziplin, Zielstrebigkeit Verlässlichkeit Fachkompetenz
		Gesundes Arbeiten	Abschalten können Ergonomisch Abreiten
		Technologische Kompetenz	Umgang mit Technologien Kommunikation über Medien
	Personenbezogene Rahmenbedingungen	Arbeitsaufgabe	Abgegrenzte Aufgaben Konzentration benötigt Keine Präsenzpflicht keine Führungsaufgaben
		Lebenssituation	Alter und Geschlecht Gesundheit Distanz zum Arbeitsplatz Situation zu Hause

Modell der organisationalen Kontrollbereiche von Remote-Work (eigene Darstellung i. A. a PIANESE ET AL. 2022, S. 4)

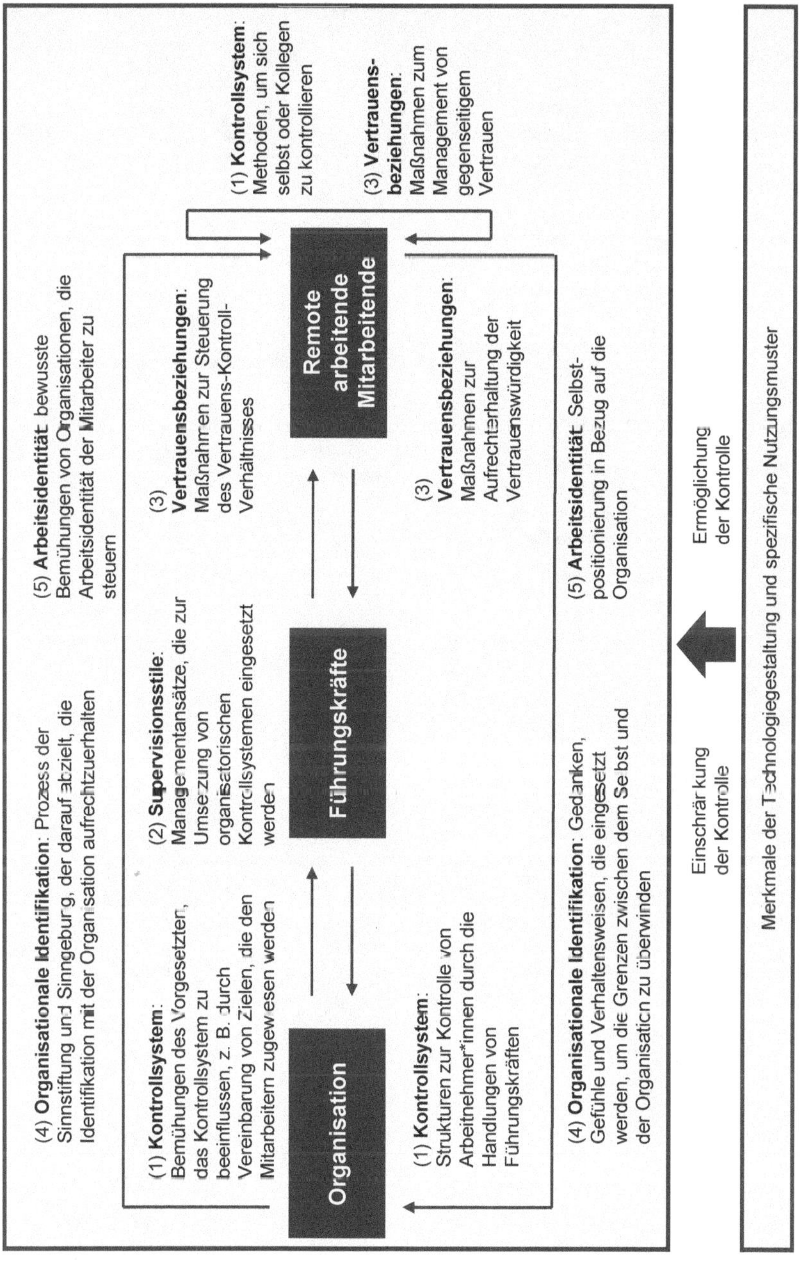

Hard Skills und Soft Skills in produzierenden Unternehmen unter dem Paradigma Industrie 4.0 (eigene Darstellung i. A. a. ACERBI ET AL. 2019, S. 9)

Hard Skills	Soft Skills
• Umgang mit additiven Fertigungsverfahren Simulationstechnik • Produktdesign, Verständnis von IoT • Festlegung von Richtlinien (Datenschutz, Sicherheit); Datenbankdesign; Überwachung von Lebenszyklen und Aktivitäten • Umsetzung von Mensch-Maschine-Kommunikation; Software und -Interaktion • Festlegung von Geschäftsmodellen • Analyse, Visualisierung und Pflege von Daten • Nutzung von digitalen Technologien, Datenanalysetools und Wissenssystemen • Programmierung • Prozess-, Projekt- und Ressourcenmanagement • Planung von Instandhaltungsaktivitäten • Analyse von externen Bedürfnissen • Management von betrieblichen Aktivitäten • Bewertung von Technologieeinfluss, Risiko und Sicherheit • Industrielles Prozesswissen	• Kompromiss-, Kooperations-, Kommunikations- und Konfliktlösungsfähigkeit • Fähigkeit zum Wissenstransfer • Fähigkeit, unter Druck zu arbeiten • Ambiguitätstoleranz • Einhaltung von Vorschriften • Kreativität • Kritisches Denken • Entscheidungsfindung • Effizienzorientierung • Flexibilität • Selbständiges Denken, Selbstmanagement • Interkulturelle Kompetenz und Sprachkenntnisse • Führungsqualitäten und Managementfähigkeiten • Motivation zum Lernen • Multidisziplinarität • Organisation und Teamarbeit • Forschungskompetenz und Sozialkompetenz • Strategisches und nachhaltiges Denken

A3 Forschungsprojekt DecentraLEAD

Das Forschungsprojekt „DecentraLEAD – Entwicklung eines Vorgehens zum Einsatz KMU-spezifischer Managementinstrumente für die Gestaltung dezentraler Arbeitsplatzkonzepte“ hat zum Ziel, KMU durch praxisnahe und passgenaue Managementinstrumente zeitnah zu befähigen, dezentrale Arbeitsplatzkonzepte erfolgreich umzusetzen und ihre Potenziale zu nutzen. Das IGF-Vorhaben 22844 N der Forschungsvereinigung FIR e. V. an der RWTH Aachen, Campus-Boulevard 55, 52074 Aachen, wird im Rahmen des Programms zur Förderung der industriellen Gemeinschaftsforschung (IGF) vom Bundesministerium für Wirtschaft und Klimaschutz (BMWK) aufgrund eines Beschlusses des Deutschen Bundestages gefördert. Es erstreckte sich über einen Zeitraum von zwei Jahren, von Februar 2023 bis Februar 2025.

Aufgrund beschränkter personeller und finanzieller Ressourcen mangelt es kleinen und mittleren Unternehmen an adäquaten und maßgeschneiderten Managementinstrumenten zur Ausgestaltung dezentraler Arbeitsplatzkonzepte. Daraus ergibt sich die zentrale Forschungsfrage des Projekts:

„Welche informellen und formellen Managementinstrumente eignen sich für den Einsatz in KMU, um den Erfolg dezentraler Arbeitsplatzkonzepte zu gewährleisten?“.

Die zentrale Forschungsfrage wird in fünf Unterforschungsfragen aufgeschlüsselt:

1. Was sind die Erfolgsfaktoren für die Umsetzung dezentraler Arbeitsplatzkonzepte und wie können diese in ein Self-Assessment für KMU überführt werden?
2. Welche Anforderungen ergeben sich für die Managementinstrumente zur Gestaltung dezentraler Arbeitsplatzkonzepte in KMU?
3. Welche informellen sowie formellen Managementinstrumente sind für die Gestaltung dezentraler Arbeitsplatzkonzepte geeignet und was sind Herausforderungen der Einführung?
4. Welche Wechselwirkungen sind zwischen den Managementinstrumenten in der Umsetzung zu berücksichtigen?
5. Wie gestaltet sich ein Baukasten zur Auswahl und eine Roadmap zur Einführung KMU-gerechter Managementinstrumente für dezentrale Arbeitsplatzkonzepte?

Die Implementierung dezentraler Arbeitsplatzkonzepte eröffnet neue Herausforderungen für Führungskräfte in Unternehmen. Um kleinen und mittleren Unternehmen die erfolgreiche Umsetzung dieser Konzepte zu ermöglichen, bedarf es der Bereitstellung praxisorientierter Managementinstrumente, die speziell auf die Anforderungen des dezentralen Arbeitens zugeschnitten sind. Die systematische Analyse bestehender Literatur, vorangegangener Forschungsprojekte und die Ermittlung von Praxisbedarfen führen zur formulierten Forschungsfrage, welche spezifischen Managementinstrumente für kleine und mittlere Unternehmen zur Implementierung dezentraler Arbeitsplatzkonzepte geeignet sind. Um sicherzustellen, dass die entwickelten Instrumente praktisch anwendbar sind, wird der Fokus auf die Besonderheiten von KMU gelegt. Dabei werden potenzielle negative Wechselwirkungen zwischen den identifizierten Managementinstrumenten proaktiv in die Gestaltung der Roadmap für ihre Implementierung einbezogen. Zentrales Ergebnis des Forschungsprojekts bildet eine individuelle Roadmap, welche die Auswahl und Integration geeigneter formeller und informeller Managementinstrumente erleichterten. Diese Roadmap befähigt KMU dazu, dezentrale Arbeitsplatzkonzepte effizient und praxisnah umzusetzen.

Das Forschungsprojekt integriert aktiv Industriepartner, die auf vielfältige Weise, beispielsweise durch Expert*inneninterviews, Fokusgruppen und Fallstudien, maßgeblich die Ergebnisse prägen. Diese Einbindung ermöglicht eine praxisnahe Ausrichtung der Forschung und gewährleistet eine hohe Relevanz der Ergebnisse für die Industrie. Zusätzlich werden im Rahmen der Projektlaufzeit insgesamt vier Projekttreffen durchgeführt, die Treffen des sog. projektbegleitenden Ausschusses (PbA). Diese Treffen dienen dazu, den Fortschritt des Projekts zu evaluieren, offene Fragen zu diskutieren und die

Zusammenarbeit zwischen Forschungseinrichtung und Industriepartnern zu intensivieren. Durch den regelmäßigen Austausch und die kontinuierliche Einbindung wird eine erfolgreiche Umsetzung des Forschungsvorhabens sichergestellt und ermöglicht es, praxisrelevante Erkenntnisse zu generieren, die den Bedürfnissen der Industrie entsprechen. Teilnehmende Unternehmen im projektbegleitenden Ausschuss von „DecentraLEAD" sind die folgenden:

- Carl Zeiss SMT AG, Oberkochen
- DERICHS u KONERTZ Projektentwicklung GmbH, Aachen
- Fressnapf Holding SE, Krefeld
- GreenGate AG, Windeck
- Horváth & Partner GmbH, Stuttgart
- Kögel Feuerland, Backnang-Waldrems
- NAP automotive Produkte GmbH, Pforzheim
- SMS digital GmbH, Düsseldorf
- Viessmann Climate Solutions SE, Allendorf (Eder)
- WITTENSTEIN AG, Igersheim

A4 Literaturanalyse der Fokusfelder zur betrieblichen Gestaltung von Remote-Work – Vergleich bestehender Ansätze

Quellen / Fokusfeld	Arunprasad et al. (2022)	Baumgarten et al. (2022)	Borse et al. (2021)	Campbell & McDonald (2009)	Cuel et al. (2022)	Errichiello & Pianese (2016)	Galanxhi & Nah (2021)	Helmold (2022	Herrmann & Frey Cordes (2020)	Jöllenbeck et al. (2022)	Lindner (2005)	Metallo (2022)	Müller (2021)	Pianese et al. (2022)	Saraiva et al. (2021)	Wang et al. (2021)	Zakharov (2022)
Menschliche Fähigkeiten und Fertigkeiten	●	○	●	○	●	○	●	●	○	●	○	●	●	○	○	○	○
Tätigkeitsfeld	○	○	○	○	○	○	○	○	○	○	○	○	○	●	○	○	○
Persönliche Umwelt und Merkmale	●	○	○	●	●	●	○	●	●	○	○	○	●	●	○	○	○
Technischer Vernetzungsgrad	●	●	○	○	○	○	○	○	○	○	○	○	○	○	●	○	○
Technische Arbeitsplatzaus-stattung	○	●	○	○	○	○	●	○	●	○	●	○	○	○	○	○	○
Kollaboration innerhalb der Organisation	●	●	○	●	○	○	○	○	○	○	○	●	●	○	●	○	○
Kommunikation	○	●	○	○	●	●	○	●	○	○	●	○	●	○	●	○	○
Soziale Interaktionen und Beziehungen im Beruf	○	○	●	●	●	○	●	○	○	●	○	●	●	●	●	●	○
Branchenspezifika und Branchenpraxis	○	○	○	●	○	●	○	●	○	○	○	○	○	○	○	○	○
Organisationsstruktur und Rollen	○	○	○	○	●	●	○	●	○	○	○	○	○	○	○	○	●
Arbeits- und Gesundheitsschutz	○	○	○	○	○	○	○	○	○	●	●	●	●	○	●	○	○
Arbeitszeitregelung und Betriebsvereinbarung	○	○	○	○	○	○	○	●	○	○	●	○	●	○	●	○	○
Personelle Ressourcen und Arbeitsmarktstruktur	○	○	○	●	○	●	○	○	○	○	○	○	○	○	○	○	○
Unternehmenskultur	●	○	○	○	○	○	●	●	●	○	○	○	●	○	●	○	○
Freiräume und Selbstbestimmung	○	○	○	○	○	○	●	●	○	●	○	○	●	○	○	●	○
Performance und Performance-Management	○	○	○	○	○	○	○	●	○	●	○	●	●	●	○	●	○
Leadership und Management	●	○	●	○	○	○	○	●	●	●	●	○	●	●	○	○	●
Digitale Umgangsformen	○	●	○	○	○	○	●	○	○	○	○	○	○	●	●	●	○

Legende: ● Betrachtet ○ Nicht betrachtet

A5 Detailbeschreibung Fallstudien zu betrieblichen Gestaltungsparametern

Fallstudie 1 | Ahlheid et al. (2014, S. 29–34)

Die vorliegende Fallstudie nach Ahlheid et al. (2014) untersucht die hybride Wertschöpfung in verschiedenen Sektoren, darunter die Energiewirtschaft, das Gesundheitswesen und die Agrarwirtschaft, unter Einbeziehung eingebetteter Systeme. Diese Systeme ermöglichen die Kombination von Sachgütern mit entsprechenden Dienstleistungen. In der Energiewirtschaft ermöglichen Intelligente Systeme, den Energiebedarf detailliert zu erfassen, was den Energieproduzenten zugutekommt. Es ermöglicht zudem die Messung und Prognose des Energieangebots, wodurch der Strompreis entsprechend der aktuellen Nachfrage variiert. Anbieter*innen stellen zusätzlich kundenzentrierte Beratungsleistungen bereit. Im Gesundheitswesen tragen erhobene Bioparameter zur effizienten Umsetzung von Behandlungen bei, während Sensoren für bedarfsgerechte Wartungsarbeiten eingesetzt werden. In der Agrarwirtschaft unterstützt das Tracking von Landmaschinen eine optimierte Preisgestaltung.

Fallstudie 2 | Bun et al. (2021, S. 418–428)

Die von Bun et al. (2021) dargestellte Fallstudie analysierte die Einflussfaktoren hinsichtlich der Nutzung von Augmented-Reality-Brillen in der Arbeitspraxis von Fabrikarbeiter*innen und Ingenieur*innen. Augmented-Reality ermöglicht die Ergänzung des realen Sichtfeldes in Echtzeit um virtuelle Inhalte, die zur Bewältigung spezifischer Aufgaben relevant sind. Diese Technologie erweist sich insbesondere bei Instandhaltung, Überwachung und Inspektion von Maschinen als äußerst hilfreich. In Unternehmen mit großem Gelände reduziert die Nutzung von Augmented-Reality-Brillen vor Ort die Notwendigkeit von Expert*innenpräsenz und ermöglicht es bei physischer Abwesenheit, die Situation zu beurteilen. Ferner können angemessene grafische Hilfestellungen bereitgestellt werden, um die Effizienz der Aufgabenbewältigung zu steigern. Diese Vorgehensweise ermöglicht eine beschleunigte Ausführung von Aufgaben und gleichzeitig Einsparungen von Reise- und Schulungskosten. Jedoch können eine langsame Internetverbindung und übermäßige Umgebungsgeräusche die Produktivitätssteigerung durch die Einbindung von Augmented-Reality-Brillen beeinträchtigen.

Fallstudie 3 | Grubic u. Peppard (2016, S. 161)

Die vorliegende Fallstudie von Grubic u. Peppard (2016) betrachtet Remote-Monitoring-Technologien als entscheidenden Antrieb für die hybride Wertschöpfung in produzierenden Unternehmen. Die Technologien ermöglichen es, neben dem physischen Produkt auch die Systemüberwachung anzubieten. Der Zustand des Produkts kann hierdurch rund um die Uhr überwacht werden. Des Weiteren erlauben Remote-Monitoring-Technologien die Prognose zukünftiger Verschleißerscheinungen, was die längerfristige Planung von Serviceterminen ermöglicht. In der analysierten Fallstudie werden konkrete Anwendungsfälle in Luft- und Raumfahrt-, Schifffahrts-, Transport- und Equipment-Unternehmen präsentiert und die entsprechenden Kundengruppen identifiziert.

Fallstudie 4 | Hao et al. (2019, S. 186–202)

Anhand zweier finnischer Technologieunternehmen werden die Chancen von cloudbasiertem Remote-Monitoring ausführlich untersucht, dargelegt von Hao et al. (2019). Hierbei wird nicht nur das Angebot herkömmlicher Produkte betrachtet, sondern auch die Möglichkeit der externen Überwachung als zusätzliche Dienstleistung erörtert. Im Gegensatz zum konventionellen Remote-Monitoring werden die Daten in dezentraler Form erfasst. Dies ermöglicht, unabhängig von der Standortbindung des Systems und des Service-Anbieters, den Zugriff auf die relevanten Informationen. Die technologische Innovation bringt signifikante Verbesserungen im Produktionsmanagement sowie in der allgemeinen Messbarkeit hervor.

Fallstudie 5 | JACKWERTH-RICE U. DJERDJ (2021, S. 16–35)

Der Einfluss der COVID-19-Pandemie auf Transformationsprozesse in verschiedenen Unternehmen wird von JACKWERTH-RICE U. DJERDJ (2021) in der im Folgenden betrachteten Fallstudie dargelegt. Ein österreichisches mittelständisches Unternehmen im Bereich Oberflächenveredlung verzeichnete tragbare Umsatzeinbußen während der COVID-19-Pandemie, stoppte jedoch geplante Investitionen in Forschungsvorhaben aufgrund finanzieller Unsicherheiten und beeinträchtigter Lieferketten. Ein deutsches Unternehmen im Sensortechnikbereich konzentrierte sich auf die Entwicklung von Sensoren für chemische Energieträger wie Wasserstoff, trotz Umsatzeinbußen und Kurzarbeit. Ein deutsches mittelständisches Unternehmen im Maschinen- und Anlagenbau wurde durch einen bereits initiierten digitalen Wandel während der COVID-19-Pandemie geringfügig durch die Krise beeinträchtigt. Ein internationales Unternehmen im Bereich Medizintechnik riskierte trotz der COVID-19-Pandemie hohe Kosten für klinische Studien, um Marktzulassungen für neue Produkte zu erhalten. Zudem fand die Reorganisation von Teams zur Minimierung von Kontakten statt. Eine deutsche Konzerngesellschaft im Bahninfrastrukturbereich war gezwungen, innovative Produktlösungen zu produzieren, während die Geschäftsaktivitäten kaum durch die COVID-19-Pandemie beeinträchtigt wurden. Dies beschleunigte die Digitalisierung des Unternehmens.

Fallstudie 6 | LEE (2018, S. 118–138)

In der Fallstudie nach LEE (2018) hat die Anzahl der remote arbeitenden Mitarbeitenden in den letzten Jahren deutlich zugenommen. Die Mitarbeitenden zeigen oft eine höhere Produktivität und verursachen im Allgemeinen geringere Kosten für Unternehmen. Allerdings besteht bei ihnen häufig eine geringere Bindung zu Kolleg*innen und dem Unternehmen insgesamt, was bei einzelnen zu einem Rückgang des Engagements führt. Aufbauend ist relevant, zu betrachten, wie die Herausforderung der Bindung von remote arbeitenden Mitarbeitenden an das Unternehmen zur Stärkung des Engagements umgesetzt werden kann.

Fallstudie 7 | LEONARDELLI (2022, S. 1–11)

LEONARDELLI (2022) betrachtet in der Fallstudie die Führung von remote arbeitenden Mitarbeitenden und fokussiert dabei eine zentrale Herausforderung: die Schaffung einer gemeinsamen Gruppenidentität trotz der physischen Distanz. Ebenso wird betont, dass es für Führungskräfte entscheidend ist, die individuellen Bedürfnisse der Mitarbeitenden zu priorisieren. Dies inkludiert eine Work-Life-Balance, bei welcher die gezielte Abgrenzung von Arbeit und Freizeit erfolgreich umgesetzt wird. In der Fallstudie wird davon ausgegangen, dass Remote-Work langfristig bestehen bleibt und Unternehmen vermehrt hybride Modelle etablieren werden, welche traditionelle Büropräsenz mit ortsunabhängiger Arbeit verbinden.

Fallstudie 8 | LINDNER (2018, S. 13–55)

In der Fallstudie von LINDNER (2018) wird der digitale Wandel in KMU betrachtet. Schwerpunkte bilden digitale Arbeitsplätze, Arbeit 4.0, Digital Leadership und Agilität. Die Beschreibung basiert auf der Perspektive von über 20 Vertreter*innen deutscher KMU. In KMU wird zunehmend Wert darauf gelegt, Arbeitsplätze digital zu gestalten. Dadurch sind Mitarbeitende nicht mehr zwingend an physische Bürostandorte gebunden, um ihre Aufgaben zu erfüllen. Dies birgt jedoch auch gesundheitliche Risiken durch eine mögliche Entgrenzung der Arbeit. Die Flexibilisierung der Arbeit ermöglicht zudem eine verstärkte Ansprache internationaler Fachkräfte. Dennoch erfordert dies eine Anpassung der Arbeitsumgebungen an die neuen Anforderungen. Es ist jedoch zu beachten, dass nicht alle Mitarbeitenden in KMU digital und agil arbeiten möchten, weshalb auch auf diese Bedürfnisse Rücksicht genommen werden muss, um eine inklusive Arbeitsumgebung zu schaffen.

Fallstudie 9 | MARTINS (2022, S. 32–42)

Während der COVID-19-Pandemie wurden viele Mitarbeitende eines großen E-Commerce-Unternehmens in Irland in Remote- oder Hybridarbeitsmodelle überführt. Die Fallstudie von MARTINS (2022), die auf Interviews mit 25 Mitarbeitenden basiert, untersuchte, wie die Mitarbeitenden den Wandel ihres Arbeitsplatzes während der Krise wahrgenommen haben. Die Untersuchung konzentrierte sich darauf, qualitative Einblicke in die individuellen Erfahrungen und Perspektiven der Befragten zu gewinnen. Etwa die Hälfte der Befragten zeigte sich offen für die neuen Arbeitsmodelle und sah darin eine Möglichkeit zur Flexibilisierung und Effizienzsteigerung. Andere äußerten jedoch Bedenken hinsichtlich der Verschmelzung von Arbeit und Privatleben sowie der potenziellen Überlastung und Ablenkungen bei Remote-Work. Das Unternehmen reagierte auf diese Herausforderungen, indem es entsprechende Vorteile und Unterstützungsmaßnahmen implementierte, um die Work-Life-Balance zu fördern und mögliche Stressfaktoren zu minimieren.

Fallstudie 10 | May u. Carter (2000, S. 171–184)

Mit dem rasanten Fortschritt digitaler Technologien haben sich die Arbeitsweisen in vielen Branchen drastisch verändert. Die betrachtete Fallstudie von May u. Carter (2000) widmet sich den Erfahrungen von 40 Ingenieur:innen, die bei einem bedeutenden Automobilzulieferer an verschiedenen Standorten in Europa tätig sind. Die Studie bietet einen Einblick in die frühe Nutzung virtueller Arbeitsmodelle in der Industrie. Im Fokus der Darlegungen steht das Erleben der Einführung virtueller Arbeitsmethoden und die Auswirkungen auf die tägliche Arbeit. Dabei stehen neben den technischen Aspekten die psychologischen und organisatorischen Herausforderungen im Vordergrund, die mit der Umstellung auf virtuelle Arbeitsumgebungen einhergehen. Positive Effekte wie eine gesteigerte Produktivität und potenzielle Kosteneinsparungen werden durch die Einführung der neuen Arbeitsmodelle identifiziert.

Fallstudie 11 | Schramböck (2021, S. 18–49)

Die Fallstudie von Schramböck (2021) betrachtet Handlungsstrategien, um aktuelle Krisen als Chance zur Förderung der Transformation ihrer Arbeits- und Organisationskonzepte zu nutzen. Betrachtet werden KMU. In diesem Zusammenhang werden verschiedene Schlüsselthemen adressiert, darunter die Digitalisierung und die Entwicklung digitaler Geschäftsmodelle, Maßnahmen zur Gewährleistung von Cybersecurity, innovative Ansätze im Bereich New Work sowie neue Führungskonzepte, die den Anforderungen einer digitalen Arbeitswelt gerecht werden. Überdies werden auch Aspekte des Generationenmanagements innerhalb der Belegschaft sowie bewährte Handlungsstrategien für KMU behandelt.

Fallstudie 12 | Yang et al. (2022, S. 43–52)

Die Fallstudie von Yang et al. (2022) betrachtet eine Analyse des Kommunikationsverhaltens von Wissensarbeiter*innen in den USA während der ersten sechs Monate des Jahres 2020. Während dieser Zeit, die von der COVID-19-Pandemie geprägt war und vermehrt zu Remote-Work führte, werden die Kommunikationsmuster intensiv untersucht. Es wird beobachtet, dass die Kommunikation zwischen den Mitarbeitenden zunehmend anonymisiert umgesetzt wird, was zu einem Rückgang des Informationsaustauschs zwischen verschiedenen Abteilungen führt. Ebenso wird ein verstärkter Einsatz asynchroner Kommunikationsmittel, wie E-Mails und Messaging-Plattformen, festgestellt. Es wird hinterfragt, ob die Effizienz der Zusammenarbeit beeinträchtigt. Schwerpunkte der Betrachtung bilden Herausforderungen, welche während der COVID-19-Pandemie in Bezug auf effektive Kommunikation und Zusammenarbeit aufgekommen sind. Es ist hervorzuheben, dass es sich bei der betrachteten Situation um eine Krisenzeit und einen Ausnahmezustand handelt. Die Fallstudie betont die Notwendigkeit einer gezielten Anpassung der Kommunikationsstrategien, um den Anforderungen der neuen Arbeitsumgebung gerecht zu werden.

A6 A-priori-Modell Literaturanalyse-Einflussmatrix

Legende

- Kein Wirkungszusammenhang in der Literatur abgeleitet
- Potenzieller Wirkungszusammenhang in der Literatur abgeleitet (grau)

		steuern / regeln	ordnen	registrieren	überwachen	entwerfen	andere führen	sich selbst führen
M	Leistung und Motivation						Siegl 2021, S. 30	Quatram u. van Kempen 2021, S. 408
M	Fachliche Fähigkeiten und Fertigkeiten					Baumgarten et al. 2022, S. 172	Baumgarten et al. 2022, S. 172; Siegl 2021, S. 30	Baumgarten et al. 2022, S. 172; Siegl 2021, S. 30
M	Persönliche Haltung zu Remote-Work						Baumgarten et al. 2022, S. 173; Meyerhuber 2021, S. 248	Baumgarten et al. 2022, S. 173; Meyerhuber 2021, S. 248
M	Arbeitsidentität						Meyerhuber 2021, S. 134	
M	Technik- und Digitalkompetenz	Siegl 2021, S. 29–30; Schuh et al. 2020, 38ff.	Siegl 2021, S. 29–30; Schuh et al. 2020, 38ff. Schuh et al. 2020, 38ff.	Siegl 2021, S. 29–30; Schuh et al. 2020, 38ff.	Siegl 2021, S. 29–30; Schuh et al. 2020, 38ff.	Siegl 2021, S. 29–30; Schuh et al. 2020, 38ff.	Evsan 2019, S. 139	Quatram u. van Kempen 2021, S. 408; Siegl 2021, S. 30
T	IT-Struktur	Bruhn 2020, S. 45–49	Bruhn 2020, S. 45–49	Bruhn 2020, S. 45–49	Bruhn 2020, S. 45–49	Bruhn 2020, S. 45–49	Bruhn 2020, S. 45–49	Bruhn 2020, S. 45–49
T	Arbeitsgegenstand	Bruhn 2020, S. 21–41; Schuh et al. 2020, S. 71; Wunderlich et al. 2007, S. 14–17	Bruhn 2020, S. 21–41; Wunderlich et al. 2007, S. 14–17	Bruhn 2020, S. 21–41; Wunderlich et al. 2007, S. 14–17	Bruhn 2020, S. 21–41; Wunderlich et al. 2007, S. 14–17	Bruhn 2020, S. 21–41; Wunderlich et al. 2007, S. 14–17	Bruhn 2020, S. 21–41	Bruhn 2020, S. 21–41
O	IT-Governance	Gervalla u. Hajrizi 2022, 325ff.	Gervalla u. Hajrizi 2022, 325ff.	Gervalla u. Hajrizi 2022, 325ff.	Gervalla u. Hajrizi 2022, 325ff.	Gervalla u. Hajrizi 2022, 325ff.	Evsan 2019, S. 138	

O	Wissenskreation, -transfer und Kommunikationsprozesse			Jagusch et al. 2021, 828ff.		Jagusch et al. 2021, 828ff.	Jagusch et al. 2021, 828ff.; Ludwig 2019, S. 114ff.	
O	Branchenspezifika und Kundenvorgaben	Wünderlich et al. 2007, S. 14–17				Franke et al. 2022, 348ff.	Wünderlich et al. 2007, S. 17	
O	Fachkräftebedarf						Alonso 2019, S. 330ff.	
O	Rechtliche Vorgaben			Donath u. Engelmann 2023, S. 30	Donath u. Engelmann 2023, S. 30			
O	Organisationsstruktur, –prozesse und Raum						Bruhn 2020, S. 3–11	
O	Betriebsvereinbarung	Wernecke 2021, S. 22–26	Wernecke 2021, S. 22–26	Wernecke 2021, S. 22–26			Wernecke 2021, S. 22–26; Bruhn 2020, S. 21–41	
K	Unternehmensweit gelebte Kultur				Bruhn 2020, S. 53	Evsan 2019, S. 138	Bruhn 2020, S. 53; Evsan 2019, S. 138	
K	Performance Management und Leistungsmessung				Helmold 2022, 209ff.			
K	Persönlicher Gestaltungsspielraum und Autonomie				Ludwig 2019, S. 114	Ludwig 2019, S. 114	Ludwig 2019, S. 114; Herget 2021, S. 35; Bruhn 2020, S. 53	Ludwig 2019, S. 114
K	Führungsverhalten des Top-Managements	Bruhn 2020, S. 53; Evsan 2019, S. 138	Bruhn 2020, S. 53; Evsan 2019, S. 138	Bruhn 2020, S. 53; Evsan 2019, S. 138	Bruhn 2020, S. 53; Evsan 2019, S. 138	Bruhn 2020, S. 53; Evsan 2019, S. 138	Bruhn 2020, S. 53; Evsan 2019, S. 138	
K	Führungsstil des Vorgesetzten	Bruhn 2020, S. 53; Evsan 2019, S. 138	Bruhn 2020, S. 53; Evsan 2019, S. 138	Bruhn 2020, S. 53; Evsan 2019, S. 138	Bruhn 2020, S. 53; Evsan 2019, S. 138	Bruhn 2020, S. 53; Evsan 2019, S. 138	Bruhn 202, S.53 Evsan S.138	Bruhn 2020, S. 53; Evsan 2019, S. 138
K	Teamkultur und Mindset	Bruhn 2020, S. 53; Evsan 2019, S. 138	Bruhn 2020, S. 53; Evsan 2019, S. 138	Bruhn 2020, S. 53; Evsan 2019, S. 138	Bruhn 2020, S. 53; Evsan 2019, S. 138	Bruhn 2020, S. 53; Evsan 2019, S. 138	Bruhn 2020, S. 53; Evsan 2019, S. 138	Bruhn 2020, S. 53; Evsan 2019, S. 138

A7 Leitfaden semistrukturierte Interviews

Der vorliegende Leitfaden wurde zur Durchführung der semistrukturierten Interviews verwendet, mit dem Ziel, die Intensität der bestehenden Wirkungsbeziehungen aus einer praxisorientierten Perspektive zu erfassen. Zu Beginn erfolgte eine ausführliche Erläuterung der drei Intensitätsstufen, gefolgt von der Beantwortung etwaiger Rückfragen. Die Interviewten wurden daraufhin durch gezielte Fragestellungen geleitet, um ihre Einschätzung bezüglich der Intensität sowie eine entsprechende Begründung hierfür zu erlangen. Jede Gestaltungsdimension von Remote-Work-Konzepten mit den Gestaltungsparametern sowie die remotefähigen Tätigkeitsmerkmale in produzierenden Unternehmen wurden durch die Interviewerin umfangreich erörtert.

Gestaltungsdimension Mensch

1. Haben die Gestaltungsparameter *Leistungsbereitschaft und Motivation, Fachliche Fähigkeiten und Fertigkeiten, Persönliche Haltung zu Remote-Work, Arbeitsidentität* und *Technik- und Digitalkompetenz* einen Einfluss auf mein Remote-Arbeiten der Tätigkeitsmerkmale:

a.) Fernsteuern und -regeln

b.) Hierarchisches Einteilen und inhaltliches Sortieren

c.) Pflegen von Daten und dokumentieren von Informationen

d.) Prüfen und kontrollieren

e.) Technisches Entwerfen, inhaltliches Entwerfen und grafisches Abbilden

f.) Anweisen und informieren, planen, beraten und befähigen, Entwickeln von Zielen und Rahmenstrukturen, motivieren und moderieren

g.) Sich-informieren und -befähigen sowie reflektieren

Gestaltungsdimension Technik

2. Haben die Gestaltungsparameter *IT-Struktur* und *Arbeitsgegenstand* einen Einfluss auf mein Remote-Arbeiten der Tätigkeitsmerkmale:

a.) Fernsteuern und -regeln

b.) Hierarchisches Einteilen und inhaltliches Sortieren

c.) Pflegen von Daten und Dokumentieren von Informationen

d.) Prüfen und kontrollieren

e.) Technisches Entwerfen, inhaltliches Entwerfen und grafisches Abbilden

f.) Anweisen und informieren, planen, beraten und befähigen, Entwickeln von Zielen und Rahmenstrukturen, motivieren und moderieren

g.) Sich informieren und -befähigen sowie reflektieren

Gestaltungsdimension Organisation

3. Haben die Gestaltungsparameter *IT-Governance, Wissenskreation, -transfer und Kommunikationsprozesse, Branchenspezifika und Kundenvorgaben, Fachkräftebedarf, rechtliche Vorgaben, Organisationsstruktur, -prozesse und Raum* und *Betriebsvereinbarung* einen Einfluss auf mein Remote-Arbeiten der Tätigkeitsmerkmale:

a.) Fernsteuern und -regeln

b.) Hierarchisches Einteilen und inhaltliches Sortieren

c.) Pflegen von Daten und Dokumentieren von Informationen

d.) Prüfen und kontrollieren

e.) Technisches Entwerfen, inhaltliches Entwerfen und grafisches Abbilden

f.) Anweisen und informieren, planen, beraten und befähigen, Entwickeln von Zielen und Rahmenstrukturen, motivieren und moderieren

g.) Sich informieren und -befähigen sowie reflektieren

Gestaltungsdimension Kultur

4. Haben die Gestaltungsparameter *Unternehmensweit Gelebte Kultur, Performance-Management und Leistungsmessung, Persönlicher Gestaltungsspielraum und Autonomie, Führungsverhalten des Top-Managements, Führungsstil des*der Vorgesetzten* und *Teamkultur und Mindset* einen Einfluss auf mein Remote-Arbeiten der Tätigkeitsmerkmale:

a.) Fernsteuern und -regeln

b.) Hierarchisches Einteilen und inhaltliches Sortieren

c.) Pflegen von Daten und Dokumentieren von Informationen

d.) Prüfen und kontrollieren

e.) Technisches Entwerfen, inhaltliches Entwerfen und grafisches Abbilden

f.) Anweisen und informieren, planen, beraten und befähigen, Entwickeln von Zielen und Rahmenstrukturen, motivieren und moderieren

g.) Sich informieren und -befähigen sowie reflektieren

A8 Auswertungsübersicht abstrahierter Interviewergebnisse

Interview I01

- Leistungsbereitschaft und Motivation sind entscheidende Faktoren für die Produktivität und den Erfolg der Mitarbeitenden.
- Leistung ist nicht mit kontrollierter Leistung gleichzusetzen.
- Perspektive auf gesteigerte Leistungsfähigkeit durch Remote-Work fördert intrinsische Motivation.
- Technisches und inhaltliches Entwerfen sowie grafisch abbildende Tätigkeiten werden remote konzentrierter und effizienter durchgeführt.
- Führungsverhalten und Aufgabenlenkung sind wesentlich.
- Fehlen einer physischen Verbindung kann Motivation beeinträchtigen.
- Selbstführung und Reflexion sind entscheidend.

Interview I02

- Art und Vielfalt der Aufgaben sowie der Karriereweg spielen eine wichtige Rolle bei der Motivation der Mitarbeitenden.
- Aufgabenmix der Tätigkeiten ist ausschlaggebend für die Motivation der Mitarbeitenden.
- Bei der Verwaltung von Daten und Dokumentieren von Informationen ist die IT-Struktur entscheidend für die effektive Führung.
- Digitales Arbeiten erfordert ein differenziertes Gespür, um Zustimmung oder Ablehnung zu erkennen und entsprechend zu reagieren.
- Der Beratungsmodus unterscheidet sich, je nachdem, ob die Interaktion digital oder persönlich erfolgt.
- Die Ermöglichung von Selbstbefähigung durch Remote-Work hängt oft von der mentalen Haltung und der Unternehmenskultur ab.

Interview I03

- In Krisenzeiten, wie während der COVID-19-Pandemie, mussten Motivationsstrategien an die neue Situation angepasst werden.
- Die gelebte Unternehmenskultur und Autonomie sowie Vertrauen sind für den Erfolg von Remote-Work entscheidend.
- Präsenz des Top-Managements und aktives Einbeziehen der Mitarbeitenden haben spürbare Wirkung auf Motivation und Leistung.
- Die Wahrnehmung des persönlichen Gestaltungsspielraums variiert je nach Arbeitsumgebung.
- Führung durch digitales Engagement und gesunde Work-Life-Balance sind herausfordernd.

Interview I04

- Führungskräfte im Produktionsumfeld können oft nicht remote arbeiten, wenn physische Präsenz erforderlich ist.
- Digitale Lösungen zur Arbeitszeiterfassung und Freigabe von Dokumenten sind entscheidend für die Transparenz.
- Traditionsunternehmen mit starker Betonung der physischen Anwesenheit haben Schwierigkeiten bei der Umstellung auf Remote-Work.
- Besondere Aufgaben erfordern oft physische Präsenz, z. B. die Erstellung von Abschlüssen mit papiergebundenen Prozessen.
- Betriebsvereinbarungen, die kein Remote-Work ermöglichen, beeinflussen alle Tätigkeiten.

Interview I05

- Direkt gemessene Leistung motiviert extrinsisch.
- Selbstführung und die Fähigkeit zur Selbstreflexion steigern Effizienz und identifizieren Leistungslücken.
- Digitale Anweisungen und das Gespür für Zustimmung oder Ablehnung sind entscheidend.
- Der Austausch von Fachwissen beeinflusst die Effizienz und den Erfolg der durchgeführten Aufgaben.
- Die eigene Führung wird durch Informationsbeschaffung und Beteiligung geprägt.
- Technisches Entwerfen, inhaltliches Entwerfen und grafisches Abbilden erfordern ein hohes Maß an Kreativität und die Fähigkeit, innovative Ideen zu entwickeln.

Interview I06

- Physische Trennung bei Remote-Work erschwert informellen Austausch und kann Leistung und Motivation beeinträchtigen.
- Austausch von Fachwissen beeinflusst Qualität und Effizienz der Arbeit.
- Eine reibungslose Kommunikation und Zusammenarbeit sind entscheidend für Produktionsprozesse.
- Die Gestaltung und Strukturierung von Prozessen müssen kontinuierlich überprüft werden, um den Anforderungen gerecht zu werden.
- Die effektive Gestaltung von Kommunikationsprozessen spielt eine entscheidende Rolle in der Wissenskreation, dem -transfer und den Kommunikationsprozessen innerhalb einer Organisation.
- IT-Governance und Datenschutz sind für die moderne Kommunikationslandschaft entscheidend.

Interview I07

- Papierbasierte Dokumente in der Produktion stellen Herausforderungen dar.
- Ein digitales Wissensmanagement-Tool ist entscheidend für die effiziente Verwaltung von Informationen.
- Silobildung wurde während der COVID-19-Pandemie verstärkt und stellt eine Herausforderung für die Zusammenarbeit dar.
- Innovationszentren (Hauptgeschäftsstelle) haben oft einen größeren persönlichen Gestaltungsspielraum.

Interview I08

- Technisches Entwerfen, inhaltliches Entwerfen und grafisches Abbilden erfordern ein hohes Maß an Kreativität und die Fähigkeit, innovative Ideen zu entwickeln.
- Der Arbeitsgegenstand (z. B. Simulationssoftware) ist entscheidend für die effiziente Durchführung von Remote-Work.
- Die Verwaltung von Informationen über Softwareprogramme und Plattformen ist wesentlich für die moderne Arbeitsumgebung.
- Rechtliche Vorgaben wie TISACS sind für die Datensicherung in der Automobilindustrie entscheidend

Interview I09

- Remote-Work fördert die Rekrutierung und Bindung von Fachkräften, besonders in der IT-Branche.
- Automatisierung und Digitalisierung der Arbeitsprozesse sind notwendig, um Fachkräfte zu entlasten.
- Direkte Zusammenarbeit vor Ort kann bei physischen Gütern entscheidend sein, um Probleme sofort zu erkennen und zu lösen.
- Effiziente Remote-Work erfordert Anpassungen an die bestehende Organisationsstruktur.

Interview I10

- Das Ausmaß der Abstraktion zeigt einen signifikanten Zusammenhang mit der Leistung.
- Gestaltung und Strukturierung von Prozessen müssen kontinuierlich überprüft werden, um den Anforderungen gerecht zu werden.
- Der persönliche Gestaltungsspielraum und die Autonomie hängen eng mit der Art der durchgeführten Tätigkeit zusammen.
- Anpassung traditioneller Arbeitsmodelle an den Bewerbermarkt ist entscheidend für die Rekrutierung.
- Der Wissensfluss und die Verfügbarkeit von Informationen sind für die Produktivität zentral.
- Effektive IT-Governance ist entscheidend für die Koordination und Kommunikation.

Interview I11

- Führungskräfte und deren Präsenz sind entscheidend.
- Digitale Führung und die Anpassung an virtuelle Teams sind notwendig.
- Die gelebte Unternehmenskultur beeinflusst maßgeblich das Engagement der Mitarbeitenden und die Effektivität der Arbeitsprozesse.
- Die persönliche Interaktion bei sensiblen Themen bleibt wichtig, um nonverbale Signale zu erfassen.
- Der Austausch vor Ort wird als Zeichen der Wertschätzung angesehen und bleibt relevant.

A9 Auslöser und zugehörige Herausforderungen

Auslöser Positionierung	Herausforderung	Quelle
Arbeitgeberattraktivität fördern	Erhöhter psychologischer Druck in arbeitsfreier Zeit durch fehlende räumliche Trennung von Arbeit und Freizeit	ARNOLD ET AL. 2015, S. 9; BONIN ET AL. 2020, S. 26 FLOOD 2019, S. 2
	Erschwerter Aufbau sozialer Bindungen im beruflichen Kontext durch geringere räumliche Nähe zum Team und Vorgesetzten	ARNOLD ET AL. 2015, S. 9 FLOOD 2019, S. 2; ALTUN U. HARTMANN 2019, S. 14; BORSE ET AL. 2021, S. 3; SCHÜTH U. STAHN 2020, S. 24
	Risiko sozialer Isolation durch fehlende persönliche Interaktionen im Alltag	METALLO ET AL. 2022, 102, 107; SANDROCK U. STAHN 2020, S. 8; FLOOD 2019, S. 2
	Verlängerung der Arbeitszeit bei Arbeit außerhalb des Büros durch fehlende räumliche Abschnitte	ARUNPRASAD ET AL. 2022, S. 3 YANG ET AL. 2022, S. 48; SANDROCK U. STAHN 2020, S. 8
	Erhöhte Eigenverantwortlichkeit der Mitarbeitenden bei der Umsetzung von Gesundheitsschutzmaßnahmen im Arbeitsumfeld	ARUNPRASAD ET AL. 2022, S. 11; ALTUN U. HARTMANN 2019, S. 15; SANDROCK U. STAHN 2020, 3f.; SCHÜTH U. HARTMANN 2020, S. 19
	Erhöhte Belastung der Mitarbeitenden durch Konflikte zwischen Arbeitszeiten und Care-Arbeit	BONIN ET AL. 2020, 13, 84; BORSE ET AL. 2021, S. 2
	Erschwerter Einstieg in das Berufsleben durch räumliche Abgrenzung	BONIN ET AL. 2020, S. 86
Ablauforganisation digitalisieren	Veränderte Anforderungen an Arbeitsweisen durch neue Arbeitsumgebungen für Mitarbeitende	ARUNPRASAD ET AL. 2022, S. 3; YANG ET AL. 2022, S. 48; SCHÜTH U. HARTMANN 2020, S. 17; SANDROCK U. STAHN 2020, S. 8
	Veränderte Anforderungen an effektive Teamarbeit durch räumliche Distanz der Teammitglieder	YANG ET AL. 2022, S. 48; METALLO ET AL. 2022, 113f.
	Veränderte Anforderungen an Funktionalität der Betriebsabläufe im digitalen Raum	ALTUN U. HARTMANN 2019, S. 14
	Veränderte Anforderungen bei der Ausrichtung der Kommunikationsstrukturen	SCHÜTH U. HARTMANN 2020, S. 19; METALLO ET AL. 2022, S. 109; FLOOD 2019, 1ff.
	Veränderte Anforderungen an Wissenstransfer durch asynchrone Kommunikationswege	YANG ET AL. 2022, S. 50; SARAIVA ET AL. 2021, S. 2
	Veränderte Prozesse zur Entscheidungsfindung durch asynchrone Abstimmungen	FLOOD 2019, S. 2; YANG ET AL. 2022, S. 48
	Veränderte Anforderungen an informelle Wissensaustauschprozesse durch räumliche Abgrenzung	YANG ET AL. 2022, S. 48; ARUNPRASAD ET AL. 2022, S. 12
	Veränderte Anforderungen an Zusammenarbeit durch unterschiedliche Digitalkompetenzen der Mitarbeitenden	BONIN ET AL. 2020, S. 112; SCHÜTH U. HARTMANN 2020, S. 17
Krisensicherheit aufbauen	Aufwand durch proaktive Vorbereitung von Strategien zur erhöhten Reaktionsfähigkeit für Krisensicherheit	BONIN ET AL. 2020, S. 138; ARUNPRASAD ET AL. 2022, S. 4
	Erhöhte Anforderungen an Mobilität der technischen Ausstattung für Krisensicherheit	ARNOLD ET AL. 2015, S. 9; BONIN ET AL. 2020, S. 13; HARTMANN ET AL. 2012, S. 14; SANDROCK U. STAHN 2020, S. 8
	Erhöhte Anforderungen an Funktionalität der digitalen Betriebsabläufe für Krisensicherheit	HARTMANN ET AL. 2012, S. 14

Auslöser Entwicklung	Herausforderung	Quelle
Teamzusammenarbeit optimieren	Erhöhter organisatorischer Aufwand bei asynchroner Zusammenarbeit mit verschiedenen Arbeitsmodellen	SARAIVA ET AL. 2021, S. 2; FLOOD 2019, S. 2–3
	Erhöhter organisatorischer Aufwand bei synchroner Zusammenarbeit durch Terminfindung	ARNOLD ET AL. 2015, S. 9; ARUNPRASAD ET AL. 2022, S. 12
	Hohe Vielfalt an individuellen Präferenzen des Arbeitsortes und -modells bei Mitarbeitenden	ALTUN U. HARTMANN 2019, S. 12–14; SANDROCK U. STAHN 2020, S. 8
	Veränderte Anforderungen an Kommunikationsmethoden und -tools bei räumlicher Trennung	BONIN ET AL. 2020, S. 77; METALLO ET AL. 2022, S. 108; FLOOD 2019, S. 3
	Veränderte Anforderungen an Arbeitszeiterfassungsvorgänge bei Diversifizierung des Arbeitsortes	BONIN ET AL. 2020, S. 137; ALTUN U. HARTMANN 2019, S. 12
	Veränderte Anforderungen an Mobilität der technischen Ausstattung für verschiedene Arbeitsmodelle	BONIN ET AL. 2020, S. 13; ARNOLD ET AL. 2015, S. 0; ALTUN U. HARTMANN 2019, S. 14; SARAIVA ET AL. 2021, S. 2
	Zusätzlicher, ungeplanter finanzieller Aufwand bei Neugestaltung der Arbeitsplatzausstattung	BONIN ET AL. 2020, 87,99,138; ARNOLD ET AL. 2015, S. 7; SANDROCK U. STAHN 2020, S. 8; SARAIVA ET AL. 2021, S. 2
	Erhöhte Anforderungen an Wissen von Mitarbeitenden zur ergonomischen Gestaltung des mobilen Arbeitsplatzes	BONIN ET AL. 2020, S. 34; SANDROCK U. STAHN 2020, S. 5
	Veränderte Anforderungen an interne Regularien für mobile Arbeitsplatzgestaltung	HAIPETER ET AL. 2021, S. 26
	Veränderte Datenschutzanforderungen durch dezentrale Speicherung von Daten	ALTUN U. HARTMANN 2019, S. 14; SCHÜTH U. HARTMANN 2020, S. 20
Kompetenzenzlücken schließen	Veränderte Anforderungen an Fähigkeiten zur Selbstführung in remote Teams	PIANESE ET AL. 2022, 10; SCHÜTH U. STAHN 2020, S. 23–29; ALTUN U. HARTMANN 2019, S. 14
	Veränderte Anforderungen an Führungskräfte bei eingeschränkter non-verbaler Kommunikation im digitalen Raum	FLOOD 2019, S. 2; ARUNPRASAD ET AL. 2022, S. 8
	Veränderte Anforderungen an Kontrollmechanismen für Führungskräfte im digitalen Raum	ARUNPRASAD ET AL. 2022, S. 8; FLOOD 2019, S. 2; ARNOLD ET AL. 2015, S. 9; SCHÜTH U. STAHN 2020, S. 23
	Veränderte Anforderungen an Führungstools zur ortsunabhängigen Führung	SCHÜTH U. STAHN 2020, S. 26; ARNOLD ET AL. 2015, S. 10; PIANESE ET AL. 2022, 2
	Veränderter Schulungsbedarf für digitale Fähigkeiten der Mitarbeitenden	ARUNPRASAD ET AL. 2022, S. 11; METALLO ET AL. 2022, S. 118; ALTUN U. HARTMANN 2019, S. 15
	Veränderte Kommunikationsbarrieren innerhalb von remote arbeitenden Teams und mit Führungskräften	FLOOD 2019, S. 2; PIANESE ET AL. 2022, 2; SCHÜTH U. STAHN 2020, S. 20
	Verändertes Kompetenzprofil für Mitarbeitende im Umgang mit Soft- und Hardware	BONIN ET AL. 2020, S. 112; HAIPETER ET AL. 2021, S. 26; ARUNPRASAD ET AL. 2022, S. 11; SCHÜTH U. STAHN 2020, S. 23
Unternehmenskultur harmonisieren	Veränderte Anforderungen an Vermittlung von Werten aufgrund räumlicher Distanz	FLOOD 2019, S. 2; ARUNPRASAD ET AL. 2022, S. 11
	Unterschiedliche Präferenzen bezüglich der Regelung von Remote-Work zwischen Mitarbeitenden und Führungskräften	METALLO ET AL. 2022, S. 108; ARNOLD ET AL. 2015, 12, 39
	Erhöhte temporäre Arbeitsbelastung für Mitarbeitende bei Transformation zu hybrider Arbeitskultur	ARUNPRASAD ET AL. 2022, S. 11; SANDROCK U. STAHN 2020, S. 7
	Aufwand zur Schaffung von Akzeptanz bei Etablierung von Remote-Work	ARUNPRASAD ET AL. 2022, S. 11; BONIN ET AL. 2020, S. 14; FLOOD 2019, S. 3
	Veränderte Anforderungen an den Aufbau einer Unternehmens- oder Teamidentität im digitalen Raum	ARUNPRASAD ET AL. 2022, S. 8; METALLO ET AL. 2022, S. 118; FLOOD 2019, S. 2

A10 Detailbeschreibung Herleitungen Maßnahmen und Bewertung

Übersicht betrachteter Fallstudien und Maßnahmenableitung

Nr. 1	**BURKE (2023) | The Future of Work at HubSpot**	**Branche: Software**
Maßnahmen	• Einrichtung eines ergonomisch gestalteten mobilen Arbeitsplatzes schulen und monetär unterstützen • Individuelle Arbeitsmodelle mit Verankerung von Remote-Work-Konzepten in Arbeitsverträgen ermöglichen • Führungskräfte durch kontinuierliche Trainings zur erfolgreichen Steuerung von Remote-Teams befähigen	
Nr. 2	**KLEIN (2021) | Pledge to Flex: The Future of Work at SAP Is 100 % Flexible and Trust Based**	**Branche: Software**
Maßnahmen	• Mitarbeitende durch State-of-the-Art-Hardwareausstattung zum standortunabhängigen Arbeiten befähigen • Erlebnis der Mitarbeitenden mit ortsungebundener Human-Experience-Management-Software verbessern	
Nr. 3	**3M COMPANY (2021) | New trust-based Approach allows 3Mers around the world to work their way**	**Branche: Technologie**
Maßnahmen	• Taskforce für die erfolgreiche Umsetzung eines Remote-Work-Konzepts zusammenstellen • Remote-Work-Konzepte in Unternehmenskultur mittels organisationsweiter Initiativen zur Akzeptanzförderung verankern	
Nr. 4	**ROBERT BOSCH GMBH (2024) | Gestalte deinen Arbeitsalltag mit Smart Work**	**Branche: Industrie**
Maßnahmen	• Individuelle Arbeitsmodelle mit Verankerung von Remote-Work-Konzepten in Arbeitsverträgen ermöglichen • Mitarbeitende anhand individueller Trainingsmaßnahmen aktiv in die Gestaltung hybrider Arbeitsmodelle einbeziehen	
Nr. 5	**GOFF-DUPONT (2021) | 18 virtual team building activities and games**	**Branche: Software**
Maßnahmen	• Virtuelle Kontaktpunkte und Teambuilding-Aktivitäten zur Stärkung des Teamgefüges etablieren	
Nr. 6	**HANDELSBLATT (2022) | Siemens bündelt Qualifizierung in eigener Digitalisierungsakademie**	**Branche: Industrie**
Maßnahmen	• Technik- und Digitalkompetenz von Shopfloor-Mitarbeitenden mit fortlaufenden Schulungsprogrammen ausbauen	
Nr. 7	**NOVET (2020) | Google will reimburse up to $1,000 for employees to buy work-from-home gear**	**Branche: Technologie**
Maßnahmen	• Einrichtung eines ergonomisch gestalteten mobilen Arbeitsplatzes schulen und monetär unterstützen	
Nr. 8	**RIEK (2024) | How to best support remote employees**	**Branche: Software**
Maßnahmen	• Wissensmanagement durch ortsungebundene Informationssoftware remote zugänglich bereitstellen	
Nr. 9	**ISO INSTITUT (2024a) | Einsatz von Field-Management-Systemen und Smart Devices für die Remote-Inbetriebnahme von Geräten**	**Branche: Klimatechnik**

Maßnahmen	• Smart Devices zur Performanceverbesserung von Shopfloor-Mitarbeitenden implementieren	
Nr. 10	**CHOUDHURY U. MA (2022) | Unilever: Remote-Work in Manufacturing**	**Branche: Konsumgüter**
Maßnahmen	• Fabrikautomation mit Anwendung von Künstlicher Intelligenz und digitalem Zwilling vorantreiben	
Nr. 11	**ISO INSTITUT (2024c) | Virtualisierte Unterstützung von Arbeitsprozessen und topologische Geländeerfassung mittels Photogrammetrie beim Bau von Solarparks**	**Branche: Solartechnik**
Maßnahmen	• Ortsunabhängige Echtzeit-Unterstützung mit Augmented-Reality-Techniken realisieren	
Nr. 12	**FARQUHAR U. CANNON-BROOKES (2021) | Our founders announce a giant leap in Remote-Work**	**Branche: Software**
Maßnahmen	• Remote-Work-Konzepte in Unternehmenskultur mittels organisationsweiter Initiativen zur Akzeptanzförderung verankern	
Nr. 13	**ARMSTRONG (2021) | Coinbase is a decentralized company, with no headquarters**	**Branche: Kryptowährung**
Maßnahmen	• Standortstruktur durch den Aufbau eines Hub-Netzwerks dezentralisieren	
Nr. 14	**MINNAAR (2021) | Zappos' Evolution: From Holacracy To Market-Based Dynamics**	**Branche: Einzelhandel**
Maßnahmen	• Organisationsstruktur an hybrides Arbeiten anpassen	
Nr. 15	**VISTA (2024) | Work where you work best**	**Branche: Marketing**
Maßnahmen	• Bestehende Standorte zu Collaboration-Centers mit modernen Arbeitsplatzkonzepten umgestalten	
Nr. 16	**SIEMENS AG (2020) | Siemens etabliert mobiles Arbeiten als Kernelement der „neuen Normalität"**	**Branche: Industrie**
Maßnahmen	• Taskforce für die erfolgreiche Umsetzung eines Remote-Work-Konzepts zusammenstellen	
Nr. 17	**SAGERMANN (2019) | SMS group ab 2023 in hochinnovativem Campus in Mönchengladbach**	**Branche: Maschinenbau**
Maßnahmen	• Anforderungen einer modernen Arbeitsumgebung durch innovative Arbeitsraumgestaltung der Bürofläche umsetzen	
Nr. 18	**VOLKSWAGEN GROUP SERVICES GMBH (2024) | Unternehmenskultur und Benefits**	**Branche: Automobilindustrie**
Maßnahmen	• Mitarbeitende durch State-of-the-art-Hardwareausstattung zum standortunabhängigen Arbeiten befähigen	
Nr. 19	**MERCEDES-BENZ GROUP (2024) | Hybrides Arbeiten bei Mercedes-Benz**	**Branche: Automobilindustrie**
Maßnahmen	• Individuelle Arbeitsmodelle mit Verankerung von Remote-Work-Konzepten in Arbeitsverträgen ermöglichen • Mitarbeitende anhand individueller Trainingsmaßnahmen aktiv in die Gestaltung hybrider Arbeitsmodelle einbeziehen	
Nr. 20	**BROCK (2021) | Remote-Work could be the future. Can your company's culture accommodate the shift?**	**Branche: Kryptowährung**

Maßnahmen	• Remote-Work-Konzepte in Unternehmenskultur mittels organisationsweiter Initiativen zur Akzeptanzförderung verankern	
Nr. 21	**EPRO GROUP (2024) | SBB BYTE, Bern**	**Branche: Verkehr**
Maßnahmen	• Anforderungen einer modernen Arbeitsumgebung durch innovative Arbeitsraumgestaltung der Bürofläche umsetzen	
Nr. 22	**ISO INSTITUT (2024b) | Mediengestützte Fehlerbehebung für mehr Serviceeffizienz**	**Branche: IT-Dienstleitsung**
Maßnahmen	• Smart Devices zur Performanceverbesserung von Shopfloor-Mitarbeitenden implementieren	

Maßnahmeneinordnung und Bewertung

Maßnahme 1 | Mitarbeitende durch State-of-the-Art-Hardwareausstattung zum standortunabhängigen Arbeiten befähigen

Die Einführung moderner Hardware, um standortunabhängiges Arbeiten zu ermöglichen, induziert signifikante Verbesserungen in der Arbeitskultur eines Unternehmens. Diese Maßnahme fördert damit die Motivation und Leistungsbereitschaft der Mitarbeitenden durch den Einsatz fortschrittlicher Technologien. Zudem trägt sie auch zur Erweiterung der fachlichen Kompetenzen bei. Der Prozess des Erlernens, innovative Hardware effizient zu nutzen, unterstützt zudem die Entwicklung der technischen und digitalen Fähigkeiten der Belegschaft. Eine kontinuierliche Modernisierung der IT-Infrastruktur sichert dabei die Qualität der Arbeitsergebnisse. Durch die Aktualisierung der IT-Governance werden Richtlinien für den Gebrauch der Technologien adaptiert, wodurch der Informationsaustausch und die Kollaboration über Distanzen hinweg erleichtert werden. Dies hat einen positiven Einfluss auf die Wissenskreation, den Transfer von Informationen und die Kommunikationsprozesse. Schließlich wird die Attraktivität des Unternehmens für potenzielle Fachkräfte erhöht, da das Unternehmen als Vorreiter in der Nutzung von Spitzentechnologien wahrgenommen wird. Die Maßnahme adressiert beide technischen Gestaltungsparameter, daher wird gemäß der Entscheidungsregel der Maßnahmenschwerpunkt in der Gestaltungsdimension Technik gesetzt. Hinsichtlich der Bildung der Maßnahmenbündel wird eine Konformität mit den Auslösern B, C und D festgestellt. Moderne Hardware ermöglicht eine reibungslose Digitalisierung von Arbeitsabläufen, was die Ablauforganisation effektiv unterstützt. Zudem gewährleistet technische Ausstattung auf dem neuesten Stand die Betriebskontinuität und verbessert die Krisenresilienz durch zuverlässige, standortunabhängige Arbeitsmöglichkeiten. Zuletzt wird die Teamzusammenarbeit gefördert, indem die Zugänglichkeit zu Kommunikations- und Kollaborationstools unabhängig vom Standort verbessert wird. Die Umsetzungszeit (2/10) der Maßnahme wird als gering eingeschätzt, da die technische Realisierung moderner Hardwareausstattungen oft plug-and-play-fähig ist und weniger individuelle Anpassungen als Softwarelösungen erfordert. Durch erhebliche Anschaffungskosten und den technischen Schwerpunkt wird der Umsetzungsaufwand (7/10) dagegen als hoch eingestuft.

Maßnahme 2 | Einrichtung eines ergonomisch gestalteten mobilen Arbeitsplatzes schulen und monetär unterstützen

Die Unterstützung bei der ergonomischen Gestaltung mobiler Arbeitsplätze durch Schulungen und finanzielle Förderungen steigert wesentlich die Leistungsbereitschaft und Motivation der Mitarbeitenden. Durch die Fokussierung gesundheitsförderlicher Arbeitsbedingungen wird das Wohlbefinden am Arbeitsplatz priorisiert, was zu einer positiveren Einstellung gegenüber Remote-Work führt. Zeitgleich macht diese Maßnahme das Unternehmen attraktiver für potenzielle Bewerber*innen und adressiert damit gezielt den Wettbewerb um Fachkräfte. Zudem wird durch die Beachtung ergonomischer und gesundheitlicher Vorgaben die Einhaltung relevanter rechtlicher Rahmenbedingungen sichergestellt. Ein Vorteil ist die Erleichterung der Integration von Remote-Work in Betriebsvereinbarungen, die klare Richtlinien für die Gestaltung von Heimarbeitsplätzen schaffen. Insgesamt fördert diese Maßnahme die

Autonomie der Mitarbeitenden, indem sie die notwendigen Ressourcen für eine individuelle und effektive Arbeitsplatzgestaltung erhält. Angesichts der beeinflussten Gestaltungsparameter lässt sich ein Maßnahmenschwerpunkt in der organisationalen Gestaltungsdimension verorten. Die Maßnahme wird aufbauend auf der Wirkungsbeschreibung den Auslösern A und D zugeordnet. Einerseits signalisiert die Förderung von Ergonomie bei mobiler Arbeit die Wertschätzung für die Gesundheit der Mitarbeitenden, was sich positiv auf die Arbeitgeberattraktivität auswirkt. Andererseits befähigt ein mobiler Arbeitsplatz zu effektiver Teamzusammenarbeit über räumliche Grenzen hinaus. Die Umsetzungszeit (3/10) wird als gering bis mittelmäßig eingeschätzt, da keine langwierigen Vor- oder Nachbereitungsprozesse zu erwarten sind, der zeitliche Aufwand bei der individuellen Einrichtung des Arbeitsplatzes jedoch nicht zu unterschätzen ist. Der Umsetzungsaufwand (6/10) wird hingegen als überdurchschnittlich beurteilt, da durch die monetären und schulungsbezogenen Aufwendungen insbesondere finanzielle und immaterielle Ressourcen beansprucht werden.

Maßnahme 3 | Individuelle Arbeitsmodelle mit Verankerung von Remote-Work-Konzepten in Arbeitsverträgen ermöglichen

Die Integration von Remote-Work in Arbeitsverträge fördert eine Neugestaltung der Arbeitskultur durch die Schaffung maßgeschneiderter Arbeitsmodelle, die eine positive Reaktion auf Remote-Work unterstützen und die Vielfalt der Arbeitsformen erhöhen. Diese strategische Anpassung ermöglicht es Mitarbeitenden, ihre Arbeitsweise flexibel zu gestalten, was nicht nur die Arbeitsidentität stärkt, sondern auch die Attraktivität des Unternehmens für zukünftige Talente signifikant erhöht. Die präzise Ausgestaltung der Arbeitsverträge gewährleistet die Einhaltung rechtlicher Standards und fördert die Entwicklung fortschrittlicher Organisationsstrukturen und -prozesse. Zudem unterstützt diese Maßnahme die Schaffung einer Kultur der Selbstbestimmung, die sowohl die Mitarbeitendenzufriedenheit als auch das Engagement erhöht. Anhand der identifizierten Gestaltungsparameter mit Einfluss wird der Maßnahme ein organisationaler Schwerpunkt zugewiesen. Bei einem Blick auf die aufgegriffenen Herausforderungen von Remote-Work rücken die Auslöser A und F in den Vordergrund. Den Mitarbeitenden wird durch die rechtliche Etablierung von Remote-Work Flexibilität übertragen, wodurch das Ansehen des Arbeitgebers steigt. Gleichzeitig tragen einheitliche Remote-Work-Richtlinien in Arbeitsverträgen zur Harmonisierung der Unternehmenskultur bei, da sie klare Erwartungen und konsistente Arbeitsbedingungen für alle schaffen. Da die Maßnahme abgesehen von einer organisationsweiten Kommunikation und einer flächendeckenden Überarbeitung von Arbeitsverträgen keine zeitintensiven Begleitaktivitäten erfordert, wird die Umsetzungszeit (1,66/10) als äußerst gering eingestuft. Auch der Umsetzungsaufwand (1,33/10) wird als enorm gering bewertet, da keine wesentlichen Anschaffungen erforderlich sind und auch der Personalaufwand überschaubar ist.

Maßnahme 4 | Virtuelle Kontaktpunkte und Teambuilding-Aktivitäten zur Stärkung des Teamgefüges etablieren

Die Etablierung virtueller Kontaktpunkte und Teambuilding-Aktivitäten fördert die Kollaboration und das Gemeinschaftsgefühl unter remote arbeitenden Teams. Wiederholend stattfindende virtuelle Treffen bieten Raum für informellen Austausch und stärken das Engagement sowie die Motivation der Teammitglieder, sich als aktiven Teil des Kollektivs zu begreifen. Diese Maßnahme verbessert die Arbeitsatmosphäre und fördert eine dynamische Teamkultur, die Isolation entgegenwirkt und die persönliche Haltung zu Remote-Work positiv beeinflusst. Durch die Anpassung der IT-Infrastruktur zur Unterstützung dieser virtuellen Interaktionen werden nicht nur die Wissensvermittlung und der Informationsfluss verbessert, sondern auch eine Basis für innovative Arbeitsmethoden und eine effektive Kommunikation geschaffen. Ein solches Umfeld zieht qualifizierte und teamorientierte Fachkräfte an und trägt zur Entwicklung einer resilienten und kooperativen Teamkultur bei. Zudem ermöglicht es den Führungskräften, einen adaptiven und mitarbeitendenzentrierten Führungsstil zu praktizieren, der auf Vertrauen und Autonomie basiert. Dies erhöht die Produktivität und Zufriedenheit der Teammitglieder weiter. Aufgrund der starken Orientierung an den Mitarbeitenden liegt der Schwerpunkt dieser Maßnahme in der Gestaltungsdimension Mensch. Zudem kann eine enge Verbindung zum Auslöser F festgestellt werden, da

Mitarbeitende über verschiedene Standorte hinweg in gemeinsamen Aktivitäten interagieren und auf diese Weise eine einheitliche Unternehmenskultur etablieren. Die geringe bis mittelmäßige Umsetzungszeit (3,33/10) lässt sich vorwiegend durch den kurzfristigen Integrationsprozess in das bestehende Kommunikationsnetzwerk begründen. Die technische Ausstattung muss in der Regel nicht oder nur geringfügig aktualisiert werden, was sich in einem begrenztem Umsetzungsaufwand (2,33/10) widerspiegelt.

Maßnahme 5 | Taskforce für die erfolgreiche Umsetzung eines Remote-Work-Konzepts zusammenstellen

Die Einrichtung einer Taskforce zur Implementierung eines Remote-Work-Konzepts trägt wesentlich zur Förderung der ortsunabhängigen Arbeit bei. Diese multidisziplinäre Einheit fördert die Akzeptanz von Remote-Work im gesamten Unternehmen durch die Integration unterschiedlicher Perspektiven. Zentral für den Wissenstransfer und die Kommunikationsprozesse gewährleistet die Taskforce die effiziente Verteilung von Informationen und bewährten Methoden. Durch die Anpassung der Organisationsstrukturen und -prozesse schafft sie ein Arbeitsumfeld, das langfristig auf Remote-Work ausgerichtet ist, und stärkt gleichzeitig die unternehmensweite Kultur. Ihre Funktion reflektiert das Engagement der Unternehmensleitung für Remote-Work, was die Akzeptanz unter den Mitarbeitenden erhöht. Die Taskforce überprüft und optimiert das bestehende Leistungsmanagement, um Chancengleichheit für alle Mitarbeitenden zu gewährleisten, unabhängig von deren Arbeitsort. Ihre interdisziplinäre Zusammensetzung fördert zudem die Autonomie und den persönlichen Gestaltungsspielraum der Mitarbeitenden. Diese Wirkungsbeschreibung resultiert in einem kulturellen Maßnahmenschwerpunkt und die Maßnahme wird den Auslösern C, E und F zugeordnet. Im Falle einer Notlage existiert bereits ein Team aus Expert*innen, welches umgehend an einer Lösung arbeiten kann, wodurch die Krisensicherheit gestärkt wird. Zudem kann die Taskforce Kompetenzlücken identifizieren und gezielte Fortbildungen initiieren, um sicherzustellen, dass alle Mitarbeitenden für Remote-Work qualifiziert sind. Schließlich wird durch die interne Verbreitung von bewährten Praktiken eine konsistente und integrative Unternehmenskultur gefördert, die alle Mitarbeitenden einbezieht und unterstützt. Zudem handelt es sich bei der Taskforce um eine Arbeitsgruppe, die durch eine schnelle Zusammenstellung und eine agile Arbeitsweise kennzeichnet ist, weshalb von einer geringen Dauer der Umsetzung (2,66/10) ausgegangen wird. Der moderate Umsetzungsaufwand (4/10) ergibt sich durch einen zwar erhöhten Personalaufwand, der jedoch durch geringe finanzielle und technische Investitionen ausgeglichen wird.

Maßnahme 6 | Remote-Work-Konzepte in Unternehmenskultur mittels organisationsweiter Initiativen zur Akzeptanzförderung verankern

Die systematische Einführung von Remote-Work-Konzepten in die Unternehmenskultur durch breit angelegte Initiativen hat zum Ziel, die Einstellung der Mitarbeitenden gegenüber dieser Arbeitsform sowohl auf individueller als auch auf kollektiver Ebene nachhaltig zu verbessern. Diese Initiativen sind darauf ausgerichtet, eine Kultur zu schaffen, die Flexibilität, Vertrauen und die Fähigkeit zur digitalen Zusammenarbeit betont. Dadurch wird Remote-Work als ein wesentlicher und dauerhafter Bestandteil der täglichen Arbeitspraxis etabliert. Die Führungsebene des Unternehmens spielt eine entscheidende Rolle bei der Förderung und Implementierung dieser Kulturveränderung. Das Top-Management fördert durch sein eigenes Verhalten und durch klare Richtlinien die Akzeptanz flexibler Arbeitsmodelle. Der Führungsstil der Vorgesetzten, der auf den Prinzipien von Vertrauen und Autonomie basiert, trägt wesentlich dazu bei, das Engagement und die Produktivität der Mitarbeitenden im Remote-Arbeitsumfeld zu steigern. Dieser Ansatz motiviert die Mitarbeitenden, fördert deren Zufriedenheit und Produktivität und unterstützt eine kooperative und zufriedenstellende Arbeitsumgebung. Die durch diese Initiativen geschaffene Kultur ermöglicht es dem Unternehmen, effektiv auf die sich wandelnden Anforderungen der globalen Arbeitswelt zu reagieren und stellt sicher, dass sowohl individuelle als auch teambasierte Arbeitsprozesse optimal unterstützt werden. Gemäß der Wirkung auf die Gestaltungsparameter resultiert ein kultureller Maßnahmenschwerpunkt und es wird eine Zuordnung zum Auslöser F, Unternehmenskultur harmonisieren, vorgenommen. Die Umsetzungszeit (4,66/10) wird als mittelmäßig eingeschätzt, da die unternehmensweite Kommunikation und Etablierung zwar zeitintensiv sind, jedoch keine größeren Planungs- oder Optimierungsschritte eingeleitet werden müssen. Der Umsetzungsaufwand (1,66/10) ist als gering zu bewerten, da bestehende Kommunikationsnetzwerke für die Verbreitung verwendet werden können.

Maßnahme 7 – Mitarbeitende anhand individueller Trainingsmaßnahmen aktiv in die Gestaltung hybrider Arbeitsmodelle einbeziehen

Die Einbindung der Mitarbeitenden in die Gestaltung hybrider Arbeitsmodelle durch individuelle Trainingsmaßnahmen steigert die Motivation und fördert die Leistungsbereitschaft, indem sie den Mitarbeitenden erlaubt, ihre Arbeitsumgebung nach eigenen Präferenzen zu gestalten. Dies verbessert ihre Einstellung zu Remote-Work, da sie die Vorteile flexibler Arbeitsarrangements aktiv erleben und schätzen lernen. Zudem stärken die Trainings die Arbeitsidentität der Mitarbeitenden, indem sie eine direkte Verbindung zwischen ihrer Rolle im Unternehmen und den angebotenen Arbeitsmodellen herstellen. Die gemeinsame Entwicklung der Arbeitsmodelle fördert den Austausch von Ideen und internen Best Practices, was die Wissenskreation und den -transfer verbessert. Performance-Management-Systeme, die auf hybride Modelle zugeschnitten sind, integrieren individuelle Ziele, was den persönlichen Gestaltungsspielraum und die Autonomie der Mitarbeitenden erweiterten. Bei dieser Maßnahme stehen eindeutig die Mitarbeitenden im Vordergrund, weshalb ein Schwerpunkt in der Gestaltungsdimension Mensch gesetzt wird. Hinsichtlich der Wirkungsrichtung adressiert die Maßnahme die Herausforderungen der Auslöser A und E. Individuelle Trainingsmaßnahmen symbolisieren eine Investition in die Entwicklung und Zufriedenheit der Mitarbeitenden, was sich positiv auf die Arbeitgeberattraktivität auswirkt. Parallel werden Kompetenzlücken geschlossen, indem Mitarbeitende gezielt auf die Anforderungen hybrider Arbeitsmodelle vorbereitet werden. Die zeitintensiven zyklischen Schulungsprogramme, die jedoch eine überschaubare Vorbereitung beanspruchen, führen zu einer mäßigen Umsetzungszeit (4,66/10). Analog dazu ergibt sich ein mäßiger Umsetzungsaufwand, da der hohe Personal- und Wissensbedarf durch eher geringe finanzielle und technische Aufwendungen ausgeglichen wird.

Maßnahme 8 | Führungskräfte durch kontinuierliche Trainings zur erfolgreichen Steuerung von remote Teams befähigen

Kontinuierliche Schulungen für Führungskräfte tragen zur effektiven Steuerung von Remote-Teams bei, indem sie aufkommende operative Herausforderungen adressieren und den vertrauensvollen Austausch fördern. Die Fokussierung liegt dabei auf der virtuellen Teamführung und effektiven Kommunikationsstrategien. Diese Weiterbildungen stärken nicht nur die fachlichen Fähigkeiten, sondern erhöhen auch die Digitalkompetenz der Führungskräfte, indem sie mit innovativen digitalen Tools vertraut gemacht werden. Dies ist entscheidend für die Koordination von Teams über Distanz. Zudem verbessern die Trainings durch die Vermittlung praktischer Interaktionsmethoden die Wissenskreation und Kommunikationsprozesse innerhalb von Teams. Adaptierte Führungspraktiken aus den Schulungen ermöglichen eine flexible und effiziente Gestaltung von Arbeitsabläufen, was die Organisationsstruktur positiv beeinflusst. Der Austausch von Best Practices und die realistische Bewertung durch das Performance-Management runden die Schulungen ab, wodurch ein adaptiver und mitarbeitendenzentrierter Führungsstil gefördert wird, der das Engagement und die Motivation der Teammitglieder steigert. Durch den Fokus auf Führungskräfte wird die Wirkung der Maßnahme in der Gestaltungsdimension Kultur verortet. Die genannten Vorteile hinsichtlich Teamzusammenarbeit und Kompetenzerweiterung fundieren die Auswahl der Auslöser D und E. Durch die Tatsache, dass Schulungen für Führungskräfte weniger Personal binden als Mitarbeitendentrainings, ergibt sich eine moderate Umsetzungszeit (4,33/10). Der Umsetzungsaufwand (5,66/10) wird etwas höher bewertet, da die Schulungsmaßnahmen zur Führung remote arbeitender Teams breit angelegt werden müssen und dementsprechend auch signifikante technische Ressourcen beanspruchen.

Maßnahme 9 | Technik- und Digitalkompetenz von Shopfloor-Mitarbeitenden mit fortlaufenden Schulungsprogrammen ausbauen

Durch die Etablierung fortlaufender Schulungsprogramme wird die Technik- und Digitalkompetenz der Shopfloor-Mitarbeitenden gezielt erweitert, was eine direkte Steigerung ihrer Motivation und Arbeitsbereitschaft zur Folge hat. Das Erlernen des sicheren Umgangs mit modernen technologischen Werkzeugen und digitalen Prozessen verbessert nicht nur ihre fachlichen Kompetenzen, sondern stärkt auch die IT-Governance des Unternehmens. Die befähigten Mitarbeitenden minimieren die Notwendigkeit externer Einstellungen und verstärken die interne technische Kapazität. Durch die vertragliche Verankerung dieser Schulungsinitiativen in der Betriebsvereinbarung wird die Entwicklung digitaler Fertigkeiten nachhaltig gesichert. Zudem schaffen klar definierte Kompetenzstandards eine solide Basis für das Performance-Management und zeigen individuelle Karrierewege auf. Diese kontinuierliche berufliche Weiterbildung ist entscheidend für die persönliche Entwicklung der Mitarbeitenden und verstärkt die digitale Reife sowie die Innovationskraft des gesamten Unternehmens. Diese mitarbeitendenzentrierte Maßnahme verfügt über einen Schwerpunkt in der Gestaltungsdimension Mensch und adressiert primär die Erweiterung von Kompetenzen, wodurch sich eine Übereinstimmung mit dem Auslöser E ableitet. Die moderate Umsetzungszeit (4,66) aufgrund agiler Umsetzungsmöglichkeiten der Schulungsprogramme steht im Kontrast zu einem hohen Umsetzungsaufwand (8). Ausführliche Schulungen im Bereich Technik und Digitalisierung binden enorme Kapazitäten in allen drei Aufwandskategorien, mit Extremwerten hinsichtlich Personal- und Wissensressourcen.

Maßnahme 10 | Erlebnis der Mitarbeitenden mit ortsungebundener Human-Experience-Management-Software verbessern

Die Implementierung von ortsungebundener Human-Experience-Management (HXM)-Software optimiert die Arbeitsdynamik, indem sie die individuellen Bedürfnisse und Verhaltensweisen der Mitarbeitenden genau erfasst und analysiert. Durch Funktionen wie Mitarbeitendenumfragen und Feedback-Analysen ermöglicht die HXM-Software eine personalisierte Anpassung von Arbeitsabläufen und -umgebungen, was die Motivation und Leistungsbereitschaft signifikant erhöht. Die Anpassung der Arbeitsbedingungen fördert zudem eine positive Einstellung zu Remote-Work und stärkt das Zugehörigkeitsgefühl der Mitarbeitenden, unabhängig von ihrem physischen Standort. Die Integration dieser Technologie in die IT-Struktur und IT-Governance verbessert nicht nur die Effizienz und Sicherheit der digitalen Zusammenarbeit, sondern hilft auch, spezifische Kompetenzlücken zu erkennen und zu schließen. Die HXM-Software leistet einen wesentlichen Beitrag zur fortlaufenden Optimierung des Performance-Managements und der Leistungsmessung durch eine präzise, individuelle Bewertung der Mitarbeitendenleistung. Zudem erhöht sie den persönlichen Gestaltungsspielraum und die Autonomie der Mitarbeitenden, indem sie ermöglicht, Arbeitsumgebung und -prozesse durch direktes Feedback aktiv mitzugestalten. Bezogen auf den Schwerpunkt wirkt die Maßnahme in erster Form auf die Gestaltungsdimension Mensch. Die Schaffung von Arbeitsbedingungen, die Mitarbeitende in den Vordergrund stellen, steigert zudem das Ansehen des Arbeitgebers, wodurch Auslöser A zugeordnet wird. Auslöser B wird ebenfalls durch die Maßnahme adressiert, da die Bereitstellung personalisierter Prozesse für Mitarbeitende unabhängig vom Standort einen Beitrag zur Digitalisierung der Ablauforganisation leistet. Die Einführung neuer Software erfordert immer zahlreiche Anpassungen und Feedback-Schleifen, weshalb von einer leicht erhöhten Umsetzungszeit ausgegangen wird (5,66/10). Der Umsetzungsaufwand (4/10) bewegt sich hingegen im unteren Mittelmaß, da die Softwarelösungen oftmals in die bestehende IT-Infrastruktur integriert werden können.

Maßnahme 11 | Wissensmanagement durch ortsungebundene Informationssoftware remote zugänglich bereitstellen

Die Implementierung einer ortsungebundenen Informationssoftware optimiert das Wissensmanagement durch die Bereitstellung standortunabhängiger Zugänge zu aktuellen Informationen und Lernmaterialien. Diese steigern die Leistungsbereitschaft und Motivation der Mitarbeitenden, indem sie die fachlichen Fähigkeiten durch ständig verfügbare Ressourcen unterstützen. Eine nahtlose Integration dieser

Technologie in die IT-Struktur und IT-Governance des Unternehmens ist erforderlich, wobei rechtliche Konformität und Datensicherheit gewährleistet sein müssen. Die softwaregestützte Wissensverwaltung erleichtert die Wissenskreation und den -transfer sowie die Kommunikationsprozesse, indem sie einen zentralisierten, standortunabhängigen Informationsspeicher etabliert. Dies fördert die individuelle Kompetenzentwicklung, konsolidiert das organisatorische Wissenskapital und verbessert die Reaktionsfähigkeit sowie das Engagement der Mitarbeitenden. Durch die Effekte der Maßnahme im Bereich *Governance und rechtliche Vorgaben* wird ein organisationaler Schwerpunkt gesetzt. Bei einem Blick auf die Wirkungsrichtung der Maßnahme ergibt sich eine Korrelation zu den Auslösern B, C und E. Einerseits ermöglicht ortsungebundene Informationssoftware eine standortunabhängige und digitalisierte Ablauforganisation, die Prozessabläufe und den Zugang zu Wissen effizient gestaltet. Andererseits wird die Krisensicherheit gestärkt, indem kontinuierlicher Zugriff auf betriebliches Wissen bietet, selbst wenn herkömmliche Betriebsstätten nicht zugänglich sind. Zuletzt hilft die Bereitstellung zentralisierter Wissensressourcen dabei, Kompetenzlücken zu identifizieren und durch gezielte Informationsbereitstellung zu schließen. Die Umsetzungszeit (7/10) der Maßnahme wird als erhöht beurteilt, da die Digitalisierung der unternehmensweiten Wissensinhalte enorm viel Zeit in Anspruch nimmt. Besonders die Erfassung impliziten Wissens stellt dabei eine enorme Herausforderung dar. Der Umsetzungsaufwand (4,66/10) wird hingegen aufgrund überschaubarer finanzieller und technischer Ressourcen als durchschnittlich prognostiziert.

Maßnahme 12 | Smart Devices zur Performanceverbesserung von Shopfloor-Mitarbeitenden implementieren

Die Implementierung von Smart Devices auf dem Shopfloor optimiert Produktionsprozesse durch Echtzeitanalyse und -überwachung. Diese Geräte ermöglichen Mitarbeitenden den direkten Zugriff auf relevante Daten und Steuerungen, verbessern ihre fachlichen Fähigkeiten und erhöhen die Reaktionsfähigkeit. Durch die Schulung im Umgang mit modernen Technologien werden technische und digitale Kompetenzen gefördert. Die stetige Anpassung der IT-Struktur gewährleistet eine nahtlose Integration der Smart Devices, die den Arbeitsgegenstand durch virtualisierte Unterstützung effizienter gestalten. Smart Devices erleichtern die Wissensverteilung und verbessern die Zusammenarbeit durch den Einsatz von Instruktionsvideos und Echtzeiteinbindung von Expert*innenwissen. Branchenspezifika und Kundenanforderungen lassen sich durch anwendungsspezifische Apps und Software leichter berücksichtigen, was die Präzision und Kundenzufriedenheit steigert. Zudem fördern Smart Devices ein effektiveres Performance-Management und eine präzisere Leistungsmessung durch verbesserte Datenerfassung und -analyse. Da bei dieser Maßnahme digitale Anwendungen im Vordergrund stehen, ergibt sich ein technischer Maßnahmenschwerpunkt und die Maßnahme wird den Auslösern B und D zugeordnet. Die Digitalisierung der Ablauforganisation wird durch den dauerhaften und sofortigen Zugriff auf relevante Daten und Steuerungswerkzeuge unterstützt. Zeitgleich revolutionieren die Smart Devices die Kommunikation zwischen Remote-Expert*innen und Shopfloor-Mitarbeitenden und optimieren dadurch die Teamzusammenarbeit im digitalen Raum. Bei der Implementierung in den Arbeitsalltag ist aufgrund mehrerer Testläufe und Trainings im Umgang mit den Geräten von einer leicht erhöhten Umsetzungszeit (5,66/10) zurechnen. Zudem bündelt die Maßnahme enorm viele technischen Ressourcen und erfordert eine Erweiterung der Arbeitsausrüstung der Shopfloor-Mitarbeitenden, wodurch auch für den Umsetzungsaufwand (5,66/10) ein überdurchschnittlicher Wert angenommen wird.

Maßnahme 13 | Ortsunabhängige Echtzeit-Unterstützung mit Augmented-Reality-Techniken realisieren

Die Implementierung von Augmented-Reality (AR) für ortsunabhängige Echtzeitunterstützung verbessert die Arbeitsprozesse durch interaktive Visualisierungen. AR-Systeme erhöhen die Effizienz und Genauigkeit, indem sie Techniker*innen und Ingenieur*innen ermöglichen, komplexe Probleme virtuell zu lösen. Diese Technologie fördert die technische und digitale Kompetenz der Mitarbeitenden und verlangt eine Anpassung der IT-Struktur zur Integration und reibungslosen Nutzung. AR-Anwendungen verbessern die Präzision bei der Aufgabenerfüllung durch Überlagerung von virtuellen Informationen in realen Arbeitsumgebungen und unterstützen auf diese Weise eine effiziente Problemlösung und Wissensvermittlung. Weiterhin fördert AR die Zusammenarbeit und optimiert den Wissenstransfer durch visualisierte, interaktive Anleitungen und Schulungen direkt am Arbeitsplatz. Die Anpassung von AR-Lösungen an branchenspezifische Anforderungen und Kundenbedürfnisse steigert die Arbeitsqualität bei gleichzeitiger Gewährleistung von Datenschutz und Einhaltung von Regularien. Die beschriebene Wirkungsweise der Maßnahme und die damit einhergehende Beeinflussung der Gestaltungsparameter resultiert in einem technischen Maßnahmenfokus. Zudem lässt sich eine Übereinstimmung mit den Auslösern B, Ablauforganisation digitalisieren, und D, Teamzusammenarbeit optimieren, feststellen. Diese Zuordnung findet Begründung in der Bereitstellung visueller und datengestützter Hilfe durch AR-Techniken, wodurch komplexe Aufgaben kollaborativ im digitalen Raum gelöst werden können. Die Umsetzung der Maßnahme wird als zeitintensiv (7,66/10) eingeschätzt, da für eine erfolgreiche technische Realisierung eine Reihe von Testläufen, Schulungen und Feedback-Schleifen erforderlich sind. Die Anschaffung der Geräte ist zudem kostspielig und beansprucht eine Überarbeitung bestehender IT-Systeme und der Ausrüstungsmaterialien, wodurch sich ebenfalls ein erhöhter Umsetzungsaufwand (6,66/10) ergibt.

Maßnahme 14 | Fabrikautomation mit Anwendung von Künstlicher Intelligenz und digitalem Zwilling vorantreiben

Die Automation von Fabriken mittels Künstlicher Intelligenz (KI) und digitalen Zwillingen führt zu einer disruptiven Transformation der Produktionsprozesse. KI-gestützte Automatisierung und digitale Replikation von Anlagen verbessern die Technik- und Digitalkompetenz der Mitarbeitenden, indem sie fortgeschrittene Technologien für eine effizientere Aufgabenerledigung einsetzen. Notwendige Anpassungen der IT-Infrastruktur ermöglichen die Integration und Funktionalität der KI und digitalen Zwillinge, wobei eine ausgeprägte Vernetzung und Datenintegration innerhalb der Produktionsumgebung vorausgesetzt wird. Der Einsatz dieser Technologien revolutioniert die traditionellen Arbeitsweisen durch Fernüberwachung und -steuerung von Prozessen, was eine Anpassung der IT-Governance notwendig macht. Maßgeschneiderte KI-Anwendungen und digitale Zwillinge erhöhen die Flexibilität gegenüber spezifischen Branchenanforderungen und Kundenerwartungen, was eine verbesserte Anpassungsfähigkeit des Unternehmens zur Folge hat. In der Gesamtheit bewirkt die Implementierung dieser Technologien eine Neugestaltung von Organisationsstrukturen und -prozessen und schafft neue Rollen und Kompetenzbereiche für Mitarbeitende, was letztlich zu gesteigerter Effizienz und Präzision in der Produktion beiträgt. Gemäß dieser Wirkungsbeschreibung wird der Maßnahmenschwerpunkt in der Gestaltungsdimension Technik positioniert. Die Maßnahme wird dem Auslöser B zugeordnet, da die Digitalisierung der Ablauforganisation mit der Automatisierung von Fabriken einhergeht. Insbesondere die Ausführungsphase dieser Maßnahmen wird aufgrund potenzieller Fehlerbehebungen als zeitaufwendig beurteilt, was in einer erhöhten Umsetzungszeit resultiert (6,66/10). Der Umsetzungsaufwand (8/10) wird höher eingeschätzt, da die es sich bei KI-Anwendungen und digitalen Zwillingen um ein äußerst schnelllebiges und innovatives Entwicklungsfeld handelt, wodurch die Maßnahme den maximalen Einsatz technologischer Ressourcen beansprucht.

Maßnahme 15 | Organisationsstruktur an hybrides Arbeiten anpassen

Die Transformation der Organisationsstruktur in Richtung hybrider Arbeitsmodelle optimiert die Zusammenarbeit und verstärkt die Arbeitsidentität der Mitarbeitenden, indem es die Autonomie und kreative Mitwirkung fördert. Horizontale Konzepte wie Matrix- und Netzwerkstrukturen erleichtern die agile Reaktion auf Marktanforderungen und Kundenwünsche und stärken die Anpassungsfähigkeit der Organisation. Die Rekonfiguration von Struktur, Prozessen und Arbeitsumgebung untermauert sowohl Präsenzarbeit als auch Remote-Work, erhöht die Mitarbeitendenzufriedenheit und ist durch Anpassungen in der Betriebsvereinbarung formal abzusichern. Ein Führungsverhalten vom Top-Management und von den direkten Vorgesetzten, das Selbstständigkeit und Vertrauen betont, ist entscheidend für den Erfolg dieser neuen Arbeitsformen und trägt zur Entwicklung einer positiven Teamkultur bei, die das Mindset für hybrides Arbeiten unterstützt. Diese Ausführungen bedingen einen Maßnahmenschwerpunkt in der

Gestaltungsdimension Kultur und Konvergenz mit dem Auslöser F, Unternehmenskultur harmonisieren. Die nachhaltige Verankerung neuer Organisationsstrukturen erfordert die aktive Teilnahme der gesamten Belegschaft sowie äußerst ausgereifte und zeitintensive Change-Management-Aktivitäten. Deswegen handelt es sich um eine langfristige Maßnahme mit einer hohen Umsetzungszeit (8,66/10). Abweichend davon wird der Umsetzungsaufwand (2,33/10) als gering eingeschätzt, da lediglich von einem erhöhten Ressourcenbedarf im immateriellen Bereich auszugehen ist.

Maßnahme 16 | Standortstruktur durch den Aufbau eines Hub-Netzwerks dezentralisieren

Die Dezentralisierung der Standortstruktur mittels eines Hub-Netzwerks und die Verlagerung weg von einem einzigen zentralen Firmensitz führen zu einer Neuausrichtung der Organisationsarchitektur, die erhöhte Flexibilität und Agilität in der Belegschaft fördert. Diese strukturelle Evolution erlaubt eine geografisch verteilte Zusammenarbeit und setzt rechtliche sowie betriebliche Anpassungen voraus, um den Anforderungen an flexible Arbeitsgestaltung und Compliance gerecht zu werden. Derartige strukturelle Veränderungen vergrößern den individuellen Gestaltungsfreiraum der Angestellten, was sich positiv auf deren Arbeitszufriedenheit auswirkt. Zentral für die Funktionalität der dezentralisierten Struktur ist die Kultivierung einer Unternehmensidentität, die von Vertrauen und Eigenverantwortung geprägt ist. Diese kulturelle Transformation verlangt vom Top-Management eine exemplarische Führungsrolle und erfordert von den Führungskräften auf mittlerer Ebene eine konsequente Förderung von Change-Management-Praktiken, um eine kohärente Adaption an die neuen Organisationsformen zu gewährleisten. Die Wirkungsbeschreibung untermauert den kulturellen Schwerpunkt der betrachteten Maßnahme. Zudem kann eine eindeutige Zuweisung zu Auslöser C vermerkt werden, denn durch die Dezentralisierung werden die Abhängigkeiten von einem zentralen Standort reduziert, wodurch die Betriebskontinuität bei lokalen Störungen sicherstellt wird. Die Umsetzung von Dezentralisierungsprojekten in dieser Form wird mit einem hohen Zeitaufwand (7/10) versehen. Bei der geografischen Planung des Netzwerks müssen zahlreiche Faktoren beachtet werden und auch die Ausführung inklusive der Schließung und Neueröffnung von Standorten verlängern den Projektlebenszyklus signifikant. Unter der Bedingung, dass Büroschließungen unter bestimmten Voraussetzungen zu einer Reduzierung von laufenden Kosten führen können, wird für die Umsetzung der Maßnahme ein geringer Aufwand (2/10) angenommen.

Maßnahme 17 | Bestehende Standorte zu Collaboration-Centers mit modernen Arbeitsplatzkonzepten umgestalten

Die Neugestaltung traditioneller Unternehmensstandorte zu Collaboration-Centers mit modernen Arbeitsplatzkonzepten unterstützt die kooperative und innovative Ausrichtung des Unternehmens. Indem Räume für Kreativität und Eigeninitiative geschaffen werden, fördern diese Zentren eine stärkere Identifikation der Mitarbeitenden mit ihrer Tätigkeit und der Organisation. Die Anwendung neuester Technologien und die Flexibilisierung der Arbeitsumgebung steigern die Effektivität und Zielorientierung der Arbeit. Diese Zentren sind Inkubatoren für Wissensvermittlung und interaktiven Austausch, was die Zusammenarbeit über geografische Distanzen hinweg verbessert. Sie ziehen Fachkräfte an, die nach dynamischen und innovativen Arbeitsbedingungen suchen, und halten sie im Unternehmen. Die radikale Umstrukturierung der Büroräume zu agilen und projektorientierten Arbeitsplätzen revolutioniert die Organisationsstrukturen und -prozesse. Collaboration-Centers begünstigen eine offene, von Interaktion und gegenseitiger Unterstützung geprägte Kultur und treiben die Entwicklung zu modernen, flexiblen Arbeitsmodellen voran. Aufgrund der Modernisierung bestehender Arbeitsweisen ergibt sich für die Maßnahme ein organisationaler Schwerpunkt. Die vielseitige Wirkungsweise der Maßnahme bedingt die Korrelation mit den Auslösern A, D und F. Moderne Arbeitsumgebungen steigern die Arbeitgeberattraktivität, während sich die Zunahme von Interaktionen positiv auf die Teamzusammenarbeit und Unternehmenskultur auswirken. Schließlich beansprucht die Umgestaltung ganzer Standorte zeitliche, finanzielle und technische Ressourcen in erheblichem Umfang, wodurch sich hohe Werte für Umsetzungszeit (8/10) und -aufwand ergeben (8,66/10).

Maßnahme 18 | Anforderungen einer modernen Arbeitsumgebung durch innovative Arbeitsraumgestaltung der Bürofläche umsetzen

Die innovative Gestaltung der Büroflächen nach modernen Arbeitsplatzprinzipien schafft eine Umgebung, die die Arbeitskultur neu definiert. Durch die Einrichtung von Bereichen für konzentrierte Stillarbeit sowie interaktive und soziale Zonen wird die Arbeitsidentität der Mitarbeitenden gestärkt. Flexible Raumkonzepte erlauben eine Anpassung an die variablen Bedürfnisse moderner Arbeitsprozesse und unterstützen ein breites Spektrum an Aktivitäten, von der Einzelarbeit bis kollaborativen Workshops. Solch ein Umfeld steigert die Arbeitgeberattraktivität und adressiert den Fachkräftemangel. Datenschutz und Sicherheit sind in dieser modernen Arbeitsplatzkonzeption integriert, um rechtlichen Standards gerecht zu werden. Diese räumliche Innovation beeinflusst die Organisationsstruktur und legt das Fundament für eine agilere Unternehmenskultur. Ein Führungsstil, der Eigeninitiative und Autonomie unterstützt, ist wesentlich für die erfolgreiche Implementierung und Nutzung dieser Räume. Insgesamt fördert die neuartige Arbeitsplatzgestaltung eine Kultur der Offenheit und Transparenz, die für die Stärkung von Zusammenarbeit und Kreativität im Unternehmen entscheidend ist. Gemäß der fokussierten Gestaltungsparameter wird ein organisationaler Maßnahmenschwerpunkt abgeleitet. Die innovative Arbeitsplatzgestaltung signalisiert ein zukunftsorientiertes und mitarbeitendenfreundliches Unternehmensbild, wodurch die Arbeitgeberattraktivität steigt. Vor diesem Hintergrund wird die Maßnahme dem Auslöser A zugeordnet. Angesichts erblicher zeitlicher Aufwendungen für die Planung, Ressourcenbeschaffung und Realisierung bei der Errichtung moderner Arbeitsumgebungen resultiert ein enorm hoher Wert für die Umsetzungszeit (9,33/10). Analog dazu wird angesichts der immensen Anschaffungskosten und der technisch komplexen Anwendungen ein hoher Umsetzungsaufwand (9/10) prognostiziert.

A11 Detailansicht der Schritte des Navigators

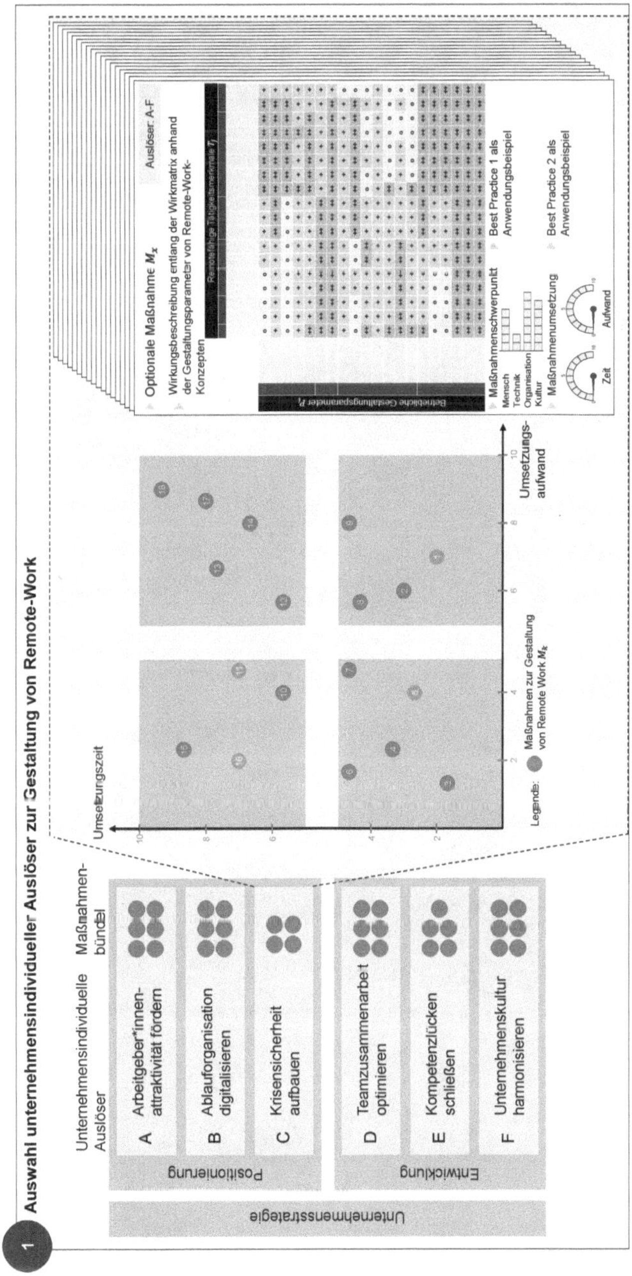

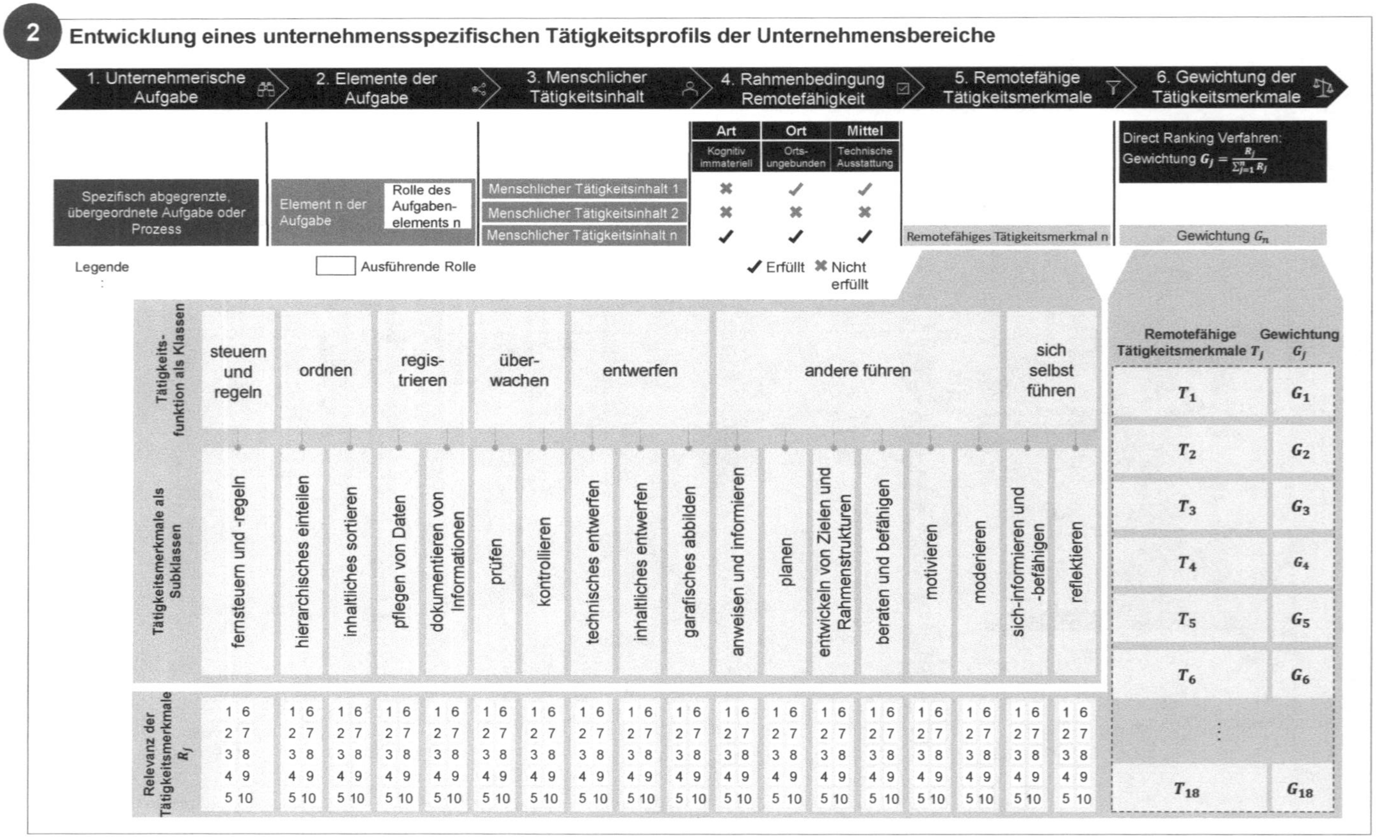
2
Entwicklung eines unternehmensspezifischen Tätigkeitsprofils der Unternehmensbereiche
1. Unternehmerische Aufgabe
2. Elemente der Aufgabe
3. Menschlicher Tätigkeitsinhalt
4. Rahmenbedingung Remotefähigkeit
5. Remotefähige Tätigkeitsmerkmale
6. Gewichtung der Tätigkeitsmerkmale
Spezifisch abgegrenzte, übergeordnete Aufgabe oder Prozess
Element n der Aufgabe
Rolle des Aufgaben-elements n
Menschlicher Tätigkeitsinhalt 1
Menschlicher Tätigkeitsinhalt 2
Menschlicher Tätigkeitsinhalt n
Art
Kognitiv immateriell
Ort
Orts-ungebunden
Mittel
Technische Ausstattung
Remotefähiges Tätigkeitsmerkmal n
Direct Ranking Verfahren:
Gewichtung $G_j = \frac{R_j}{\sum_{j=1}^{n} R_j}$
Gewichtung G_n
Legende:
Ausführende Rolle
✓ Erfüllt
✖ Nicht erfüllt
Tätigkeits-funktion als Klassen
steuern und regeln
ordnen
regis-trieren
über-wachen
entwerfen
andere führen
sich selbst führen
Tätigkeitsmerkmale als Subklassen
fernsteuern und -regeln
hierarchisches einteilen
inhaltliches sortieren
pflegen von Daten
dokumentieren von Informationen
prüfen
kontrollieren
technisches entwerfen
inhaltliches entwerfen
garafisches abbilden
anweisen und informieren
planen
entwickeln von Zielen und Rahmenstrukturen
beraten und befähigen
motivieren
moderieren
sich-informieren und -befähigen
reflektieren
Relevanz der Tätigkeitsmerkmale R_j
1 6
2 7
3 8
4 9
5 10
Remotefähige Tätigkeitsmerkmale T_j
Gewichtung G_j
T_1 G_1
T_2 G_2
T_3 G_3
T_4 G_4
T_5 G_5
T_6 G_6
T_{18} G_{18}

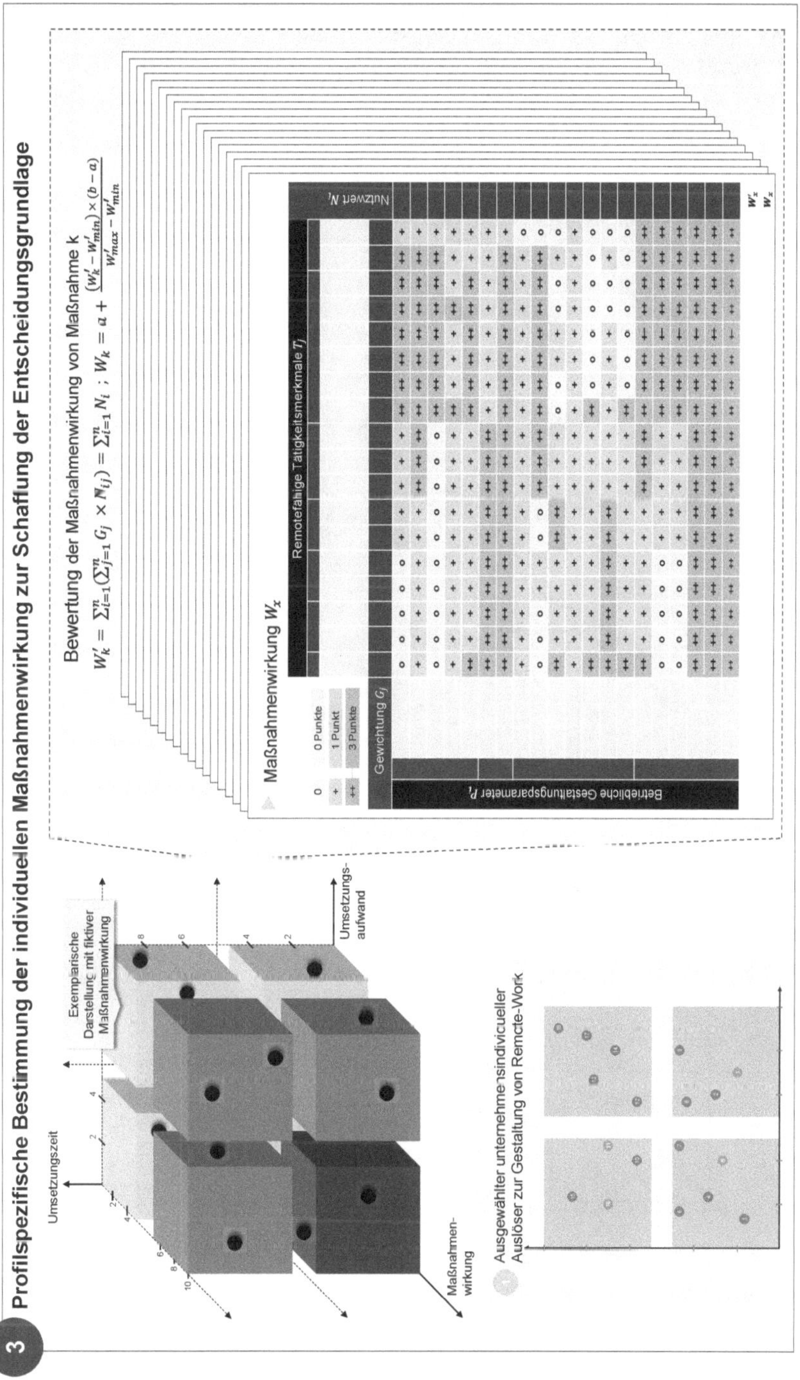
3
Profilspezifische Bestimmung der individuellen Maßnahmenwirkung zur Schaffung der Entscheidungsgrundlage
Umsetzungszeit
Maßnahmen-wirkung
Umsetzungs-aufwand
Exemplarische Darstellung mit fiktiver Maßnahmenwirkung
Ausgewählter unternehmensindividueller Auslöser zur Gestaltung von Remote-Work
Bewertung der Maßnahmenwirkung von Maßnahme k
$W'_k = \sum_{i=1}^{n}(\sum_{j=1}^{n} G_j \times N_{ij}) = \sum_{i=1}^{n} N_i$; $W_k = a + \frac{(W'_k - W'_{min}) \times (b-a)}{W'_{max} - W'_{min}}$
Maßnahmenwirkung W_x
0 0 Punkte
+ 1 Punkt
++ 3 Punkte
Remotefähige Tätigkeitsmerkmale T_j
Gewichtung G_j
Betriebliche Gestaltungsparameter P_i
Nutzwert N_i
W'_x
W_x

4 Maßnahmenauswahl auf Basis der Bewertungsdimensionen und des unternehmensindividuellen Projektportfolios

Einordnung der Maßnahmen in die unternehmensinterne Projektlandschaft

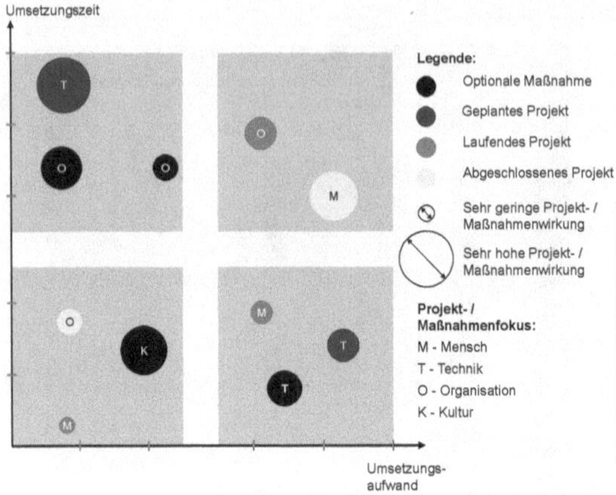

Auswahlkriterien:

(i) Maßnahmenwirkung

(ii) Umsetzungszeit / -aufwand

(iii) Maßnahmenfokus

(iv) Stimmigkeit mit Projektlandschaft

Maßnahmenauswahl:

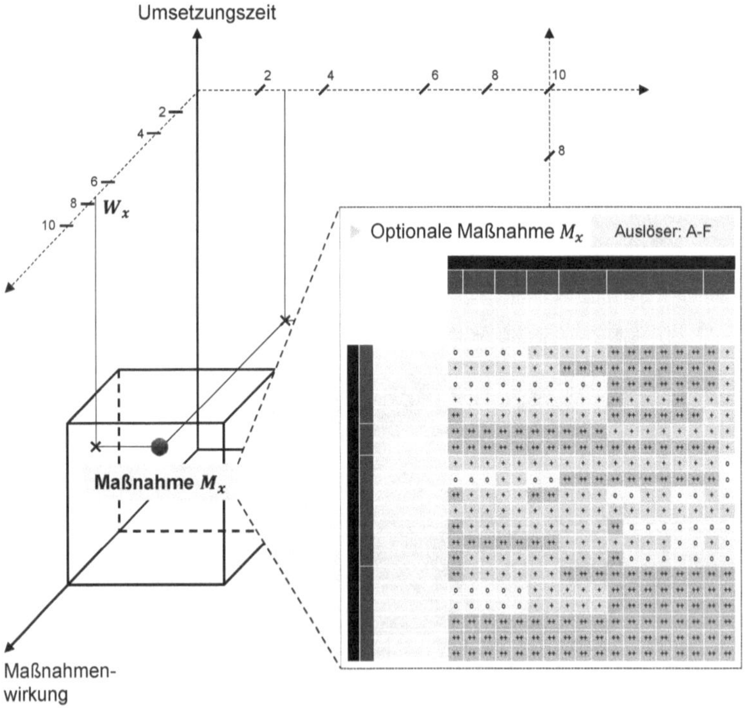

A12 Exkurs: Methoden der multikriteriellen Entscheidungsunterstützung

Im digitalen Zeitalter sehen sich produzierende Unternehmen mit komplexen Entscheidungssituationen konfrontiert, die durch eine Vielzahl von Einflussfaktoren charakterisiert sind. Für die erfolgreiche Implementierung von Remote-Work ist daher die systematische Anwendung von Methoden der multikriteriellen Entscheidungsunterstützung unabdingbar. Derartige Methoden tragen zur Strukturierung von Entscheidungsprozessen bei und fördern die Schaffung von Transparenz, die als essenzielle Basis für fundierte Entscheidungen dient (s. LERCHE U. GELDERMANN 2016, S. 2). Im Folgenden werden ausgewählte Methoden der multikriteriellen Entscheidungsunterstützung eingeführt, die einen potenziellen Mehrwert für die Gewichtung der Tätigkeiten in Schritt 2 des Navigators liefern können. Konkret werden das Direct Ranking, der paarweise Vergleich, der analytische Hierarchieprozess und die Nutzwertanalyse eingeführt. Diese Methoden zählen zu den klassischen Ansätzen der multikriteriellen Entscheidungsunterstützung (s. LERCHE U. GELDERMANN 2016, S. 11).

Direct Ranking

Das Direct-Ranking-Verfahren nach ECKENRODE (1965, 180f.) ist eine weitverbreitete Methode zur Gewichtung von Kriterien. Bei diesem direkten Gewichtungsverfahren ordnen die Entscheidungsträger*innen die Relevanz jedes betrachteten Kriteriums auf einer einheitlichen Ratingskala ein. Dabei werden die zu gewichtenden Kriterien neben der Skala aufgelistet und durch Pfeile mit den Skalenwerten verbunden (s. WESTERMANN ET AL. 2021, S. 160). Die einzelnen Kriterien werden isoliert bewertet und mehrere Kriterien können dem gleichen Skalenwert zugeordnet werden (s. LIFKA 2009, S. 65). Auf diese Weise wird für jedes Kriterium ein Rohgewicht generiert. Der finale Gewichtungsfaktor w_j eines Kriteriums j wird berechnet, indem das entsprechende Rohgewicht r_j durch die Summe aller Rohgewichte dividiert wird (s. WESTERMANN ET AL. 2021, S. 160). Formel (8.1) stellt diesen Zusammenhang dar.

$$w_j = \frac{r_j}{\sum_{j=1}^{n} r_j} \; mit \; j = 1, \ldots, n \tag{8.1}$$

Paarweiser Vergleich

Bei geringer Differenzierbarkeit der Relevanz zwischen verschiedenen Kriterien oder der Existenz einer Vielzahl interdependenter Kriterien ist es Entscheidungsträger*innen häufig nicht möglich, Gewichtungen direkt zu spezifizieren. In solchen Situationen kann die Komplexität durch die Initiierung eines paarweisen Vergleichs der Kriterien reduziert werden (s. WESTERMANN ET AL. 2021, S. 161). Im Gegensatz zu der isolierten Betrachtung beim Direct Ranking erfolgt beim paarweisen Vergleich eine gegenseitige Abwägung der Relevanz der zu gewichtenden Kriterien. Durch die Zerlegung der Gesamtaufgabe in Einzelentscheidungen wird die Subjektivität des Gewichtungsprozesses limitiert (s. KÜHNAPFEL 2019, S. 13). Zu Beginn des Verfahrens werden die zu gewichtenden Kriterien in einer Kreuztabelle aufgetragen. Um zu gewährleisten, dass alle Kriterien berücksichtigt werden und einen Gewichtungsfaktor erhalten, der größer als null ist, wird die Matrixdiagonale mit dem Wert eins ausgefüllt. Die restlichen Felder werden vervollständigt, indem die einzelnen Kriterien zeilenweise einem direkten Vergleich unterzogen werden. Die Anwender*innen bewerten dementsprechend, ob ein Kriterium weniger relevant (0), gleichbedeutend (1) oder relevanter (2) ist als die restlichen Kriterien. Anschließend werden die Zeilensummen sowie die Gesamtsumme gebildet. Die Gewichtungsfaktoren ergeben sich analog zum Direct-Ranking-Verfahren aus dem Quotienten der Zeilensumme und der Gesamtsumme. (s. BECKMANN 2023, S. 238)

Analytischer Hierarchieprozess

Der analytische Hierarchieprozess, entwickelt von SAATY, bietet ein strukturiertes Verfahren zur Unterstützung von Entscheidungsprozessen in komplexen Szenarien (s. SAATY 1984, S. 285). Durch das Verfahren werden qualitative und quantitative Kriterien effektiv in die Entscheidungsfindung integriert, indem das Problem hierarchisch strukturiert und in eine Rangordnung von Prioritäten überführt wird. Dabei stellen paarweise Vergleiche einen zentralen Bestandteil dar (s. SAATY 1984, 268ff.). Bei dem Verfahren handelt es sich um einen mehrstufigen Prozess, der neben einer Planungsphase auch eine abschließende Prüfung auf Konsistenz der Ergebnisse vorsieht (s. RACHFALL U. FÖRSTER-TRALLO 2017, 2ff.). Hinsichtlich des Anwendungsfalls in der vorliegenden Arbeit wird lediglich die Gewichtung von Kriterien innerhalb des analytischen Hierarchieprozesses näher betrachtet. Das Vorgehen zur Gewichtung wird initiiert, indem die festgelegten Kriterien in einer Matrix aufgetragen werden. Anschließend führen die Entscheidungsträger*innen paarweise Vergleiche durch, wobei eine Bewertungsskala verwendet wird. Diese gestattet die Auswahl aus differenzierten Ausprägungen sowie dem zugehörigen Kehrwert. Dadurch wird eine detaillierte Bewertung von Relevanzunterschieden ermöglicht (s. LIEDTKE ET AL. 2020, S. 46). Anschließend werden die Matrixeinträge in Dezimalzahlen überführt. Analog zur Vorgehensweise beim paarweisen Vergleich werden die Zeilensummen sowie die Gesamtsumme gebildet, aus dessen Quotient sich die Gewichtungsfaktoren der Kriterien ergeben (s. RACHFALL U. FÖRSTER-TRALLO 2017, 2ff.).

Nutzwertanalyse

Die auf ZANGEMEISTER (1976, S. 45) zurückgehende Nutzwertanalyse bietet eine heuristische Methode zur Entscheidungsfindung bei komplexen Problemstellungen, die im wissenschaftlichen, technischen und wirtschaftlichen Kontext eingesetzt wird. Sie eignet sich in erster Linie für Szenarien, in denen der Gesamtnutzen in mehrere Teilnutzen unterteilt werden kann und erfasst dabei sowohl objektive als auch subjektive Informationen (s. DITTMER 1995, S. 43). Bei der Nutzwertanalyse wird in der Regel ein mehrstufiger Prozess durchlaufen, der die Entwicklung eines Zielsystems einschließlich der Berechnung von Gewichtsfaktoren umfasst (s. LIEDTKE ET AL. 2020, 42f.). Da bereits drei verschiedene Verfahren zur Gewichtung von Kriterien eingeführt wurden, wird an dieser Stelle ein Fokus auf die Berechnung der Nutzwerte gelegt. Dafür werden die Kriterien inklusive ihrer Gewichtung horizontal in eine Kreuztabelle eingetragen. Die hinsichtlich ihres Nutzens zu bewertenden Ziele werden vertikal aufgelistet. Die Felder der entstehenden Matrix werden ausgefüllt, indem die Entscheidungsträger*innen die Intensität der Wirkungsbeziehungen zwischen den Zielen und Kriterien bewerten. Bei der Bewertung kann eine nominale, ordinale oder metrische Skala eingesetzt werden (s. RIEDL 2006, S. 113). Für das Anwendungsbeispiel wird eine ordinale Skala verwendet, die drei Ausprägungen für die Bewertung der Wirkintensität zulässt. Der Nutzwert eines Ziels N_i ergibt sich aus der Multiplikation der Wirkungsintensität N_{ij} zwischen Ziel i und Kriterium j mit dem Gewichtungsfaktor des Kriteriums w_j und der anschließenden Aufsummierung der Produkte in der Zeile. Durch die Addition aller Nutzwerte der Ziele ergibt sich ein Gesamtnutzwert G_k für die betrachtete Alternative k (s. DITTMER 1995, S. 52) Formel (8.2) illustriert den Berechnungsvorgang.

$$N_i = \sum_{j=1}^{n} N_{ij} \times w_j; \quad A_k = \sum_{i=1}^{n} N_i \tag{8.2}$$

Für den Anwendungsfall in der vorliegenden Dissertationsschrift wird ein Verfahren benötigt, durch welches die remotefähigen Tätigkeiten in einem Unternehmen hinsichtlich ihrer Relevanz gewichtet werden. Auf Grundlage der eingeführten Methoden wird hinsichtlich der Zugänglichkeit und Komplexitätsreduktion das Direct-Ranking-Verfahren ausgewählt. Die Anwendenden bewerten jede Tätigkeit individuell und unabhängig voneinander, was zu einer schnellen und klaren Ergebnisfindung führt. Beim paarweisen Vergleich und beim analytischen Hierarchieprozess stellen die Anwendenden zahlreiche Vergleiche an, was insbesondere bei einer großen Anzahl von Tätigkeiten eine hohe Komplexität mit sich zieht. Da der Gewichtung der Tätigkeiten bereits ein aufwendiger Prozess zur Prüfung der Remotefähigkeit vorausgeht, wird die Auswahl einer benutzer*innenfreundlichen Methode als zielführend erachtet.

A13 Steckbriefe Maßnahmen

Maßnahme M_1: Mitarbeitende durch State-of-the-Art Hardwareausstattung zum standortunabhängigen Arbeiten befähigen

Auslöser: **B, C, D**

Wirkungsbeschreibung: Durch die Bereitstellung von modernster Hardware, welche die Mitarbeitenden zum standortunabhängigen Arbeiten befähigt, ergeben sich umfassende Verbesserungen in der Arbeitsweise eines Unternehmens. Die Maßnahme steigert die *Leistungsbereitschaft und Motivation* der Mitarbeitenden durch den Einsatz moderner Technologien und erweitert die *fachlichen Fähigkeiten und Fertigkeiten*. Mitarbeitende lernen, innovative Hardwareausstattung effektiv einzusetzen, was gleichzeitig die Entwicklung der *Technik- und Digitalkompetenz* der Mitarbeitenden fordert. Die *IT-Struktur* des Unternehmens wird kontinuierlich modernisiert, was die Qualität des *Arbeitsgegenstands* auf einem hohen Stand hält. Bei der Nutzung von State-of-the-Art-Hardwareausstattung ist die *IT-Governance* laufend zu aktualisieren, um Vorgaben und Umgangsformen für die Nutzung der fortschrittlichen Technologien einzufügen und zu überarbeiten. State-of-the-Art-Hardwareausstattung erleichtert den Informationsaustausch und die Zusammenarbeit, gerade über räumliche Distanz hinweg, was eine Auswirkung auf die *Wissenskreation, -transfer und Kommunikationsprozesse* hat. Gleichzeitig erhöht sich die Attraktivität des Unternehmens für potenzielle Fachkräfte und beeinflusst damit den *Fachkräftebedarf*, da es als Vorreiter in der Nutzung fortschrittlicher Technologien wahrgenommen wird, was meist digital affine Fachkräfte begeistert.

Legende
- o Keine / äußerst geringe Intensität
- \+ Moderate Intensität
- ++ Starke Intensität

		steu-ern/ regeln	ordnen		registrieren		überwachen		entwerfen			andere führen						sich selbst führen	
		fernsteuern und -regeln	hierarchisches einteilen	Inhaltliches Sortieren	pflegen von Daten	dokumentieren von Informationen	prüfen	kontrollieren	technisches entwerfen	inhaltliches entwerfen	grafisches abbilden	anweisen und informieren	planen	beraten und befähigen	entwickeln von Zielen und Rahmenstrukturen	motivieren	moderieren	Sich-informieren und -befähigen	reflektieren
Mensch	Leistungsbereitschaft und Motivation	o	o	o	o	o	+	+	+	+	+	++	++	++	++	++	++	++	+
	Fachliche Fähigkeiten und Fertigkeiten	+	+	+	+	+	+	+	++	++	++	++	++	++	++	++	++	++	+
	Persönliche Haltung zu Remote-Work	o	o	o	o	o	o	o	o	o	o	++	++	++	++	++	++	++	+
	Arbeitsidentität	+	+	+	+	+	+	+	+	+	+	++	+	+	+	++	+	+	+
	Technik- und Digitalkompetenz	++	+	+	+	+	+	+	+	+	+	++	++	++	++	++	++	+	+
Technik	IT-Struktur	++	++	++	++	++	++	++	++	++	++	+	+	+	+	+	+	+	+
	Arbeitsgegenstand	++	++	++	++	++	++	++	++	++	++	++	++	++	++	++	++	++	+
Organisation	IT-Governance	+	+	+	+	+	+	+	+	+	+	+	+	+	+	+	+	+	o
	Wissenskreation, -transfer und Kommunikationsprozesse	o	o	o	+	+	o	o	++	++	++	++	++	++	++	++	++	++	o
	Branchenspezifika und Kundenvorgaben	++	+	+	+	+	++	++	+	+	+	o	o	+	+	o	o	+	o
	Fachkräftebedarf	+	+	+	+	+	+	+	+	+	+	+	+	+	+	+	+	+	+
	Rechtliche Vorgaben	++	+	+	+	+	+	+	+	+	+	++	o	o	o	o	o	o	o
	Organisationsstruktur, -prozesse und Raum	++	++	++	++	++	++	++	+	+	+	+	+	+	+	o	o	+	o
	Betriebsvereinbarung	++	+	+	+	+	+	+	+	+	+	++	o	o	o	o	o	o	o
Kultur	Unternehmensweit gelebte Kultur	++	+	+	+	+	+	+	++	++	++	++	++	++	++	++	++	++	++
	Performance-Management und Leistungsmessung	o	o	o	o	o	+	+	+	+	+	++	++	++	++	++	++	++	++
	Persönlicher Gestaltungs-spielraum und Autonomie	o	o	o	o	o	+	+	+	+	+	++	++	++	++	++	++	++	++
	Führungsverhalten des Top Managements	++	++	++	++	++	++	++	++	++	++	++	++	++	++	++	++	++	++
	Führungsstil des Vorgesetzten	++	++	++	++	++	++	++	++	++	++	++	++	++	++	++	++	++	++
	Teamkultur und Mindset	++	++	++	++	++	++	++	++	++	++	++	++	++	++	++	++	++	++

Maßnahmenschwerpunkt

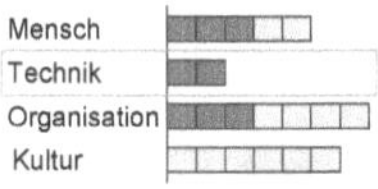

Maßnahmenumsetzung

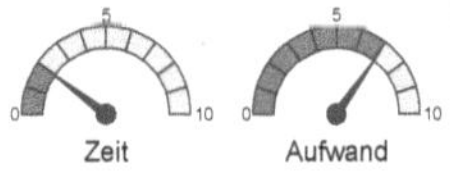

Best Practice SAP: Das Softwareunternehmen *SAP* fördert die Umsetzung von Remote-Work durch die Einführung eines komplett flexiblen und vertrauensbasierten Arbeitsplatzes, der es den Mitarbeitenden ermöglicht, unabhängig von dem Ort aus zu arbeiten, sei es im Büro oder remote. Dabei setzt SAP auf moderne Technologielösungen, wie die Integration von „Microsoft Teams" und „SAP SuccessFactors", um eine reibungslose Zusammenarbeit und ein umfassendes Human-Experience-Management, unabhängig vom Standort, zu ermöglichen. Als Grundlage für dieses Konzept dient die vollumfängliche Ausstattung der Mitarbeitenden mit moderner Hardware. (s. KLEIN 2021)

Best Practice Volkswagen Group Services: Der Automotive-Dienstleister *Volkswagen Group Services* leitet diverse Maßnahmen ein, um Remote-Work als festen Bestandteil der Unternehmenskultur zu etablieren. Unter anderem stattet das Unternehmen mobil arbeitende Mitarbeitende mit Hochleistung-Laptops und zusätzlichen Monitoren aus, um maximale Produktivität bei Arbeit abseits der Betriebsstätte zu ermöglichen. (s. VOLKSWAGEN GROUP SERVICES 2024)

Maßnahme M_2: Einrichtung eines ergonomisch gestalteten mobilen Arbeitsplatzes schulen und monetär unterstützen

Auslöser: A, D

Wirkungsbeschreibung: Die Schulung und finanzielle Unterstützung bei der Einrichtung mobiler Arbeitsplätze nach ergonomischen Faktoren kann die *Leistungsbereitschaft und Motivation* der Mitarbeitenden erheblich steigern, indem ein gesundes und produktives Arbeitsumfeld geschaffen wird. Das Wohlbefinden der Mitarbeitenden wird anhand dieser Maßnahme in den Vordergrund gestellt, wodurch die *persönliche Haltung zu Remote-Work* positiv beeinflusst werden kann. Gleichzeitig kann dies die Attraktivität des Unternehmens für potenzielle Bewerber*innen steigern, was den War for Talents hinsichtlich des *Fachkräftebedarfs* adressiert. Die Maßnahme unterstützt zudem bei der Einhaltung *rechtlicher Vorgaben*, indem sie sicherstellt, dass die Arbeitsumgebung der remote arbeitenden Mitarbeitenden den gesetzlichen Anforderungen an Gesundheitsschutz und Ergonomie entspricht. Zudem kann dies den Einbezug von Remote-Work in die *Betriebsvereinbarung* kann dies erleichtern, da ein Rahmen geschaffen wird, der spezifische Richtlinien für die Gestaltung und Nutzung von Remote-Arbeitsplätzen betrachtet. Abschließend werden der *persönliche Gestaltungsspielraum und die Autonomie* der Mitarbeitenden gefördert, indem die notwendigen Mittel für eine individuelle und effiziente Arbeitsplatzgestaltung bereitgestellt werden.

Legende
- o Keine / äußerst geringe Intensität
- \+ Moderate Intensität
- ++ Starke Intensität

		steu-ern/ regeln	ordnen		registrieren		überwachen		entwerfen			andere führen						sich selbst führen	
		fernsteuern und -regeln	hierarchisches einteilen	Inhaltliches Sortieren	pflegen von Daten	dokumentieren von Informationen	prüfen	kontrollieren	technisches entwerfen	inhaltliches entwerfen	grafisches abbilden	anweisen und informieren	planen	beraten und befähigen	entwickeln von Zielen und Rahmenstrukturen	motivieren	moderieren	Sich-informieren und -befähigen	reflektieren
Mensch	Leistungsbereitschaft und Motivation	o	o	o	o	o	+	+	+	+	+	++	++	++	++	++	++	++	+
Mensch	Fachliche Fähigkeiten und Fertigkeiten	+	+	+	+	+	+	+	++	++	++	++	++	++	++	++	++	++	+
Mensch	Persönliche Haltung zu Remote-Work	o	o	o	o	o	o	o	o	o	o	++	++	++	++	++	++	++	+
Mensch	Arbeitsidentität	+	+	+	+	+	+	+	+	+	+	++	+	+	+	++	+	+	+
Mensch	Technik- und Digitalkompetenz	++	+	+	+	+	+	+	+	+	+	++	++	++	++	++	++	+	+
Technik	IT-Struktur	++	++	++	++	++	++	++	++	++	++	+	+	+	+	+	+	+	+
Technik	Arbeitsgegenstand	++	++	++	++	++	++	++	++	++	++	++	++	++	++	++	++	++	+
Organisation	IT-Governance	+	+	+	+	+	+	+	+	+	+	+	+	+	+	+	+	+	o
Organisation	Wissenskreation, -transfer und Kommunikationsprozesse	o	o	o	+	+	o	o	++	++	++	++	++	++	++	++	++	++	o
Organisation	Branchenspezifika und Kundenvorgaben	++	+	+	+	+	++	++	+	+	+	o	o	+	+	o	o	+	o
Organisation	Fachkräftebedarf	+	+	+	+	+	+	+	+	+	+	+	+	+	+	+	+	+	+
Organisation	Rechtliche Vorgaben	++	+	+	+	+	+	+	+	+	+	++	o	o	o	o	o	o	o
Organisation	Organisationsstruktur, -prozesse und Raum	++	++	++	++	++	++	++	+	+	+	+	+	+	+	o	o	+	o
Organisation	Betriebsvereinbarung	++	+	+	+	+	+	+	+	+	+	++	o	o	o	o	o	o	o
Kultur	Unternehmensweit gelebte Kultur	++	+	+	+	+	+	+	++	++	++	++	++	++	++	++	++	++	++
Kultur	Performance Management und Leistungsmessung	o	o	o	o	o	+	+	+	+	+	++	++	++	++	++	++	++	++
Kultur	Persönlicher Gestaltungs-spielraum und Autonomie	o	o	o	o	o	+	+	+	+	+	++	++	++	++	++	++	++	++
Kultur	Führungsverhalten des Top-Managements	++	++	++	++	++	++	++	++	++	++	++	++	++	++	++	++	++	++
Kultur	Führungsstil des Vorgesetzten	++	++	++	++	++	++	++	++	++	++	++	++	++	++	++	++	++	++
Kultur	Teamkultur und Mindset	++	++	++	++	++	++	++	++	++	++	++	++	++	++	++	++	++	++

Maßnahmenschwerpunkt

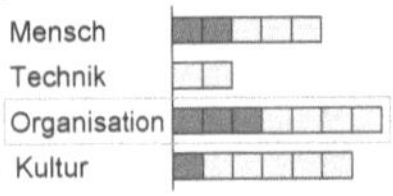

Maßnahmenumsetzung

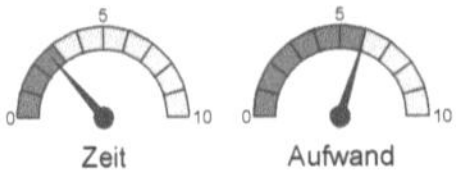

Best Practice HubSpot: Das Softwareunternehmen *HubSpot* unterstützt Mitarbeitende im Rahmen des "remote-ish„-Ansatzes bei der Einrichtung eines mobilen Arbeitsplatzes. Mitarbeitende, die sich dazu entscheiden, dauerhaft zwei oder weniger Tage in der Betriebsstätte zu arbeiten, werden von *HubSpot* bei der Einrichtung eines Heimarbeitsplatzes unterstützt. Bei nahezu ausschließlicher Arbeit von zuhause aus erhalten diese Mitarbeitenden eine vollumfänglich personalisierte Unterstützung. (s Burke 2020)

Best Practice Google: Das Technologieunternehmen *Google* stellt seinen Mitarbeitenden ein Budget von 1.000 US-Dollar zur Verfügung, um notwendige Ausrüstung und Büromöbel zu kaufen, damit sie auch von zu Hause aus effizient und bestmöglich ergonomisch arbeiten können. Die Übergänge zu Remote-Work werden erleichtert und es wird sichergestellt, dass die Mitarbeitenden über die notwendige Ausstattung verfügen, um die Aufgaben effektiv zu erfüllen. Solche Investitionen in Hardware und ergonomische Arbeitsplatzgestaltung tragen dazu bei, das Wohlbefinden und die Produktivität der Mitarbeitenden in Krisenzeiten, wie während der COVID-19-Pandemie, zu fördern. (s. Novet 2020)

Maßnahme M_3: Individuelle Arbeitsmodelle mit Verankerung von Remote-Work-Konzepten in Arbeitsverträgen ermöglichen

Auslöser: **A, F**

Wirkungsbeschreibung: Die Integration von Remote-Work-Konzepten in Arbeitsverträge hat weitreichende Auswirkungen auf die betrieblichen Gestaltungsparameter eines Unternehmens. Indem Arbeitsverträge maßgeschneiderte Arbeitsmodelle für Mitarbeitende ermöglichen, verstärken sie die *Haltung zu Remote-Work* positiv, da sie Diversität an Arbeitsformen fördern und den Wunsch nach Flexibilität und Selbstbestimmung von Mitarbeitenden anerkennen. Diese Flexibilität kann die *Arbeitsidentität* stärken, da das Arbeiten in verschiedene Lebensrealitäten integrierbar wird und als die Verankerung, als Teil ihres Lebens, vereinbarer wird. Für den *Fachkräftebedarf* kann dies aus Unternehmenssicht einen Vorteil bedeuten, denn Unternehmen, die moderne Arbeitsmodelle anbieten, werden für potenzielle Bewerber*innen attraktiver, insbesondere in jüngeren Generationen. *Rechtliche Vorgaben* werden durch präzise und individuell angepasste Verträge umgesetzt, was sowohl für Arbeitnehmer*innen als auch Arbeitgeber*innen Sicherheit schafft. Die *Organisationsstruktur und -prozesse* sind an weiterzuentwickeln, was zu innovativen Ansätzen in der Arbeitsorganisation und Raumgestaltung führt. Durch die Anpassung der *Betriebsvereinbarung* an diese Arbeitsverträge wird eine Kultur der Selbstbestimmung gefördert. Der damit vergrößerte *persönliche Gestaltungsspielraum und Autonomie* kann die Zufriedenheit und das Engagement der Mitarbeitenden steigern, da sie einen direkten Einfluss auf die Arbeitsweise, passend zu den individuellen Stärken, haben.

Legende
- o Keine / äußerst geringe Intensität
- \+ Moderate Intensität
- ++ Starke Intensität

		steuern/ regeln	ordnen		registrieren		überwachen		entwerfen			andere führen						sich selbst führen	
		fernsteuern und -regeln	hierarchisches einteilen	inhaltliches Sortieren	pflegen von Daten	dokumentieren von Informationen	prüfen	kontrollieren	technisches entwerfen	inhaltliches entwerfen	grafisches abbilden	anweisen und informieren	planen	beraten und befähigen	entwickeln von Zielen und Rahmenstrukturen	motivieren	moderieren	Sich-informieren und –befähigen	reflektieren
Mensch	Leistungsbereitschaft und Motivation	o	o	o	o	o	+	+	+	+	+	++	++	++	++	++	++	++	+
Mensch	Fachliche Fähigkeiten und Fertigkeiten	+	+	+	+	+	+	+	++	++	++	++	++	++	++	++	++	++	+
Mensch	Persönliche Haltung zu Remote-Work	o	o	o	o	o	o	o	o	o	o	++	++	++	++	++	++	++	+
Mensch	Arbeitsidentität	+	+	+	+	+	+	+	+	+	+	++	+	+	+	++	+	+	+
Mensch	Technik- und Digitalkompetenz	++	+	+	+	+	+	+	+	+	+	++	++	++	++	++	++	+	+
Technik	IT-Struktur	++	++	++	++	++	++	++	++	++	++	+	+	+	+	+	+	+	+
Technik	Arbeitsgegenstand	++	++	++	++	++	++	++	++	++	++	++	++	++	++	++	++	++	+
Organisation	IT-Governance	+	+	+	+	+	+	+	+	+	+	+	+	+	+	+	+	+	o
Organisation	Wissenskreation, -transfer und Kommunikationsprozesse	o	o	o	+	+	o	o	++	++	++	++	++	++	++	++	++	++	o
Organisation	Branchenspezifika und Kundenvorgaben	++	+	+	+	+	++	++	+	+	+	o	o	+	+	o	o	+	o
Organisation	Fachkräftebedarf	+	+	+	+	+	+	+	+	+	+	+	+	+	+	+	+	+	+
Organisation	Rechtliche Vorgaben	++	+	+	+	+	+	+	+	+	+	++	o	o	o	o	o	o	o
Organisation	Organisationsstruktur, -prozesse und Raum	++	++	++	++	++	++	++	+	+	+	+	+	+	+	o	o	+	o
Organisation	Betriebsvereinbarung	++	+	+	+	+	+	+	+	+	+	++	o	o	o	o	o	o	o
Kultur	Unternehmensweit gelebte Kultur	++	+	+	+	+	+	+	++	++	++	++	++	++	++	++	++	++	++
Kultur	Performance-Management und Leistungsmessung	o	o	o	o	o	+	+	+	+	+	++	++	++	++	++	++	++	++
Kultur	Persönlicher Gestaltungsspielraum und Autonomie	o	o	o	o	o	+	+	+	+	+	++	++	++	++	++	++	++	++
Kultur	Führungsverhalten des Top-Managements	++	++	++	++	++	++	++	++	++	++	++	++	++	++	++	++	++	++
Kultur	Führungsstil des Vorgesetzten	++	++	++	++	++	++	++	++	++	++	++	++	++	++	++	++	++	++
Kultur	Teamkultur und Mindset	++	++	++	++	++	++	++	++	++	++	++	++	++	++	++	++	++	++

Maßnahmenschwerpunkt

Mensch
Technik
Organisation
Kultur

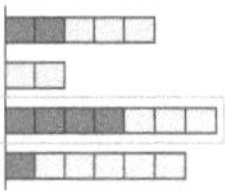

Maßnahmenumsetzung

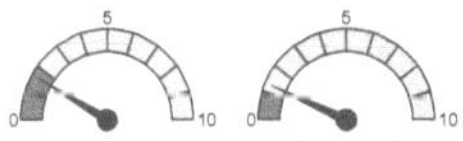

Zeit Aufwand

Best Practice HubSpot: Das Softwareunternehmen *HubSpot* bietet im Rahmen des „remote-ish„-Ansatzes Mitarbeitenden und Neueinsteigern drei Arbeitsmodelle zur Auswahl: „@office“ für diejenigen, die drei oder mehr Tage pro Woche vor Ort in einer Geschäftsstelle mit einem fest zugewiesenen Schreibtisch arbeiten, ohne spezielle Home-Office-Ausstattung; „@flex“, wobei zwei oder weniger Tage in der Woche im Büro verbracht werden, mit wechselnden Arbeitsplätzen und spezieller remote Büro-Ausstattung; und „@home“ für die Mitarbeitenden, die nahezu ausschließlich remote von zu Hause aus arbeiten, ebenfalls mit remote Büro-Ausstattung. (s. BURKE 2020)

Best Practice Bosch: Das Technologieunternehmen *Bosch* ermöglicht den Mitarbeitenden 54 Tage im Jahr innerhalb eines definierten Rahmens aus dem Ausland zu arbeiten. (s. ROBERT BOSCH GMBH 2024)

Best Practice Mercedes-Benz: Der Automobilhersteller *Mercedes-Benz* erneuert kontinuierlich die Betriebsvereinbarung zu mobilem Arbeiten. Die Beschäftigten sind demnach dazu berechtigt, ihre Arbeit vollständig remote auszuführen, wenn bestimmte rollenspezifische Voraussetzungen erfüllt sind. (s. MERCEDES-BENZ GROUP 2024)

Maßnahme M_4: Virtuelle Kontaktpunkte und Teambuilding-Aktivitäten zur Stärkung des Teamgefüges etablieren

Auslöser: F

Wirkungsbeschreibung: Die Einführung virtueller Kontaktpunkte und Teambuilding-Aktivitäten ist eine Maßnahme zur Stärkung der Zusammenarbeit und des Gemeinschaftsgefühls, insbesondere für remote arbeitende Teams. Kontaktpunkte bieten zyklische Gelegenheiten für den Austausch, auch informell. Sie tragen dazu bei, die *Leistungsbereitschaft und Motivation* der Teammitglieder zu steigern, da sie sich selbst als Teil eines engagierten Teams erleben können. Die *persönliche Haltung zu Remote-Work* kann zudem positiv beeinflusst werden, da Mitarbeitende durch zahlreiche Interaktionen eine dynamische Teamumgebung erfahren. Einer möglichen Isolation kann proaktiv entgegengewirkt werden. Teambuilding-Aktivitäten fördern darüber hinaus die Entwicklung einer gemeinsamen *Arbeitsidentität* und eines starken Zugehörigkeitsgefühls, was essenziell für die Aufrechterhaltung einer kohäsiven Teamdynamik ist. Durch die Ausrichtung der *IT-Struktur* zur Ermöglichung der virtuellen Kontaktpunkte wird der *Wissenskreation, dem -transfer und den Kommunikationsprozessen* ein Rahmen gegeben, der kollaboratives Arbeiten erleichtert. Ein Unternehmen, welches Wert auf ein starkes Teamgefüge legt, zieht qualifizierte und teamorientierte Fachkräfte an (vgl. *Fachkräftebedarf)*. Eine *unternehmensweit gelebte Kultur*, die virtuelle Interaktion und Teamzusammenhalt fördert, beeinflusst auch den *Führungsstil der Vorgesetzten* und schafft die Grundlage für die erfolgreiche Führung von räumlich distanzierten Teams. Abschließend trägt die Maßnahme dazu bei, eine resiliente *Teamkultur* und ein positives *Mindset* zu fördern, das Offenheit, Vertrauen und Zusammenarbeit auch in einem virtuellen Arbeitsumfeld stärkt.

Legende
- o Keine / äußerst geringe Intensität
- \+ Moderate Intensität
- ++ Starke Intensität

		steu-ern/regeln	ordnen		registrieren		überwachen		entwerfen			andere führen						sich selbst führen	
		fernsteuern und -regeln	hierarchisches einteilen	Inhaltliches Sortieren	pflegen von Daten	dokumentieren von Informationen	prüfen	kontrollieren	technisches entwerfen	inhaltliches entwerfen	grafisches abbilden	anweisen und informieren	planen	beraten und befähigen	entwickeln von Zielen und Rahmenstrukturen	motivieren	moderieren	Sich-informieren und -befähigen	reflektieren
Mensch	Leistungsbereitschaft und Motivation	o	o	o	o	o	+	+	+	+	+	++	++	++	++	++	++	++	+
Mensch	Fachliche Fähigkeiten und Fertigkeiten	+	+	+	+	+	+	+	++	++	++	++	++	++	++	++	++	++	+
Mensch	Persönliche Haltung zu Remote-Work	o	o	o	o	o	o	o	o	o	o	++	++	++	++	++	++	++	+
Mensch	Arbeitsidentität	+	+	+	+	+	+	+	+	+	+	++	+	+	+	++	+	+	+
Mensch	Technik- und Digitalkompetenz	++	+	+	+	+	+	+	+	+	+	++	++	++	++	++	++	+	+
Technik	IT-Struktur	++	++	++	++	++	++	++	++	++	++	+	+	+	+	+	+	+	+
Technik	Arbeitsgegenstand	++	++	++	++	++	++	++	++	++	++	++	++	++	++	++	++	++	+
Organisation	IT-Governance	+	+	+	+	+	+	+	+	+	+	+	+	+	+	+	+	+	o
Organisation	Wissenskreation, -transfer und Kommunikationsprozesse	o	o	o	+	+	o	o	++	++	++	++	++	++	++	++	++	++	o
Organisation	Branchenspezifika und Kundenvorgaben	++	+	+	+	+	++	++	+	+	+	o	o	+	+	o	o	+	o
Organisation	Fachkräftebedarf	+	+	+	+	+	+	+	+	+	+	+	+	+	+	+	+	+	+
Organisation	Rechtliche Vorgaben	++	+	+	+	+	+	+	+	+	+	++	o	o	o	o	o	o	o
Organisation	Organisationsstruktur, -prozesse und Raum	++	++	++	++	++	++	++	+	+	+	+	+	+	+	o	o	+	o
Organisation	Betriebsvereinbarung	++	+	+	+	+	+	+	+	+	+	++	o	o	o	o	o	o	o
Kultur	Unternehmensweit gelebte Kultur	++	+	+	+	+	+	+	++	++	++	++	++	++	++	++	++	++	++
Kultur	Performance-Management und Leistungsmessung	o	o	o	o	o	+	+	+	+	+	++	++	++	++	++	++	++	++
Kultur	Persönlicher Gestaltungsspielraum und Autonomie	o	o	o	o	o	+	+	+	+	+	++	++	++	++	++	++	++	++
Kultur	Führungsverhalten des Top-Managements	++	++	++	++	++	++	++	++	++	++	++	++	++	++	++	++	++	++
Kultur	Führungsstil des Vorgesetzten	++	++	++	++	++	++	++	++	++	++	++	++	++	++	++	++	++	++
Kultur	Teamkultur und Mindset	++	++	++	++	++	++	++	++	++	++	++	++	++	++	++	++	++	++

Maßnahmenschwerpunkt

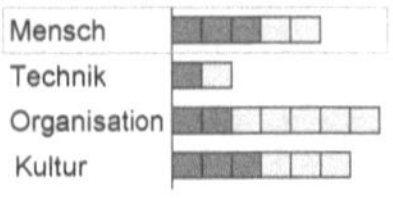

Maßnahmenumsetzung

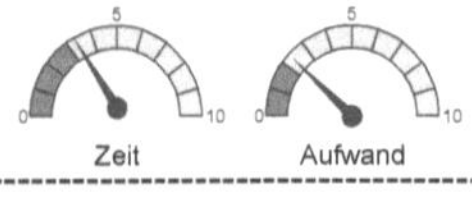

Best Practice Atlassian: Das Softwareunternehmen *Atlassian* implementiert Maßnahmen zur Förderung des Teamgefüges in Remote-Work-Umgebungen durch eine Vielzahl kreativer, virtueller Teambuilding-Aktivitäten. Diese Aktivitäten sind darauf ausgelegt, persönliche Verbindungen zwischen Teammitgliedern zu schaffen. Sie umfassen sowohl unterhaltsame als auch arbeitsbezogene Elemente, um die Kommunikation zu verbessern und die Produktivität zu steigern. Atlassian nutzt verschiedene Kommunikationstools, um diese Aktivitäten zu ermöglichen, und bietet eine Mischung aus synchronen und asynchronen Aktivitäten an, sodass Teammitglieder entweder gleichzeitig oder zu einem für sie passenden Zeitpunkt teilnehmen können. Die Auswahl besteht aus einer sinnvollen Kombination an Aktivitäten, welche soziale Aspekte bedienen wie auch gemeinsame Arbeitsweisen des Teams konkret verbessern. Unter anderem sind virtuelle Aktivitäten wie Kontaktpunkte mit Kaffeepause, Gemeinschaftskochen sowie verschiedenste Wettbewerbe fest in den remote arbeitenden Teams etabliert. (s. GOFF-DUPONT 2021)

Maßnahme M_5: Taskforce für die erfolgreiche Umsetzung eines Remote-Work-Konzepts zusammenstellen

Auslöser: **C, E, F**

Wirkungsbeschreibung: Die Taskforce fokussiert die Umsetzung des individuellen Remote-Work-Konzepts im Unternehmen, ist ein wirkungsvolles Instrument, um die Veränderung hin zu einer ortsunabhängigen Arbeitsweise umzusetzen. Durch eine diverse Perspektive der Taskforce auf Remote-Work, kann die unternehmensweite Akzeptanz erhöht werden. Die Taskforce agiert als zentraler Knotenpunkt für *Wissenskreation, -transfer und Kommunikationsprozesse* im Bereich Remote-Work und stellt sicher, dass das Teilen von Informationen und Best Practices effizient innerhalb der Organisation umgesetzt wird. Durch die Anpassung der *Organisationsstruktur, -prozesse und des Raumes* an die neuen Anforderungen kann die Taskforce das notwendige Arbeitsumfeld schaffen, um langfristig Remote-Work zu verankern. Dies kann zudem die *unternehmensweit gelebte Kultur* sowie die *Teamkultur* und das *Mindset* der Mitarbeitenden stärken. Das Engagement einer solchen Einheit spiegelt zudem die Priorisierung von Remote-Work durch das *Führungsverhalten des Top-Managements* wider, was die Akzeptanz in der Belegschaft steigert. Das bestehende *Performance-Management und Leistungsmessung* wird durch die Taskforce hinterfragt und angepasst, um den vollständig in Präsenz arbeitenden und remote arbeitenden Mitarbeitenden gleichwertige Karriereentwicklungen zu ermöglichen. Durch eine funktionsübergreifende Zusammensetzung der Taskforce wird gewährleistet, dass Mitarbeitende aus verschiedenen Unternehmensbereichen Einfluss auf die Umsetzung von Remote-Work nehmen, wodurch der *persönliche Gestaltungsspielraum und die Autonomie* der Mitarbeitenden erhöht wird.

Legende
- o Keine / äußerst geringe Intensität
- \+ Moderate Intensität
- ++ Starke Intensität

		steu-ern/ regeln	ordnen		registrieren		überwachen		entwerfen			andere führen						sich selbst führen	
		fernsteuern und -regeln	hierarchisches einteilen	Inhaltliches Sortieren	pflegen von Daten	dokumentieren von Informationen	prüfen	kontrollieren	technisches entwerfen	inhaltliches entwerfen	grafisches abbilden	anweisen und informieren	planen	beraten und befähigen	entwickeln von Zielen und Rahmenstrukturen	motivieren	moderieren	Sich-informieren und -befähigen	reflektieren
Mensch	Leistungsbereitschaft und Motivation	o	o	o	o	o	+	+	+	+	+	++	++	++	++	++	++	++	+
Mensch	Fachliche Fähigkeiten und Fertigkeiten	+	+	+	+	+	+	+	++	++	++	++	++	++	++	++	++	++	+
Mensch	Persönliche Haltung zu Remote-Work	o	o	o	o	o	o	o	o	o	o	++	++	++	++	++	++	++	+
Mensch	Arbeitsidentität	+	+	+	+	+	+	+	+	+	+	++	+	+	+	++	+	+	+
Mensch	Technik- und Digitalkompetenz	++	+	+	+	+	+	+	+	+	+	++	++	++	++	++	++	+	+
Technik	IT-Struktur	++	++	++	++	++	++	++	++	++	++	+	+	+	+	+	+	+	+
Technik	Arbeitsgegenstand	++	++	++	++	++	++	++	++	++	++	++	++	++	++	++	++	++	+
Organisation	IT-Governance	+	+	+	+	+	+	+	+	+	+	+	+	+	+	+	+	+	o
Organisation	Wissenskreation, -transfer und Kommunikationsprozesse	o	o	o	+	+	o	o	++	++	++	++	++	++	++	++	++	++	o
Organisation	Branchenspezifika und Kundenvorgaben	++	+	+	+	+	++	++	+	+	+	o	o	+	+	o	o	+	o
Organisation	Fachkräftebedarf	+	+	+	+	+	+	+	+	+	+	+	+	+	+	+	+	+	+
Organisation	Rechtliche Vorgaben	++	+	+	+	+	+	+	+	+	+	++	o	o	o	o	o	o	o
Organisation	Organisationsstruktur, prozesse und Raum	++	++	++	++	++	++	++	+	+	+	+	+	+	+	o	o	+	o
Organisation	Betriebsvereinbarung	++	+	+	+	+	+	+	+	+	+	++	o	o	o	o	o	o	o
Kultur	Unternehmensweit gelebte Kultur	++	+	+	+	+	+	+	++	++	++	++	++	++	++	++	++	++	++
Kultur	Performance-Management und Leistungsmessung	o	o	o	o	o	+	+	+	+	+	++	++	++	++	++	++	++	++
Kultur	Persönlicher Gestaltungs-spielraum und Autonomie	o	o	o	o	o	+	+	+	+	+	++	++	++	++	++	++	++	++
Kultur	Führungsverhalten des Top-Managements	++	++	++	++	++	++	++	++	++	++	++	++	++	++	++	++	++	++
Kultur	Führungsstil des Vorgesetzten	++	++	++	++	++	++	++	++	++	++	++	++	++	++	++	++	++	++
Kultur	Teamkultur und Mindset	++	++	++	++	++	++	++	++	++	++	++	++	++	++	++	++	++	++

Maßnahmenschwerpunkt

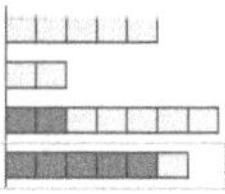

Maßnahmenumsetzung

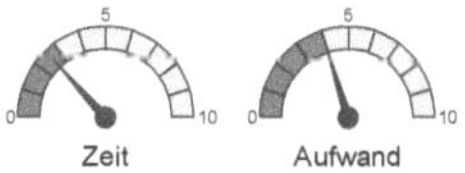

Best Practice 3M: Das Technologieunternehmen *3M* etabliert zur Umsetzung des "Work Your Way"-Programms eine globale Taskforce, die sich aus Mitarbeitenden verschiedener Funktionen zusammensetzt. Diese Einheit beschäftigt sich mit der Frage, wie die Zukunft der Arbeit bei *3M* aussieht. Einbezogen wird die Entwicklung moderner, flexibler Arbeitsweisen, die auf dem Feedback von Mitarbeitenden weltweit aufbauen. Ziel der Maßnahme ist es, die Mitarbeitendenerfahrung zu modernisieren und für neue Talente attraktiv zu gestalten. Umgesetzt wird ein Ansatz, welcher nicht Anwesenheit und feste Arbeitszeiten fokussiert, sondern auf Ergebnisse und das Wohlbefinden der Mitarbeitenden. Die Taskforce arbeitet kollaborativ, um eine Kultur der Agilität und Inklusion zu fördern und ermöglicht eine Auseinandersetzung mit Remote-Work aus verschiedenen Perspektiven. (s. 3M COMPANY 2021)

Best Practice Siemens: Das Technologieunternehmen *Siemens* führt während der COVID-19-Pandemie das „New Normal Working Model" ein, mit dem Ziel, neue Wege der mobilen und digitalen Zusammenarbeit zu entwickeln. Für die Umsetzung wird ein interdisziplinäres Projektteam zusammengestellt. (s. SOMBORN 2020)

Maßnahme M_6: Remote-Work-Konzepte in Unternehmenskultur mittels organisationsweiter Initiativen zur Akzeptanzförderung verankern

Auslöser: **F**

Wirkungsbeschreibung: Die Verankerung von Remote-Work-Konzepten in der Unternehmenskultur durch organisationsweite Initiativen kann entscheidend dazu beitragen, eine positive Einstellung gegenüber Remote-Work auf individueller und kollektiver Ebene zu fördern. Durch gezielte Initiativen zur Akzeptanzsteigerung kann die *persönliche Haltung zu Remote-Work* eines Mitarbeitenden positiv beeinflusst werden. Auch die erhöhte Bereitschaft zur Akzeptanz und Nutzung von modernen Arbeitsmodellen wird somit gefördert. Die *Arbeitsidentität*, das Verständnis der eigenen Rolle und Verantwortung im Kontext von Remote-Work, wird gestärkt, indem klare Erwartungen kommuniziert und entsprechende Unterstützung angeboten wird. Eine *unternehmensweit gelebte Kultur*, die Flexibilität, Vertrauen und digitale Zusammenarbeit betont, trägt maßgeblich dazu bei, dass Remote-Work als integraler Bestandteil der Arbeitskultur verstanden wird. Das *Führungsverhalten des Top-Managements* spielt eine Schlüsselrolle, da es durch Vorbildfunktion und klare Befürwortung von Remote-Work die Akzeptanz und Implementierung unterstützt. Ebenso ist der *Führungsstil* des direkten *Vorgesetzten* entscheidend, da eine auf Vertrauen und Autonomie basierende Führung die Mitarbeitenden motiviert und deren Engagement und Produktivität im Remote-Arbeitsumfeld erhöht. Geprägt durch die Entwicklung eines gemeinsamen Verständnisses und Bewusstseins der Unternehmensziele und gelebten Arbeitsweise im remote Kontext, bedingt die Maßnahme die passende *Teamkultur und das Mindset*, da eine effektive, kooperative und zufriedenstellende Arbeitsumgebung geschaffen wird.

Legende

- o Keine / äußerst geringe Intensität
- \+ Moderate Intensität
- ++ Starke Intensität

		steu-ern/ regeln	ordnen		registrieren		überwachen		entwerfen			andere führen						sich selbst führen	
		fernsteuern und –regeln	hierarchisches einteilen	Inhaltliches Sortieren	pflegen von Daten	dokumentieren von Informationen	prüfen	kontrollieren	technisches entwerfen	inhaltliches entwerfen	grafisches abbilden	anweisen und informieren	planen	beraten und befähigen	entwickeln von Zielen und Rahmenstrukturen	motivieren	moderieren	Sich-informieren und –befähigen	reflektieren
Mensch	Leistungsbereitschaft und Motivation	o	o	o	o	o	+	+	+	+	+	++	++	++	++	++	++	++	+
Mensch	Fachliche Fähigkeiten und Fertigkeiten	+	+	+	+	+	+	+	++	++	++	++	++	++	++	++	++	++	+
Mensch	Persönliche Haltung zu Remote-Work	o	o	o	o	o	o	o	o	o	o	++	++	++	++	++	++	++	+
Mensch	Arbeitsidentität	+	+	+	+	+	+	+	+	+	+	++	+	+	+	++	+	+	+
Mensch	Technik und Digitalkompetenz	++	+	+	+	+	+	+	+	+	+	++	++	++	++	++	++	+	+
Technik	IT-Struktur	++	++	++	++	++	++	++	++	++	++	+	+	+	+	+	+	+	+
Technik	Arbeitsgegenstand	++	++	++	++	++	++	++	++	++	++	++	++	++	++	++	++	++	+
Organisation	IT-Governance	+	+	+	+	+	+	+	+	+	+	+	+	+	+	+	+	+	o
Organisation	Wissenskreation, -transfer und Kommunikationsprozesse	o	o	o	+	+	o	o	++	++	++	++	++	++	++	++	++	++	o
Organisation	Branchenspezifika und Kundenvorgaben	++	+	+	+	+	++	++	+	+	+	o	o	+	+	o	o	+	o
Organisation	Fachkräftebedarf	+	+	+	+	+	+	+	+	+	+	+	+	+	+	+	+	+	+
Organisation	Rechtliche Vorgaben	++	+	+	+	+	+	+	+	+	+	++	o	o	o	o	o	o	o
Organisation	Organisationsstruktur, -prozesse und Raum	++	++	++	++	++	++	++	+	+	+	+	+	+	+	o	o	+	o
Organisation	Betriebsvereinbarung	++	+	+	+	+	+	+	+	+	+	++	o	o	o	o	o	o	o
Kultur	Unternehmensweit gelebte Kultur	++	+	+	+	+	+	+	++	++	++	++	++	++	++	++	++	++	++
Kultur	Performance-Management und Leistungsmessung	o	o	o	o	o	+	+	+	+	+	++	++	++	++	++	++	++	++
Kultur	Persönlicher Gestaltungs-spielraum und Autonomie	o	o	o	o	o	+	+	+	+	+	++	++	++	++	++	++	++	++
Kultur	Führungsverhalten des Top-Managements	++	++	++	++	++	++	++	++	++	++	++	++	++	++	++	++	++	++
Kultur	Führungsstil des Vorgesetzten	++	++	++	++	++	++	++	++	++	++	++	++	++	++	++	++	++	++
Kultur	Teamkultur und Mindset	++	++	++	++	++	++	++	++	++	++	++	++	++	++	++	++	++	++

Maßnahmenschwerpunkt

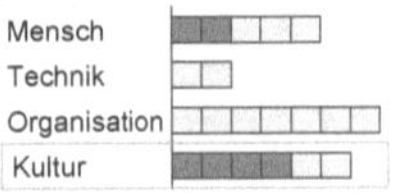

Maßnahmenumsetzung

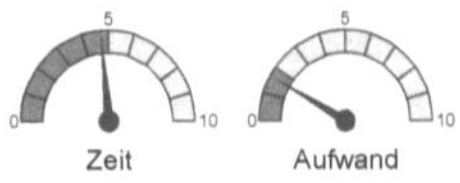

Best Practice 3M: Das Technologieunternehmen *3M* ruft die Initiative "Work Your Way" ins Leben, die Mitarbeitende dazu ermutigt, flexible Arbeitskonzepte in Bezug auf Zeit und Ort in ihren Berufsalltag zu implementieren. Best Practices einzelner Mitarbeitender werden unternehmensweit geteilt und ausgerollt. (s. 3M COMPANY 2021)

Best Practice Coinbase: *Coinbase*, eine Handelsplattform für Kryptowährungen, etabliert die Initiative "remote-first", die Mitarbeitende eigenständig zwischen mobilem Arbeiten, Arbeit im Büro oder einem hybriden Konzept wählen lässt. Unabhängig von der individuellen Auswahl wird allen Mitarbeitenden eine gleichwertige und gemeinsame Arbeitserfahrung ermöglicht. (s. BROCK 2021)

Best Practice Atlassian: Das Softwareunternehmen *Atlassian* setzt die Initiative "Team Anywhere" als Bestandteil der flexiblen Standortpolitik um. Den Mitarbeitenden wird auf diesem Weg ermöglicht, ihren Wohn- und Arbeitssitz eigenständig zu wählen und flexibel und frei zu ändern. (s. FARQUHAR ET AL. 2021)

Maßnahme M_7: Mitarbeitende anhand individueller Trainingsmaßnahmen aktiv in die Gestaltung hybrider Arbeitsmodelle einbeziehen

Auslöser: **A, E**

Wirkungsbeschreibung: Die aktive Einbindung von Mitarbeitenden in die Gestaltung hybrider Arbeitsmodelle führt zu einer gesteigerten *Leistungsbereitschaft und Motivation*, indem sie den Mitarbeitenden ermöglicht, ihre Arbeitsumgebung nach eigenen Bedürfnissen und Präferenzen anzuordnen und zu arrangieren. Gleichzeitig wird die *persönliche Haltung zu Remote-Work* aufgewertet, da die Mitarbeitenden durch die aktive Teilnahme am Gestaltungsprozess die Vorteile flexibler Arbeitsarrangements erkennen und schätzen lernen. Durch die individuellen Trainingsmaßnahmen wird die *Arbeitsidentität* gestärkt, indem eine Verbindung zwischen der Rolle im Unternehmen und den neuen Arbeitsmodellen erkennbar ist, was eine starke Identifikation für den Sinn Ihrer Arbeit ermöglicht. *Wissenskreation, -transfer und Kommunikationsprozesse* profitieren ebenfalls, da durch die gemeinsame Entwicklung von Arbeitsmodellen ein Austausch von Ideen und internen Best Practices gefördert wird. Auf hybride Arbeitsmodelle abgestimmte Performance-Management *und Leistungsmessung* wird durch die Integration individueller Ziele und Bewertungskriterien gefördert, die sowohl die Unternehmensziele als auch die persönlichen Leistungen berücksichtigen. Auch der *persönliche Gestaltungsspielraum und die Autonomie* der Mitarbeitenden werden gefördert, da durch die aktive Mitgestaltung das Maß an Kontrolle über eigene Arbeitsweise und -umgebung erhöht wird.

Legende
- o Keine / äußerst geringe Intensität
- \+ Moderate Intensität
- ++ Starke Intensität

		steuern/regeln	ordnen		registrieren		überwachen		entwerfen			andere führen						sich selbst führen	
		fernsteuern und -regeln	hierarchisches einteilen	Inhaltliches Sortieren	pflegen von Daten	dokumentieren von Informationen	prüfen	kontrollieren	technisches entwerfen	inhaltliches entwerfen	grafisches abbilden	anweisen und informieren	planen	beraten und befähigen	entwickeln von Zielen und Rahmenstrukturen	motivieren	moderieren	Sich-informieren und -befähigen	reflektieren
Mensch	Leistungsbereitschaft und Motivation	o	o	o	o	o	+	+	+	+	+	++	++	++	++	++	++	++	+
	Fachliche Fähigkeiten und Fertigkeiten	+	+	+	+	+	+	+	++	++	++	++	++	++	++	++	++	++	+
	Persönliche Haltung zu Remote-Work	o	o	o	o	o	o	o	o	o	o	++	++	++	++	++	++	++	+
	Arbeitsidentität	+	+	+	+	+	+	+	+	+	+	++	+	+	+	++	+	+	+
	Technik- und Digitalkompetenz	++	+	+	+	+	+	+	+	+	+	++	++	++	++	++	++	+	+
Technik	IT-Struktur	++	++	++	++	++	++	++	++	++	++	+	+	+	+	+	+	+	+
	Arbeitsgegenstand	++	++	++	++	++	++	++	++	++	++	++	++	++	++	++	++	++	+
Organisation	IT-Governance	+	+	+	+	+	+	+	+	+	+	+	+	+	+	+	+	+	o
	Wissenskreation, -transfer und Kommunikationsprozesse	o	o	o	+	+	o	o	++	++	++	++	++	++	++	++	++	++	o
	Branchenspezifika und Kundenvorgaben	++	+	+	+	+	++	++	+	+	+	o	o	+	+	o	o	+	o
	Fachkräftebedarf	+	+	+	+	+	+	+	+	+	+	+	+	+	+	+	+	+	+
	Rechtliche Vorgaben	++	+	+	+	+	+	+	+	+	+	++	o	o	o	o	o	o	o
	Organisationsstruktur, -prozesse und Raum	++	++	++	++	++	++	++	+	+	+	+	+	+	+	o	o	+	o
	Betriebsvereinbarung	++	+	+	+	+	+	+	+	+	+	++	o	o	o	o	o	o	o
Kultur	Unternehmenswert-geleitete Kultur	++	+	+	+	+	+	+	++	++	++	++	++	++	++	++	++	++	++
	Performance-Management und Leistungsmessung	o	o	o	o	o	+	+	+	+	+	++	++	++	++	++	++	++	++
	Persönlicher Gestaltungsspielraum und Autonomie	o	o	o	o	o	+	+	+	+	+	++	++	++	++	++	++	++	++
	Führungsverhalten des Top-Managements	++	++	++	++	++	++	++	++	++	++	++	++	++	++	++	++	++	++
	Führungsstil des Vorgesetzten	++	++	++	++	++	++	++	++	++	++	++	++	++	++	++	++	++	++
	Teamkultur und Mindset	++	++	++	++	++	++	++	++	++	++	++	++	++	++	++	++	++	++

Maßnahmenschwerpunkt

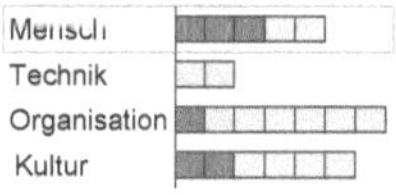

Maßnahmenumsetzung

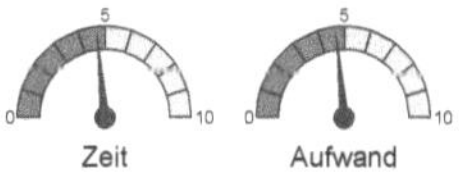

Best Practice Bosch: Das Technologieunternehmen *Bosch* etabliert im Rahmen der Ausweitung von Remote-Work das Konzept "Smart Work" unternehmensweit. Das Konzept unterstützt die Mitarbeitenden bei der individuellen Auswahl eines Arbeitsmodells. Durch "Smart Workshops" erhalten Mitarbeitende einen internen Leitfaden, der eine optimale Entwicklung in einem hybriden Arbeitsumfeld ermöglicht. (s. Robert Bosch GmbH 2024)

Best Practice Mercedes-Benz: Der Automobilhersteller *Mercedes-Benz* setzt seit 2009 aktiv Maßnahmen zur Stärkung von Remote-Work um. Unter anderem bestimmen Führungskräfte und ihre Teams gemeinsam die Struktur des hybriden Arbeitsmodells, wobei sowohl unternehmensübergreifende als auch individuelle Anforderungen Berücksichtigung finden. Mercedes-Benz fördert dies durch Weiterbildungsprogramme und Lehrmaterialien. (s. Mercedes-Benz Group 2024)

Maßnahme M_8: Führungskräfte durch kontinuierliche Trainings zur erfolgreichen Steuerung von Remote-Teams befähigen

Auslöser: **D, E**

Wirkungsbeschreibung: Die kontinuierliche Schulung von Führungskräften ermöglicht es, operativ aufkommende Themen zeitnah zu adressieren und den vertrauensvollen Austausch zu fördern. Durch die Fokussierung virtueller Teamführung und Kommunikationsstrategien werden die *fachlichen Fähigkeiten und Fertigkeiten* von Führungskräften gestärkt. Zudem erhöhen kontinuierliche Trainings die *Technik- und Digitalkompetenz* von Führungskräften, indem sie mit digitalen State-of-the-Art-Tools, wie Plattformlösungen, vertraut sind, was für die Koordination von Remote-Teams zentral ist. Durch die Vermittlung praktischer Methoden für den Informationsaustausch und die Interaktion innerhalb ortsunabhängiger Teams tragen Trainings wesentlich zur Verbesserung der *Wissenskreation, -transfer und Kommunikationsprozesse* bei. Sie beeinflussen zudem die *Organisationsstruktur und -prozesse* positiv, da adaptierte Führungspraktiken eine flexible und effiziente Gestaltung der Arbeitsabläufe ermöglichen. Durch den Austausch von Best Practices zwischen Führungskräften sowie die Differenzierung von methodischen und inhaltlichen Herausforderungen im Arbeitsalltag eröffnen die Trainings eine zielführende und realistische Bewertung durch das *Performance-Management und die Leistungsmessung*. Der *Führungsstil des Vorgesetzten* wird durch eine kontinuierliche Weiterbildung adaptiv und situativ, was wiederum das Engagement und die Motivation der Teammitglieder fördert. Zudem trägt die Maßnahme zu einer durch Vertrauen und Zusammenarbeit geprägten *Teamkultur und Mindset* bei, welche für Remote-Teams und hybride Arbeitsweisen entscheidend ist.

Legende
- o Keine / äußerst geringe Intensität
- \+ Moderate Intensität
- ++ Starke Intensität

		steu-ern/ regeln	ordnen		registrieren		überwachen		entwerfen			andere führen						sich selbst führen	
		fernsteuern und -regeln	hierarchisches einteilen	Inhaltliches Sortieren	pflegen von Daten	dokumentieren von Informationen	prüfen	kontrollieren	technisches entwerfen	inhaltliches entwerfen	grafisches abbilden	anweisen und informieren	planen	beraten und befähigen	entwickeln von Zielen und Rahmenstrukturen	motivieren	moderieren	Sich-informieren und -befähigen	reflektieren
Mensch	Leistungsbereitschaft und Motivation	o	o	o	o	o	+	+	+	+	+	++	++	++	++	++	++	++	+
Mensch	**Fachliche Fähigkeiten und Fertigkeiten**	+	+	+	+	+	+	+	++	++	++	++	++	++	++	++	++	++	+
Mensch	Persönliche Haltung zu Remote-Work	o	o	o	o	o	o	o	o	o	o	++	++	++	++	++	++	++	+
Mensch	Arbeitsidentität	+	+	+	+	+	+	+	+	+	+	++	+	+	+	++	+	+	+
Mensch	**Technik- und Digitalkompetenz**	++	+	+	+	+	+	+	+	+	+	++	++	++	++	++	++	+	+
Technik	IT-Struktur	++	++	++	++	++	++	++	++	++	++	+	+	+	+	+	+	+	+
Technik	Arbeitsgegenstand	++	++	++	++	++	++	++	++	++	++	++	++	++	++	++	++	++	+
Organisation	IT-Governance	+	+	+	+	+	+	+	+	+	+	+	+	+	+	+	+	+	o
Organisation	**Wissenskreation, -transfer und Kommunikationsprozesse**	o	o	o	+	+	o	o	++	++	++	++	++	++	++	++	++	++	o
Organisation	Branchenspezifika und Kundenvorgaben	++	+	+	+	+	++	++	+	+	+	o	o	+	+	o	o	+	o
Organisation	Fachkräftebedarf	+	+	+	+	+	+	+	+	+	+	+	+	+	+	+	+	+	+
Organisation	Rechtliche Vorgaben	++	+	+	+	+	+	+	+	+	+	++	o	o	o	o	o	o	o
Organisation	**Organisationsstruktur, -prozesse und Raum**	++	++	++	++	++	++	++	+	+	+	+	+	+	+	o	o	+	o
Organisation	Betriebsvereinbarung	++	+	+	+	+	+	+	+	+	+	++	o	o	o	o	o	o	o
Kultur	Unternehmensweit gelebte Kultur	++	+	+	+	+	+	+	++	++	++	++	++	++	++	++	++	++	++
Kultur	**Performance-Management und Leistungsmessung**	o	o	o	o	o	+	+	+	+	+	++	++	++	++	++	++	++	++
Kultur	Persönlicher Gestaltungsspielraum und Autonomie	o	o	o	o	o	+	+	+	+	+	++	++	++	++	++	++	++	++
Kultur	Führungsverhalten des Top Managements	++	++	++	++	++	++	++	++	++	++	++	++	++	++	++	++	++	++
Kultur	**Führungsstil des Vorgesetzten**	++	++	++	++	++	++	++	++	++	++	++	++	++	++	++	++	++	++
Kultur	**Teamkultur und Mindset**	++	++	++	++	++	++	++	++	++	++	++	++	++	++	++	++	++	++

Maßnahmenschwerpunkt

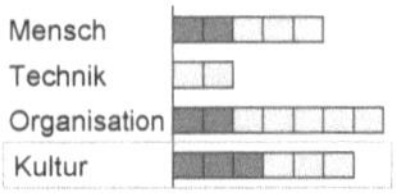

Maßnahmenumsetzung

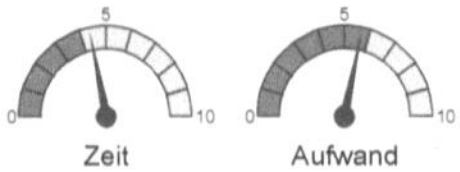

Best Practice HubSpot: Das Softwareunternehmen *HubSpot* investiert in die kontinuierliche Weiterbildung der Führungskräfte, um sie auf die Herausforderungen der Führung von Remote-Teams vorzubereiten und auf dem Weg zu begleiten. Spezialisierte Schulungen umfassen insbesondere die Förderung von Teamdynamik und psychologischer Sicherheit, unabhängig von geografischen Distanzen. Der Onboarding-Prozess für neue Mitarbeitende wird an ein remote Format angepasst. *HubSpot* stellt damit sicher, dass Führungskräfte ab Antritt ihrer Position in der Lage sind, neue Teammitglieder mit der Unternehmenskultur und -dynamik vertraut zu machen. Ziel von *HubSpot* ist es, eine flexible und inklusive Arbeitsumgebung zu fördern und gleichzeitig seine Position als modernes Unternehmen zu festigen. (s. BURKE 2020)

Maßnahme M_9: Technik- und Digitalkompetenz von Shopfloor-Mitarbeitenden mit fortlaufenden Schulungsprogramme ausbauen

Auslöser: **E**

Wirkungsbeschreibung: Die Implementierung fortlaufender Schulungsprogramme steigert die *Technik- und Digitalkompetenz* von Shopfloor-Mitarbeitenden, was unmittelbar die *Leistungsbereitschaft und Motivation* innerhalb des Teams verbessert. Indem der Umgang mit modernen Werkzeugen und digitalen Prozessen erlernt wird, werden *fachliche Fähigkeiten und Fertigkeiten* verbessert. Die gesteigerte *Technik- und Digitalkompetenz* kann zudem die *IT-Governance* stützen, da Mitarbeitenden befähigt werden, digitale Tools verantwortungsvoll und sicher zu nutzen. Die Erweiterung ihrer Kompetenzen wirkt sich zudem positiv auf den *Fachkräftebedarf* aus, da spezialisierte Mitarbeitende die Notwendigkeit externer Einstellungen reduzieren. Zudem treiben leistungsstarke Mitarbeitende ihre Teams zentral voran und bilden einen Pull-Faktor für weitere leistungsstarke Mitarbeitende. Ein qualitativ hochwertiges Schulungsangebot erhöht die Attraktivität des Unternehmens für Bewerbende. Durch die vertragliche Aufnahme von Schulungsprogrammen in die *Betriebsvereinbarung* wird die Entwicklung von Capabilitys für die digitale Transformation bei Mitarbeitenden gefördert. Durch klare Kompetenzkriterien werden für das *Performance-Management und die Leistungsmessung* Karrierepfade aufgezeigt. Die kontinuierliche Weiterbildung fördert die individuelle Entwicklung der Shopfloor-Mitarbeitenden und trägt maßgeblich zur digitalen Reife und Innovationskraft des Unternehmens bei.

Legende
- o Keine / äußerst geringe Intensität
- \+ Moderate Intensität
- ++ Starke Intensität

		steu-ern/ regeln	ordnen		registrieren		überwachen		entwerfen			andere führen						sich selbst führen	
		fernsteuern und -regeln	hierarchisches einteilen	Inhaltliches Sortieren	pflegen von Daten	dokumentieren von Informationen	prüfen	kontrollieren	technisches entwerfen	inhaltliches entwerfen	grafisches abbilden	anweisen und informieren	planen	beraten und befähigen	entwickeln von Zielen und Rahmenstrukturen	motivieren	moderieren	Sich-informieren und -befähigen	reflektieren
Mensch	Leistungsbereitschaft und Motivation	o	o	o	o	o	+	+	+	+	+	++	++	++	++	++	++	++	+
	Fachliche Fähigkeiten und Fertigkeiten	+	+	+	+	+	+	+	++	++	++	++	++	++	++	++	++	++	+
	Persönliche Haltung zu Remote-Work	o	o	o	o	o	o	o	o	o	o	++	++	++	++	++	++	++	+
	Arbeitsidentität	+	+	+	+	+	+	+	+	+	+	++	+	+	+	++	+	+	+
	Technik- und Digitalkompetenz	++	+	+	+	+	+	+	+	+	+	++	++	++	++	++	++	+	+
Technik	IT-Struktur	++	++	++	++	++	++	++	++	++	++	+	+	+	+	+	+	+	+
	Arbeitsgegenstand	++	++	++	++	++	++	++	++	++	++	++	++	++	++	++	++	++	+
Organisation	IT-Governance	+	+	+	+	+	+	+	+	+	+	+	+	+	+	+	+	+	o
	Wissenskreation, -transfer und Kommunikationsprozesse	o	o	o	+	+	o	o	++	++	++	++	++	++	++	++	++	++	o
	Branchenspezifika und Kundenvorgaben	++	+	+	+	+	++	++	+	+	+	o	o	+	+	o	o	+	o
	Fachkräftebedarf	+	+	+	+	+	+	+	+	+	+	+	+	+	+	+	+	+	+
	Rechtliche Vorgaben	++	+	+	+	+	+	+	+	+	+	++	o	o	o	o	o	o	o
	Organisationsstruktur, -prozesse und Raum	++	++	++	++	++	++	++	+	+	+	+	+	+	+	o	o	+	o
	Betriebsvereinbarung	++	+	+	+	+	+	+	+	+	+	++	o	o	o	o	o	o	o
Kultur	Unternehmensweit gelebte Kultur	++	+	+	+	+	+	+	++	++	++	++	++	++	++	++	++	++	++
	Performance-Management und Leistungsmessung	o	o	o	o	o	+	+	+	+	+	++	++	++	++	++	++	++	++
	Persönlicher Gestaltungsspielraum und Autonomie	o	o	o	o	o	+	+	+	+	+	++	++	++	++	++	++	++	++
	Führungsverhalten des Top-Managements	++	++	++	++	++	++	++	++	++	++	++	++	++	++	++	++	++	++
	Führungsstil des Vorgesetzten	++	++	++	++	++	++	++	++	++	++	++	++	++	++	++	++	++	++
	Teamkultur und Mindset	++	++	++	++	++	++	++	++	++	++	++	++	++	++	++	++	++	++

Maßnahmenschwerpunkt

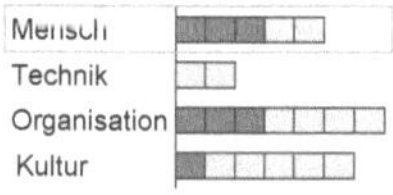

Maßnahmenumsetzung

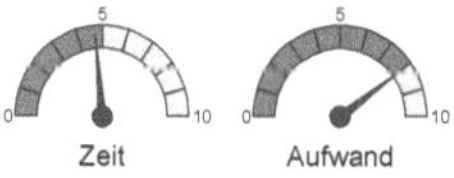

Best Practice Siemens: Das Technologieunternehmen *Siemens* fördert die Technik- und Digitalkompetenz seiner Mitarbeitenden durch die Einrichtung der „SiTecSkills Academy". Die spezialisierte Digitalisierungsakademie umfasst deutschlandweit 10 regionale Trainingszentren. Sie zielt darauf ab, die Kompetenzen der Mitarbeitenden für den digitalen Wandel im Arbeitsumfeld zu schärfen, um sie langfristig auch für neu einstehende Rollen zu befähigen und die Wettbewerbsfähigkeit des Unternehmens zu erhalten. Durch gezieltes Up- und Reskilling gewährleistet Siemens, dass die Fähigkeiten der Mitarbeitenden stets dem aktuellen Stand entsprechen, wobei der Fokus auf einer passgenauen Fort- und Weiterbildung liegt, die auf dem bereits vorhandenen Know-how der Mitarbeitenden aufbaut. (s. HANDELSBLATT 2022)

Maßnahme M_{10}: Erlebnis der Mitarbeitenden mit ortsungebundener Human-Experience-Management-Software verbessern

Auslöser: **A, B**

Wirkungsbeschreibung: Ortsungebundenes Human-Experience-Management (HXM) erfasst gezielt in die Arbeitsdynamik, indem sie die individuellen Bedürfnisse und Verhaltensweisen der Mitarbeitenden erfasst. Durch Funktionen wie Mitarbeitendenbefragungen und Feedback-Analysen ermöglicht HXM-Software eine tiefgreifende Auswertung der Mitarbeitendenbedürfnisse, wodurch Arbeitsabläufe und -umgebungen personalisiert werden. Die *Leistungsbereitschaft und Motivation* können dadurch gesteigert werden. Zudem stärkt die Anpassung der Arbeitsbedingungen an persönliche Präferenzen eine positive *persönliche Haltung* der Mitarbeitenden zu *Remote-Work*. Es wird eine starke *Arbeitsidentität* gefördert, durch das Gefühl der Zugehörigkeit, unabhängig vom physischen Arbeitsort. Durch die Integration der Technologie in die *IT-Struktur* und *IT-Governance* des Unternehmens werden sowohl die Effizienz und Sicherheit bei Zusammenarbeit im digitalen Raum gesteigert als auch der *Fachkräftebedarf* gezielter adressiert, indem spezifische Kompetenzlücken erkannt und geschlossen werden. Die Implementierung von HXM-Software trägt maßgeblich zur kontinuierlichen Verbesserung des *Performance-Managements und der Leistungsmessung* bei, indem eine präzise und individuelle Bewertung der Mitarbeitendenleistung ermöglicht wird. Darüber hinaus werden der *persönliche Gestaltungsspielraum und die Autonomie* der Mitarbeitenden erweitert, da die Arbeitsumgebung und -prozesse durch direktes Feedback aktiv mitgestalten werden. Insgesamt fördert die Maßnahme eine Kultur der kontinuierlichen Verbesserung und Anpassung im Arbeitsalltag, die sowohl die individuellen Bedürfnisse der Mitarbeitenden als auch die Ziele des Unternehmens zusammenbringt.

Legende

- o Keine / äußerst geringe Intensität
- \+ Moderate Intensität
- ++ Starke Intensität

		steuern/regeln	ordnen		registrieren		überwachen		entwerfen			andere führen						sich selbst führen	
		fernsteuern und -regeln	hierarchisches einteilen	Inhaltliches Sortieren	pflegen von Daten	dokumentieren von Informationen	prüfen	kontrollieren	technisches entwerfen	inhaltliches entwerfen	grafisches abbilden	anweisen und informieren	planen	beraten und befähigen	entwickeln von Zielen und Rahmenstrukturen	motivieren	moderieren	Sich-informieren und -befähigen	reflektieren
Mensch	Leistungsbereitschaft und Motivation	o	o	o	o	o	+	+	+	+	+	++	++	++	++	++	++	++	+
Mensch	Fachliche Fähigkeiten und Fertigkeiten	+	+	+	+	+	+	+	++	++	++	++	++	++	++	++	++	++	+
Mensch	Persönliche Haltung zu Remote-Work	o	o	o	o	o	o	o	o	o	o	++	++	++	++	++	++	++	+
Mensch	Arbeitsidentität	+	+	+	+	+	+	+	+	+	+	++	+	+	+	++	+	+	+
Mensch	Technik- und Digitalkompetenz	++	+	+	+	+	+	+	+	+	+	++	++	++	++	++	++	+	+
Technik	IT-Struktur	++	++	++	++	++	++	++	++	++	++	+	+	+	+	+	+	+	+
Technik	Arbeitsgegenstand	++	++	++	++	++	++	++	++	++	++	++	++	++	++	++	++	++	+
Organisation	IT-Governance	+	+	+	+	+	+	+	+	+	+	+	+	+	+	+	+	+	o
Organisation	Wissenskreation, -transfer und Kommunikationsprozesse	o	o	o	+	+	o	o	++	++	++	++	++	++	++	++	++	++	o
Organisation	Branchenspezifika und Kundenvorgaben	++	+	+	+	+	++	++	+	+	+	o	o	+	+	o	o	+	o
Organisation	Fachkräftebedarf	+	+	+	+	+	+	+	+	+	+	+	+	+	+	+	+	+	+
Organisation	Rechtliche Vorgaben	++	+	+	+	+	+	+	+	+	+	++	o	o	o	o	o	o	o
Organisation	Organisationsstruktur, -prozesse und Raum	++	++	++	++	++	++	++	+	+	+	+	+	+	+	o	o	+	o
Organisation	Betriebsvereinbarung	++	+	+	+	+	+	+	+	+	+	++	o	o	o	o	o	o	o
Kultur	Unternehmensweit gelebte Kultur	++	+	+	+	+	+	+	++	++	++	++	++	++	++	++	++	++	++
Kultur	Performance-Management und Leistungsmessung	o	o	o	o	o	+	+	+	+	+	++	++	++	++	++	++	++	++
Kultur	Persönlicher Gestaltungsspielraum und Autonomie	o	o	o	o	o	+	+	+	+	+	++	++	++	++	++	++	++	++
Kultur	Führungsverhalten des Top-Managements	++	++	++	++	++	++	++	++	++	++	++	++	++	++	++	++	++	++
Kultur	Führungsstil des Vorgesetzten	++	++	++	++	++	++	++	++	++	++	++	++	++	++	++	++	++	++
Kultur	Teamkultur und Mindset	++	++	++	++	++	++	++	++	++	++	++	++	++	++	++	++	++	++

Maßnahmenschwerpunkt

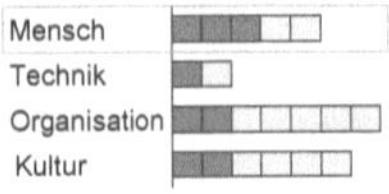

Maßnahmenumsetzung

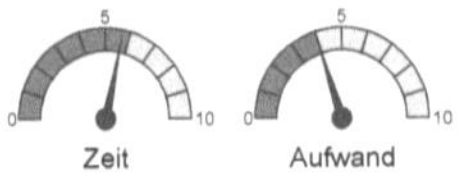

Best Practice SAP: Das Softwareunternehmen *SAP* investiert verstärkt in die Optimierung des Erlebnisses der Mitarbeitenden durch Human-Experience-Management. Im Kern steht die unternehmenseigene „SAP SuccessFactors Software", die eine End-to-End-Lösung für das Human-Experience-Management bietet. Es werden alle Kontaktphasen mit dem Unternehmen begleitet, von der Einstellung bis zur Karriereentwicklung der Mitarbeitenden. Mittels Funktionen wie Mitarbeitendenbefragungen und Feedback-Analysen werden die Bedürfnisse der Mitarbeitenden ausgewertet und prognostiziert, sodass darauf aufbauend personalisierte Maßnahmen für ein optimiertes Arbeitserlebnis eingeleitet werden können. Auf diese Weise wird auch im digitalen Raum das Engagement und die Bindung der Mitarbeitenden gefördert. Dies ermöglicht SAP, ein flexibles, vertrauensbasiertes Arbeitsumfeld zu schaffen, das individuelle Bedürfnisse berücksichtigt und die Produktivität und Kreativität der Mitarbeitenden stärkt. (s. KLEIN 2021)

Maßnahme M_{11}: Wissensmanagement durch ortsungebundene Informationssoftware remote zugänglich bereitstellen

Auslöser: **B, C, E**

Wirkungsbeschreibung: Die remote-basierte Strukturierung des Wissensmanagements strebt danach, mittels der Implementierung einer ortsunabhängigen Informationssoftware nahtlose und effiziente Arbeitsprozesse zu gewährleisten. Durch die Bereitstellung von Zugang zu aktuellen Inhalten und Informationen unabhängig von der Standortgebundenheit der Mitarbeitenden wird eine deutliche Verbesserung der *Leistungsbereitschaft und Motivation* ermöglicht. Diese Zugänglichkeit fördert zudem die Entwicklung *fachlicher Fähigkeiten und Fertigkeiten*, da Lernmaterialien und relevantes Fachwissen jederzeit verfügbar sind und bei der Ausführung von Arbeitsaufgaben unterstützen. Die Einführung neuer bzw. die Umstrukturierung bestehender Software erfordert eine Integration in die *IT-Struktur* und *IT-Governance* des Unternehmens. Gleichzeitig sind *rechtliche Vorgaben* zu überprüfen, um einen sicheren Umgang zu gewährleisten und Compliance-Verstößen vorzubeugen. Durch die Erweiterung des Wissensmanagements um einen remote Zugang werden *Wissenskreation, -transfer und Kommunikationsprozesse* optimiert, indem ein zentraler Wissensspeicher geschaffen wird, der den Austausch und die Verbreitung von Wissen unabhängig von Standorten fördert. Diese Maßnahme unterstützt damit die individuelle Kompetenzentwicklung, konsolidiert das kumulative Wissenskapital innerhalb der Organisation und fördert die Reaktionsfähigkeit und das Engagement der Belegschaft.

Legende
- o Keine / äußerst geringe Intensität
- \+ Moderate Intensität
- ++ Starke Intensität

		steu-ern/ regeln	ordnen		registrieren		überwachen		entwerfen			andere führen						sich selbst führen	
		fernsteuern und -regeln	hierarchisches einteilen	Inhaltliches Sortieren	pflegen von Daten	dokumentieren von Informationen	prüfen	kontrollieren	technisches entwerfen	inhaltliches entwerfen	grafisches abbilden	anweisen und informieren	planen	beraten und befähigen	entwickeln von Zielen und Rahmenstrukturen	motivieren	moderieren	Sich-informieren und -befähigen	reflektieren
Mensch	Leistungsbereitschaft und Motivation	o	o	o	o	o	+	+	+	+	+	++	++	++	++	++	++	++	+
Mensch	Fachliche Fähigkeiten und Fertigkeiten	+	+	+	+	+	+	+	++	++	++	++	++	++	++	++	++	++	+
Mensch	Persönliche Haltung zu Remote-Work	o	o	o	o	o	o	o	o	o	o	++	++	++	++	++	++	++	+
Mensch	Arbeitsidentität	+	+	+	+	+	+	+	+	+	+	++	+	+	+	++	+	+	+
Mensch	Technik- und Digitalkompetenz	++	+	+	+	+	+	+	+	+	+	++	++	++	++	++	++	+	+
Technik	IT-Struktur	++	++	++	++	++	++	++	++	++	++	+	+	+	+	+	+	+	+
Technik	Arbeitsgegenstand	++	++	++	++	++	++	++	++	++	++	++	++	++	++	++	++	++	+
Organisation	IT-Governance	+	+	+	+	+	+	+	+	+	+	+	+	+	+	+	+	+	o
Organisation	Wissenskreation, -transfer und Kommunikationsprozesse	o	o	o	+	+	o	o	++	++	++	++	++	++	++	++	++	++	o
Organisation	Branchenspezifika und Kundenvorgaben	++	+	+	+	+	++	++	+	+	+	o	o	+	+	o	o	+	o
Organisation	Fachkräftebedarf	+	+	+	+	+	+	+	+	+	+	+	+	+	+	+	+	+	+
Organisation	Rechtliche Vorgaben	++	+	+	+	+	+	+	+	+	+	++	o	o	o	o	o	o	o
Organisation	Organisationsstruktur, -prozesse und Raum	++	++	++	++	++	++	++	+	+	+	+	+	+	+	o	o	+	o
Organisation	Betriebsvereinbarung	++	+	+	+	+	+	+	+	+	+	++	o	o	o	o	o	o	o
Kultur	[illegible] Kultur	++	+	+	+	+	+	[illegible]	++	++	++	++	++	++	++	++	++	++	++
Kultur	Performance-Management und Leistungsmessung	o	o	o	o	o	+	+	+	+	+	++	++	++	++	++	++	++	++
Kultur	Persönlicher Gestaltungsspielraum und Autonomie	o	o	o	o	o	+	+	+	+	+	++	++	++	++	++	++	++	++
Kultur	Führungsverhalten des Top-Managements	++	++	++	++	++	++	++	++	++	++	++	++	++	++	++	++	++	++
Kultur	Führungsstil des Vorgesetzten	++	++	++	++	++	++	++	++	++	++	++	++	++	++	++	++	++	++
Kultur	Teamkultur und Mindset	++	++	++	++	++	++	++	++	++	++	++	++	++	++	++	++	++	++

Maßnahmenschwerpunkt

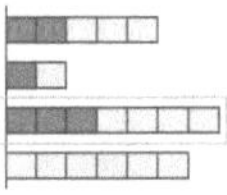

Maßnahmenumsetzung

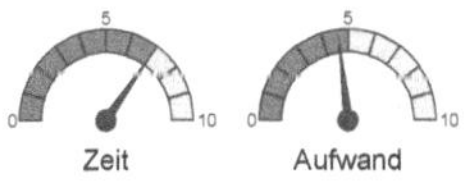

Best Practice Atlassian: Das Softwareunternehmen *Atlassian* setzt in der digitalen Zusammenarbeit die hauseigene Informationssoftware „Confluence" ein, um den Herausforderungen von Remote-Work zu begegnen und die Informationsbeschaffung zu optimieren. Confluence dient als zentrale Plattform, auf der sämtliche tätigkeitsrelevanten Informationen und Ressourcen vom Bewerbungsverfahren über die Einstellung, verschiedene Karrierepfade bis zum Austritt der Mitarbeitenden zusammengeführt werden. Dies schließt Dokumentationen zu Unternehmensrichtlinien, Verfahren, Mitarbeitendenbenefits, Onboarding-Materialien und Wachstumsmöglichkeiten mit ein. Auch der Zeitaufwand für die Suche und Sammlung von Informationen wird signifikant reduziert. *Atlassian* fördert nicht nur die Effizienz und Produktivität der Mitarbeitenden, sondern auch deren Engagement und Zufriedenheit, indem es eine kollaborative und leicht zugängliche Informationsquelle schafft. (s. RIEK 2024)

Maßnahme M_{12}: Smart Devices zur Performanceverbesserung von Shopfloor-Mitarbeitenden implementieren

Auslöser: **B, D**

Wirkungsbeschreibung: Die Implementierung von Smart Devices zur Performanceverbesserung von Shopfloor-Mitarbeitenden führt zu einer Verfeinerung der Arbeitsabläufe durch Echtzeitüberwachung und -analyse von Produktionsprozessen. Durch den direkten Zugriff auf relevante Daten und Prozesssteuerungen über Smart Devices werden die fachlichen *Fähigkeiten und Fertigkeiten* der Mitarbeitenden gestärkt, da sie in Echtzeit auf Informationen zugreifen und reagieren können. Dies fördert zugleich die *Technik- und Digitalkompetenz*, indem die Mitarbeitenden im Umgang mit modernen Technologien geschult werden und ihr Wissenstand dem aktuellen Stand der Technik entspricht. Eine kontinuierliche Optimierung der *IT-Struktur* ist erforderlich, um die Integration und den reibungslosen Betrieb der Smart Devices zu gewährleisten, was wiederum die Effizienz der Arbeitsabläufe unterstützt. Die Einführung von Smart Devices revolutioniert zudem den *Arbeitsgegenstand,* da durch den virtuellen Support von Mitarbeitenden komplexe und Information intensive Aufgaben effizient bewältigt werden können. Im Bereich der *Wissenskreation, -transfer und Kommunikationsprozesse* ermöglicht dies eine verbesserte Zusammenarbeit und Wissensverteilung, etwa durch Instruktionsvideos oder die Einbindung von Experte*innen in Echtzeit. Die Berücksichtigung von *Branchenspezifika und Kundenvorgaben* wird durch den Einsatz spezifischer Apps und Software auf den Smart Devices erleichtert, wodurch eine höhere Präzision in der Arbeit und eine bessere Erfüllung von Kundenanforderungen erreicht werden. Zudem unterstützt die Maßnahme ein effektiveres *Performance-Management und Leistungsmessung*, da Teile der Leistungen der Mitarbeitenden durch die verbesserte Datenerfassung und -analyse objektiv betrachtet werden können.

Legende
- o Keine / äußerst geringe Intensität
- \+ Moderate Intensität
- ++ Starke Intensität

		steu-ern/ regeln	ordnen		registrieren		überwachen		entwerfen			andere führen						sich selbst führen	
		fernsteuern und –regeln	hierarchisches einteilen	Inhaltliches Sortieren	pflegen von Daten	dokumentieren von Informationen	prüfen	kontrollieren	technisches entwerfen	inhaltliches entwerfen	grafisches abbilden	anweisen und informieren	planen	beraten und befähigen	entwickeln von Zielen und Rahmenstrukturen	motivieren	moderieren	Sich-informieren und –befähigen	reflektieren
Mensch	Leistungsbereitschaft und Motivation	o	o	o	o	o	+	+	+	+	+	++	++	++	++	++	++	++	+
	Fachliche Fähigkeiten und Fertigkeiten	+	+	+	+	+	+	+	++	++	++	++	++	++	++	++	++	++	+
	Persönliche Haltung zu Remote-Work	o	o	o	o	o	o	o	o	o	o	++	++	++	++	++	++	++	+
	Arbeitsidentität	+	+	+	+	+	+	+	+	+	+	++	+	+	+	++	+	+	+
	Technik- und Digitalkompetenz	++	+	+	+	+	+	+	+	+	+	++	++	++	++	++	++	+	+
Technik	IT-Struktur	++	++	++	++	++	++	++	++	++	++	+	+	+	+	+	+	+	+
	Arbeitsgegenstand	++	++	++	++	++	++	++	++	++	++	++	++	++	++	++	++	++	+
Organisation	IT-Governance	+	+	+	+	+	+	+	+	+	+	+	+	+	+	+	+	+	o
	Wissenskreation, -transfer und Kommunikationsprozesse	o	o	o	+	+	o	o	++	++	++	++	++	++	++	++	++	++	o
	Branchenspezifika und Kundenvorgaben	++	+	+	+	+	++	++	+	+	+	o	o	+	+	o	o	+	o
	Fachkräftebedarf	+	+	+	+	+	+	+	+	+	+	+	+	+	+	+	+	+	+
	Rechtliche Vorgaben	++	+	+	+	+	+	+	+	+	+	++	o	o	o	o	o	o	o
	Organisationsstruktur -prozesse und Raum	++	++	++	++	++	++	++	+	+	+	+	+	+	+	o	o	+	o
	Betriebsvereinbarung	++	+	+	+	+	+	+	+	+	+	++	o	o	o	o	o	o	o
Kultur	Unternehmensweit gelebte Kultur	++	+	+	+	+	+	+	++	++	++	++	++	++	++	++	++	++	++
	Performance-Management und Leistungsmessung	o	o	o	o	o	+	+	+	+	+	++	++	++	++	++	++	++	++
	Persönlicher Gestaltungsspielraum und Autonomie	o	o	o	o	o	+	+	+	+	+	++	++	++	++	++	++	++	++
	Führungsverhalten des Top-Managements	++	++	++	++	++	++	++	++	++	++	++	++	++	++	++	++	++	++
	Führungsstil des Vorgesetzten	++	++	++	++	++	++	++	++	++	++	++	++	++	++	++	++	++	++
	Teamkultur und Mindset	++	++	++	++	++	++	++	++	++	++	++	++	++	++	++	++	++	++

Maßnahmenschwerpunkt

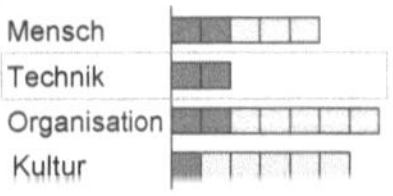

Maßnahmenumsetzung

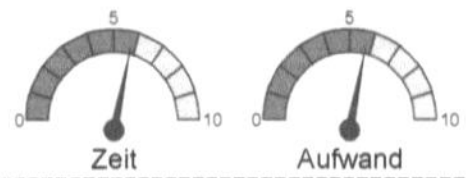

Best Practice Debusmann GmbH: Die *Debusmann GmbH* unterstützt die Inbetriebnahme von Klima- und Kälteanlagen verstärkt mit Field-Management-Lösungen. Dabei werden Smart Devices eingesetzt, um die Inbetriebnahme durch Monteure oder Servicetechniker remote anzuleiten. Darüber hinaus testet *Debusmann KKL GmbH* eine Softwareanwendung des Technologiepartners AWSi, welche zum Live-Support von Installateuren auf der Baustelle eingesetzt wird. (s. INSTITUT FÜR SOZIALFORSCHUNG UND SOZIALWIRTSCHAFT E.V. 2024)

Best Practice NetComSolutions: Das IT-Systemhaus *NetComSolutions* legt im Kundenservice einen verstärkten Fokus auf die Integration virtueller Anwendungen, um ursprünglich ortsgebundene Tätigkeiten remote fähig zu gestalten. Neue Servicedienstleistungen werden vor allem durch die Bereitstellung von ein- bis zweiminütigen Erklär- bzw. Instruktionsvideos zur Kundenbefähigung realisiert. Ergänzend dazu wird remote Unterstützung durch Techniker angeboten. (s. INSTITUT FÜR SOZIALFORSCHUNG UND SOZIALWIRTSCHAFT E.V. 2024)

Maßnahme M_{13}: Ortsunabhängige Echtzeit-Unterstützung mit Augmented-Reality-Techniken realisieren

Auslöser: **B, D**

Wirkungsbeschreibung: Die Realisierung ortsunabhängiger Echtzeit-Unterstützung mit Augmented-Reality-Techniken (ART) ermöglicht nicht nur eine unmittelbare Visualisierung relevanter Informationen, sondern eröffnet auch neue Wege zur effizienten Problemlösung und Wissensvermittlung. Durch ART-Systeme werden die *fachlichen Fähigkeiten und Fertigkeiten* von Techniker*innen und Ingenieur*innen erheblich gesteigert, da sie komplexe Probleme ohne physische Präsenz erfassen und lösen können. Gleichzeitig fördert der Einsatz von ART-Systemen die *Technik- und Digitalkompetenz* der Mitarbeitenden, da sie mit fortschrittlichen Technologien interagieren und diese fortlaufend im Arbeitsalltag einsetzen. Die *IT-Struktur* des Unternehmens ist entsprechend anzupassen und zu erweitern, um die reibungslose Implementierung und Nutzung von ART-Systemen zu gewährleisten. Dies erfordert eine starke Vernetzung und Datenintegration. Der *Arbeitsgegenstand* selbst wird durch ART-Systeme angereichert, indem virtuelle Informationen die reale Arbeitsumgebung überlagern, was eine präzisere und effizientere Aufgabenerfüllung ermöglicht. Im Bereich der *Wissenskreation, -transfer und Kommunikationsprozesse* ermöglichen ART-Systeme eine verbesserte Zusammenarbeit und Wissensverteilung, da Anleitungen und Informationen visuell direkt am Arbeitsplatz bereitgestellt werden. *Branchenspezifika und Kundenvorgaben* werden durch maßgeschneiderte ART-Anwendungen berücksichtigt, indem spezifische Informationen und Anforderungen in die ART-Umgebung integriert werden. Zudem sind bei der Implementierung von ART-Technologien *rechtliche Vorgaben*, insbesondere im Hinblick auf Datenschutz und Sicherheit, zu berücksichtigt, um den Schutz sensibler Informationen zu gewährleisten.

Legende

o	Keine / äußerst geringe Intensität
+	Moderate Intensität
++	Starke Intensität

		steu-ern/ regeln	ordnen		registrieren		überwachen		entwerfen			andere führen						sich selbst führen	
		fernsteuern und –regeln	hierarchisches einteilen	Inhaltliches Sortieren	pflegen von Daten	dokumentieren von Informationen	prüfen	kontrollieren	technisches entwerfen	inhaltliches entwerfen	grafisches abbilden	anweisen und informieren	planen	beraten und befähigen	entwickeln von Zielen und Rahmenstrukturen	motivieren	moderieren	Sich-informieren und –befähigen	reflektieren
Mensch	Leistungsbereitschaft und Motivation	o	o	o	o	o	+	+	+	+	+	++	++	++	++	++	++	++	+
	Fachliche Fähigkeiten und Fertigkeiten	+	+	+	+	+	+	+	++	++	++	++	++	++	++	++	++	++	+
	Persönliche Haltung zu Remote-Work	o	o	o	o	o	o	o	o	o	o	++	++	++	++	++	++	++	+
	Arbeitsidentität	+	+	+	+	+	+	+	+	+	+	++	+	+	+	++	+	+	+
	Technik- und Digitalkompetenz	++	+	+	+	+	+	+	+	+	+	++	++	++	++	++	++	+	+
Technik	IT-Struktur	++	++	++	++	++	++	++	++	++	++	+	+	+	+	+	+	+	+
	Arbeitsgegenstand	++	++	++	++	++	++	++	++	++	++	++	++	++	++	++	++	++	+
Organisation	IT-Governance	+	+	+	+	+	+	+	+	+	+	+	+	+	+	+	+	+	o
	Wissenskreation, -transfer und Kommunikationsprozesse	o	o	o	+	+	o	o	++	++	++	++	++	++	++	++	++	++	o
	Branchenspezifika und Kundenvorgaben	++	+	+	+	+	++	++	+	+	+	o	o	+	+	o	o	+	o
	Fachkräftebedarf	+	+	+	+	+	+	+	+	+	+	+	+	+	+	+	+	+	+
	Rechtliche Vorgaben	++	+	+	+	+	+	+	+	+	+	++	o	o	o	o	o	o	o
	Organisationsstruktur, -prozesse und Raum	++	++	++	++	++	++	++	+	+	+	+	+	+	+	o	o	+	o
	Betriebsvereinbarung	++	+	+	+	+	+	+	+	+	+	++	o	o	o	o	o	o	o
Kultur	Unternehmensweit gelebte Kultur	++	+	+	+	+	+	+	++	++	++	++	++	++	++	++	++	++	++
	Performance-Management und Leistungsmessung	o	o	o	o	o	+	+	+	+	+	++	++	++	++	++	++	++	++
	Persönlicher Gestaltungsspielraum und Autonomie	o	o	o	o	o	+	+	+	+	+	++	++	++	++	++	++	++	++
	Führungsverhalten des Top-Managements	++	++	++	++	++	++	++	++	++	++	++	++	++	++	++	++	++	++
	Führungsstil des Vorgesetzten	++	++	++	++	++	++	++	++	++	++	++	++	++	++	++	++	++	++
	Teamkultur und Mindset	++	++	++	++	++	++	++	++	++	++	++	++	++	++	o	o	o	++

Maßnahmenschwerpunkt

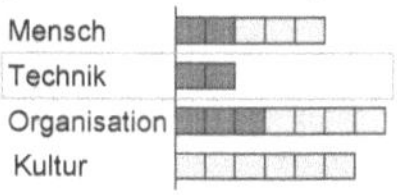

Maßnahmenumsetzung

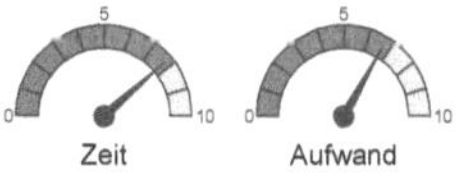

Best Practice Greencells GmbH: Das Unternehmen für Solartechnik *Greencells GmbH* setzt Augmented Reality Techniken gezielt ein, um die Effizienz und Problemlösungskapazität auf seinen Solarkraftwerksbaustellen zu verbessern. Durch die Ausstattung von Baustellen mit einer Augmented-Reality-Brille, können Techniker*innen und Ingenieur*innen aus der Ferne und in Echtzeit direkt in das Produktionsgeschehen eingreifen. Die in die Augmented-Reality-Brille integrierte Kamera überträgt die Perspektive des Trägers live an Ingenieur*innen in der Zentrale, wodurch die Situation auf der Baustelle aus der Ferne beurteilt werden kann. Dies ermöglicht eine sofortige Problemerkennung und -lösung, ohne dass leitende Ingenieur*innen physisch anwesend sein müssen. Durch diesen innovativen Einsatz von ART optimiert *Greencells* die Arbeitsabläufe, erhöht die Arbeitsgenauigkeit und spart wertvolle Zeit und Ressourcen. (s. GREENCELLS GROUP 2024; INSTITUT FÜR SOZIALFORSCHUNG UND SOZIALWIRTSCHAFT E.V. 2024)

Maßnahme M_{14}: Fabrikautomation mit Anwendung von Künstlicher Intelligenz und digitalem Zwilling vorantreiben

Auslöser: B

Wirkungsbeschreibung: Die Automation von Fabriken unter Zuhilfenahme von Anwendung von Künstlicher Intelligenz (KI) und digitalem Zwilling revolutioniert die Arbeitsweise in der Produktion. Durch die Integration von KI in die automatisierten Produktionsprozesse und die Erstellung eines digitalen Zwillings wird die *Technik- und Digitalkompetenz* der Mitarbeitenden erweitert, indem sie lernen, mit fortgeschrittenen Technologien zu interagieren und diese effektiv zur Verbesserung und Erleichterung ihrer Arbeitsaufgaben zu nutzen. Die *IT-Struktur* ist entsprechend angepasst und zu erweitern, um die nahtlose Integration und Funktionalität der KI-Anwendungen und des digitalen Zwillings zu gewährleisten. Dies fordert eine starke Vernetzung und Datenintegration innerhalb der Produktionsumgebung. Der *Arbeitsgegenstand* verändert sich durch den Einsatz dieser Technologien grundlegend, da virtuelle Modelle realer Produktionsanlagen eine detaillierte Überwachung und Steuerung von Prozessen aus der Ferne ermöglichen. Dies fordert zudem eine Anpassung der *IT-Governance*, um Richtlinien für den Einsatz dieser neuen Technologien zu entwickeln und zu implementieren sowie die Sicherheit und den Datenschutz zu gewährleisten. Die Berücksichtigung von *Branchenspezifika und Kundenvorgaben* wird durch maßgeschneiderte KI-Lösungen und den digitalen Zwilling erleichtert, die spezifische Anforderungen effizienter adressieren und eine höhere Anpassungsfähigkeit an Kundenbedürfnisse ermöglichen. Die Implementierung dieser Technologien führt zudem zu einer Transformation der *Organisationsstruktur, -prozesse und des Raums*, da traditionelle Arbeitsweisen durch innovative, digital unterstützte Vorgehensweisen ersetzt werden, was die Effizienz und Präzision steigert und neue Rollenbilder und Aufgabenprofile für die Organisation und ihre Mitarbeitenden schafft.

Legende
- o Keine / äußerst geringe Intensität
- \+ Moderate Intensität
- ++ Starke Intensität

		steu-ern/ regeln	ordnen		registrieren		überwachen		entwerfen			andere führen						sich selbst führen	
		fernsteuern und –regeln	hierarchisches einteilen	inhaltliches Sortieren	pflegen von Daten	dokumentieren von Informationen	prüfen	kontrollieren	technisches entwerfen	inhaltliches entwerfen	grafisches abbilden	anweisen und informieren	planen	beraten und befähigen	entwickeln von Zielen und Rahmenstrukturen	motivieren	moderieren	Sich-informieren und –befähigen	reflektieren
Mensch	Leistungsbereitschaft und Motivation	o	o	o	o	o	+	+	+	+	+	++	++	++	++	++	++	++	+
Mensch	Fachliche Fähigkeiten und Fertigkeiten	+	+	+	+	+	+	+	++	++	++	++	++	++	++	++	++	++	+
Mensch	Persönliche Haltung zu Remote-Work	o	o	o	o	o	o	o	o	o	o	++	++	++	++	++	++	++	+
Mensch	Arbeitsidentität	+	+	+	+	+	+	+	+	+	+	++	+	+	+	++	+	+	+
Mensch	Technik- und Digitalkompetenz	++	+	+	+	+	+	+	+	+	+	++	++	++	++	++	++	+	+
Technik	IT-Struktur	++	++	++	++	++	++	++	++	++	++	+	+	+	+	+	+	+	+
Technik	Arbeitsgegenstand	++	++	++	++	++	++	++	++	++	++	++	++	++	++	++	++	++	+
Organisation	IT-Governance	+	+	+	+	+	+	+	+	+	+	+	+	+	+	+	+	+	o
Organisation	Wissenskreation, -transfer und Kommunikationsprozesse	o	o	o	+	+	o	o	++	++	++	++	++	++	++	++	++	++	o
Organisation	Branchenspezifika und Kundenvorgaben	++	+	+	+	+	++	++	+	+	+	o	o	+	+	o	o	+	o
Organisation	Fachkräftebedarf	+	+	+	+	+	+	+	+	+	+	+	+	+	+	+	+	+	+
Organisation	Rechtliche Vorgaben	++	+	+	+	+	+	+	+	+	+	++	o	o	o	o	o	o	o
Organisation	Organisationsstruktur, -prozesse und Raum	++	++	++	++	++	++	++	+	+	+	+	+	+	+	o	o	+	o
Organisation	Betriebsvereinbarung	++	+	+	+	+	+	+	+	+	+	++	o	o	o	o	o	o	o
Kultur	Unternehmensweit gelebte Kultur	++	+	+	+	+	+	+	++	++	++	++	++	++	++	++	++	++	++
Kultur	Performance-Management und Leistungsmessung	o	o	o	o	o	+	+	+	+	+	++	++	++	++	++	++	++	++
Kultur	Persönlicher Gestaltungsspielraum und Autonomie	o	o	o	o	o	+	+	+	+	+	++	++	++	++	++	++	++	++
Kultur	Führungsverhalten des Top-Managements	++	++	++	++	++	++	++	++	++	++	++	++	++	++	++	++	++	++
Kultur	Führungsstil des Vorgesetzten	++	++	++	++	++	++	++	++	++	++	++	++	++	++	++	++	++	++
Kultur	Teamkultur und Mindset	++	++	++	++	++	++	++	++	++	++	++	++	++	++	++	++	++	++

Maßnahmenschwerpunkt

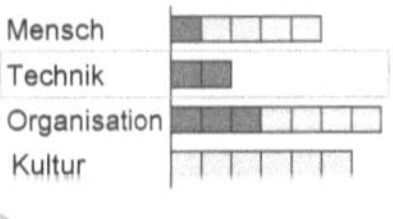

Maßnahmenumsetzung

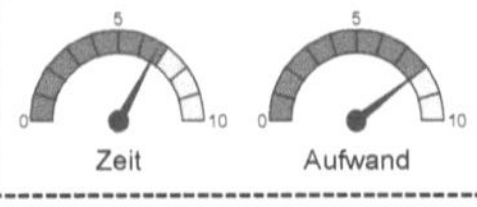

Best Practice Unilever: Das Konsumgüterunternehmen *Unilever* realisiert die Fabrikautomation durch innovative Konzepte in Brasilien und China, um die Produktionsprozesse zu optimieren und die Effizienz zu erhöhen. In Brasilien nutzt *Unilever* hochmoderne Sensoren und Machine-Learning-Algorithmen, um Echtzeitdaten zu sammeln und zu analysieren, wodurch eine präzisere Steuerung der Produktionsprozesse ermöglicht wird. Der Einsatz eines digitalen Zwillings, der mittels Machine-Learning optimale Prozessparameter vorhersagt, ersetzt physische Tests und ermöglicht die Fernsteuerung zentraler Fabrikfunktionen. Der Einsatz der Technologie fördert sowohl die Flexibilität und Effizienz der Arbeitsabläufe als auch die Möglichkeit zu Remote-Work und trägt zur Innovation und Verbesserung der Arbeitsvorgänge bei. Das übergeordnete Ziel von *Unilever* ist die Schaffung eines Netzwerks vollständig digitalisierter Fabriken, die von einem virtuellen globalen Betriebsraum aus gesteuert werden, als Grundlage für fortschrittliche Fabrikautomation. (s. CHOUDHURY ET AL. 2022; UNILEVER 2023)

Maßnahme M_{15}: Organisationsstruktur an hybrides Arbeiten anpassen

Auslöser: F

Wirkungsbeschreibung: Die Anpassung der Organisationsstruktur zur Förderung hybrider Arbeitsmodelle hat tiefgreifende Auswirkungen auf mehrere Schlüsselbereiche eines Unternehmens. Durch die Einführung horizontaler Organisationsformen wie Matrix-, Team- oder Netzwerkstrukturen wird die *Arbeitsidentität* der Mitarbeitenden gestärkt, indem individuelle Fähigkeiten und Kreativität Raum zur Entfaltung erhalten. Die strukturelle Anpassung berücksichtigt zudem *Branchenspezifika und Kundenvorgaben*, da die Mitarbeitenden in den Teams eigenständig und agil auf Marktanforderungen und Kundenbedürfnisse reagieren können. Die Anpassung der *Organisationsstruktur, -prozesse und des Raums* ermöglicht es, agile und anpassungsfähige Arbeitsumgebungen zu schaffen, die sowohl für Präsenzarbeit als auch für Remote-Work optimiert sind. Eine solche Umstrukturierung erfordert Anpassungen in der *Betriebsvereinbarung*, um neue Arbeitsweisen formal zu unterstützen und zu steuern, was wiederum die *unternehmensweit gelebte Kultur* beeinflusst. Mitarbeitenden wird mehr *persönlicher Gestaltungsspielraum und Autonomie* gewährt, was ihre Zufriedenheit und Produktivität steigert. Das *Führungsverhalten des Top-Managements* und der *Führungsstil des Vorgesetzten* sind nach Werten und Normen zur selbständigen Arbeit auszurichten und zu koordinieren, um eine Kultur des Vertrauens und der Eigenverantwortung zu fördern. Dies stellt eine zentrale Grundlage für das Gelingen hybrider Arbeitsmodelle dar. Zudem trägt die Neugestaltung der Organisationsstruktur zur Entwicklung einer positiven *Teamkultur* und eines unterstützenden *Mindset* bei.

Legende
- o Keine / äußerst geringe Intensität
- \+ Moderate Intensität
- ++ Starke Intensität

		steu-ern/regeln	ordnen		registrieren		überwachen		entwerfen			andere führen						sich selbst führen	
		fernsteuern und -regeln	hierarchisches einteilen	Inhaltliches Sortieren	pflegen von Daten	dokumentieren von Informationen	prüfen	kontrollieren	technisches entwerfen	inhaltliches entwerfen	grafisches abbilden	anweisen und informieren	planen	beraten und befähigen	entwickeln von Zielen und Rahmenstrukturen	motivieren	moderieren	Sich-informieren und -befähigen	reflektieren
Mensch	Leistungsbereitschaft und Motivation	o	o	o	o	o	+	+	+	+	+	++	++	++	++	++	++	++	+
	Fachliche Fähigkeiten und Fertigkeiten	+	+	+	+	+	+	+	++	++	++	++	++	++	++	++	++	++	+
	Persönliche Haltung zu Remote-Work	o	o	o	o	o	o	o	o	o	o	++	++	++	++	++	++	++	+
	Arbeitsidentität	+	+	+	+	+	+	+	+	+	+	++	+	+	+	++	+	+	+
	Technik- und Digitalkompetenz	++	+	+	+	+	+	+	+	+	+	++	++	++	++	++	++	+	+
Technik	IT-Struktur	++	++	++	++	++	++	++	++	++	++	+	+	+	+	+	+	+	+
	Arbeitsgegenstand	++	++	++	++	++	++	++	++	++	++	++	++	++	++	++	++	++	+
Organisation	IT-Governance	+	+	+	+	+	+	+	+	+	+	+	+	+	+	+	+	+	o
	Wissenskreation, -transfer und Kommunikationsprozesse	o	o	o	+	+	o	o	++	++	++	++	++	++	++	++	++	++	o
	Branchenspezifika und Kundenvorgaben	++	+	+	+	+	++	++	+	+	+	o	o	+	+	o	o	+	o
	Fachkräftebedarf	+	+	+	+	+	+	+	+	+	+	+	+	+	+	+	+	+	+
	Rechtliche Vorgaben	++	+	+	+	+	+	+	+	+	+	++	o	o	o	o	o	o	o
	Organisationsstruktur, -prozesse und Raum	++	++	++	++	++	++	++	+	+	+	+	+	+	+	o	o	+	o
	Betriebsvereinbarung	++	+	+	+	+	+	+	+	+	+	++	o	o	o	o	o	o	o
Kultur	Unternehmensweit gelebte Kultur	++	+	+	+	+	+	+	++	++	++	++	++	++	++	++	++	++	++
	Performance-Management und Leistungsmessung	o	o	o	o	o	+	+	+	+	+	++	++	++	++	++	++	++	++
	Persönlicher Gestaltungsspielraum und Autonomie	o	o	o	o	o	+	+	+	+	+	++	++	++	++	++	++	++	++
	Führungsverhalten des Top-Managements	++	++	++	++	++	++	++	++	++	++	++	++	++	++	++	++	++	++
	Führungsstil des Vorgesetzten	++	++	++	++	++	++	++	++	++	++	++	++	++	++	++	++	++	++
	Teamkultur und Mindset	++	++	++	++	++	++	++	++	++	++	++	++	++	++	++	++	++	++

Maßnahmenschwerpunkt

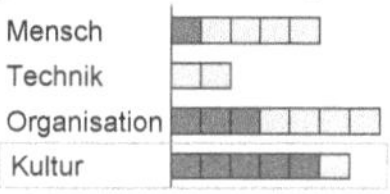

Maßnahmenumsetzung

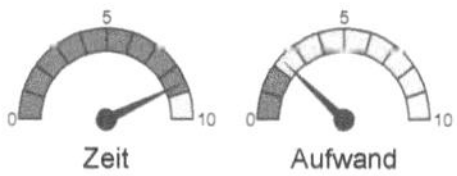

Best Practice Zappos: Der Online-Einzelhändler *Zappos* unterstützt die Umsetzung hybrider Arbeitsmodelle durch die kontinuierliche Erneuerung der Organisationskonzepte, wobei die Autonomie der Mitarbeitenden im Vordergrund steht. Das Prinzip der Holokratie baut Hierarchien ab, wobei flexible, selbstorganisierte Teams die Hierarchiestrukturen ersetzen, welche unabhängig von einem zentralen Unternehmenshauptsitz operieren. Die Einführung von internen Marktplätzen ermöglicht es den Teams, wie kleine, unabhängige Unternehmen zu handeln, was die Eigenverantwortung und Kundenorientierung stärkt. Durch das Konzept der kund*innengenerierten Budgetierung werden Budgets nicht top-down vergeben, sondern durch den Wert, den die Teams für ihre internen oder externen Kund*innen schaffen. Das „Dreieck der Verantwortlichkeit" bietet einen Rahmen für die Teams als Mikrounternehmen, innerhalb dessen sie Autonomie genießen, solange sie die Unternehmenskultur respektieren, Kundenzufriedenheit gewährleisten und gesunde Teamfinanzen aufrechterhalten. (s. MINNAAR 2021)

Maßnahme M_{16}: Standortstruktur durch den Aufbau eines Hub-Netzwerks dezentralisieren

Auslöser: C

Wirkungsbeschreibung: Die Dezentralisierung der Standortstruktur durch den Aufbau eines Hub-Netzwerks und die Abschaffung eines zentralen Unternehmenssitzes bringt signifikante Veränderungen in mehreren Schlüsselbereichen eines Unternehmens mit sich. In Bezug auf die *Organisationsstruktur, -prozesse und den Raum* fördert und fordert sie Flexibilität und Agilität, da Teams unabhängig von ihrer geografischen Lage zusammenarbeiten. Eine solche Struktur erfordert Anpassungen in der *Betriebsvereinbarung*, um die neue Arbeitsweise formal festzulegen und zu unterstützen. Die Maßnahme beeinflusst zudem die *rechtlichen Vorgaben*, indem sie Unternehmen dazu anregt, flexible Arbeitsregelungen und Compliance-Anforderungen zu realisieren. Gleichzeitig erhöhen sich der *persönliche Gestaltungsspielraum und die Autonomie* der Mitarbeitenden, da sie ihren Arbeitsort frei wählen, was zu einer gesteigerten Mitarbeitendenzufriedenheit und Produktivität führt. Entscheidend für das Gelingen einer dezentralisierten Organisation ist eine Kultur des Vertrauens und der Verantwortlichkeit, welche durch das *Führungsverhalten des Top-Managements* vorgelebt und geprägt wird. Um den Bedürfnissen der Mitarbeitenden ebenso wie den strategischen Zielen des Unternehmens gerecht zu werden, ist es unabdingbar, dass die Change-Management-Prinzipien im Arbeitsalltag durch die direkten *Vorgesetzten* umgesetzt werden, wobei dessen *Führungsstil* entscheidend ist.

Legende
- o Keine / äußerst geringe Intensität
- \+ Moderate Intensität
- ++ Starke Intensität

		steu-ern/regeln	ordnen		registrieren		überwachen		entwerfen			andere führen						sich selbst führen	
		fernsteuern und -regeln	hierarchisches einteilen	Inhaltliches Sortieren	pflegen von Daten	dokumentieren von Informationen	prüfen	kontrollieren	technisches entwerfen	inhaltliches entwerfen	grafisches abbilden	anweisen und informieren	planen	beraten und befähigen	entwickeln von Zielen und Rahmenstrukturen	motivieren	moderieren	Sich-informieren und –befähigen	reflektieren
Mensch	Leistungsbereitschaft und Motivation	o	o	o	o	o	+	+	+	+	+	++	++	++	++	++	++	++	+
Mensch	Fachliche Fähigkeiten und Fertigkeiten	+	+	+	+	+	+	+	++	++	++	++	++	++	++	++	++	++	+
Mensch	Persönliche Haltung zu Remote-Work	o	o	o	o	o	o	o	o	o	o	++	++	++	++	++	++	++	+
Mensch	Arbeitsidentität	+	+	+	+	+	+	+	+	+	+	++	+	+	+	++	+	+	+
Mensch	Technik- und Digitalkompetenz	++	+	+	+	+	+	+	+	+	+	++	++	++	++	++	++	+	+
Technik	IT-Struktur	++	++	++	++	++	++	++	++	++	++	+	+	+	+	+	+	+	+
Technik	Arbeitsgegenstand	++	++	++	++	++	++	++	++	++	++	++	++	++	++	++	++	++	+
Organisation	IT-Governance	+	+	+	+	+	+	+	+	+	+	+	+	+	+	+	+	+	o
Organisation	Wissenskreation, -transfer und Kommunikationsprozesse	o	o	o	+	+	o	o	++	++	++	++	++	++	++	++	++	++	o
Organisation	Branchenspezifika und Kundenvorgaben	++	+	+	+	+	++	++	+	+	+	o	o	+	+	o	o	+	o
Organisation	Fachkräftebedarf	+	+	+	+	+	+	+	+	+	+	+	+	+	+	+	+	+	+
Organisation	Rechtliche Vorgaben	++	+	+	+	+	+	+	+	+	+	++	o	o	o	o	o	o	o
Organisation	Organisationsstruktur, -prozesse und Raum	++	++	++	++	++	++	++	+	+	+	+	+	+	+	o	o	+	o
Organisation	Betriebsvereinbarung	++	+	+	+	+	+	+	+	+	+	++	o	o	o	o	o	o	o
Kultur	Unternehmensweit gelebte Kultur	++	+	+	+	+	+	+	++	++	++	++	++	++	++	++	++	++	++
Kultur	Performance-Management und Leistungsmessung	o	o	o	o	o	+	+	+	+	+	++	++	++	++	++	++	++	++
Kultur	Persönlicher Gestaltungsspielraum und Autonomie	o	o	o	o	o	+	+	+	+	+	++	++	++	++	++	++	++	++
Kultur	Führungsverhalten des Top-Managements	++	++	++	++	++	++	++	++	++	++	++	++	++	++	++	++	++	++
Kultur	Führungsstil des Vorgesetzten	++	++	++	++	++	++	++	++	++	++	++	++	++	++	++	++	++	++
Kultur	Teamkultur und Mindset	++	++	++	++	++	++	++	++	++	++	++	++	++	++	++	++	++	++

Maßnahmenschwerpunkt

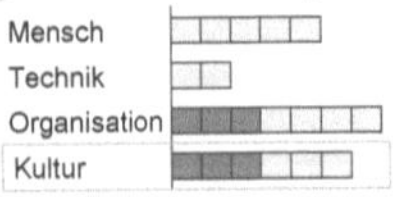

Maßnahmenumsetzung

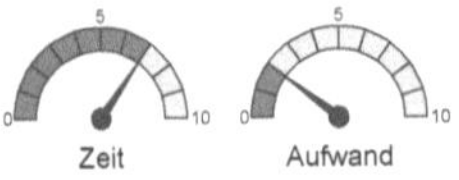

Best Practice Coinbase: Die Handelsplattform für Kryptowährungen *Coinbase* nimmt Abstand von dem offiziellen Unternehmenshauptsitz in San Francisco, sodass alle Standorte des Unternehmens gleichwertig behandelt werden. Diese strategische Entscheidung ermöglicht es Mitarbeitenden und Führungskräften, ihren Arbeitsort frei zu wählen, wodurch der Wohnort keinen Einfluss mehr auf den beruflichen Erfolg hat. Diese Umstellung unterstützt eine globale Verteilung der Belegschaft, was zu einer diversifizierten und flexiblen Arbeitskultur führt. Durch die Gleichbehandlung aller Standorte fördert *Coinbase* eine starke Dezentralisierung, die es dem Unternehmen ermöglicht, talentierte Mitarbeitende unabhängig von geografischen Beschränkungen zu rekrutieren und zu halten. Durch die Dezentralisierung wird ein inklusives und adaptives Arbeitsumfeld gefördert, welches die Bedürfnisse einer modernen, digitalisierten Belegschaft erfüllt. (s. ARMSTRONG 2021)

Maßnahme M_{17}: Bestehende Standorte zu Collaboration-Centers mit modernen Arbeitsplatzkonzepten umgestalten

Auslöser: A, D, F

Wirkungsbeschreibung: Die Umgestaltung von Unternehmensstandorten zu Collaboration-Centers mit modernen Arbeitsplatzkonzepten ist ein strategischer Schritt, welcher die Zusammenarbeit und Innovationsfähigkeit innerhalb des Unternehmens fördert. Diese Transformation stärkt die *Arbeitsidentität* der Mitarbeitenden, indem sie eine Umgebung schafft, die Eigeninitiative und Kreativität fördert und die persönliche Verbindung zur Arbeit vertieft. Der *Arbeitsgegenstand* selbst wird durch den Einsatz moderner Technologien und flexibler Arbeitsbereiche angepasst, wodurch die Arbeit effizienter und zielgerichteter gestaltet wird. Hinsichtlich der *Wissenskreation, -transfer und Kommunikationsprozesse* ermöglichen diese Collaboration-Centers eine dynamische Interaktion, die das Teilen von Ideen und die Zusammenarbeit über geografische Grenzen hinweg erleichtert und schult. Durch inklusive Arbeitsbedingungen in den Collaboration-Centers kann dem *Fachkräftebedarf* effektiver begegnet werden, da Talente angezogen und gehalten werden, welche nach flexiblen und innovativen Arbeitsumgebungen streben. Die *Organisationsstruktur, -prozesse und der Raum* werden durch die Maßnahme revolutioniert, indem traditionelle Bürokonzepte durch flexible und anpassungsfähige Raumgestaltung ersetzt werden, die eine agile und projektbasierte Arbeitsweise unterstützen. Zudem fördern die Collaboration-Centers eine offene, durch Austausch geprägte *unternehmensweit gelebte Kultur, Teamkultur* und ein unterstützendes *Mindset*. Es wird ein Umfeld geschaffen, welches Offenheit, Zusammenarbeit und gegenseitige Unterstützung in den Vordergrund stellt und die Transformation zu modernen Arbeitsmodellen vorantreibt.

Legende
- o Keine / äußerst geringe Intensität
- \+ Moderate Intensität
- ++ Starke Intensität

		steu-ern/ regeln	ordnen		registrieren		überwachen		entwerfen			andere führen						sich selbst führen	
		fernsteuern und -regeln	hierarchisches einteilen	Inhaltliches Sortieren	pflegen von Daten	dokumentieren von Informationen	prüfen	kontrollieren	technisches entwerfen	inhaltliches entwerfen	grafisches abbilden	anweisen und informieren	planen	beraten und befähigen	entwickeln von Zielen und Rahmenstrukturen	motivieren	moderieren	Sich-informieren und -befähigen	reflektieren
Mensch	Leistungsbereitschaft und Motivation	o	o	o	o	o	+	+	+	+	+	++	++	++	++	++	++	++	+
	Fachliche Fähigkeiten und Fertigkeiten	+	+	+	+	+	+	+	++	++	++	++	++	++	++	++	++	++	+
	Persönliche Haltung zu Remote-Work	o	o	o	o	o	o	o	o	o	o	++	++	++	++	++	++	++	+
	Arbeitsidentität	+	+	+	+	+	+	+	+	+	+	++	+	+	+	++	+	+	+
	Technik- und Digitalkompetenz	++	+	+	+	+	+	+	+	+	+	++	++	++	++	++	++	+	+
Technik	IT-Struktur	++	++	++	++	++	++	++	++	++	++	+	+	+	+	+	+	+	+
	Arbeitsgegenstand	++	++	++	++	++	++	++	++	++	++	++	++	++	++	++	++	++	+
Organisation	IT-Governance	+	+	+	+	+	+	+	+	+	+	+	+	+	+	+	+	+	o
	Wissenskreation, -transfer und Kommunikationsprozesse	o	o	o	+	+	o	o	++	++	++	++	++	++	++	++	++	++	o
	Branchenspezifika und Kundenvorgaben	++	+	+	+	+	++	++	+	+	+	o	o	+	+	o	o	+	o
	Fachkräftebedarf	+	+	+	+	+	+	+	+	+	+	+	+	+	+	+	+	+	+
	Rechtliche Vorgaben	++	+	+	+	+	+	+	+	+	+	++	o	o	o	o	o	o	o
	Organisationsstruktur, -prozesse und Raum	++	++	++	++	++	++	++	+	+	+	+	+	+	+	o	o	+	o
	Betriebsvereinbarung	++	+	+	+	+	+	+	+	+	+	++	o	o	o	o	o	o	o
Kultur	Unternehmensweit gelebte Kultur	++	+	+	+	+	+	+	++	++	++	++	++	++	++	++	++	++	++
	Performance-Management und Leistungsmessung	o	o	o	o	o	+	+	+	+	+	++	++	++	++	++	++	++	++
	Persönlicher Gestaltungs-spielraum und Autonomie	o	o	o	o	o	+	+	+	+	+	++	++	++	++	++	++	++	++
	Führungsverhalten des Top-Managements	++	++	++	++	++	++	++	++	++	++	++	++	++	++	++	++	++	++
	Führungsstil des Vorgesetzten	++	++	++	++	++	++	++	++	++	++	++	++	++	++	++	++	++	++
	Teamkultur und Mindset	++	++	++	++	++	++	++	++	++	++	++	++	++	++	++	++	++	++

Maßnahmenschwerpunkt

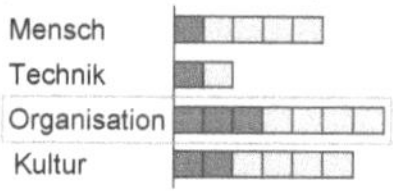

Maßnahmenumsetzung

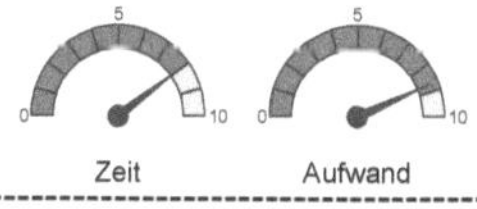

Best Practice Vista: Im Rahmen des „Remote-First"-Ansatzes gestaltet das Marketingunternehmen *Vista* sämtliche Bürogebäude in innovative Collaboration-Centers um. Die Collaboration-Centers sind mit modernen Technologien und flexiblen Arbeitsbereichen ausgestattet, die buchbare „Hot Desks" und Konferenzräume für persönliche Treffen als kollaborative Arbeitsumgebung bieten. Diese offene Arbeitsumgebung ermöglicht es den Mitarbeitenden, unabhängig von ihrem physischen Standort effizient und kollaborativ zu arbeiten, was die Grundlage für eine erfolgreiche Umsetzung von Remote-Work bildet. Durch die Transformation fördert Vista nicht nur die Zusammenarbeit und den Austausch zwischen den Teammitgliedern, sondern setzt zudem die Leitplanken für eine moderne und ortsunabhängige Arbeitsweise. *Vista* geht einen entscheidenden Schritt in Richtung Zukunft der Arbeit, indem die Arbeitsumgebung den Bedürfnissen der Mitarbeitenden nach Flexibilität und Innovation gerecht wird. (s. VISTA 2024)

Maßnahme M_{18}: Anforderungen einer modernen Arbeitsumgebung durch innovative Arbeitsraumgestaltung der Bürofläche umsetzen

Auslöser: A

Wirkungsbeschreibung: Die Konstruktion neuer Büroflächen, ausgerichtet an Prinzipien innovativer Arbeitsplatzgestaltung, ermöglicht eine moderne Arbeitsumgebung und -kultur. Durch die Schaffung spezifischer physischer Arbeitsbereiche für Stillarbeit, kollaborativer Zonen und Begegnungsbereiche wird die *Arbeitsidentität* der Mitarbeitenden gestärkt. Individuelle und teamorientierte Arbeitsweisen werden gleichermaßen gefördert und ermöglicht. Der *Arbeitsgegenstand* passt sich an die dynamischen Anforderungen moderner Arbeitsprozesse an, indem multifunktionale Räume eine Vielzahl von Tätigkeiten unterstützen, von konzentrierter Einzelarbeit bis hin zu kollaborativer Innovation. Dies trägt dazu bei, den *Fachkräftebedarf* zu adressieren, da moderne Arbeitsumgebungen die Attraktivität des Unternehmens für Bewerber*innen erhöhen. Die Einhaltung *rechtlicher Vorgaben* wird durch die Berücksichtigung von Datenschutz- und Sicherheitsstandards gewährleistet. Eine solche Gestaltung der Büroflächen beeinflusst die *Organisationsstruktur, -prozesse und den Raum*, indem sie die Basis für eine flexiblere und agilere Unternehmenskultur legt. Der *Führungsstil des Vorgesetzten* unterstützt die Nutzung und Akzeptanz der Arbeitsraumgestaltung, wenn Autonomie und Eigeninitiative bei den Mitarbeitenden gefördert werden. Dadurch begünstigt die innovative Arbeitsplatzgestaltung eine offene, vom Austausch und Transparenz geprägte *Teamkultur und Mindset*, was entscheidend für die Förderung der Zusammenarbeit und Kreativität innerhalb des Unternehmens ist.

Legende
- o Keine / äußerst geringe Intensität
- \+ Moderate Intensität
- ++ Starke Intensität

		steu-ern/regeln	ordnen		registrieren		überwachen		entwerfen			andere führen						sich selbst führen	
		fernsteuern und -regeln	hierarchisches einteilen	Inhaltliches Sortieren	pflegen von Daten	dokumentieren von Informationen	prüfen	kontrollieren	technisches entwerfen	inhaltliches entwerfen	grafisches abbilden	anweisen und informieren	planen	beraten und befähigen	entwickeln von Zielen und Rahmenstrukturen	motivieren	moderieren	Sich-informieren und –befähigen	reflektieren
Mensch	Leistungsbereitschaft und Motivation	o	o	o	o	o	+	+	+	+	+	++	++	++	++	++	++	++	+
Mensch	Fachliche Fähigkeiten und Fertigkeiten	+	+	+	+	+	+	+	++	++	++	++	++	++	++	++	++	++	+
Mensch	Persönliche Haltung zu Remote-Work	o	o	o	o	o	o	o	o	o	o	++	++	++	++	++	++	++	+
Mensch	Arbeitsidentität	+	+	+	+	+	+	+	+	+	+	++	+	+	+	++	+	+	+
Mensch	Technik- und Digitalkompetenz	++	+	+	+	+	+	+	+	+	+	++	++	++	++	++	++	+	+
Technik	IT-Struktur	++	++	++	++	++	++	++	++	++	++	+	+	+	+	+	+	+	+
Technik	Arbeitsgegenstand	++	++	++	++	++	++	++	++	++	++	++	++	++	++	++	++	++	+
Organisation	IT-Governance	+	+	+	+	+	+	+	+	+	+	+	+	+	+	+	+	+	o
Organisation	Wissenskreation, -transfer und Kommunikationsprozesse	o	o	o	+	+	o	o	++	++	++	++	++	++	++	++	++	++	o
Organisation	Branchenspezifika und Kundenvorgaben	++	+	+	+	+	++	++	+	+	+	o	o	+	+	o	o	+	o
Organisation	Fachkräftebedarf	+	+	+	+	+	+	+	+	+	+	+	+	+	+	+	+	+	+
Organisation	Rechtliche Vorgaben	++	+	+	+	+	+	+	+	+	+	++	o	o	o	o	o	o	o
Organisation	Organisationsstruktur, -prozesse und Raum	++	++	++	++	++	++	++	+	+	+	+	+	+	+	o	o	+	o
Organisation	Betriebsvereinbarung	++	+	+	+	+	+	+	+	+	+	++	o	o	o	o	o	o	o
Kultur	Unternehmensweit gelebte Kultur	++	+	+	+	+	+	+	++	++	++	++	++	++	++	++	++	++	++
Kultur	Performance Management und Leistungsmessung	o	o	o	o	o	+	+	+	+	+	++	++	++	++	++	++	++	++
Kultur	Persönlicher Gestaltungsspielraum und Autonomie	o	o	o	o	o	+	+	+	+	+	++	++	++	++	++	++	++	++
Kultur	Führungsverhalten des Top-Managements	++	++	++	++	++	++	++	++	++	++	++	++	++	++	++	++	++	++
Kultur	Führungsstil des Vorgesetzten	++	++	++	++	++	++	++	++	++	++	++	++	++	++	++	++	++	++
Kultur	Teamkultur und Mindset	++	++	++	++	++	++	++	++	++	++	++	++	++	++	++	++	++	++

Maßnahmenschwerpunkt

Mensch
Technik
Organisation
Kultur

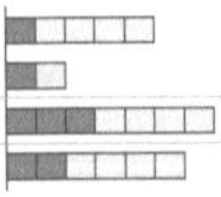

Maßnahmenumsetzung

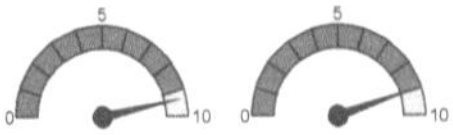

Zeit Aufwand

Best Practice SMS group: Die im Maschinen- und Anlagenbau tätige *SMS group* errichtet einen hochinnovativen Unternehmensstandort. Der Technologie-, Service- und Digitalisierungs-Campus ermöglicht agiles Arbeiten in einer 5G-Infrastruktur mit hochmodernen Arbeitsplätzen. Der Campuscharakter fördert Austausch und effiziente Zusammenarbeit durch den Aufbau des Gebäudes und die Entgrenzung von Bereichen. (s. SAGERMANN 2019)

Best Practice Schweizerische Bundesbahnen: Die *Schweizerischen Bundesbahnen* errichten ein neues innovatives Bürogebäude, um auf neue Arbeits- und Organisationsformen zu reagieren. Im Rahmen des internen Projekts „BYTE" werden Mitarbeitende aktiv in die Arbeitsplatzgestaltung einbezogen. (s. EPRO GROUP 2024)

In der Reihe **Schriftenreihe Rationalisierung** zuletzt erschienen:

Herkenrath, Clara Ariane:
Gestaltung von Remote-Work in produzierenden Unternehmen
ISBN: 978-3-98555-296-2
Erscheinungsdatum: 29.07.2025

Johanning, Lara:
Compliance-Richtlinien für digitale Technologien in produzierenden Unternehmen
ISBN: 978-3-98555-280-1
Erscheinungsdatum: 30.04.2025

Stratmann, Lukas:
Informationsmodell für Kreislaufstrategien von Investitionsgütern im Maschinen- und Anlagenbau
ISBN: 978-3-98555-264-1
Erscheinungsdatum: 05.03.2025

Spiß, Maria:
Systematische Konfiguration der Resilienz in der Beschaffung
ISBN: 978-3-98555-196-5
Erscheinungsdatum: 29.01.2024

Müller, Jonas:
Soziotechnische Gestaltungsinstrumente für den Einsatz von Business-Analytics
ISBN: 978-3-98555-182-8
Erscheinungsdatum: 27.11.2023

Clemens, Florian:
Text-Mining-Anwendungsfälle in produzierenden Unternehmen
ISBN: 978-3-98555-283-2
Erscheinungsdatum: 13.05.2025

Frings, Kira:
Regelwerk für Low-Code-Anwendungen in produzierenden Unternehmen
ISBN: 978-3-98555-276-4
Erscheinungsdatum: 07.04.2025

Lenart, Martin:
Risikobasierte Gestaltung von Subskriptionsmodellen im Maschinen- und Anlagenbau
ISBN: 978-3-98555-212-2
Erscheinungsdatum: 02.07.2024

Engländer, Jacques:
Gestaltungsmodell eines Informationssicherheitsmanagementsystems für produzierende Unternehmen in Industrie-4.0-Umgebungen
ISBN: 978-3-98555-185-9
Erscheinungsdatum: 18.12.2023

Leiting, Tobias:
Konfiguration und Preisbildung von Subskriptionsleistungssystemen für die produzierende Industrie
ISBN: 978-3-98555-162-0
Erscheinungsdatum: 04.07.2023

Edition Wissenschaft
Apprimus

Schacht, Maximilian:
Digitaler Schatten der Kundeninteraktionen produzierender Unternehmen
ISBN 978-3-98555-132-3
Erscheinungsdatum: 09.01.2023

Bach, Thies:
Gestaltungsmodell zur lernunterstützenden Erweiterung von Produktionsplanungs- und -steuerungssystemen
ISBN 978-3-98555-127-9
Erscheinungsdatum: 14.12.2022

Scholz, Svenja:
Bewertungsmetrik leistungsbestimmender Faktoren von Supply-Chains in Industriebetrieben
ISBN: 978-3-98555-049-4
Erscheinungsdatum: 11.04.2022

Holst, Lennard:
Referenzmodell für das Customer-Success-Management im Subskriptionsgeschäft des Maschinen- und Anlagenbaus
ISBN: 978-3-98555-033-3
Erscheinungsdatum: 21.02.2022

Voswinckel, Carl Themo:
Blockchainbasierte Maschinen- und Anlagenanbindungen für datenbasierte Dienstleistungen
ISBN: 978-3-86359-990-4
Erscheinungsdatum: 12.08.2021

Defèr, Florian:
Datenbasierte zuverlässigkeitsorientierte Instandhaltung von Produktionsanlagen
ISBN 978-3-98555- 137-8
Erscheinungsdatum: 09.01.2023

Götzen, Rafael Frank:
Ordnungsrahmen für die softwarebasierte Automatisierung administrativer Prozesse
ISBN: 978-3-98555-103-3
Erscheinungsdatum: 25.08.2022

Fischer, Markus:
Implementierung von Manufacturing Execution Systems basierend auf Industrie-4.0-Reifegradmodellen
ISBN: 978-3-98555-048-7
Erscheinungsdatum: 22.03.2022

Külschbach, Andreas:
Systematische Bewertung von Änderungsanfragen in der Produktion
ISBN: 978-3-98555-024-1
Erscheinungsdatum: 20.12.2021

Frey, Dominik:
Simulationsbasierte Bewertung der Häufigkeit von Planungsläufen in der Produktionsplanung und -steuerung
ISBN: 978-3-86359-937-9
Erscheinungsdatum: 11.02.2021

Edition Wissenschaft
Apprimus

Kolibri 360 GmbH
Ferdinand-Jühlke-Straße 7
99095 Erfurt, Deutschland
produktsicherheit@kolibri360.de